After Effects CS6

Ae 完全自学教程

杨佩璐 编著

中国铁道出版社
CHINA RAILWAY PUBLISHING HOUSE

内容简介

本书在内容安排上按照软件的学习规律和应用层面划分为14章，分别包括After Effects CS6基础、合成基础操作和基本工作流程、蒙版动画、Blur & Sharpen和Channel、Distort、Generate详解、Noise & Grain、Perspective和Simulation、Stylize和Transition、色彩校正和键控、文字动画的制作、三维合成、渲染和输出、综合案例等内容。

本书附赠光盘中提供了书中实例用到素材和源文件，以及实例制作的语音视频教学文件。

本书适用于After Effects初学者阅读，是视频编辑专业人员、广告设计人员、电脑视频设计制作人员及多媒体制作人员理想的参考书，同时也可作为大中专院校及各类培训班相关专业的教材。

图书在版编目（CIP）数据

After Effects CS6完全自学教程 / 杨佩璐编著. —北京：中国铁道出版社，2013.8

ISBN 978-7-113-16834-6

Ⅰ. ①A… Ⅱ. ①杨… Ⅲ. ①图象处理软件—教材 Ⅳ. ①TP391.41

中国版本图书馆CIP数据核字（2013）第129340号

书　　名：After Effects CS6完全自学教程
作　　者：杨佩璐　编著

策　　划：于先军　　　　读者热线电话：010-63560056
责任编辑：张　丹　　　　特邀编辑：赵树刚
责任印制：赵星辰　　　　封面设计：多宝格

出版发行：中国铁道出版社（北京市西城区右安门西街8号　　邮政编码：100054）
印　　刷：三河市华丰印刷厂
版　　次：2013年8月第1版　　2013年8月第1次印刷
开　　本：787mm×1092mm　1/16　印张：31.75　字数：756千
书　　号：ISBN 978-7-113-16834-6
定　　价：65.00元（附赠1DVD）

前 言

FOREWORD

Adobe After Effects CS6 软件是为动态图形图像、网页设计人员及专业的电视后期编辑人员所提供的一款功能强大的影视后期特效软件。其简单友好的工作界面，方便快捷的操作方式，使得视频编辑进入家庭成为可能。从普通的视频处理到高端的影视特技，After Effects 都能应对自如。

Adobe After Effects CS6 可以帮助用户高效、精确地创建无数种引人注目的动态图形和视觉效果。利用与其他 Adobe 软件的紧密集成，高度灵活的 2D、3D 合成，以及数百种预设的效果和动画，能为电影、视频、DVD 和 Flash 作品增添令人激动的效果。

Adobe After Effects CS6 较之旧版本而言有了较大的升级，为了使读者能够更好地学习它，我们对本书进行了详尽的讲解，希望通过基础知识与实例相结合的学习方式，让读者以最有效的方式来尽快掌握 Adobe After Effects CS6。

本书内容

本书在内容安排上以实用、够用为原则，完全按照软件的学习规律和应用层面对章节进行划分，具体内容包括 After Effects CS6 的基础知识，合成的基础操作和基本工作流程、蒙版动画、Blur & Sharpen 和 Channel、Distort、Generate 详解、Noise & Grain、Perspective 和 Simulation、Stylize 和 Transition、色彩校正和键控、文字动画的制作、三维合成、渲染和输出、综合案例等内容。

本书特色

本书主要有以下几大优点：

- 内容全面：几乎覆盖了 After Effects CS6 所有的常见应用。
- 语言通俗易懂，讲解清晰，前后呼应。以最小的篇幅、最易读懂的语言来讲述每一项功能和每一个实例。
- 实例丰富，与实践紧密结合。每个实例都是根据实际制作项目改编而成的，更加贴近实际应用。

关于光盘

本书附赠光盘中提供了书中实例用到的素材和源文件，以及实例制作的语音视频教学文件。

读者对象

本书适用于 After Effects 初学者阅读，是视频编辑专业人员、广告设计人员、电脑视频设计制作人员及多媒体制作人员理想的参考书，同时也可作为大中专院校及各类培训班相关专业的教材。

本书由山东中医药大学的杨佩璐老师编写，由于时间仓促，加之编者水平有限，书中的错误和疏漏之处在所难免，敬请广大读者批评指正。

编　者

2013 年 6 月

CONTENTS | 目录

第 3 章 蒙版动画

第 4 章 Blur & Sharpen 和 Channel

第 5 章 Distort 详解

第 6 章 Generate 详解

第 7 章 Noise & Grain

第 8 章　Perspective 和 Simulation

第 9 章　Stylize 和 Transition

第 10 章　色彩校正和键控

第 11 章　文字动画的制作

第 12 章　三维合成

第 13 章　渲染和输出

第 14 章　综合案例

AE 第 1 章 After Effects CS6 基础

本章主要介绍合成的作用，以及合成软件的分类，能够帮助你对合成及软件有个正确的认识和定位。同时还会介绍 After Effects CS6 版本相对以前版本的一些改进和功能上的更新，让你更全面地了解 After Effects 这一影视合成中的重要软件。

1.1 后期合成的初步了解

最早的合成是工人用胶片直接修改来实现的，这种方式的速度很慢，要完成一个复杂的镜头往往需要大量的人力和时间，而且效果也不尽如人意，最致命的是一旦出错就会损伤原素材，不能进行重做。合成软件的出现彻底解决了这一问题，合成软件可以保留原素材，可以进行无限次的重做，而且现在的合成软件提供了大量的特效供艺术家使用，这些特效相互配合可以很轻松地创建出非常复杂的效果。

1.1.1 后期合成技术概貌

过去，在制作影视节目时，需要价格昂贵的专业硬件设备及软件，非专业人员很难有机会见到这些设备，个人也没有能力去购买这些设备，因此，影视制作对很多非专业的人员来说是遥不可及的事情。

如今，随着个人计算机性能的不断提高，价格的不断降低，以及很多影视制作软件的价格平民化，影视制作已开始向 PC 平台转移。影视制作不再遥不可及，任何一位影视制作爱好者都可以在计算机上制作出属于自己的影视节目。

很多影视节目在制作过程中都进行了后期合成的处理，才得到时间精彩的效果，那么，什么是后期合成呢?

理论上，影视制作分为前期和后期两部分，前期工作主要是对影视节目的策划、拍摄及三维动画的创作等。前期工作完成后，我们将对前期制作所得到的这些素材和半成品进行艺术加工、组合，也就是进行后期合成工作，After Effects 是一款不错的影视后期合成软件。

1.1.2 线性编辑与非线性编辑

“线性编辑”与“非线性编辑”对于从事影视制作的工作人员来说都是不得不提的，这是两种不同的视频编辑方式，对于即将跨入影视制作这个行业的读者来说，线性编辑与非线性编辑都要多了解。

1. 线性编辑

传统的视频编辑采用录像带剪辑的方式，简单地说，在制作影视节目时，视频剪辑人员将含有不同素材内容的多个录像带按照预定好的顺序进行重新组合，从而得到节目带。

录像带剪辑又包括机械剪辑和电子剪辑两种方式。

机械剪辑是指对录像带胶片进行物理方式的切割和粘合，来制作出所需的节目，这种剪辑方式有一个弊端，当视频磁头在录像带上高速运行时，录像带的表面必须光滑，但是使用机械剪辑的方法在对录像带进行切割、粘合时会产生粗糙的接头，这种方式不能满足电视节目录像带的剪辑要求，于是人们又找到了一种更好的剪辑方式，

电子剪辑，又称为线性录像带电子编辑，它按照电子编辑的方法将录像带中的信息以一个新的顺序重新录制，在进行剪辑时，一台录像机作为源录像机装有原始的录像带，录像带上的信息按照预定好的顺序重新录制到另一台录像机的空白录像带上，这样，既制作出了新的录像带，又可保证原始录像带上的信息不被改变。

但是，电子编辑十分复杂、烦琐，并且不能删除、缩短或加长内容，从而导致画面的清晰度降低，而且每当插入一段内容时，就需要进行翻录。

传统的线性编辑需要的硬件多，价格昂贵，多个硬件设备之间不能很好的兼容，对硬件性能有很大的影响。

线性编辑的诸多不便，使得编辑技术急待改革。

2. 非线性编辑

在传统的线性编辑不能满足视频编辑需要的情况下，非线性编辑应运而生。

非线性编辑不再像线性编辑那样在录像带上做文章，而是将各种模拟量素材进行 A/D（模/数）转换，并将其存储于计算机的硬盘中，再使用非线性编辑软件进行后期的视音频编辑、特效合成等工作，最后进行输出得到所要的影视效果，如图 1-1 和图 1-2 所示。

图 1-1

图 1-2

非线性编辑有很大的灵活性，不受节目顺序的影响，可按任意顺序进行编辑，并可反复修改，而且不会造成图像质量的降低。

与传统的线性编辑相比，非线性编辑有很强的性价比，其优点如下：

- 非线性编辑将影像信息转换为计算机中的数字信号，不会存在物理损耗，因此不会引起信号失真。

- 在非线性编辑系统中，其存储媒介的记录检索方式为非线性地随机存取，每组数据都有相应的位置码，不像磁带那样节目信号按时间线性排列。因此，省去了录像机在编辑时的大量卷带、搜索及预览时间，编辑十分快捷方便。
- 素材可以重复利用。
- 非线性编辑方式，能够让编辑人员最大限度地发挥个人创造性，并且可反复修改，没有“母带磨损”和“翻版”等后顾之忧。
- 没有太多的硬件设备要求，因此减少了设备投资及维护设备所需的费用。
- 可以使用非线性编辑软件为视频文件添加特效，丰富视频内容，具有更强的可视性。

计算机最大的优势在于网络，而且网络化也是电视技术发展的趋势之一。网络化系统具有许多优势，节目或者素材有条件分享；协同创作及网络多节点处理；网上节目点播；摄、录、编、播，“流水化”作业等。

1.2 影视制作基础

色彩编辑和图像处理是影视制作的基础，要想成为视频编辑人员，色彩编辑和图像处理是必须掌握的，另外还需熟悉、了解一些基本的影视编辑术语。

在影视编辑中，图像的色彩处理是必不可少的。作为视频编辑人员必须要了解自己所处理的图像素材的色彩模式、图像类型及分辨率等有关信息。这样在制作中才能知道需要什么样的素材，搭配什么样的颜色，做出最好的效果。

1. 色彩模式

在计算机中表现色彩是依靠不同的色彩模式来实现的。下面将对几种常用的色彩模式进行讲解。

（1）RGB 色彩模式

RGB 是由自然界中红、绿、蓝三原色组成的色彩模式。图像中所有的色彩都是由 R（红）、G（绿）、B（蓝）三原色组合而来的。

三原色中的每一像素在每种颜色上可包含 2^8（256）种亮度级别，因而在一幅图像中可以有 2^{24}（约 1 670 万）种不同的颜色。三个通道合成起来即可显示完整的彩色图像。在理论上它也可以还原自然界中所存在的任何颜色。

RGB 色彩模式包含 R、G、B 三个单色通道和一个由它们混合组成的彩色通道。可以通过对 R、G、B 三个通道的数值的调节，来调整对象色彩。三原色中每一种都有一个 0 ~ 255 的取值范围，值为 0 时亮度级别最低，值为 255 时亮度级别最高。当三个值都为 0 时，图像为黑色，当三个值都为 255 时，图像为白色，如图 1-3 所示。

提示：一般情况下，使用数码相机拍照后，在处理时应该把色彩模式设置为 RGB 模式。RGB 色彩是一种发光的色彩，比如，你在一间黑暗的房间内仍然可以看见数码相机屏幕上的画面。

（2）CMYK 色彩模式

CMYK 色彩模式是一种印刷模式，由青（Cyan）、洋红（Magenta）、黄（Yellow）、黑（Black）四种颜色混合而成。CMYK 色彩模式的图像包含 C、M、Y、K 四个单色通道和一个由它们混合颜色的彩色通道。CMYK 色彩模式的图像中，某种颜色的含量越多，那么它的亮度级别就越低，在其结果中这种颜色表现的就越暗，这一点与 RGB 色彩模式的颜色混合相反，如图 1-4 所示。

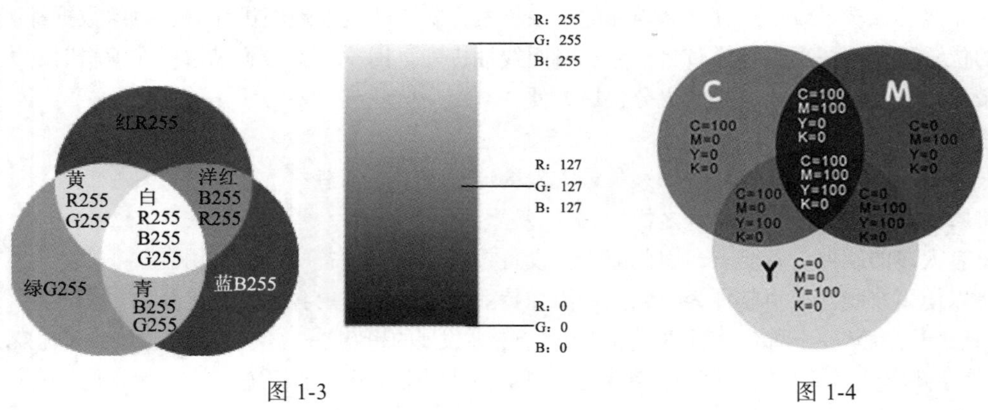

图 1-3　　　　图 1-4

提示：CMYK 模式一般运用于印刷类，比如画报、杂志、报纸、宣传画册等。该模式是一种依附反光的色彩模式，需要外界光源做帮助。看书看报，则是由于阳光或者灯光等光线的照射，而反射进我们的眼睛中。

（3）Lab 色彩模式

Lab 色彩模式是唯一不依赖外界设备而存在的一种色彩模式。Lab 颜色是以一个亮度分量 L 及两个颜色分量 a 和 b 来表示颜色的。其中 L 的取值范围是 0 ~ 100，a 分量代表由绿色到红色的光谱变化，而 b 分量代表由蓝色到黄色的光谱变化，a 和 b 的取值范围均为-120 ~ 120。Lab 色彩模式在理论上包括人眼可见的所有色彩，它弥补了 CMYK 色彩模式和 RGB 色彩模式的不足。在一些图像处理软件中，对 RGB 色彩模式与 CMYK 色彩模式进行转换时，通常先将 RGB 色彩模式转成 Lab 色彩模式，然后再转成 CMYK 色彩模式。这样能保证在转换过程中所有的色彩不会丢失或被替换。

（4）HSB 色彩模式

HSB 色彩模式是基于人眼对色彩的观察来定义的，人类的大脑对色彩的直觉感知，首先是色相，即红、橙、黄、绿、青、蓝、紫中的一个，然后是它的一个深浅度。这种色彩模式比较符合人的主观感受，可让使用者觉得更加直观。在此模式中，所有的颜色都用色相或色调（H）、饱和度（S）、亮度（B）三个特性来描述。色相的意思是纯色，即组成可见光谱的单色。红色为 0°，绿色为 120°，蓝色为 240°；饱和度是指颜色的强度或纯度，表示色相中灰色成分所占的比例，用 0% ~ 100%（纯色）来表示；亮度是颜色的相对明暗程度，通常用 0%（黑）~ 100%（白）来度量，最大亮度是色彩最鲜明的状态。

HSB 色彩模式可由底与底对接的两个圆锥体立体模型来表示。其中轴向表示亮度，自上而下由白变黑。径向表示颜色饱和度，自内向外逐渐变高。而圆周方向则表示色调的变化，形成色环，如图 1-5 所示。

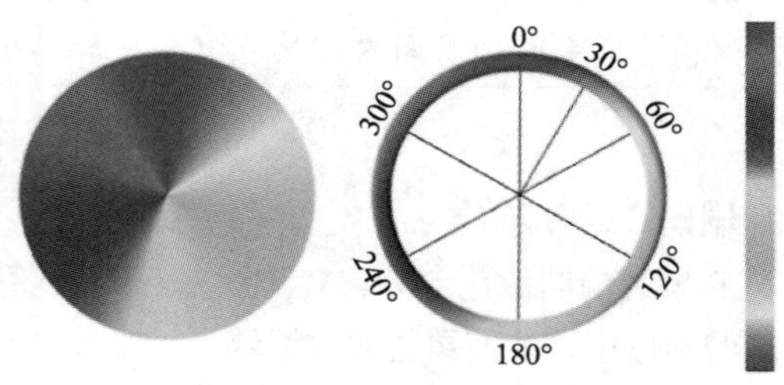

图 1-5　HSB 色彩模式

（5）灰度模式

灰度模式属于非彩色模式，它通过 256 级灰度来表现图像，只有一个 Black 通道。灰度图像的每一个像素有一个 0（黑色）~255（白色）的亮度值，图像中所表现的各种色调都是由 256 种不同亮度值的黑色所表示。灰度图像中每个像素的颜色都要用 8 位二进制数字存储。

提示： 这种色彩在将彩色模式的图像转换为灰度模式时，会丢掉原图像中所有的色彩信息。需要注意的是，尽管一些图像处理软件可以将一个灰度模式的图像重新转换成彩色模式的图像，但在转换过程中不可能将原先丢失的颜色恢复。所以，在将彩色图像转换为灰度模式的图像时，最好保存一份原件。

（6）位图模式（Bitmap）

位图模式的图像只有黑色和白色两种像素组成。每个像素用“位”来表示。“位”只有两种状态。0 表示有点，1 表示无点。位图模式主要用于早期不能识别颜色和灰度的设备。如果需要表示灰度，则需要通过点的抖动来模拟。位图模式通常用于文字识别。如果需要使用 OCR（光学文字识别）技术识别图像文件，需要将图像转化为位图模式。

（7）双色调模式（Duotone）

双色调模式采用 2~4 种彩色油墨来创建由双色调、三色调和四色调混合其色阶组成图像。在将灰度模式的图像转换为双色调模式的过程中，可以对色调进行编辑，从而产生特殊的效果。

提示： 双色调模式最主要的特色是，使用尽量少的颜色表现尽量多的颜色层次，这对于减少印刷成本很重要。因为在印刷时，每增加一种色调都需要投入更大的成本。

2. 图形

计算机图形分为位图图形和矢量图形。

（1）位图图形

位图图形也称为光栅图形或点阵图形，由排列为矩形网格形式的像素组成，用图像的宽度和高度来定义，以像素为量度单位，每个像素包含的位数表示像素包含的颜色数。当放大位图时，可以看见构成整个图像的无数个方块，如图 1-6 和图 1-7 所示。

图 1-6

图 1-7

（2）矢量图形

矢量图形是与分辨率无关的图形，在数学上定义为一系列由线连接的点。在矢量图形中，所有的内容都是由数学定义的曲线（路径）组成，这些路径曲线放在特定位置并填充有特定的颜色。它具有颜色、形状、轮廓、大小和屏幕位置等属性，移动、缩放图片或更改图片的颜色都不会降低图形的品质，放大前后的效果对比如图 1-8 和图 1-9 所示。

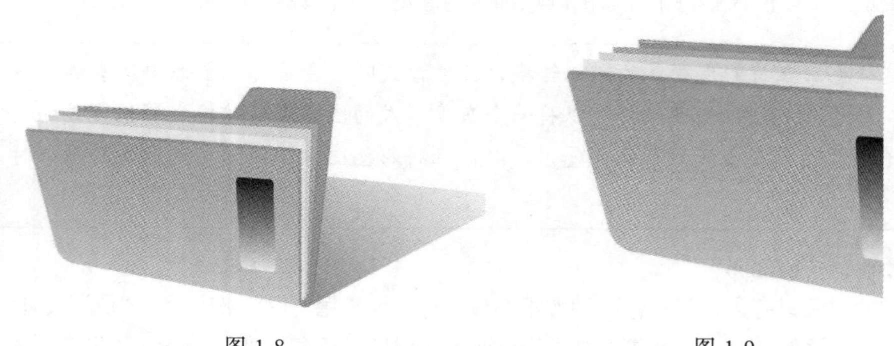

图 1-8　　　　图 1-9

矢量图形与分辨率无关，即使任意改变矢量图形的大小属性时，它都会维持原有的清晰度和弯曲度，不会遗漏细节或损伤清晰度。因此，矢量图形是文字（尤其是小字）和粗图形的最佳选择，矢量图形还具有文件数据量小的特点。

3. 像素

像素，又称为画素，是图形显示的基本单位。每个像素都含有各自的颜色值，可分为红、绿、蓝三种子像素。在单位面积中含有像素越多，图像的分辨率越高，图像显示的就会越清晰。

> **提示**：当将图像放大数倍后，会发现这些连续色调其实是由许多色彩相近的小方块所组成，这些小方点就是构成影像的最小单位“像素”（Pixel），如图 1-10 所示。这种最小的图形单元能在屏幕上显示，通常是单个的染色点，越高位的像素，其拥有的色板也就越丰富，越能表达颜色的真实感。

图 1-10

4. 分辨率

分辨率，图像的像素尺寸，以 ppi（像素/英寸）作为单位，它能够影响图像的细节程度。通常尺寸相同的两幅图像，分辨率高的图像所包含的像素比分辨率低的图像要多，而且分辨率高的图像细节质量上要好一些。

提示：分辨率也代表着显示器所能显示的点数的多少，由于屏幕上的点、线和面都是由点组成的，显示器可显示的点数越多，画面就越精细，同样的屏幕区域内能显示的信息也越多，所以分辨率是非常重要的性能指标之一。

5. 色彩深度

色彩深度又称为色彩位数，表示图像中每个像素所能显示出的颜色数。表 1-1 所示为不同色彩深度的表现能力和灰度表现。

表 1-1　不同色彩深度的表现能力和灰度表现

色彩深度	表现能力	灰度表现
24bits	1 677 万种色彩	256 阶灰阶
30bits	10.7 亿种色彩	1 024 阶灰阶
36bits	687 亿种色彩	4 096 阶灰阶
42bits	4.4 千亿种色彩	16 384 阶灰阶
48bits	28.1 万亿亿种色彩	65 536 阶灰阶

1.3　After Effects CS6 简介

After Effects 是一款用于高端视频特效系统的专业特效合成软件，它借鉴了许多优秀软件的成功之处，将视频特效合成上升到了新的高度。After Effects 几经升级，功能越来越强大，今天我们所要了解的是 After Effects CS6，你可以使用它创建具有行业标准的运动图形和视觉效果。

在不同的操作系统平台下，After Effects CS6 有不同的系统要求，对 Windows 系统的要求如下：

- 1.5GHz 或更快的处理器。
- Microsoft Windows XP（带有 Service Pack 2，推荐 Service Pack 3）或 Windows Vista　Home Premium、Business、Ultimate 或 Enterprise（带有 Service Pack 1，通过 32 位 Windows XP 以及 32 位和 64 位 Windows Vista 认证）。
- 2GB 内存。
- 1.3GB 可用硬盘空间用于安装，可选内容另外需要 2GB 空间，安装过程中需要额外的可用空间（无法安装在基于闪存的设备上）。
- 1 280 × 900 像素的屏幕，OpenGL 2.0 兼容图形卡。
- DVD-ROM 驱动器。
- 使用 QuickTime 功能需要 QuickTime 7.4.5 软件。
- 在线服务需要宽带 Internet 连接。

对 Mac OS 操作系统的要求如下：

- 多核 Intel 处理器。
- Mac OS X 10.4.11 - 10.5.4 版。
- 2GB 内存。

- 2.9GB 可用硬盘空间用于安装，可选内容另外需要 2GB 空间，安装过程中需要额外的可用空间（无法安装在使用区分大小写的文件系统的卷或基于闪存的设备上）。
- 1 280×900 屏幕，OpenGL 2.0 兼容图形卡。
- DVD-ROM 驱动器。
- 使用 QuickTime 功能需要 QuickTime 7.4.5 软件。
- 在线服务需要宽带 Internet 连接。

1.4 After Effects CS6 的界面与布局

After Effects CS6 拥有更加友好和人性化的操作界面，软件自带了 8 种界面模式，同时，还允许用户对界面进行自定义。我们以图 1-11 所示的 All Panels 界面模式为例进行介绍。

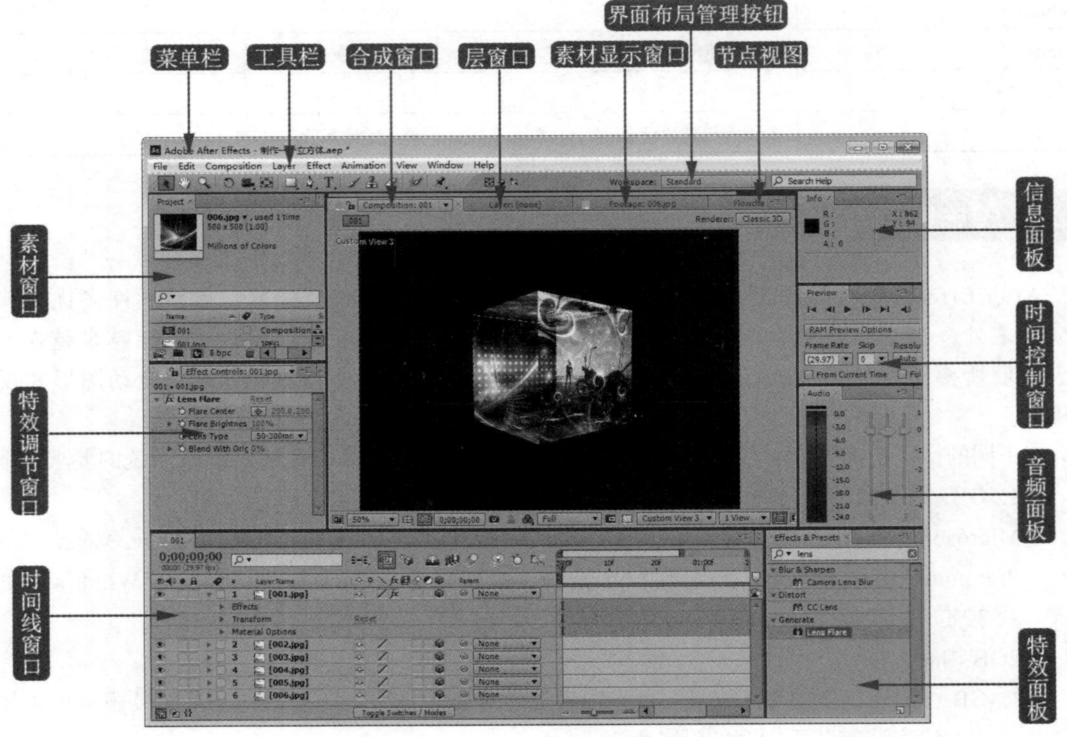

图 1-11

- 【菜单栏】：After Effects CS6 提供了 File（文件）、Edit（编辑）、Composition（合成）、Layer（层）、Effect（特效）、Animation（动画）、View（显示）、Window（窗口）和 Help（帮助）9 个菜单。
- 【工具栏】：陈列着一些常用的工具，比如选择、旋转、文字、遮罩、画笔及视图控制等工具。
- 【界面布局管理按钮】：用于在不同的界面布局间进行切换和管理。

- 【素材窗口】：该窗口中陈列着导入的所有素材，并显示素材的相关信息。
- 【特效调节窗口】：用于对特效进行调节。
- 【合成窗口】：显示当前合成的图像。
- 【层窗口】：用于显示时间线上某一层的图像，在时间线区域双击层即可切换到层窗口。
- 【素材显示窗口】：显示素材窗口中素材的图像，在素材窗口中双击某一个素材即可切换到素材显示窗口。
- 【节点视图】：虽不是节点合成软件，但是也提供了一个节点视图，可以观察当前工程中层与层之间的关系，但是不能进行编辑。
- 【时间线窗口】：控制层及其动画，并且还允许用户自定义更多，是最重要的窗口之一，90%的工作都要在该窗口内完成。
- 【时间控制窗口】：该窗口控制时间向前或后向偏移，以及动画的播放方式。
- 【信息面板】：该面板显示当前鼠标所在像素点的颜色信息及位置信息。
- 【音频面板】：如果合成中有音频素材，该窗口会显示声音的音量，也可以对声音进行简单的控制。
- 【特效面板】：允许用户自定义更多的特效都存放在该面板中，可以随时调用。

还有一些在当前示意图里没有显示出来的面板，如运动跟踪面板、文字控制面板等，以后的章节我们会逐渐进行讲解。

1. All Panels 模式

All Panels 模式（所有面板模式），如果在该模式下工作，建议使用 22 英寸以上的大显示器或双显示器。

2. Animation 模式

Animation 模式（运动模式），只显示与动画相关的面板，如动画调节面板、时间控制面板等，如图 1-12 所示。

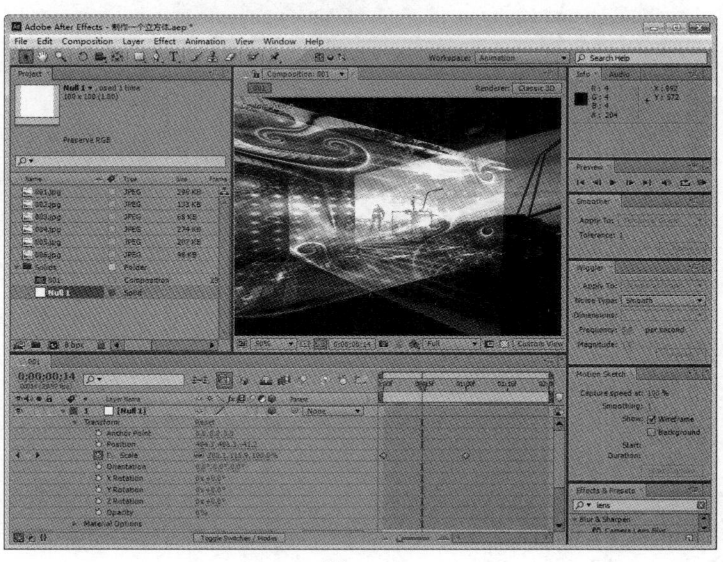

图 1-12

3. Minimal 模式

Minimal 模式（最小化模式），该模式下只显示时间线和视图窗口，如图 1–13 所示。

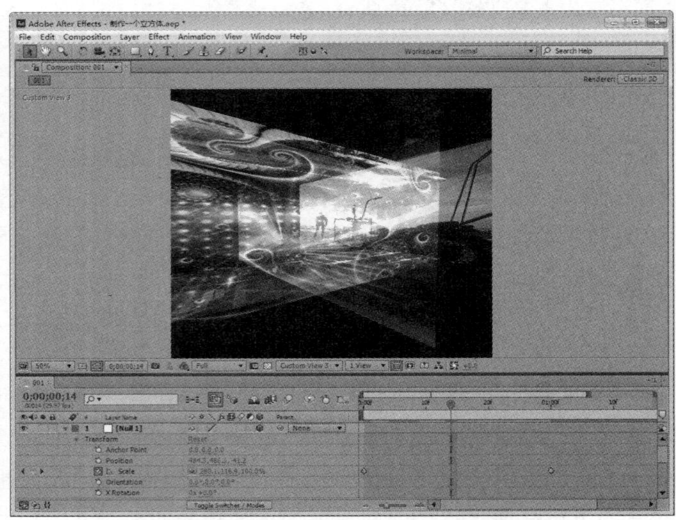

图 1-13

4. Motion Track 模式

Motion Track 模式（运动跟踪模式），显示时间控制面板和运动跟踪面板，调节运动跟踪时使用，如图 1–14 所示。

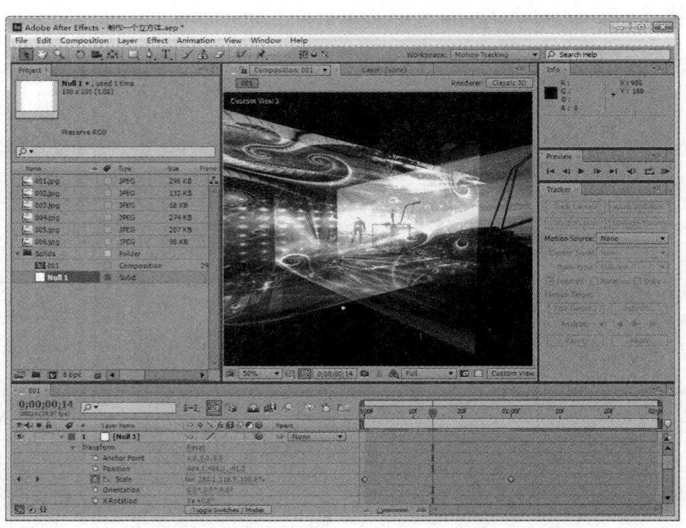

图 1-14

5. Paint 模式

Paint 模式（绘画模式），当为图层添加了 Paint 特效时会自动切换到 Paint 模式下，显示画笔控制面板和笔刷调节面板，如图 1–15 所示。

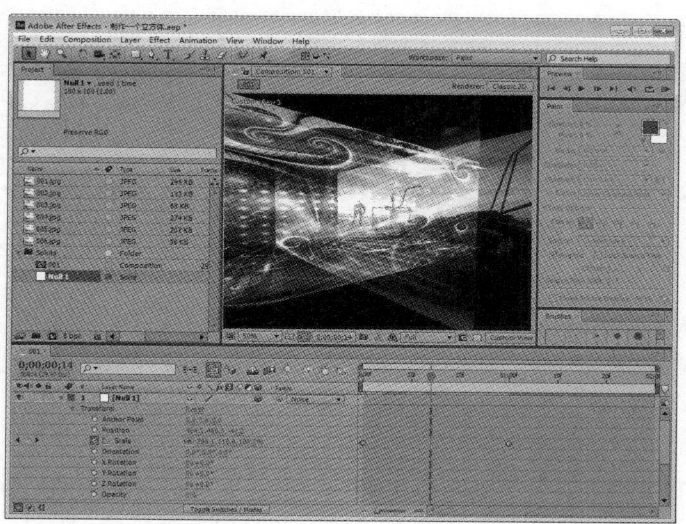

图 1-15

6．Standard 模式

Standard 模式（标准模式），显示时间控制面板、素材窗口及特效面板等一些常用的面板，如图 1-16 所示。

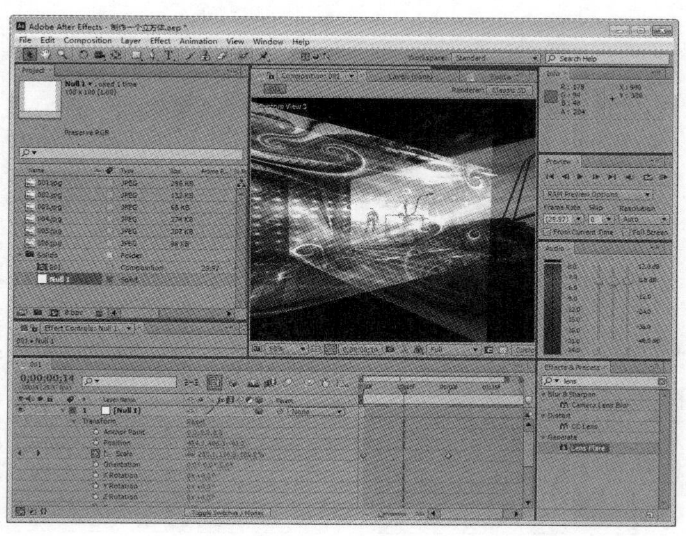

图 1-16

7．Text 模式

Text 模式（文字编辑模式），创建文字层后自动切换到 Text 模式，显示文字设置面板和对齐设置面板，以方便文字的调节和更改，如图 1-17 所示。

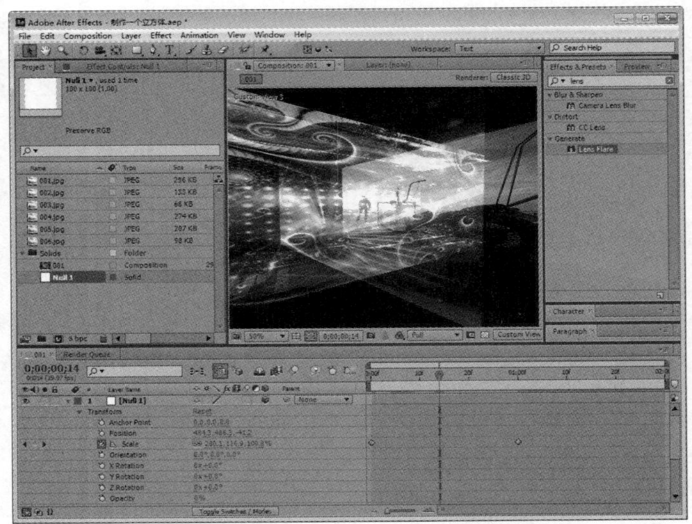

图 1-17

8. Undocked Panels 模式

Undocked Panels 模式（浮动面板模式），在该模式下所有的面板都可以进行随意的移动，如图 1-18 所示。

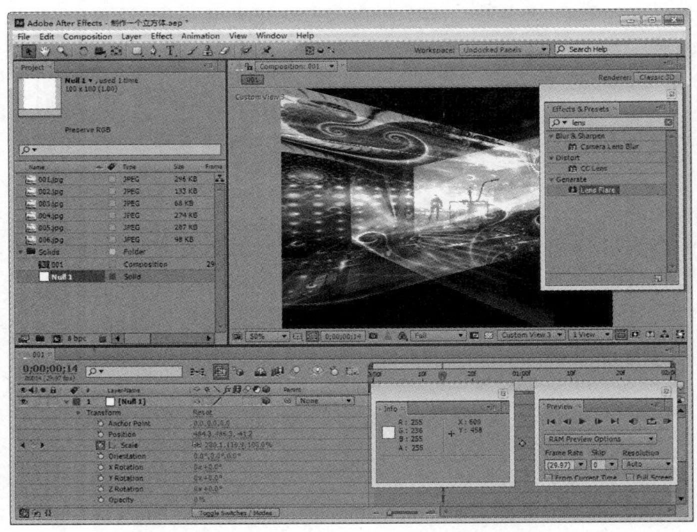

图 1-18

9. 重设和保存界面布局

当我们对系统默认的界面布局做了更改之后，又想回到原来的设置，怎么办呢，单击窗口布局管理按钮，选择【Reset“Text”】即可，如图 1-19 所示。

在重置之前会弹出一个提示对话框，如图 1-20 所示。选择【New Workspace】可以保存新的界面布局方案，而【Delete Workspace】可以删除当前的界面布局方案。

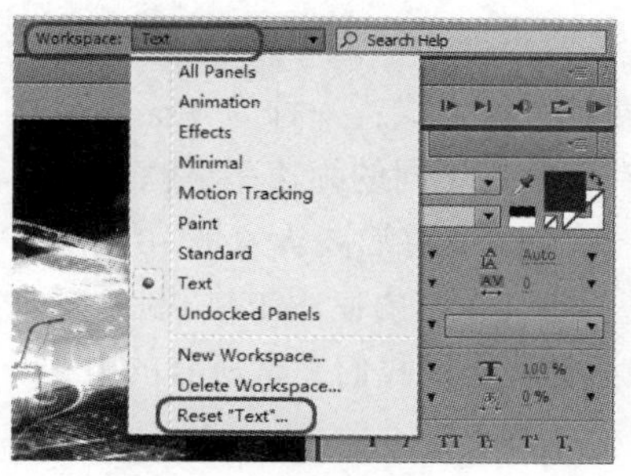

图 1-19

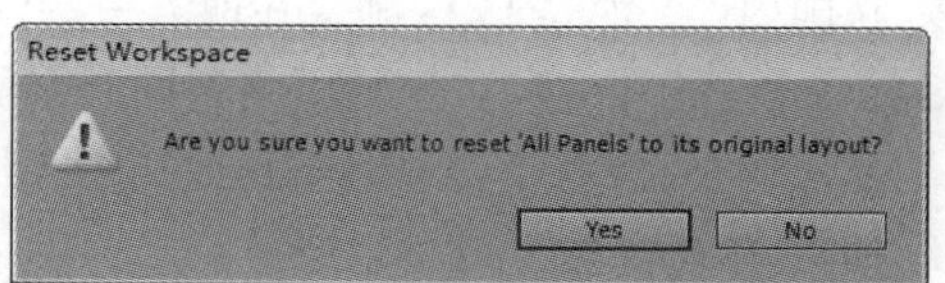

图 1-20

1.5　After Effects CS6 基础知识

本节将简单讲解 After Effects CS6 的基础知识。

1. Footage

Footage（素材），素材是影视合成最基本的元素，通过对多个不同的素材进行不同方式的整合、添加特效，从而制作出想要的效果。素材有很多来源，大致可分为：

- 摄像机拍摄所生成的是动态素材，也是我们最常用的素材。
- 通过相机拍摄的素材为静态素材，可以是数码相机，也可以是胶卷拍摄再通过扫描仪导入。
- 光盘，这类基本都是购买来的素材。

2. Composition

Composition（合成），简单地说就是将多个素材打包到一起，在 After Effects CS6 中，还允许用户自定义更多种合成，允许有无数个合成，合成里可以再嵌套合成，合成也可以作为层来使用。

3. 安全框和显示比例

如图 1-21 所示，安全框有两个，我们在软件中制作所看到的画面，在电视中播放时并不能完全被显示，而只能显示视频安全框（也就是外面那个框）之内的图像，所以在制作时要注意，不要把主要的元素放到视频安全框之外，里面那个是字幕安全框，字幕安全框和视频安全框之间的区域，在电视中播放时有可能会产生变形，所以文字一定要放到字幕安全框内。

显示比例，就是在视口中显示画面的大小，从 1.5%到 6 400%，但常用的是 100%以及 Fit 自适应，如图 1-22 所示。

图 1-21

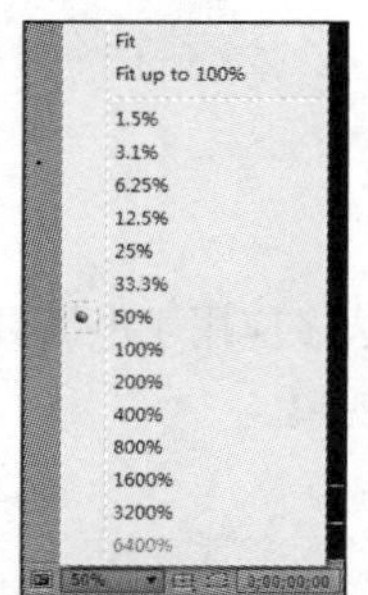

图 1-22

4．时间概念

这个时间不同于我们平常所讲的时间，在动画里常用两种时间方式：一种为 Frame（帧），另一种为 second（秒）。1 帧就是一幅图像，而 1 秒则不只有一帧，不同的帧速率下帧和秒的转换也不同。在国内，1 秒等于 25 帧，在西方一些国家 1 秒则等于 29.97（通常被认为是 30）帧，而对电影而言，1 秒等于 24 帧。这是因为不同国家所使用的制式不同，在国内使用 PAL 制，而西方一些国家则使用 NTSC 制，电影则是固定的电影制式 1 秒 24 帧，也就是说我们平常所看的电视，1 秒就会连续播放 25 帧（幅）画面。

5．场

电视机所播放的视频，第 1 帧含有两个交错场，电视机通过电子枪在屏幕上从上到下快速隔行扫描来产生连续的运动，场是有顺序的，它只有两种情况：上场先（Upper first）或下场先（Lower first），允许用户自定义更多导入带场的视频时，需要对场进行分享得到完整的画面，如图 1-23 所示，可以在素材窗口选择素材，然后右击，在弹出的快捷菜单中选择【Interpret Footage】|【Main】命令。

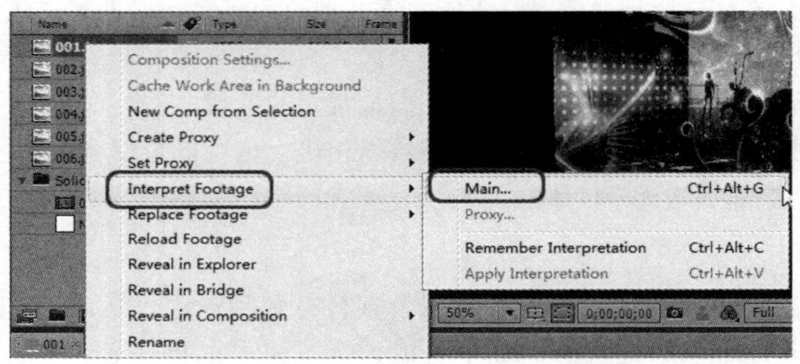

图 1-23

打开 Interpretation Footage 面板，在图 1-24 所示的位置设置【场】顺序即可，如果不知道应该是上场先还是下场先，就轮流试一下，因为它只有两种情况，所以如果一个不对，那就肯定是另一个。

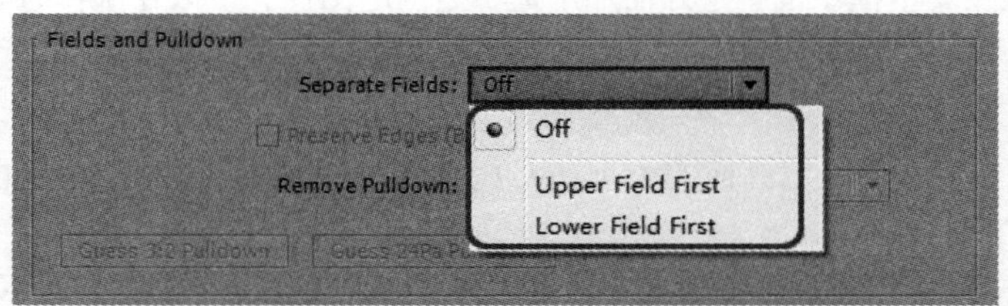

图 1-24

6．下拉法

3∶2 下拉法多应用于电影到 NTSC 制视频的转换，以 3∶2 的方法将每秒 24 帧的电影平均分布到 30 帧的 NTSC 视频。

7．帧尺寸

不同的格式有不同的帧尺寸，一般来说，我们使用 PAL 制式，PAL 的帧尺寸为：720×576，而 NTSC 制式的帧尺寸为 640×480。

1.6 After Effects CS6 新功能介绍

After Effects CS6 的新功能主要包括以下几点：

1．原生支持 64 位

最大的增强就是原生支持 64 位，这样最大可以跑到几十 G 的内存，显著的改善就是内存预览可以扩展到几十秒甚至几分钟，这样大规模的素材应用的后期合成项目可以在 After Effects 内实现了。

2．支持彩色 LUT 文件

支持彩色 LUT 文件，这是一个很重要的更新，也就是说，它可以和高端的调色软件交换调色的参数，可以在 Smoke，Flame 中调色，然后导出调色参数文件给 After Effects，After Effects 应用后可以获得和高端调色软件一样的效果。

3．Mocha 2.0，Mocha Shape 和 Roto Brush

After Effects 进一步强化了手工遮罩和跟踪的能力，这也和第二点相匹配，单独一个 Mocha 2.0+MochaShape 的价格就差不多是 After Effects 的价格，而现在 After Effects 奉送，史上最物美价廉的专业手工画遮罩软件诞生了。

4．Color Finesse 3.0 和其他调色模式

新更新的软件也进一步增强了调色能力，可以让更多基础合成的工作在 After Effects 中完成。现在 Color Finesse 增强了 32 位的支持，可以处理胶片级别调色。

第 2 章　合成基础操作和基本工作流程

我们知道任何一项工作都有其相对固定的工作流程：首先应该做什么，然后需要做什么。这样，才能提高完成项目的效率，用 After Effects 工作也一样，当然这个流程并不是一个固定的程式，它具有一套规范、高效的工作流程，在团队协作中就会更方便于交流和共享。

2.1　工作流程简介

After Effects 的工作流程大概可分为：创建项目并导入素材、创建和编辑合成、添加和调节特效等，下面是 After Effects 工作的一个基本流程的结构图，如图 2-1 所示。

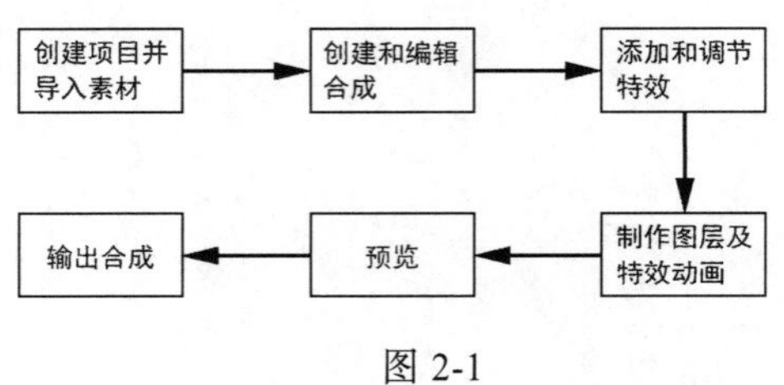

图 2-1

通过图 2-1 我们可以清楚地了解整个流程的先后顺序。本章将会介绍其中的每一步。

2.2　创建项目

在打开 After Effects 之后，软件默认已经创建好了一个项目，此时只需对当前项目进行设置即可，而无须再创建新的项目。但是如果打开的是一个已经被编辑过的项目，那么这时候需要再创建一个新的项目。

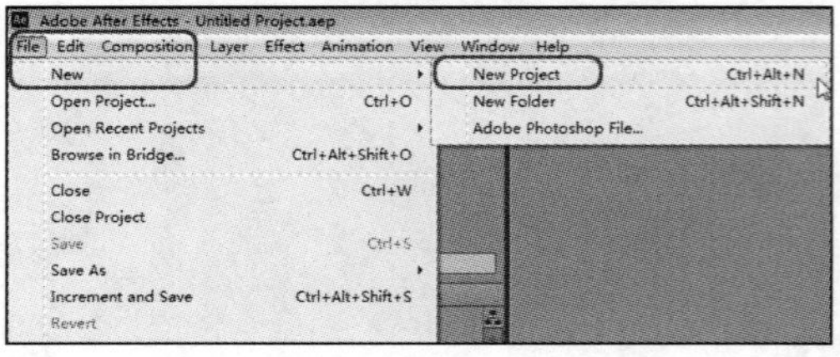

图 2-2

创建一个新项目的方法有以下几种：

- 选择：【File】|【New】|【New Project】命令，如图 2-2 所示。
- 按【Ctrl+Alt+N】组合键，即可新建一个项目文件。新建项目文件的各窗口及面板都是空白的，如图 2-3 所示。

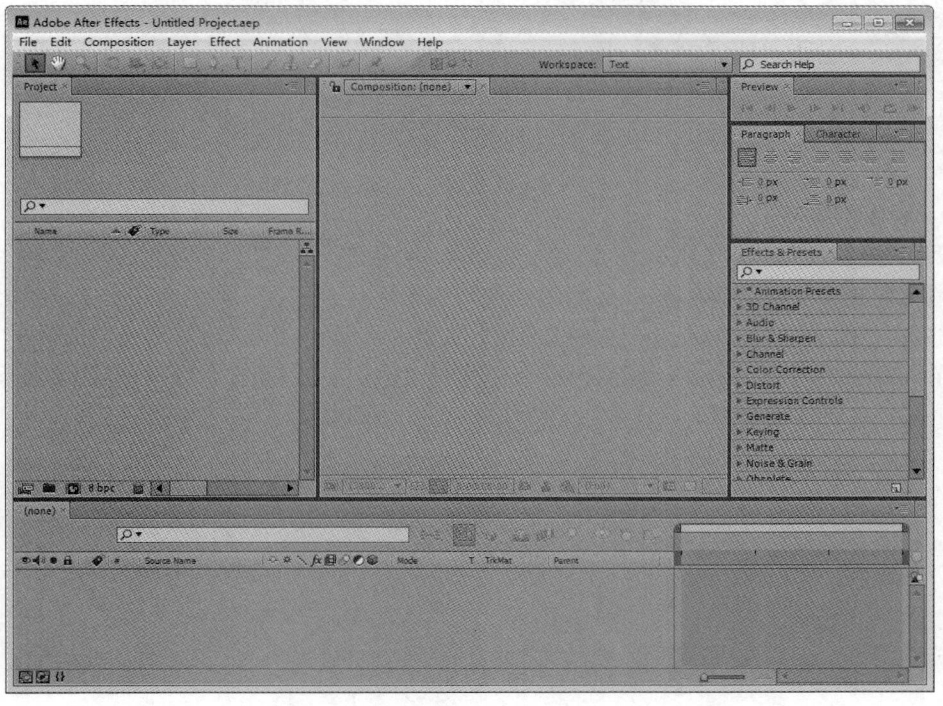

图 2-3

这两种方法都能创建一个新的 Project 项目。在创建项目之后，即可导入素材进行编辑。

在创建项目后，有时还需要对项目进行一些基础设置，以方便我们的工作，按【Ctrl + Shift + Alt + K】组合键，即可弹出如图 2-4 所示的对话框。

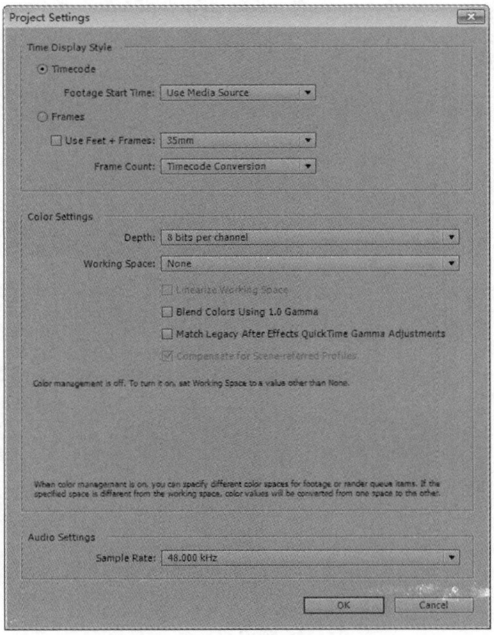

图 2-4

2.3 导入不同格式素材

如果想要处理一个媒体，必须先将需要处理的媒体导入 After Effects 中。下面将简单地介绍导入不同格式素材的基础讲解及实际操作步骤。

1. 一般素材的导入

一般素材的导入有以下几种方法：

- 在素材窗口双击鼠标左键。
- 选择：【File】|【Import】|【File】命令，如图 2-5 所示。
- 在素材窗口右击，在弹出的快捷菜单中选择【Import】|【File】命令，如图 2-6 所示。
- 按【Ctrl + I】组合键。

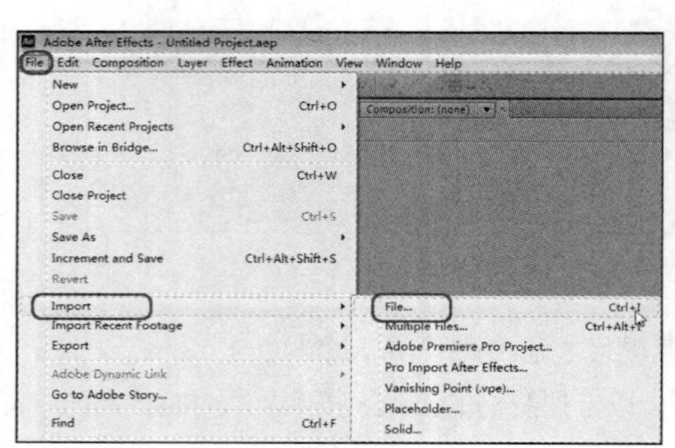

图 2-5

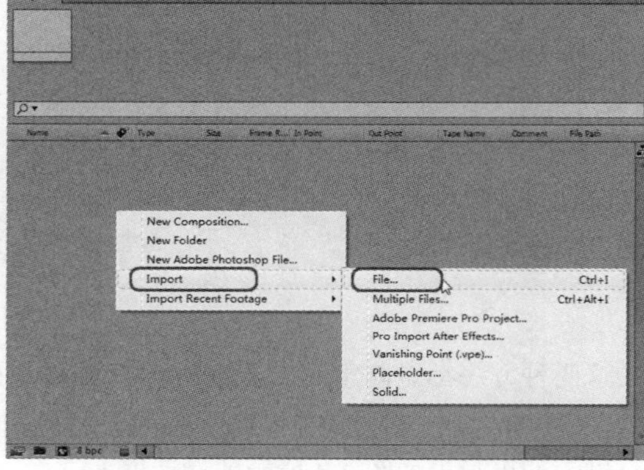

图 2-6

执行以上操作之一，即可弹出【Import File】对话框，如图 2-7 所示。

图 2-7

在弹出的【Import File】对话框中选择需要导入的素材文件，单击【打开】按钮即可导入素材文件。

提示：如果想要选中多个素材，可以配合【Ctrl】键和【Shift】键。配合【Ctrl】键单击任意文件，可以选择不相邻的多个文件。配合【Shift】键单击第一个和最后一个文件，可以选择之间的所有文件。

导入的素材会依次排列在素材窗口中，不同格式的素材在 After Effects 中会用不同的图标显示，如图 2-8 所示。

2. 导入 TGA 素材

TGA 格式在 32bit 模式下可以保存通道，文件信息量相对较小，所以在影视行业中被大量应用，在导入 TGA 格式素材时，选择导入后会弹出如图 2-9 所示的对话框，在该对话框中可以调节素材的通道方式。

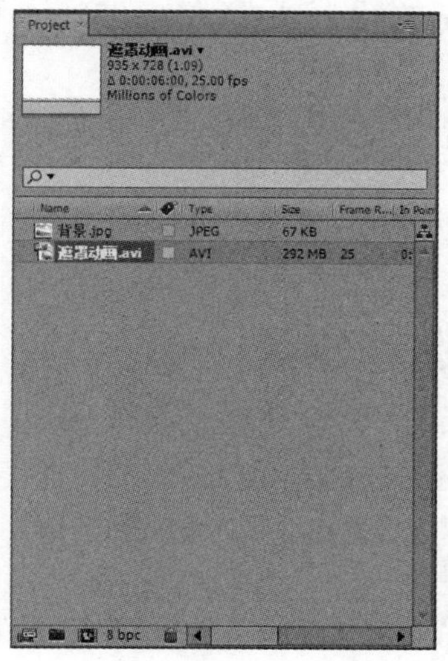

图 2-8

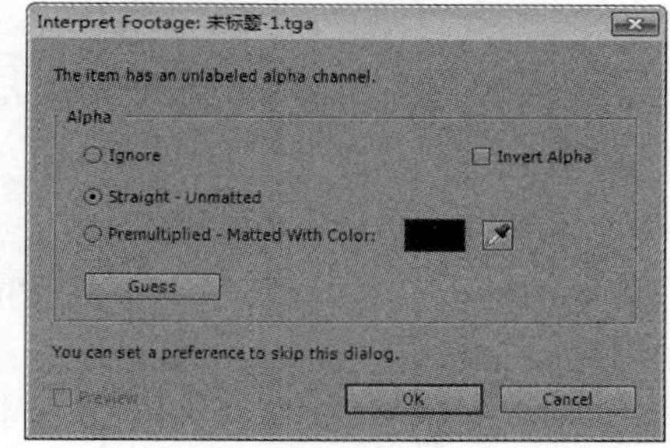

图 2-9

- Ignore：忽略，导入的素材将不会产生通道，素材带有的原通道也会被忽略。
- Straight – Unmatted：使用素材默认的通道。
- Premultiplied – Matted With Color：匹配一个指定的色彩通道作为导入的 TGA 素材的 Alpha 通道。
- Guess：软件自动匹配选项。
- Invert Alpha：反转通道。

大部分时候选择 Straight – Unmatted 即可识别正确的通道信息。

3. 导入 Illustrator 素材

Illustrator 是 Adobe 公司的一款矢量绘图软件，它产生的格式可以很好地被 After Effects 应用，Illustrator 主要格式为：【.AI】和【.EPS】，它们的导入方式与其他素材一样。不同的是，After Effects 可以将原来的矢量素材转换为位图，同样也可以导入序列素材文件。

4. 导入 Photoshop 素材

本次更新的 After Effects CS6 版本再次加强了对 Photoshop 格式的支持，并增加了对 Photoshop 三维层的导入支持，使得 Photoshop 和 After Effects 的结合更为紧密。选择导入 Photoshop 素材后会弹出如图 2-10 所示的对话框。

该对话框中各选项的含义如下：

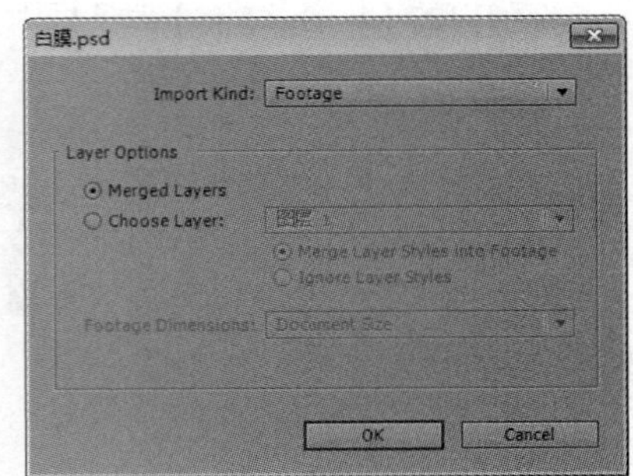

图 2-10

- Import Kind：该选项控制素材导入之后将作为什么类型进行使用，默认为 Footage，导入之后将作为普通素材进行使用。在选择该选项后，下面有两个选项：
- Merged Layers：拼合层，即将 Photoshop 中的所有层拼合为一层，这样导入后的素材仍带有 Alpha 通道，但是将不能对素材再次进行分层编辑，文件信息量相对较小。
- Choose Layers：选择层，选择 Photoshop 中的一个图层进行导入作为一个素材。在后面的框里可以选择相应的图层。该选项下面还有三个选项可供选择。
  - Merge Layer Styles Into Footage：合并 Photoshop 中的图层样式到 After Effects 素材中，这样 After Effects 即可应用 Photoshop 中的图层属性及样式。
  - Ignore Layer Styles：忽略图层样式。Phototshop 中的图层样式将不会被应用到 After Effects 中。
  - Footage Dimensions：素材导入后的尺寸，两个选项分别为 Document Size，文档大小，根据 Photoshop 文件的大小进行裁剪。Layer Size，层大小，保持 Photoshop 中层的原始尺寸。

2.4　Solid 层的创建和修改

After Effects 中除了可以从外部导入素材产生层之外，还可以自己创建层，其中最常用到的是 Solid 层，我们称为固态层，Solid 层就是一张空白的画纸，可以在上面进行任何绘画和操作。

STEP 1　Solid 层的创建有以下几种方法：

- 在素材窗口中右击，在弹出的快捷菜单中选择【Import】|【Solid】命令，如图 2-11 所示。
- 在时间线窗口中右击，在弹出的快捷菜单中选择【New】|【Solid】命令。
- 按【Ctrl + Y】组合键。

STEP 2　在执行完第一步后，弹出如图 2-12 所示的对话框。

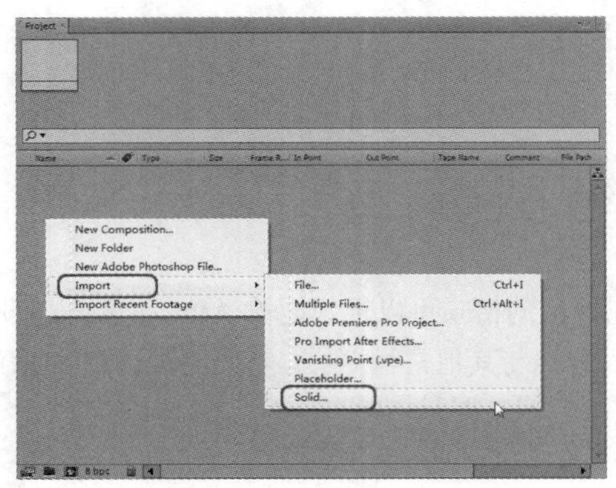

图 2-11

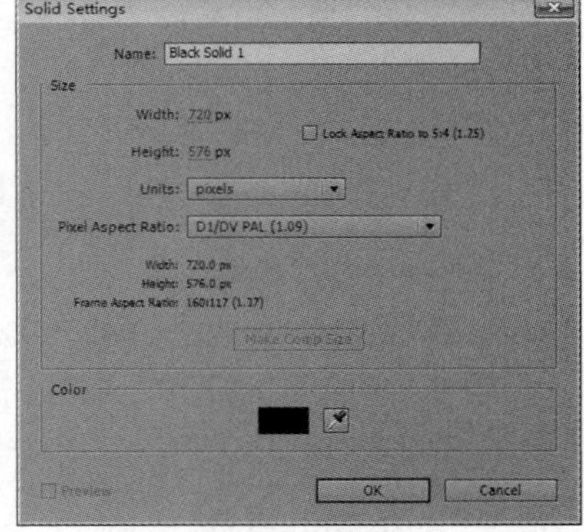

图 2-12

该对话框中各选项含义如下。

- Name：修改图层名字。

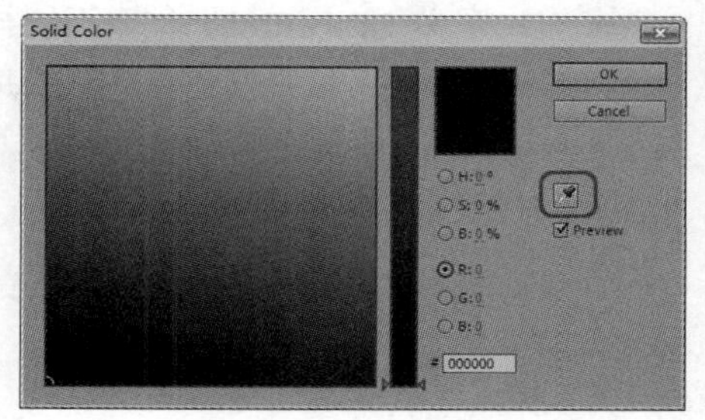

图 2-13

- Width、Height：定义图层的大小。
- Pixel Aspect Ratio：修改像素比。
- Make Comp Size：匹配当前合成大小。
- Color：定义图层颜色。单击颜色缩略图可弹出颜色拾取器定义颜色，单击右边的吸管工具可以自由拾取颜色，如图 2-13 所示。

定义完之后单击【OK】按钮确认设置。Solid 层与从外部导入的素材具有同样的变换和透明度属性。

注意：在创建时 Solid 为单色。在创建完之后修改 Solid 层，按【Ctrl + Shift + Y】组合键，即可弹出【Solid Setting】对话框，用于修改 Solid 层属性。

2.5　文字层的创建和修改

在 After Effects 中还有一类图层是文字层。在 After Effects 早先的版本中没有创建文字功能，也就是说必须从外部导入，而且更改起来也很不方便。在后来的版本中不仅增加了创建文字的功能，而且文字层的功能得到了很大的提升和增强，以至于成为 After Effects 软件的一大特色功能。接下来将介绍怎么在 After Effects 中创建和修改文字。

创建文字层可以通过以下两种方法：

- 在时间线窗口中右击，在弹出的快捷菜单中选择【New】|【Text】命令，如图 2-14 所示。
- 按【Ctrl + Shift + Alt + T】组合键。

接下来输入文字，输入完成后按【Ctrl + Enter】组合键结束输入。如果需要对文字内容进行修改，只需在文字上单击或在图层上双击即可重新输入。如图 2-15 所示为创建文字层的软件界面。

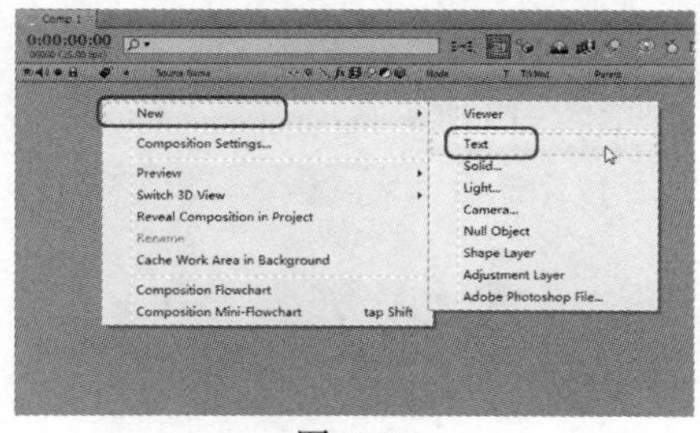

图 2-14

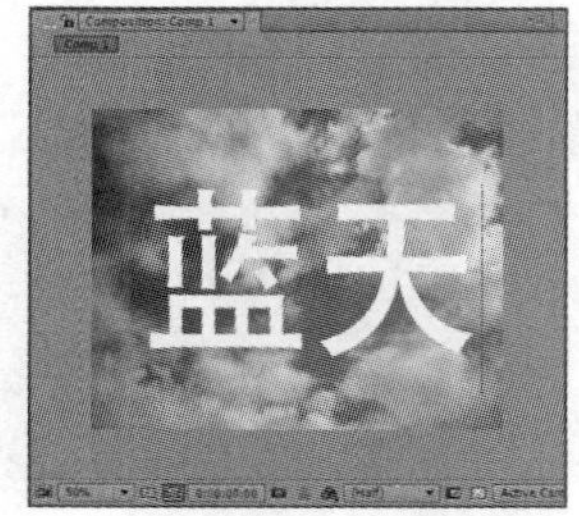

图 2-15

单击文字层，可以对文字进行更多的编辑，在 Character 面板中可以定义文字的字体、字号以及颜色等属性，如图 2-16 所示。

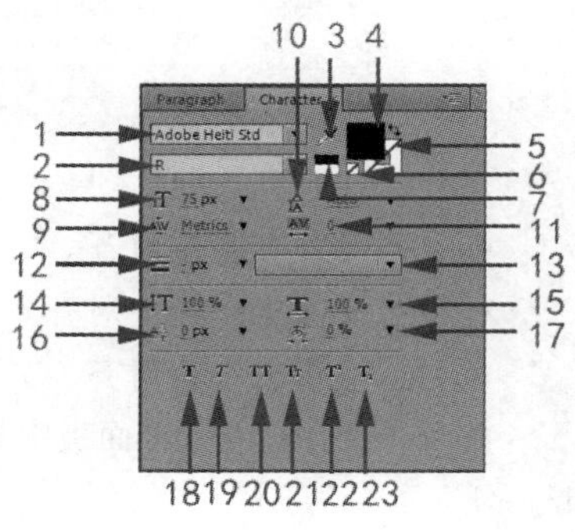

图 2-16

以下是对这些按钮功能的具体讲解。

- 1：设置文字字体（Font Family）。
- 2：Font Style，设置文字样式。
- 3：吸管，在界面的任何位置吸取颜色赋予文字 Fill Color（填充色）或 Stroke Color（边框色）。
- 4：定义 Fill color（文字填充色），单击可使用调色板进行颜色调节。

- 5：定义 Stroke Color（文字边框色），单击弹出调色面板，单击右上角的小箭头（Swap Fill and Stroke）可以快速在 Fill Color 和 Stroke Color 之间进行切换。
- 6：禁用文字填充或边框，注意这里只能禁用一项，禁用填充色（Fill Color）可形成空心文字效果。
- 7：快速定义黑色和白色。
- 8：改变文字字号大小。
- 9：设置两个字符间的距离。
- 10：文字为多行时，设置行距。
- 11：设置所选文字的间距。
- 12：设置 Stroke（文字边框）的宽度，值为 0 时看不到边框。
- 13：设置 Fill 和 Stroke 的覆盖模式，单击可弹出下拉列表，如图 2-17 所示。
  - Fill Over Stroke：Fill 覆盖于 Stroke 之上，可用于设置单个或多个字符。
  - Stroke Over Fill：Stroke 覆盖于 Fill 之上，可用于设置单个或多个字符。
  - All Fills Over Strokes：所有字符的 Fill 都覆盖于 Stroke 之上，用于统一设置所有文字。
  - All Strokes Over Fills：所有字符的 Stroke 都覆盖于 Fill 之上，用于统一设置所有文字。
- 14：垂直方向的文字缩放。
- 15：水平方向的文字缩放。
- 16：设置文字基线位置，也就是文字的初始位置。
- 17：设置所选文字的缩进范围。
- 18：单击设置文字加粗，再次单击可取消。
- 19：单击设置文字斜体，再次单击可取消。
- 20：将所有文字强制转化为大写，主要针对英文。
- 21：将所有文字转化为小字号的大写文字，主要针对英文。
- 22：设置文字格式为上标。
- 23：设置文字格式为下标。

还可以通过 Paragraph 面板定义文字的对齐方式，如图 2–18 所示。

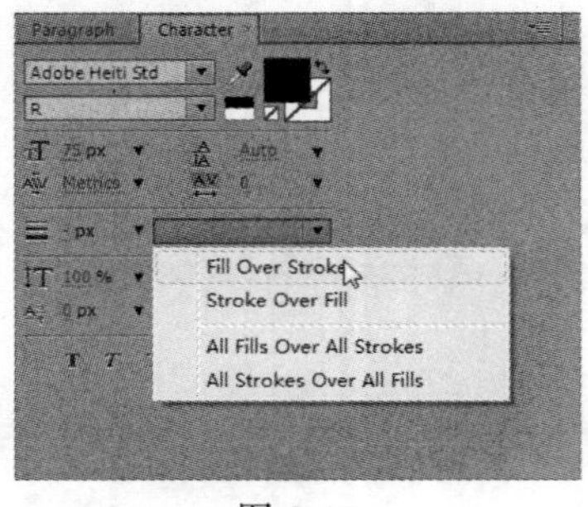

图 2-17

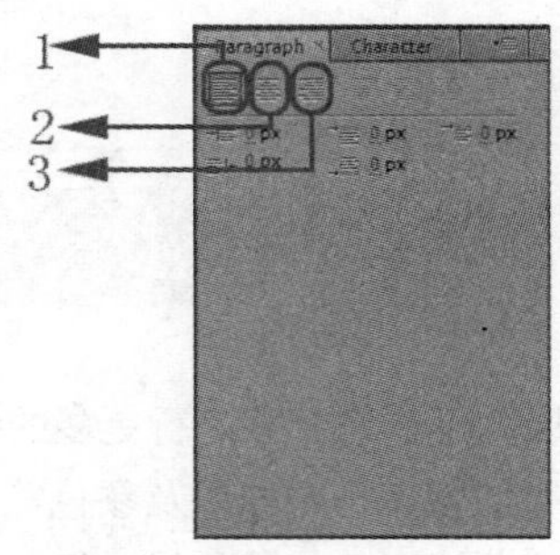

图 2-18

- 1：设置文字左对齐。
- 2：设置文字居中对齐。
- 3：设置文字右对齐。

此外，在 Paragraph 面板中看到还有其他一些细致调节的对齐方式，相对都比较简单，读者可以试一下。

2.6　创建合成图像和组织层

本节将简要讲解创建合成图像和组织层的基本知识，为读者进行本书后面知识点的学习打下坚实的基础。

2.6.1　创建合成图像

合成图像的作用是将一个或几个素材放到一起进行编辑和管理，After Effects 是一个开放性很好的软件，在 After Effects 中这些素材不受任何限制，可以是不同的格式、不同的尺寸、不同的来源，我们把这些素材合成到一起就创建一个合成图像，这个合成图像又可以作为一个素材进行再次合成和编辑。

STEP 1　用户可执行以下步骤之一：

- 打开 After Effects 后，在素材窗口下方单击【Create new Composition】按钮，如图 2-19 所示。
- 选择【Composition】|【New Composition】命令，如图 2-20 所示。

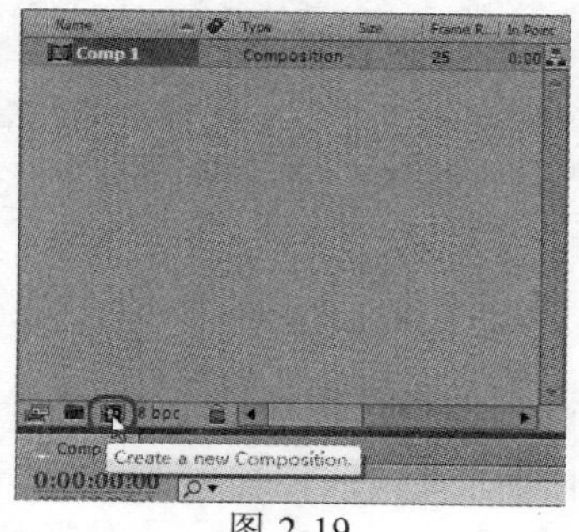

图 2-19

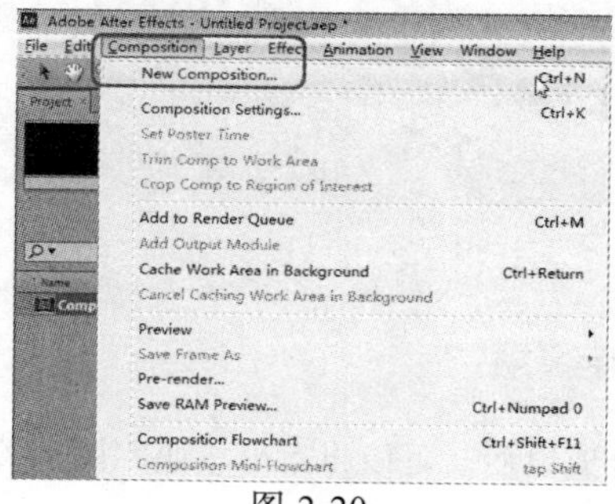

图 2-20

- 在素材窗口右击，在弹出的快捷菜单中键选择【New Composition】命令。
- 按【Ctrl + N】组合键。

执行第 1 步之后，弹出【Composition Settings】对话框，如图 2-21 所示。

STEP 2　在【Composition Name】区域修改合成名字，比如【Comp1】。

STEP 3　单击【Preset】下拉按钮，弹出下拉列表，如图 2-22 所示。选择 PaL D1/DV，720 × 576。这是目前标清电视的标准格式。

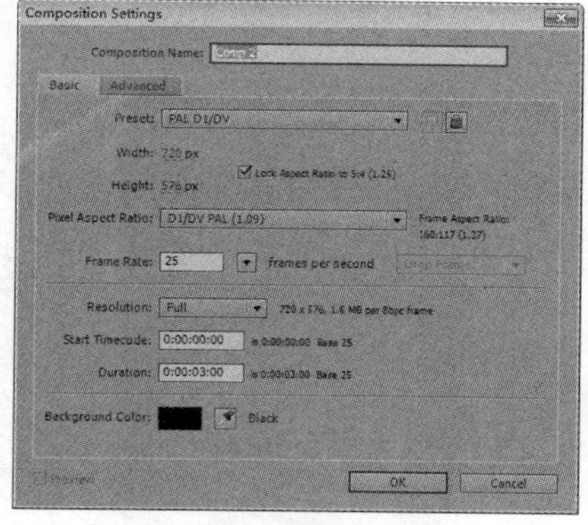

图 2-21

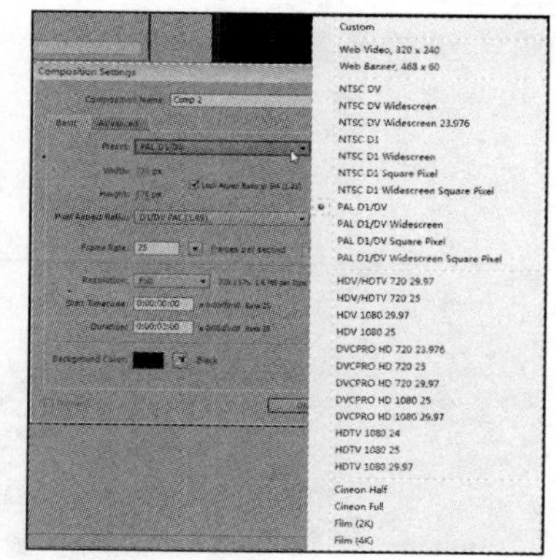

图 2-22

STEP 4　【Start Timecode】设置开始时间，【Duration】设置持续时间，也就是合成的长度。一般都以第 0 帧作为开始时间，如图 2-23 所示。

> **提示：**【Start Timecode】文本框中的 【0:00:00:00】分别对应：【时：分：秒：帧】。

STEP 5 设置完成后单击【OK】按钮。这样就创建一个新的合成。如图 2-24 所示，在素材窗口会显示【Comp1】，视口区域原来的灰色也会变为黑色，在时间线上左边也会显示【Comp1】。

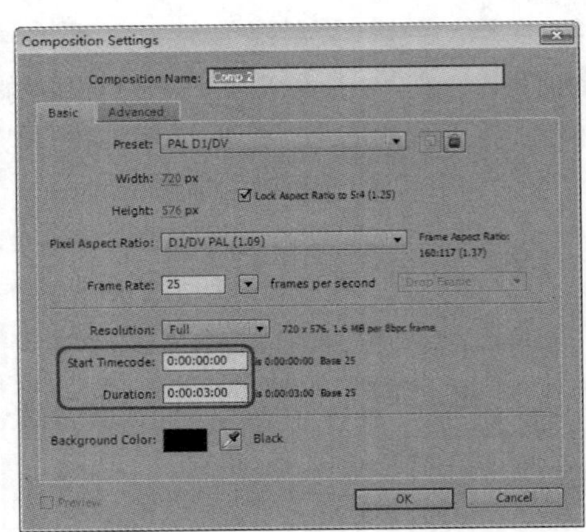

图 2-23

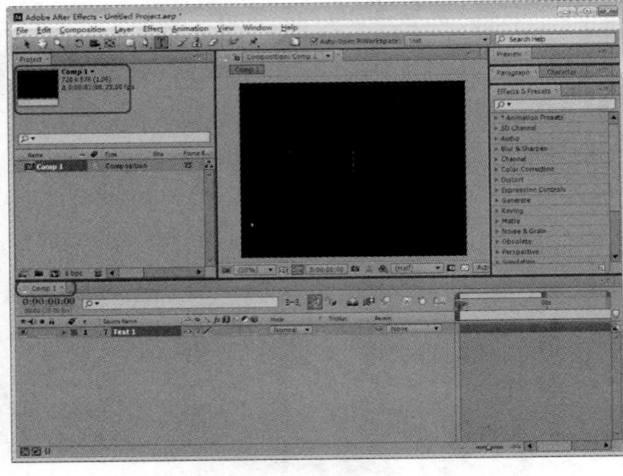

图 2-24

2.6.2 组织层

创建合成以后，可以将素材按照不同的关系，添加到当前的合成中，准备进行各种编辑，我们把这个过程称为组织层。

现在已经创建合成文件，也导入了素材，为了便于管理，需要在素材窗口中新建一些文件夹，把它们进行分类整理。下面将介绍组织层的方法。

STEP 1 新建文件夹，新建文件夹有以下几种方法：

- 单击素材下方的【Create a New Folder】按钮，如图 2-25 所示。
- 选择【File】|【New】|【New Folder】命令，如图 2-26 所示。
- 在素材窗口中右击，在弹出的快捷菜单中选择【New Folder】命令，如图 2-27 所示。

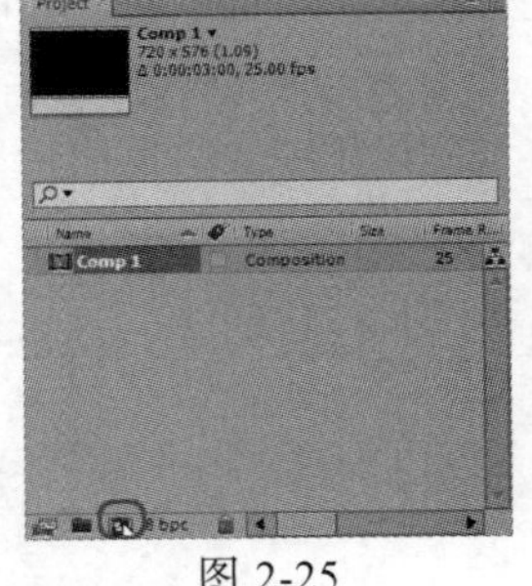

图 2-25

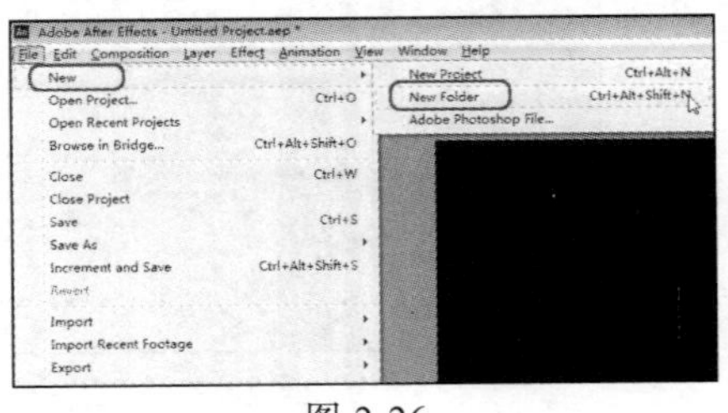

图 2-26

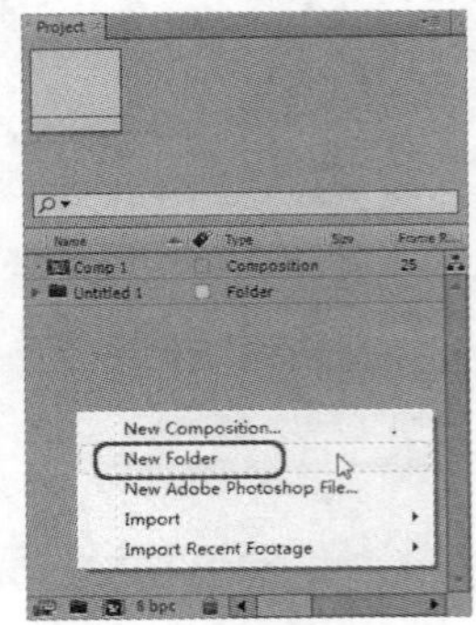

图 2-27

- 按【Ctrl+Alt+Shift+N】组合键，即可新建一个文件夹

STEP 2　创建了一个新文件夹之后，首先选择文件夹，然后按【Enter】键为文件夹重新命名。在这里创建一个名为【素材】和一个名为【合成】的两个文件夹。把导入的素材和合成文件分别拖到相应的文件夹中，例如，选择一个合成文件，将其拖动至【新建的合成】文件夹上，以便于管理。当选择的合成文件与文件夹都呈灰色状态下，释放鼠标即可将合成素材放置在新建文件夹内。单击图标前面的箭头或双击图标可以打开或关闭文件夹。

> **提示：** 在素材窗口中进行素材整理的操作，并不影响最终编辑效果。

STEP 3　选择素材并将其拖放到时间线上，这时监视窗口就会显示当前素材，如图 2-28 所示。

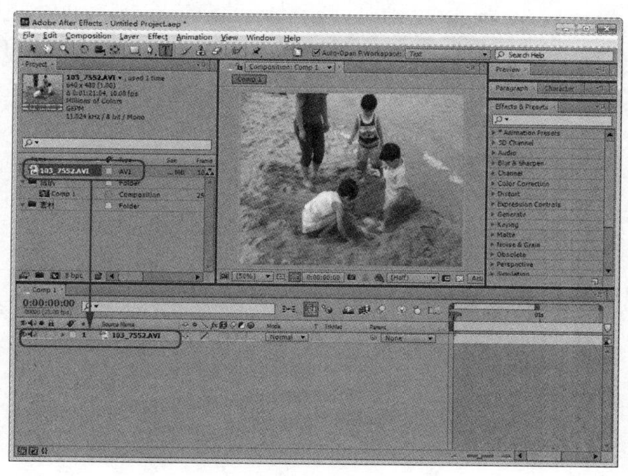

图 2-28

如果需要为当前合成添加更多的素材，可以继续重复上述操作，也可以将多个素材一起拖放到时间上，这样即可一次将多个素材添加到当前合成中。当素材添加到合成中后就被称为图层。

> **提示：** After Effects 中的图层与 PhotoShop 一样，也遵循一样的层级关系，时间线上层的素材遮挡下层素材。如果上层素材带有 Alpha 通道或透明信息，则可以在监视窗口里同时显示多层素材。

在开始创建合成时并没有修改持续时间，所以当前的合成长度是默认的 30 帧，可是在当前时间线上显示的刻度并不是帧，可以在按住 Ctrl 键的同时单击【Ctrl-click for-alternate-display-style】可以切换时间显示方式，如图 2-29 所示为【帧】的显示方式。该区域一直显示当前时间。

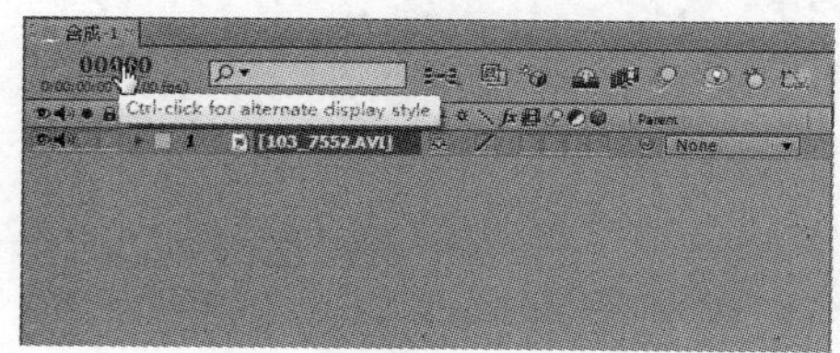

图 2-29

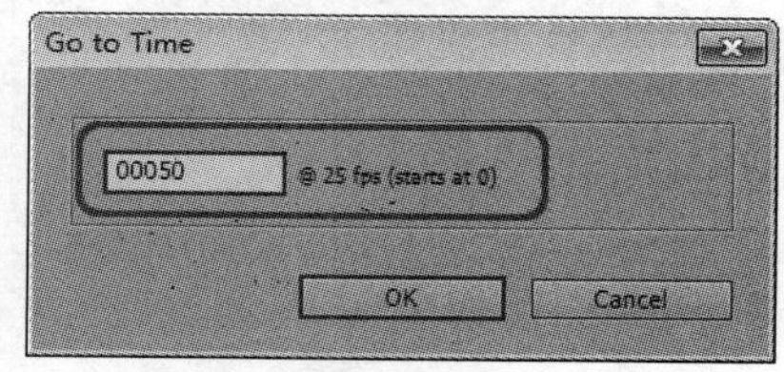

图 2-30

在时间线的两端各有一个蓝色的点，我们称为合成开始点和结束点，这个合成文件中所有的层都只在开始点和结束点之间显示，如图 2-31 所示。

在层上也能看到两个点，将鼠标放到两个点位置上时变成双向箭头，这时左右拖动即可改变层开始点和结束点的位置，如图 2-32 所示。

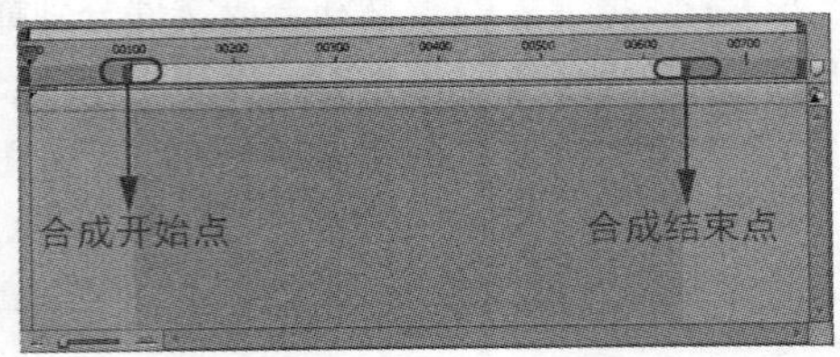

图 2-31

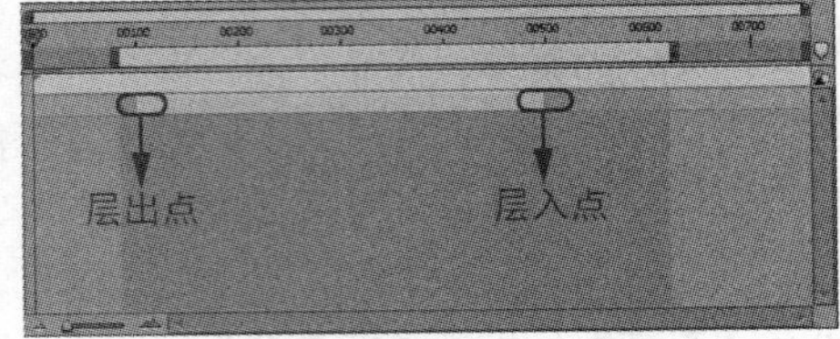

图 2-32

图层只有在入点和出点之间才能在视口中显示，所以入点和出点的位置也就定义了当前图层的长度。

提示：选择层或素材，配合快捷键【Ctrl + D】可以复制层或素材。After Effects 中【Ctrl + C】复制、【Ctrl + V】粘贴的组合和【Ctrl + D】都可以实现复制操作。

在时间线窗口选择层上下拖动可以改变其上下层关系，也可以使用快捷键。

- 【Ctrl + [】：使层下移一层。
- 【Ctrl + Shift + [】：使当前层移至最下层。
- 【Ctrl +]】：使当前层上移一层。
- 【Ctrl + Shift +]】：使当前层上移至最上层。

2.7 添加特效

我们常常会在电视、电影或其他媒体看到各种各样的特效，如各种广告、武侠电视、各种游戏以及网页上的动画等，在 After Effects 中也能够将这些特效实现，After Effects 在特效方面有着很卓越的表现。现在我们来学习如何在 After Effects 中使用特效。

在 After Effects 中使用特效很简单，比如要为当前层添加一个【Simulation】下的【Caustics】特效，那么首先需要在特效面板中选择所需的特效，然后再将其拖放到目标层上即可，如图 2-33 所示。

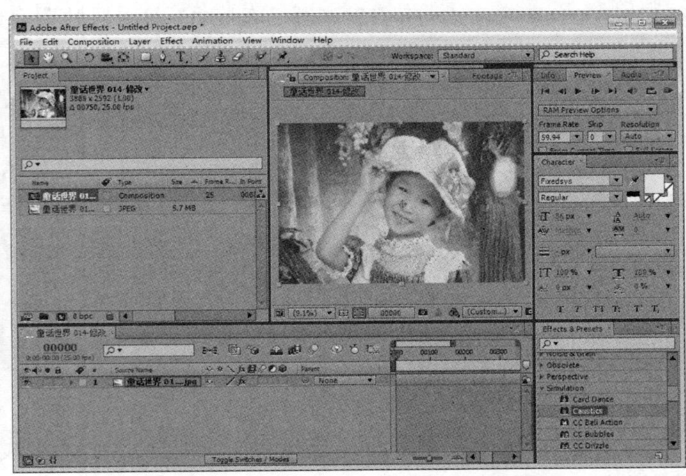

图 2-33

这时会发现监视窗口显示原来的图像上出现了一层淡蓝色的蒙版，这就是添加了【Caustics】特效之后所产生的效果。而且在添加特效后会发现原来的素材窗口被一个【Effect Controls】（特效控制窗口）所替代。窗口里的各项数值就是当前【Caustics】特效的控制项，调节这些数值和选项会有不错的效果出现。

After Effects CS 6 软件本身提供了相当多的特效，可供在编辑素材时选择使用，我们可以同时为一个层添加两个甚至多个特效，这些特效会相互影响，以产生更复杂和更完美的效果。比如，可以重复前面添加特效的步骤，再为当前层再添加一个【CC Ball Action】特效，这时会看到更为复杂的效果，同时【Effect Controls】窗口中又多了一项【CC Ball Action】的特效控制项，如图 2-34 所示。

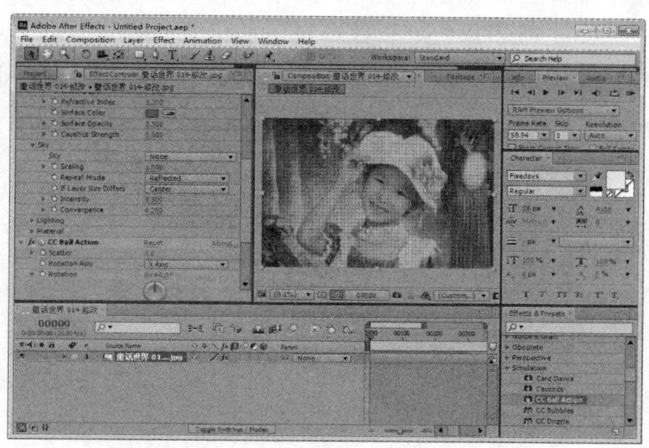

图 2-34

在为一个层添加了多个特效之后，后来添加的特效会作用于之前添加的特效。

2.8　常用层属性设置

在时间线面板中，每个层都有相同的基本属性设计，包括层属性的修改、图层的叠加模式、应用图层样式，这些常用层属性是进行动画设置的基础，也是修改素材比较常用的属性设置。

2.8.1　修改图层属性

在 After Effects 的图层中，软件已经为其定义一些默认的属性，其中包括位置、缩放及透明度等，单击图层前面的小箭头，可以打开或收起卷展栏以查看这些属性，改变这些属性可以影响图层，以产在不同的效果，如图 2-35 所示。

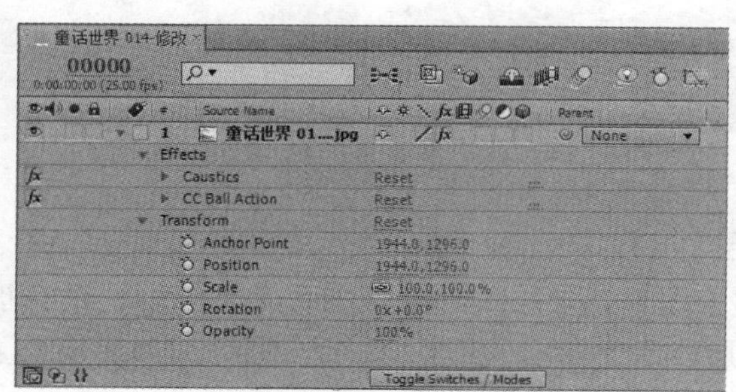

图 2-35

提示：将鼠标放到一个数值上，左右拖动可以动态改变数值的大小。单击该数值可以直接输入数值。

2.8.2 图层叠加模式

除了这些常规属性外，还有另一个很重要的图层属性就是图层的叠加模式。在合成一个镜头时往往不止需要一层，可能会用到好多层，需要将它们按上下层的关系排列起来，叠加到一起才会形成最终的一帧图像，那么层与层之间的叠加有时并不只是半透明的关系，所以需要对它们应用更多的图层叠加模式。After Effects CS6 软件也提供了相当多的叠加模式，在首先需要调出叠加模式面板：在时间线上右击，在弹出的快捷菜单中选择【Columns】|【Modes】命令，如图 2-36 所示。

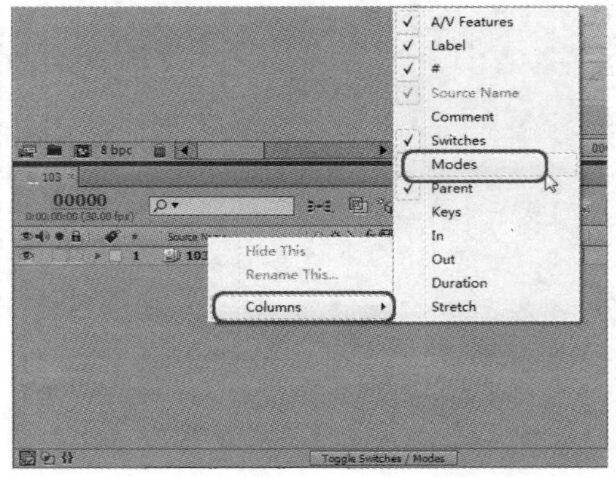

图 2-36

接下来任意导入两段视频或图片作为素材，并将其拖入时间线窗口，在这里使用了如图 2-37 所示的两张图片作为素材。

图 2-37

现在可以看到上下两层，并且在 Mode 区域的叠加模式以 Normal 显示，在 Normal 区域单击，在弹出的菜单中选择【Add】命令，如图 2-38 所示。执行完该命令后，我们可以看到整体图像变亮，如图 2-39 所示。该效果是图层的叠加作用。图层叠加模式都是上层作用于下层，而下层改变叠加模式不会影响到上层，同样也不影响最终结果。

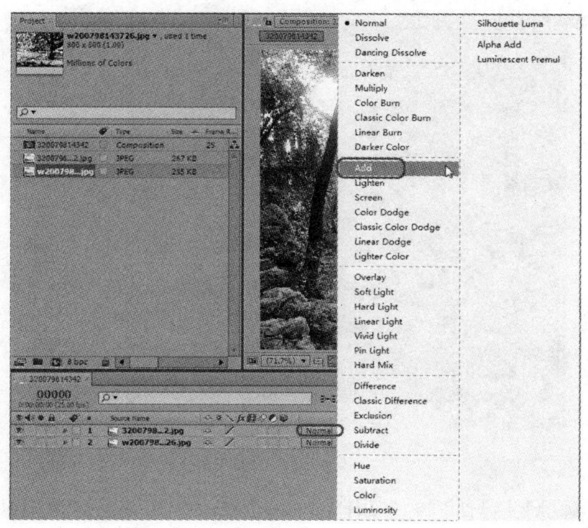

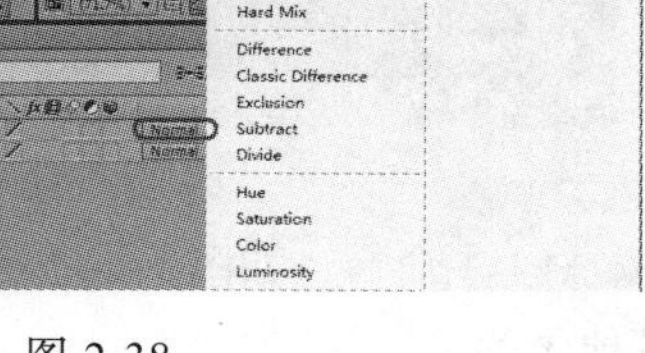

图 2-38　　　　　　　　　　　　　　　　　　图 2-39

2.8.3　应用图层样式

在 Photoshop 或者其他平面或食品类软件中我们都用过图层样式，比如对文字或图层做一些投影、描边之类的样式，在 After Effects CS6 中也包含新增图层样式，我们可以应用为文字添加内发光、外发光及投影之类的图层样式，既方便，效果也很好。

STEP 1　按【Ctrl+N】组合键，打开新建对话框，在该对话框中单击【Background Color】右侧的颜色块，如图 2-40 所示。

STEP 2　在弹出的【Background Color】对话框中选择一种红色，其 RGB 值为 160、15、15，如图 2-41 所示。

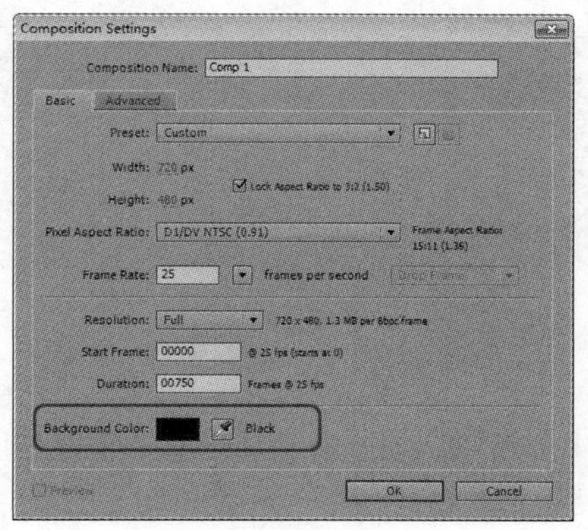

图 2-40

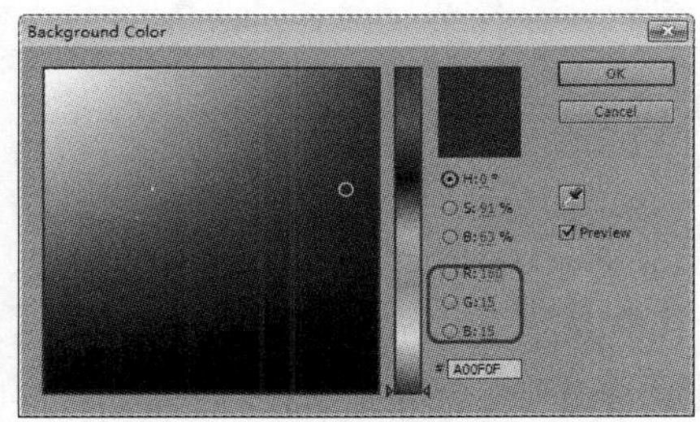

图 2-41

STEP 3　设置完成后单击【OK】按钮。返回【Background Color】对话框中，在该对话框中单击【OK】按钮即可。

STEP 4　在时间线窗口中右击，在弹出的快捷菜单中选择【New】|【Viewer】命令，如图 2-42 所示。

STEP 5　此时在时间线中即会创建一个文字层，在合成面板中输入文本内容，如微笑，如图 2-43 所示。

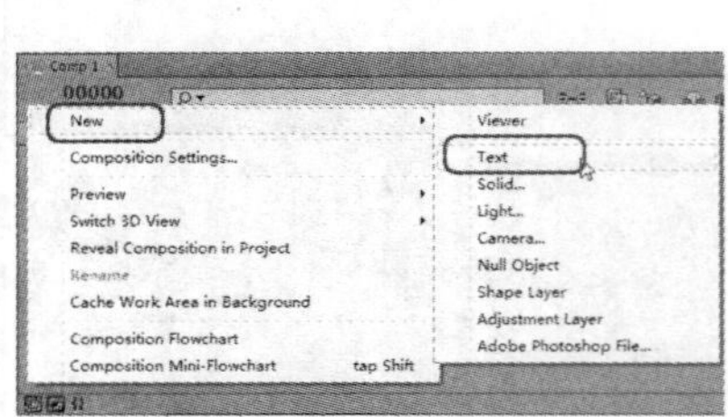
图 2-42

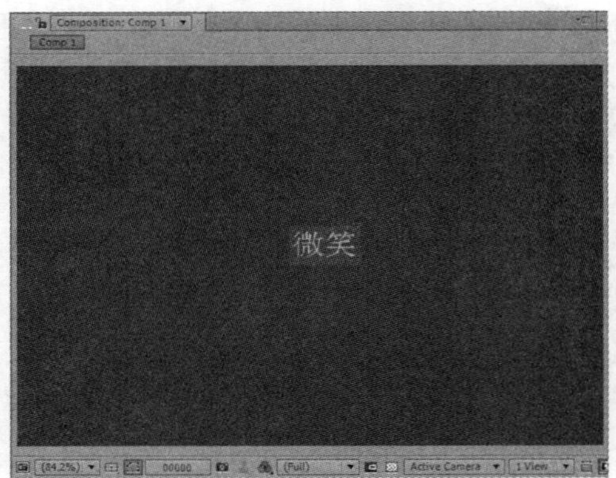
图 2-43

STEP 6 选择【Layer】|【Layer Styles】|【Show ALL】命令，如图 2-44 所示。此时在新建的文字图层下方便会出现其相应的属性，单击箭头展开其他子菜单，如图 2-45 所示。

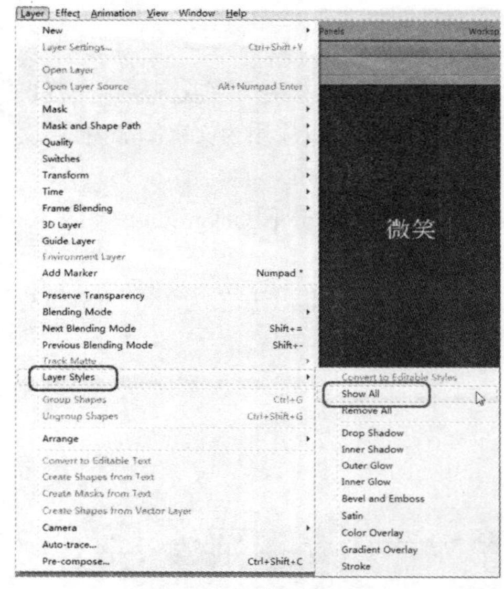
图 2-44

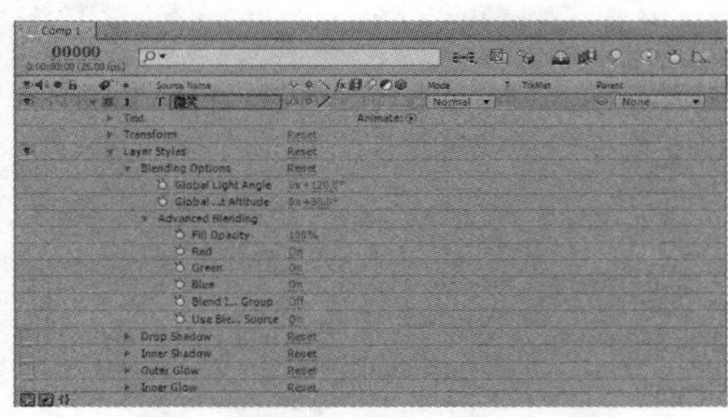
图 2-45

接下来来了解它们的具体功能和控制项。

• Blending Options（混合模式设置），该选项组中的参数所调节的全局设置，也就是说，控制所有图层样式对当前图层的影响，如图 2-46 所示。

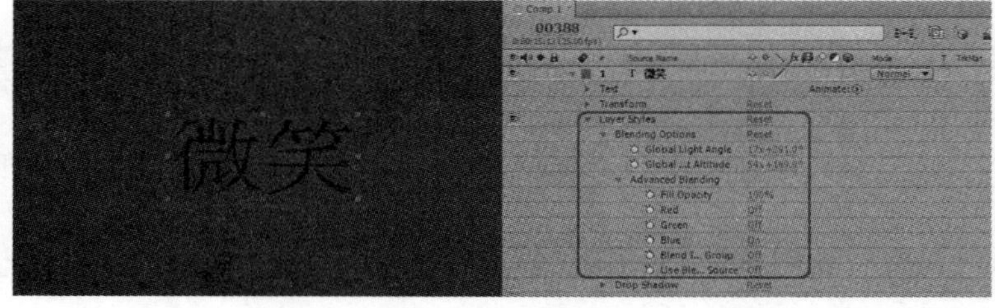
图 2-46

- Global Light Angle（全局灯光的投射角度），没有灯光的投射就不可能会产生阴影，在这里模拟了全局灯光，该选项控制着全局灯光的角度。
- Global Light Altitude（全局灯光的高度），也就是离被照射对象的距离。

● Advanced Blending：高级混合。

- Fill Opacity：控制图层本身的透明度，比如，该图层应用了投影效果，此项数值只控制图像本身的透明度，而不影响其他阴影的效果。
- Red（红色），控制红色通道在图层本身是不是被应用，【ON】为开启应用，【OFF】为关闭，当关闭时图像本身将失去红色。
- Green（绿色），控制绿色通道在图层本身是不是被应用，【ON】为开启应用，【OFF】为关闭，当关闭时图像本身将失去绿色。
- Blue（蓝色），控制蓝色通道在图层本身是不是被应用，【ON】为开启应用，【OFF】为关闭，当关闭时图像本身将失去蓝色。
- Blend Interior Styles as Group：是否对群组对象应用图层样式。
- Use Blend Ranges for Source：是否使用当前图层作为图层样式的作用源。

● Drop Shadow（投影），会在当前图层的边缘产生一种被灯光照射而产生阴影的效果，在影视合成中阴影是表现物体质感的重要手段，如图 2-47 所示。

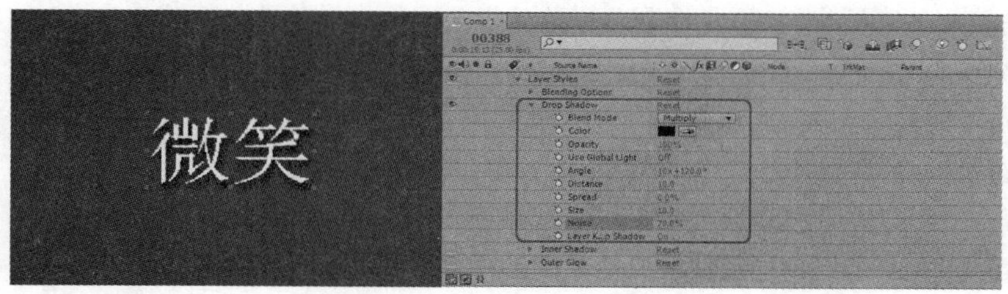

图 2-47

- Blend Mode（混合模式），控制着当前效果与图像本身的叠加模式，与图层叠加模式一样，有关问题参考图层叠加模式一章。
- Color（颜色），控制投影的颜色，可以是红色，也可以是其他任意颜色。
- Opacity（透明度），控制着当前投影效果的透明度。
- Use Global Light：是否应用全局光设置，如果开启，那么前面的全局光设置将对本效果产生影响。
- Angle（角度），控制阴影投射的角度。
- Distance（距离），控制阴影到实体之间的距离。
- Spread（散布），阴影的散布程度，也就是阴影覆盖的区域大小。
- Size（阴影大小），此项数值越大阴影就越大，但同时也就越淡，越柔和。
- Noise（噪波），默认的阴影看起来很平整，加大此项数值可使阴影看起来有一些不规则分布杂色。
- Layer Knocks Out Drop Shadow：此项控制阴影是不是在图层区域的下面产生，默认为关闭，也就是阴影只在边缘产生，如果开启则在图层下方也会产生阴影。

● Inner Shadow（内部阴影），开启将产生中心凹陷的效果，具体控制项与 Drop shadow 一样，可参照 Drop Shadow，如图 2-48 所示。

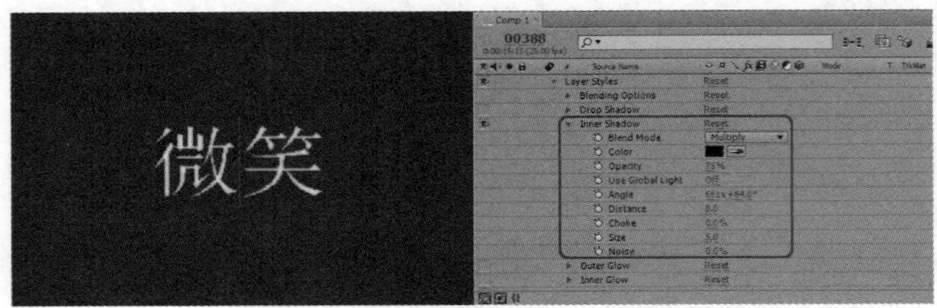

图 2-48

- Outer Glow（外发光），开启此项将在图层边缘外生成一层淡淡的光晕，如图 2-49 所示。

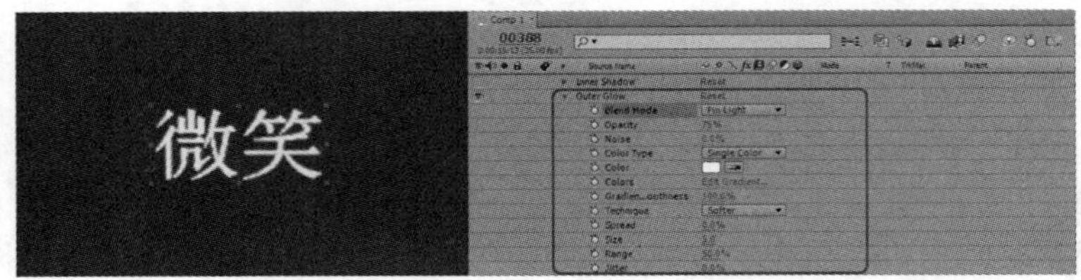

图 2-49

 - Blend Mode（混合模式），控制着当前效果与图像本身的叠加模式。
 - Opacity：光晕的透明度。
 - Noise（噪波），加大此项数值会在光晕的位置产生一些杂点。
 - Color Type（颜色方案），Single Color，单色。Gradient，渐变色。
 - Colors：单击弹出色彩编辑面板，进行渐变色的编辑。
 - Gradient Smoothness：控制渐变色之间的平滑度。
 - Technique：该选项从字面理解是技术方案，事实上它提供了两个阴影控制类型，Precise，精确控制，阴影的精确度较高。Softer，柔和，该选项产生的阴影较为柔和自然。
 - Spread（散布），光晕的散布程度，也就是其覆盖区域大小。
 - Size（大小），值越大光晕越大，但是光晕也越淡。
 - Range（区域），光晕产生区域的调节，值越大光晕越柔和，值越小光晕也越明显。
 - Jitter（跳动值），值越大光晕效果越趋于不规则。
- Inner Glow（内发光），在图层内部产生发光效果，具体控制项与 Outer Glow 一样，可参照 Outer Glow，如图 2-50 所示。

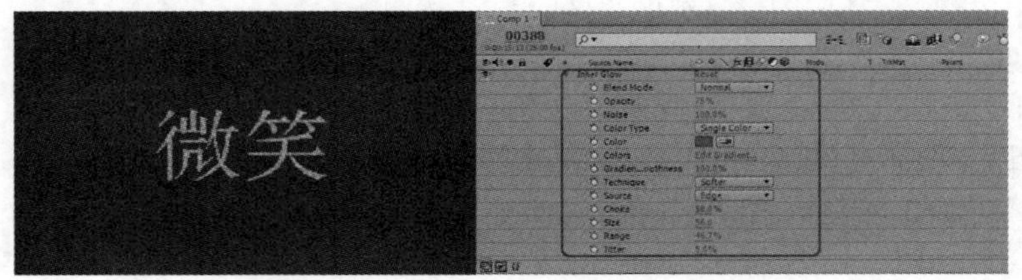

图 2-50

- Bevel and Emboss：倒角和浮雕效果，如图 2-51 所示。

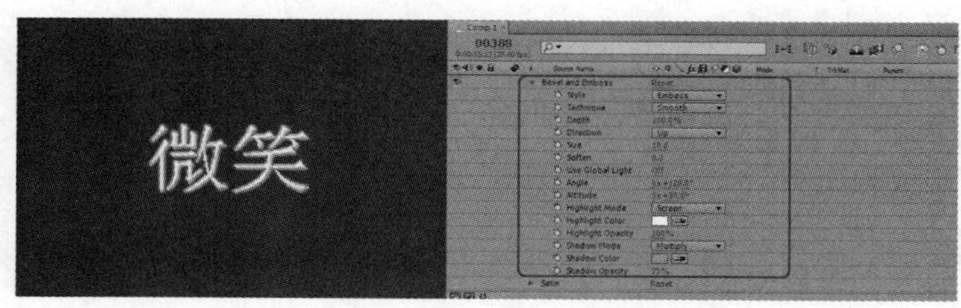

图 2-51

- Style：样式，控制倒角浮雕的样式。
  Outer Bevel：向外部进行倒角。
  Inner Bevel：向内部进行倒角。
  Emboss：基本浮雕效果。
  Pillow Emboss：枕状浮雕效果。
  Stroke Emboss：描边浮雕效果。
- Technique：控制边缘的光滑类型。
  Smooth：光滑边缘。
  Chisel Hard：边缘产生清晰的雕刻效果。
  Chisel Soft：边缘产生软化的雕刻效果。
- Depth：倒角和浮雕的深度。
- Direction：浮雕方向；Up，向上凸起；Down，向下凹陷。
- Size：浮雕大小。
- Soften：整体柔化程度。
- Use Global Light：是否应用全局灯光设置。
- Angle：灯光投射角度。
- Altitude：灯光高度。
- Highlight Mode：高光与当前图像的叠加模式。
- Highlight Color：高光颜色，一般来讲是白色，但是，比如一些有色玻璃的表面所产生的高光，或是不同颜色的灯光也会产生其他颜色的高光。
- Highlight Opacity：高光的透明度。
- Shadow Mode：阴影部分与当前图像的叠加模式。
- Shadow Color：阴影颜色。
- Shadow Opacity：阴影的透明度。

- Satin：绸缎，产生一种明暗过渡的类似布料的效果，如图 2-52 所示。

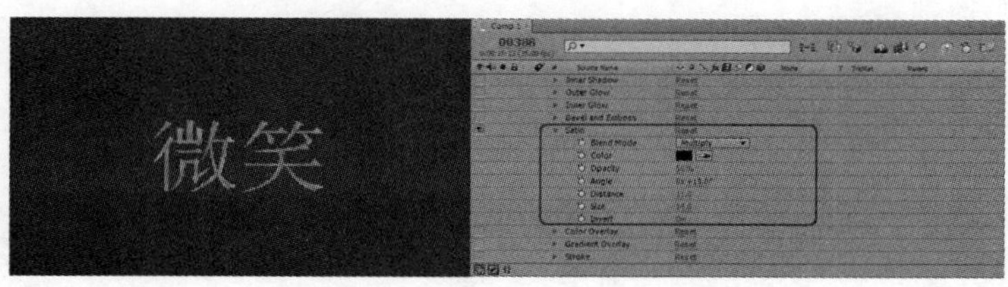

图 2-52

- Blend Mode：混合模式。
- Color：定义颜色。
- Opacity：当前效果的透明度。
- Angle：控制当前效果的产生角度。
- Distance：距离。
- Size：所产生图案的大小。
- Invert（反转），将颜色进行反转显示。

- Color Overlay：颜色叠加，使整体图像偏于一种颜色，如图 2-53 所示。

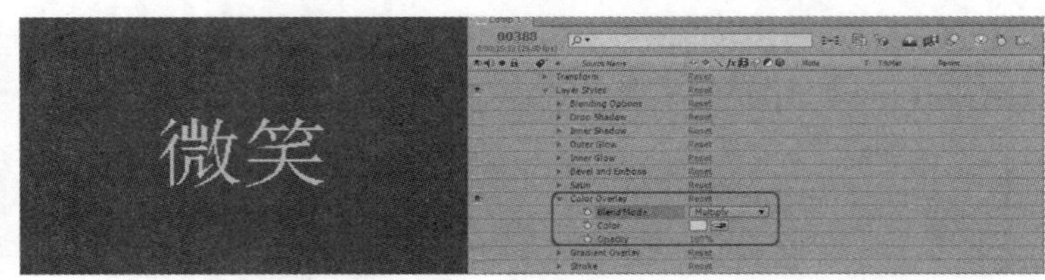

图 2-53

- Blend Mode：混合模式。
- Color（颜色），决定图像将哪个色调作为当前色调。
- Opacity（透明度），也就是控制当前颜色对整体图案的影响程度。

- Gradient Overlay：渐变叠加，使图像可偏于我们所定义的渐变色显示，如图 2-54 所示。

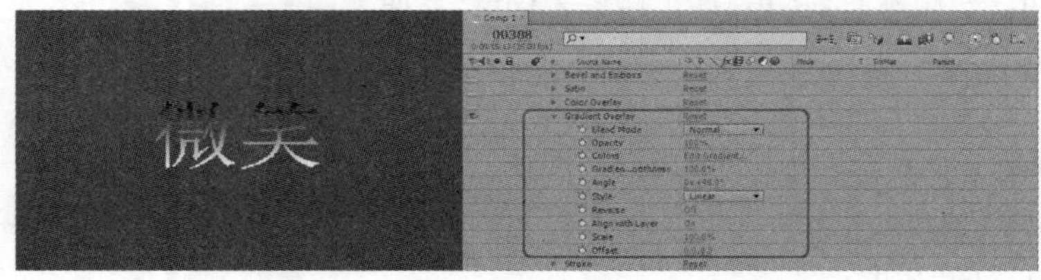

图 2-54

- Blend Mode：混合模式。
- Opacity（透明度），也就是影响程度。
- Colors：编辑渐变样式。
- Gradient Smoothness（渐变柔和度），该选项数值越大，色彩之间的过渡越自然、柔和。
- Angle（角度），渐变角度。
- Style（渐变类型），有以下几项选项。

  Linear：线性渐变。

  Radial：径向渐变。

  Angle（角度渐变），渐变从一中心一个角度进行延伸。

  Reflected（反射渐变），也就是镜像渐变。

  Diamond（钻石渐变），一种产生菱形图案的渐变方案。
- Reverse（反转），对渐变方向进行反转。
- Align with Layer：是否对齐到当前层。

    - Scale：缩放整个渐变图案。
    - Offset：整体偏移渐变图案。
- Stroke：描边效果，如图 2-55 所示。

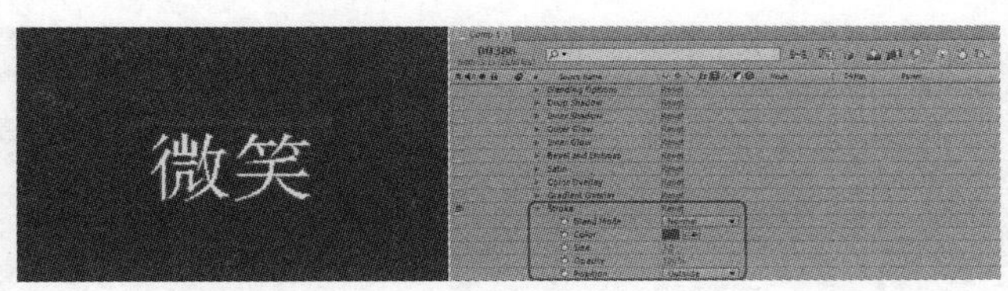

图 2-55

    - Blend Mode：混合模式。
    - Color：描边线的颜色。
    - Size：描边线的宽度。
    - Opacity：透明度。
    - Position：描边的位置，有以下几项选项。

      Outside（外部），也就在图层边缘的外部进行描边。

      Inside（内部），在图层边缘的内部进行描边。

      Center（中心），在图层边缘的中间位置描边。

提示：每项样式和每个层的前面都有个小眼睛一样的图标，单击该图标可以暂时关闭或开启该项，在 After Effects 中我们常常能看到【Reset】按钮，所有的【Reset】按钮作用都一样，就是使用该项参数返回初始值。

2.9　对合成图像进行动画处理

在 After Effects 中在不同的时间为图层或合成设置不同的属性，通过关键帧将其记录下来，然后在时间线上播放即可看到相应的动画。这也是动画形成的原理。在现实的动画制作中，图层属性的动作是运用最多的。比如，一个物体从大到小的变化，或一个物体从一个点移动到另一个点，再或者一个人或动物从远处走来，诸如此类的动画都需要通过记录图层属性的关键帧来实现。在 After Effects 中几乎所有的数值都可以用来记录动画，我们需要深入了解在 After Effects 中进行动画记录和调节的方法。

如图 2-56 所示，在每组图数值前都有一个【小钟表】样子的按钮，该按钮是用于控制动画和记录动画的。按下该按钮我们对该项所做的任何更改都可以被记录成为动画。

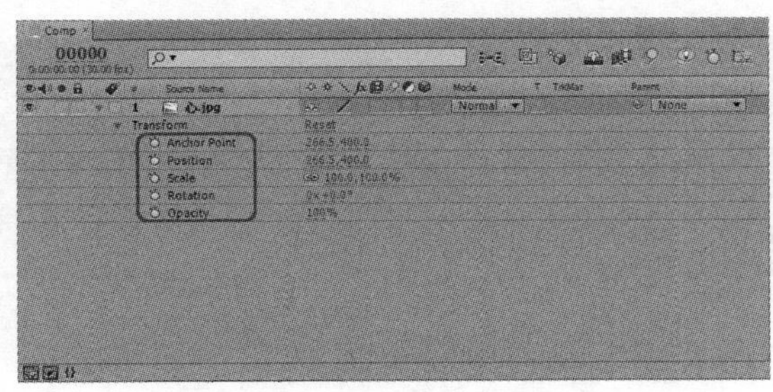

图 2-56

当打开【动画记录开关】时，会发现在相应的调节项之前会出现一个点，该点为【关键帧】。处于激活状态下的关键帧为黄色，如图 2-57 所示。再次单击【动画记录开关】会关闭动画记录，同时【关键帧】也会被删除。

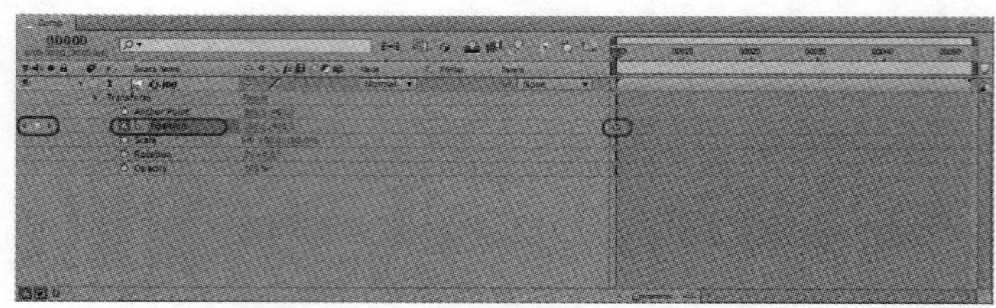

图 2-57

接下来通过制作一个简单的小动画来熟悉动画的记录方式。

STEP 1 导入一幅图像，拖动时间轴到第 0 帧位置，并打开各项属性的动画记录。这样每项属性都会在第 0 帧的位置自动记录一个关键帧，如图 2-58 所示。

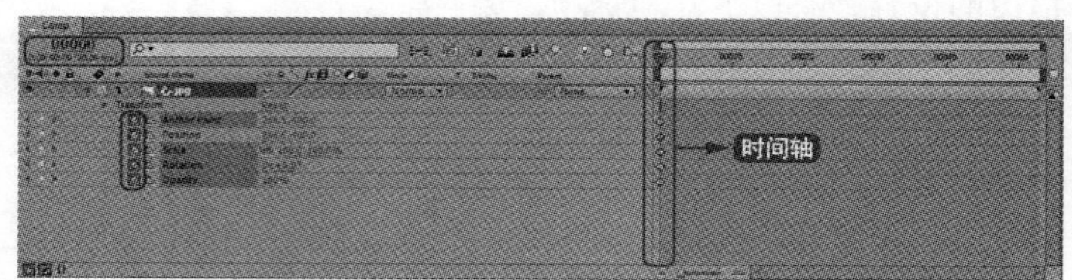

图 2-58

STEP 2 这时调节各项属性的数值，将当前层移动到最左边移出视口，并通过缩放属性将其缩小到 5%，通过旋转属性将其逆时针旋转一周，透明度属性也调节为 0，各项具体数值如图 2-59 所示。

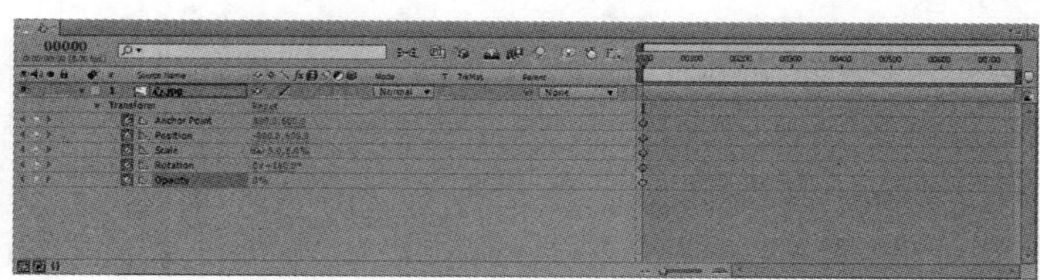

图 2-59

STEP 3 将时间轴移动到第 50 帧的位置，并调节各项属性的数值。参考图 2-60 所示。

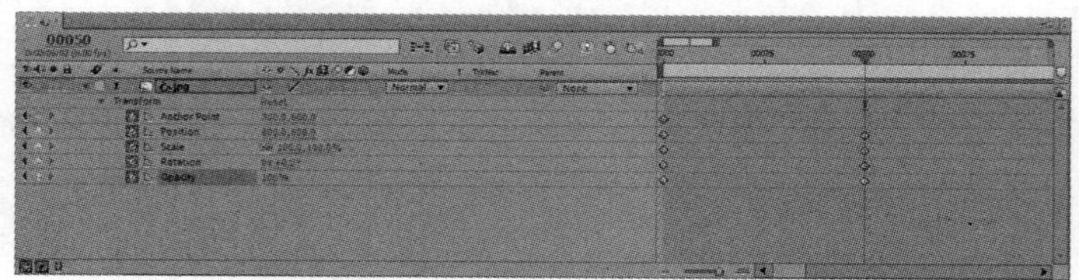

图 2-60

至此，一个简单的动画就制作完成，按小键盘上的【0】键预览观看动画。我们可以看到当前图层从最左右动画，并带有旋转、放大和透明度的动画。图 2-61 所示为动画中的一帧和最终的时间线关键帧的情况（黄色线框内），我们可以拖动时间轴随意观看动画。

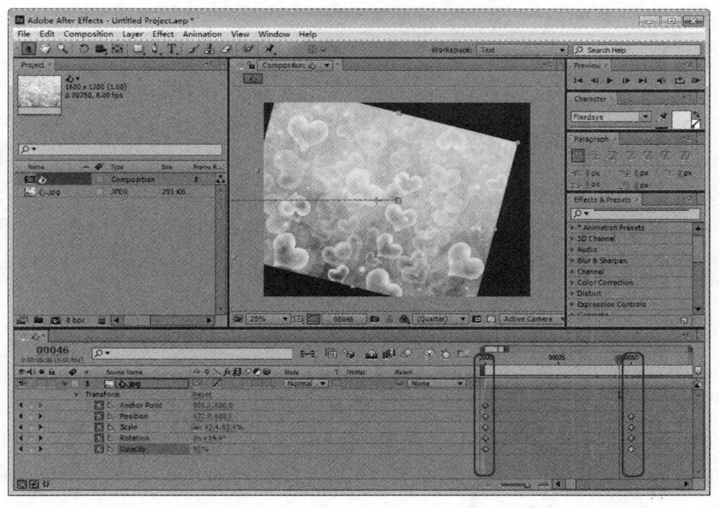

图 2-61

提示：为图层记录了动画之后不要随便关闭动画记录，否则所有的动画都会被删除。万一不小心操作失误，可及时通过快捷键【Ctrl + Z】进行恢复。

2.10 播放和预览

当制作完成动画后并不能直接进行流畅的播放，需要先进行预览， After Effects 中的预览就是使用内存渲染动画，在预览完成后不仅可以流畅地播放动画，还可以随意在时间线上进行查看。图 2-62 所示为预览控制面板。

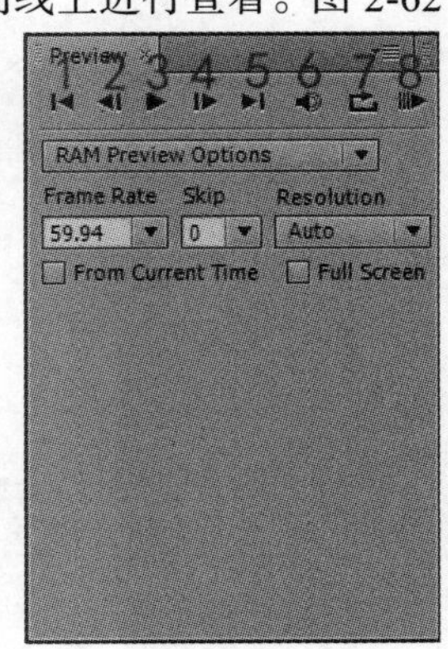

图 2-62

- 【1】：把时间轴移动到合成开始帧位置，通常是第 0 帧或第 1 帧。
- 【2】：时间轴向前偏移一帧。
- 【3】：播放动画。
- 【4】：时间轴向后偏移一帧。
- 【5】：把时间轴移动到合成结束帧位置。
- 【6】：素材带有音频信息时，该按钮就会生效，可以开启或关闭音频。
- 【7】：播放方式。单击可以切换，此播放模式分为【反复播放】、【只播放一次】、【循环播放】3 种，介绍如下。
  - 【反复播放】：正方向播放一次后倒放一次，来回反复。
  - 【只播放一次】：播放完毕之后停止。
  - 【循环播放】：播放完毕后再次播放，无须操作。
- 【8】：内存预览。

提示：按小键盘上的【0】键，也可以进行内存预览，按住【Shift】键的同时按小键盘上的【0】键，可以进行隔帧预览，默认为隔一帧。预览完成后时间线上会有一条绿线出现，该区域可以进行流畅播放，而没有经过预览的区域则会以灰色显示，如图 2-63 所示。

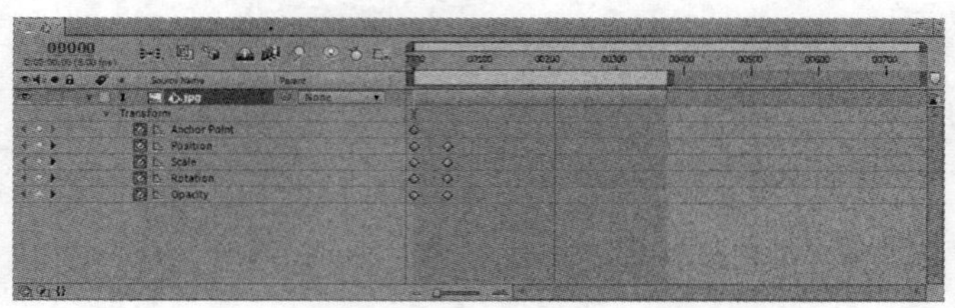

图 2-63

- RAM Preview Options：内存预览选项，默认预览所有帧，单击该选项，在弹出的下拉菜单中还有 Shift + RAM Preview Options 选项，选择该选项后预览方式为隔一帧渲染一帧。
- Frame Rate（帧速率），控制预览完成后的播放帧速率。
- Skip（控制隔帧预览），0 为逐帧预览，1 为隔 1 帧预览，5 为隔 5 帧预览一帧，也可以自由输入。
- Resolution（预览质量），持续单击此按钮，弹出下拉列表，如图 2-64 所示。
  - Auto（自动），软件会根据你的计算机配置进行自动分配。
  - Full（最高质量预览），以实际分辨率进行预览，但此项会占用更多的系统资源。
  - Half：以原分辨率的一半进行预览，使用此项用占用较少的系统资源。
  - Third：以原分辨率的 1/3 进行预览。
  - Quarter：以原分辨率的 1/4 进行预览。
  - Custom（自定义），选择该选项后，弹出如图 2-65 所示的对话框。

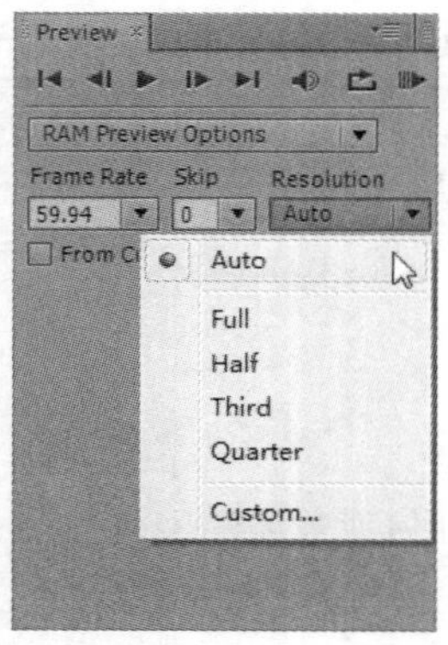

图 2-64

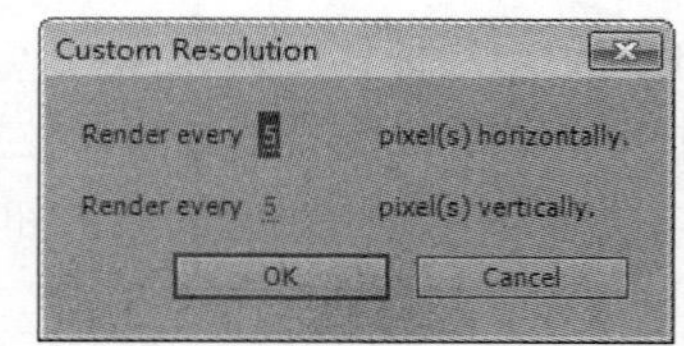

图 2-65

【Render every 5 pixel（s） horizontally】：水平方向上每 5 个像素点预览一次，可以自由输入，数值越大，占用次系统资源越少，质量也就越低。

【Render every 5 pixel（s） vertically】：垂直方向上每 5 个像素点预览一次，可以自由输入，数值越大，占用次系统资源越少，质量也就越低。

图 2-66 所示为各种分辨率的图像质量对比。

图 2-66

我们可以看到，分辨率越高图像越清楚，分辨率越低图像质量越次。

- 【From Current Time】：默认从工程起始位置开始预览，勾选该选项后会在时间轴所在时间位置进行预览。
- 【Full Screen】：勾选该选项后，预览时全屏显示。

提示：在预览动画时很可能会发生预览不完整的情况，比如一共 100 帧的动画，但是在预览时却只能预览 60 帧，这种情况是因为内存不足造成的，我们可以通过降低预览质量来预览更长时间的动画。

2.11 输出合成图像

动画制作完成且经过预览确定没有问题后，即可输出到不同的媒体进行播放。下面简单介绍输出的设置。

STEP 1　输出通常称为【渲染】的文件，渲染有以下几种方法，用户可执行以下操作之一：

- 选择【Composition】|【Add to Render Queue】命令。
- 按【Ctrl + M】组合键。

执行以上任意一种方法后，会弹出如图 2-67 所示的【Render Queue】面板。

图 2-67

接下来可以选择很多的格式，详细的选项我们会在本书后面的内容中进行详细讲解。这里只介绍简单的输出设置。

STEP 2 单击【Render Settings】后面的【Render Settings】按钮，即可弹出【Render Settings】（渲染面板）对话框，如图 2-68 所示。单击【Quality】后面的下拉按钮，选择【Best】，选择其渲染的最高质量，然后单击【Resolution】后面的下拉按钮，选择【Full】，选择渲染的全分辨率输出。设置完成后单击 【OK】按钮。

STEP 3 单击面板上【Output Module】后面的【Lossless】按钮，即可弹出如图 2-69 所示的格式设置面板。

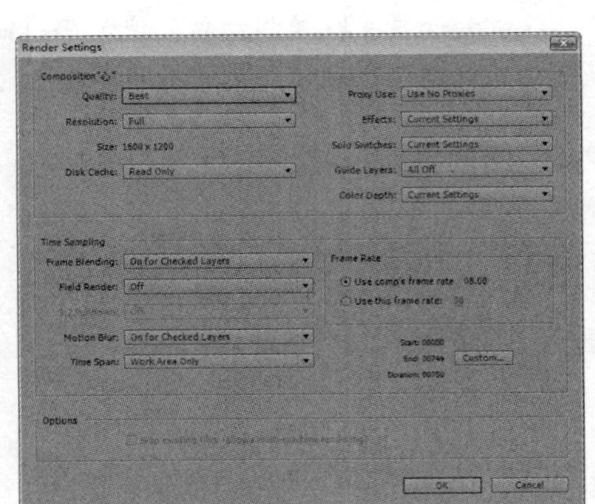

图 2-68

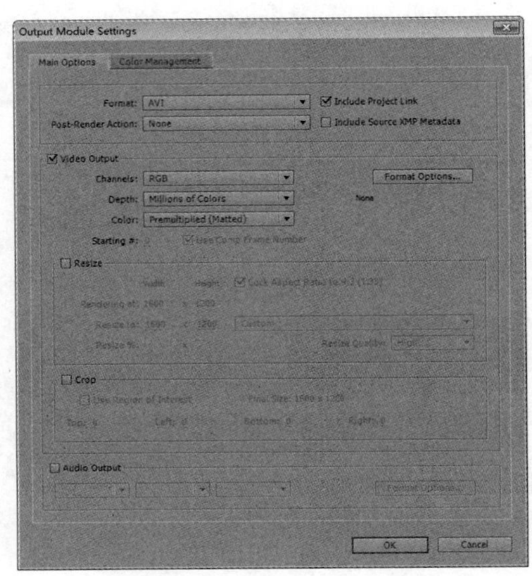

图 2-69

单击【Format】后面的下拉按钮选择格式，【AVI】格式是在 Windows 平台及大部分媒体上播放，所以通常输出【AVI】格式。在这里选择【AVI】选项，然后单击【OK】按钮即可。

STEP 4 单击【Output To】后面的按钮，弹出 【Output Movie To】对话框，如图 2-70 所示。在该对话框中为其设置正确的路径和名称，单击【保存】按钮即可。

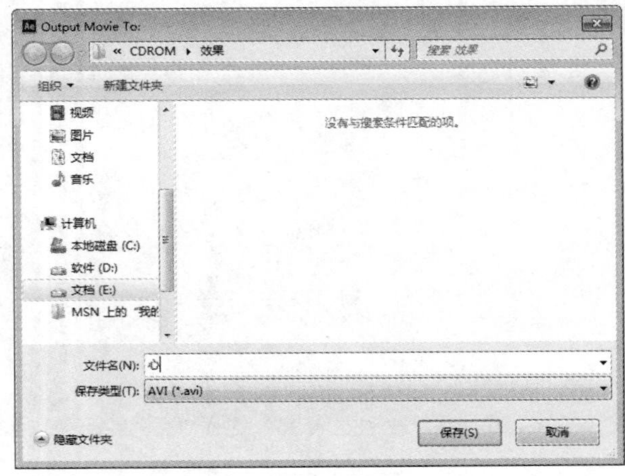

图 2-70

STEP 5　设置完成后单击最右边的【Render】按钮，开始渲染，在默认情况下，渲染完成后会有声音提示。

完成后，在相应的文件夹中找到导出的 AVI 文件，选择并使用正确的方法播放即可。

2.12　定制工作空间

每个人都有不同的工作及生活习惯，使用软件也一样，在 After Effects 中可以很方便地定制工作环境以适应每个人的使用习惯，After Effects CS6 提供了一些快速定制工作空间的方法，可以快速在不同的模式之间切换，在窗口上面工具栏最右侧有一个【Workspace】按钮，单击该按钮，弹出如图 2-71 所示的菜单。

- All Panels：显示所有面板。
- Animation：动画调节模式，更便于动画的设置和调整。
- Effects（特效调节模式），显示一些关于特效添加和调节的面板，更适合特效调节。
- Minimal（最小化模型），显示最少的面板，以方便单个面板的调节或观察。
- Paint（画笔调节模式），只显示一些与画笔相关的调节面板。
- Standard（标准模式），也就是 After Effects 初始的界面模型。
- Text（文字模式），显示一些文字调节和设置的面板。
- Undocked Panels（浮动界面模式），在 After Effects 7.0 之后，After Effects 采用固化的界面，而该选项可以返回类似 After Effects 6.5 之前的自由界面模式，所有的面板都可以自由移动。
- New Workspace（新工作模式），该选项可以将之前的工作界面模式保存为新的工作模式，以便于以后随时调用。选择该选项后，弹出如图 2-72 所示的【New Workspace】对话框。

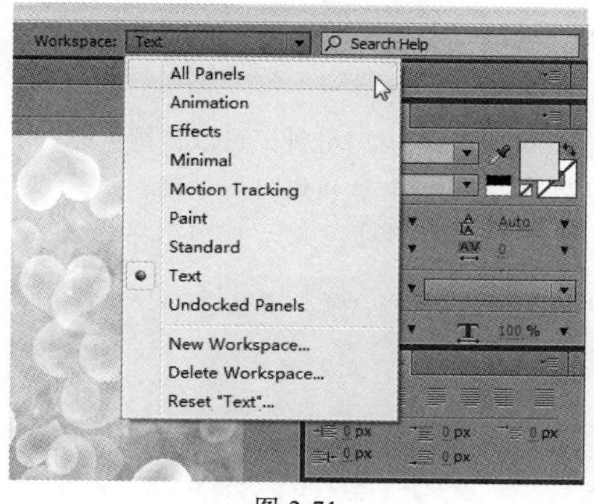

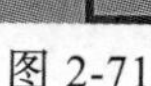
图 2-71

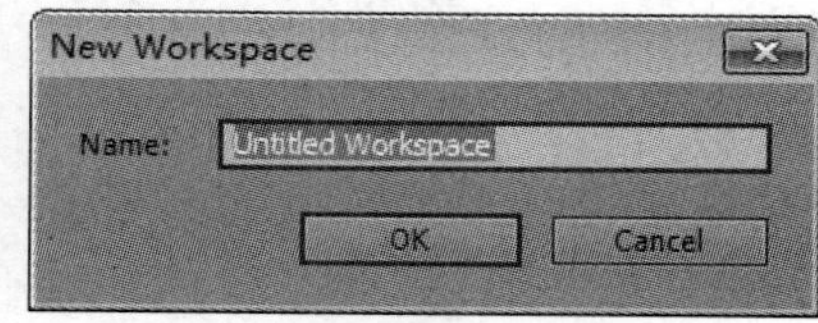

图 2-72

输入自定义的名字后即可保存起来，单击【Workspace】按钮可以选择调用。

- Delete Workspace：删除工作模式，选择该选项，弹出如图 2-73 所示的对话框，可以删除不用的工作模式。

选择相应的工作模型，单击【Delete】即可删除。

- Reset：重置工作界面，比如，对当前的工作模式进行一些调节，要返回原来的界面即可选择此项。选择该选项后，弹出如图 2-74 所示的对话框。

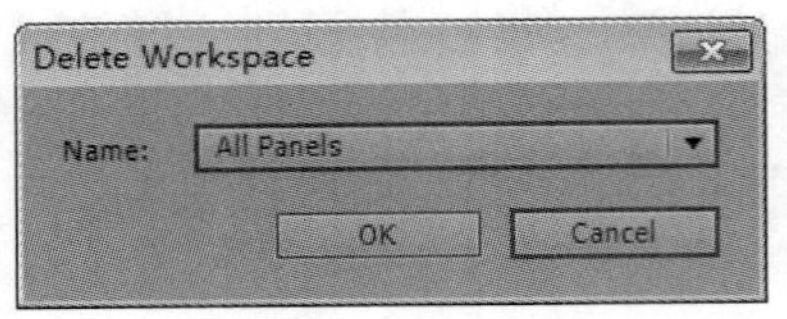

图 2-73

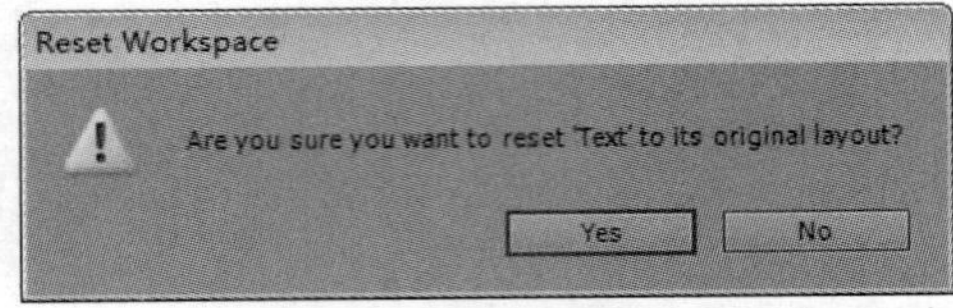

图 2-74

单击【Yes】按钮放弃改变，即可重置当前工作模式。

上面是一些快捷常用的工作模式定制方法，除此之外，还有另一些比较重要的设置需要了解，选择【Edit】|【Preferences】|【Auto-Save】命令，弹出如图 2-75 所示的【Preferences】界面，在该界面中可以设置自动保存。在工作时常常会出现因为内存不足引起死机或停电等突然发生的问题，而这时大多都来不及保存工程，而自动保存可以很好地解决这一问题。

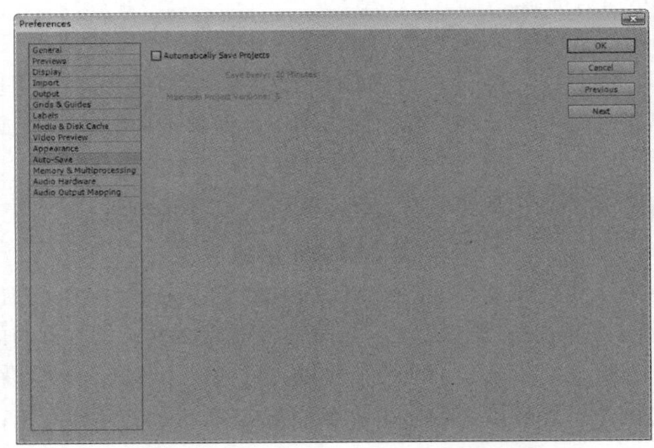

图 2-75

- Automatically Save Projects：勾选该复选框开启自动保存。
- Save Every 20:Minutes：每多少分钟保存一次，默认为 20 分钟，可以自行更改。
- Maximum Project Versions: 5：最大保存数量，默认为 5，可以自行更改。

选择【Appearance】，面板中的【Brightness】项可以调节界面亮度，如图 2-76 所示。

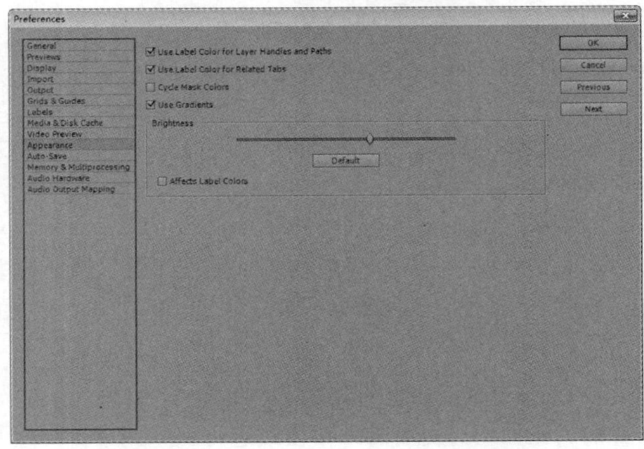

图 2–76

设定完成后单击【OK】按钮，此次操作便可被保存。

2.13　使用 After Effects 帮助和联机服务

After Effects CS 6 软件本身也提供了帮助文件及其他的一些帮助功能，可以帮助大家更好地学习软件并解决工作中的一些问题，其实以前的版本也有相关功能，但是在 CS6 版本中得到了很大的增强。我们可以看到，在菜单栏最后的【Help】菜单中提供了 After Effects 的全部帮助功能，如图 2-77 所示。

- About After Effects：选择该选项可以显示当前 After Effects 的版本号。
- After Effects Help：选择该选项弹出 After Effects 帮助文件。
- Scripting Help：Script 脚本语言的帮助文件。
- Expression Reference：表达式参考文件。
- Effect Reference：特效参考文件。
- Animation Presets：动画参考文件。
- Keyboard Shortcuts：After Effects 所有的快捷方式。
- Welcome and Tip of the Day：弹出 After Effects 初始界面——天天提示对话框，可以显示一些重要的提示信息，如图 2-78 所示。

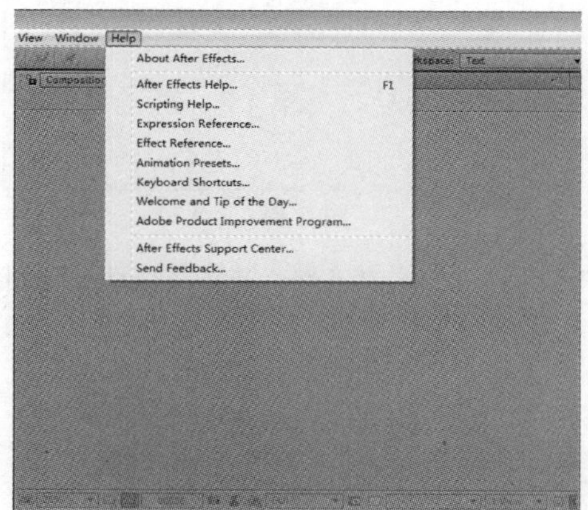

图 2-77

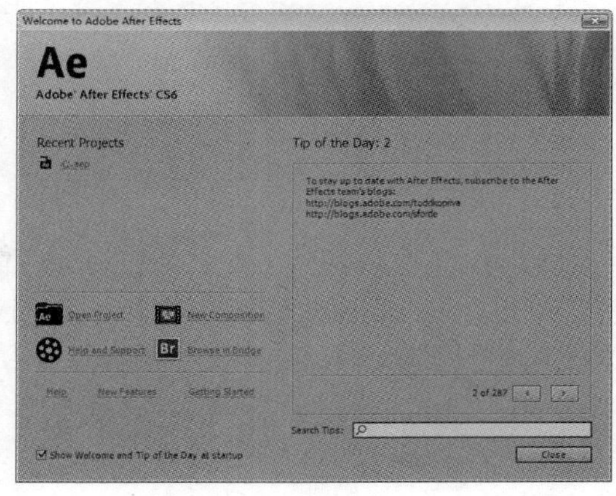

图 2-78

该界面提供了打开合成、新建合成及使用 Adobe Bridge 进行特效预览等一些常用的功能。

另外，After Effects CS6 还在工具栏的最右侧提供了一个【Search Tips】对话窗口，可以在这里输入问题的关键字以查询答案，如图 2-79 所示。

使用该工具栏可以很地方便我们对软件的功能查询。

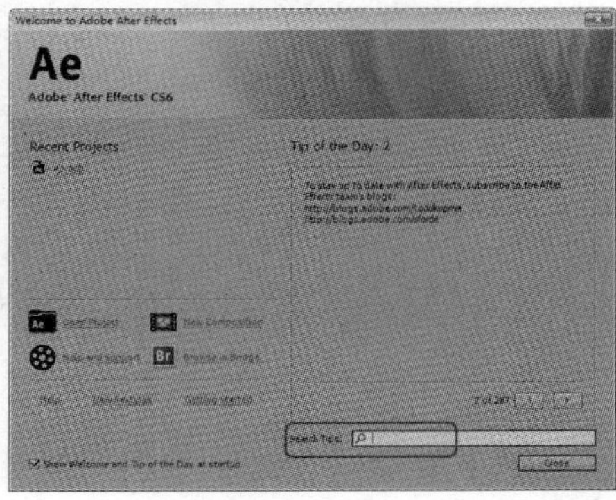

图 2-79

2.14 实战应用——导出影片

本节制作一个基本的工作流程案例，通过基本操作和基本工作流程，将使读者了解 After Effects CS6 软件的基本功能和软件操作的基本流程。

STEP 1 按【Ctrl+N】组合键，在弹出的对话框中将其【Composition Name】命名为【背景】，将【Preset】设置为【PAL D1/DV】，将【Duration】设置为【0:00:05:00】，如图 2-80 所示。

STEP 2 按【Ctrl+I】组合键，在弹出的对话框中选择随书附带光盘中的【炫彩.jpg】，如图 2-81 所示。

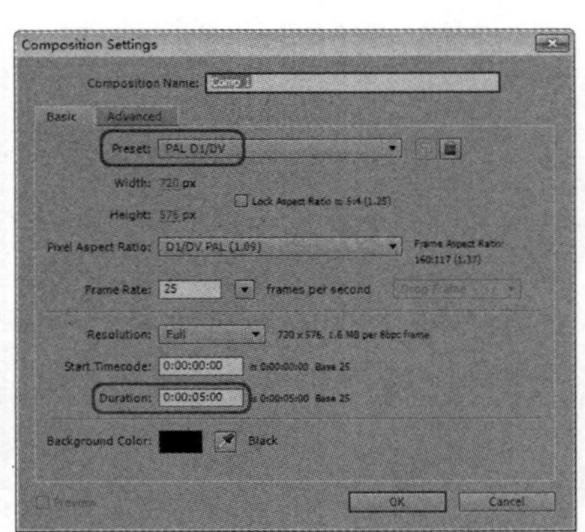

图 2-80

图 2-81

STEP 3 单击【打开】按钮，在【Project】窗口中选择导入的素材文件，并将其拖动至时间线面板中，展开【Transform】选项组，将【Opacity】设置为 30%，将【时间指示器】移动至 0:00:00:00，并将该选项的记录动画按钮打开，如图 2-82 所示。

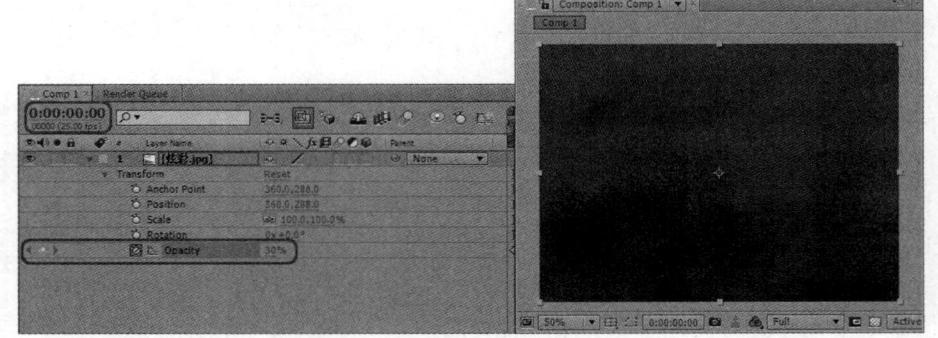

图 2-82

STEP 4 将【时间指示器】移动至 0:00:04:24 位置处，将【Opacity】设置为 100%，如图 2-83 所示。

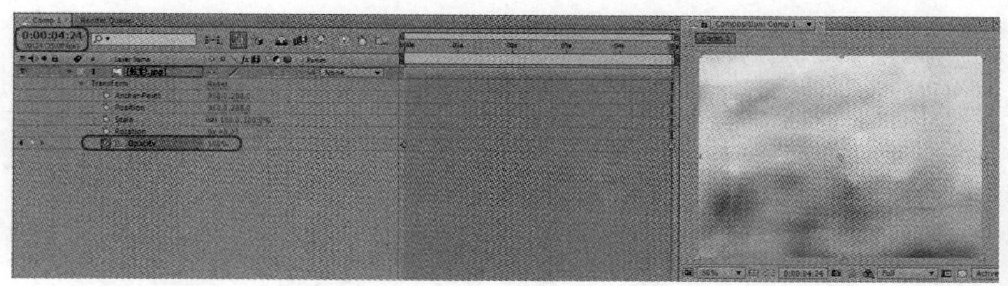

图 2-83

STEP 5　按【Ctrl+M】组合键，即可打开【Render Queue】面板，单击该面板中【Output To】右侧的选项，在打开的对话框中为其指定一个正确的存储路径，如图 2-84 所示。

STEP 6　单击【保存】按钮，在【Render Queue】面板中选择【Render】选项，如图 2-85 所示，导出进度即可以进度条的形式显示。

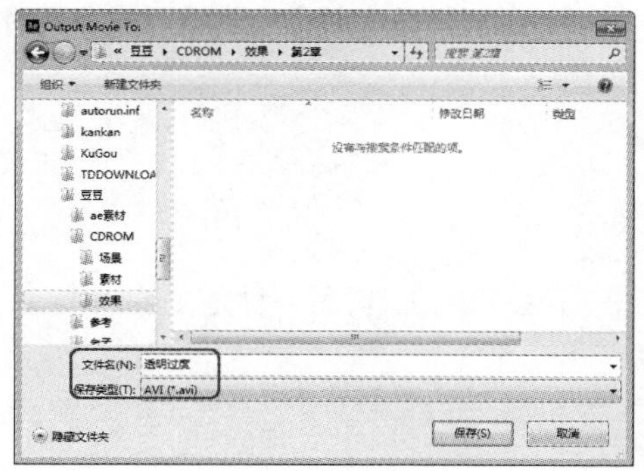

图 2-84

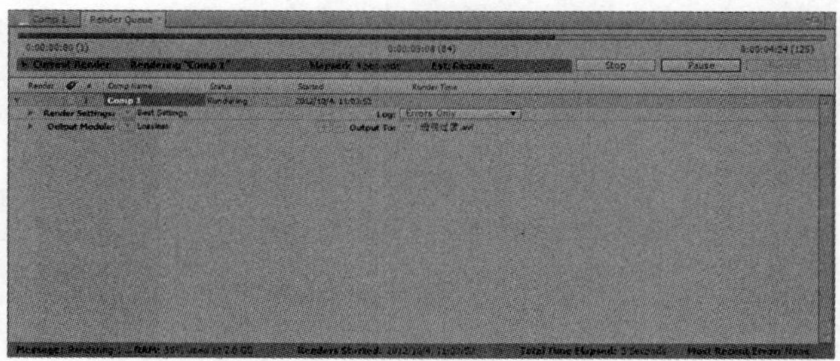

图 2-85

第 3 章　蒙版动画

在后期合成中蒙版占有很重要的地位，特别在一些相对繁杂的合成项目，往往会运用到大量蒙版来控制单个层的作用范围，最后才能形成复杂的效果。简单来说，蒙版就是为对象生成透明或半透明通道，使多个对象能够有序地合成在一起，也是所有合成的关键。

3.1　蒙版应用

After Effects 中有很多创建蒙版的方式，最常用的有两种，一种是钢笔工具，另一种是 Track Matte。不同的情况使用不同的方法，接下来进行详细介绍。

3.1.1　用钢笔工具创建和编辑遮罩

在工具栏中选择 Pen Tool 工具，沿着需要创建遮罩的路线进行绘制，即可创建一个蒙版，完成后的效果如图 3-1 所示。

按住 Pen Tool 工具不放，弹出下拉菜单，里面还有其他几种钢笔工具，如图 3-2 所示。

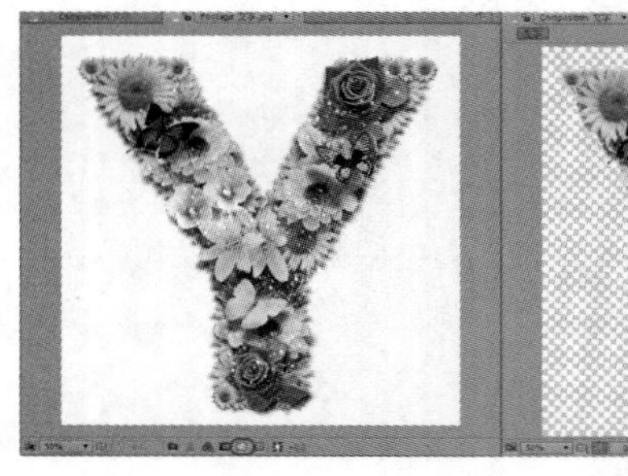

图 3-1

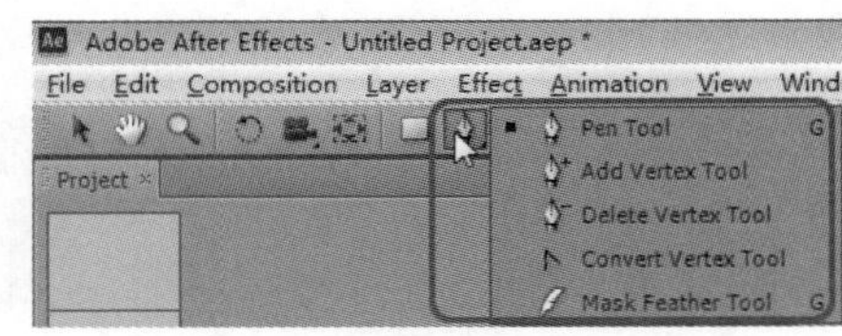

图 3-2

工具从上到下依次是：

- Pen Tool，钢笔工具用于创建初始形状。
- Add Vertex Tool，加点工具可以在已经创建完成的图形上增加控制点。
- Delete Vertex Tool，删除点工具用于删除多余的控制点。
- Convert Vertex Tool，转化点工具，将控制点在 Bezier 和 Corner 之间切换。
- Mask Feather Tool，为创建完成的形状进行羽化。用户可使用该工具随便选中一个点进行向外或向内拖动即可。与其他软件的羽化不同的是，在 After Effects 中羽化可以是双向的，向内，羽化颜色是遮罩的颜色，向外，其羽化颜色为原图颜色。

这些工具也可以用键盘上的【G】键进行循环切换。

此时再次导入一张图像，将其放到当前层的下层，可以透过上层的被遮挡区域看到下层，这就实现了一种简单的合成图片，如图 3-3 所示。

图 3-3

创建了 Mask 之后，图层的下方会显示一组 Mask 控制项，如图 3-5 所示。

- Inverted（反向），勾选该复选框可使 Mask 反向遮挡，也就是原来是外部被遮挡只能看到内部，反向之后是内部被遮挡只能看到外部，如图 3-5 所示。

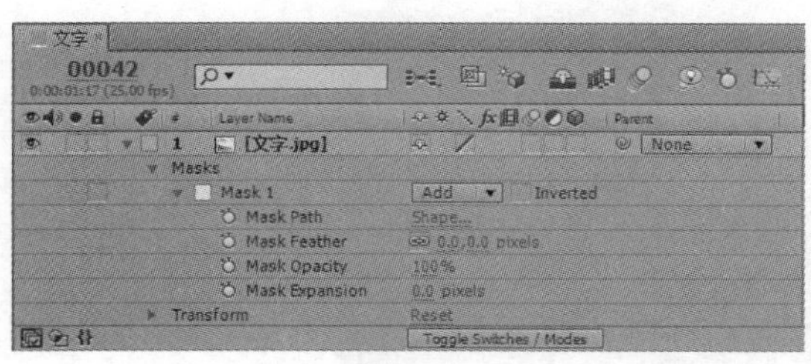

图 3-4

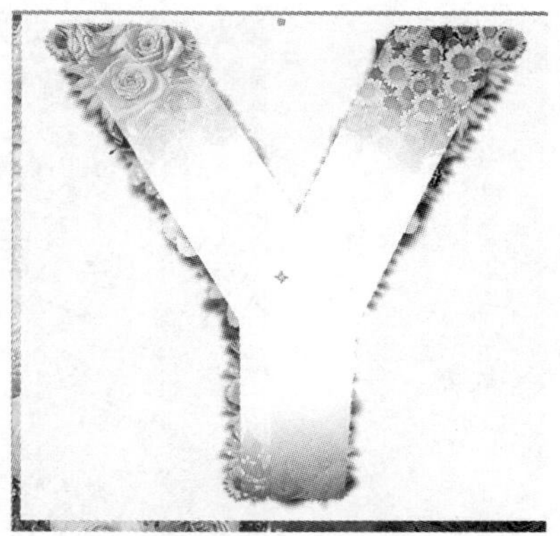

图 3-5

- Mask Path（Mask 形状），单击后面的【Shape】按钮，弹出【Mask Shape】对话框，如图 3-6 所示，可以精确定义整个 Mask 的大小，4 组数值分别代表 Mask 到 4 个边的距离。

Shape 组下的 Reset To：勾选该复选框可以把当前的 Mask 强制更改为 Rectangle（矩形）或 Ellipse（椭圆形）。

- Mask Feather（羽化边缘），后面的两项数值分别对应 X 向和 Y 向，默认为整体调节，改变一个数值的同时，另一个数值也会相应发生改变，单击取消小锁链可以分别调整，与前面讲到的 Scale 组的数值调节方法一样。这项值越大边缘就越柔和，也占用相对更多的系统资源。
- Mask Opacity（Mask 透明度控制），值域为 0～100。
- Mask Expansion（Mask 扩展），此项为正值时，Mask 成比例向外扩展。为负值时成比例向内收缩。

另外，还可以使用工具栏上的【Rectangle Tool】下拉工具快速创建一些几何图形，如图 3-7 所示。

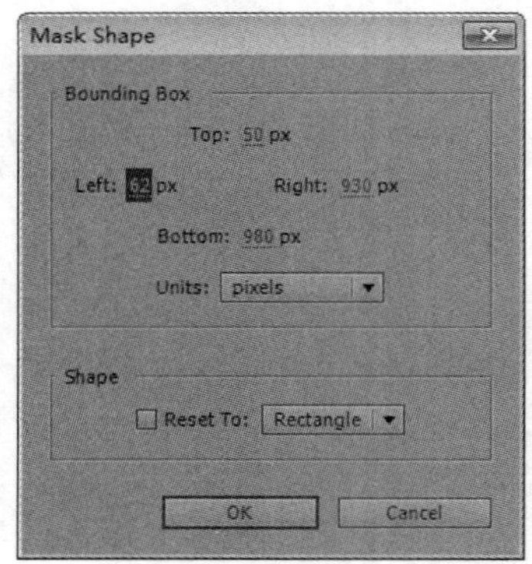

图 3-6

图 3-7

创建 Mask 之后，可以使用选择工具在视口区域双击 Mask 边缘，或者在时间线区域选择相应的 Mask 名称，再按快捷键按【Ctrl ＋ T 】以选择 Mask 进行变换操作，如图 3-8 所示。被选择的 Mask 四周会出现 6 个控制点，可根据自己的需要对这些控制点进行调整，以便做出更好的效果。其旋转的只有创建的形状，而被遮罩的图像不会发生任何变化。

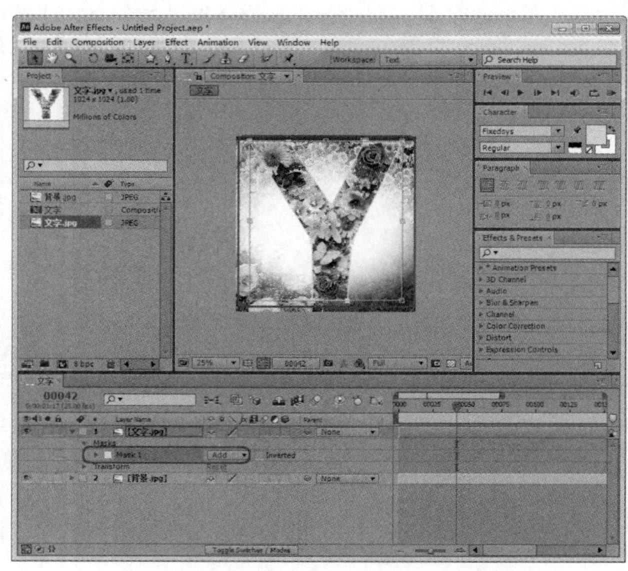

图 3-8

- 将鼠标放到图形上可以随意移动 Mask，配合【Shift】键以沿 X 或 Y 轴向位置进行直线移动。
- 将鼠标放到远离控制点的地方出现双向旋转箭头，这时可以对 Mask 进行任意旋转操作，配合【Shift】键可以进行 45° 的捕捉。
- 将鼠标放到 6 个控制点上时，可以进行随意的缩放操作，而配合【Shift】键可以成比例的缩放 Mask，配合【Alt】键则可以进行对角缩放，按住【Shift】和【Alt】键可以实现对角等比缩放。
- 将鼠标放到中点的点上则可以改变中心点的位置，以改变旋转和缩放的中心。

提示：在进行 Mask 操作时配合【Alt】键，在操作时只显示线框的变换而不显示实体的变换，这样占用更少的系统资源，又可以实现变换前后的一个效果对比。另外，在创建 Mask 时，配合【Ctrl】和【Shift】键可以从中心点开始等比对角创建形状，比如正圆形、正方形等。创建五角星时配合【Ctrl】和【Shift】键更会有神奇的效果出现。

创建 Mask 之后我们看到在 Inverted 之前有一项，这是叠加方式的运算控制，单击弹出下拉列表，如图 3-9 所示。

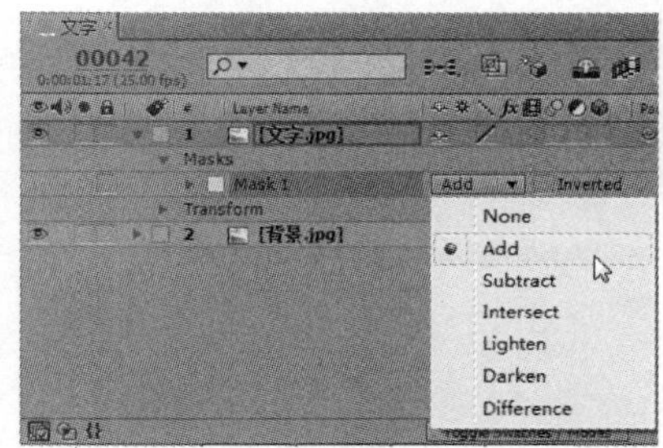

图 3-9

接下来将详细讲解关于 Mask 叠加运算的方式。

- None：选择该选项时看到当前的 Mask 不再起作用，不再有遮挡的效果，也就是说，这项控制 Mask 不再起作用，主要是为了方便调节或开启和关闭 Mask 使用。
- Add：相加，使用该选项之前需要创建两个 Mask，首先创建一个圆角矩形 Mask，再创建一个圆形 Mask，然后把圆形 Mask 的叠加方式更改为 Add，上层的圆角矩形 Mask 不变，保持默认的 Add 方式，这时圆形 Mask 与上层的圆角矩形 Mask 会进行一个相加的运算，也就是说，两个 Mask 的区域相加就是最后的作用区域，如图 3-10 所示。

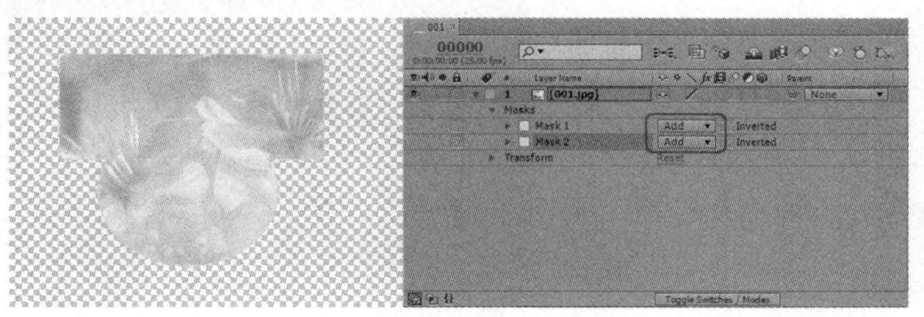
图 3-10

- Subtract（相减），将下层的圆形 Mask 的叠加方式更改为 Subtract，这时它会与上层的圆角矩形 Mask 产生一个相减的运算，相减的结果就是最后的作用区域，如图 3-11 所示。

图 3–11

- Intersect（相交），两个 Mask 做一个相交运算，但是两个 Mask 必须有交叉，相交的区域就是最后的作用范围，如图 3-12 所示。

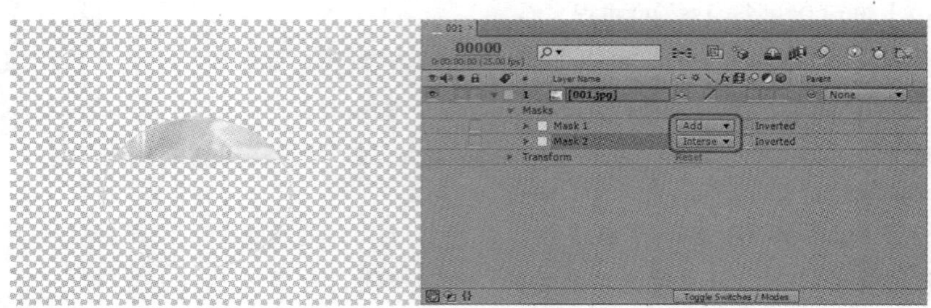

图 3-12

- Lighten（亮度），两个 Mask 依亮度进行叠加，效果如图 3-13 所示。

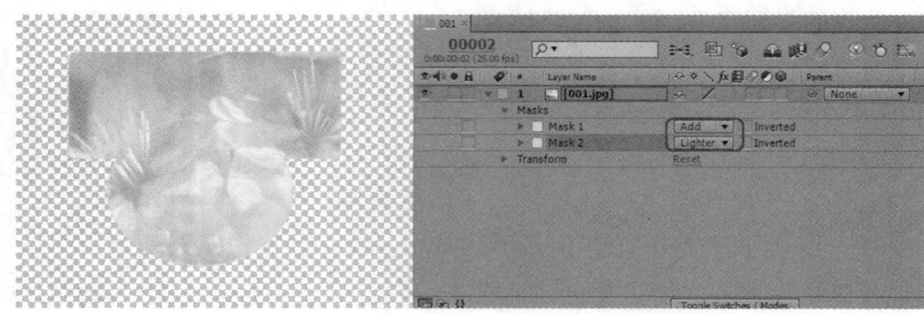

图 3-13

- Darken（暗度），两个 Mask 依暗度进行叠加，效果如图 3-14 所示。

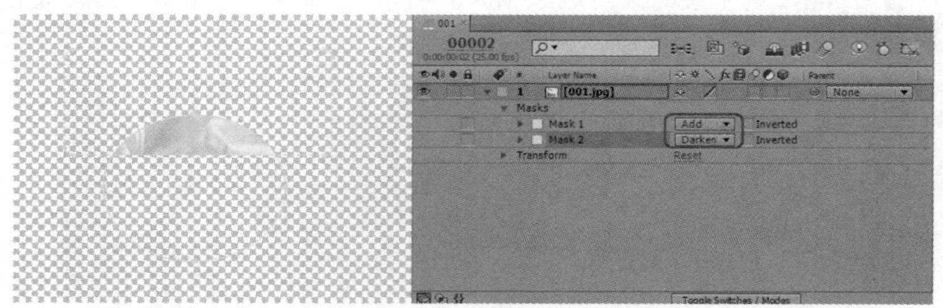

图 3-14

- Difference：两个 Mask 所不同的区域相加会形成一个最终的作用范围，也就是说，会去除掉两个 Mask 所相交的部分，效果如图 3-15 所示。

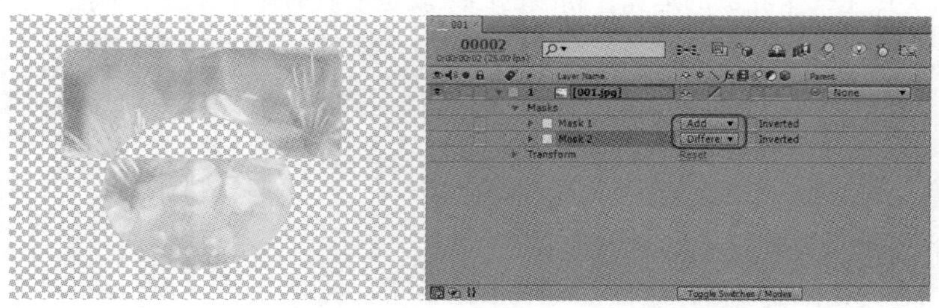

图 3-15

【边学边练 1】Mask 同样也可以记录动画，现在我们用 Mask 来制作一个简单的转场动画。

STEP 1　新建一个 PAL 制的项目，再建一个 100 帧的 Composition，然后导入任意两张图片作为素材，为上层的素材添加一个 Rectangle Mask，如图 3–16 所示。

图 3-16

STEP 2　将时间线移动到第 20 帧位置，打开 Mask Path 前面的动画记录按钮，选择 Mask，按【Shift】组合键，将 Mask 缩放到最大以至于覆盖整个图像，并将其旋转大约 90°，如图 3-17 所示。

图 3-17

STEP 3 将时间线移动到第 30 帧位置，再次将 Mask 调整至旋转前的度数，再将其沿 Y 轴缩放至最小，将 Mask Feather 调节至 150.0，注意该选项不开启动画记录，如图 3-18 所示。

图 3-18

接下来，在【Preview】面板中单击【Play/Pause】按钮，进行播放查看，我们可以看到一个镜头顺利地过渡到了另一个镜头，如图 3-19 和图 3-20 所示。

图 3-19

图 3-20

3.1.2 使用 Track Matte 创建蒙版

在 After Effects 中除了 Mask 之外，还提供了一些创建蒙版的方法，它们之间相互配合，能完成更繁杂的任务。Track Matte 上层图像的通道和高度作为下层的蒙版，这样调节起来更直观，也更灵活，并且还有更高的自由度。

在开始之前需要先导入一段视频或一张图片，然后在时间面板中右击，在弹出的快捷菜单中选择【New】|【Solid】命令，新建一个任意颜色的 Solid 层，保持 Solid 处于上层的位置，然后在 Solid 层做任意形状，如图 3-21 所示。

图 3-21

在软件最左下角的位置有 3 个按钮，都是面板控制项的显示与隐藏按钮，单击中间位置的按钮，看到时间线上多出一个 Track Matte 控制项，如图 3-22 所示。

图 3-22

单击 Track Matte 控制项，弹出下拉菜单，如图 3-23 所示。

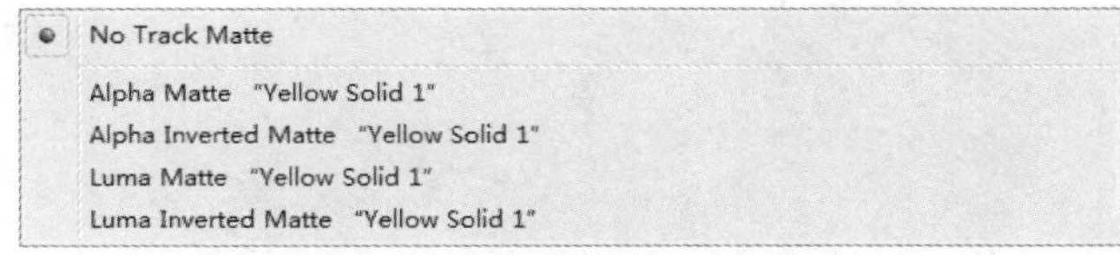

图 3-23

- No Track Matte：不应用 Track Matte 控制项，也是默认选项。
- Alpha Matte：应用 Track Matte 控制项，将上层图像的通道应用于本层作为通道。选择应用之后看到上层自动关闭，并作为下层蒙版，选择该选项的效果如图 3-24 所示。这里我们将其透明背景按钮打开，可以看到更加明显的效果。

图 3-24

- Alpha Inverted Matte：将上层通道进行反转再应用到本层作为通道，如图 3-25 所示。

图 3-25

- Luma Matte：将上层图像的亮度信息应用到本层作为通道，现在我们看到效果并不明显，应用该选项之前，需要先创建一张亮度信息较为明显的图素材。

【边学边练 2】创建一个蒙版。

STEP 1　在素材窗口中新建一个白色的 Solid 层，创建一个较大的矩形 Mask，并将其调至图 3-26 所示的形状，在时间线窗口中将 Mask Feather 设置为 450。

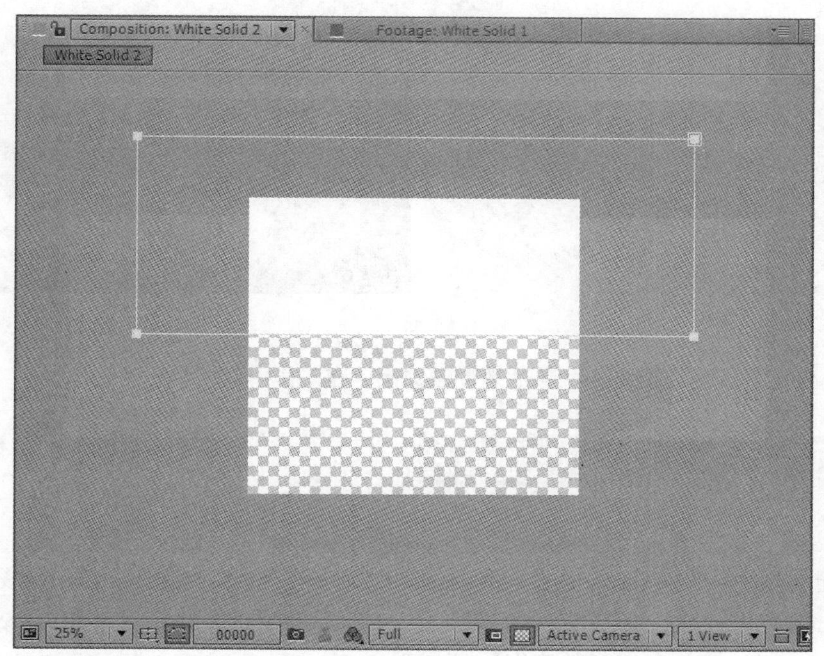

图 3-26

STEP 2　再新建一个黑色的 Solid，将其置于白色 Solid 层之下，按住【Ctrl】键的同时选择两个层，然后按【Ctrl + Shift + C】组合键进行合成，两个层就可以当作一个素材来使用。这也是简单的合成，如图 3-27 所示。

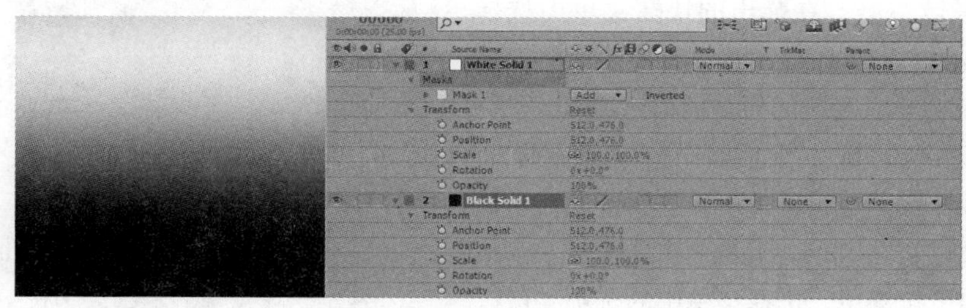

图 3-27

随便导入一张图像，此时，我们可以看到时间线窗口中有两层图层，在此将下层的 Track Matte 模式设置为 Luma Matte，这时看到了明显的效果，蒙版层上部比较亮的区域作为通道应用到本层以后透明度较小，蒙版层下部较暗的区域作为通道应用到本层之后透明度较低，中间的半透明则为过渡区域，如图 3-28 所示。

- Luma Inverted Matte：将下层较低的亮度信息反转之后为作通道应用到层，也就是 Luma Matte 模式的反向，效果如图 3-29 所示。

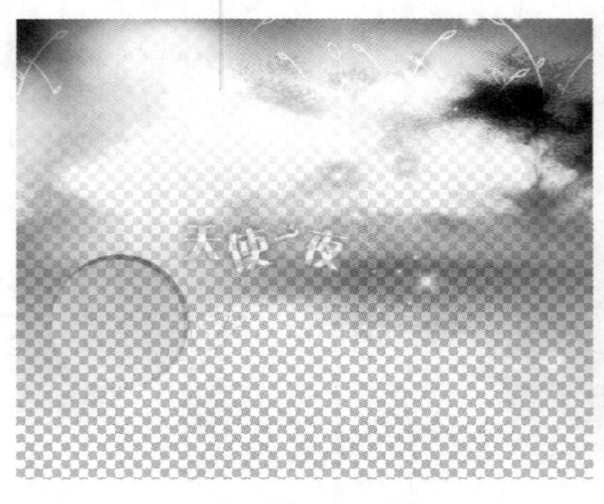

图 3-28

图 3-29

用 Track Matte 模式可以更方便、灵活地控制蒙版，在工作中应用量相当大。

3.2 使用 Shape Layer 进行绘制

Shape Layer 是 After Effects 新版本中提供的一种新的 Mask 绘制系统，事实上 Shape layer 就相当于在 Solid 层上绘制各种形状的 Mask，通过这些 Mask 生成通道来形成各种图形。After Effects 没有提供专门的像 Photoshop 或 Illustrator 那样的绘画工具（After Effects 本身也提供了 Paint 和 Vector Paint 那样简单的绘画功能），After Effects CS6 版本中新加入的 Shape Layer（图形层）很大程度上也弥补了 After Effects 在绘画方面的不足，该功能又在本次发布的 After Effects CS6 新版本中得到了很大的增强，接下来详细了解 Shape Layer。

在时间线区域右击，在弹出的快捷菜单中选择【New】|【Shape Layer】命令，即可创建一个 Shape Layer，创建之后它本身没有任何颜色信息，相当于一个透明的绘画板，你可以在上面绘制任何矢量图形，所以 Shape Layer 除了拥有平常图层的属性之外还拥有相关的图形属性。在 Shape Layer 扩展下有一个小箭头，单击弹出下拉菜单，选择菜单中的选项，可以创建图形，如图 3-30 所示。

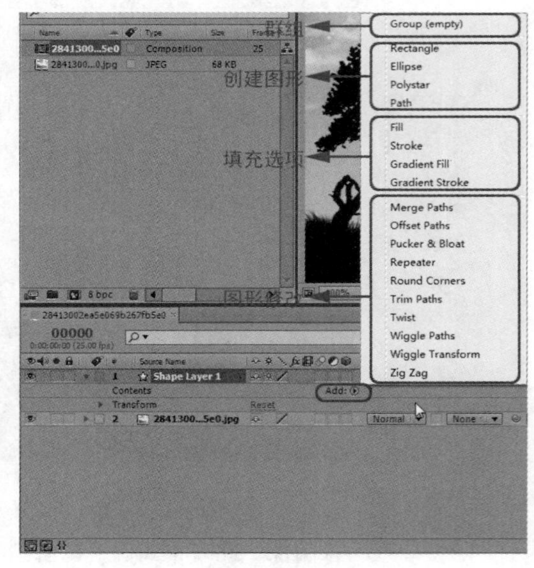

图 3-30

下面将详细介绍以上所标注的命令使用与其使用后的效果。

1. Rectangle Path

Rectangle Path（矩形路径），用于创建一个矩形的图形，选择它之后在视口上可以看到出现一个矩形的蓝色线框，在时间线窗口展看其控制项，如图 3-31 所示。

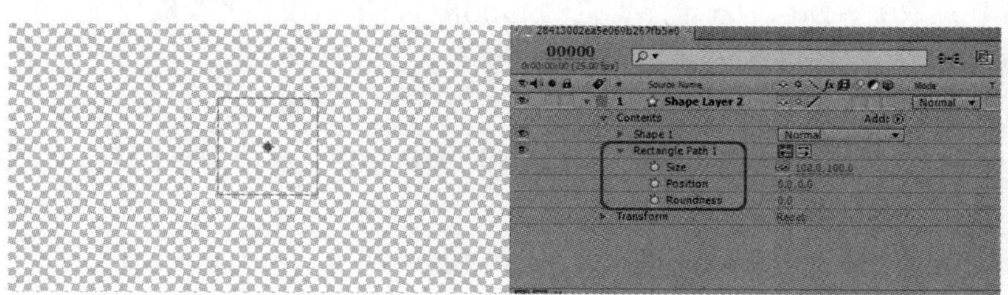

图 3-31

- Size（大小），控制图形的大小，默认为比例缩放大小，单击关闭小锁链可以进行单方向缩放，两个数值分别对应 X 向和 Y 向。
- Position（位置），控制图形的位置，两个数值分别对应 X 向和 Y 向。
- Roundness（圆滑度），用于控制开关的圆角，如果创建的是一个正方形，那么这个值设置到最大时就是一个圆形。

2．Ellipse

Ellipse（椭圆），用于创建椭圆图形，事实在创建时是一个正圆，其控制项如图 3-32 所示。

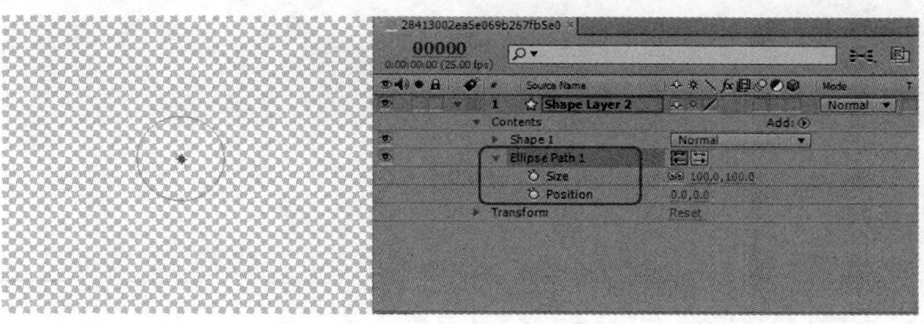

图 3-32

- Size（大小），同样是控制图形的大小，如果保持小锁链的锁定状态，则是调节圆形的半径。如果关闭锁定，则是横向和纵向调节椭圆的半径。
- Position（位置），控制形状位置，同样是对应 X 向和 Y 向。

3．Polystar

Polystar（多边形、星形），用于创建多边形和星形，分为两种模式，默认为 Star 星形，如图 3-33 所示为 Star 模式下的控制项。

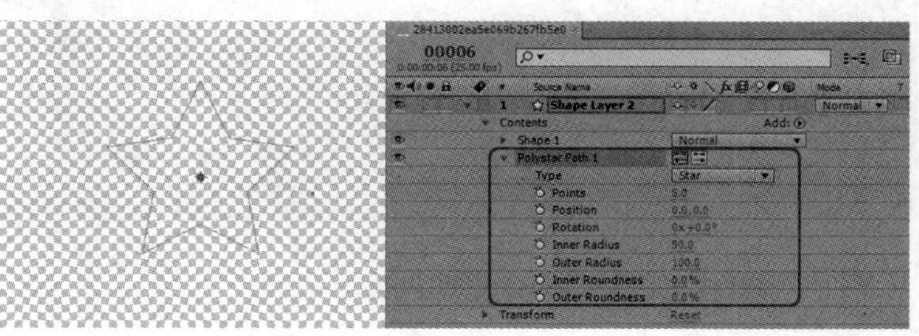

图 3-33

- Type：在 Star（星形）和 Polygon（多边形）模式之间切换。
- Points（顶点数），默认为 5 个点，也就是五角星，可以任意更改最少为 3 个。
- Position（位置），图形 X 向和 Y 向的位置。
- Rotation（旋转），控制图形的旋转角度。
- Inner Radius（内部半径），实际上当前这个图形是由内、外两圆所控制，此项控制内部半径的大小。
- Outer Radius（外部半径），控制外部半径的大小。
- Inner Roundness：内部角的圆滑度。
- Outer Roundness：外部角的圆滑度。

4．Fill

Fill（单色填充），用于对图形进行填充，其叠加模式与图层叠加模式一样，在这里不再赘述。控制项如图 3-34 所示。

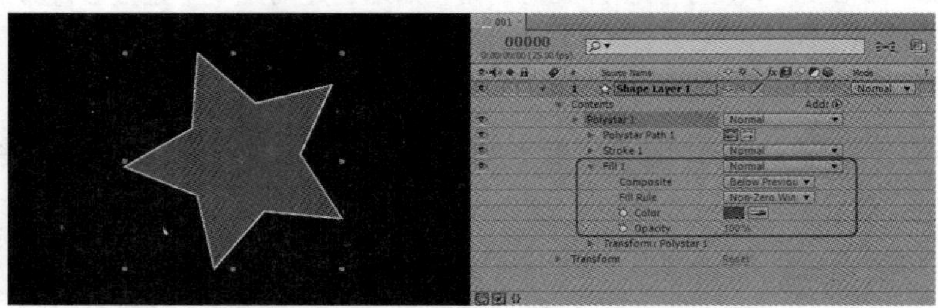

图 3-34

- Fill Rule（填充规则），有以下两项。
  - ➢ Non – Zero Winding（正常填充），也就是对当前 Fill 之前的所有图形进行统一填充。
  - ➢ Even – Odd（奇数—偶数），基于奇数与偶数。
- Color（填充颜色），单击后面的红色块，弹出色彩调节面板，可以进行色彩调节。单击后面的小吸管可以吸取界面上任意位置的颜色进行填充。
- Opacity（透明度），控制填充色的透明度，事实上就是控制形状显示的透明度。

5．Stroke

Stroke（单色描边），为图形勾勒出一个单色的边框，控制项如图 3-35 所示。

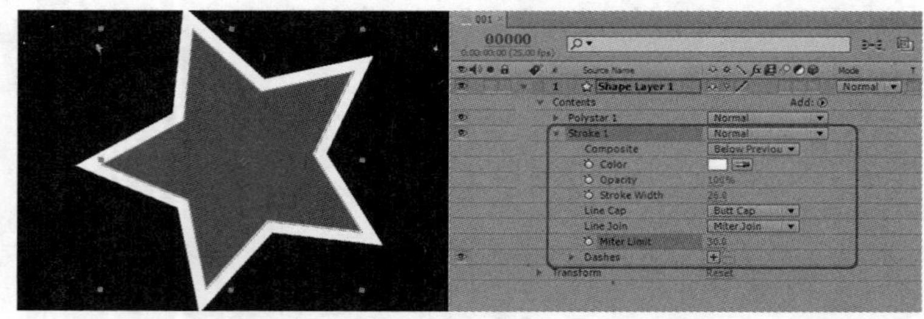

图 3-35

- Color：控制描边线的颜色。
- Opacity：控制描边线的透明度。

- Stroke Width：描边线的宽度。
- Line Cap（线段截面控制），该选项在开启虚线之后才有明显效果，共有以下 3 种类型。
  - Butt Cap（平角截面），也是默认类型，线段的两端较平。
  - Round Cap（圆形截面），相对比较圆滑、自然。
  - Projecting Cap（突出截面），截面更为突出。

图 3-36 所示为 3 种类型截面的对比效果。

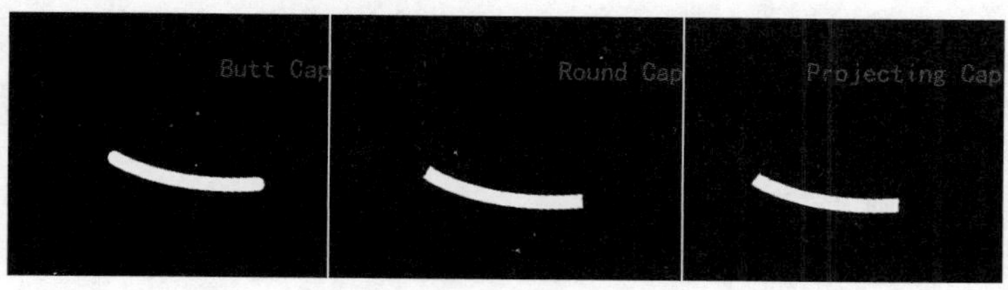

图 3-36

- Line Join（线段节点控制）也分为以下 3 种类型。
  - Miter Join（斜榫节点），这也是默认类型，在节点处比较平整。
  - Round Join（弧形节点），非常圆滑。
  - Bevel join（斜角节点），节点片产生一定角度的斜角。

图 3-37～图 3-39 所示为 3 种类型的比较。

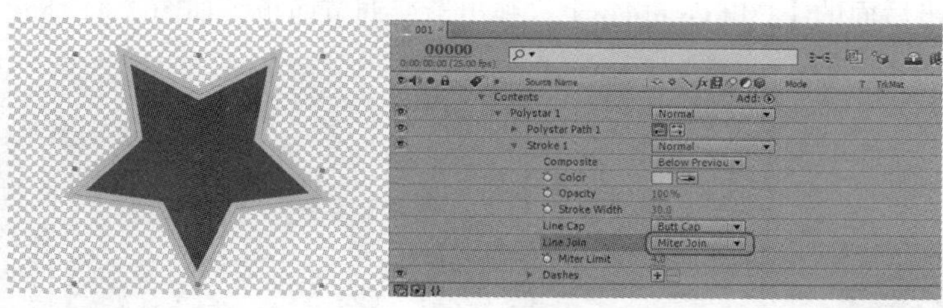

图 3-37

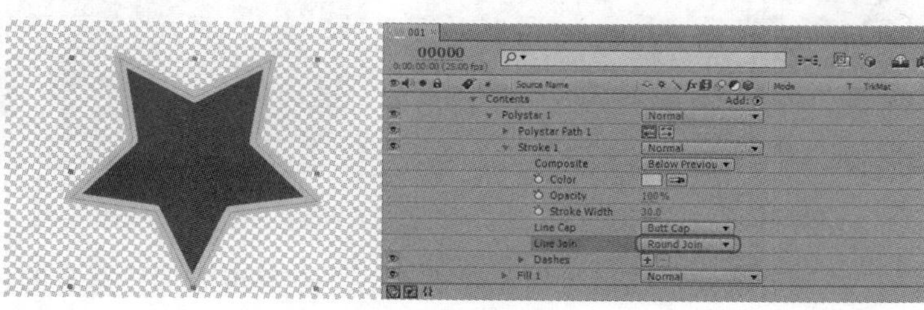

图 3-38

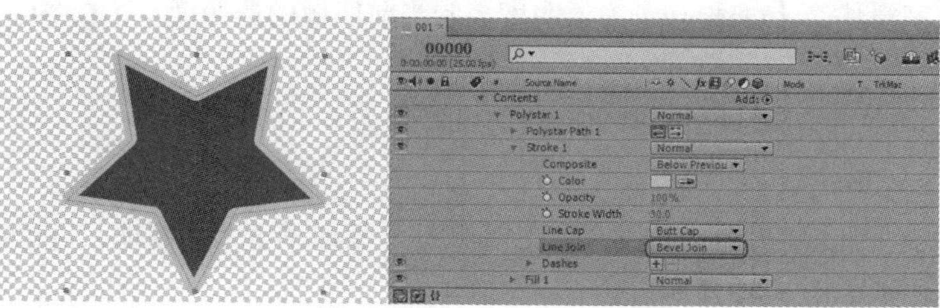

图 3-39

- Miter Limit（尖角角度限制），这项数值偏大会在节点处形成一个很尖的凸起，只有在节点类型是 Miter Join 时可用。

单击 Dashes 后面的小加号会增加以下两个控制项。

- Dash（线段），此数值越大，单个线段的长度就越长，形成虚线效果。
- Offset（偏移），对虚线进行一个循环偏移的控制。

6. Gradient Fill

Gradient Fill：过渡填充，相对 Fill 来说它提供了更多的颜色控制项，可以完成从一个颜色到另一个颜色的过渡，也就是通常所说的渐变，甚至可以完成几个或几十个颜色之间的渐变，同时也提供了多种渐变方式，控制项如图 3-40 所示。

- Fill Rule（填充规则），与 Fill 的一样。
- Type（渐变类型），提供了以下两项。
  - Radial（径向），也就是从中心向外辐射的一种渐变方式。
  - Linear（线性），从左到右直线渐变。
- Start Point（开始点），控制渐变开始点的位置。
- End Point（结束点），控制渐变结束点的位置。
- Highlight Length（高亮区域的位置），该选项仅在 Radial 渐变模式下可用。
- Highlight Angle（高亮区域的角度），该选项仅在 Radial 模式下可用。
- Colors：单击后面的【Edit Gradient】，弹出渐变调节面板，如图 3-41 所示。

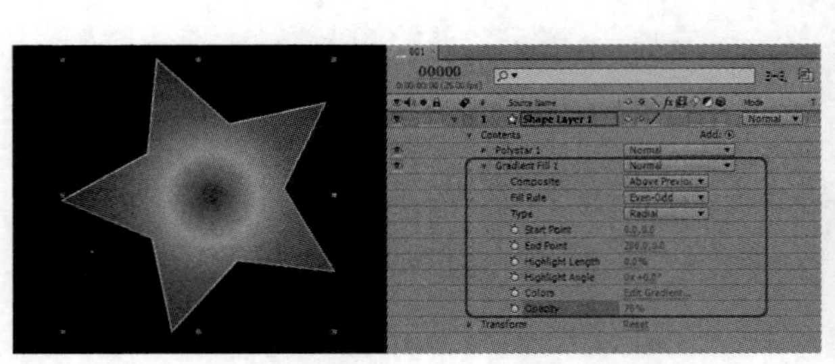

图 3-40

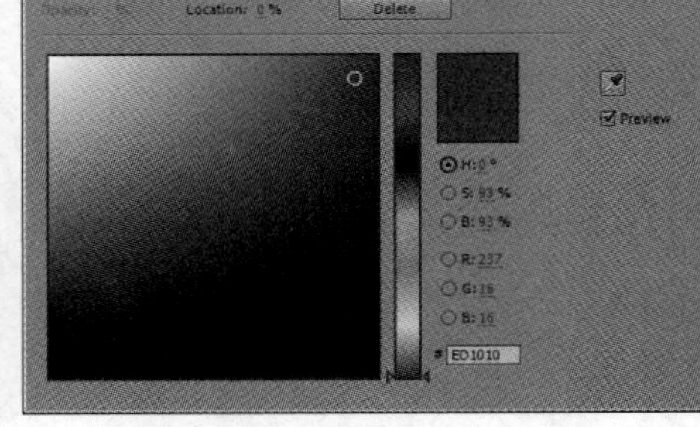

图 3-41

在该面板中可以自由调节渐变，在最上面色带区域的下方单击添加任意多的色块控制色彩的渐变。【Location】控制当前色块的位置，【0】为最左边，【100】为最右边。在色带区域的上方单击可以添加透明度控制滑块，【Opacity】为透明度控制当前区域的透明度。【Delete】按钮可以删除任意色块。

- Opacity（透明度），控制整个填充的透明度，值为 0～100。

7. Gradient Stroke

Gradient Stroke（渐变描边），在原 Stroke 的基础上添加了更多控制项，可以在描边上实现渐变的效果，具体的应用项如图 3-42 所示。

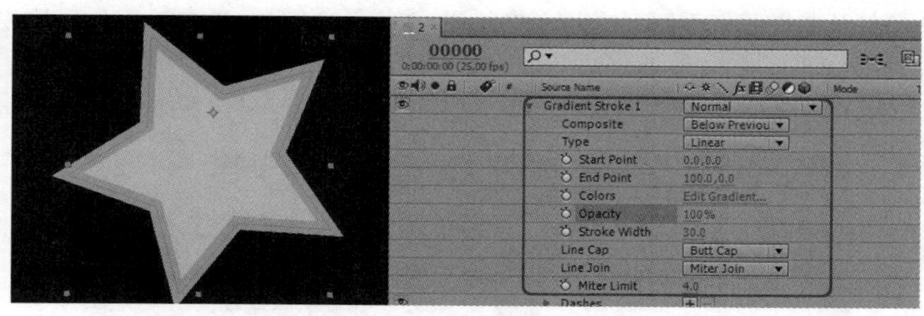

图 3-42

- Type：渐变类型。
- Start Point：渐变开始点位置。
- End Point：渐变结束点位置。
- Colors：编辑和修改渐变图案。
- Opacity（透明度），控制整个渐变描边的透明度。
- Stroke Width：描边的宽度。
- Line Cap：线段截面类型。
- Line Join：节点类型。
- Miter Limit：尖角角度限制。

8．Merge Path

Merge Path（合并图形），将多个图形进行布尔运算，在应用该选项之前需要创建至少两个图形。

STEP 1　首先创建一个 Ellipse。添加一个 Fill 颜色，这里将其设置为橙色。Ellipse 会自动命名为【Ellipse Path 1】。

STEP 2　在 Stroke1 选项组中将 Stroke Width 设置为 0。

STEP 3　在时间线窗口选择【Ellipse Path 1】，按【Ctrl + D】组合键，再次复制一个 Ellipse Path，将 Ellipse Path 2 再添加一个 Fill 颜色，这里将其设置为黄色，直接在时间线选择并上下拖动，可以改变它们的上下层关系，把它放到【Ellipse Path 1】的下层。在【Stroke2】选项组中将【Stroke Width】设置为 0。

STEP 4　打开【Ellipse Path 1】和【Ellipse Path 2】的控制项，调节其【Position】数值，将两个图形移开一定位置，图 3-43 所示为相关数值设置。

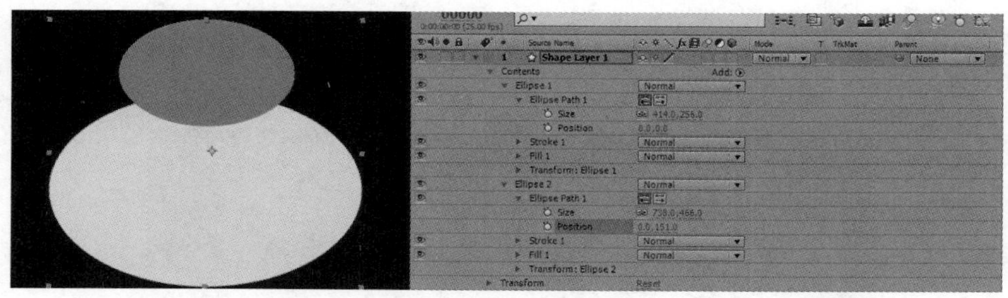

图 3-43

STEP 5　现在我们看到两个不同颜色的圆形，而且它们之间有一定交叉，现在再添加一个

【Merge Path】，打开扩展我们看到只有一个控制项，Mode：模式，单击后面的下拉按钮，弹出下拉菜单。

- Merge（集合），将两个图形合并在一起作为一个共同的图形进行填充，如图 3-44 所示。

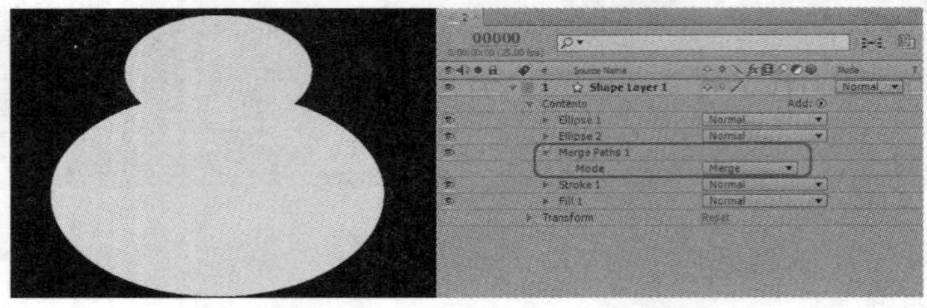

图 3-44

- Add（相加），将两个图形叠加在一起进行相加运算，作为最后的填充区域，效果与 Merge 差不多。
- Subtract（相减），两个图形进行相减运算，最后的结果作为填充区域，如图 3-45 所示。

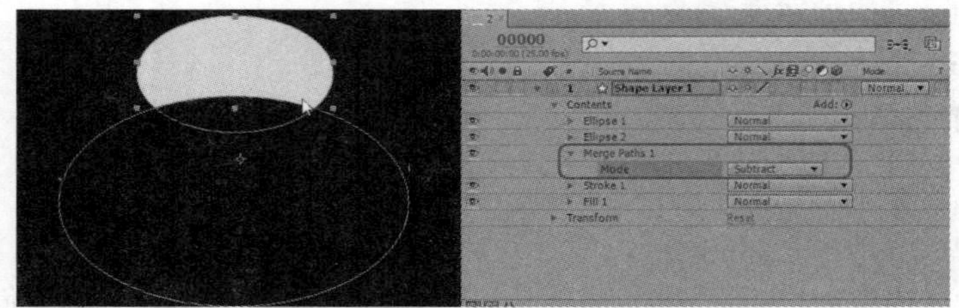

图 3-45

- Intersect（交集），取两个图形的相交区域作为最后的填充区域，如图 3-46 所示。

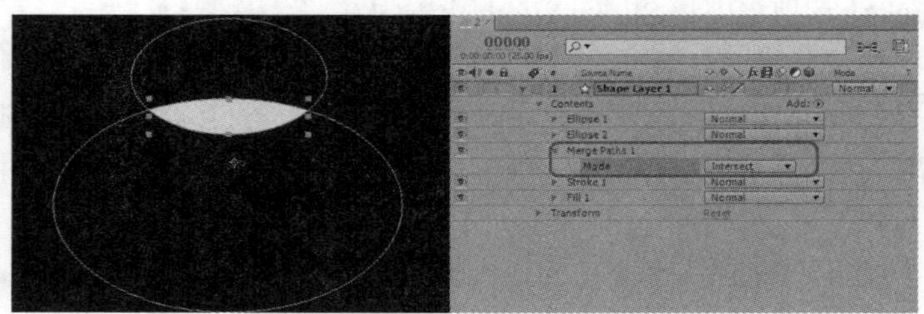

图 3-46

- Exclude Intersections（去除相交），将两个图形相交的区域去掉保留其他位置，最后作为填充区域，如图 3-47 所示。

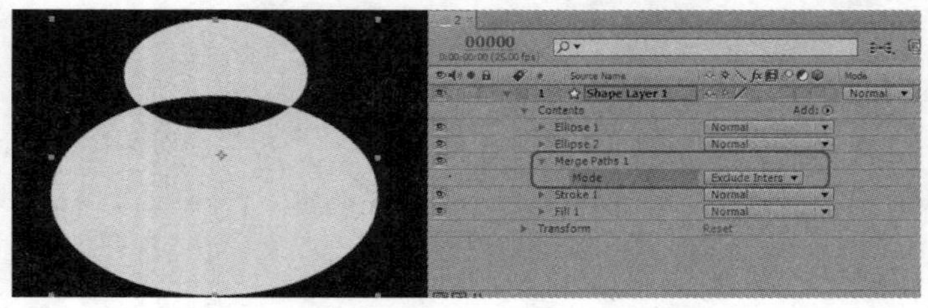

图 3-47

9．Offset Path

Offset Path（偏移图形），应用该选项之前先建一个【Polystar 1】，再添加一个【Stroke】，这样观察效果比较明显，接着再添加一个【Offset Path】，如图 3-48 所示。

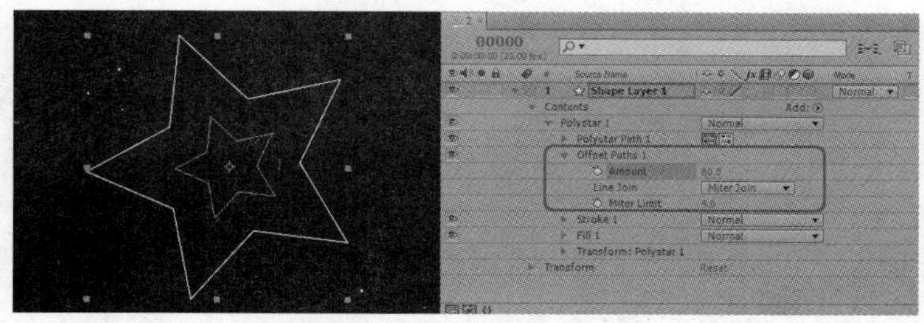

图 3-48

它的参数也比较简单。

- Amount（数量），把该项参数调大，看到其实是对图形进行从中心的扩展，参数为负值时向内收缩。
- Line Join（节点类型）共 3 个类型，图 3-49～图 3-51 是 3 种类型效果的对比。

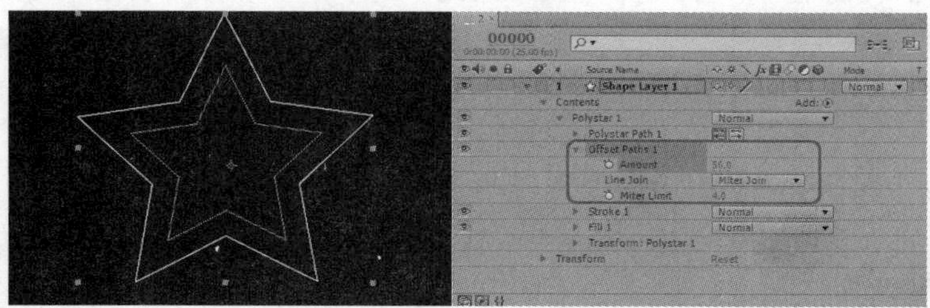

图 3-49

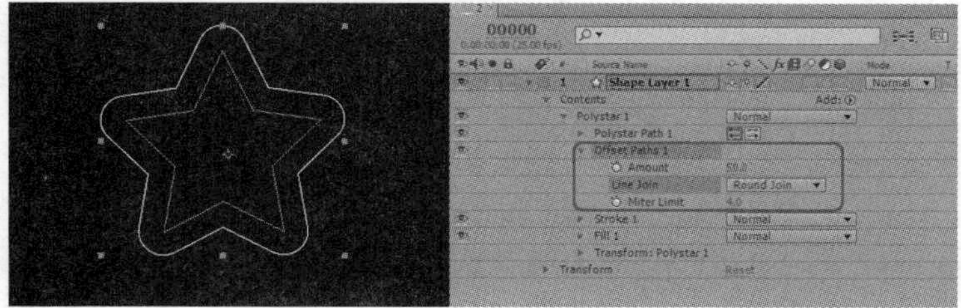

图 3-50

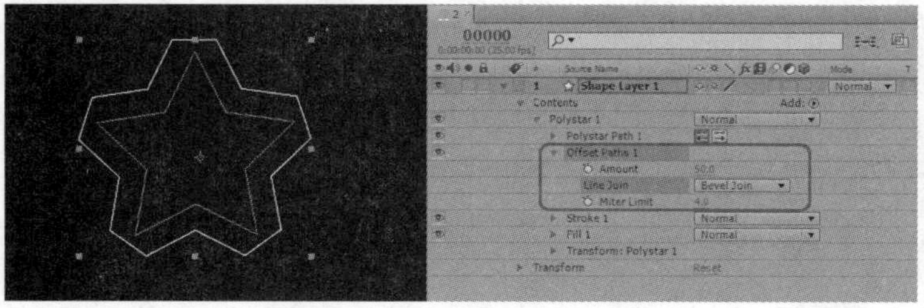

图 3-51

- Miter Limit（尖角角度限制），此项数值过小时 Miter Join 与 Bevel Join 效果很相像。

10．Pucker & Bloat

一种变形工具，对图形产生变形作用，其参数非常简单，如图 3-52 所示。

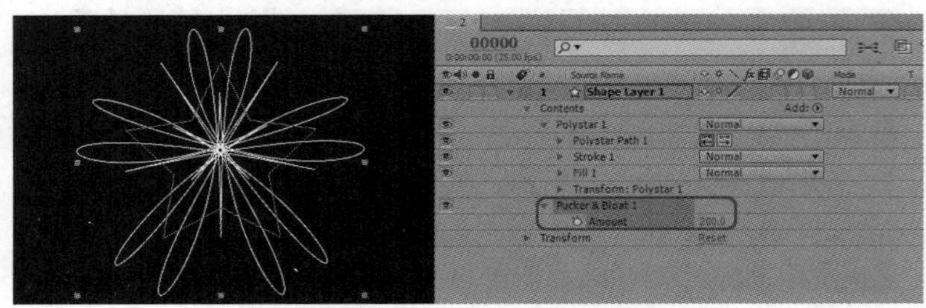

图 3-52

Amount：数量，从负值到正值会产生不同的效果。

11．Repeater

Repeater（重复），使用它可以很方便地复制出多个连续的、集成控制的图形，类似三维软件中的阵列，该功能以前只在 Digital Fusion 中才有，这次 After Effects 引进来有一定的实用价值，效果如图 3-53 所示。

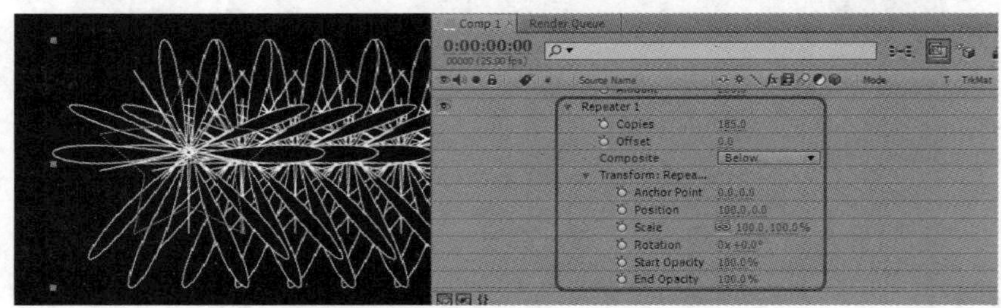

图 3-53

将该特效各项参数的含义如下。

- Copies：复制的数量。
- Offset（偏移），控制复制后，下一个图形到上一个图形之间的距离。
- Position（位置），控制所有图形在摄像机前的整体位置。
- Anchor Point（中心点），控制所有图形的整体中心点位置。
- Scale：下一个图形与上一个图形的缩放比例，比如这个值设为 80%，那么下一个图形就是上一个图形的 80%，一直这样循环下去。
- Rotation（旋转），两个图形间的相对角度。
- Start Opacity：开始图形的透明度。
- End Opacity：复制进结束时最后一个图形的透明度。

12．Round Corners

Round Corners 从字意义就可以看出来，它可以让图形的尖角变为圆角，参数很简单，如图 3-54 所示。

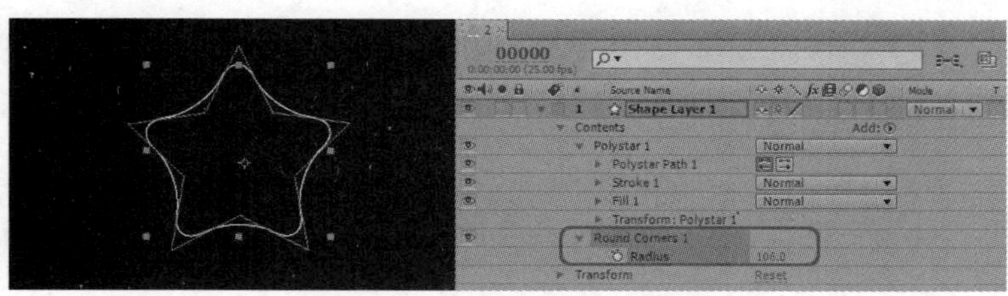

图 3-54

参数只有一项：

Radius（半径），控制尖角变圆之后的圆角半径。

13．Trim Paths

Trim Paths（修剪图形），值得说明的是，这是一个非常实用的功能，使用它可以很方便地完成光线穿梭等效果，在影视合成中常常会用后期软件来做一些辅助的光线效果，但是以前在 After Effects 中完成必须要借助一款【3d Stroke】的插件来完成，而这次的 After Effects CS6 新版本中提供了这个实用的功能，而且控制起来也很方便简单。接下来将详细介绍该选项中具体控制项的作用，如图 3-55 所示。

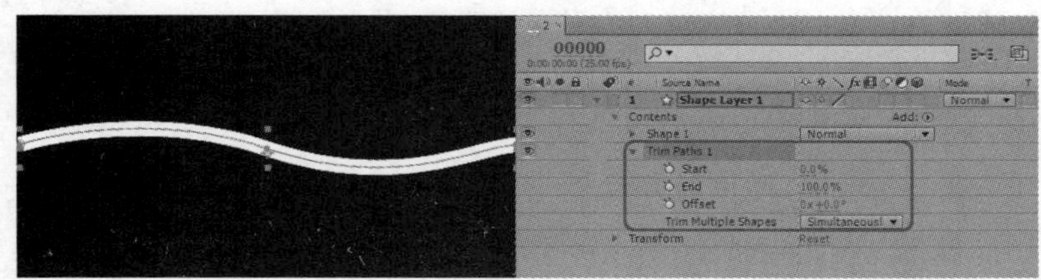

图 3-55

- Start：控制修剪的开始点位置，它的单位是百分比，默认 0 就是开始位置。
- End：控制修剪的结束点位置，它的单位也是百分比，默认 100 就是结束的位置。
- Offset（偏移），如果 Start 参数不是 0%，End 参数也不是 100%，那么调节该选项即可产生一段线围着我们所建的图形边缘循环的效果。
- Trim Multiple Shapes：对多个图形进行修剪时的先后顺序调节项，所以只有在对两个或两个以上的图形进行修剪时才会看到效果，它有以下两个选项。
  - Individually：修剪完成第一个之后再对下一个进行修剪。
  - Simultaneously：所有图形同时修剪。

14．Twist

Twist（扭曲），可以对图形产生一种扭曲的效果，效果很简单也很实用，而参数很简单，如图 3-56 所示。

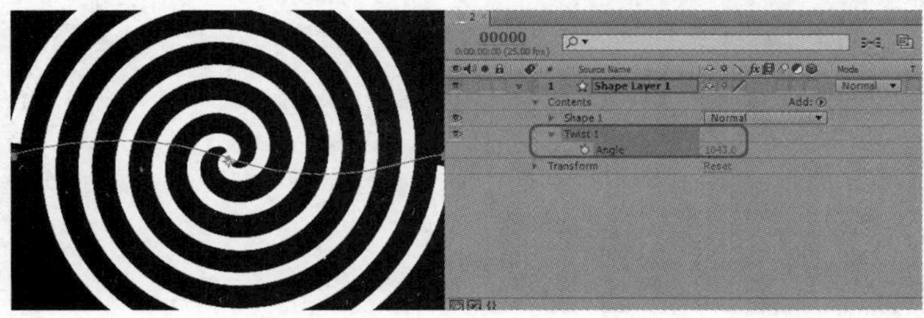

图 3-56

Angle（角度），控制扭曲的角度，从负值到正值会产不同方向的扭曲，使用它可以制作出很多比如年轮、随机线条、波纹等效果。

15. Wiggle Paths

Wiggle Paths：可以使图形产生变形，让这些线条看起来更随机、更不规则，具体控制项如图 3-57 所示。

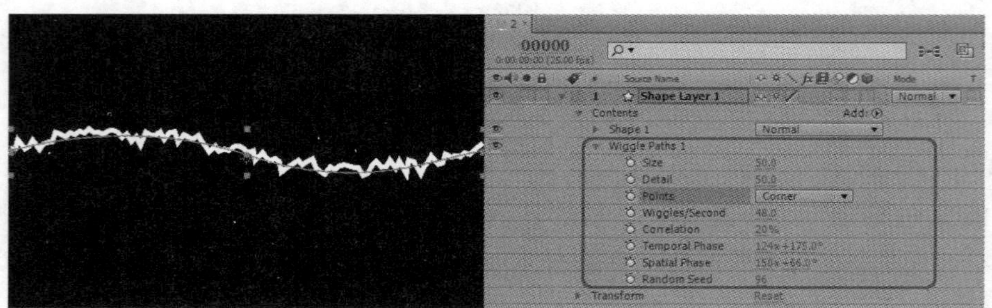

图 3-57

- Size：控制随机的幅度大小，值越大，形变越明显。
- Detail（细节），值越大段数越多，越复杂。
- Points（顶点平滑类型）有以下两个选项。
  - Corner（尖角），顶点处的角都是尖角。
  - Smooth（光滑），Detail 值较小时，可以看到那些角都平滑了很多。
- Wiggles/Second：控制每秒的变形速度，当这个值大于 0 时，播放就能够看到产生变形动画，而生成这样的动画并不需要记录关键帧，此项值越小速度越慢，值为 0 时不生成动画。
- Correlation（关联值），当此项值为 100 时可以看到所有线段和角点所生成的动画是一样的，此项值越小，各段线和角点的动画随机性就越强。
- Temporal Phase：当前动画状态，推进或延迟当前动画的进度。
- Spatial Phase（空间状态），在现在动画的基础上对动画进行放大或缩小步幅的控制。
- Random Seed（随机种子数），此项数值每产生 1 的变化，整体就会产生不同的效果，也就是控制整体效果的随机值。

16. Wiggle Transform

Wiggle Transform（随机运动），使用它不记录关键帧也可以让图形产生随机的移动、旋转、中心点及缩放等动画，具体控制项如图 3-58 所示。

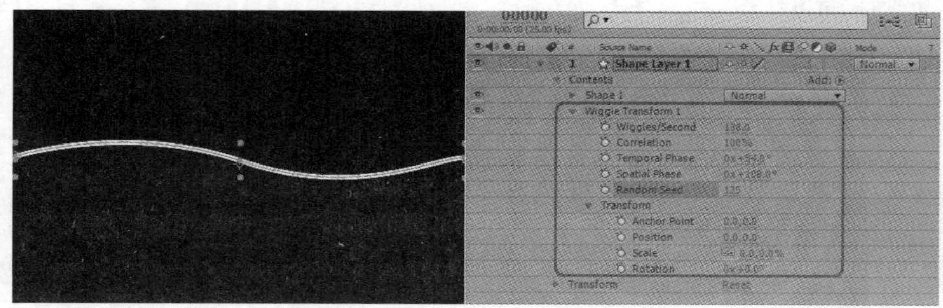

图 3-58

- Wiggle/Second：控制随机动画的速度，值越大速度越快。
- Correlation：关联机，同样是控制动画的相同程度。
- Temporal Phase：当前动画状态，推进或延迟当前图形的随机动画。
- Spatial Phase：空间状态，放大或缩小当前动画的步幅。
- Random Seed：随机种子数，调节动画的随机性。
- Anchor Point：中心点，具体到这里就是控制允许中心点在多大的范围内进行随机动画，比如，X 值为 10，Y 值为 30，那就是允许中心在 X 向最大偏移范围为当前值加 10 或减 10 的范围内产生随机动画，而 Y 向最大允许在当前值加 30 或减 30 的范围内产生随机动画。
- Position：控制图形的位置动画范围值。
- Scale：控制缩放动画的幅度。
- Rotation：控制旋转动画的幅度。

17．Zig Zag

Zig Zag：使用该选项可以在每条线上进行等分，将一条线切割成多条并进行有序的排列，具体控制项如图 3-59 所示。

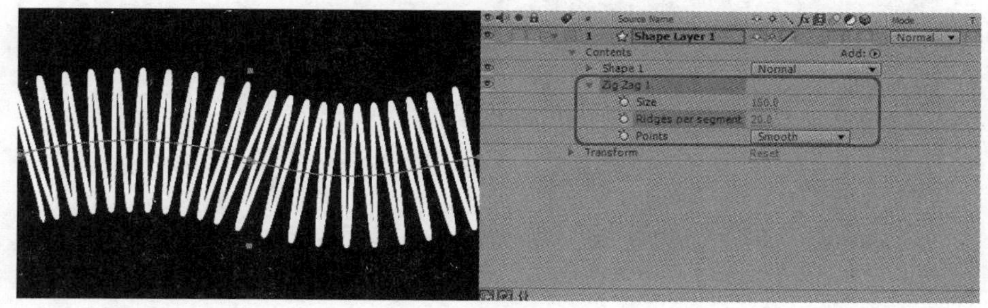

图 3-59

- Size：单条线的长度。
- Ridges per segment：控制每条线上进行几次等分。
- Points（角点的类型）。Corner，尖角。Smooth，圆角。

18．Group

Group（群组），可以将创建的一些图形进行集中统一控制，比如创建了几个图形，需要这几个图形一起移动或旋转，显然得一个一个去调节，有了 Group 即可很好地解决这个问题，它可以让几个图形受统一控制，具体参数如图 3-60 所示。

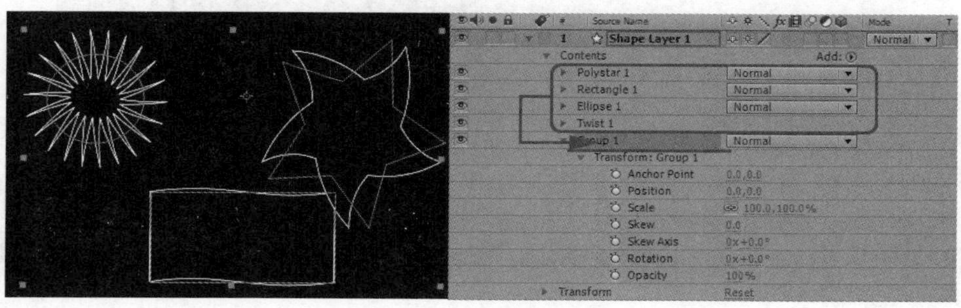

图 3-60

如图 3-60 所示，我们创建了一个 Ellipse 并为其添加了一个【Zig Zag】修改项。又创建了一个 Rectangle 和一个 Polystar，最后为它们共同添加了一个【Twist】修改项和一个 Stroke 描边。现在要显示它们的统一管理。

STEP 1 加入一个【Group】管理项。

STEP 2 按【Shift】键选择需要进行统一管理的选项，然后将其拖动至 Group 选项上，松开鼠标即可，这时候我们看到它们都已经放到 Group 项目里，然后调节 Transform Group 项下面的数值即可实现统一控制，下面是具体参数的简单介绍。

- Anchor Point：群组内所有物体共用的中心点控制。
- Position：位置控制。
- Scale：缩放大小。
- Skew（倾斜），加大数值可产生一种类似 Photoshop 中自由变换式的倾斜效果。
- Skew Axis（倾斜角度），配合 Skew 项可产生模拟 3D 图层的倾斜效果。
- Rotation：旋转角度控制。
- Opacity：群组内所有对象的透明度控制，如图 3-61 所示。

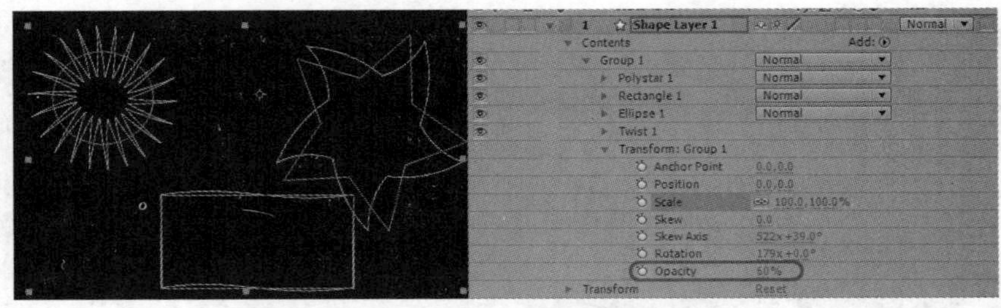

图 3-61

After Effects CS6 中还提供了一些其他的 Shape Layer 的控制方法，当创建一个 Shape layer 后，在窗口顶端的工具栏会出现一些新的按钮，如图 3-62 所示。

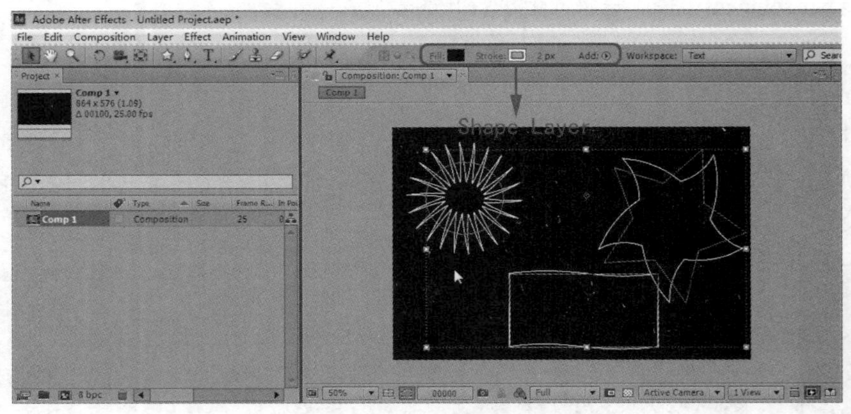

图 3-62

- Fill（填充类型），单击 Fill，弹出填充类型选择窗口，在这里可以选择当前图形的填充模式，如图 3-63 所示。
  - 1：None，无填充，也就是空心的，不进行任何填充。

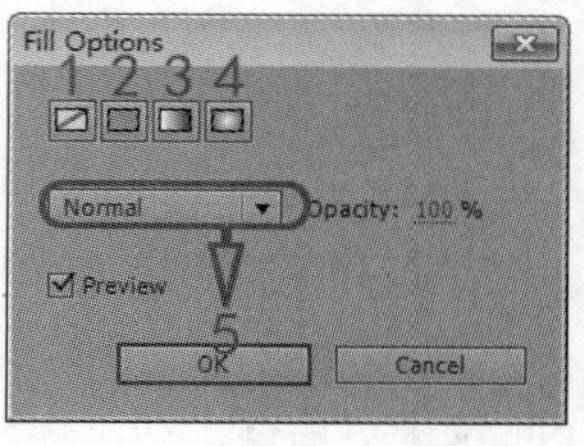

图 3-63

- 2：Solid Color，单色填充，也就是 Fill 填充模式。
- 3：Linear Gradient，也就是线性渐变填充。
- 4：Radial Gradient，也就是径向填充。
- 5：与下层图形的叠加模式控制项，与图层的叠加模式一样，前面已经介绍过了，在这里不再赘述，有关内容可参考图层叠加模式一章。
- Opacity：透明度控制。
- Preview：预览，被勾选时在这里调节可以实时在视口中显示，去掉勾选则只能在调节完成后才能在视口看到效果。

- Fill 后面的小方块按钮，调节颜色和渐变效果：
  - 当前填充模式为无填充时该选项不可用。
  - 当前填充模式为 Fill 时，单击该选项，弹出颜色拾取面板，调节颜色。
  - 当前填充模式为 linear Gradient 或 Radial Gradient 时，单击该选项，弹出渐变调节面板，调节渐变效果。
- Stroke 和后面的小方块按钮，调节当前图形的 Stroke 模式，具体选项与 Fill 按钮一样。
- Add 按钮：单击该按钮可以任意添加图形或填充效果，与时间上的 Add 按钮作用一样。

19．Shape Layer 其他控制方式

我们也可以使用 Pen 工具（快捷键 G）和 Rectangle Tool 工具（快捷键 Q）在 Shape Layer 层上直接绘制而不使用【Add】按钮。在使用这些工具时，工具栏上出现两个新的按钮，如图 3-64 所示。

图 3-64

- 1：Tool Creates Shape（创建图形工具），当该选项被选择时，在窗口所绘制出的是图 形，以蓝色线显示。
- 2：Tool Creates Mask（创建遮罩工具），当该选项被选择时，在窗口所绘制出的是 Mask 遮罩，以黄色线显示。当使用该选项时，后面出现一个【RotoBezier】选项，勾选它时用 Pen 工具所绘制出的是一种新的曲线类型，与普通的 Bezier 曲线相比，它更容易绘制一些圆滑的图形，这种类型曲线在 After Effects 中还是第一次引进使用，以前只在 Combustion 和 Digital Fusion 这些软件中出现，这也是 After Effects CS6 的一点创新。

有了 Shape Layer 这样灵活且集成度高的工具，我们在为素材创建和绘制通道，以及绘制一些图案时就更方便了。

3.3 设置蒙版

1. 修改蒙版的大小

在时间线面板中展开蒙版列表选项组，单击 Mask Shape 右侧的 Shape...文字超链接，将打开【Mask Shape】对话框，如图 3-65 所示。

正在 Bounding Box（方形）选项组中，通过修改 Top（顶），Left（左）、Right（右）、Bottom（底）选项的参数，可以修改当前蒙版的大小。而通过 Units（单位）下拉列表框，可以为修改值设置一个合适的单位。

通过 Shape（形状）选项组可以修改当前蒙版的形状，可以将其他形状快速修改成矩形或椭圆形。选择 Rectangle（矩形）选项，可以将该蒙版形状修改成矩形。选择 Ellipse（椭圆形）选项，可以将该蒙版形状修改成椭圆形。

2. 蒙版的锁定

为了避免操作中出现失误，可以将蒙版锁定，锁定后的蒙版将不能被修改，锁定蒙版的操作方法如下：

STEP 1 在时间线面板中将蒙版属性列表选项展开。

STEP 2 单击锁定的蒙版层左面的图标，该图标将变成带有一把锁的效果，如图 3-66 所示。

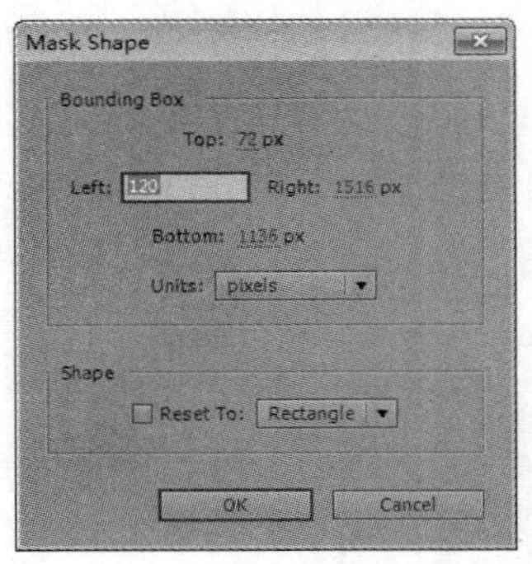

图 3-65

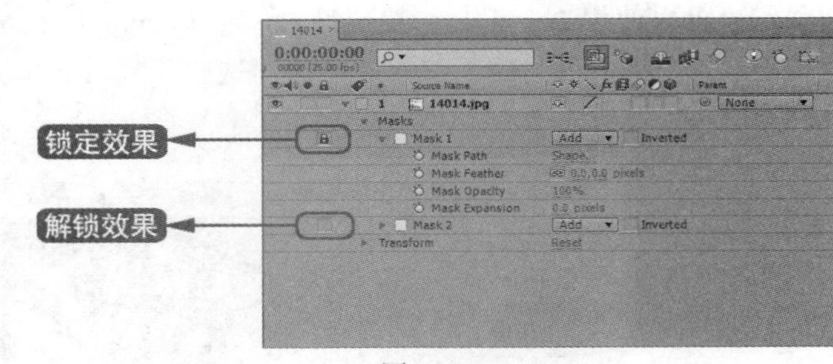

图 3-66

3. 蒙版的羽化操作

使用羽化功能可以对蒙版的边缘进行柔化处理，制作出虚化的边缘效果，以在处理影视动画中产生很好的过渡效果。

可以单独地设置水平羽化或垂直羽化。在时间线面板中，单击 Mask Feather 右侧的【Constrain Proportios】按钮，将约束比例取消，即可分别调整水平或垂直的羽化值，也可以在参数上右击，在弹出的快捷菜单中选择【Edit Value】命令，打开【Mask Feather】对话框，通过该对话框设置水平或垂直羽化值，如图 3-67 所示。

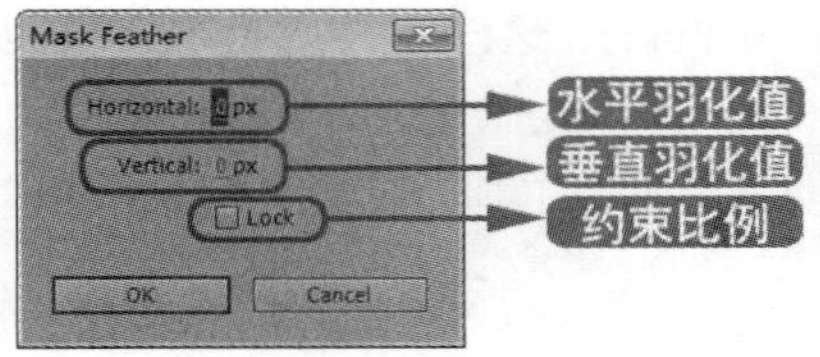

图 3-67

在时间线面板中调整蒙版羽化的操作方法如下：

STEP 1　将蒙版属性列表选项展开。

STEP 2　单击 Mask　Feather（蒙版羽化）属性右侧的参数，将其激活，然后输入数值。也可以将鼠标放在数值上，通过直接拖动来改变数值，其 3 种羽化效果如图 3-68～图 3-70 所示。

图 3-68

图 3-69

图 3-70

4. 蒙版的不透明度

蒙版和其他素材一样，也可以调整不透明度，在调整不透明时，只影响蒙版素材本身，对其他的素材不会造成影响。利用不透明度的调整，可以制作出更加丰富的视觉效果。

调整蒙版不透明度的操作方法如下：

STEP 1　在时间线面板中将蒙版属性列表选项展开。

STEP 2　单击 Mask Opacity（蒙版不透明度）属性右侧的参数将其激活，然后输入数值，也可以将鼠标放在数值上，直接拖动来改变数值。

不同透明度的蒙版效果如图 3-71～图 3-74 所示。

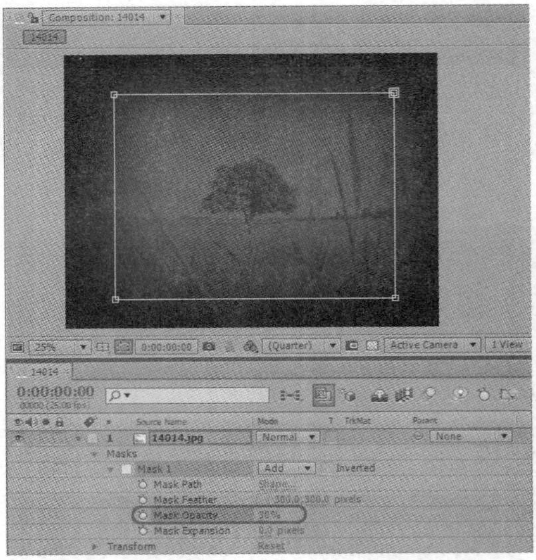

图 3-71

图 3-72

图 3-73

图 3-74

5．蒙版区域的扩展和收缩

蒙版的范围而已通过 Mask Expansion（蒙版扩展）参数来调整，当参数值为正值时，蒙版范围将向外扩展，当参数值为负值时，蒙版范围将向里收缩，具体操作方法如下：

STEP 1 在时间线面板中将蒙版属性列表选项展开。

STEP 2 单击 Mask Expansion（蒙版扩展）属性右侧的参数将其激活，然后输入数值，也可以将鼠标放在数值上，直接拖动来改变数值。

扩展、原图与收缩的效果如图 3-75～图 3-76 所示。

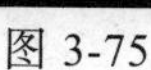

图 3-75

图 3-76

3.4　实战应用

通过前面的知识讲解，用户已经对遮罩有了初步的了解，接下来将遮罩运用到生活，科技中。

3.4.1　扫光文字

在大量的合作制作中，扫光效果的制作次数是很多的，该特效模拟灯光划过文字的效果，这种效果主要通过对遮罩动画的运动位置来完成，其效果如图 3-77 所示。

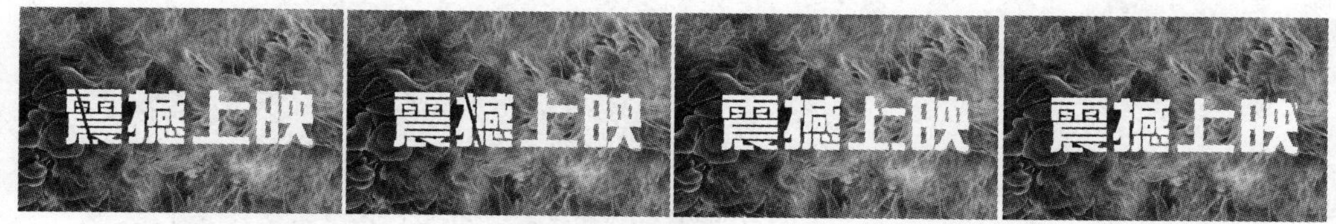

图 3-77

STEP 1　打开 After Effects 软件，在【Project】窗口中的空白处单击，在弹出的对话框中选择随书附带光盘中的【扫光文字.psd】素材文件，如图 3-78 所示。

STEP 2　单击【打开】按钮，弹出【扫光文字.psd】对话框，将【Import Kind】定义为【Composition-Retain Layer Sizes】，在【Layer Options】选项组中选择【Merge Layer Styles Into Footage】单选按钮，如图 3-79 所示。

图 3-78

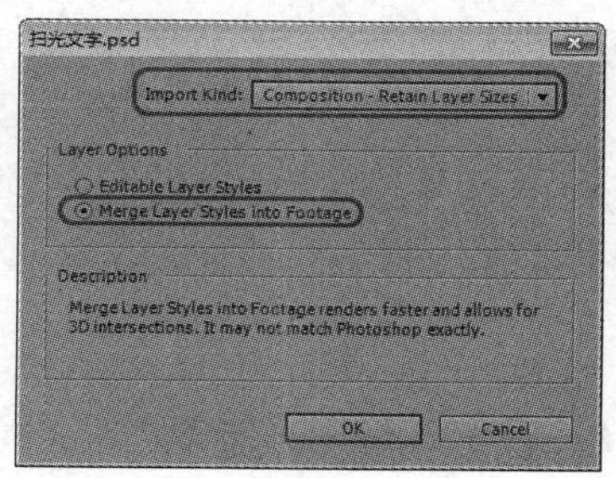

图 3-79

STEP 3 设置完成后单击【OK】按钮，即可将选择的素材文件导入【Project】对话框中，然后在该面板中双击扫光文字合成，按【Ctrl+K】组合键，打开【Composition Settings】对话框，将【Duration】设置为 0:00:03:00，如图 3-80 所示。

STEP 4 设置完成后单击【OK】按钮，在时间线窗口中选择【震撼上映】层，在工具栏中选择【Rectangle Tool】工具，在【Composition】窗口中创建遮罩，如图 3-81 所示。

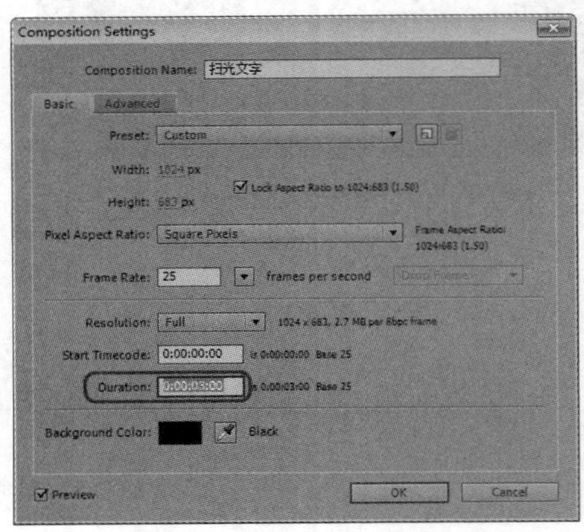

图 3-80

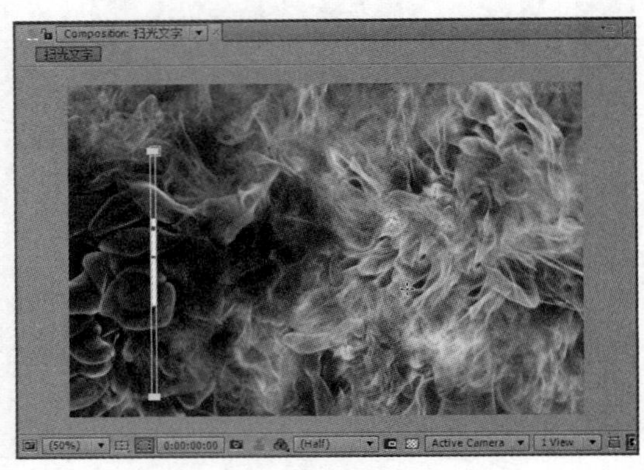

图 3-81

STEP 5 在时间线窗口中展开【震撼上映】选项，勾选【Mask1】右侧的【Inverted】复选框，如图 3-82 所示。

图 3-82

STEP 6 按 V 键切换至【Selection Tool】工具，调整遮罩的形状及位置，完成后的效果如图 3-83 所示。

STEP 7 按【Shift】键的同时选择【Masks】选项下的【Mask 1】，然后按 M 键，调整遮罩位置，将当前时间设置为 0:00:00:00，单击【Mask Path】左侧的 ，打开记录动画，如图 3-84 所示。

图 3-83

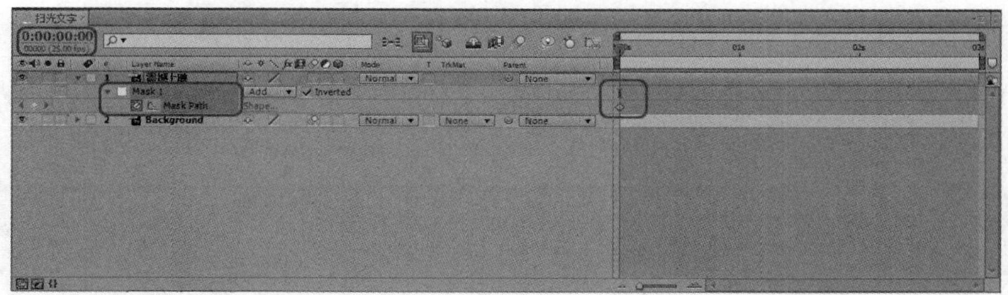

图 3-84

STEP 8 将当前时间设置为 0:00:02:24，选择遮罩，将其移动至文字的右侧，添加关键帧，如图 3-85 所示。

图 3-85

STEP 9 至此，扫光文字制作完成，按【Ctrl+M】组合键，打开【Render Queue】窗口，在该窗口中单击【Output To】右侧的蓝色文字，打开【Output Movie To】对话框，在该对话框中为其指定一个正确的存储路径，如图 3-86 所示。

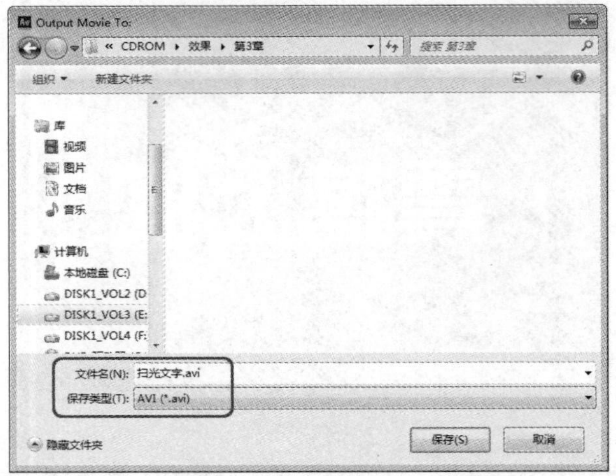

图 3-86

STEP 10 单击【保存】按钮，在【Render Queue】窗口中单击【Render】按钮，即可以进度条的形式输出影片，如图 3-87 所示。

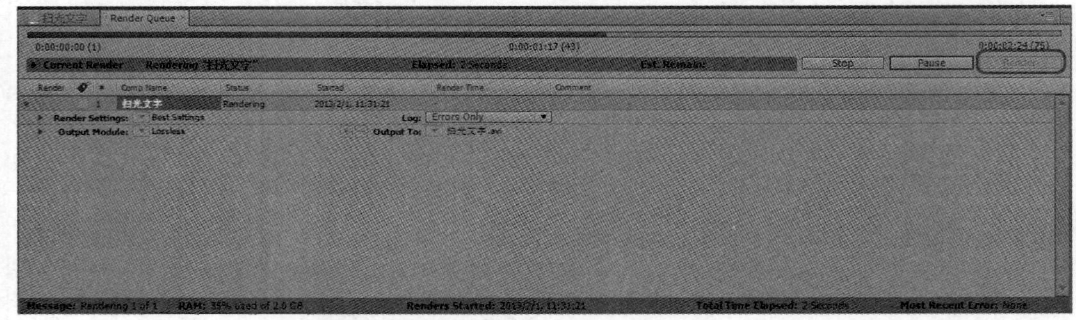

图 3-87

3.4.2 遮罩动画

本例通过在图像上绘制化形遮罩，来制作美丽的花朵。然后为其设置运动关键帧，得到花运动的效果，最后使用预置动画制作一个文字动画，效果如图 3-88 所示。

图 3-88

STEP 1　打开 After Effects 软件，按【Ctrl+N】组合键，打开【Composition Name】对话框，在该对话框中设置其名称为【花动画】，将【Preset】设置为【PAL D1/DV】，将其大小设置为 720×576 像素，将【Duration】设置为【0:00:06:00】，如图 3-89 所示。

STEP 2　单击【OK】按钮，按【Ctrl+I】组合键，在打开的对话框中选择随书附带光盘中的【001.jpg】、【002.jpg】、【003.jpg】素材文件，如图 3-90 所示。

STEP 3　单击【打开】按钮，即可将选择的素材文件导入到【项目】窗口中，如图 3-91 所示。

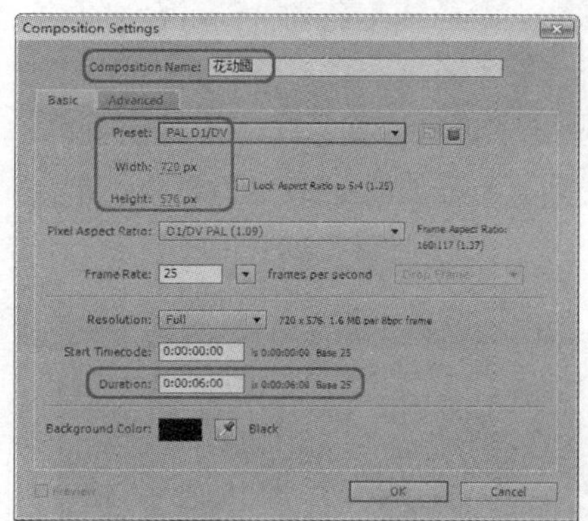

图 3-89

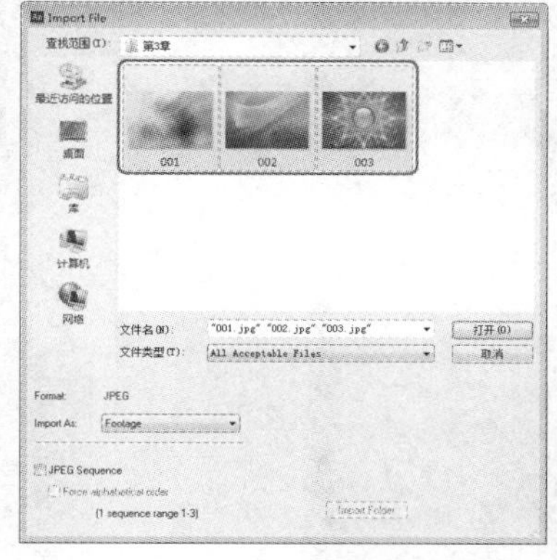

图 3-90

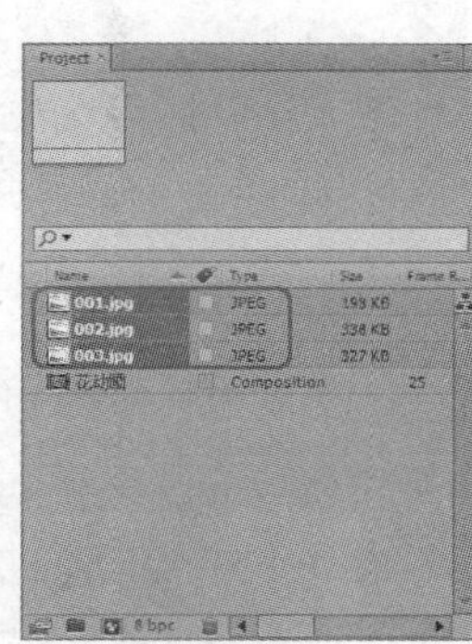

图 3-91

STEP 4　在【项目】窗口中选择【001.jpg】素材文件，将其拖动至时间线面板中，如图 3-92 所示。

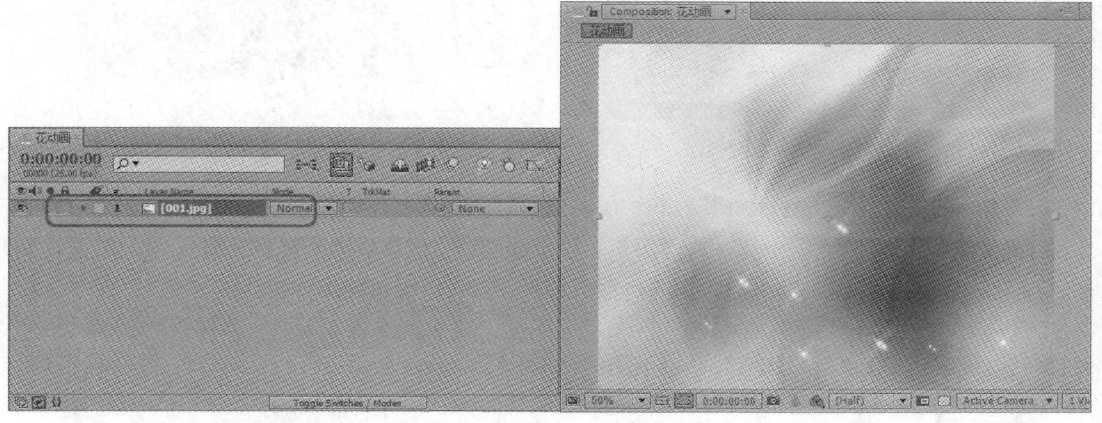

图 3-92

STEP 5　确认时间线中的素材文件处于被选择的状态下，在工具箱中选择【Pen Tool】工具，在合成窗口中绘制一个如图 3-93 所示的遮罩，并使用【Convertv Ertex Tool】调整各点。

STEP 6　在【项目】窗口中选择【002.jpg】素材文件，将其拖动至时间线面板中，单击【001.jpg】层左侧的按钮，将其隐藏，便于观察【002.jpg】层，使用同样的方法，再次绘制一个遮罩，完成后的效果如图 3-94 所示。

STEP 7　使用同样的方法将【003.jpg】素材拖动至时间线面板中，并绘制出如图 3-95 所示的遮罩。

STEP 8　取消所有图层的隐藏，选择【001.jpg】层，使用工具将【001.jpg】层的锚点移至花形的中心位置，如图 3-96 所示。

图 3-93

图 3-94

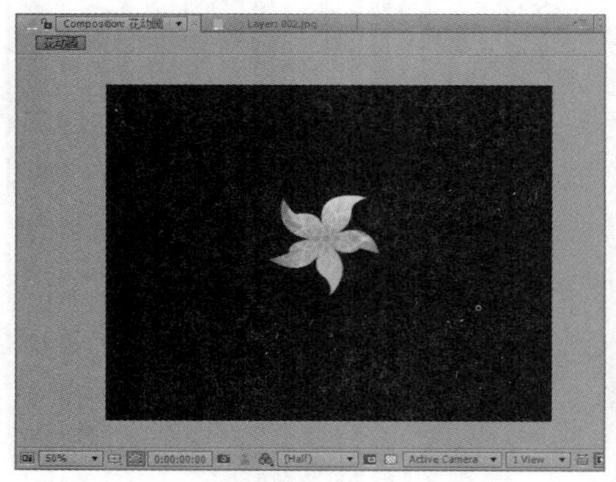

图 3-95

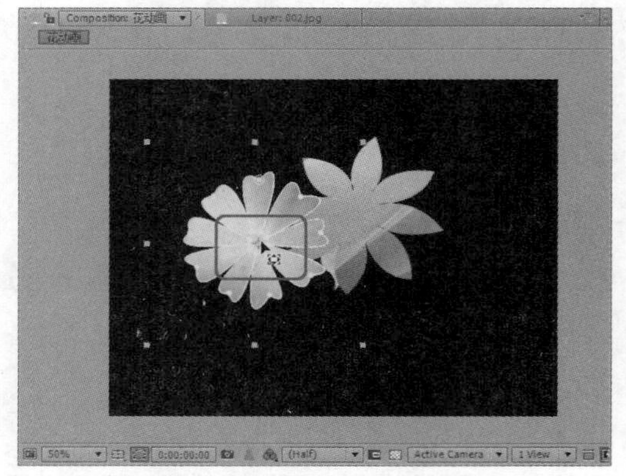

图 3-96

STEP 9 使用同样的方法，将其他几个层的锚点移至花形的中心位置。

STEP 10 在时间线面板中选择所有的层，按【Ctrl+D】组合键进行复制，按 A 键，展开复制后的层的位置的选项，便于查看，如图 3-97 所示。

STEP 11 选择复制后的【001.jpg】层，按回车键，激活该层的文本框，将其重命名为 a，使用同样的方法，依次将其重命名为 b、c，如图 3-98 所示。

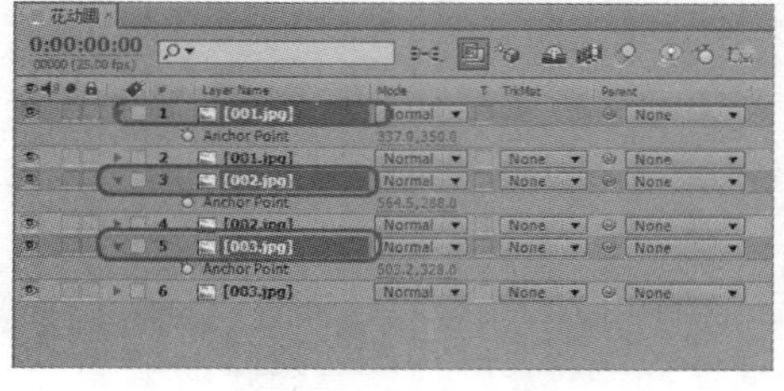

图 3-97

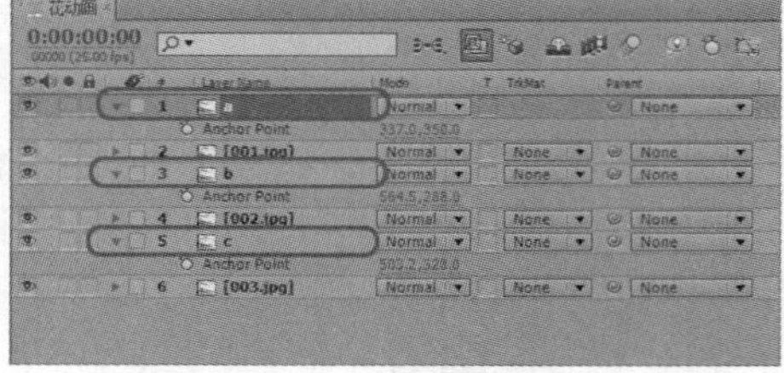

图 3-98

STEP 12 选择 a 层，隐藏其他图层。在第 0:00:00:00 帧位置处将 Position、Scale、Rotation 的各动画控制按钮打开，并将其 Position 设置为【-38.0，-40.0】，将 Scale 设置为【40.0,40.0%】，将 Rotation 设置为 0x+0.0°，如图 3-99 所示。

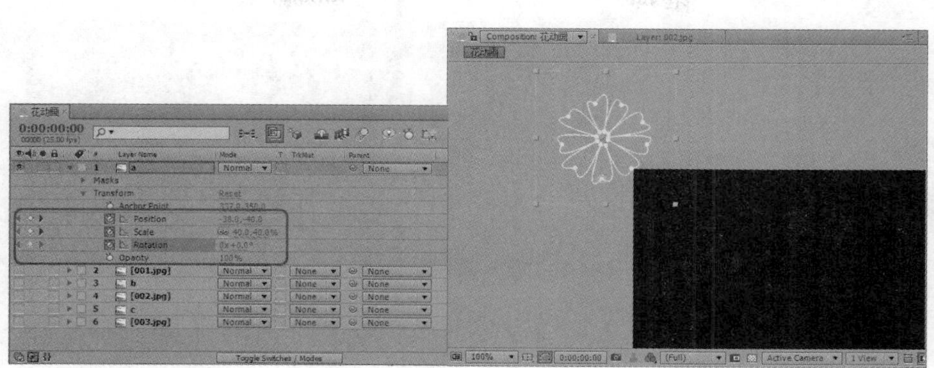

图 3-99

STEP 13　在第 0:00:02:00 帧位置处将 Position 设置为【300.0,600.0】，将 Scale 设置为【60.0,60.0%】，将 Rotation 设置为【0x+180.0°　】，如图 3-100 所示。

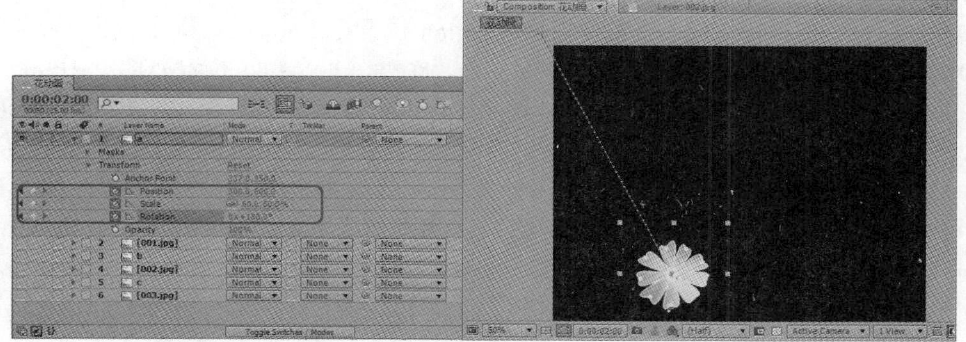

图 3-100

STEP 14　在第 0:00:04:04 帧位置处将 Position 设置为【800.0,350.0】，将 Scale 设置为【75.0,75.0%】，将 Rotation 设置为【1x+180.0°　】，如图 3-101 所示。

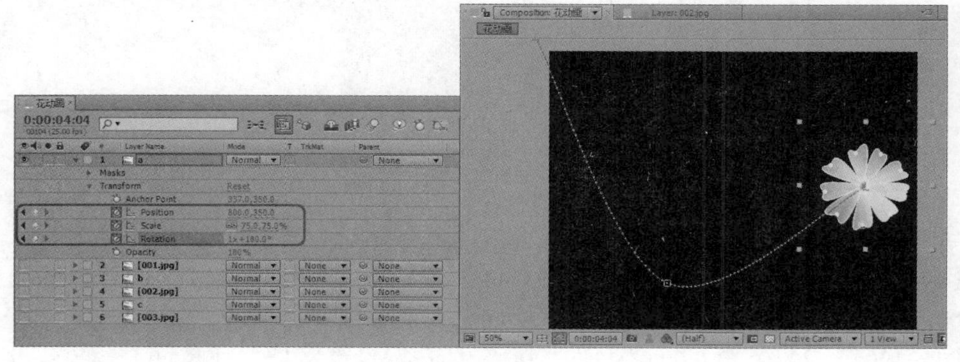

图 3-101

STEP 15　在第 0:00:05:24 帧位置处将 Position 设置为【380.0,150.0】，将 Scale 设置为【100.0,100.0%】，将 Rotation 设置为【2x+180.0°　】，如图 3-102 所示。

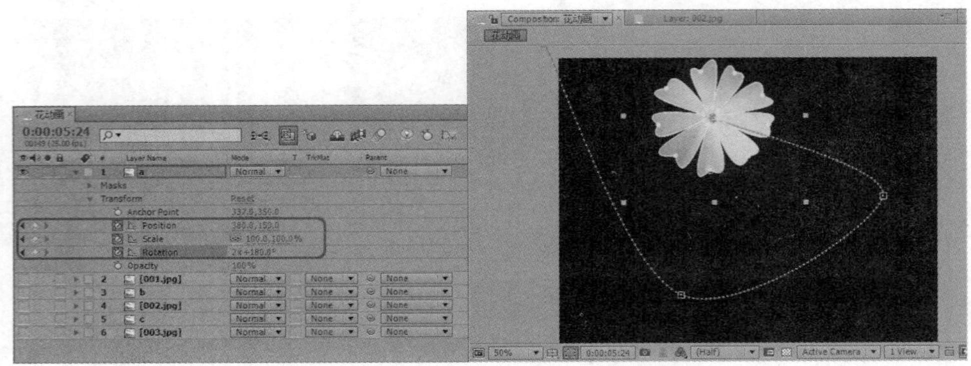

图 3-102

STEP 16 选择【001.jpg】层并将该层取消隐藏，在第 0:00:00:00 帧位置处将 Position 设置为【380.0,350.0】，将 Scale 设置为【30.0,30.0%】，将 Rotation 设置为【0x+90.0° 】，在第 0:00:01:00 位置处将 Position 设置为【380.0,350.0】，将 Scale 设置为【35.0,35.0%】，将 Rotation 设置为【2x+180.0° 】。在第 0:00:02:00 位置处，将 Position 设置为【660.0,468.0】，将 Scale 设置为【40.0,40.0%】，将 Rotation 设置为【1x+90.0° 】。在第 0:00:03:00 位置处将 Position 设置为【800.0,300.0】，将 Scale 设置为【45.0,45.0%】，将 Rotation 设置为【2x+90.0° 】。在第 0:00:04:00 位置处，将 Position 设置为【650.0,200.0】，将 Scale 设置为【45.0,45.0%】，将 Rotation 设置为【3x+90.0° 】。在第 0:00:05:00 位置处，将 Position 设置为【800.0,-75.0】，将 Scale 设置为【50.0,50.0%】，将 Rotation 设置为【4x+90.0° 】，最终效果如图 3-103 所示。

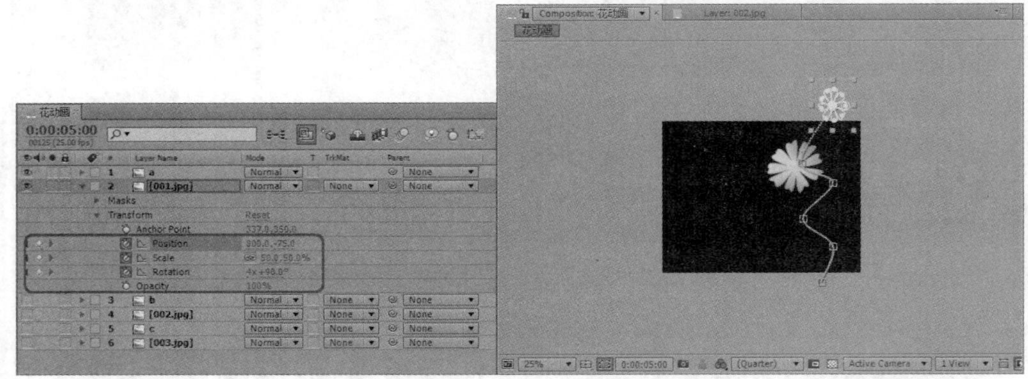

图 3-103

STEP 17 选择 b 层并取消隐藏，在第 0:00:00:00 帧位置处将 Position 设置为【-35.0,780.0】，将 Scale 设置为【40.0,40.0%】，将 Rotation 设置为【0x+0.0° 】。在第 0:00:01:15 位置处将 Position 设置为【110.0,285.0】，将 Scale 设置为【45.0,45.0%】，将 Rotation 设置为【0x+190.0° 】。在第 0:00:03:00 位置处，将 Position 设置为【470.0,160.0】，将 Scale 设置为【50.0,50.0%】，将 Rotation 设置为【1x+190.0° 】。在第 0:00:04:13 位置处将 Position 设置为【520.0,490.0】，将 Scale 设置为【55.0,55.0%】，将 Rotation 设置为【2x+190.0° 】。在第 0:00:05:24 位置处，将 Position 设置为【814.0,612.0】，将 Scale 设置为【70.0,70.0%】，将 Rotation 设置为【3x+190.0° 】，完成后的效果如图 3-104 所示。

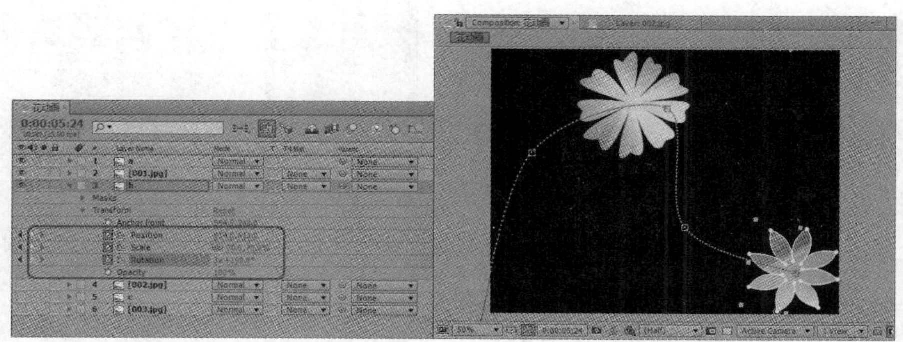

图 3-104

STEP 18 使用同样的方法，制作其他层的动画，设置完成后，按空格键预览动画，其效果如图 3-105～图 3-107 所示。

STEP 19 按住【Ctrl】键的同时选择【a】、【b】、【c】3 个层，在菜单栏中选择【Effect】|【Blur&Sharpen】|【Gaussian Blur】命令，如图 3-108 所示。

图 3-105

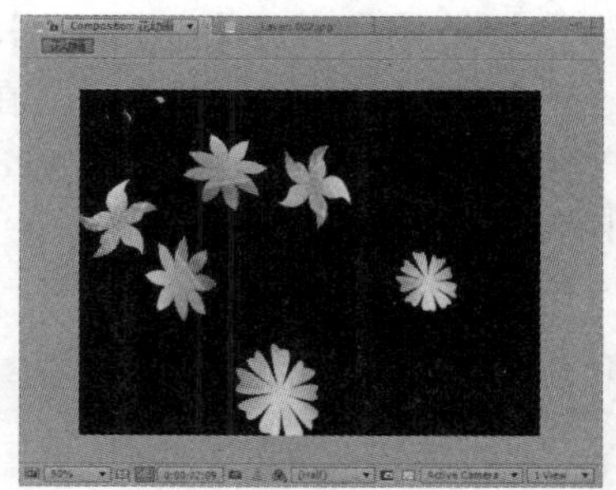

图 3-106

图 3-107

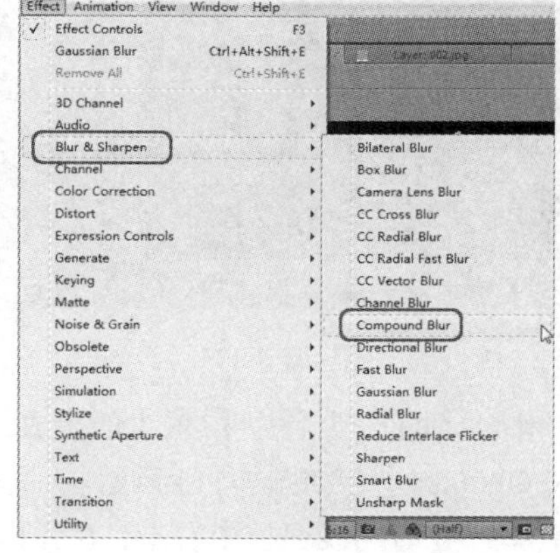

图 3-108

STEP 20 执行该命令后，即可为当前选择的 3 个层添加【Gaussian Blur】特效，分别将【a】、【b】、【c】3 个层的【Bluriness】设置为 20，如图 3-109 所示。

STEP 21 再次创建一个合成，命名为【文字动画】，将【Preset】设置为【PAL D1/DV】，将【Duration】设置为【0:00:02:00】，如图 3-110 所示。

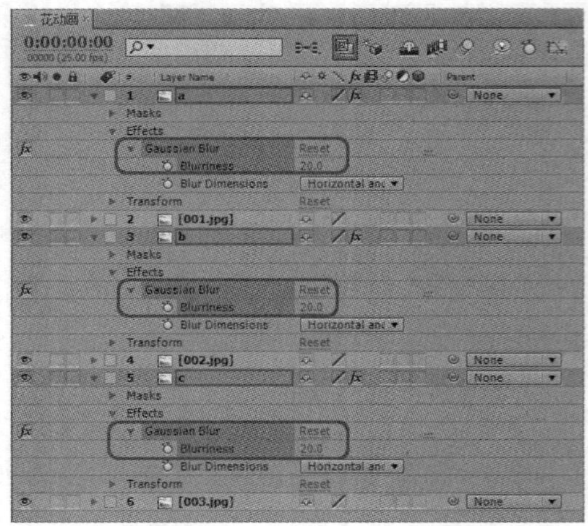

图 3-109

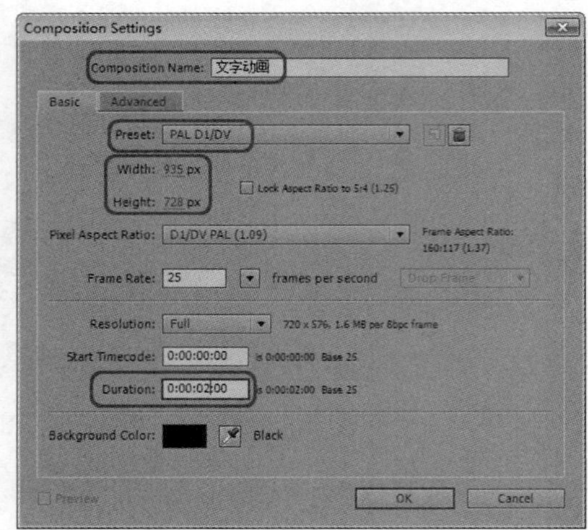

图 3-110

STEP 22 在工具箱中选择【Horizontal Type Tool】工具，在【合成】窗口中单击并输入【花开花落花幽香】文本内容，打开【Character】面板，设置字体大小为【70px】，字体样式设置为【STKaiti】，字体颜色设置为蓝色，描边设置为无，并在窗口中适当地调整文本的位置，如图 3-111 所示。

STEP 23 选择文字，在【Effects &Presets】面板中选择【Animation Presets】|【Text】|【Blurs】|【Foggy】特效，如图 3-112 所示。

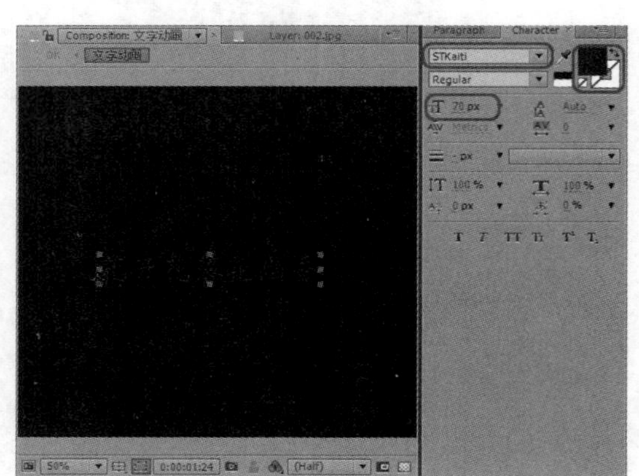

图 3-111

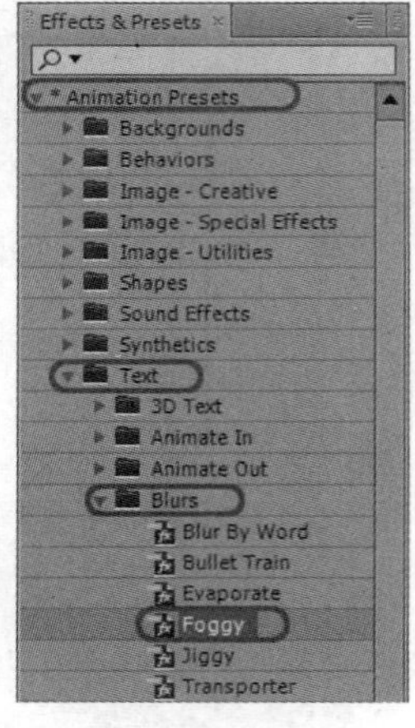

图 3-112

STEP 24 创建一个名为【OK】的合成，将【Preset】设置为【PAL D1/DV】，将【Duration】设置为【0:00:06:00】，如图 3-113 所示。

STEP 25 在时间线面板中右击，在弹出的快捷菜单中选择【New】|【Solid】命令，如图 3-114 所示。

STEP 26 在打开的对话框中设置其名称为【背景】，颜色设置为【白色】，其他数值为默认数值，如图 3-115 所示。

STEP 27 将【画动画】合成导入到【OK】合成的时间线窗口中，然后再导入【文字动画】合成，将【时间指示器】移动至 0:00:04:00 位置处，如图 3-116 所示。

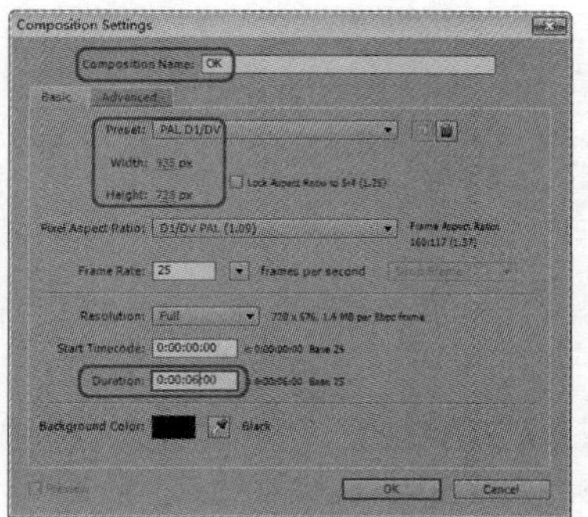

图 3-113

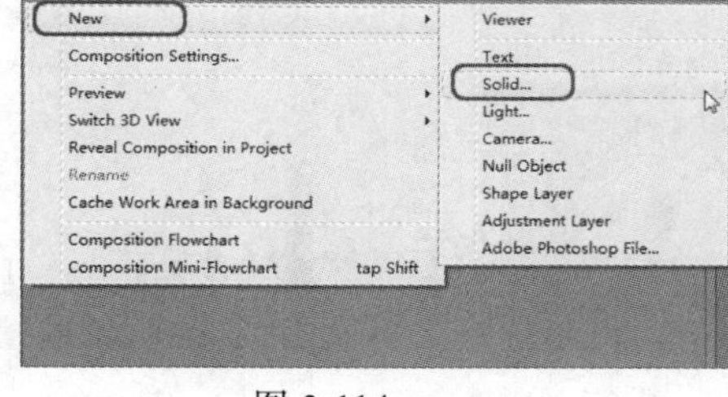

图 3-114

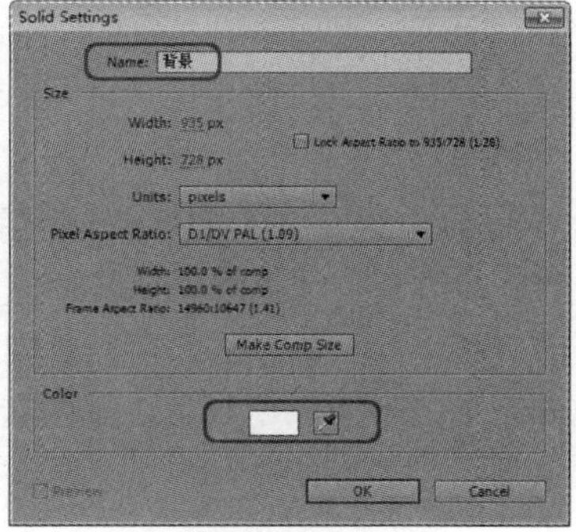

图 3-115

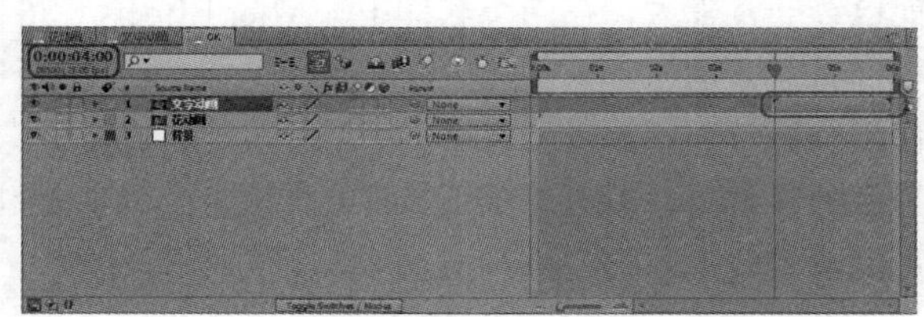

图 3-116

STEP 28　选择【Composition】|【Add to Render Queue】命令，如图 3-117 所示。

STEP 29　在打开的【Render Queue】对话框中单击【Output To】按钮，在弹出的对话框中为导出的文件指定一个正确的存储路径，并将其命名为【遮罩动画】，其格式为 AVI，如图 3-118 所示。

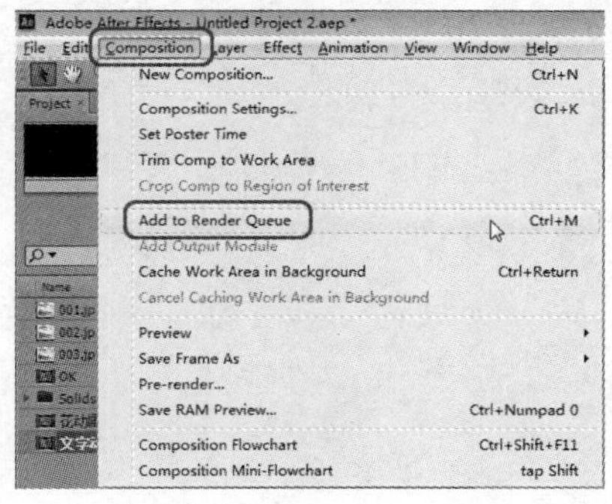

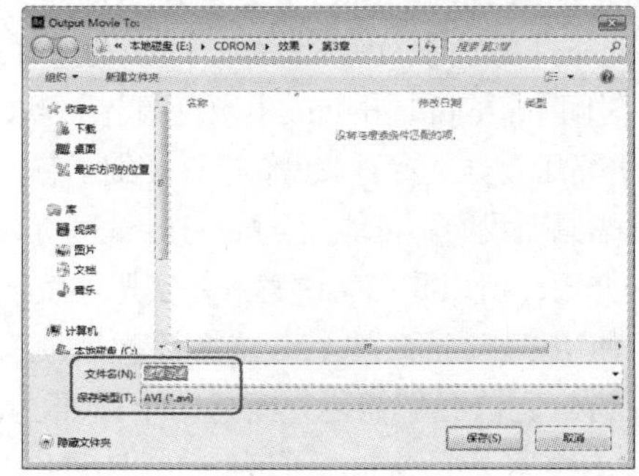

图 3-117　　图 3-118

STEP 30　单击【保存】按钮，单击【Render】选项按钮，即可将我们的影片导出，查看导出后的效果，如图 3-119 所示。

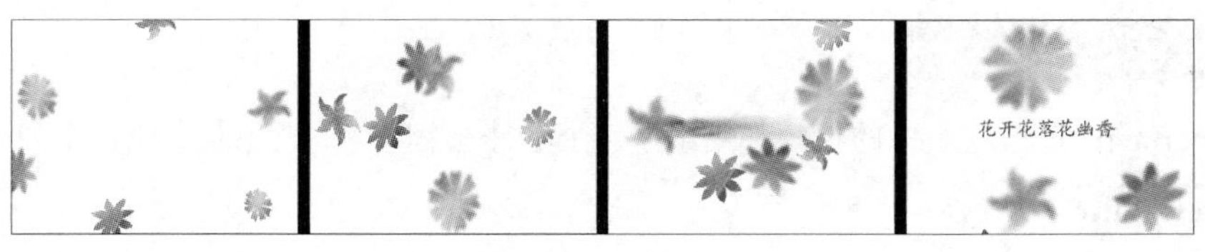

图 3-119

第 4 章 Blur & Sharpen 和 Channel

After Effects 在最早期的版本中就提供了特效功能，时至今日发展到 CS6 版本，After Effects 的特效功能已经非常强大，在同类软件中，After Effects CS6 提供了最多、最全也最强大的特效合成系统，本章我们将全面地领略 After Effects CS6 的强大特效生产能力，并逐步讲解，让大家熟悉其中重要特效的使用和调节方式，以及每个特效的特性和一些应用技巧。相信通过本章的学习，今后再看到那些眼花缭乱的特效时，不再感觉那么遥不可及。在本章的讲解中我们对很多特效都使用了一样的素材，这样更能清楚特效间的差别和对比效果。

4.1 After Effects CS6 视频特效介绍

After Effects CS6 提供了众多的特效，大概可分为：Blur【模糊】、Distort【变形】、Generate【生成】、Noise【噪波】、Paint【画笔】、Style【样式】、Time【时间】、Color correction【颜色调节】和 Keying【键控】等几大类。接下来我们进行详细了解，当然由于篇幅原因我们不可能把 After effects 里所有的特效一一介绍，所以我们会讲解一些实用性较强，在工作中使用率较高的一些特效来进行重点讲解。

在讲解之前我们需要先新建一个标准 PAL 制的项目，再建一个 Width 值为 930，Height 值为 770，约 100 帧的 Composition，如图 4-1 所示。然后导入任意一张图片或一段视频作为素材，在这里我们使用了一张名为【素材 1】的图片。

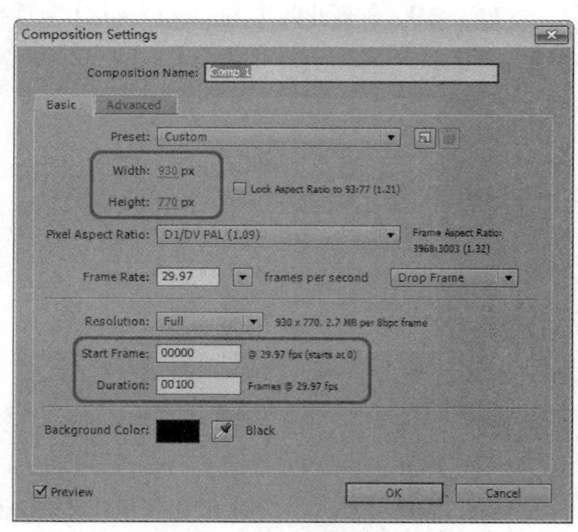

图 4-1

4.2 Blur & Sharpen

Blur & Sharpen：该选项组中的特效都用来产生 Blur【模糊】和 Sharpen【锐化】的效果。

1. Bilaterl Blur

Bilaterl Blur（左右对称模糊），该特效将图像按左右对称的方向进行模糊处理，效果如图 4-2 所示。

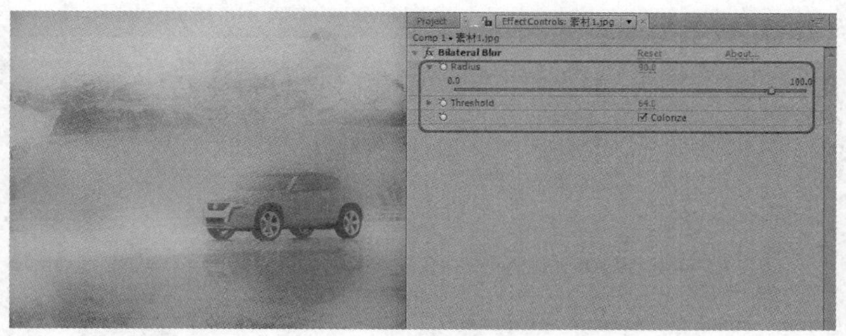

图 4-2

- Radius（半径），用于设置模糊的半径大小，数值越大模糊程度也越大。
- Threshold（阈值），用于设置模糊的容差，数值越大模糊的范围也越大。
- Colorize（着色），勾选该复选框，可以显示原图像的颜色。

2．Box Blur

Box Blur（方形模糊），这是一种基础模糊特效，它可以产生快速的模糊效果，占用系统资源相对较少，控制项比较简单，使用方便，图 4-3 所示为 Box Blur 的控制项。

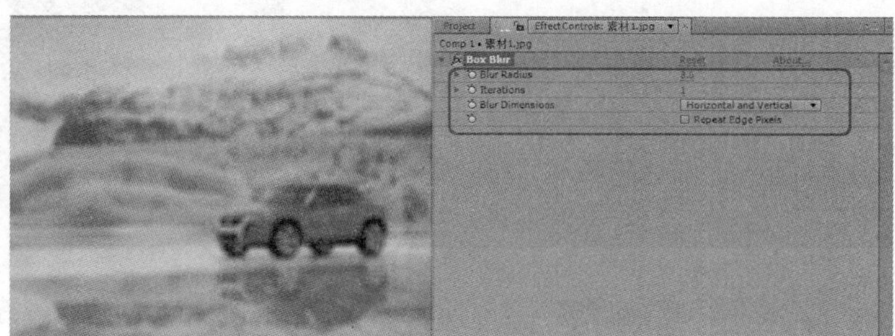

图 4-3

- Blur Radius（模糊半径），值越大效果越明显。
- Iterations（迭代次数），值越大效果越细腻，也占用越多的系统资源。
- Blur Dimensions（模糊方向），单击后面的下拉按钮，弹出下拉列表，共有以下 3 项。
  - Horizontal（水平方向），产生单向的水平模糊效果，如图 4-4 所示。

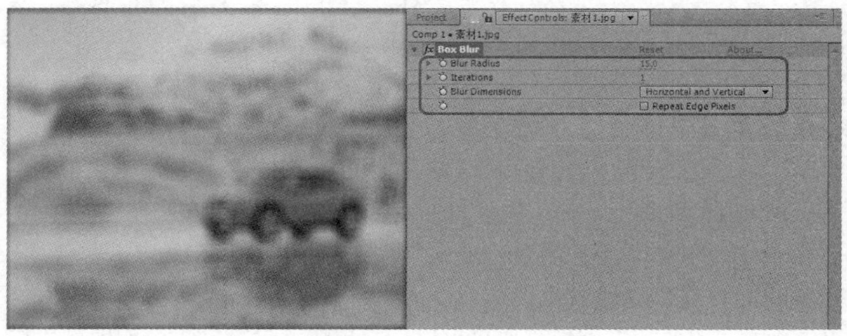

图 4-4

➢ Vertical：垂直方向，产生单向的垂直模糊效果，如图 4-5 所示。

图 4-5

➢ Horizontal and Vertical：水平和垂直方向的模糊效果，如图 4-6 所示。

图 4-6

- Repeat Edge Pixels（重复边缘像素），勾选该复选框后可以更好地对边缘进行模糊，从而使效果更为细腻。
- Reset（重新设定值），也就是将所有数值恢复到默认状态。

单击所有选项可以保存我们当前所调节好的状态，成功保存之后可以再次打开下拉列表调用，这在工作中很有用。

- About：单击显示当前特效的版本号以及发行公司等相关信息。

> **提示**：After Effects CS6 中几乎所有的特效都有 About、Reset 和 Animation Presets 选项，作用都一样，所以在以后的例子中不再重复讲解。

3．CC Radial Blur

CC Radial Blur（CC 径向模糊），其原来是以插件形式存在的特效，后来被整合到 CS6 版本中，相对 Radial Blur 它有更多的操控项，也产生更为细腻的效果，如图 4-7 所示。

- Type（类型），定义模糊的类型。
- Amount（数量），控制模糊强度。
- Quality（模糊质量），较低的模糊质量可以得到更快的反馈，更高的模糊质量，效果更为细腻，但是会占用更多的系统资源。

- Center：定义中心点的位置。

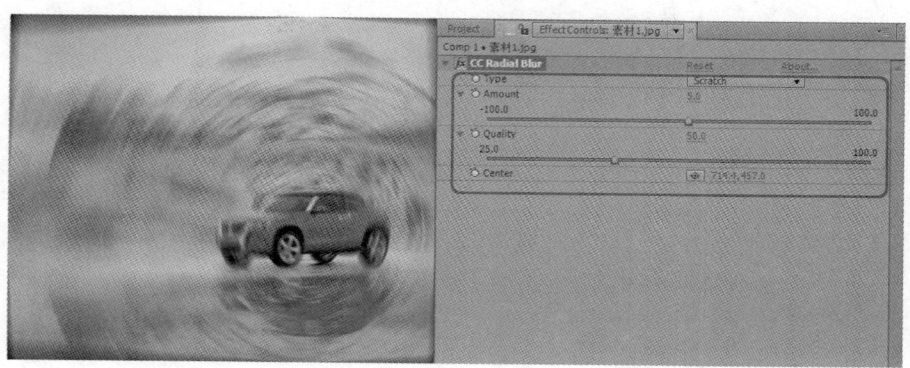

图 4-7

4．CC Rdial Fast Blur

CC Radial Fast Blur（CC 径向快速模糊），能够产生一种快速冲向镜头的特效，仔细调节该选项，可以得到惊人的效果，如图 4-8 所示。

图 4-8

- Center：定义中心点的位置。
- Amount：设置模糊强度。
- Zoom：设置模糊方式，有以下 3 项。
  - Standard：以标准方式进行模糊，如图 4-9 所示。

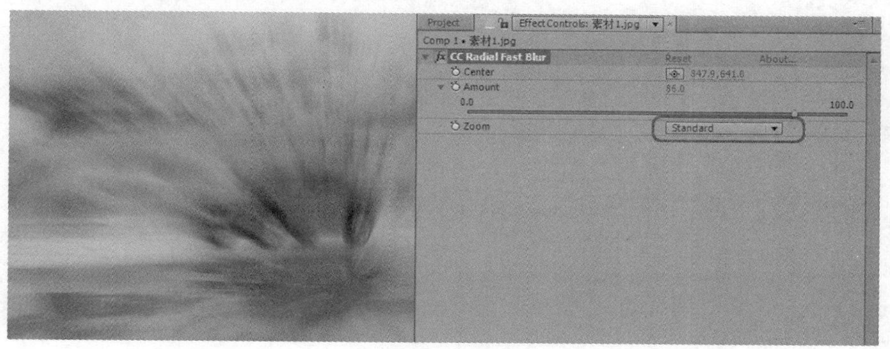

图 4-9

- Brightest：将图像中最亮的区域进行模糊，如图 4-10 所示。

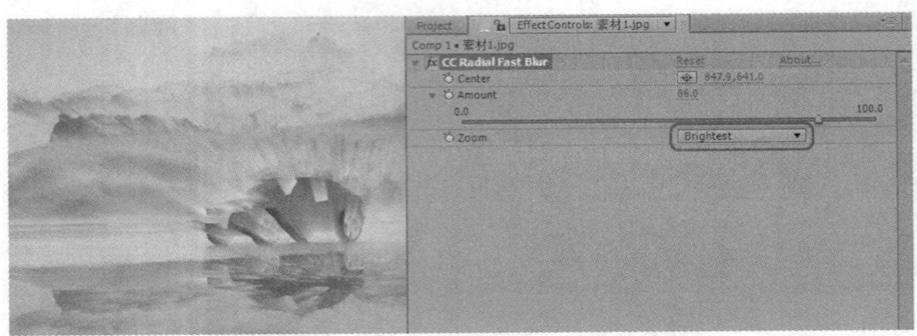

图 4-10

- Darkest：将图像中最暗的区域进行模糊，如图 4-11 所示。

图 4-11

5．CC Vector Blur

CC Vector Blur（CC 矢量模糊），可以产生一种特殊的变形模糊效果，如图 4-12 所示。

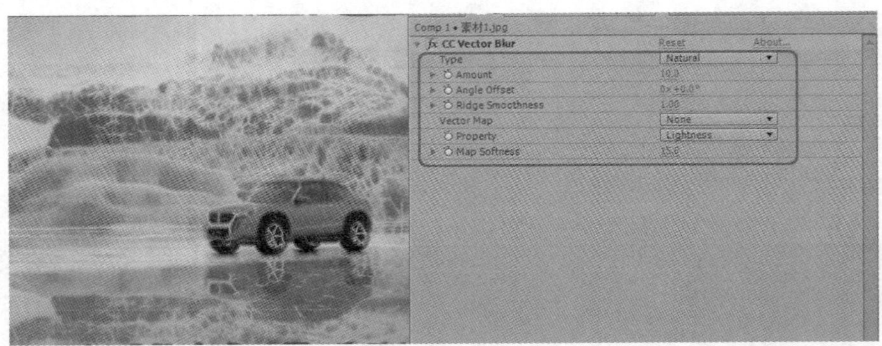

图 4-12

- Type：指定模糊的类型，有以下 5 项。
  - Natural：自然方式。
  - Constant length（常数长度），根据图像的色度或亮度走向进行自然的过渡和扭曲并模糊，如图 4-13 所示。

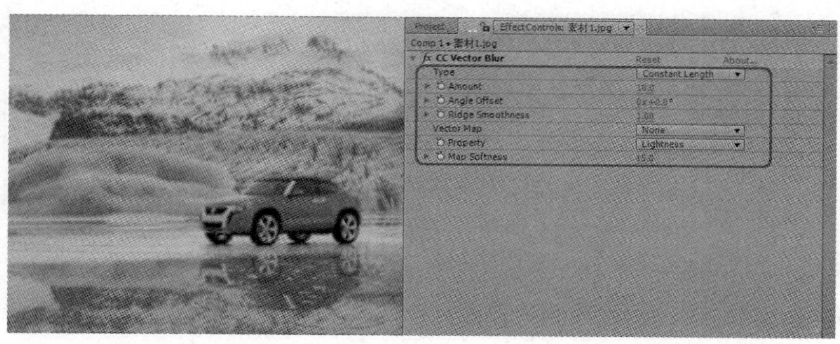

图 4-13

- ➢ Perpendicular（垂直线），以单个像素的中心点向外延伸进行垂直模糊。
- ➢ Direction Center（方向中心点），以单个像素的中心点向外延伸进行发射状模糊。
- ➢ Direction Fading（方向衰减），也是以中心点向外进行方向模糊，但是会考虑衰减因素，因而产生更为柔和的效果。

- Amount（数量），控制模糊的强度。
- Angle Offset（角度），控制模糊的角度。
- Ridge Smoothness：指定模糊方向。
- Vector Map：在这里可以指定一个层作为模糊作用区域。
- Property（属性），决定将源图层的哪个通道信息作为当前图层的作用区域，有以下 8 项。
  - ➢ Red：红色通道。
  - ➢ Green：绿色通道。
  - ➢ Blue：蓝色通道。
  - ➢ Alpha：透明信息通道。
  - ➢ Luminance：以光照强该选项定义的信息通道亮度。
  - ➢ Lightness：以黑白定义的亮度信息通道。
  - ➢ Hue（色度），也就是色相。
  - ➢ Saturation：饱和度。
- Map Softness（图像柔化），将源图像进行一定量的模糊化，有时候这样反而能得到量多、细腻的效果。

6．Channel Blur

Channel Blur（通道模糊），使用它可以对红、绿、蓝和 Alpha 4 个通道进行模糊，效果如图 4-14 所示。

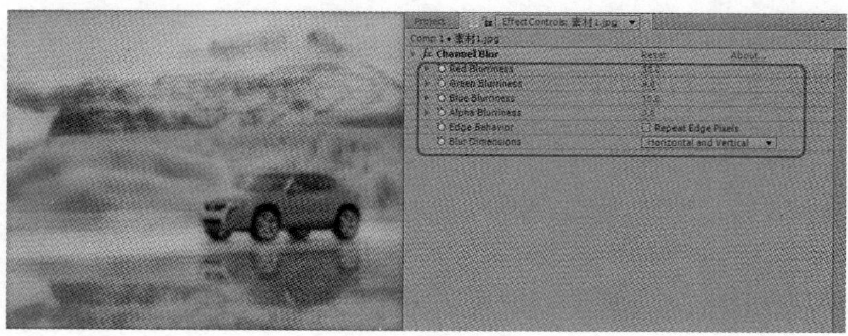

图 4-14

- Red Blurriness：对红色通道进行模糊。
- Green Blurriness：对绿色通道进行模糊。
- Blur Blurriness：对蓝色通道进行模糊。
- Alpha Blurriness：对 Alpha 通道进行模糊。
- Edge Behavior：Repeat Edge Pixels：重复边缘像素，开启该选项可以更好地对边缘进行保护。
- Blur Dimensions：模糊方向有以下 3 项。
  - Horizontal and Vertical：水平和垂直方向。
  - Horizontal：水平方向。
  - Vertical：垂直方向。

7．Compound Blur

Compound Blur（复合模糊），它可以将更一个层的 Alpha 通道作为当前层的模糊作用区域。在此导入一张带有 Alpha 通道的素材（此素材在随书附带光盘中有），再为当前层添加 Compound Blur 特效，将那个层作为当前层的模糊区域来源，效果如图 4-15 所示。

图 4-15

- Blur Layer（模糊层），设置模糊区域的源图层，但这个源图层必须与当前层在同一个合成中。
- Maximum Blur（最大模糊值），也就是设置当前的模糊强度。
- If Layer Sizes Differ：如果源图层当前层的分辨率不一样，在勾选后面的复选框后将改变源图层分辨率，与当前层进行匹配。
- Inver Blur（进行反转模糊），也就是将源图层的 Alpha 通道进行反转。

8．Directional Blur

Directional Blur（方向性模糊），它可以实现任意方向的单向模糊，如图 4-16 所示。

图 4-16

- Direction（方向），设置产生模糊的方向，与图层属性中的一样，前面的数值 1 代表一周，也就是 360° 。
- Blur Length（模糊长度），也就是设置模糊的强度。

9．Fast Blur

Fast Blur（快速模糊），一种高效的模糊工具，相比其他特效，使用它可以得到相对好的效果且占用较少的系统资源，如图 4-17 所示。

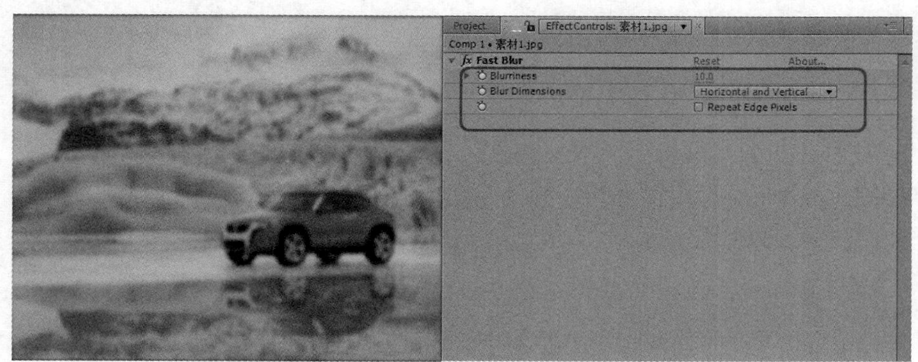

图 4-17

- Blurriness：模糊强度。
- Blur Dimensions（模糊方向），与上述内容一样，可以进行单向或双向的模糊。
- Repeat Edge Pixels（重复边缘像素），这样能更好地保护边缘不受影响。

10．Gaussian Blur

Gaussian Blur（高斯模糊），一种经典的模糊方式，在 Photoshop 中同样是应用最多的模糊特效，它可以产生高质量的模糊特效，但是却拥有很好的选项，这在使用时变得更方便，如图 4-18 所示。

图 4-18

- Blurriness：模糊强度。
- Blur Dimensions：模糊方向。

11．Radial Blur

Radial Blur（径向模糊），以中心点向外，产生旋转模糊效果，如图 4-19 所示。

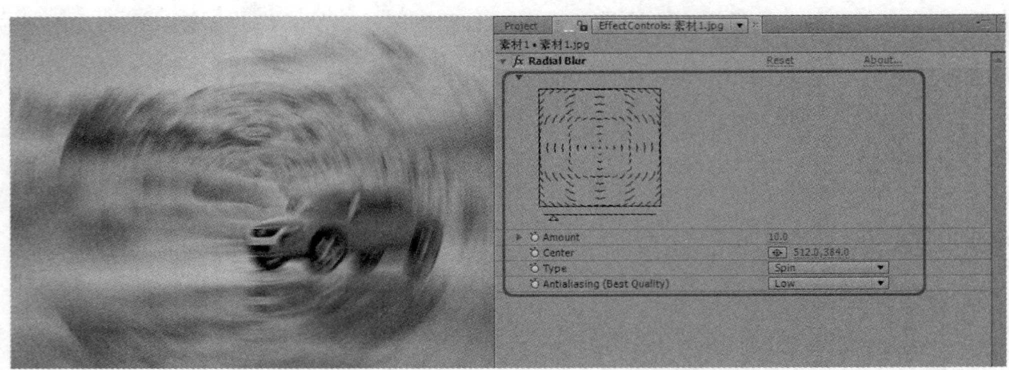

图 4-19

- Amount（数量），控制模糊的强度。
- Center：定义中心点位置。
- Type（设置模糊类型），Spin，四周模糊，Zoom，绽放模糊。
- Antialiasing（Best Quality）（抗锯齿设置），在模糊时将图像像素进行拉伸或变开，在这个过程中可能会产生一些锯齿，该选项则可以有效地缓解这种锯齿的情况，有两个选项。Low 为低，就以较低的质量进行抗锯齿；High 为高质量抗锯齿，选择该选项将会占用更多的系统资源。

12．Reduce Interlace Flicker

Reduce Interlace Flicker（减少闪烁），在进行拍摄时有时候会因为某些原因产生闪烁情况，而该选项可以比较有效地缓解这种现象，具体设置如图 4-20 所示。

图 4-20

Softness（柔化强度），此数值越大对闪烁情况的缓解程度就越大。

13．Sharpen

Sharpen（锐化），与 Blur 的效果正好相反，Blur 是将图像变模糊，而 Sharpen 则是让图像更为清晰。它的控制项很简单，只有一项，如图 4-21 所示。

图 4-21

- Sharpen Amount（锐化强度），此项数值越大锐化越严重，数值过大时会产生很多杂点。

14．Smart Blur

Smart Blur（智能模糊），这也是 After Effects 在升级到 7.0 时新加入的一个高效模糊工具，它可以更好地保护图像的边缘而对其他区域进行模糊，如图 4-22 所示。

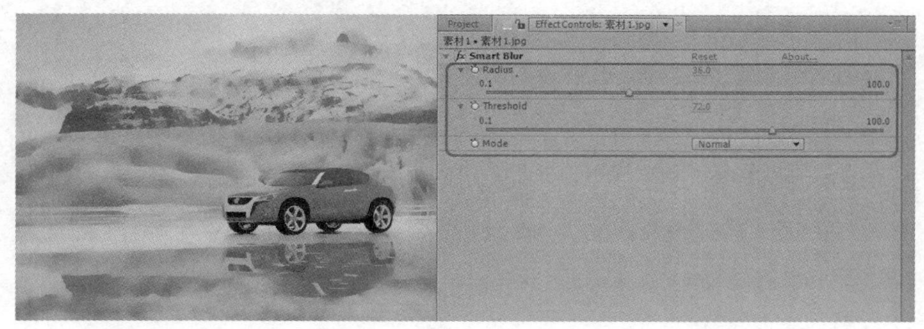

图 4-22

- Radius（模糊半径），此项数值越大模糊程度越强。
- Threshold（阈值），此项数值决定边缘区域的大小。
- Mode：控制显示的方式，有以下 3 项。
  - Normal：一般模式显示，在该模式下可以显示最终效果，如图 4-23 所示。

图 4-23

  - Edge only（只显示边缘区域），该模式下可以更好地对边缘区域进行调节，如图 4-24 所示。

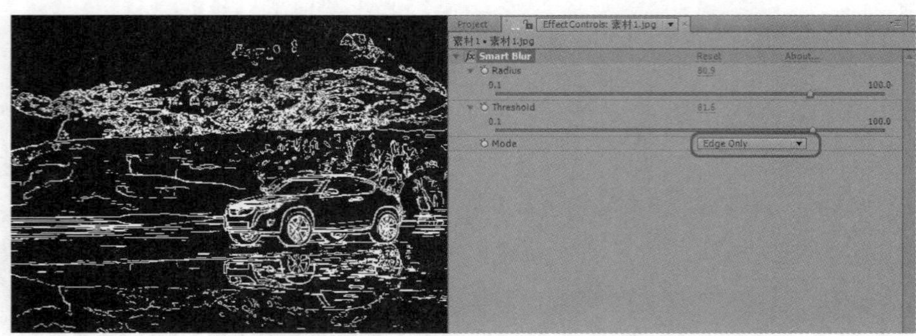

图 4-24

➢ Overlay Edge：将边缘区域与整体图像进行叠加后显示，这样在观看最后效果的同时能更好地观察边缘情况，如图 4-25 所示。

图 4-25

15．Unsharp Mask

Unsharp Mask：该特效可以对图像的 Alpha 通道边缘进行一定强度的羽化再进行模糊，如图 4-26 所示。

图 4-26

- Amount：模糊强度。
- Radius：对 Alpha 边缘的羽化强度。
- Threshold（阈值），定义羽化区域大小。

提示：在 After Effects 中我们能看到很多带有【CC】字样的特效，这种特效都是从原来的插件中整合来的，也就是说，这些特效原来都是以插件形式存在的，并且出自不同的公司，后来被整合到 After Effects 中，它们能帮助 After Effects 完成某些效果。

16．演示 Blur & Sharpen 特效的应用

本节将通过一个具体实例的实现流程，来演示 Blur & Sharpen 特效的应用过程。首先，打开名为演示 Blur & Sharpen 特效.aep 格式的素材文件（此素材文件在本书光盘中）。

（1）CC Radial（CC 径向模糊）效果

为背景图层添加 Effects|Blur&Sharpen|CC Radial（CC 径向模糊）效果，并将其 Amount（模糊强度）参数和 Quality（模糊质量）分别设置为 3.0 和 100.0，完成后的背景图的效果如图 4-27 所示。

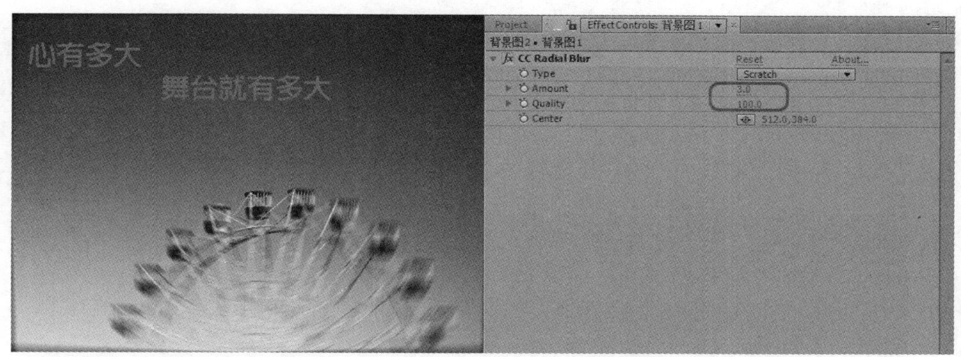

图 4-27

为其文字添加 CC Radial，其 Amount（模糊强度）参数为 3 时的效果如图 4-28 所示。

图 4-28

（2）CC Radial Fast Blur（快速模糊径向）效果

为【心有多大　舞台就有多大】图层添加 Effect|Blur&Sharpen|CC Radial Fast Blur 效果。此效果参数意义分别为 Center（中心点位置）、Amount（模糊数量）、Zoom（径向模糊类型）。背景图层和文字图层同时添加 CC Radial Fast Blur 后，效果如图 4-29 所示。

图 4-29

（3）Compound Blur（复合模糊）效果

为背景图层添加 Effect|Blur&Sharpen|Compound Blur 效果。此效果参数意义分别为：Blur Layer（模糊层），Maximum Blur（最大模糊值），If Layer Sizes Differ （分辨率）；Inver Blur（反转）。当背景图层添加 Compound Blur 后的效果如图 4-30 所示。

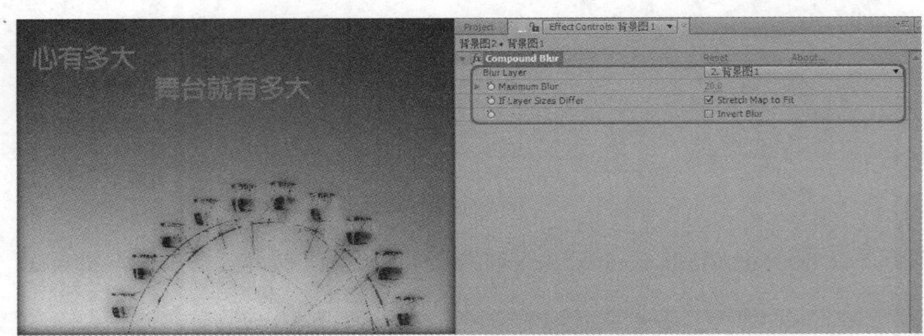

图 4-30

（4）Smart Blur（智能模糊）效果

为背景图层添加 Effect|Blur&Sharpen|Smart Blur 效果。此效果参数意义分别为 Radius（半径）、Threshold（模糊阈值）、Mode（模式）。蓝天图层添加 Smart Blur 后：

STEP 1 调整参数 Radius 为 100.0，Threshold 为 100.0，Mode 为 Edge Only 时的效果如图 4-31 所示。

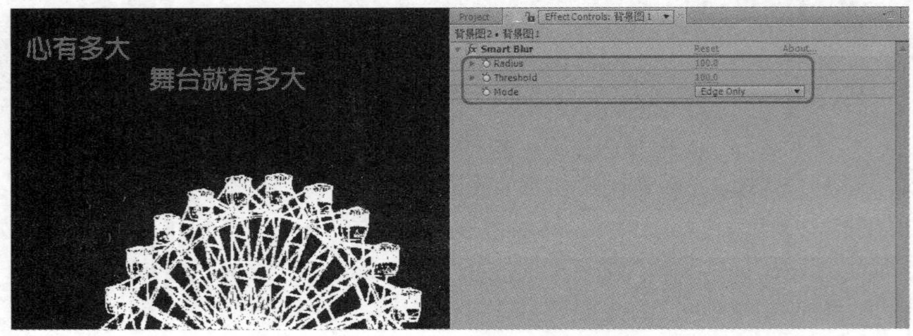

图 4-31

STEP 2　调整参数 Radius 为 30.0，Threshold 为 50.0，Mode 为 Overlay Edge 时效果如图 4-32 所示。

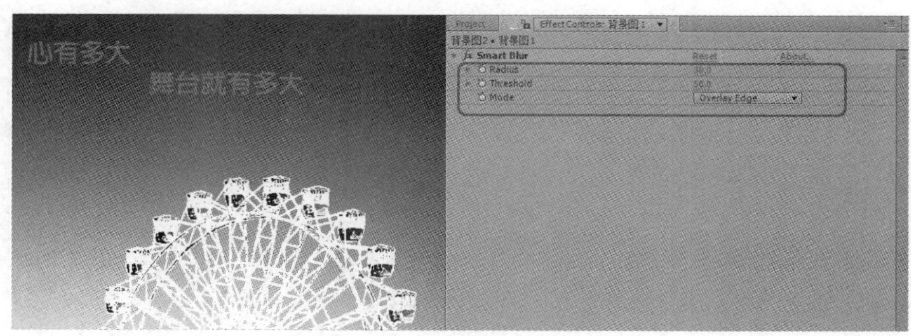

图 4-32

（5）Reduce Interlace Flicker（减少交错闪烁）效果

为背景图层添加【Effect】|【Blur&Sharpen】|【Reduce Interlace Flicker】效果。

STEP 1　Softness（柔软）参数为 10 时，效果如图 4-33 所示。

图 4-33

STEP 2　Softness（柔软）参数为 50 时，效果如图 4-34 所示。

图 4-34

（6）Radial Blur【径向模糊】效果

对背景图层添加【Effect】|【Blur&Sharpen】|【Radial Blur】效果。此效果参数意义分别为：Amount（模糊数量）、Center（中心点位置）、Type（类型）、Antialiasing（Best Quality）（抗锯齿）。背景图层添加 Radial Blur 后：

STEP 1 调节参数【Amount】为【50.0】,【Type】为【Spin】,其他参数不变时的效果如图 4-35 所示。

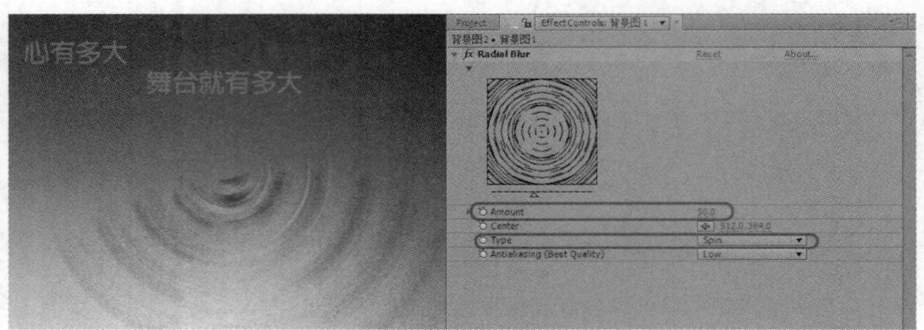

图 4-35

STEP 2 调节参数【Amount】为【50.0】,【Type】为【Zoom】,其他参数不变时的效果如图 4-36 所示。

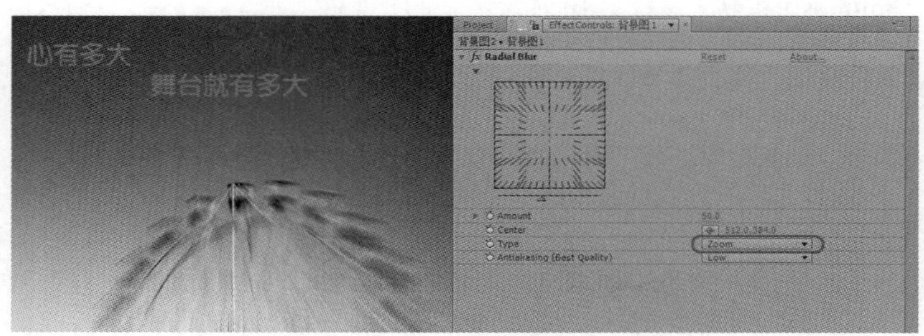

图 4-36

(7)CC Vector Blur(CC 矢量模糊)效果

为背景图层添加【Effect】|【Blur&Sharpen】|【CC Vector Blur】效果。背景图层添加 CC Vector Blur 后,调节【Amount】的参数为【216.0】,【Ridge Smoothness】参数值为【0.3.0】,【Map Softness】参数值为【29.8】,完成后的效果如图 4-37 所示。

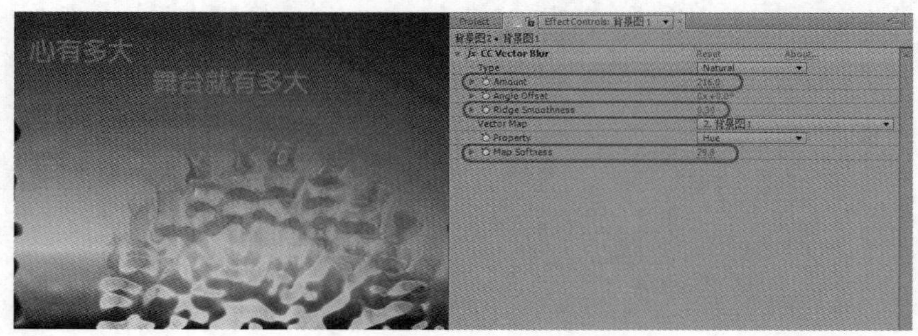

图 4-37

(8)Directional Blur(方向模糊)效果

对【心有多大　舞台就有多大】图层添加【Effect】|【Blur&Sharpen】|【Directional Blur】效果。此效果参数意义分别为:Direction(方向),Blur Length(模糊长度)。【心有多大　舞台就有多大】

图层添加 Directional Blur 后：

STEP 1　调节参数【Direction】为【0x+0.0°　】，【Blur Length】为【100.0】时的效果如图 4-38 所示。

图 4-38

STEP 2　调节参数【Direction】为【90x+90.0°　】，【Blur Length】为【100.0】时的效果如图 4-39 所示。

图 4-39

（9）Bilaterl Blur（左右对称模糊）效果

为【心有多大　舞台就有多大】图层添加 Bilaterl Blur 效果，默认参数下的效果如图 4-40 所示。对此进行以下设置：

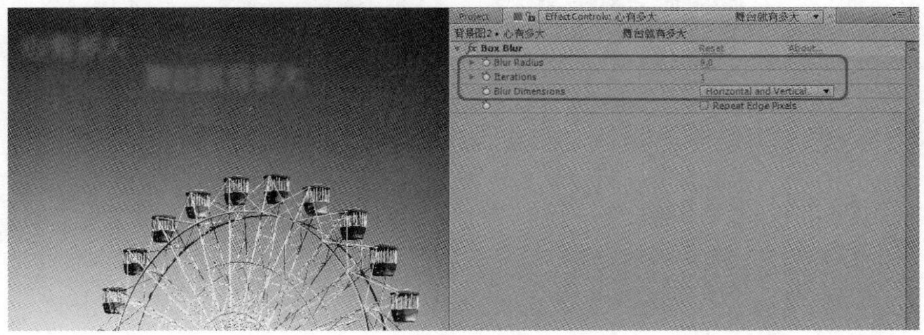

图 4-40

STEP 1　调节参数【Iterations】为【30】，【Blur Dimensions】为【Horizontal】，效果如图 4-41 所示。

图 4-41

STEP 2 调节参数【Iterations】为【30】，【Blur Dimensions】为【Vertical】，效果如图 4-42 所示。

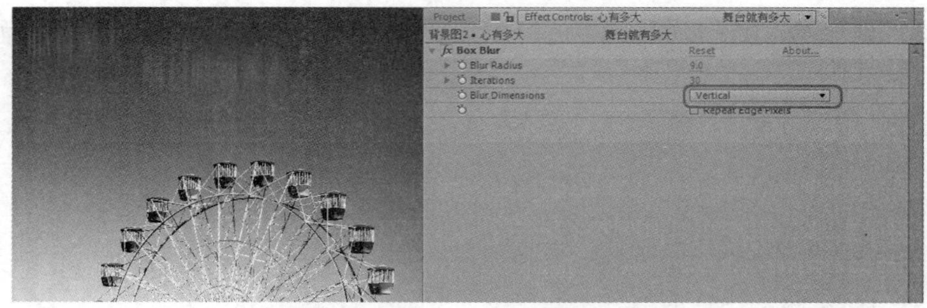

图 4-42

（10）Channel Blur（通道模糊）效果

首先将【心有多大　舞台就有多大】文字图层色彩更改为蓝绿黄，效果如图 4-43 所示。然后为【心有多大　舞台就有多大】图层添加【Effect】|【Blur&Sharpen】|【Channel Blur】效果。当【心有多大　舞台就有多大】图层添加 Channel Blur 后执行下述操作：

图 4-43

STEP 1 调节参数【Red Blurriness】为【50.0】，【Alpha Blurriness】为【50.0】，其余参数不变时的效果如图 4-44 所示。

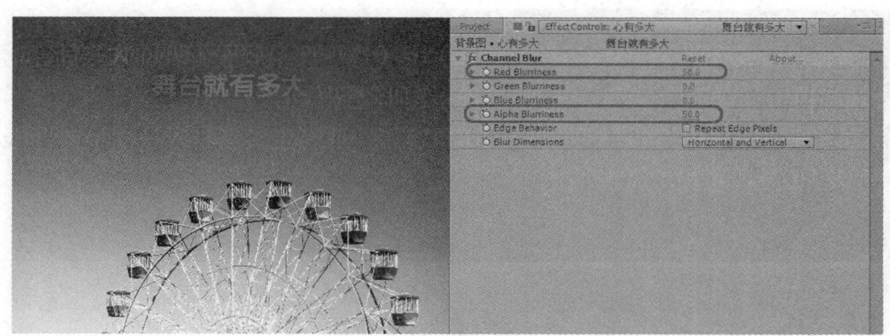

图 4-44

STEP 2　调节参数【Green Blurriness】为【50.0】，【Alpha Blurriness】为【50.0】，其余参数不变时的效果如图 4-45 所示。

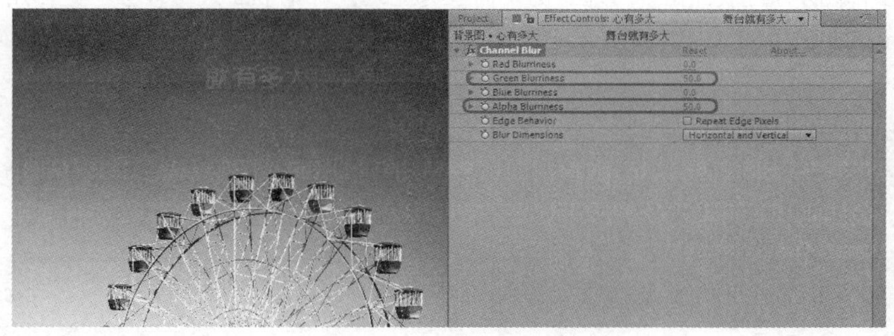

图 4-45

STEP 3　调节参数【Blue Blurriness】为【50.0】，【Alpha Blurriness】为【50.0】，其余参数不变时效果如图 4-46 所示。

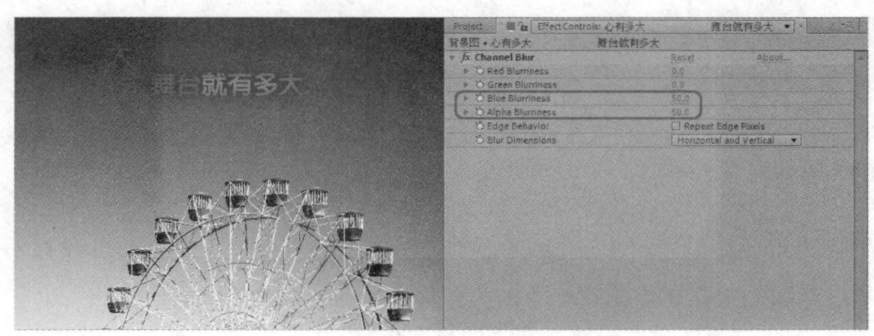

图 4-46

（11）Unsharp Mask

为背景图层添加【Effect】|【Blur&Sharpen】|【Unsharp Mask】效果。此效果参数意义分别为：Amount（模糊强度）、Radius（对 Alpha 边缘的羽化强度）、Threshold（阈值，定义羽化区域大小），当背景图层添加 Unsharp Mask 后执行下述操作：

调节参数【Amount】为 100.0，【Radius】参数为 10.0，效果如图 4-47 所示。

图 4-47

4.3 Channel

Channel 组中的所有特效都是针对通道的，而且有些只针对 Alpha 通道才会产生作用，所以要先准备一个带有 Alpha 通道的素材。在接下来的讲解中，我们运用【绿色空间】图片制作了简单的通道，以便观看效果。

1. Arithmetic

Arithmetic（运算），该特效将 R、G、B 三个色彩通道进行各种运算，以产生不同的色彩效果，如图 4-48 所示。

图 4-48

该特效各项参数的含义如下。

- Operator（运算方式），控制 3 个色彩通道信息的运算方式，有以下 13 项。
  - And（和），也就是加法，将 3 个色彩通道进行相加，如果三个色彩通道都为 255 时，选择该选项，最后结果是还原图像本身的色彩信息。
  - Or（或），3 个都为 0 时显示图像本身的色彩信息。
  - Xor（异或），这是一种二进制运算方法，具体算法是将 a、b 转化成二进制数，再进行对比，每个数位上的 0 或 1 如果相同，那么结果取 0。如果不同则取 1，将得到的结果转换为原来的进制就是最后结果。
  - Add（叠加），在将色度相加的基础上再进行亮度的加法运算，如图 4-49 所示。
  - Subtract（相减），3 个通道进行减法运算。
  - Difference（差别），求 3 个值的中间差，与图层的叠加方式相同。

- Min：最小值。
- Max：最大值。
- Block Above：将黑色置于上方进行运算。
- Block Below：将黑色置于下方进行运算。
- Slice：切片，将每个通道按黑白进行切分，再做加法运算。
- Multiply：乘法，与图层的运算相同，最后结果往往较暗。
- Screen：屏幕模式，将黑色滤掉，最后结果较明亮。

- Red Value：红色通道值。
- Green Value：绿色通道值。
- Blue Value：蓝色通道值。

图 4-49

2．Blend

Blend（融合、混合），与另一个素材进行色彩或通道的整合，效果如图 4-50 所示。

图 4-50

该特效各项参数的含义如下。

- Blend With Layer：设置将要与哪个素材进行混合操作。
- Mode（模式），选择需要进行的混合模式，有以下 5 项。
  - Cross Fade：直接将两层进行透明度的混合，改变两层的透明度，使最后两层的透明度相加值为 100。

> Color Only：只进行颜色的混合。
> Tint Only：进行色彩混合。
> Darken Only：只对较暗区域进行混合。
> Lighten Only：只对较亮区域进行混合。

- Blend With Original：混合程度。
- If layer Sizes Difference：如果指定的混合层与当前层的分辨率不相符时所进行的改变，有以下两项。

> Center：进行中心对齐，将下层中心点与上层中心点进行对齐而不改变大小。
> Stretch to fit：拉伸下层目标与当前层进行适配。

3．Calculations

Calculations（计算），如图 4-51 所示。

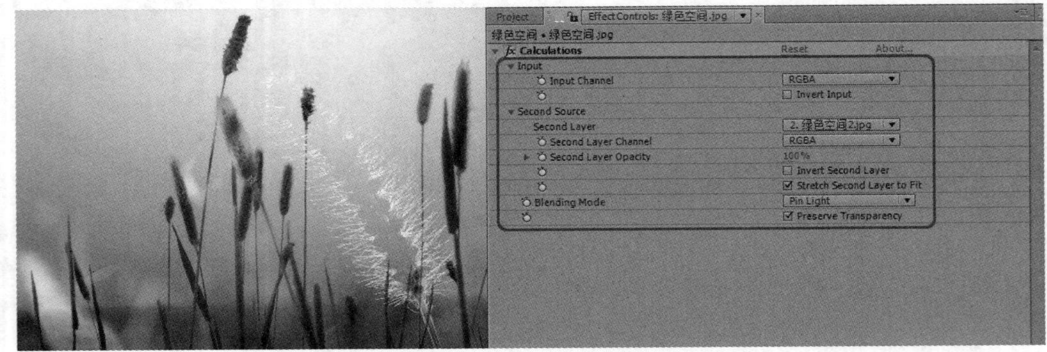

图 4-51

该特效各项参数的含义如下。

- Input Channel：输入通道。

> RGBA：红、绿、蓝和 Alpha 透明通道。
> Gray ：灰色通道。
> Red、Green、Blue：红、绿、蓝色彩通道。
> Alpha：透明通道。

- Invert Input：反转输入通道。
- Second Layer：第二层，也就是要参与计算的另一层。
- Second Layer Channel：第二层的参与通道。
- Second Layer Opacity：第二层的透明度。
- Invert Second Layer：对第二层进行反转。
- Stretch Second Layers to Fit：拉伸第二层与原层进行适配。
- Blending Mode：混合模式。
- Preserve Transparency：保护区域透明。

4．CC Composite

CC Composite：该特效原来也是以插件形式存在的，后来被整合到 After Effects 中，使用它可以将该层之前的特效与当前图层进行混合，如图 4-52 所示。

图 4-52

- Opacity（透明度），也就是控制之前特效的作用程度。
- Composite Original：特效与当前层的混合模式，其中大部分的叠加模式与图层的叠加模式相同。
  - Behind：将之前的特效效果置于当前层之下进行叠加。
  - In front：将之前的特效效果置于当前层之上进行叠加运算。
- RGB Only：勾选该复选框将只进行色彩的混合运算。

首先为当前层添加了一个【HUE/Saturation】的特效进行变色操作，将原图像主体色变为绿色，然后再添加一个【CC Composite】特效，这时【CC Composite】会将添加了【HUE/Saturation】特效后所产生的图像置于原图层之下，然后再与原图层进行一个叠加运算，最后效果如图 4-53 所示。

图 4-53

5．Channel Combiner

Channel Combiner（通道重组），使用该选项可以将当前层的颜色通道或透明通道转化为其他通道，也可以将两个层按不同的颜色模式或亮度模式组合在一起，产生新的图像，如图 4-54 所示。

图 4-54

该特效各项参数的含义如下。

- Use 2 nd Layer：是否启用第二个图层参与通道重组。
- From：从一个通道转换到另一个通道，该选项决定前者，也就是要将哪个通道进行转换。
- To：转换到哪个通道，在这里设置。
- Invert：反转通道。
- Solid Alpha：启用该选项将不计算 Alpha 通道。

比如，将这个图的红色通道转换成为 Alpha 通道，图在当前层主体颜色为红色，所以大部分区域会不透明，再进行通道反转，就会看到图像的透明区域明显增加，透过 Alpha 通道看到下层图像，如图 4-55 所示。

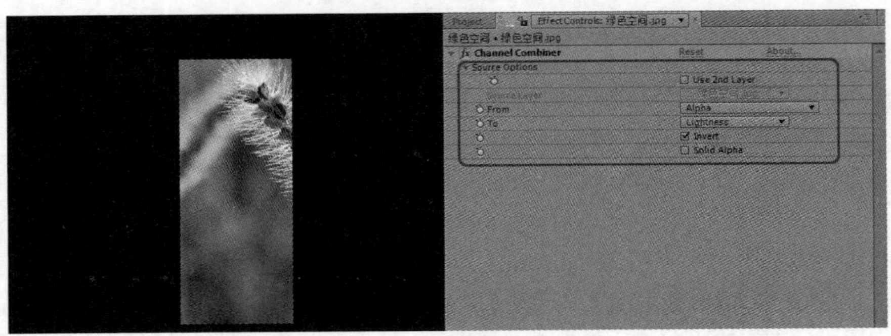

图 4-55

6．Compound Arithmetic

Compound Arithmetic（复合运算），它可以将两个层按不同的通道和叠加方式进行合成，最后合成新的图像，如图 4-56 所示。

图 4-56

- OpeRator：运算方式。
- Operate on Channels：设置参与运算的通道。
- Overflow Behavior：设置超出区域的运算方式。
- Stretch Second Source to Fit：如果第二层与当前层的分辨率不相符，选择该选项将拉伸第二层与当前层进行匹配。
- Blend With Original：混合程度。

7．Invert

Invert（反转），使用该特效可以对间个颜色通道或 Alpha 通道进行反转，也可以对整个颜色进行反向处理，如图 4-57 所示。

图 4-57

该特效各项参数的含义如下。

- Channel（通道），设置需要反转的通道，有以下 7 项。
  - RGB：所有的颜色通道，也就是进行反色处理。
  - Red、Green、Blue：对单个的红、绿、蓝色通道进行反转。
  - HLS：这是一种常用的颜色模式，其中【H】代表 Hue 信息通道，也就是色相。【L】代表 Lightness，也就是亮度，【S】代表 Saturation，也就是饱和度。
  - Hue（色相），对当前图像的色相通道进行反转。
  - Lightness（亮度），对当前图像的亮度通道进行反转。
  - Saturation（饱和度），只对当前图像的饱和度通道进行反转。
  - Alpha（透明通道），也就是反转 Alpha 通道。
- Blend With Original：与原层的混合强度。

8．Minimax

Minimax（最小化最大化），可以产生一种色块化的效果，如图 4-58 所示。

图 4-58

该特效各项参数的含义如下。

- Operation：运算方式。
- Radius：作用半径。
- Channel：通道，选择应用哪个通道进行运算。
- Direction：设置运算方向，可以是水平、垂直方向或两个方向同时作用。

9．Set Channels

Set Channels（设置通道），可以指定另一个素材作为当前层的颜色或透明通道，具体设置项如图 4-59 所示。

图 4-59

- Source Layer 1：设置源层 1，也就是要将哪层素材设置为当前层通道的来源。
- Set Red To Source 1's：设置要将源层中的哪一个通道指定为当前层的红色通道。
- Source Layer 2：设置源层 2。
- Set Green To Source 2's：设置要将源层中的哪个通道指定为当前层的绿色通道。
- Source Layer 3：设置源层 3。
- Set Blue To Source 3's：设置要将源层中的哪个通道指定为当前层的蓝色通道。
- Source Layer 4：设置源层 4。
- Set Alpha To Source 4's：设置要将源层中的哪个通道指定为当前层的透明通道。
- If Layer Sizes Difference：如果源层与当前层的分辨率不一致，勾选该复选框将拉伸源层与当前层进行适配。

10．Set Matte

Set Matte（指定蒙版），将其他层的颜色或 Alpha 通道指定为当前层的 Alpha 通道，该特效在工作中使用率比较高，也比较实用，如图 4-60 所示。

图 4-60

该特效各项参数的含义如下。

- Take Matte From Layer：设置来源层。

- Use For Matte：指定要应用源层的哪一个通道作用于当前层。
- Invert Matte：反转通道。
- If Layer Sizes Difference：如果源层与当前层分辨率不一致，勾选该复选框将拉伸源层与当前层进行适配。

11．Shift Channels

Shift Channels（移动通道），也就是将当前层的通道进行重新分配，如图 4-61 所示。

图 4-61

该特效各项参数的含义如下。

- Take Alpha From：设置要将哪个通道重新指定到当前 Alpha 通道。
- Take Red From：设置红色通道的来源通道。
- Take Green From：设置绿色通道的来源通道。
- Take Blue From：设置蓝色通道的来源通道。

12．Solid Composite

Solid Composite（固态合成），使用该选项可以将带有 Alpha 通道的素材使用一种颜色进行填充，再进行合成，从而将带有 Alpha 通道的素材合成为 Solid 固态层，合成效果如图 4-62 所示。

图 4-62

- Source Opacity：原图层的透明度。
- Color：指定要用于填充的颜色。
- Opacity：填充色的透明度。

• Blending Mode：原图层与填充颜色的叠加模式。

4.4 实战应用

通过以上基础，我们对本章所讲的视频特效已经有了基本的了解和认识，接下来将制作翻页效果和迸发光效果来巩固我们所学的知识，也了解本章所讲知识应用在什么地方。

4.4.1 制作翻页效果

通过本例制作过程，可以大概地了解 Gaussian Blur 的具体使用方法和其制作的特效及应用，其效果如图 4-63 所示。

图 4-63

STEP 1 按【Ctrl+N】组合键，在弹出的对话框中将【Composition Name】命名为翻页，将【Prest】设置为【PAL D1/DV】，将【Duration】设置为【0:00:12:00】，如图 4-64 所示。

STEP 2 按【Ctrl+I】组合键，在弹出的对话框中选择随书附带光盘中的【001.jpg】、【002.jpg】素材文件，如图 4-65 所示。

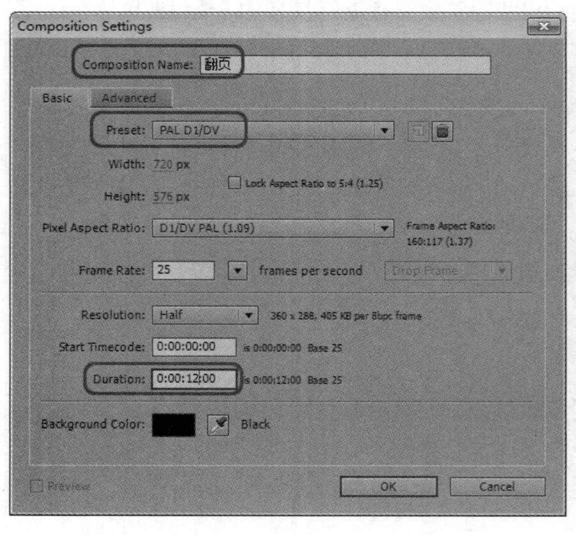

图 4-64

图 6-65

STEP 3 在【Project】窗口中选择导入的素材文件，将其拖动至时间线面板中，如图 4-66 所示。

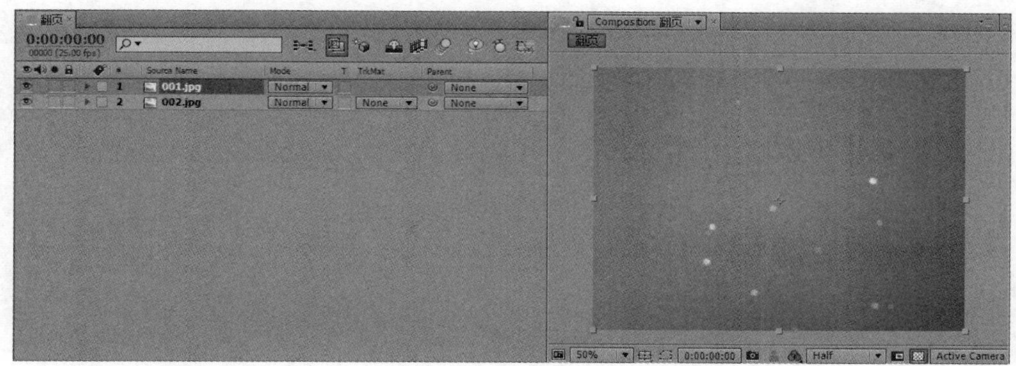

图 4-66

STEP 4　选择 001.jpg 层，在菜单栏中选择【Effect】|【Distort】|【CC Page Turn】命令，将【Controls】设置为【Classic UI】，将【Fold Radius】设置为【120.0】，将【Back Page】设置为【None】，如图 4-67 所示。

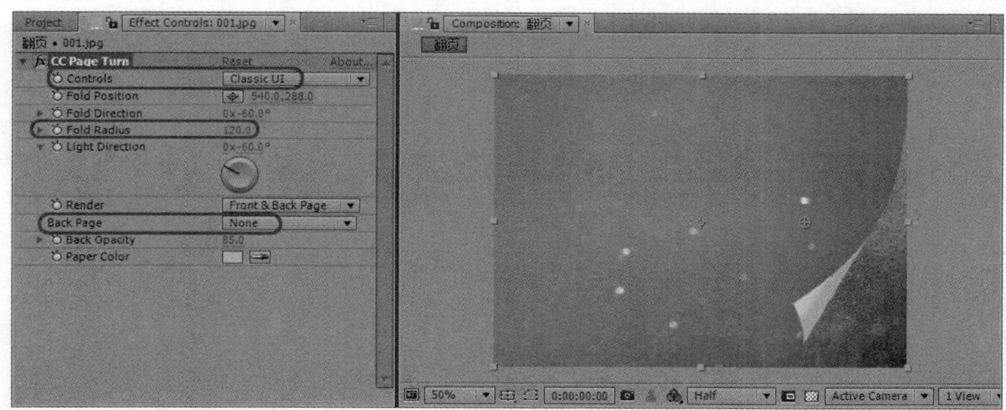

图 4-67

STEP 5　将时间指示器移动至 0:00:00:00 位置处，将【Fold Position】设置为【380.0,350.0】，将【时间指示器】调整至 0:00:10:00 位置处，将【Fold Position】设置为【240.0,230.0】，如图 4-68 所示。

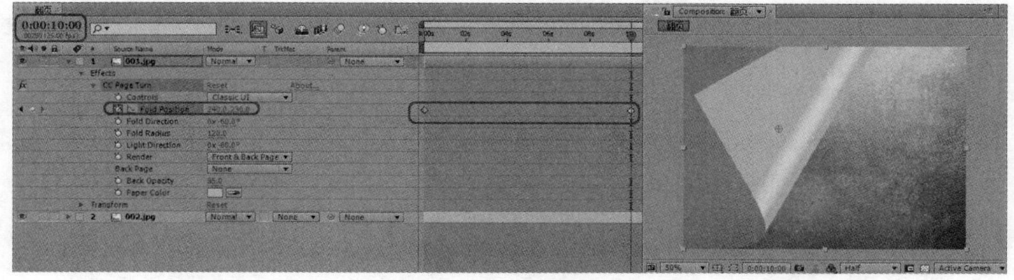

图 4-68

STEP 6　在【时间线】面板中选择【001.jpg】层，按【Ctrl+C】组合键复制，按【Ctrl+N】组合键，新建一个名为【翻页阴影】的合成，按【Ctrl+V】组合键粘贴，并将【Back Page】设置为 None，将【Back Opacity】设置为【100.0】，将【Page Color】设置为白色，如图 4-69 所示。

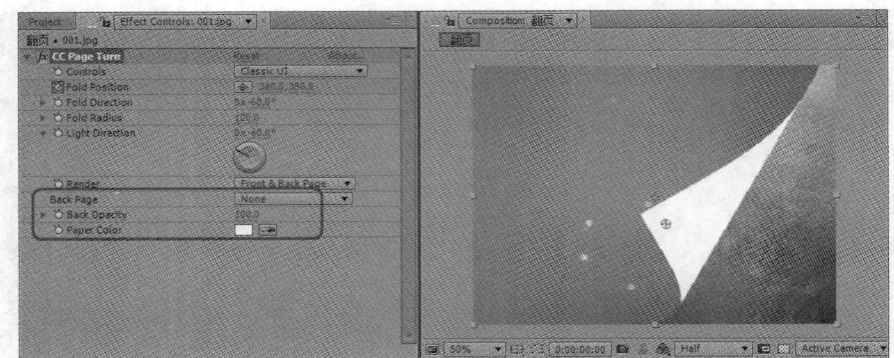

图 4-69

STEP 7 选择【Effect】|【Color Correction】|【Levels】命令，将【Input Black】设置为 200.0，如图 4-70 所示。

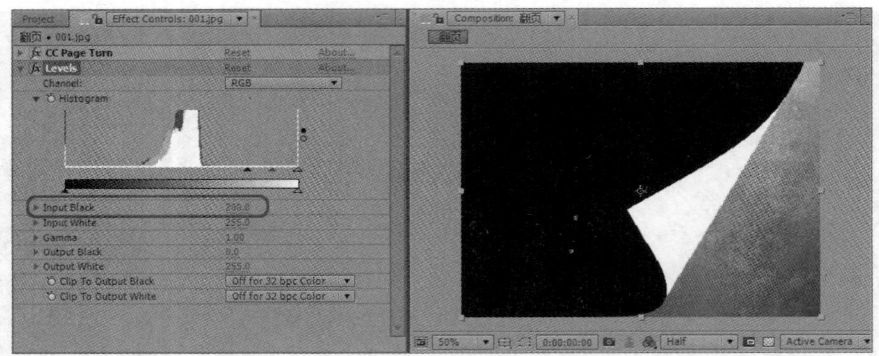

图 4-70

STEP 8 在【时间线】面板中右击，在弹出的快捷菜单中选择【New】|【Solid】命令，新建一个名为【翻页阴影】的黑色固态层，并将其放置于面板的最底层，将该层的蒙版模式设置为【Luma Matte“[001.jpg]”】，并单击合成面板中的，便于查看，如图 4-71 所示。

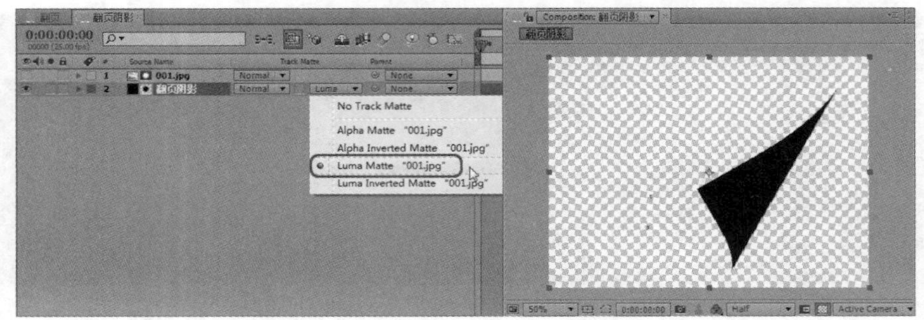

图 4-71

STEP 9 打开合成【翻页】，将其【翻页阴影】拖动至【时间线】面板中，放置在最上层位置处，将其混合模式设置为【Multiply】，选择【Effect】|【Blur & Sharpen】|【Gaussian Blur】命令，将【Blurriness】设置为【10.0】，如图 4-72 所示。

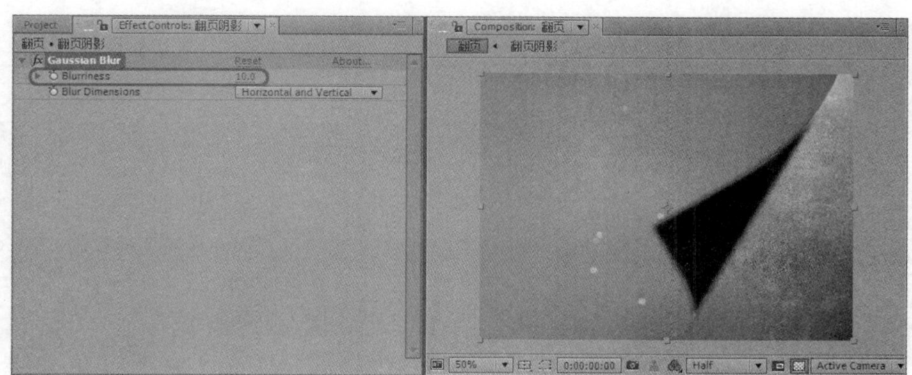

图 4-72

STEP 10　复制 001.jpg 层，并将其放置于顶层，选择【Effect】|【Blur & Sharpen】|【Gaussian Blur】命令，将【Blurriness】设置为 4，选择【翻页阴影】层，将其蒙版模式设置为【Luma Inverted Matte "001.jpg"】，如图 4-73 所示。

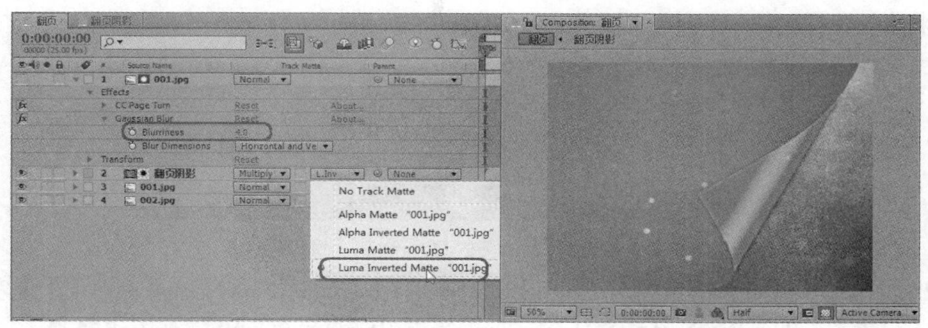

图 4-73

STEP 11　选择【翻页阴影】层，将其【Position】设置为【340.0,288.0】，将【Opacity】设置为【60%】，如图 4-74 所示。

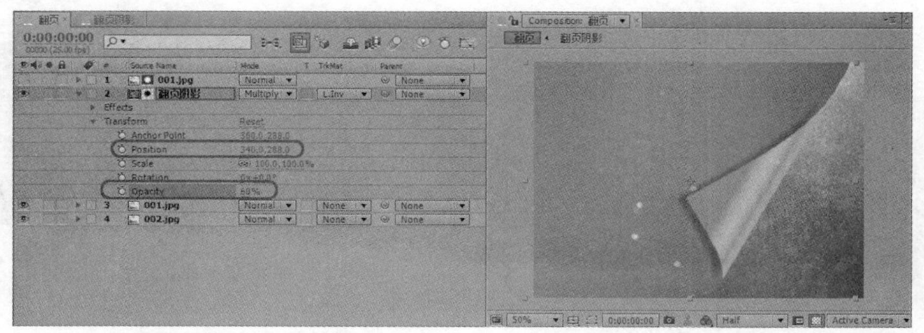

图 4-74

STEP 12　按【Ctrl+M】组合键，打开【Render Queue】面板，单击【Output To】右侧的【翻页.AVI】选项，在弹出的对话框中为其指定一个正确的存储路径，如图 4-75 所示。

STEP 13　单击【保存】按钮，在【Render Queue】面板中单击【Render】按钮，导出会以进度条的形式表现出来，如图 4-76 所示。

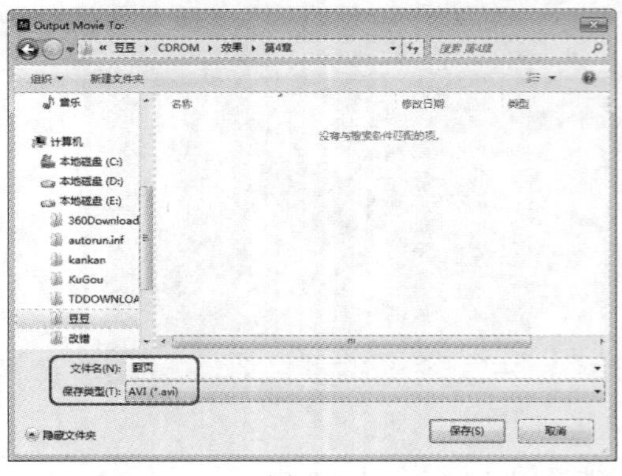

图 4-75

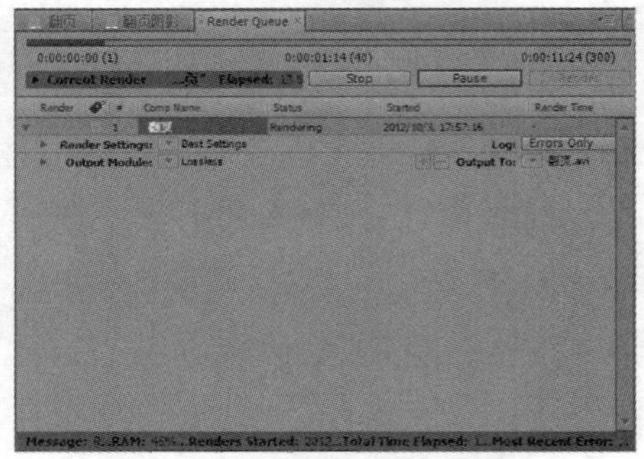

图 4-76

4.4.2 制作迸发光

下面将介绍怎样制作一个迸发光，其效果如图 4-77 所示。

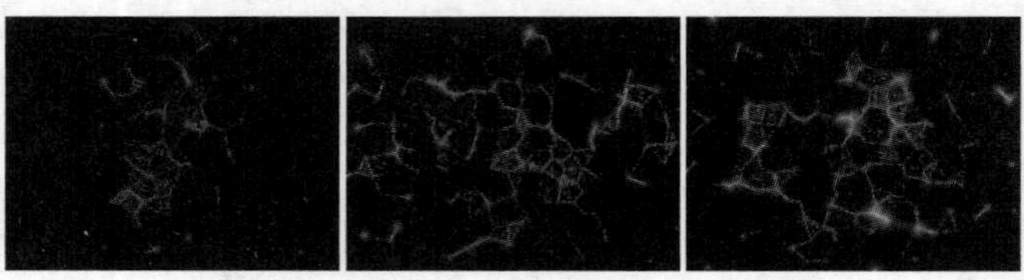

图 4-77

STEP 1 按【Ctrl+N】组合键，在弹出的对话框中将【Composition Name】命名为【迸发的光】，将【Prest】设置为【PAL D1/DV】，将【Duration】设置为【0:00:06:00】，如图 4-78 所示。

STEP 2 在时间线窗口中右击，在弹出的快捷菜单中选择【New】|【Solid】命令，新建一个黑色涂层，选择【Effect】|【Simulation】|【CC Partion World】命令，如图 4-79 所示。

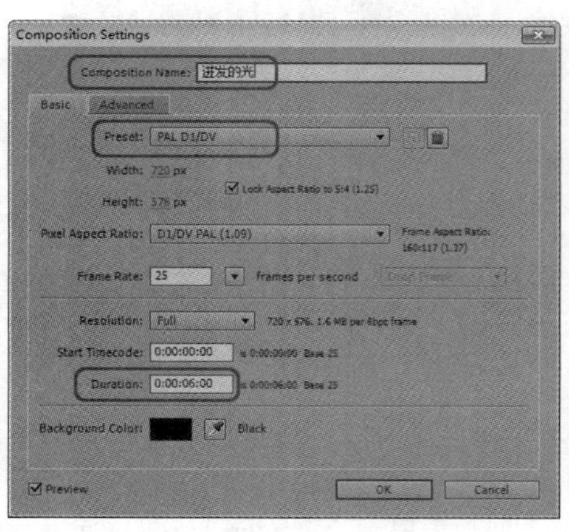

图 4-78

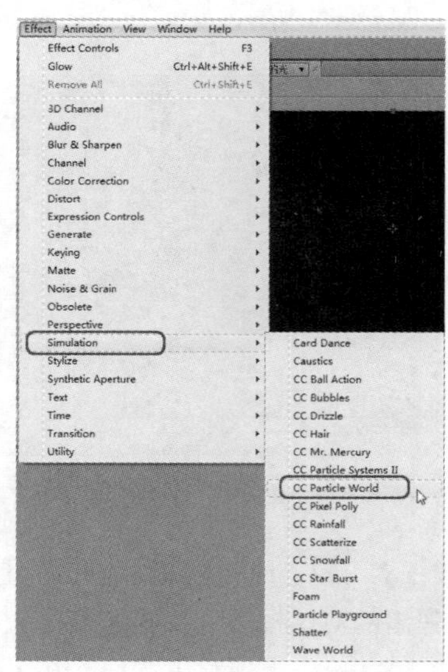

图 4-79

STEP 3　切换至【Effect Controls】窗口，展开【Particle】选项组，将【Particle】设置为【Birth To Death】，将【Birth Size】设置为【0.500】，将【Death Size】设置为【0.600】，将【Birth】的 RGB 值设置为【35、209、245】，将【Death Color】设置为白色，如图 4-80 所示。

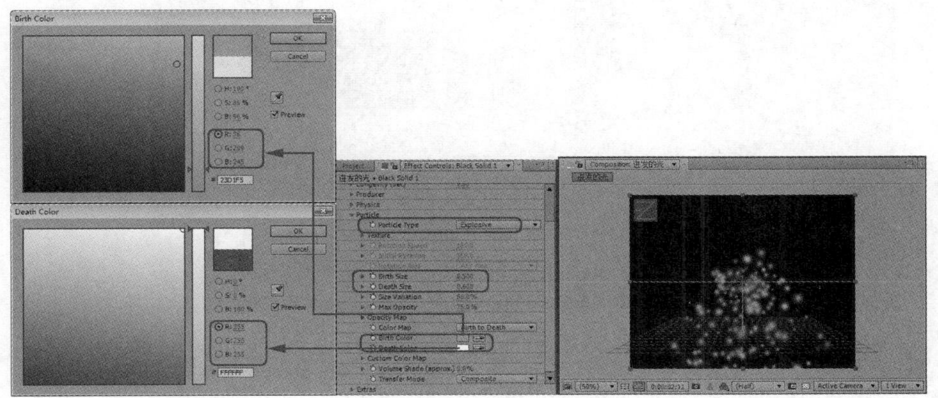

图 4-80

STEP 4　展开【Physics】选项组，将【Animation】设置为【Jet Sideways】，将【Gravity】设置为【0.000】，如图 4-81 所示。

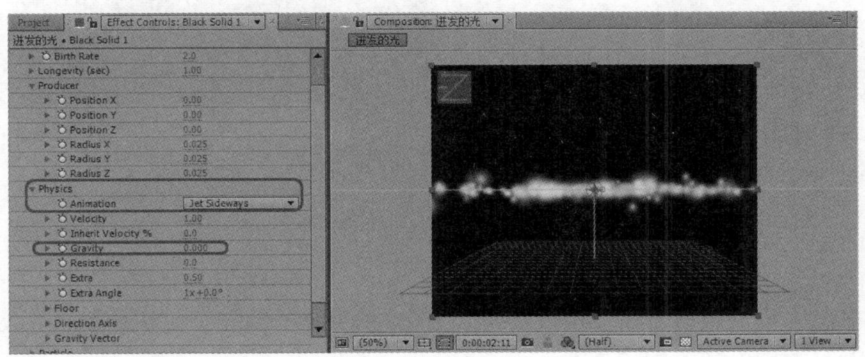

图 4-81

STEP 5　展开【Producer】选项组，将【Radius Y】设置为【0.400】，如图 4-82 所示。

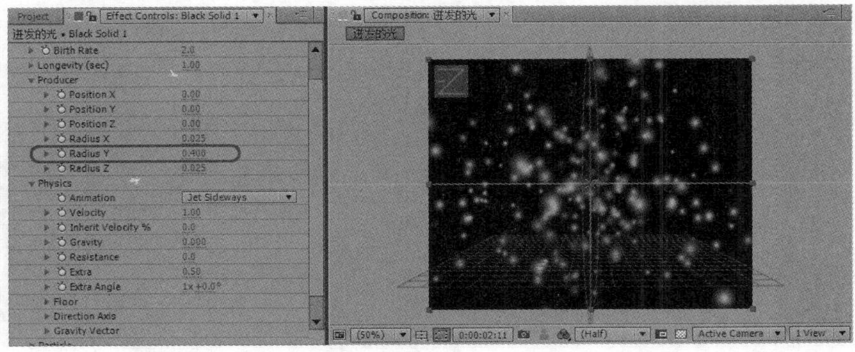

图 4-82

STEP 6 将当前时间设置为 0:00:00:00，单击【Effect Camera】选项组下【Rotation Y】左侧的 按钮，打开记录动画，如图 4-83 所示。

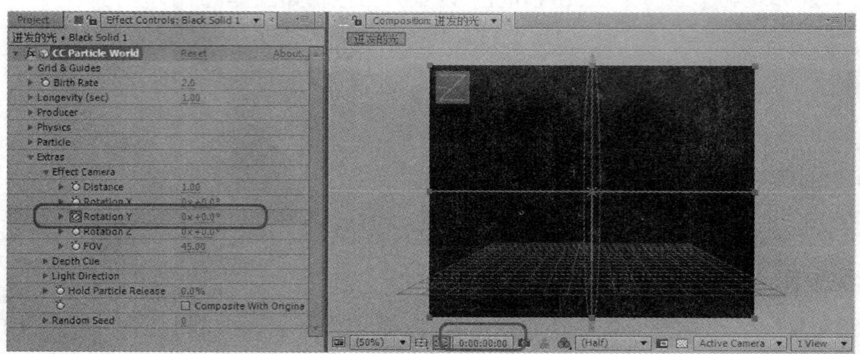

图 4-83

STEP 7 将当前时间设置为 0:00:06:24，将【Rotation Y】设置为【1x+0.0° 】，如图 4-84 所示。

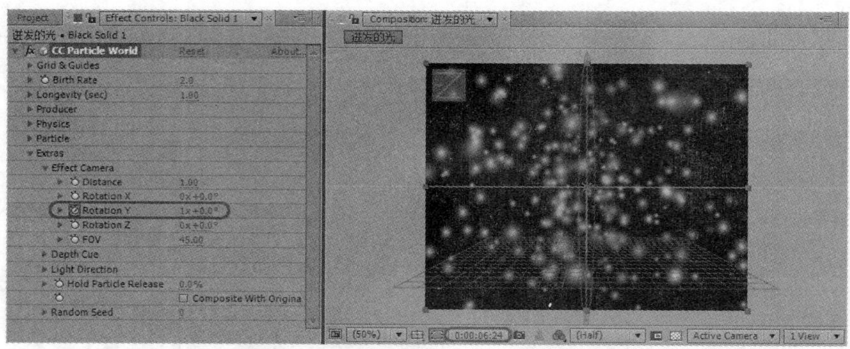

图 4-84

STEP 8 在时间线窗口中选择【Black Solid 1】层，在菜单栏中选择【Effect】|【Blur& Sharpen】|【CC Vector Blur】命令，如图 4-85 所示。

STEP 9 切换至【Effect Controls】窗口，将【Amount】设置为【30.0】，如图 4-86 所示。

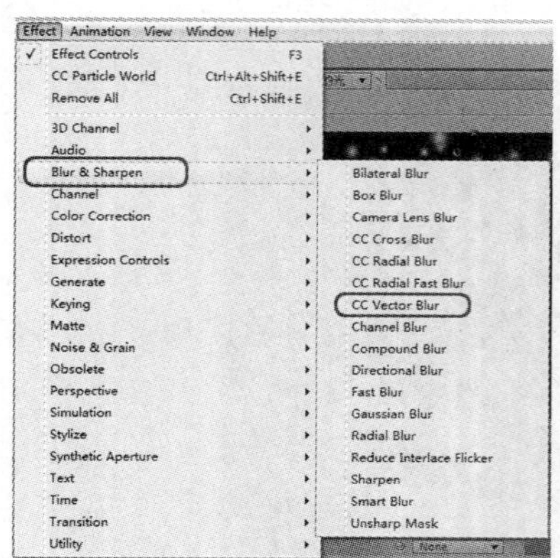

图 4-85

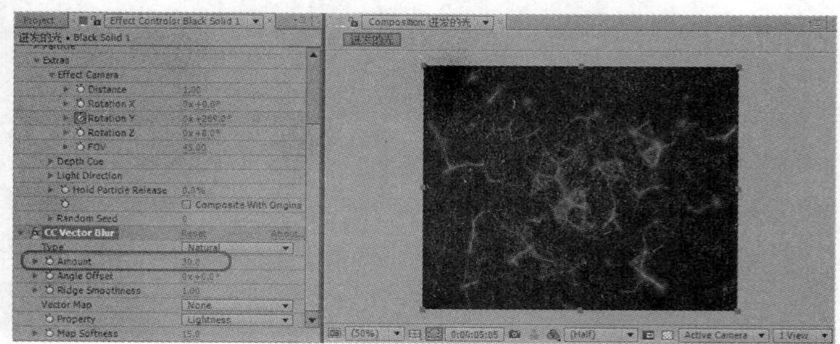

图 4-86

STEP 10　在时间线窗口中右击，在弹出的快捷菜单中选择【New】|【Adjustment Layer】命令，新建一个调节层，在菜单栏中选择【Effect】|【Color Cottection】|【Curces】命令，如图 4-87 所示。

STEP 11　切换至【Effect Controls】窗口，添加曲线滤镜，调整亮度，改变色调，改变后的效果如图 4-88 所示。

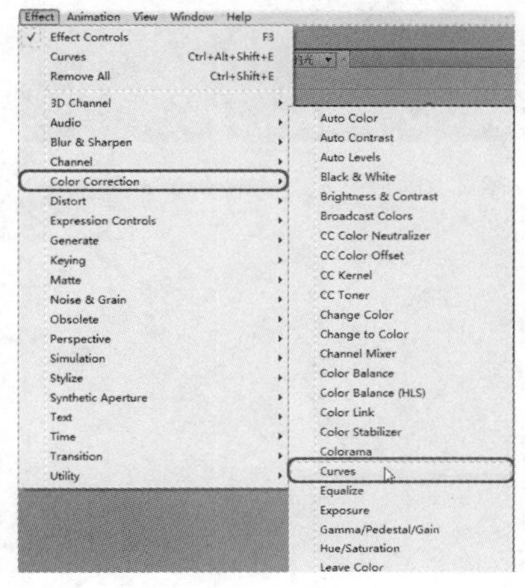

图 4-87

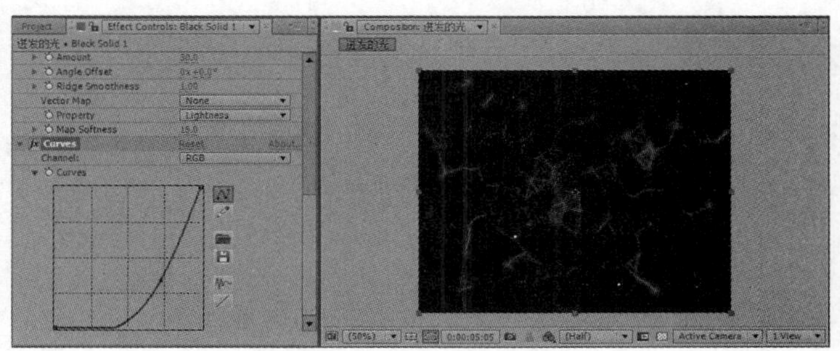

图 4-88

STEP12　选择【Effect】|【Stylize】|【Glow】命令，设置【Glow Threshold】为【30.0%】，【Glow Radius】为【80.0】，【Glow Colors】为【A&B Colors】，【Color A】的 RGB 值设置为【35、209、245】，【Color B】为白色，如图 4-89 所示。

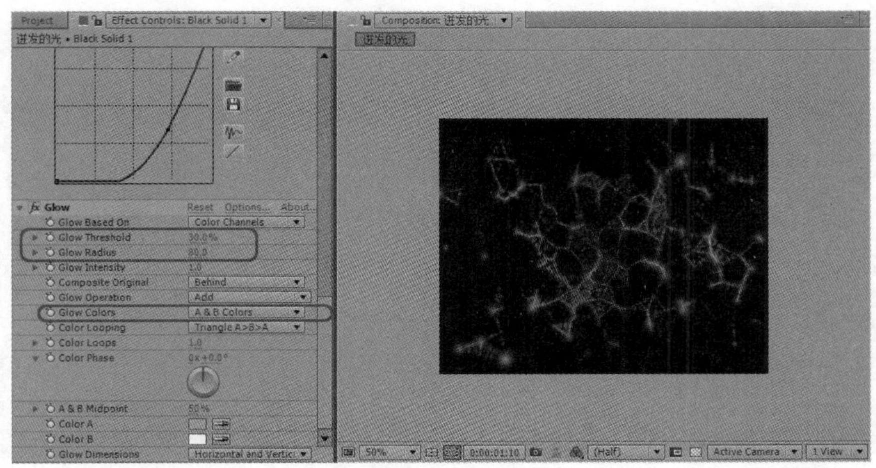

图 4-89

STEP 13　按【Ctrl+M】组合键，打开【Render Queue】面板，单击【Output To】右侧的【翻页.AVI】选项，在弹出的对话框中为其指定一个正确的存储路径，如图 4-90 所示。

STEP 14　单击【保存】按钮，在【Render Queue】面板中单击【Render】按钮，导出机会以进度条形式表现出来，如图 4-91 所示。

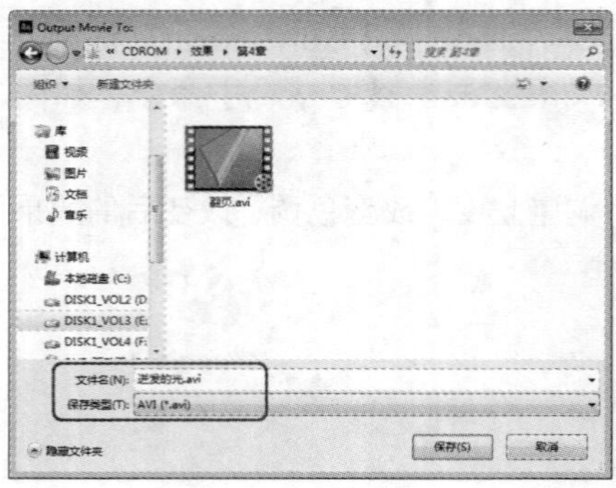

图 4-90

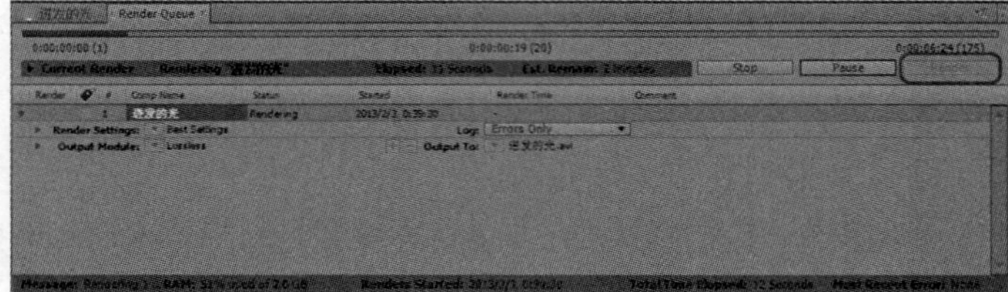

图 4-91

第 5 章 Distort 详解

在 Distort 组中的所有特效都是用来产生变形效果的，在影视合成中常常会看到类似这样的变形效果，比如爆炸所产生的气流，会使周围的环境看起来产生变形。又如，对一些人物或地其他的对象进行怪异的扭曲等，After Effects 中提供了相当多的变形特效，足够满足影视合成中的大部分变形效果。

5.1 Distort

下面将详细地介绍 Distort 特效组中各个特效的详细参数设置。

1. Bezier Warp

Bezier Warp（贝兹变形），这也是 After Effects 的老牌特效，在 After Effects 早期版本中就有，使用该特效可以很方便完成高质量的形变效果，而且操作简单直观，非常易于使用，如图 5-1 所示。

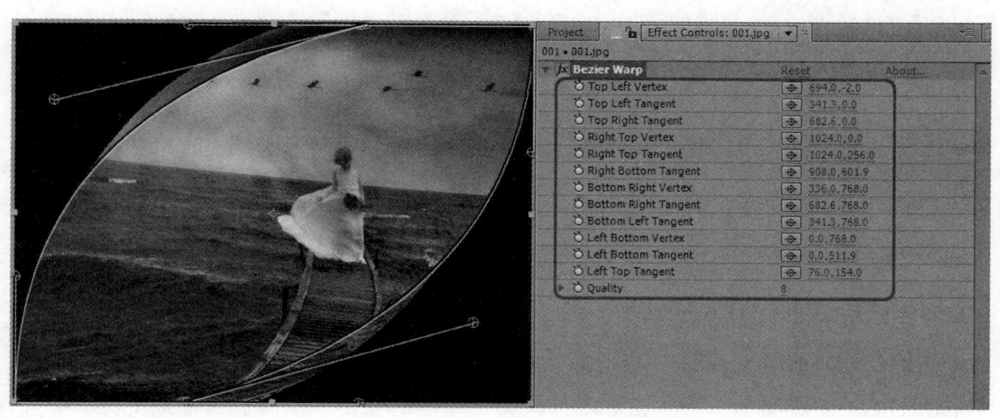

图 5-1

可以在合作图像上使用它，添加之后会在屏幕上看到 4 个控制点和 8 个控制手柄，移动 4 个点可以直接进行变形，而调节手柄可以更好地完成点与点之间的过渡变形，同时也可以调节参数进行精确控制。

- Top Left Vertex：上部左边控制点的位置。

- Top Left Tangent：上部左边控制手柄位置。
- Top Right Tangent：上部右边控制手柄位置。
- Right Top Vertex：右边上部控制点位置。
- Right Top Tangent：右边上部控制手柄位置。
- Right Bottom Tangent：右边下部控制手柄位置。
- Bottom Right Vertex：下边右部控制点位置。
- Bottom Right Tangent：下边右部控制手柄位置。
- Bottom Left Tangent：下边左部控制手柄位置。
- Left Bottom Vertex：左边下部控制点位置。
- Left Bottom Tangent：左边下部控制手柄位置。
- Left Top Tangent：左边上部控制手柄位置。
- Quality（质量）：当前的变形质量，较低的质量会看到在边缘的过渡上会产生一些棱角，较高的质量会相对圆滑，但这会占用更多的系统资源，最高质量为 10。

2. Bulge

Bulge（膨胀），会使图像产生一种向内或向外膨胀的感觉，如图 5-2 所示。

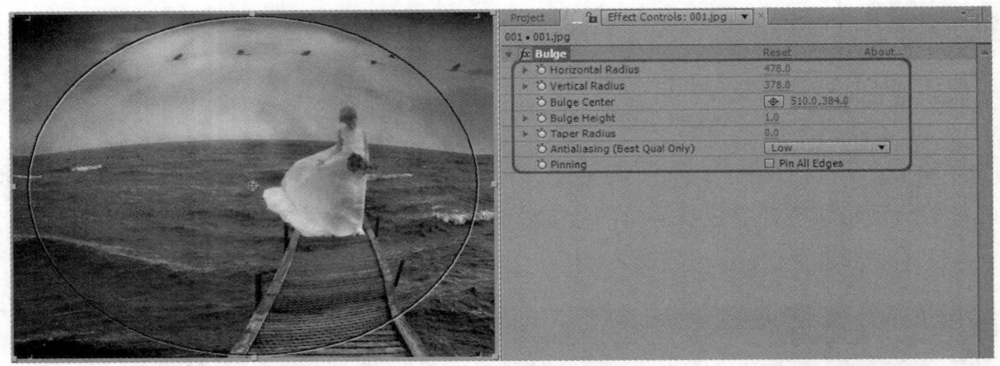

图 5-2

添加该选项之后会看到视图上产生了一个圆形，Bulge 特效就是通过将这个圆形内的区域变形而产生膨胀效果。

- Horizontal Radius：水平方向的半径。
- Vertical Radius：垂直方向的半径。
- Bulge Height：膨胀高度，正值向外膨胀，而负值则向内收缩。
- Taper Radius：锥形区域的半径大小。
- Antialiasing（抗锯齿），变形可能会使图像产生一些锯齿，而开启该选项可以有效地缓解这种情况，使图像更完美。
- Pinning：开启该选项可以扩充一个边缘作为变形区域与没有产生变形区域的一个过渡。

3. Corner Pin

Corner Pin：该特效可以将图层的 4 个角绑定，然后进行位置的变换，进而产生一种类似 3D 透视的效果，与 Photoshop 中的自由变换很相像，如图 5-3 所示。

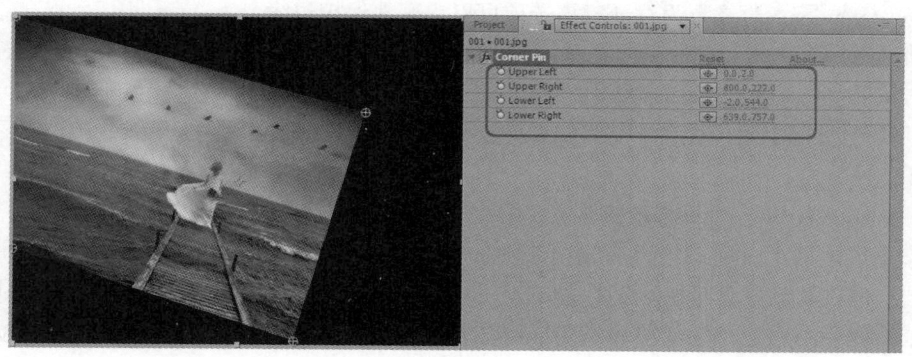

图 5-3

- Upper Left：控制左上角点的位置。
- Upper Right：控制右上角点的位置。
- Lower Left：控制左下角点的位置。
- Lower Right：控制右下角点的位置。

4. Displacement Map

Displacement Map（置换贴图），可以通过指定一个素材的通道，对当前图像进行变形，有点类似 3ds Max 中的置换贴图，原理是一样的，如图 5-4 所示。

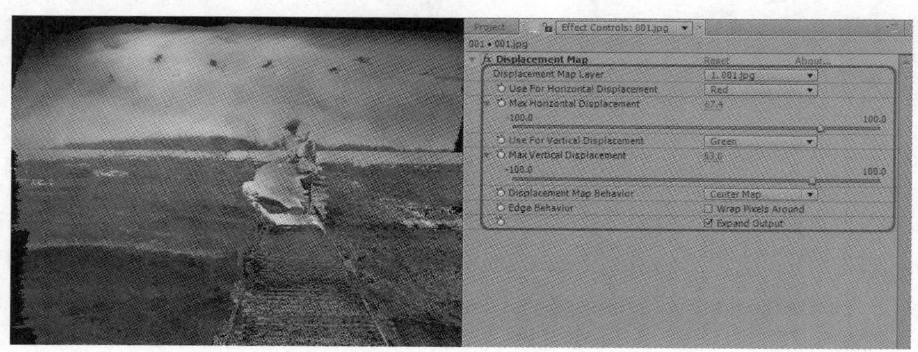

图 5-4

- Displacement Map Layer：指定置换贴图的层，当然这个层必须与当前层处于同一合成中，也可以指定当前层本身为置换层。
- Use For Horizontal Displacement：在这里指定要将哪个通道作为水平方向的置换贴图。
- Max Horizontal Displacement：水平方向最大置换强度。
- Use For Vertical Displacement：指定要将哪个通道作为垂直方向的置换贴图。
- Max Vertical Displacement：垂直方向的最大置换强度。
- Displacement Map Behavior：如果指定的置换层与当前层分辨率不一致，可以在这里设置改变方式，有以下 4 项。
  - Center Map：与当前层以中心对齐，不改变置换层大小。
  - Stretch Map to Fit：拉伸置换层以匹配当前层。
  - Title Map：将置换层进行平铺以满足当前层。

• Edge Behavior：边缘行为，开启该选项可以更好地保护边缘。

下面将通过一个具体实例的实现流程，依次介绍 Bezier Warp、Corner Pin 和 Displacement Map 的基本使用方法。

STEP 1 打开随书附带光盘中的实例素材.aep，我们将通过该案例来了解和认识扭曲菜单下的相关特效知识。

STEP 2 Bezier Warp（贝塞尔扭曲）效果。

为文字图层添加【Effect】|【Distort】|【Bezier Warp】效果。此效果参数意义分别为：贝塞尔扭曲控制点，用以调节扭曲图像形状 Quality（质量），对文字图层添加【Effect】|【Distort】|【Bezier Warp】后，设置【Top Left Vertex】参数为【574,184】，设置【Right Top Vertex】参数为【662,212】，如图 5-5 所示。设置完其参数后，相对应的效果如图 5-6 所示。

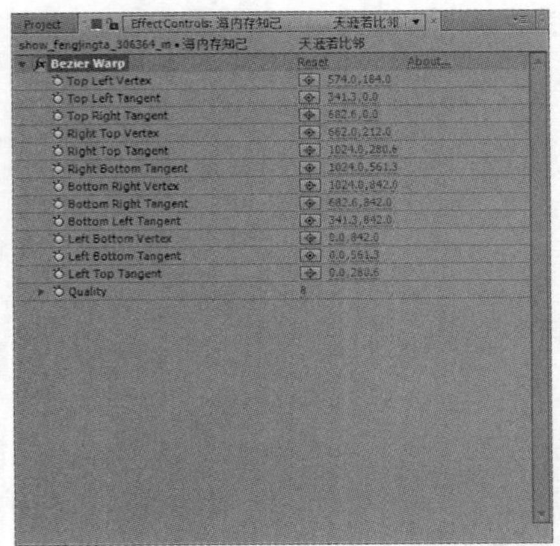

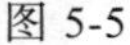
图 5-5

图 5-6

STEP 3 Corner Pin（四点定位）效果。

此效果通过四点控制模拟三维图层效果。为背景图层添加【Effect】|【Distort】|【Corner Pin】效果。为背景图层添加【Effect】|【Distort】|【Corner Pin】特效后，设置参数【Upper Left】为【320.0,50.0】，【Upper Right】为【1000.0,0.0】，【Lower Left】为【0.0,576.0】，【Lower Right】为【500.0,840.0】，效果如图 5-7 所示。

图 5-7

STEP 4 Displacement Map（置换贴图扭曲）效果。

此效果是通过所选择图层的相关通道信息对原始图层产生扭曲影响。为文字图层添加【Effect】|【Distort】|【Displacement map】效果。设置参数【Displacement Map Layer】为【3】，噪波层【Max Horizontal Displacement】为【40】，【Max Vertical Displacement】为【40】，其余参数不变，效果如图 5-8 所示。

图 5-8

5．Liquefy

Liquefy（液化），与 Photoshop 中的液化效果类似，可以产生经典的涂抹特效，只是过程不能进行参与动画记录，详细设置如图 5-9 所示。

图 5-9

在该特效中提供了很多的工具，可以产生涂抹和扭曲效果，如图 5-10 所示。

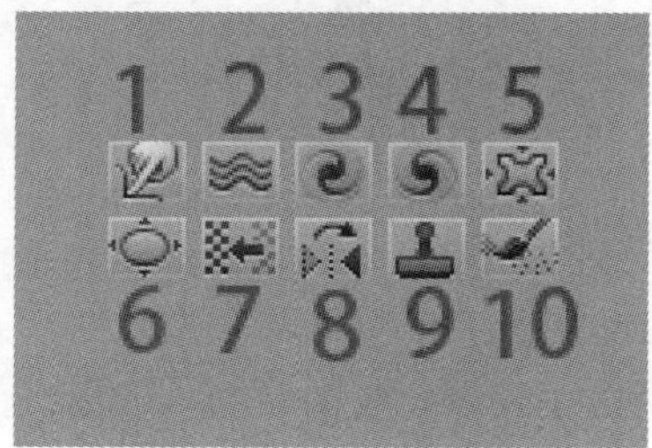

图 5-10

该特效各项参数的含义如下。

【1】涂抹工具。

【2】湍流扭曲工具。

【3】顺时针旋转扭曲工具。

【4】逆时针旋转扭曲工具。

【5】褶皱工具。

【6】膨胀工具。

【7】左推工具。

【8】镜像工具。

【9】仿制图章工具，在这里是用于仿制图像中一个点的变形情况，进行复制，而不是图像本身。

【10】重建工具。

- Brush Size：定义笔刷大小，配合【Ctrl】键直接进行拖动，也可以改变笔刷大小。
- Brush Pressure：画笔压力。
- Freeze Area Mask：可以为图层创建一个 Mask，将其作用方式更改为 None，然后在这里选择所创建的 Mask 之内区域不受影响。
- View Options/Distortion Mesh：显示属性，开启该选项将在视口中显示网格，有网格的参照可以更直观地调节变形。
- Mesh Color：定义网格的显示颜色。
- Distortion Mesh Offset：对变形区域进行偏移。
- Distortion Percentage：对变形区域进行复原重建。

6. Magnify

Magnify（放大镜），使用它可以创建类似放大镜效果，如图 5-11 所示。

图 5-11

该特效各项参数的含义如下。

- Shape（形状），选择放大镜的形状。
- Center（中心点），变形区域的中心点。
- Magnification：放大倍数。
- Link：选择该选项在放大时，变形区域将与图像一起成比例放大。

- Size：放大镜的大小，也就是变形区域的大小。
- Feather：加大该项参数，放大区域的边缘会更柔和。
- Opacity（透明度），放大区域的透明度。
- Scaling：放大镜的放大模式，Standard，标准模式。Soft，柔和方式。Scatter，散布、扩散方式。
- Blending Mode：混合模式。
- Resize Layer：重定义大小。

7. Mesh Warp

Mesh Warp（网格变形），这也是 After Effects 中的老牌变形特效，在 After Effects 早期版本中就有，后来一直被沿用至今，它可以在图像上生成规则的网格，然后将每个点进行固定，通过对网格交点和手柄的调节产生网格变形，从而驱动图像产生变形效果，每个点和手柄都可以进行单独调节，如图 5-12 所示。

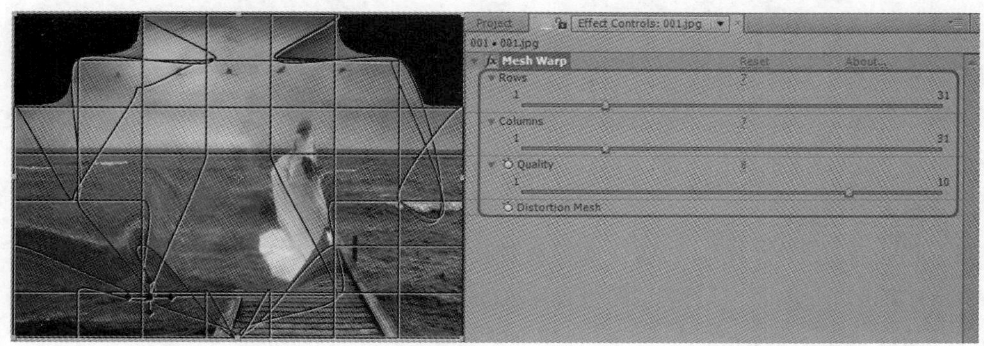

图 5-12

该特效各项参数的含义如下。

- Rows（行数），定义在图像上产生多少行网格。
- Columns：定义列数。
- Quality（变形质量），越高的质量效果越优秀，但是将占用更多的系统资源。
- Distortion Mesh：开启该选项可以将变形的过程记录为动画。

8. Mirror

Mirror（镜像），产生类似照镜子一样的效果，也就是将图像复制再进行倒置，然后加以角度的变化，如图 5-13 所示。

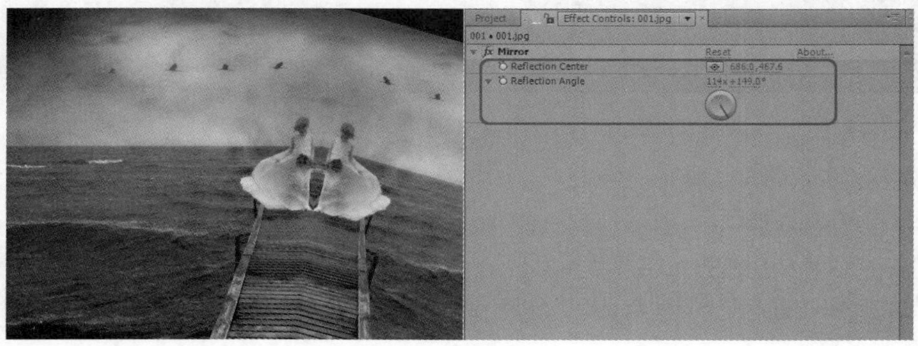

图 5-13

- Refection Center：定义镜像的中心点。
- Reflection Angle：镜像角度。

9. Offset

Offset（偏移），将图像进行无限复制得到向一个方向进行无缝偏移的效果，具体控制项如图 5-14 所示。

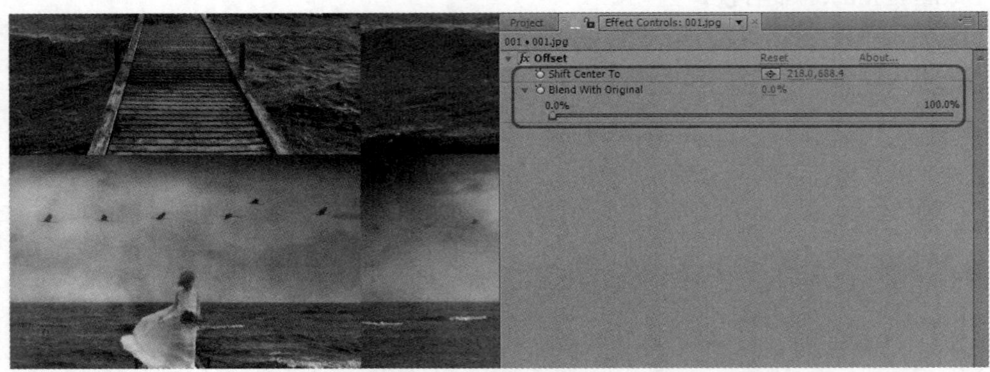

图 5-14

该特效各项参数的含义如下。

- Shift Center To：偏移中心位置，也就是偏移量。
- Blend With Original：与当前层的整合程度。

10. Optics compensation

Optics Compensation（光学变焦），它可以很好地模拟摄像机广角的效果，具体控制项如图 5-15 所示。

图 5-15

该特效各项参数的含义如下。

- Field of View：视野。
- Reverse Lens Distortion：反转扭曲方向。
- FOV Orientation：视野方向，Horizontal，水平方向。Vertical，垂直方向。Diagonal，立体，也就是双向。
- View Center：视觉中心点位置。

- Optimal Pixels：优化图像像素。
- Resize：重定义大小。

下面将通过一个具体实例的实现流程，依次介绍 Optics Compensation，Offset，Mirror，Mesh Warp，Liquefy 的基本使用方法。

STEP 1　打开随书附带光盘中的实例 2.aep，我们将通过该案例来了解和认识扭曲菜单下的相关特效知识。

STEP 2　Optics Compensation【光学镜头扭曲】效果。

为文字图层添加【Effect】|【Distort】|【Optics Compensation】效果。

设置参数【Field Of View（FOV）】为【50.0】，【Reverse Lens Distortion】为关闭，【View Center】为【0.0,0】，其他参数不变时的视图效果如图 5-16 所示。

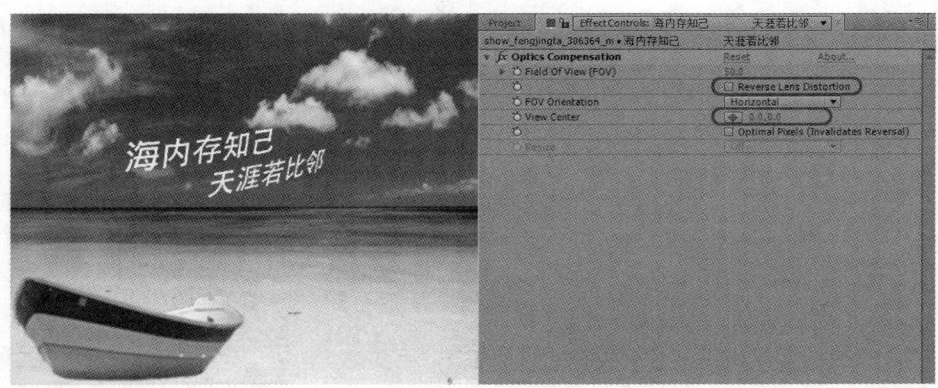

图 5-16

设置参数【Field Of View（FOV）】为【50】，【Reverse Lens Distortion】为开启，【View Center】为【0.0,0.0】，【Optimal Pixels（Invalidates Reversal）】为开启，其他参数不变时的视图效果如图 5-17 所示。

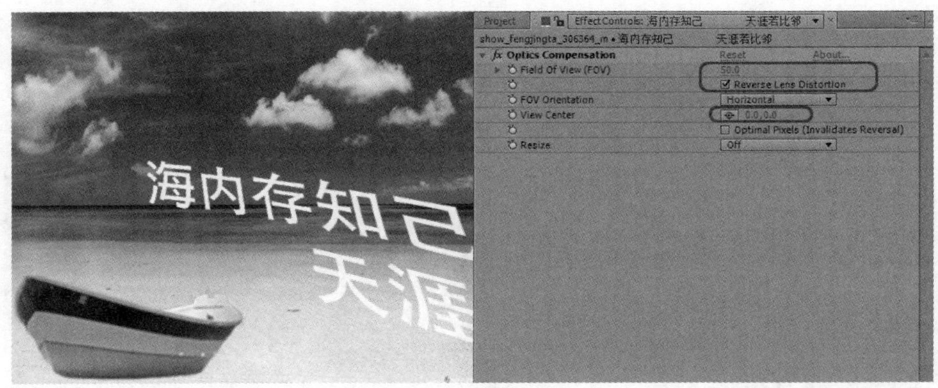

图 5-17

STEP 3　Offset【移动扭曲】效果。

为船图层添加【Effect】|【Distort】|【Offset】效果。设置参数【Shift Center To】为【482.4,255.6】，【Blend With Original】为【65.0%】，效果如图 5–18 所示。

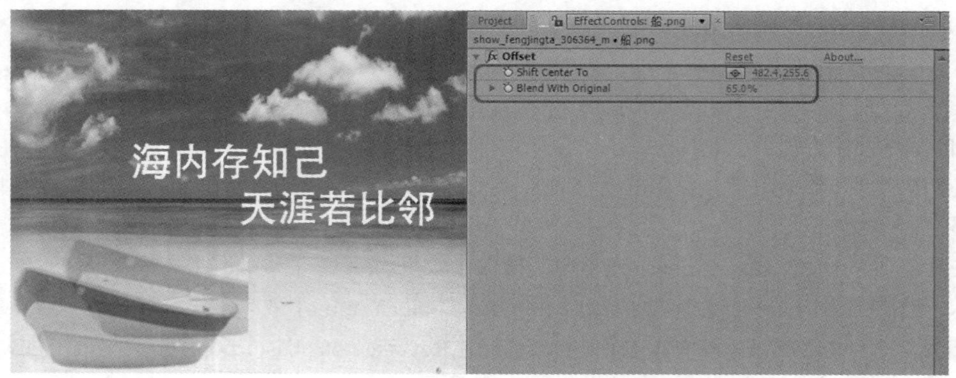

图 5-18

STEP 4　Mirror（镜像）效果。

为船图层添加【Effect】|【Distort】|【Mirror】效果。设置参数【Reflection Center】为【600.0,444.0】，【Refection Angle】为【0x+3.0°　】，效果如图 5-19 所示。

图 5-19

STEP 5　Mesh Warp（网格扭曲）效果。

为文字图层添加【Effect】|【Distort】|【Mesh Warp】效果。设置参数【Rows】为【10】，【Columns】为【10】后移动网格交汇点的位置，其余参数不变时的效果如图 5-20 所示。

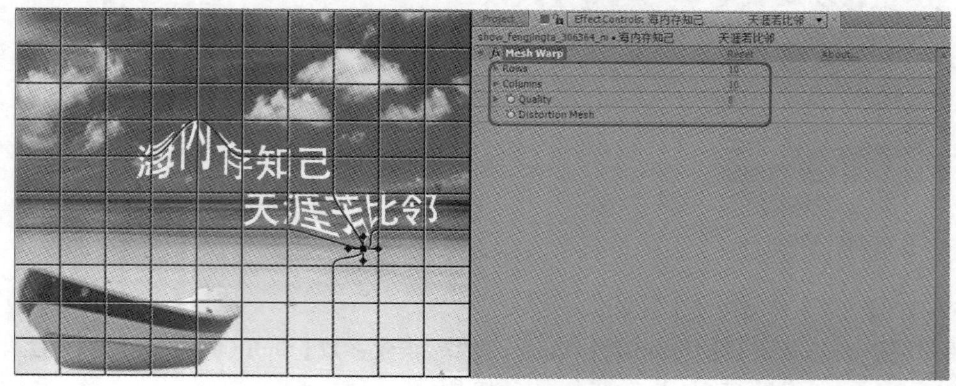

图 5-20

STEP 6　Liquefy（液化扭曲）效果。

为背景图层添加【Effect】|【Distort】|【Liquefy】效果。设置参数用涂抹工具在文字图层上面进行随机涂抹，设置参数【Distortion Mesh Offset】为【56.0,106.0】，【Distortion Percentage】为【200%】，其余参数不变时的效果如图 5-21 所示。

图 5-21

11. Polar Coordinates

Polar Coordinates（极坐标），可以实现平面坐标和极坐标之间的转换，如图 5-22 所示。

图 5-22

该特效各项参数的含义如下。

- Interpolation：加大此参数可以实现到极坐标的过渡。
- Type of Conversion：转变的类型，有以下两项。
  - Rect to Polar：平面坐标到极坐标。
  - Polar to Rect：极坐标到平面坐标。

12. Reshape

Reshape（重新定义形状），使用它之前需要先为图层做 Mask，然后 Reshape 会根据我们所做的 Mask 来确定当前图层的边缘和新图层的形状，改变 Mask 的形状，对图层进行变形，可以定义 3 个 Mask，当 Mask 被指定使用会在 Mask 周围出现一条红色的线，如图 5-23 所示。

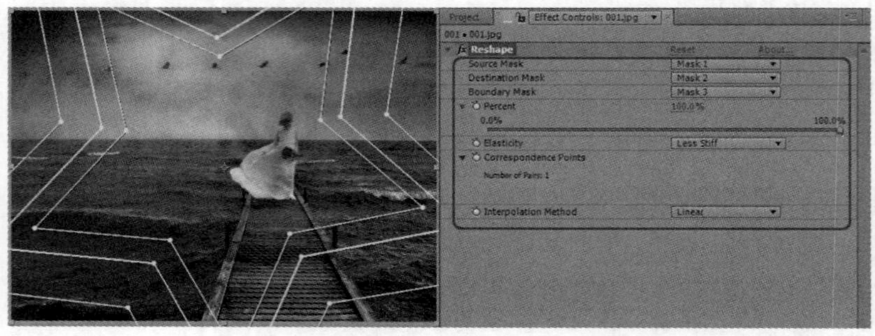

图 5-23

该特效各项参数的含义如下。

- Source Mask：定义源图层的形状。
- Destination Mask：定义变形的目标形状。
- Boundary Mask：边界区域。
- Percent：变形的进程。
- Elasticity：弹力，也就是拉伸的类型。
  - Stiff：僵硬，这也是默认的拉伸类型，在变形时会比较直接。
  - Less Stiff：稍微僵硬，相比 Stiff 会柔和一些。
  - Below Normal：趋于常态的。
  - Normal：常态方式。
  - Absolutely Normal：完全常态。
  - Above Average：平均方式。
  - Loose：较松散。
  - Liquid：液体方式。
  - Super Fluid：超级流体。
- Interpolation Method：插值类型，有以下 3 项。
  - Discrete：不连续的。
  - Linear：线性的。
  - Smooth：平滑的。

13．Ripple

Ripple（涟漪），使用它可以产生类似水波纹的变形效果，如图 5-24 所示。

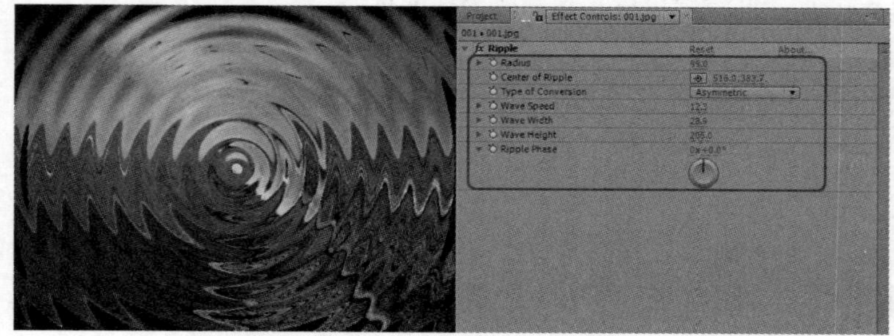

图 5-24

- Radius：涟漪半径。
- Center of Ripple：涟漪中心点位置。
- Type of Conversion：涟漪类型。
  - Asymmetric：不对称的。
  - Symmetric：对称的。
- Wave Speed：当该项参数大于 0 时涟漪的变形即可产生动画，数值越大动画速度越快。
- Wave Width：波纹在水平位置上的大小。
- Wave Height：波纹在垂直位置上的大小。
- Ripple Phase：涟漪相位，不同的数值会产生不同的涟漪效果。

14. Smear

Smear（摩尔纹变形），在添加此变形前，先建两个 Mask，使用它可以生成一种类似摩尔纹的变形扭曲效果，也可以产生图像被拉扯的效果，如图 5-25 所示。

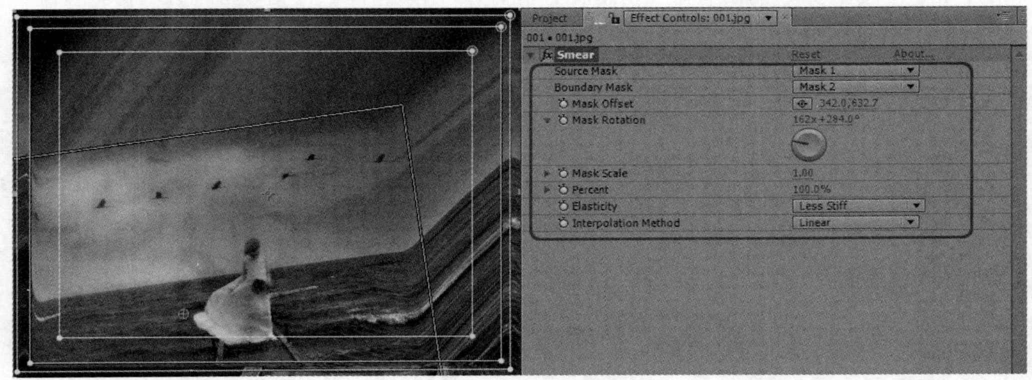

图 5-25

该特效各项参数的含义如下。

- Source Mask（原框架），也就是定义原图的框架，之后的变形将在该区域内产生。
- Boundary Mask（边界），就是要变形的区域。
- Mask Offset：对变形区域进行位置的偏移。
- Mask Rotation：对变形区域进行旋转。
- Mask Scale：对变形区域进行缩放。
- Percent（变形强度），0 为不变形，100 为完全变形。
- Elasticity（弹力），还是控制拉伸的类型，该选项与 Reshape 相同。
- Interpolation Method（插值类型），该选项与 Reshape 相同。

15. Spherize

Spherize（球面化），可以使图像产生像球体一样的凸起，像包裹到球体上一样，效果如图 5-26 所示。

该特效各项参数的含义如下。

- Radius：球面的半径。
- Center of Sphere：球面的中心点位置。

图 5-26

16. Transform

Transform（变换），它将中心点、移动旋转和绽放等图层属性集合到一个特效中进行控制，具体控制项如图 5-27 所示。

图 5-27

该特效各项参数的含义如下。

- Anchor Point：中心点位置。
- Position：移动。
- Scale：缩放。
- Skew：倾斜。
- Skew Axis：倾斜方向。
- Rotation：旋转。
- Opacity：透明度。
- Shutter Angle：百叶窗角度。

17. Turbulent Displace

Turbulent Displace（强烈置换），使用它可以在不使用其他层的情况下对当前层进行置换扭曲变形，这也是一个很实用的特效，效果如图 5–28 所示。

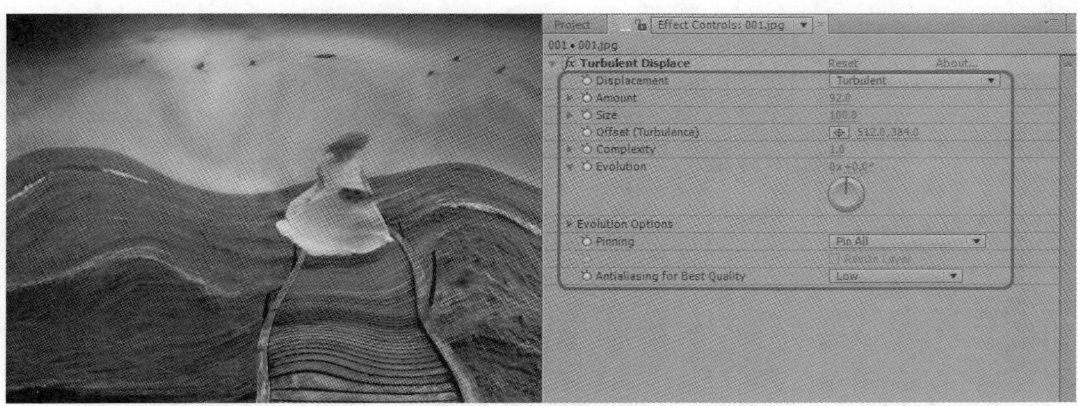

图 5-28

该特效各项参数的含义如下。

- Displacement（置换类型），也就是控制变形的类型。
- Amount（数量），就是控制变形的强度。
- Size（大小），变形的大小。
- Offset（偏移），对整体变形特效进行方向偏移。
- Complexity（复杂程度），也就是控制变形的细节数量。
- Evolution（进化），类似其他特效中的相位，每一个数值都会产生不同的效果。
- Evolution Options（进化选项），如果选择该选项，改变 Evolution 项数值时将循环特效，比如，Evolution 值在 100 和 1 × 100 时所产生的效果是一样的。
- Antialiasing for Best Quality：抗锯齿。

18. Twirl

Twirl（湍流），一种可以产生严重扭曲的特效，如图 5-29 所示。

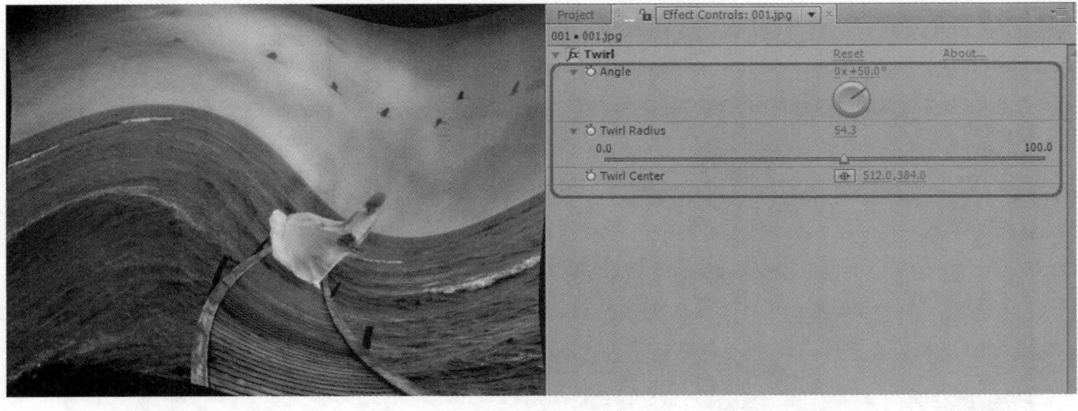

图 5-29

- Angle：湍流变形角度。
- Twirl Radius：湍流半径。
- Twirl Center：湍流中心点位置。

19. Warp

Warp（扭曲）的效果如图 5-30 所示。

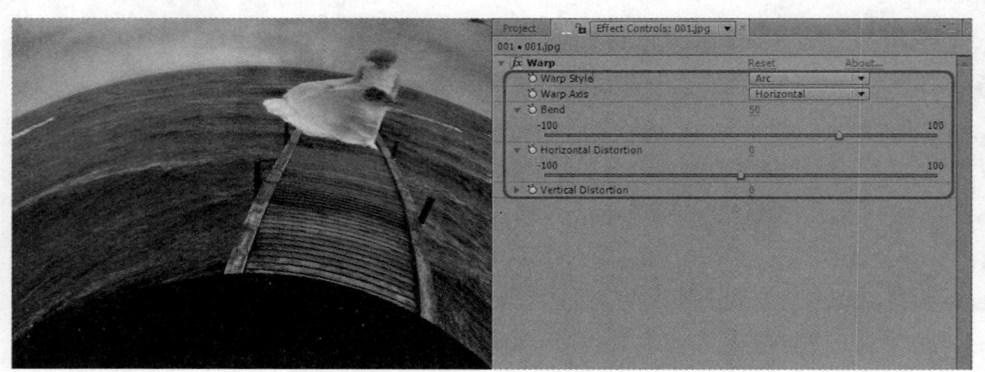

图 5-30

该特效各项参数的含义如下。

- Warp Style：扭曲方式。
- Warp Axis：扭曲角度。
- Bend：弯曲强度。
- Horizontal Distortion：水平扭曲强度。
- Vertical Distortion：垂直方向扭曲强度。

下面将通过一个具体实例的实现流程，依次介绍 Polar Coordinates，Reshape，Ripple，Smear，Spherize，Transform，Turbulent Displace，Twirl，Warp 的基本使用方法。打开随书附带光盘中的【中秋节.aep】素材文件，我们将通过该案例来了解和认识扭曲菜单下的相关特效知识。

（1）Polar Coordinates【极坐标】效果

为月饼图层添加【Effect】|【Distort】|【Polar Coordinates】特效。

STEP 1 设置参数【Interpolation】为【0.0%】，【Type of Conversion】为【Rect to Polar】时，效果如图 5-31 所示。

图 5-31

STEP 2 设置参数【Interpolation】为 100.0%，【Type of Conversion】为【Rect to Polar】时，效果如图 5-32 所示。

图 5-32

（2）Reshape（重塑）效果

在时间线面板中选择月饼图层，在该图层中绘制两条遮罩路径，然后对月饼图层添加【Effect】|【Distort】|【Reshape】特效，设置 Source Mask 和 Destination Mask 如图 5-33 所示；调节 Percent 为 100%，其余参数不变时的效果如图 5-34 所示。

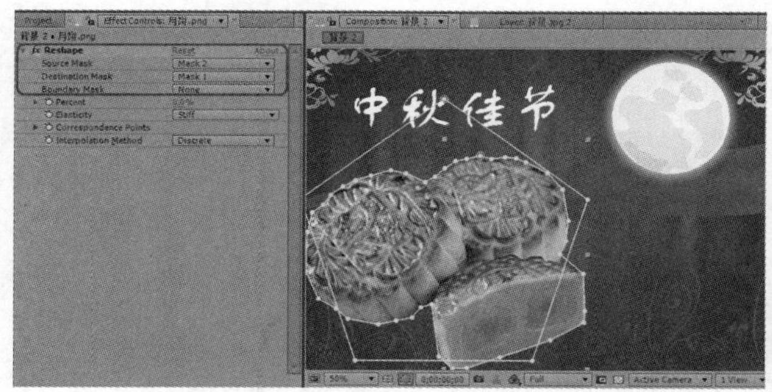

图 5-33

图 5-34

（3）Ripple（波纹）效果

Ripple 效果产生波纹扭曲效果，为背景图层添加【Effect】|【Distort】|【Ripple】特效，设置参数【Radius】为【30.0】，【Center of Ripple】为【930.0,200.0】，【Wave Width】为【15.0】，【Wave Height】为【100.0】，其余参数不变时的效果如图 5-35 所示。

图 5-35

（4）Smear（涂抹扭曲）效果

在时间线面板中选择月饼图层，在该图层中绘制两条遮罩路径，为月饼图层添加【Effect】|【Distort】|【Smear】效果。设置 Mask Rotation、Mask Scale，如图 5-36 所示，调节 Percent 值为 50%，效果如图 5-37 所示。

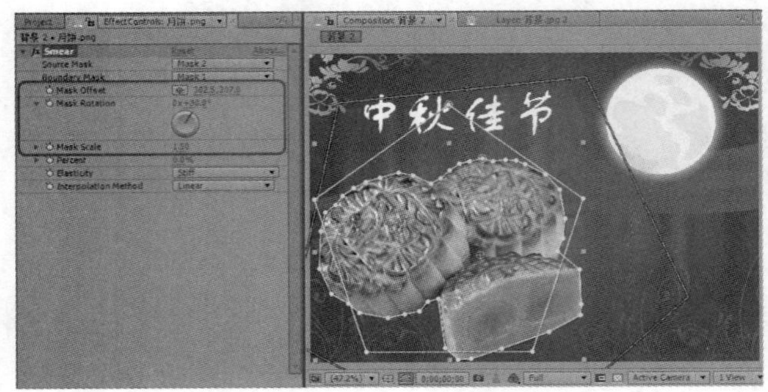

图 5-36

图 5-37

（5）Spherize（球面扭曲）效果

设置参数【Radius】为【444.0】，【Center of Sphere】为【924.0,196.0】，效果如图 5-38 所示。

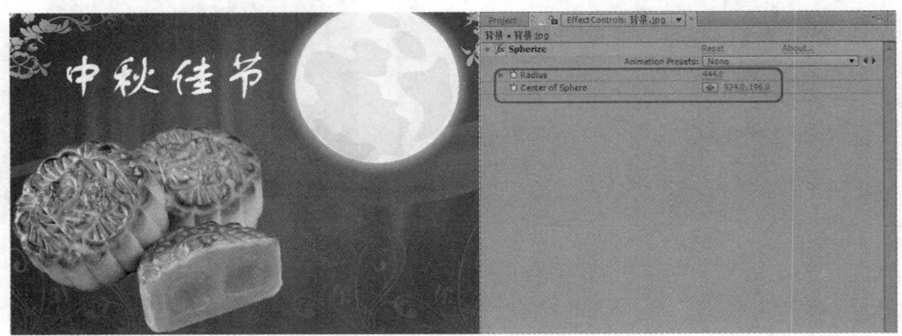

图 5-38

（6）Transform（变化）效果

为月饼图层添加【Effect】|【Distort】|【Transform】特效。设置参数【Position】为【300.0,288.0】，【Skew】为【15.0】，【Opacity】为【60.0】，其余参数不变时的效果如图 5-39 所示。

图 5-39

（7）Turbulent Displace（扰乱置换扭曲）特效

为文字图层添加该特效后，设置参数【Amount】为【120.0】，【Complexity】为【6.0】，【Evolution】为【30x+0.0°　】，其余参数不变时的效果如图 5-40 所示。

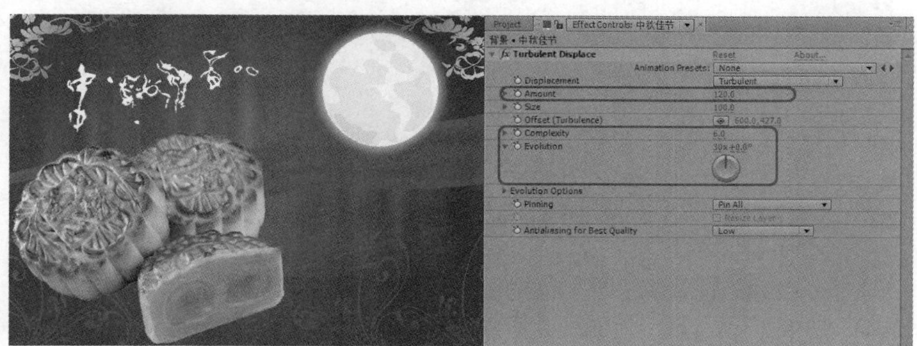

图 5-40

（8）Twirl（捻弄扭曲）效果

为月圆中秋文字图层添加【Effect】|【Distort】|【Twirl】特效。设置参数【Angle】为【30x+0.0°】，【Twirl Radius】为【25.0】，【Twirl Center】为【392.0,170.0】，效果如图 5-41 所示。

图 5-41

（9）Warp（经线扭曲）效果

设置参数【Bend】为【0】，【Horizontal Distortion】为【-50】，【Vertical Distortion】为【50】，其余参数不变时的效果如图 5-42 所示。

图 5-42

20. Wave Warp

Wave Warp（波纹扭曲）的效果如图 5-43 所示。

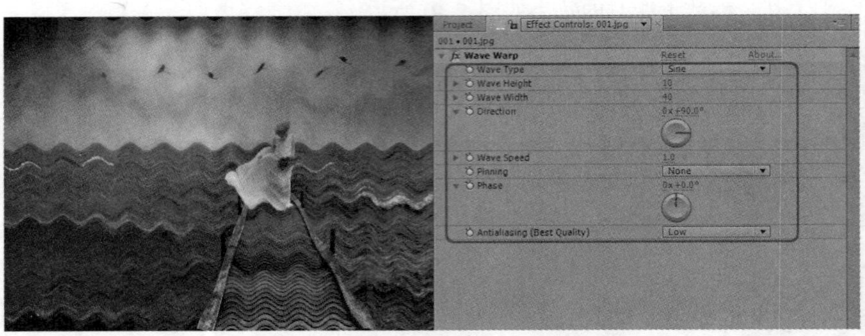

图 5-43

该特效各项参数的含义如下。

- Wave Type：波纹类型。
- Wave Height：波纹高度。
- Wave Width：波纹宽度。
- Direction：波纹方向。
- Wave Speed：此项数值大于 0 时可以产生动画，数值越大动画越快。
- Phase：相位。
- Antialiasing（Best Quality）：抗锯齿。

21. CC Bend It

CC Bend It：它可以将图像进行像弯曲柱子一样的变形，效果如图 5-44 所示。

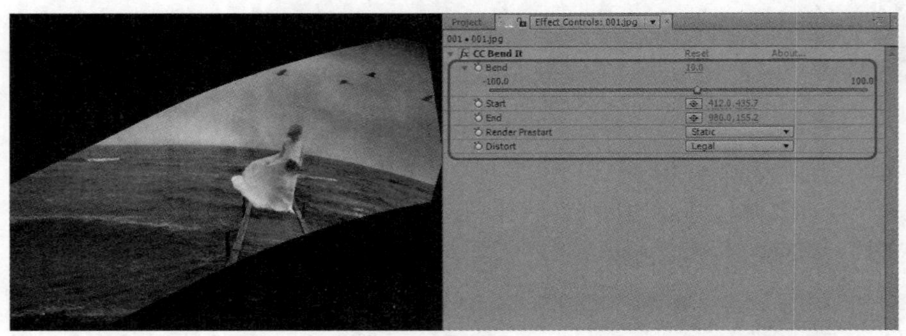

图 5-44

该特效各项参数的含义如下。

- Bend：弯曲强度。
- Start：弯曲开始点位置。
- End：弯曲结束点位置，弯曲将在这两点之间进行。
- Render Prestart：指定弯曲区域外的图像填充方式，有以下 4 项。
  - None（无任何操作），也就是说弯曲区域之外进行裁切。
  - Static（静止），对弯曲区域以外的部分进行方向性的延伸而不进行变形。

- ➢ Bend：弯曲：对整个图像都进行弯曲变形。
- ➢ Mirror：镜像，对弯曲图像进行镜像操作。

- Distort：扭曲方式，有以下两项。
  - ➢ Legal：合法的，也就是常规的扭曲方式，也只显示两个控制点之间的图像。
  - ➢ Extended：扩展方式，它会扩展第二个控制点方向的图像进行显示。

22．CC Bender

CC Bender：该特效可以产生将图像弯曲的效果，如图 5-45 所示。

图 5-45

该特效各项参数的含义如下。

- Amount：弯曲强度。
- Style（弯曲类型），有以下 4 项。
  - ➢ Bend：较为平滑的弯曲。
  - ➢ Marilyn：比较平滑的凸起。
  - ➢ Sharpen：锐化，其实也就是可以产生尖锐棱角的凸起方式。
  - ➢ Boxer：产生像被盒子撑起的弯曲效果。
- Adjust To Distance：开启该选项可以使变形曲线更流畅，特别是在一些折变处会变得更自然。
- Top：除了通过参数调整变形外，还可以通过两个点进行变形调节，该选项控制上方点的位置。
- Base：该选项控制下方点的位置。

23．CC Blobbylize

CC Blobbylize：对图像进行滴状斑点的处理，有点像水滴的效果，但是并不能产生水滴流动的效果，在质感上更像是金属，它可以模拟灯光和金属材质的诸多属性，效果如图 5-46 所示。

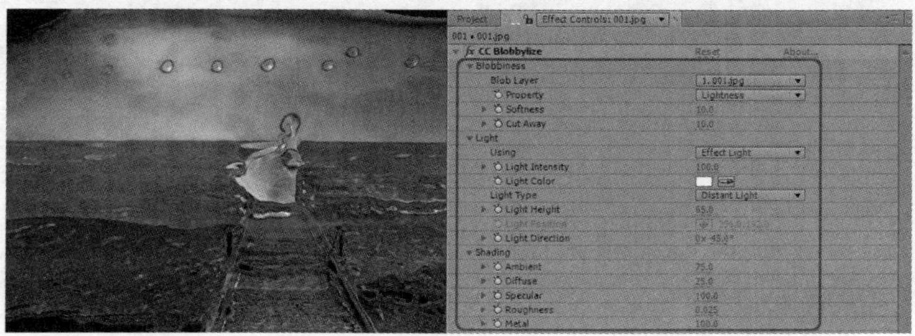

图 5–46

Blobbiness：滴状斑点设置项。

- Blob Layer：可以指定一个层来定义当前层的变形区域。
- Property：定义将使用哪个通道作用于当前层。
- Softness：设定作用通道的柔和程度，此项数值越大，图像的细节就越少。
- Cut Away：对作用区域进行整体的收缩或扩张。
- Light：该特效中还可以模拟被灯光照亮时的情况，以下是灯光设置选项。
- Using：设置将使用什么灯光。
- Light Intensity：灯光强度。
- Light Color：灯光颜色。
- Light Type：灯光类型，有以下两项。
  - Distant Light：直射光源，这种光源没有衰减范围，将照亮所有的图像区域。
  - Point Light：点光源，类似我们常用的灯泡，越近的地方被照射越亮，越远则越暗。
- Light Height：灯光高度，也就是灯光离对象的距离。
- Light Direction：灯光照射物体时的角度。
- Shading：材质设置项。
- Ambient：周围环境的亮度。
- Diffuse：自身颜色的显示强度。
- Specular：高光强度。
- Roughness：粗糙度，此项参数值越高，材质的对比度越大。
- Metal：金属度，此项参数值越高，材质越接近金属的质感。

24. CC Flo Motion

CC Flo Motion：该特效由两个点进行控制，两个点可以分别设置对图像进行向内吸收或向外放射的变形，效果如图 5-47 所示。

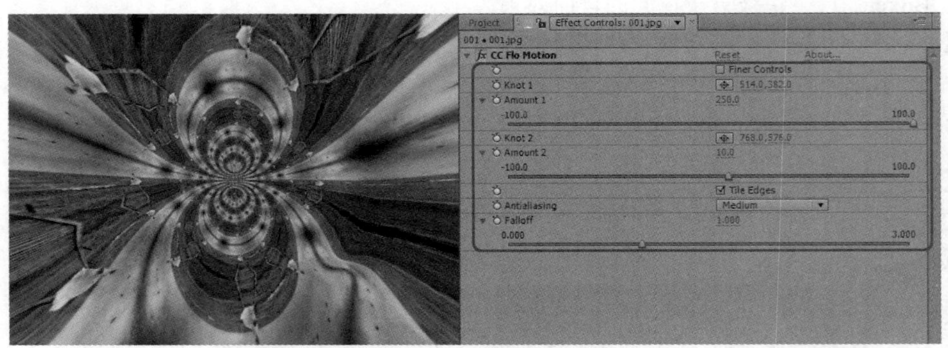

图 5-47

该特效各项参数的含义如下。

- Knot 1：控制点 1 的位置：
- Amount 1：控制点 1 的变形强度，正值为向外推，负值为向内吸收。
- Knot 2：控制点 2 的位置。
- Amount 2：控制点 2 的变形强度。
- Title Edges：重复边缘，勾选该复选框可以对变形边缘进行保护。

- Antialiasing：抗锯齿。
- Falloff：对变形点效果进行衰减控制。

25. CC Griddler

CC Griddler（将图像网格化）的效果如图 5-48 所示。

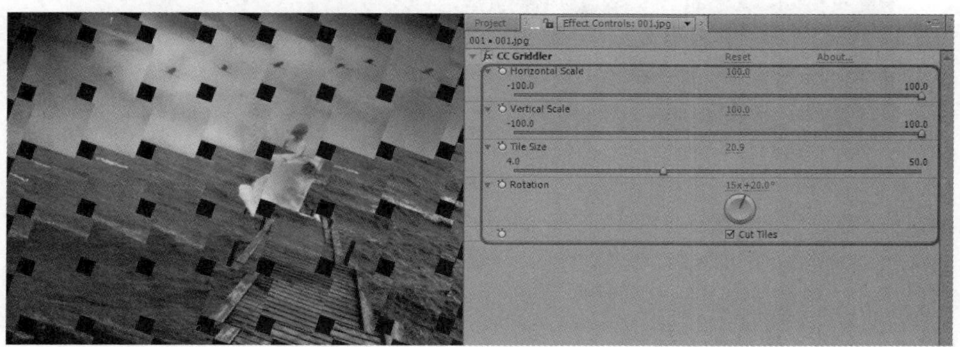

图 5-48

该特效各项参数的含义如下。

- Horizontal Scale：此项数值控制图像被网格化后，单个网格图像在水平方向上的缩放比例。
- Vertical Scale：此项数值控制图像被网格化后，单个网格图像在垂直方向上的缩放比例。
- Title Size：定义单个网格的大小，也就是网格的密度。
- Rotation：对单个网格图像进行旋转。

26. CC Lens

CC Lens（透镜特效），使用它可以创建高质量的透镜特效，如图 5-49 所示。

图 5-49

该特效各项参数的含义如下。

- Center：透镜中心点位置。
- Size：透镜大小。
- Convergence：透镜的变形强度，正值向外，负值向内。

27. CC Page Turn

CC Page Turn：使用它可以很方便地生成完美的翻页效果，如图 5-50 所示。

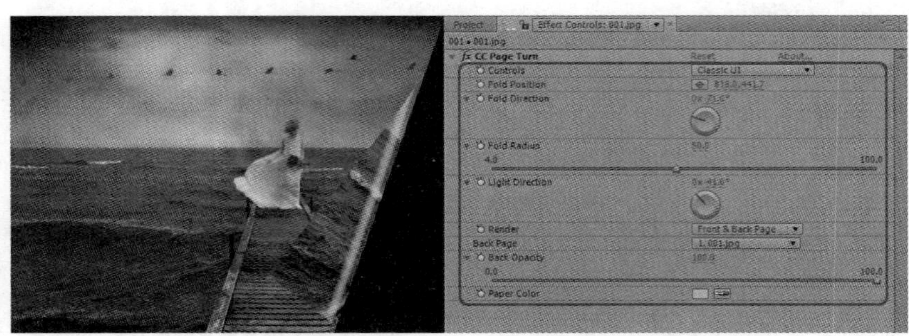

图 5-50

该特效各项参数的含义如下。

- Controls：控制翻页的类型。
- Fold Position：翻页的位置。
- Fold Direction：翻页的方向。
- Fold Radius：翻页的半径大小。
- Light Direction：在该特效中，还可以模拟灯光照射到页面的效果，该选项控制灯光的方向。
- Render：控制被渲染的部分，可以是前页、后页，也可以是前后页面一起进行渲染。
- Back Page：设置页面被翻过去后的背面图像。
- Back Opacity：背面的透明度。
- Paper Color：当【Back Page】选项设置为【None】的时候，背面就会采用一个空白页面进行填充，在这里设置空白页面的颜色。

28. CC Power Pin

CC Power Pin：使用该特效可以很方便、直观地进行位置的变换和缩放操作，如图 5-51 所示。

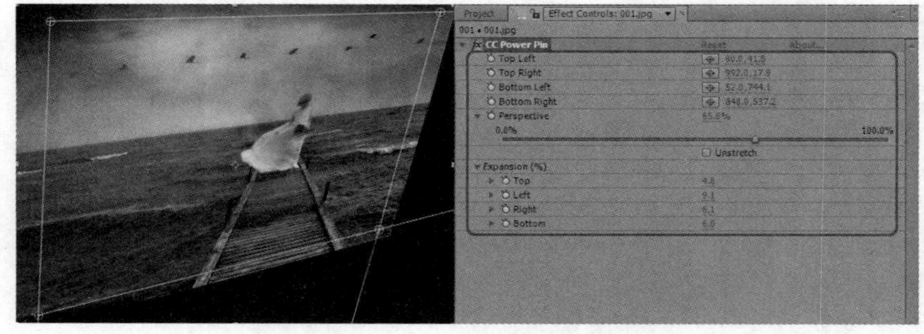

图 5-51

通过拖动 Move 和 Scale 两个大按钮可以很直观地进行位移和绽放操作，当然也可以通过数值进行精确控制。

- Top Left：左上角顶点位置。
- Top Right：右上角顶点位置。
- Bottom Left：左下角顶点位置。
- Bottom Right：右下角顶点位置。
- Perspective：透视变形的强度。

- Unstretch：该项决定对图像是否进行拉伸。
- Expansion：扩展可以对图像的 4 个边的方向分别进行一定的扩展，有以下 4 项。
  - Top：对上方的扩展或收缩百分比。
  - Left：对左边的扩展或收缩百分比。
  - Right：对右边的扩展或收缩百分比。
  - Bottom：对下方的扩展或收缩百分比。

29. CC Ripple Pulse

CC Ripple Pulse：该特效对点产生涟漪效果，甚至还可以模拟由于变形严重而产生的画面破损效果，如图 5-52 所示。

图 5-52

该特效各项参数的含义如下。

- Center：定义中心点位置。
- Pulse Level(Animate)：定义变形强度，可以产生动画。
- Time Span(sec)：单位时间内的变形速度。
- Amplitude：步幅数。

30. CC Slant

CC Slant（倾斜），它的效果类似 After Effects 软件自身所提供的 Skew，可以产生如图 5-53 所示的倾斜变形效果。

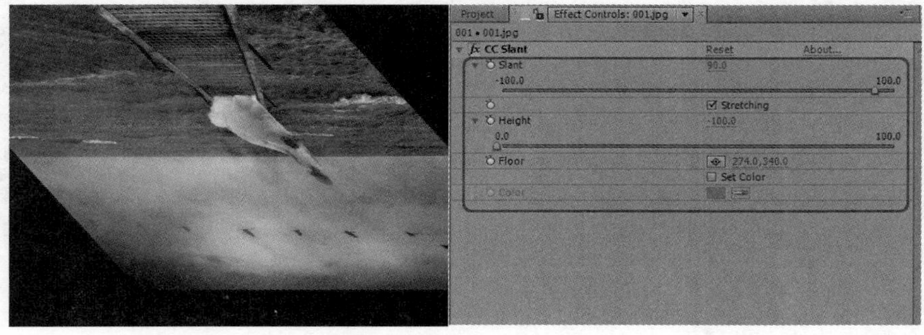

图 5-53

该特效各项参数的含义如下。

- Slant：倾斜强度。

- Height：倾斜高度。
- Floor：底边位置。
- Set Color：勾选该复选框可以将当前层转化为 Solid 的固态层。
- Color：指定固态层的颜色。

31. CC Smear

CC Smear：之前的版本 CC Smear 也是以插件形式存在的，它是通过两个控制点对画面产生拉扯效果，相比 After Effects 自己提供的 Smear 特效，它的使用更方便也更直观，具体控制项如图 5-54 所示。

图 5-54

该特效各项参数的含义如下。

- From：定义变形点的初始位置。
- To：定义变形点的目标位置。
- Reach：拉伸的强度。
- Radius：控制点的半径。

32. CC Split

CC Split 原来也是以插件形式存在的，在 CS6 版本时被整合到 After Effects 软件中，也是通过两个控制点将画面分裂开，效果如图 5-55 所示。

图 5-55

该特效各项参数的含义如下。

- Point A：A 控制点位置。
- Point B：B 控制点位置。

- Split：分裂强度。

33．CC Split2

CC Split2 原来是以插件形式存在的，可以通过两个控制点将画面分开两半，是 Split 的升级版本，相比以前的版本，它提供了更多的控制项，如图 5-56 所示。

图 5-56

该特效各项参数的含义如下。

- Point A：A 控制点的位置。
- Point B：B 控制点的位置。
- Split 1：第一条边的分裂强度。
- Split 2：第二条边的分裂强度。

34．CC Tiler

CC Tiler（平铺），可以使图像进行平铺，类似 Windows 桌面的平铺效果，如图 5-57 所示。

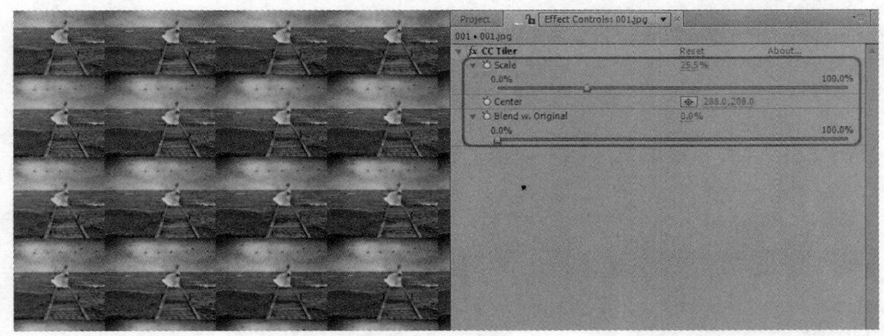

图 5-57

- Scale（大小），控制单个画面的大小，单个画面越小平铺的数量就越多。
- Center：平铺后画面的中心点位置。
- Blend Original：与当前层的整合强度。

下面将通过一个具体实例的实现流程，依次介绍 Wave Warp，CC Tiler，CC Split 2，CC Split，CC Smear，CC Slant，CC Page Turn，CC Power Pin 的基本使用方法。

STEP 1 Wave Warp（波纹经线扭曲）效果。

设置参数【Wave Type】为【Spuare】，【Wave Height】为【20】，【Wave Width】为【50】，

【Direction】为【0x+45.0° 】，其余参数不变时的效果如图 5-58 所示。

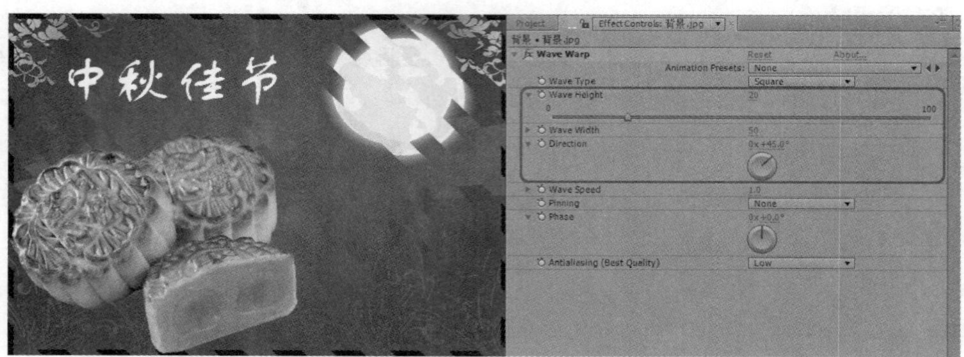

图 5-58

STEP 2 CC Tiler（瓦片变形）效果。

为月饼图层添加【Effect】|【Distort】|【CC Tiler】特效。设置参数【Scale】为【30.0%】，【Center】为【600.0, 0.0】，【Blend w.Original】为【30.0%】时的效果如图 5-59 所示。

图 5-59

STEP 3 CC Split 2（分裂）效果。

为月饼图层添加【Effect】|【Distort】|【CC Split 2】特效。设置参数【Point A】为【75.0,100.0】，【Point B】为【435.3,268.6】，【Split 1】为【30.0】，【Split 2】为【50.0】时的效果如图 5-60 所示。

图 5-60

STEP 4 CC Split（分裂）效果。

为月饼图层添加【Effect】|【Distort】|【CC Split】特效。设置参数【PointA】为【100.0,120.0】，【PointB】为【450.0,270.0】，【Split】为【60】时的效果如图 5-61 所示。

图 5-61

STEP 5 CC Smear（涂抹扭曲）效果。

为文字图层添加【Effect】|【Distort】|【CC Smear】特效。设置参数【From】为【146.0,100.0】，【To】为【768.0,142.0】，【Reach】为【100.0】，【Radius】为【50.0】时的效果如图 5-62 所示。

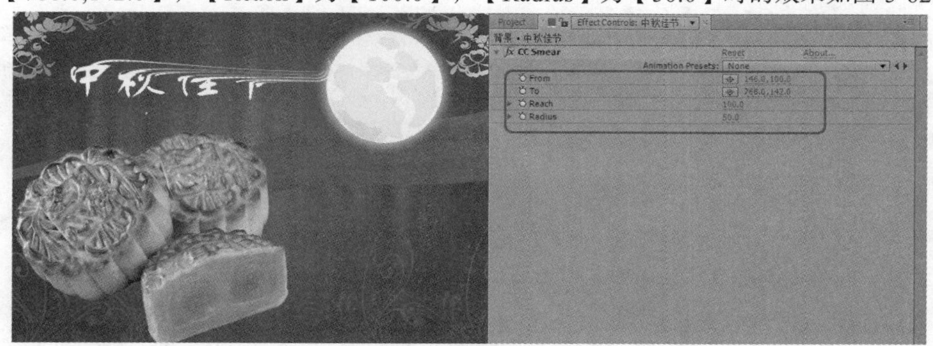

图 5-62

STEP 6 CC Slant（倾斜）效果。

为月饼图层添加【Effect】|【Distort】|【CC Slant】特效。设置参数【Slant】为【45.0】，【Height】为【125.0】，其余参数不变时的效果如图 5-63 所示。

图 5-63

STEP 7　CC Page Turn（翻页）效果。

为背景图层添加【Effect】|【Distort】|【CC Page Turn】特效。设置参数【Fold Position】为【800.0,700.0】，【Fold Radius】的值为【70.0】，其效果如图 5-64 所示。

图 5-64

STEP 8　CC Power Pin 效果。

为月饼图层添加【Effect】|【Distort】|【CC Power Pin】特效。设置参数【Top Left】为【200.0,90.0】，【Bottom Left】为【100.0,300.0】，其余参数不变时的效果如图 5-65 所示。

图 5-65

5.2　实战应用——流动背景

本案例通过制作流动的背景来详细了解 Urbulent Displace 的使用方法，效果如图 5-66 所示，具体的操作步骤如下：

STEP 1　按【Ctrl+N】组合键，在弹出的对话框中将【Composition Name】命名为【背景】，将【Preset】设置为 PAL D1/DV，将【Duration】设置为【0:00:08:00】，如图 5-67 所示。

STEP 2　在【时间线】面板中右击，在弹出的快捷菜单中选择【New】|【Solid】命令，在弹出的对话框中设置 Color 为白色，如图 5-68 所示。

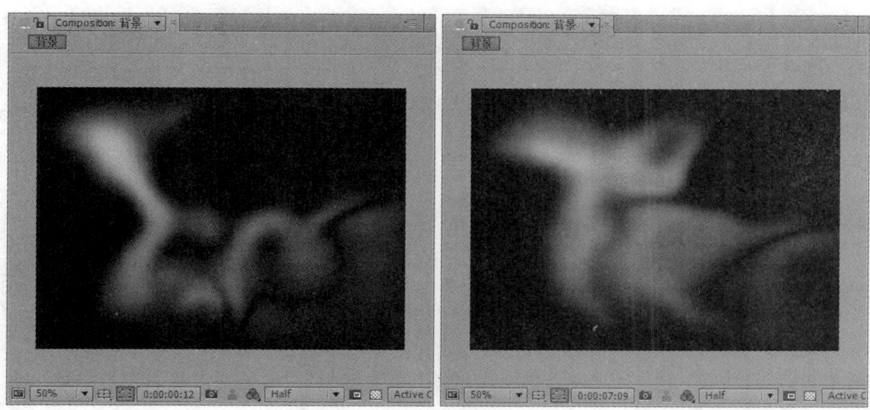

图 5-66

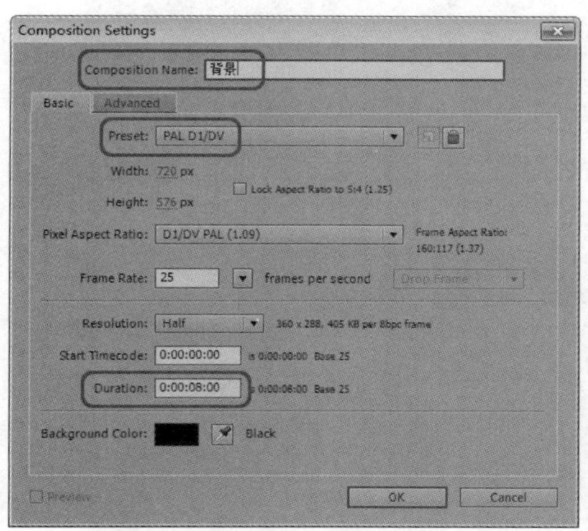

图 5-67

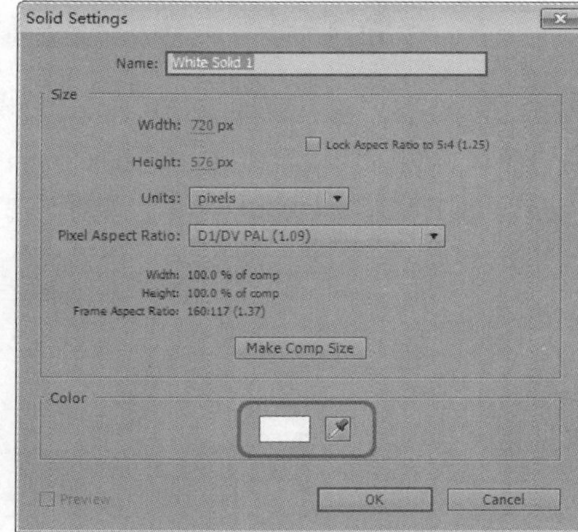

图 5-68

STEP 3　在工具箱中选择⬭工具，在合成窗口中绘制多个遮罩，并将其调整至不同的位置，完成后的效果如图 5-69 所示。

STEP 4　在【时间线】面板中选择所有的遮罩层，按【F】键，打开各遮罩的【Mask Feather】选项，并将其设置为【100.0，100.0】，然后选择 Mask 4，将其蒙版模式设置为 Difference，如图 5-70 所示。

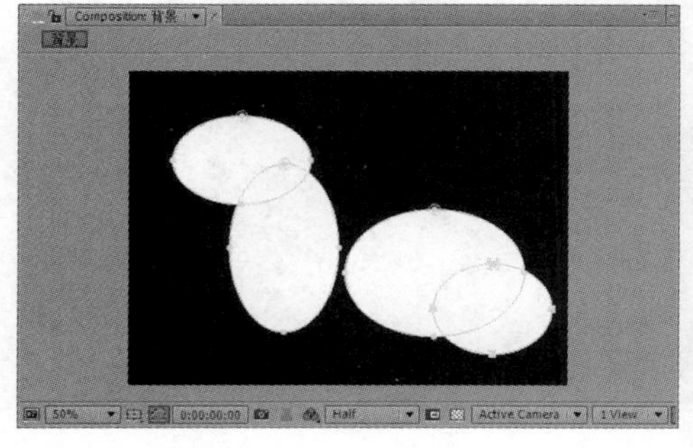

图 5-69

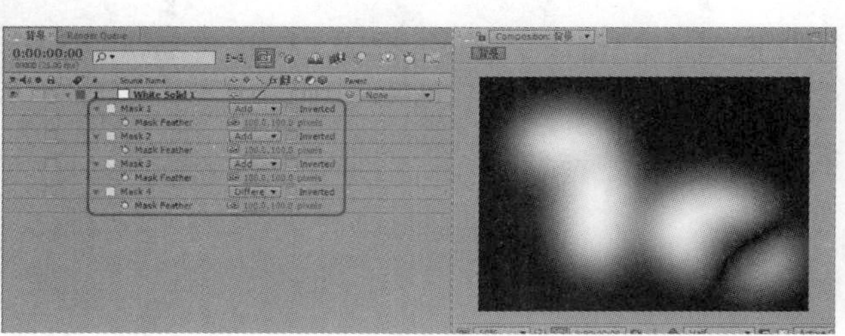

图 5-70

STEP 5 选择【Effect】|【Distort】|【Turbulent Displace】命令，将【Amount】设置为【200.0】，将【Complexity】设置为【2.5】，确认【时间指示器】移动至0:00:00:00位置处，将【Offset（Turbulence）】和【Evolution】左侧的记录动画按钮打开，如图5-71所示。

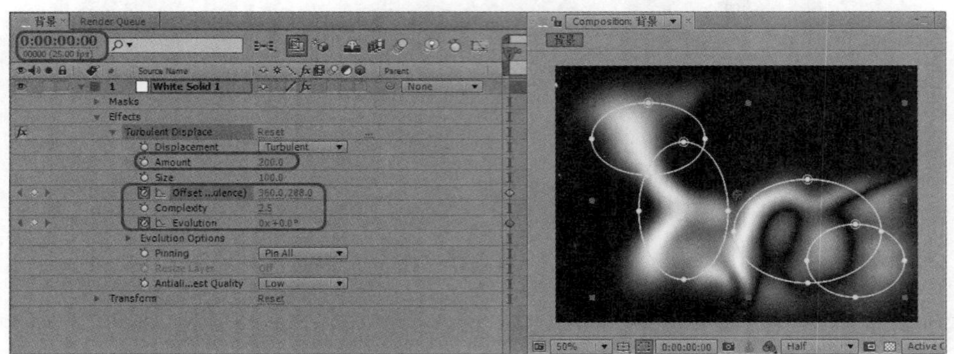

图 5-71

STEP 6 将【时间指示器】移动至0:00:07:24位置处，将【Offset（Turbulence）】设置为【500.0,20.0】，将【Evolution】设置为【1x+0.0° 】，如图5-72所示。

图 5-72

STEP 7 选择【Effect】|【Generate】|【4-Color Gradient】命令，如图5-73所示。

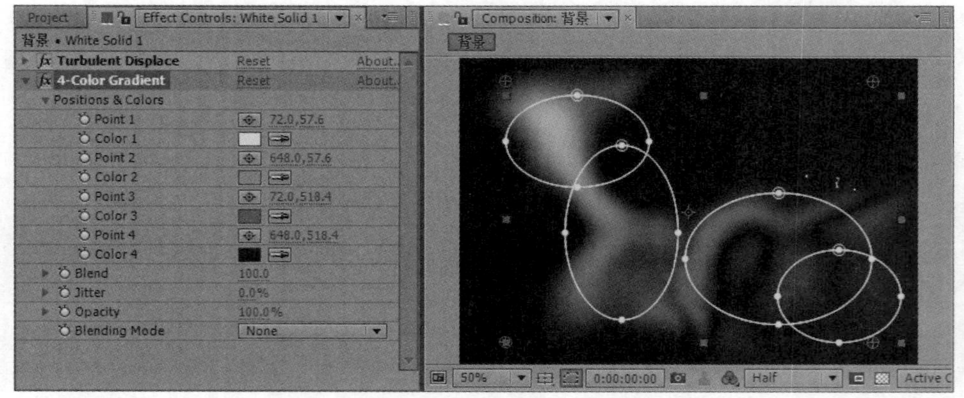

图 5-73

STEP 8　按【0】键测试动画，其效果如图 5-74 和图 5-75 所示。

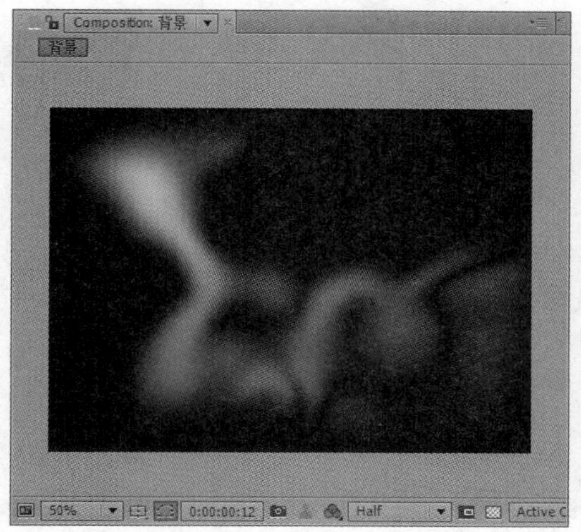

图 5-74

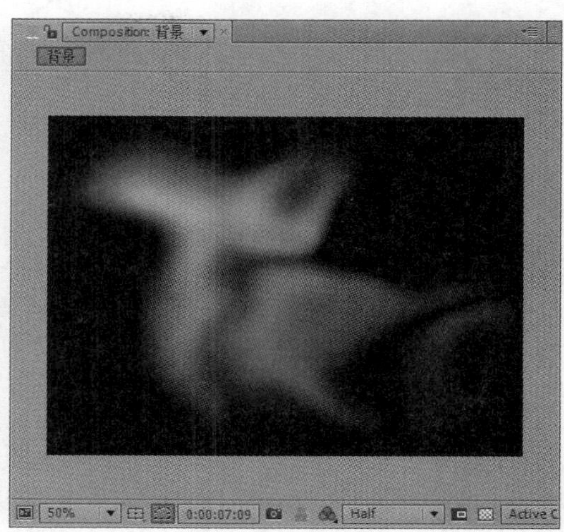

图 5-75

第 6 章 Generate 详解

Generate 特效组用于为图像添加各种填充图形或纹理，可以在图像中创建如镜头光晕、闪电等常见特效，可以对图像进行颜色填充，如 4 色渐变、滴管填充等，该组特效中包含 4-Color Gradient、Advanced Lighting、Audio Spectrum 等特效。

6.1 Generate

1. 4-Color Gradient

4-Color Gradient（四色渐变），它使用 4 个染色点实现渐变效果，4 个点分别可以指定不同的颜色，在影视后期合成中，常常用作局部染色工具，如图 6-1 所示。

图 6-1

该特效各项参数的含义如下。

- Positions & Colors：染色点的位置和颜色设置，有以下几个选项。
  - Point 1：染色点 1 的位置。
  - Color 1：染色点 1 的颜色。
  - Point 2：染色点 2 的位置。
  - Color 2：染色点 2 的颜色。
  - Point 3：染色点 3 的位置。
  - Color 3：染色点 3 的位置。

- ➢ Point 4：染色点 4 的位置。
- ➢ Color 4：染色点 4 的颜色。
- Blend：此项数值控制各种颜色之间的融合程度。
- Opacity：所有染色点的透明度。
- Blending Mode：此项控制与当前图像的混合模式。

2. Advanced Lightning

Advanced Lightning（高级闪电），可以模拟产生自然界中的闪电效果，它提供了丰富的相关控制项，可以对每个细节进行精确设置，效果如图 6-2 所示。

图 6-2

该特效各项参数的含义如下。

- Lightning Type：闪电类型。
  - ➢ Direction：方向型，用来模拟意向发射的方向型闪电。
  - ➢ Strike：模拟较为简单的两点间的闪电。
  - ➢ Breaking：破坏性的闪电。
  - ➢ Bouncey：反弹闪电。
  - ➢ Omin：没有固定方向的但是相对简单的闪电。
  - ➢ Anywhere：没有固定方向的闪电，但相比 Omin 类型，它可以提供更多细节。
  - ➢ Vertical：竖直方向的闪电，这种闪电几乎总是向下的。
  - ➢ Two – way strike：在两点之间发生的复杂的闪电效果。
- Origin：起源，也就是闪电的发射点位置，它控制闪电的发生位置。
- Direction：方向，这个点的位置决定闪电的发射位置。
- Conductivity State：该选项从字面意思理解为导电率，但是事实上它与其他特效中的“Phase”相位作用一样，改度闪电的随机性，该选项值似乎无限大。
- Core Settings：核心区域设置，也就是控制闪电的主干。
  - ➢ Core Radius：核心区域的半径大小。
  - ➢ Core Opacity：核心区域的透明度。
  - ➢ Core Color：核心区域的颜色，大部时间为白色时间核心区域往往亮度很高，太高的亮度所呈现出来的就是白色。

- Glow Settings：光晕设置，有以下 3 项。
  - Glow Radius：光晕半径。
  - Glow Opacity：光晕透明度。
  - Glow Color（光晕颜色），一般情况闪电为蓝色。
- Alpha Obstacle（通道障碍），也就是控制当前层中的 Alpha 通道或 Mask 对闪电形状的影响程度。
- Turbulence（喧嚣），控制着闪电的细节，此项数值越大，闪电的细节也就越丰富。
- Forking（分支），也控制着闪电的细节，值越大分支越多，闪电也就越复杂。
- Decay（衰退），控制着闪电每个分支的衰退情况，也就是长度。
- Decay Main Core：勾选该复选框，在进行衰退调节时，也将影响到闪电的主干区域，不勾选该复选框则只对分支进行衰退影响。
- Composite on Original：此项控制是否与原图像进行合成。

3. Audio Spectrum

Audio Spectrum（声谱），可以利用声音文件将频谱显示在图像上，可以通过频谱的变化，了解声音频率，还可将声音作为科幻与数位的专业效果表示出来，更可提高音乐的感染力，如图 6-3 所示。

图 6-3

该特效各项参数的含义如下。

- Audio Layer（音频层），从右侧的下拉列表框中可以选择一个合成中的音频参考层（音频参考层首先要添加到时间线中才可以应用）。
- Start Point（起点位置），在没有应用 Path 选项的情况下，指定声波图像的起点位置。
- End Point（终点位置），在没有应用 Path 选项的情况下，指定声波图像的终点位置。
- Path（路径），选择一条路径，让波形沿路径变化，在应用前可以用蒙版工具在当前图像上绘制一个路径，然后选择该路径，即可产生沿路径变化的效果，应用前后的效果如图 6-4 所示。

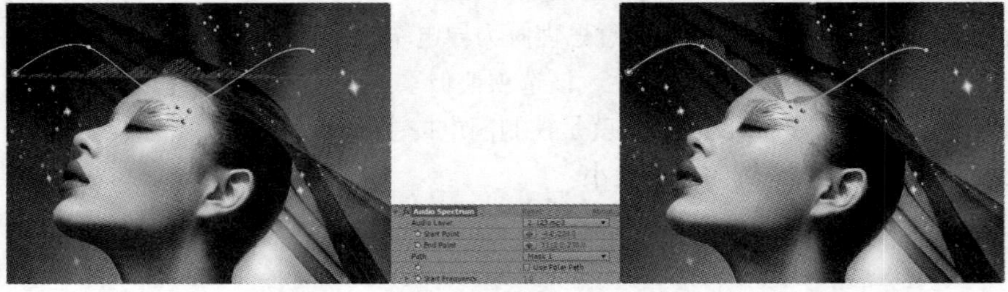

图 6-4

- Use Polar Path（使用极坐标路径），勾选该复选框，频谱线将从一点出发以发射状显示。
- Start Frequency（起始频率），用于设置参考的最低音频频率，以 Hz 为单位。
- End Frequency（结束频率），用于设置参考的最高音频频率，以 Hz 为单位。
- Frequency bands（频率数量），用于设置音频频谱显示的数量。数值越大，显示的音频频谱越多。
- Maximum Height（最大振幅）：用于指定频谱显示的最大振幅。数值越大，振幅就越大，频谱的显示也就越高，以像素为单位。
- Audio Duration（音频持续时间），用于指定频谱保持时长，以 ms 为单位。
- Audio Offset（音频偏移），用于指定显示频谱的偏移量，以 ms 为单位。
- Thickness（宽度），用于设置频谱线的粗细程度。
- Softness（柔和），用于设置频谱线的软边程度。数值越大，频谱线边缘越柔和。
- Inside Color（内部颜色），用于设置频谱线的内部颜色，类似图像填充颜色。
- Outside Color（外围颜色），用于设置频谱线的外部颜色，类似图像描边颜色。
- Blend Overlapping Colors（混合重叠颜色），勾选该复选框，在频谱线产生相互重叠时，使其产生混合效果。
- Hue Interpolation（颜色插值），用于设置频谱线的插值颜色，能够产生多彩的频谱线效果。
- Dynamic Hue Phase（颜色相位变化），勾选该复选框，应用 Hue Interpolation（颜色插值）时，开始颜色将偏移到显示频率范围中最大的频率。
- Color Symmetry（颜色对称），勾选该复选框，应用 Hue Interpolation（颜色插值）时，频谱线的颜色将以对称的形式显示。
- Display Options（显示选项），可以从右侧的下拉列表框中选择频谱线的显示方式。选择 Digital 显示数字式；选择 Analog Lines 显示模拟谱线式；选择 Analog Dots 显示模拟频点式。3 种不同的频谱线显示效果如图 6-5 所示。

Digital（数字式）

Analog Line（模拟谱线式）

Analog Dots（模拟频点式）

图 6-5

- Side Options（边缘设置），用于设置频谱线的显示位置，可以选择半边或整个波形显示，包括 Side A（A 边）、Side B（B 边）和 Side A&B（两边）3 个选项，显示的不同效果如图 6-6 所示。

Side A（A 边）

Side B（B 边）

Side A&B（两边）

图 6-6

- Duration Averaging：平均化，用于设置频谱线显示的平均化效果，可以产生整齐的频谱变化，而减小随机状态。
- Composite On Original：和原图像合成，勾选该复选框，可以将频谱线显示在原图像上，以避免频谱线将原图像覆盖。

4. Audio Waveform

Audio Waveform ：该特效可以利用声音文件，以波形振幅方式显示在图像上，并可通过自定义路径修改声波的显示方式，形成丰富多彩的声波效果。该特效的参数设置及应用前后效果如图 6-7 所示。

图 6-7

该特效各项参数的含义如下。

- Audio Layer（音频层），从右侧的下拉列表框中可以选择一个合成中的声波参考层（声波参考层首先要添加到时间线中才可以应用）。
- Start Point（起点位置），在没有应用 Path 选项的情况下，指定声波图像的起点位置
- End Point（终点位置），在没有应用 Path 选项的情况下，指定声波图像的终点位置。
- Path（路径），选择一条路径，让波形沿路径变化。在应用前可以用蒙版工具在当前图像绘制一个路径，然后选择该路径，即可产生沿路径变化的效果。
- Displayed Samples（显示采样），用于设置声波频率的采样数。数值越大，显示的波形越复杂。

5. Beam

Beam（激光），Beam 特效可以模拟激光束移动，制作出瞬间划过的光速效果，如流星、飞弹等。该特效的参数设置及应用前后的效果如图 6-8 所示。

该特效各项参数的含义如下。

- Starting Point（起点），选择设置激光的起始位置。
- Ending Point（终点），选择设置激光的结束位置。
- Length（长度），选择设置激光束的长度。
- Time（时间），选择设置激光从开始位置到结束位置所用的时长。

- Starting Thickness（起点宽度），选择设置激光起点位置的宽度。

图 6-8

- Softness（柔和），选择设置激光边缘的柔化程度。
- Inside Color（内部颜色），选择设置激光的内部颜色，类似图像填充颜色。
- Outside Color（外围颜色），选择设置激光的外部颜色，类似图像描边颜色。
- 3D Perspectvive（三维透视），勾选该复选框，则允许激光进行三维透视效果。
- Composite On Original（和原图像合成），勾选该复选框，可以将声波线显示在原图像上，以避免声波线将原图像覆盖。
- Starting Point：光线开始点的位置。
- Ending Point：光线结束点的位置。
- Length：长度，事实上该项数值是在开始点和结束点的基础上进行百分比控制，100%为完全显示开始到结束之间的光线。
- Time：光线从开始点发射，最后消失于结束点位置，该项数值控制光线在开始和结束之间的位置。
- Starting Thickness：光线开始处的宽度。
- Ending Thickness：光线结束处的宽度。
- Softness：光线的柔和度，值越大光线越柔和。
- Inside Color：光线内部颜色。
- Outside Color：光线外部颜色。
- 3D Perspective：是否开启 3D 透视，勾选该复选框后光线将具有更好的透视感，能够更好地表现光线从近到远的效果。
- Composite On Original：此项控制是否与原图像进行合成，如果不开启此项，光线将产生在透明的背景上。

6. CC Glue Gun

CC Glue Gun（CC 喷胶器），可以使图像产生一种水珠的效果，如图 6-9 所示。

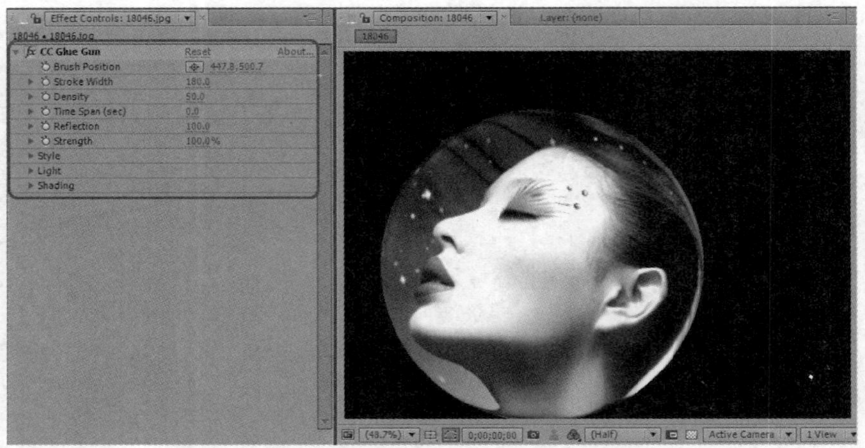

图 6-9

- Brush Position（画笔位置），用于设置画笔中心点的位置。
- Stroke Width（笔触宽度），用于设置画笔笔触的宽度。
- Reflection（反射），用于使图像向中心汇聚。
- Strength（强度），用于设置图像的大小。

7. CC Light Burst 2.5

CC Light Burst 2.5（光线爆裂），该特效是将原图像强行向外发散，从而产生光线发散的效果，所以常常用来制作图像本身的发光效果，以及一些强光转场，效果如图 6-10 所示。

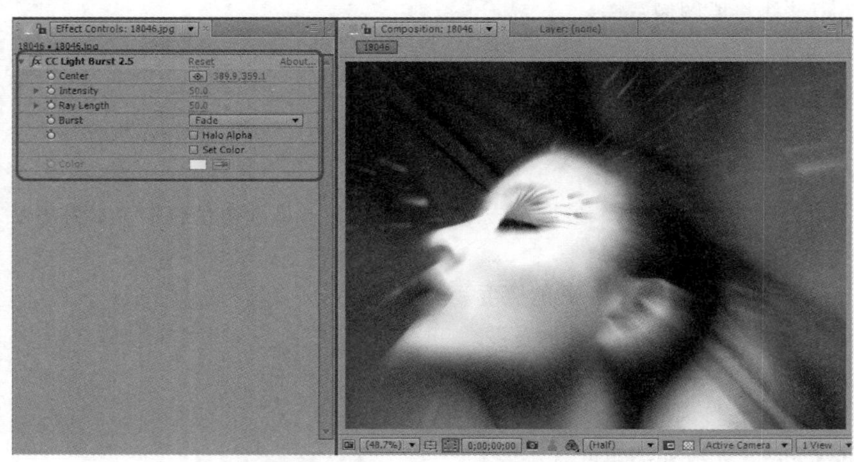

图 6-10

该特效各项参数的含义如下。

- Center（中心），设置发射点的位置。
- Intensity（亮度），设置光的亮度。
- Ray Length（光线强度），设置光线的强度。
- Burst（设置光线投射方式），不同的投射方式会产生不同的效果，有以下 3 项。
  - Straight：直线方式。

  - Fade：衰减方式。
  - Center：中心投射方式。
- Halo Alpha：勾选该复选框后，光线只在图像的 Alpha 通道轮廓发射。
- Set Color：开启该选项后，可以对光线的颜色进行设置。
- Color：指定颜色。

8. CC Light Rays

CC Light Rays（CC 光芒放射），这是一个高质量的特效，它可以根据图像的明暗自动调节光线的强弱和长度，可以产生非常真实的光线投射效果，如图 6-11 所示。

图 6-11

该特效各项参数的含义如下。

- Intensity：光线强度。
- Center：光线发射点位置。
- Radius：发光点的半径大小。
- Warp Softness：事实上该特效也是将图像强行向外扩张，才产生光线，其原理的根本还是对图像的扭曲 ，而该项数值控制着这种扭曲柔和程度。
- Shape：光线的形状，Round，弧形；Square，正方形。
- Direction：当光线形状为 Square 时该选项可用，它可以调节光线的角度。
- Color From Source：勾选该复选框后光线的颜色将由原图像所决定，不勾选时光线颜色将由下面的“Color”所决定。
- Allow Brightening：勾选该复选框后将允许光线出现高亮的光点。
- Color：定义光的颜色。
- Transfer Mode：光线与原图像的叠加模式。

下面将通过一个具体实例的实现流程，演示 4-Color Gradient、Advanced Lightning、Audio Spectrum、Audio Waveform、Beam、CC Glue Gun、CC Light Burst 2.5 和 CC Light Rays 的基本使用方法。打开随书附带光盘中的【10.aep】，我们将通过该案例来了解和认识渲染菜单下的相关特效知识。

STEP 1 4-Color Gradient（四色渐变）效果。

为背景图层添加【Effect】|【Generate】|【4-Color Gradient】效果。设置参数【Opacity】为【50.0%】，【Blending Mode】为【Soft Light】，其余参数不变时的效果如图 6-12 所示。

STEP 2 Advanced Lightning（高级闪电）效果。

为背景图层添加【Effect】|【Generate】|【Advanced Lightning】效果。设置参数【Origin】为【1150.0，830.0】，【Direction】为【50.0，500.0】，【Forking】为【50.0%】，【Decay】为【0.50】，勾选【Composite On Original】复选框，其余参数不变时的效果如图 6-13 所示。

图 6-12

图 6-13

STEP 3 Audio Spectrum（声谱）效果。

为背景图层添加【Effect】|【Generate】|【Audio Spectrum】效果，设置参数【Auto Layer】为【2.123.mp3】，【Start Point】为【510.0、30.0】，【End Point】为【0.0，860.0】，【End Frequency】为【4000.0】,【Frequency bands】为 120,【Maximum Height】为【5500.0】,【Audio Duration（milliseconds）】为【8.00】，【Audio Offset（milliseconds）】为【2200.0】，【Inside Color】和【Outside Color】均为白色，勾选【Composite On Original】复选框，其余参数不变时的效果如图 6-14 所示。

STEP 4 Audio Waveform （声波）效果。

为背景图层添加【Effect】|【Generate】|【Audio Waveform】效果。设置参数【Audio Layer】为【2.123.mp3】，【Start Point】为【0，780.0】，【End Point】为【1170.0，7800】，【Displayed Samples】为【55】,【Maximum Height】为,【280.0】,【Audio Duration（milliseconds）】为【125.00】,【Audio Offset（milliseconds）】为【93200.00】，【Thickness】为【7.00】，【Display Options】为【Digital】，勾选【Composite On Original】复选框，其余参数不变时的效果如图 6-15 所示。

图 6-14

图 6-15

STEP 5 Beam（激光）效果。

为背景图层添加【Effect】|【Generate】|【Beam】效果。设置参数【Starting Point】为【0.0，0.0】，【Ending Point】为【500.0，580.0】，【Length】为【100.0%】，【Ending Thickness】为【130.00】，【Softness】为【100.0%】，勾选【Composite On Original】复选框，其余参数不变时的效果如图 6-16 所示。

STEP 6　CC Glue Gun（CC 喷胶器）效果。

为背景图层添加【Effect】|【Generate】|【CC Glue Gun】效果。设置参数【Brush Position】为【540.0，630.0】，【Stroke Width】为【100.0】，【Reflection】为【200.0】，【Strength】为【70.0%】，其余参数不变时的效果如图 6-17 所示。

图 6-16

图 6-17

STEP 7　CC Light Burst 2.5（CC 光线爆裂 2.5）效果。

为背景图层添加【Effect】|【Generate】|【CC Light Burst 2.5】效果。设置参数【Center】为【570.0，630.0】，【Intensity】为【50.0】，【Ray Length】为【40.0】，其余参数不变时的效果如图 6-18 所示。

STEP 8　CC Light Rays （CC 光芒反射）效果。

为背景图层添加【Effect】|【Generate】|【CC Light Rays】效果。设置参数【Center】为【550.0，636.0】，【Radius】为【130.0】，【Warp Softness】为【50.0】，其余参数不变时的效果如图 6-19 所示。

图 6-18

图 6-19

9. CC Light Sweep

CC Light Sweep（CC 扫光效果），该特效可以创建光线，光线以某个点为中心，向一边以擦除的方式运动，产生扫光的效果，该特效在 After Effects 中的使用频率相当高，很多影响片头定板的文字我们都可以看到有一束光滑过的效果，那么该特效可以方便地完成高质量的过光效果，在该特效出现之前，在 After Effects 中我们需要做 Mask 动画，再做亮度的调节，比较麻烦，有了该特效之后方便多了，效果如图 6-20 所示。

图 6-20

该特效各项参数的含义如下。

- Center（中心点），设置光束的中心点位置。
- Direction（方向），设置光束的旋转角度。
- Shape（形状），设置光束的形状，有以下 3 项。
  - Linear：线性方式。
  - Smooth（光滑方式），选择该选项后光束较柔和。
  - Sharp：锐化方式。
- Width（宽度），设置光束的宽度。
- Sweep Intensity（光束亮度），设置光束的亮度。
- Edge Intensity（边缘亮度），设置光线与图像边缘相接触时的明暗程度。
- Edge Thickness（边缘厚度），设置光线与图像边缘相接触时的光线厚度。
- Light Color（光束颜色），设置产生的光线的颜色。
- Light Reception（光线接收），设置光线与原图像的叠加方式。

10. Cell Pattern

Cell Pattern（细胞图案），使用它可以很生成大量的细胞状图案，以及以此衍生的一些相关形状的图案，如图 6-21 所示。

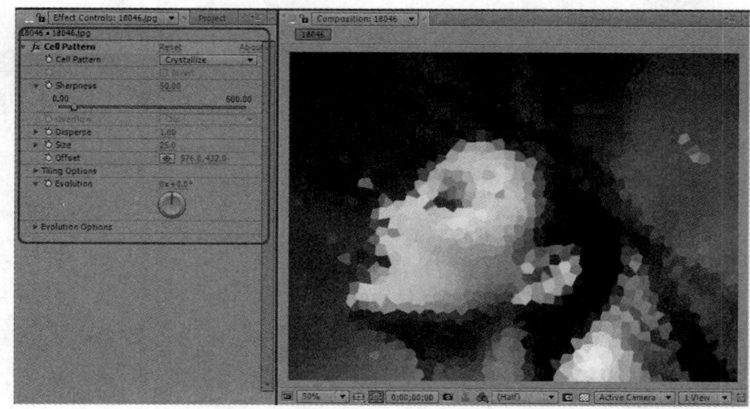

图 6-21

该特效各项参数的含义如下。

- Cell Pattern（细胞图案），设置细胞的图案样式。
- Invert（反向），勾选该复选框，将反转细胞图案效果。
- Sharpness（锐化），设置细胞图案之间的对比度。
- Overflow（溢出设置），设置细胞图案边缘溢出部分的修正方式，包括 Clip（修剪）、Soft Clamp（柔化边缘）和 Warp Back（变形）3 个选项。
- Disperse（分散），用于设置细胞图案的分散程度；如果值为 0，将产生整齐的细胞团排列效果。
- Size（尺寸），设置细胞图案的大小尺寸；值越大，细胞图案也越大。
- Offset（偏移），设置细胞图案的位置偏移。
- Tiling Options（瓷砖选项），用于模拟陶瓷效果的相关设置。
  - Enable Tiling：启用细胞瓷砖选项。
  - Cells Horizontal：细胞在水平方向上的排列。
  - Cells Vertical：细胞在垂直方向上的排列。
- Evolution（进化），不同的值生成不同的细胞图案。
- Evolution Options（进化选项），设置图案的各种扩展变化。有以下 3 项。
  - Cycle Evolution（循环进化），启用循环进化命令。
  - Cycle（循环），设置循环次数。
  - Random Seed（随机速度），设置随机的动画速度。

11. Checkerboard

Checkerboard（棋盘格），该特效可以快速生成像棋盘一样的格子图案，并且可生成完整的 Alpha 通道，在进行三维空间合成时，我们常常会用它作为网格参照对象，效果如图 6-22 所示。

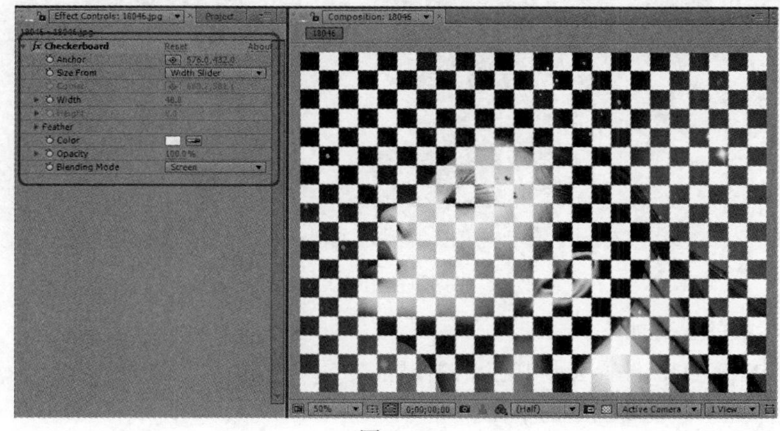

图 6-22

该特效各项参数的含义如下。

- Anchor（定位点），设置棋盘格中心点位置。
- Size From（大小），设置棋盘格尺寸大小，有以下 3 项。
  - Corner Point（边角点），格子从中心点向外扩张。
  - Width Slider（宽度滑动），格子大小将由下面的“Width”值决定，所以选择该选项时所创建的格子是正方形。

- Width & Height Sliders：格子大小将由“Width”宽和“Height”高两项值决定，这时可以创建任意比例的格子图案。

- Corner(边角)，设置修改棋盘格的边角位置及棋盘格的大小，格子大小的定义方式为“Corner Point”时该项可用，它用来定义格子的大小。
- Width（宽度），设置格子的宽度。
- Height（高度），设置格子的高度，格子大小定义方式为“Width & Height Sliders”时该项可用。
- Feather（羽化），设置棋盘格子水平和垂直边缘的柔化程度，有以下两项。
  - Width：羽化宽度值。
  - Height：羽化高度值。
- Color（颜色），设置格子颜色。
- Opacity（不透明度），设置棋盘格的不透明度。
- Blending Mode（混合模式），设置渐变色与原图像间的叠加模式。

12. Circle

Circle（圆形），使用它可以快速创建出各种圆形或同心圆，简化了使用 Mask 创建的操作，效果如图 6-23 所示。

图 6-23

该特效各项参数的含义如下。

- Center（中心点），设置圆形中心点的位置。
- Radius（半径），设置圆形的半径。
- Edge（边缘），设置边缘类型，有以下 5 项。
  - None（没有边缘），这时候只产生一个圆形。
  - Edge radius（边缘半径），这时边缘的的宽度由内圆和外圆的半径差决定。
  - Thickness（厚度），边缘将由一个 Thickness 值决定。
  - Thickness * Radius：边缘的宽度由 Thickness 和 Radius 共同决定，边缘的宽度会受圆形半径的影响。

- ➢ Thickness & Feather * Radius：选择该模式，圆形半径变化时，羽化效果和边缘的宽度都会受影响而发生变化。
- Feather（羽化），设置圆边缘的羽化程度，有以下两项。
  - ➢ Feather Outer Edge：圆形外部的羽化强度。
  - ➢ Feather Inner Edge：圆形内部的羽化强度。
- Invert Circle（反转圆形），勾选该复选框，将圆形空白与填充位置进行反转。
- Color：圆形颜色。
- Opacity（不透明度），设置圆形的不透明度。
- Blending Mode（混合模式），设置渐变色与原图像间的叠加模式。

13．Ellipse

Ellipse（椭圆），它可以快速生成椭圆图形，并与原层进行叠加，控制项很简单，效果如图 6-24 所示。

图 6-24

将该特效各项参数的含义如下。

- Center（中心点），设置椭圆中心点的位置。
- Width（宽度），设置椭圆宽度。
- Height（高度），设置椭圆高度。
- Thickness（厚度），设置椭圆线条的厚度。
- Softness（柔和），设置线条的羽化强度。
- Inside Color（内部颜色），设置椭圆内部颜色。
- Outside Color（外围颜色），设置椭圆外部颜色。
- Composite On Original（和原图像合成），勾选该复选框，将椭圆显示在原图像上。

14．Eyedropper Fill

Eyedropper Fill（滴管填充），该特效可以直接利用取样点的图像上吸取某种颜色，使用图像本身的某种颜色进行填充，并可调整颜色的混合程度，如图 6-25 所示。

图 6-25

该特效各项参数的含义如下。

- Sample Point（取样点），设置颜色的取样点。
- Sample Radius（取样半径），设置颜色的容差值。
- Average Pixel Colors（平均像素颜色），设置平均像素颜色的方式。
- Maintain Original Alpha（维持原图 Alpha），维持原图像的 Alpha 通道。
- Blend With Original（混合原图），设置采样颜色与原图像的混合百分比。

15. Fill

Fill（填充），它可以将图层的 Mask 区域填充为单色，并通过参数修改填充颜色的羽化和不透明度，效果如图 6-26 所示。

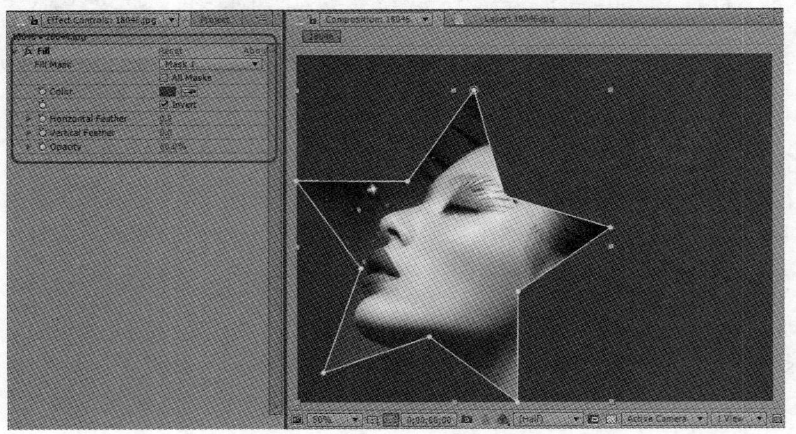

图 6-26

该特效各项参数的含义如下。

- Fill Mask（填充遮罩），选择要填充的遮罩，如果当前图像中没有遮罩，将会填充整个图像层。
- All Masks（所有遮罩），勾选该复选框，将填充层中的所有制遮罩。
- Color（颜色），设置填充的颜色。
- Invert（反转），反转填充区域。

- Horizontal Feather（水平羽化），对 Mask 进行水平方向的羽化强度。
- Vertical Feather（垂直羽化），对 Mask 进行垂直方向的羽化强度。
- Opacity（不透明度），填充区域的透明度。

16. Fractal

Fractal（分形），该特效用来模拟细胞体制作分形效果，Fractal 在几何学中的含义是不规则的碎片形，如图 6-27 所示。

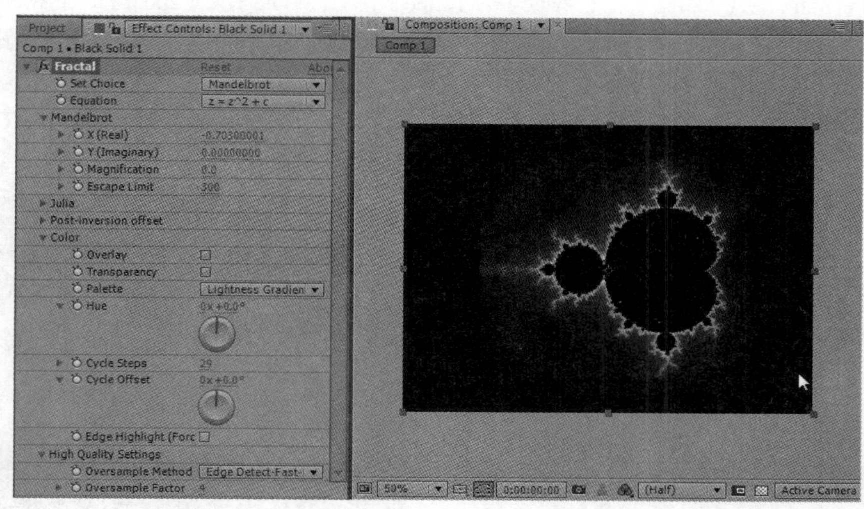

图 6-27

该特效各项参数的含义如下。

- Set Choice（精细设置），用于选择分形样式。
- Equation（方程式），用于选择分形的计算方程式。
- Mandelbrot（转换），通过其选项组的参数设置分形的转换效果。
- X（Real）/Y（Imaginary）：用于设置分形在 X、Y 轴上的位置。
- Magnification（放大倍率），设置分形的绽放倍率。
- Escape Limit（溢出极限），设置分形的溢出极限。
- Julia（软化），该选项组与 Mandelbrot（转换）选项组相同，主要用于对分形进行软化设置。
- Post-inversion offset（分开倒置偏移），设置分形的反向 X、Y 轴向上的偏移。
- Color（颜色），设置分形的颜色。
- Overlay（叠加），选中该复选框，可以对分形进行特效叠加。
- Transparency（不透明度），选中该复选框，可以为特效叠加设置不透明度。
- Palette（调色板），设置分形使用的调色板样式。
- Hue（色相），用于设置分形的颜色。
- Cycle Steps（循环步骤），设置分形颜色的循环次数。
- Cycle Offset（循环偏移），设置循环颜色的偏移量。
- Edge Highlight（高亮边缘），用于设置将分形的边缘高亮显示。
- Oversample Method（采样方式），设置分形质量的采样方式。

- Oversample Factor（采样因素），设置采样因素的数量。

下面将通过一个具体实例的实现流程，依次介绍 CC Light Sweep、Cell Pattern、Checkerboard、Circle、Ellipse、Eyedropper Fill、Fill、Fractal 的基本使用方法。打开随书附带光盘中的 11.aep，我们将通过该案例来了解和认识渲染菜单下的相关特效知识。

STEP 1 CC Light Sweep（CC 扫光）效果。

为背景图层添加【Effect】|【Generate】|【CC Light Sweep】效果。设置参数【Center】为【450.0，280.0】，【Direction】为【20.0° 】，【Shape】为【Linear】，【Width】为【200.0】，【Sweep Intensity】为【20.0】，【Edge Thickness】为【0.00】，【Light Color】为黄色，其余参数不变时的效果如图 6-28 所示。

STEP 2 Cell Pattern（细胞图案）效果。

为背景图层添加【Effect】|【Generate】|【Cell Pattern】效果。设置参数【Cell Pattern】为【Crystallize】，【Size】为【25.0】，其余参数不变时的效果如图 6-29 所示。

图 6-28

图 6-29

STEP 3 Checkerboard（棋盘格）效果。

为背景图层添加【Effect】|【Generate】|【Checkerboard】效果，设置参数【Width】为【26.0】，【Blending Mode】为【Soft Light】，其余参数不变时的效果如图 6-30 所示。

STEP 4 Circle（圆形）效果。

为背景图层添加【Effect】|【Generate】|【Circle】效果。设置参数【Center】为【430.0，280.0】，【Radius】为【60.0】，【Color】为红色，【Blending Mode】为【Color Burn】，其余参数不变时的效果如图 6-31 所示。

图 6-30

图 6-31

STEP 5　Ellipse（椭圆）效果。

为背景图层添加【Effect】|【Generate】|【Ellipse】效果。设置参数【Center】为【430.0，260.0】，【Width】为【550.0】，【Height】为【400.0】，【Thickness】为【15.0】，勾选【Composite On Original】复选框，其余参数不变时的效果如图 6-32 所示。

STEP 6　Eyedropper Fill（滴管填充）效果。

为背景图层添加【Effect】|【Generate】|【Eyedropper Fill】效果。设置参数【Sample Point】为【480.0，260.0】，【Blend With Original】为【80.0%】，其余参数不变时的效果如图 6-33 所示。

图 6-32

图 6-33

STEP 7　Fill（填充）效果。

为背景图层添加【Effect】|【Generate】|【Fill】效果。在工具栏中使用【Polygon Tool】在场景中绘制一个多边形，设置参数【Fill Mask】为【Mask 1】，勾选【Invert】复选框，其余参数不变时的效果如图 6-34 所示。

STEP 8　Fractal（分形）效果。

为背景图层添加【Effect】|【Generate】|【Fractal】效果。设置参数【Cycle Steps】为【3】，其余参数不变时的效果如图 6-35 所示。

图 6-34

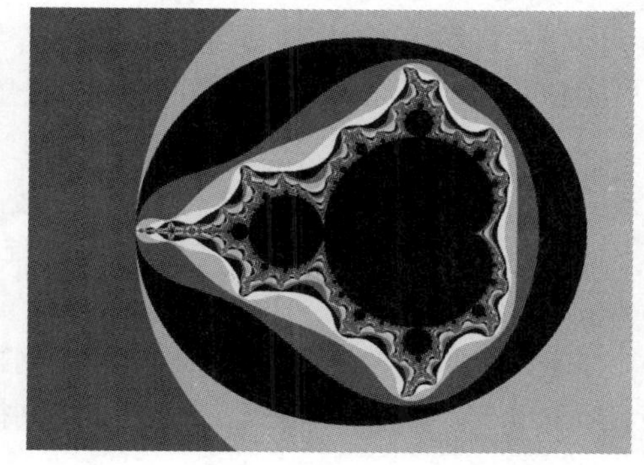

图 6-35

17. Grid

Grid（网格），该特效能快速生成各种网格，在合成中经常会用到，比如我们会模拟一些类似窗口、网格护栏等效果，而该特效可以快速地完成这些任务，效果如图 6-36 所示。

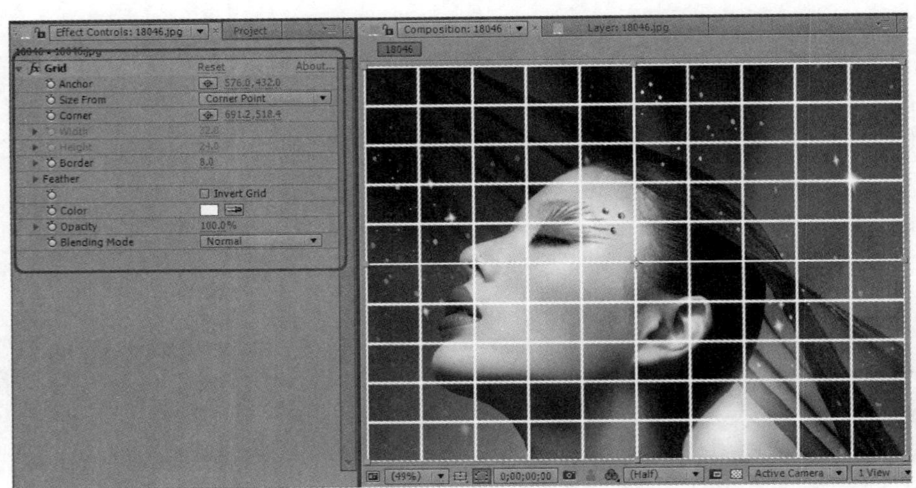

图 6-36

该特效各项参数的含义如下。

- Anchor（定位点），设置网格的中心点位置。
- Size from（网格的生成方式），有以下 3 项。
  - Corner Point：网格从中心点向外扩张。
  - Width Slider：网格大小将由下面的“Width”值决定，所以选择该选项时所创建的格子是正方形。
  - Width & Height Sliders：网格大小将由“Width”和“Height”两项值决定。
- Corner：角点的位置，网格的生成方式为 Corner Point 时，该项数值控制网格大小。
- Width：在 Size From（大小自）选项下拉列表框中选择 Width Slider（宽度滑动）选项时，该选项可以修改整个网格的比例缩放；在 Size From（大小自）下拉列表框中选择 Width & Height Sliders（宽和高度滑动）选项时，该选项可以修改网格的宽度大小，选择网格宽度。
- Height：高度，用于设置网格的高度大小，只有在 Size From（大小自）下拉列表框中选择 Width & Height Sliders（宽和高度滑动）选项时，此项才可以应用。
- Border（边框），用于设置网格的粗细。
- Feather（羽化），通过其选项组可以设置网格线水平和垂直边缘的柔化程度，有以下两项。
  - Width：网格边框水平方向的羽化强度。
  - Height：网格边框垂直方向的羽化强度。
- Invert Grid（反转网格），勾选该复选框，将反转显示网格效果。
- Color（网格颜色），用于设置网格线的颜色。
- Opacity（网格的透明度），用于设置网格的不透明度。
- Blending Mode（混合模式），用于设置网格与原图像间的叠加模式，与层的混合模式用法相同。

18. Lens Flare

Lens Flare（镜头光晕），在很多影片中我们都能看到如图 6-37 所示的镜头光晕效果， Lens Flare 特效是 After Effects 软件自带的镜头光晕的制作特效，虽然相对一些插件效果较为单一，但是在操作上比较简单，也高效，而且也可以生成高质量的光晕效果。

图 6-37

该特效各项参数的含义如下。

- Flare Center（光晕中心），用于设置光晕发光点的位置。
- Flare Brightness（光源亮度），用于调整光晕的亮度。
- Lens Type（光晕类型），用于选择模拟的镜头类型，有 3 种镜焦距。
  - 50-300mm Zoom：50 ~ 300 mm 摄像机镜头光晕，也是普通标清摄像机的镜头类型。
  - 35mm Prime：35 mm 摄影机镜头光晕，属于电影的胶片摄影机。
  - 105mm Prime：105 mm 的高清摄影机类型。
- Blend With Origin（混合原图），用于设置光晕与源图像的混合百分比。

19. Paint Bucket

Paint Bucket（油漆桶），画笔填充风格，类似 Photoshop 中的画笔滤镜，它可以当前定义点所在区域的通道或颜色信息对整个图像进行近似选择，然后进行单色填充，还可以被记录为动画，作为对本层的遮挡，来创建转场，效果如图 6-38 所示。

图 6-38

将该特效各项参数的含义如下。

- Fill Point（填充点），用于设置填充颜色的位置。
- Fill Selector（填充选择），用于设置填充颜色的位置，有以下 5 项。
  - Color & Alpha：根据当前填充点所在位置的颜色和通道信息进行近似选择，然后作为填充的区域。
  - Straight Color：根据当前填充点所在位置的颜色信息进行近似选择，然后作为填充区域。
  - Transparency：直接对当前图像的透明区域进行填充。
  - Opacity：根据填充点所在位置的透明度信息定义填充区域。
  - Alpha Channel：根据填充点所在位置的 Alpha 通道信息进行近似选择，然后作为填充区域。
- Tolerance（容差），此项参数越大填充区域也就越大。
- Stroke（画笔），从右侧的下拉列表中选择一种画笔类型，并通过下方的参数来调整画笔的效果。
  - Antialias（抗锯齿），选择该选项可以有效地消除锯齿和毛边。
  - Feather（羽化），选择该选项时填充区域相对柔和。
  - Spread：散布方式。
  - Chock：斑驳化，选择该选项时，填充区域的边缘会有明显的斑驳效果。
  - Stroke：画笔填充方式。
- Invert Fill（反向填充），勾选该复选框，将反转当前的填充区域。
- Color（定义填充颜色），设置用来填充的颜色。
- Opacity（不透明度），用于设置填充颜色的不透明度。
- Blending Mode（混合模式），用于设置网格与源图像的叠加模式，与层的混合模式用法相同。

20. Radio Waves

Radio Waves（广播波形），使用该选项可以以当前图层中的 Mask 形状为元素，产生广播波形的动画效果，选项如图 6-39 所示。

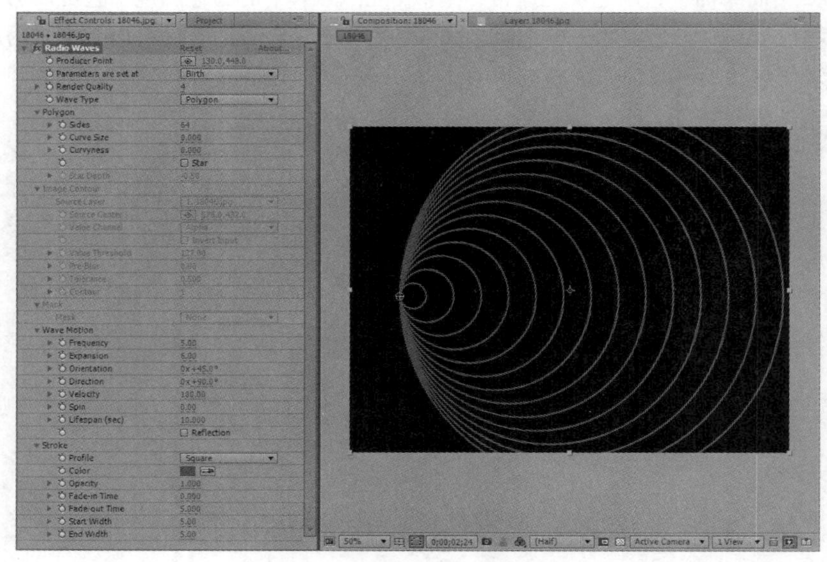

图 6-39

该特效各项参数的含义如下。

- Producer Point（发射点），用于设置无线颤簸的发射地点。
- Parameters are set at（选择参数设置的位置），Birth（产生）为起点，Each Frame（每帧）为每一帧位置。
- Render Quality（渲染质量），用于设置渲染图像的质量，值越大，图像质量就越高。
- Wave Type(波纹类型)，用于设置电波的显示类型，包括 Polygon，多边形设置，当 Wave Type 为“Polygon”时此项可用。
  - Sides（边数），用于设置为三角形状或其他的多边形。
  - Curve Size（曲线大小），用于设置多边形边角的圆角化大小。
  - Curvyness（弯曲方式），用于设置多边形边角的弯曲方式。
  - Star（星形），开启该选项将对每条边进行等分，等分点的扩张和收缩将由“Star Depth”星形深度参数来控制。
  - Star Depth：此项参数控制等分点的扩张与收缩强度。

- Image Contour（图像轮廓），当 Wave Type 为“Image Contours”时，该选项可用，如图 6-40 所示。

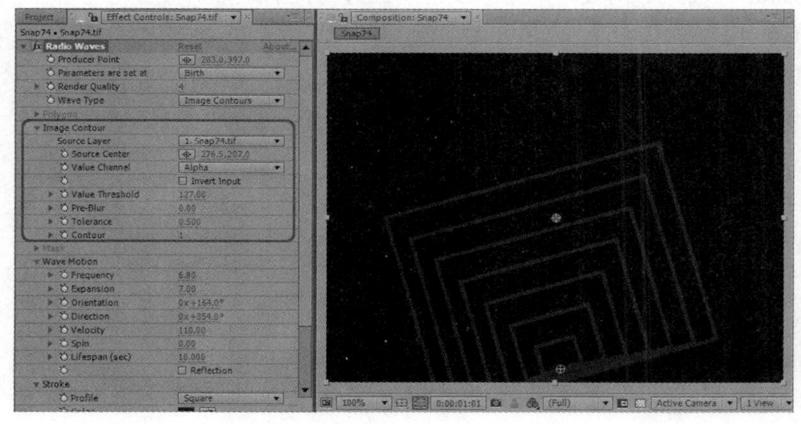

图 6-40

  - Source Layer（源层），选择一个作为无线电波来源的层。
  - Source Center（源中心），等高线采集点（也就是等高线的源点）位置。
  - Value Channel：该选项决定用哪个通道作为等高线的源，可以是各个颜色通道或 Alpha 通道。
  - Invert Input：反转输入图像。
  - Value Threshold（阈值），更小的阈值将获得更大的采样范围。
  - Pre – Blur（平滑模糊），对采样图层进行模糊处理，但是这个模糊并不会影响到源图层，只是为了方便采样，较大的数值可以获得更大的采样范围。
  - Tolerance（容差），用于设置图像产生无线电波的容差度。
  - Contour（轮廓），用于调整多边形轮廓效果。
- Mask：当 Wave Type 为“Mask”时该选项可用，在这里可以选择将哪个 Mask 作为当前的波形，如图 6-41 所示。我们为当前图层添加了一个五角星的 Mask，下图是经过调节后的效果。

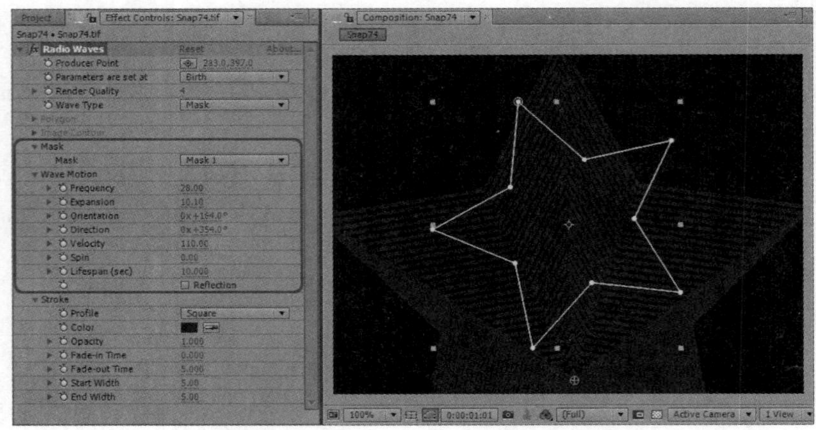

图 6-41

- Wave Motion（波形运动设置），该选项组主要对无线电波的运动状态进行控制。
  - Frequency（波形的发射频率），更高的频率值将在单位时间内发射更多的波形。
  - Expansion（扩张），对波形的整个发射动画进行提前或推后。
  - Orientation（旋转方位），波形元素的旋转方向。
  - Direction：波形的发射方向。
  - Velocity（速度），波形的发射速度。
  - Spin（旋转），准确来说应该是自旋，也就是每个波形之前递增的旋转变量。
  - Lifespan（sec）：生命值，也就是寿命。
  - Reflection（反射），勾选该复选框后，波形发射出去碰撞到图像边缘时会进行方向性的反弹。
- Stroke（笔触），该选项组主要用于谁控制无线电波的轮廓线。
  - Profile（轮廓），用于设置电波的轮廓形状。

    1：Square：正方形。

    2：Triangle：三角形。

    3：Sawtooth Out：锯齿在外面。

    4：Sawtooth In：锯齿在里面。

    5：Gaussian：高斯曲线。

    6：Bell：贝尔曲线。

    7：Sine：正统曲线。
  - Color（颜色），用于定义描边的颜色。
  - Opacity（不透明度），用于设置描边的透明度。
  - Fade－in Time（淡入时间），波形淡入过渡时间。
  - Fade－out Time（淡出时间），波形淡出过渡时间。
  - Start Width（开始宽度），波形发射开始时的描边宽度。
  - End Width（结束宽度），波形发射结束时的描边宽度。

21. Ramp

Ramp（渐变），用来创建一直常用的简单的渐变图案，控制项很简单，如图 6-42 所示。

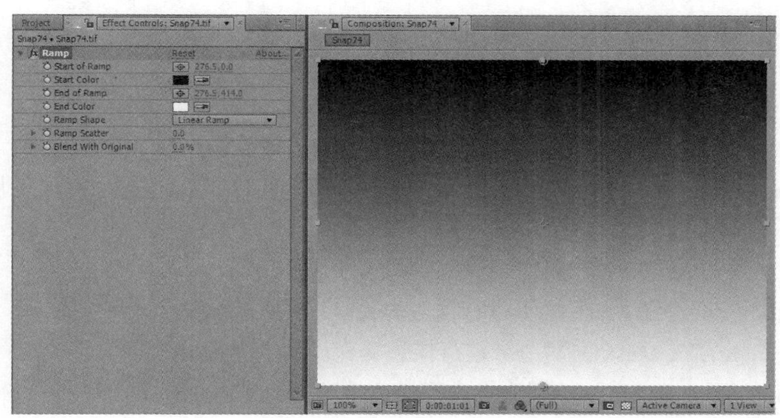

图 6-42

该特效各项参数的含义如下。

Ramp 用两个点来控制渐变的效果。

- Start of Ramp（开始点），渐变开始点的位置。
- Start Color（开始颜色），开始点的颜色。
- End of Ramp（结束点），渐变结束点的位置。
- End Color（结束颜色），结束点的颜色。
- Ramp Shape：渐变类型。
  - ➢ Linear Ramp：线性渐变。
  - ➢ Radial Ramp：径向渐变。
- Ramp Scatter（渐变分裂），将该项数值加大后会在渐变图案上产生一些噪波点。
- Blend With Original：与原图像融合程度。

22. Scribble

Scribble：该特效我们且将其翻译为潦草描边效果，它与“Stroke”所产生的效果类似，都是对当前图层上的 Mask 进行描边操作，但是它提供了更多的调节项，能实现更为复杂多变的效果，如图 6-43 所示。

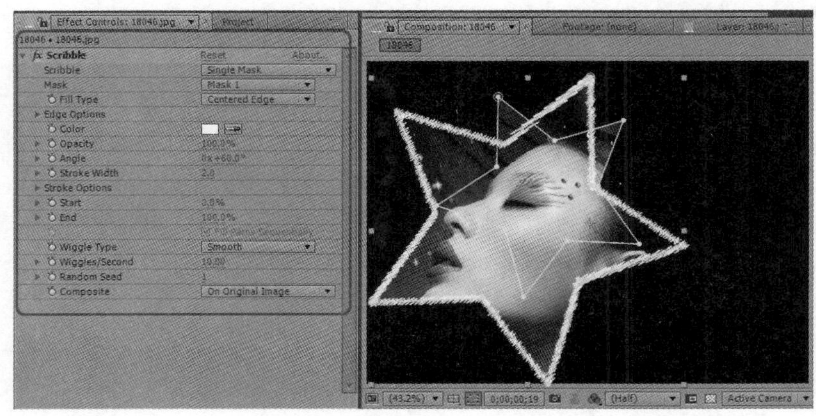

图 6-43

该特效各项参数的含义如下。

- Scribble：描边设置。
  - Single Mask：仅对一个 Mask 进行描边。
  - All Mask：对所有 Mask 进行描边。
  - All Mask Using Modes：对所有 Mask 进行描边，并且应用 Mask 之间的叠加模式。
- Fill Type：填充模式，有以下 6 项。
  - Inside：对 Mask 的内部整体进行描边填充。
  - Centered Edge：在 Mask 线上进行描边填充。
  - Inside Edge：在 Mask 内部边缘进行描边填充。
  - Outside Edge：在 Mask 外部边缘进行描边填充。
  - Left Edge：在 Mask 左侧边缘进行描边填充。
  - Right Edge：在 Mask 右侧边缘进行描边填充。
- Edge Options：边选项，这里的边是指描边的区域，也就是定义 Mask 边缘的宽度。
  - Edge Width：边的宽度。
  - End Cap：描边整体的开始和结尾处的形状，分别为 Round，孤形； Butt，直切和 Projecting，突出；如图 6-44 所示。

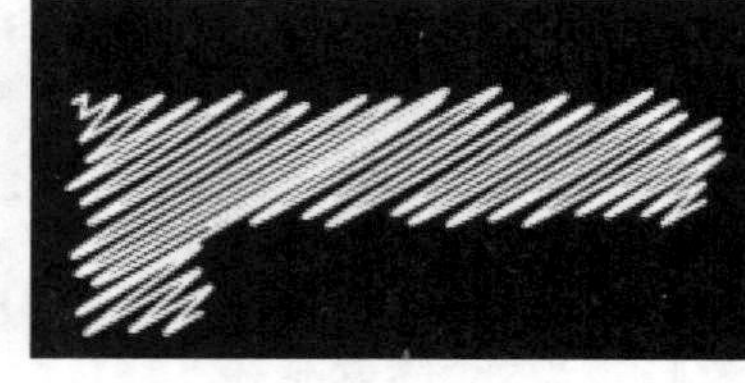
Round

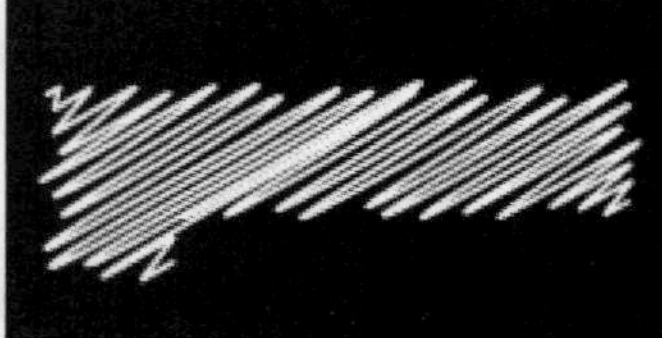
Butt

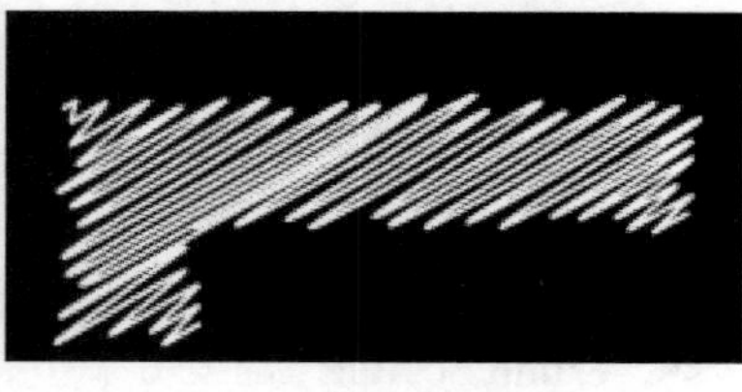
Projecting

图 6-44

  - Join：描边线节点的状态。
- Color：线的颜色。
- Opacity：透明度。
- Angle：角度。
- Strike Width：线的宽度。
- Stroke Options：描边设置。
  - Curviness：描边的光滑度，此项数值越大，描边线越光滑，不易产生尖角。
  - Curviness Variation：描边光滑的紊乱值，加大此项数值可以让描边线的光滑随机性更强。
  - Spacing：间隔，此项参数越大，线条越稀疏。
  - Spacing Variation：间隔紊乱值，此项参数越大，线条的间隔越具随机性。
  - Path Overlap：线条的重叠，参数越大，线条越易产生重叠。
  - Path Overlap Variation：重叠的紊乱值。
- Start：描边开始位置。
- End：描边结束位置。
- Wiggle Type：描边线条的运动类型。

- Static（静态），选择该选项时，播放动画，线条不会发生改变。
- Jumpy（跳跃），选择该选项时，线条的动画会产生间歇性的跳跃。
- Smooth（平滑），线条的动画相对比较流畅、平稳。

- Wiggles/Second（运动速度控制），参数越小，运动速度越慢，值为 0 时线条静止不产生动画。
- Random Seed：随风数。
- Composite：合成方式。

- On Original Image：与当前图像进行融合，也就是在原图像上进行绘制，如图 6-45 所示。

图 6-45

- On Transparent：在透明背景上进行绘制，如图 6-46 所示。

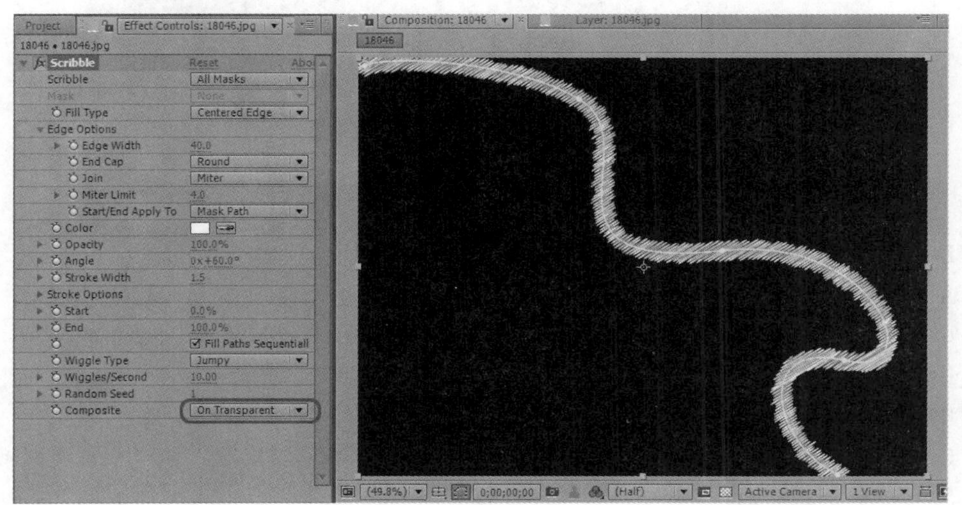

图 6–46

- Reveal Original Image：作为当前图像的 Alpha 通道，如图 6-47 所示。

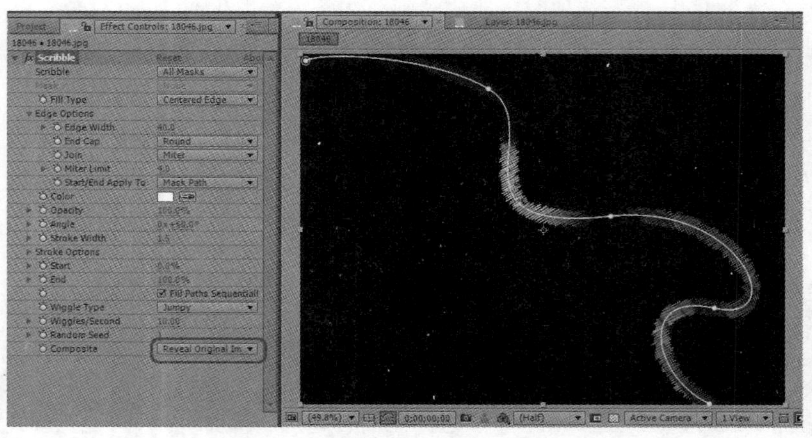

图 6-47

23. Stroke

Stroke（画笔描边），在使用 Stroke 之前要先在当前层上绘制 Mask，然后可以对 Mask 进行描边，还可以被记录为动画，有时也被用来制作一些光线或彩带的效果，效果如图 6-48 所示。

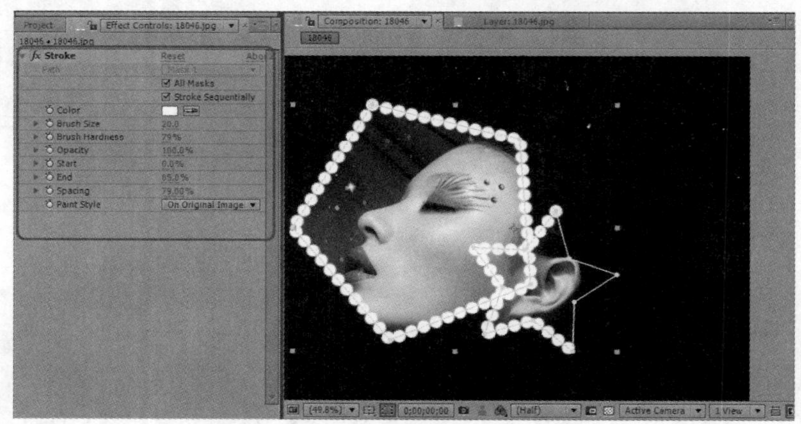

图 6-48

该特效各项参数的含义如下。

- Path：选择要进行描边的 Mask。
- All Masks：如果有多个 Mask，勾选该复选框可以对所有 Mask 进行描边。
- Color：画笔的颜色。
- Brush Size：笔刷大小。
- Brush Hardness：画笔的硬度，较小的参数可以产生画笔羽化的效果。
- Opacity：画笔透明度。
- Start：开始描边位置。
- End：描边结束位置。
- Spacing：画笔间隔。
- Paint Style：画笔样式，与其他的特效一样，可以直接在原图上进行绘制，也可以在透明背景上进行绘制或作为原图的 Alpha 通道。

下面将通过一个具体实例的实现流程，依次介绍 Grid、Lens Flare、Paint Bucket、Radio Waves、Ramp、Scribble 和 Stroke 的基本使用方法。打开随书附带光盘中的 12.aep，我们将通过这个案例来了解和认识渲染菜单下的相关特效知识。

STEP 1　Grid（网格）效果。

为背景图层添加【Effect】|【Generate】|【Grid】效果。设置参数【Border】为【8.0】，【Blending Mode】为【Normal】，其余参数不变时的效果如图 6-49 所示。

STEP 2　Lens Flare（镜头光晕）效果。

为背景图层添加【Effect】|【Generate】|【Lens Flare】效果。设置参数【Flare Center】为【（300.0,130.0）】，【Flare Brightness】为【130.0%】，其余参数不变时的效果如图 6-50 所示。

图 6-49

图 6-50

STEP 3　Paint Bucket（油漆桶）效果。

为背景图层添加【Effect】|【Generate】|【Paint Bucket】效果。设置参数【Fill Point】为【（695.0,383.0）】，【Tolerance】为【50.0】，勾选【View Threshold】复选框，其余参数不变时的效果如图 6-51 所示。

STEP 4　Radio waves（广播波形）效果。

对背景图层添加【Effect】|【Generate】|【Radio waves】效果。设置参数【Wave Type】为【Polygon，Frequency】为【5.00】，【Direction】为【-5.0°】，【Spin】为【78.00】，【Lifespan】为【2.000】，【Fade-in Time】为【3.000】，【Start Width】为【8.00】，其余参数不变时的效果如图 6-52 所示。

图 6-51

图 6-52

STEP 5　Ramp（渐变）效果。

为背景图层添加【Effect】|【Generate】|【Ramp】效果。设置参数【Start of Ramp】为【（576.0,0.0）】，【Start Color】为蓝色，【End of Ramp】为【576.0,556.0】，【End Color】为绿色，【Blend With Original】

为 80%，其余参数不变时的效果如图 6-53 所示。

STEP 6 Scribble（潦草描边）效果。

在场景中绘制多边形后，对背景图层添加【Effect】|【Generate】|【Scribble】效果。设置参数【Scribble】为【All Masks】,【Fill Type】为【Centered Edge】,【Angle】为【60.0° 】,【Composite】为【On Original Image】，其余参数不变时的效果如图 6-54 所示。

图 6-53

图 6-54

STEP 7 Stroke（画笔描边）效果。

在场景中绘制多边形后，为背景图层添加【Effect】|【Generate】|【Stroke】效果。勾选【All Masks】复选框，设置参数【Brush Size】为【18.0】，【Spacing】为【91.00%】，其余参数不变时的效果如图 6-55 所示。

图 6-55

6.2 实战应用

下面将通过两个案例来巩固本章的知识，同时了解 Generate 特效的应用领域。

6.2.1 制作音符

本例通过制作随着音乐跳动的音符条，了解 4-Color Gradient 特效的使用及与其他特效之间巧妙的结合，制作完成的效果如图 6-56 所示。其具体操作步骤如下。

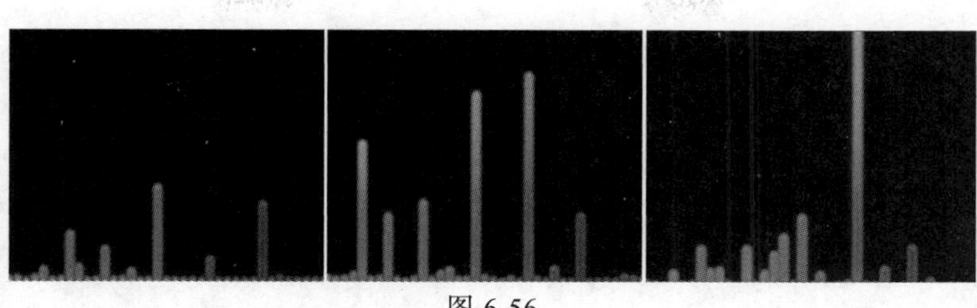

图 6-56

STEP 1　按【Ctrl+N】组合键，在弹出的对话框中创建一个【Preset】为【PALD1/DV】，时间为 40s 的合成，如图 6-57 所示。

STEP 2　单击【OK】按钮，按【Ctrl+I】组合键，在弹出的对话框中选择随书附带光盘中的【music.mp3】素材文件，如图 6-58 所示。

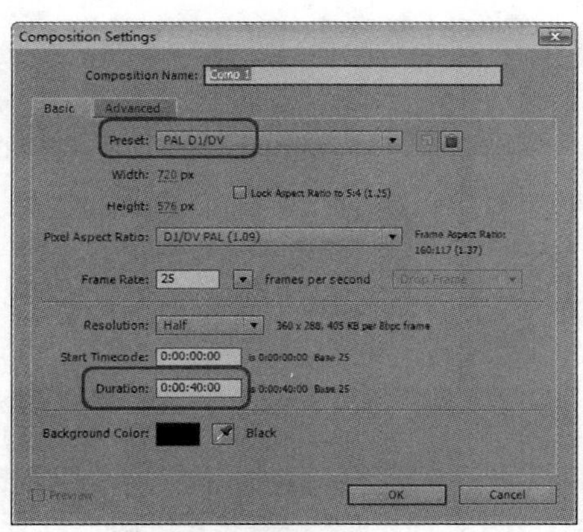

图 6-57

图 6-58

STEP 3　单击【打开】按钮，即可将选择的素材文件导入到 Project 面板中，将其拖动至【时间线】面板中，在【时间线】面板中右击，在弹出的快捷菜单中选择【New】|【Solid】命令，如图 6-59 所示。

STEP 4　在弹出的对话框中将 Name 命名为背景，其他参数均为默认数值，如图 6-60 所示。

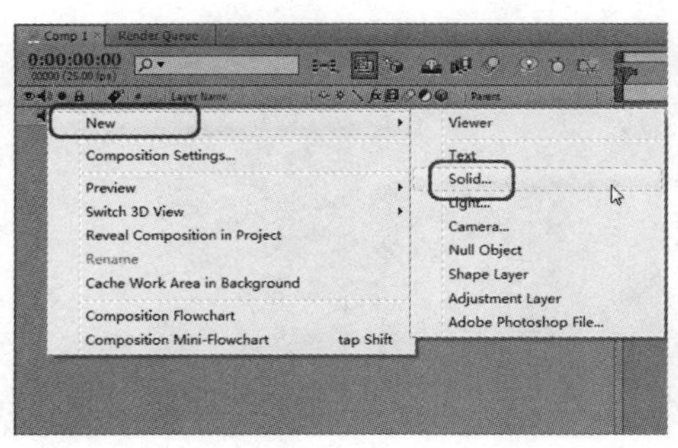

图 6-59

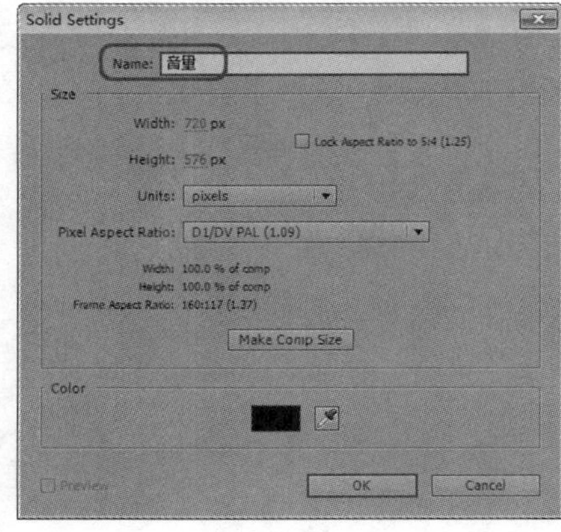

图 6-60

STEP 5 确认该层处于被选择的状态下，选择【Effect】|【Generate】|【Audio Spectrum】命令，并取消该层的防锯齿，将【Audio Layer】设置为【2.music.mp3】，具体参数设置参考如图 6-61 所示。

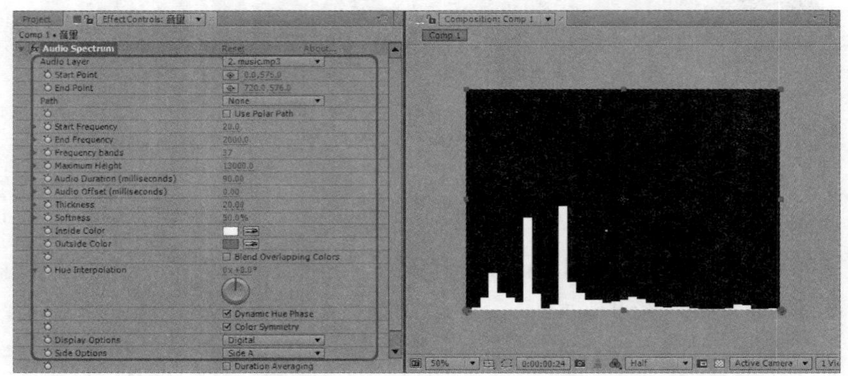

图 6-61

STEP 6 再次创建一个名为【彩条】的固态层，如图 6-62 所示。

STEP 7 选择【Effect】|【Generate】|【Ramp】命令，将【Start of Ramp】设置为【0.0,288.0】，将【End of Ramp】设置为【720.0,288.0】，如图 6-63 所示。

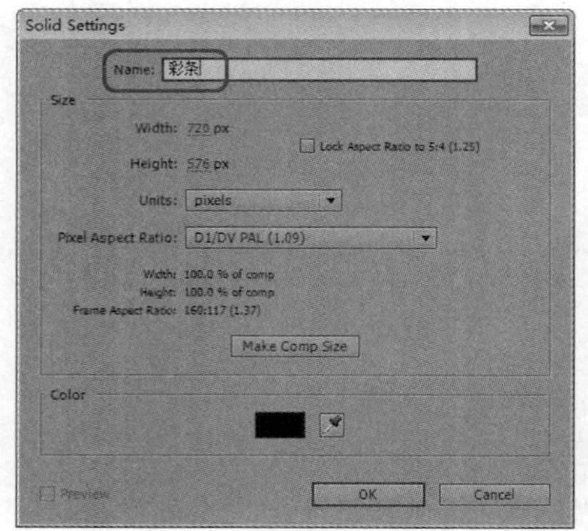

图 6-62

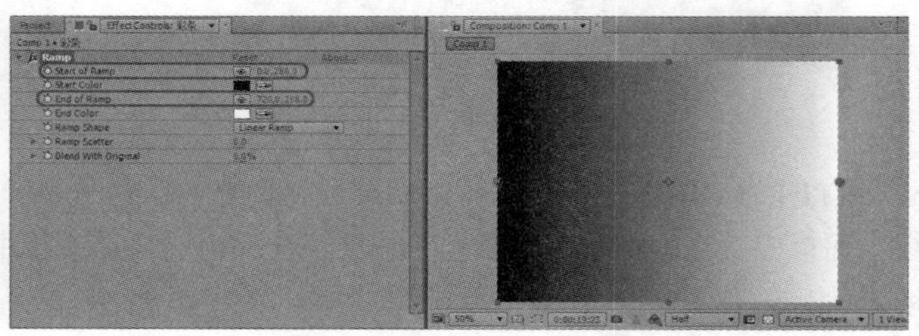

图 6-63

STEP 8 选择【Effect】|【Color Correction】|【Colorama】命令，将【Output Cycle】选项组展开，将【Use Preset Palette】设置为【Carribean】，如图 6-64 所示。

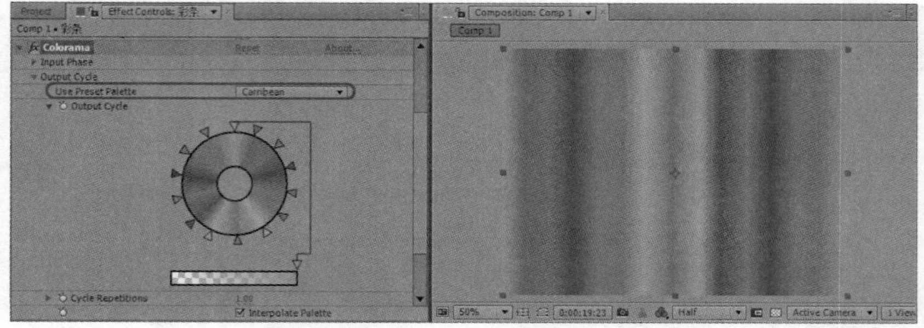

图 6-64

STEP 9　将【彩条】放置在【音量】的下一层，将其蒙版模式设置为 Alpha Matte“[音量]”，如图 6-65 所示。

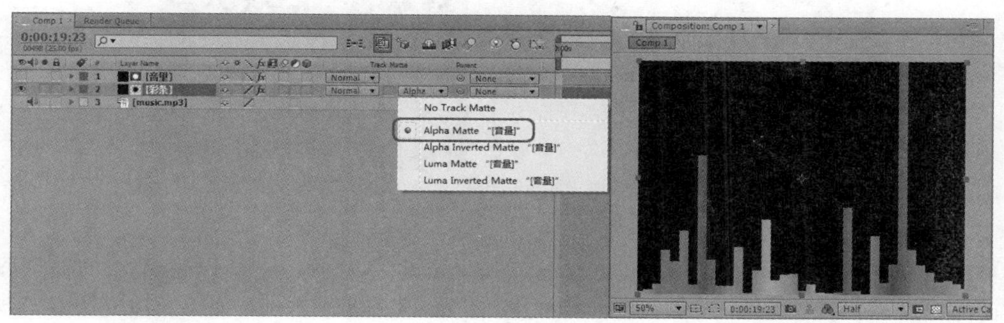

图 6-65

STEP 10　将该层的三维开关打开，在【时间线】面板空白处右击，在弹出的快捷菜单栏中选择【New】|【Solid】命令，新建一个名称为背景的固态层，如图 6-66 所示。

STEP 11 选择【Effect】|【Generate】|【4-Color Gradient】命令，如图 6-67 所示。

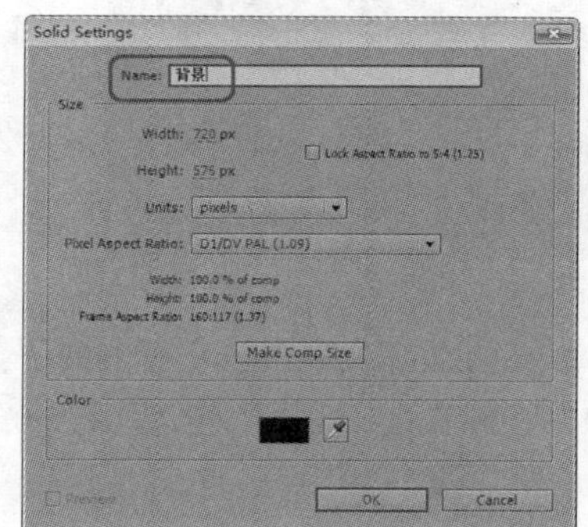

图 6-66

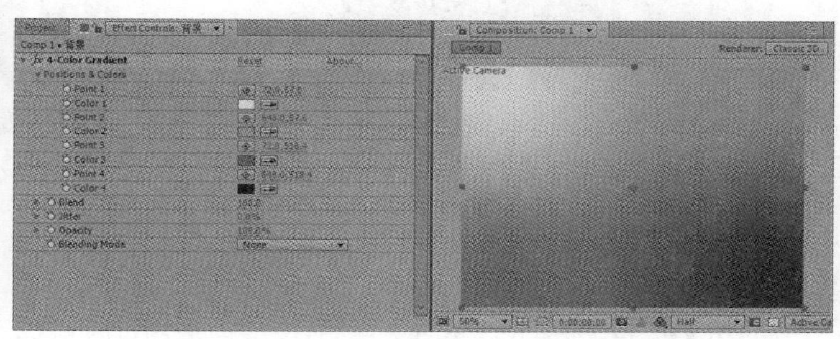

图 6-67

STEP 12　选择【音量】层，按【Ctrl+D】组合键，复制一个【音量】层，并将其放置在【时间线】的最上层，单击该层左侧的按钮，将该层隐藏，如图 6-68 所示。

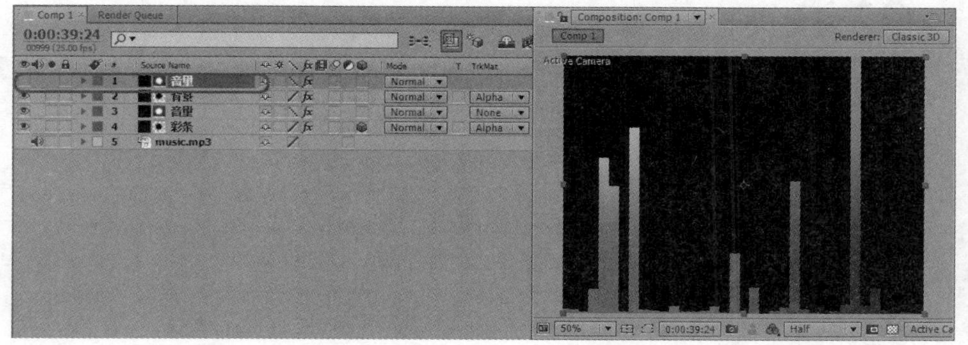

图 6-68

STEP 13　选择复制后的【背景】层，在菜单栏中选择【Effect】|【Blur & Sharpen】|【Camera Lens Blur】命令，并将【Blur Radius】设置为【10.0】，如图 6-69 所示。

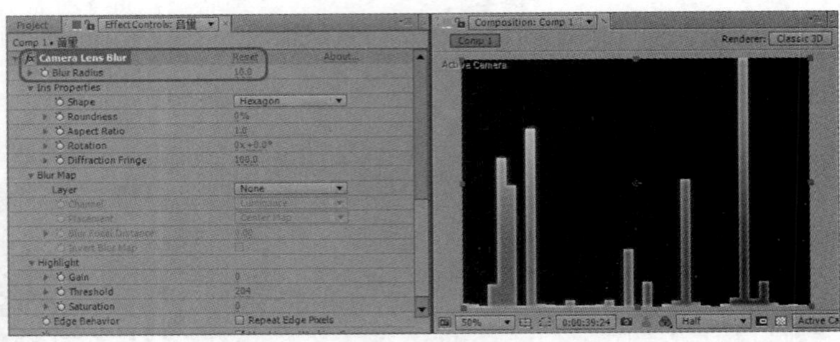

图 6-69

STEP 14 选择【Music.mp3】层，将其模式设置为 Color Dodge，单击【Preview】面板中的按钮，播放音频，我们可以看到合成面板中的彩条会跟随音乐的播放而跳动，如图 6-70 和图 6-71 所示。

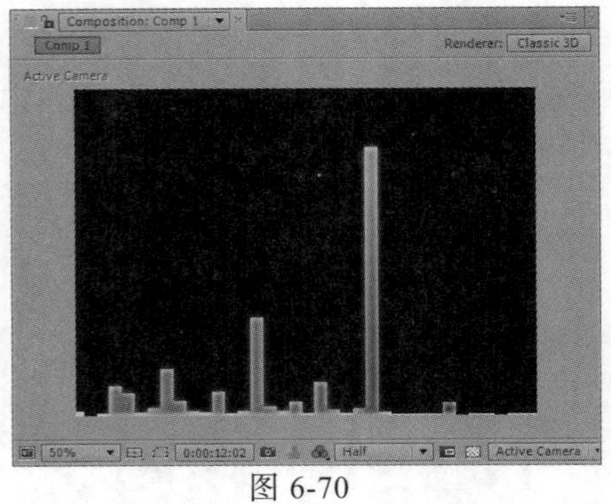

图 6-70

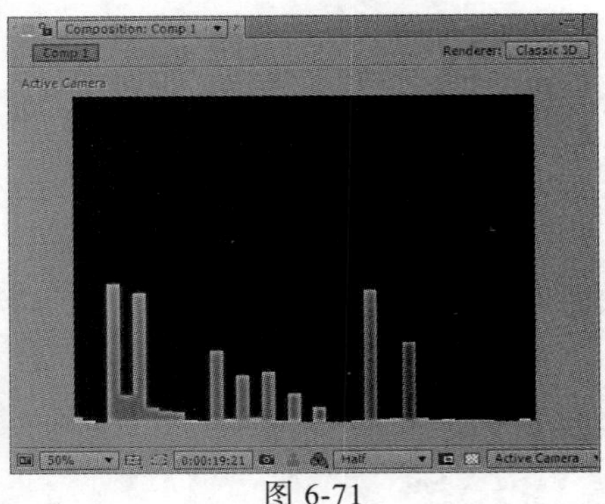

图 6-71

STEP 15 按【Ctrl+M】组合键，打开【Render Queue】面板，单击【Render Settings】右侧的下拉按钮，在弹出的下拉菜单中选择【Custom…】，单击【Lossless】选项，在弹出的对话框中勾选【Audio Output】复选框，如图 6-72 所示。

STEP 16 单击【Output To】右侧的 OK.avi，在弹出的【Output Movie To】对话框中为其指定一个正确的存储路径，并将格式设置为 AVI（*avi），如图 6-73 所示。

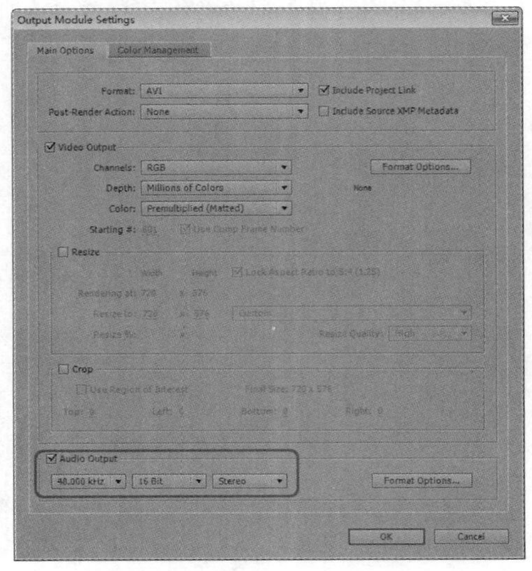

图 6-72

图 6-73

STEP 17　设置完成后单击【保存】按钮，返回【Current Render】面板中，单击【Render】按钮开始进行渲染，如图 6-74 所示，渲染以进度条的形式进行。

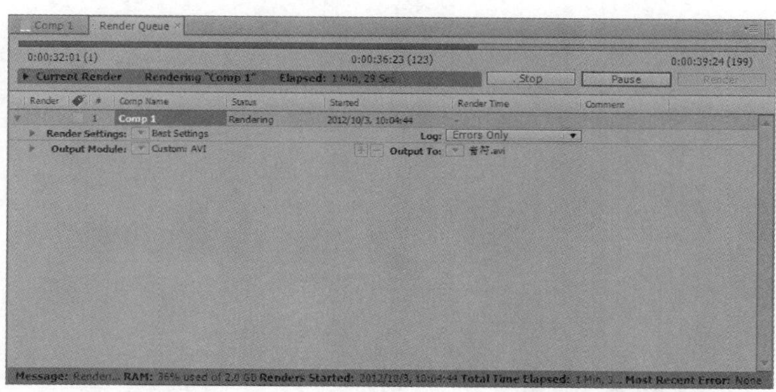

图 6-74

6.2.2　制作闪电球

本案例主要介绍怎样制作一个闪电球，其效果如图 6-75 所示，具体操作步骤如下：

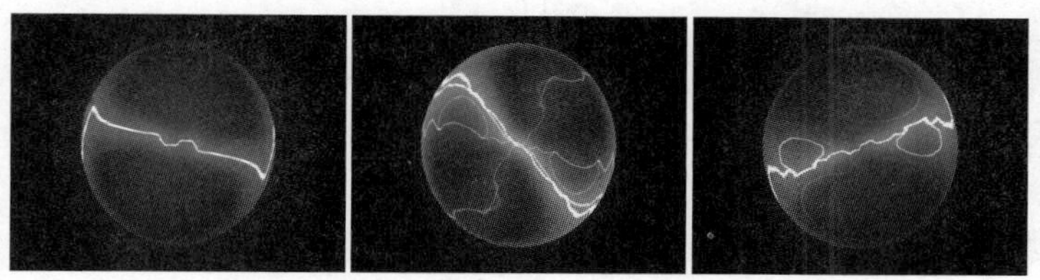

图 6-75

STEP 1　按【Ctrl+N】组合键，在弹出的对话框中创建一个【Preset】为【PAL D1/DV】，时间为 10s 的合成，并将其重命名为【闪电球】，如图 6-76 所示。

STEP 2　设置完成后单击【OK】按钮，在时间线窗口中右击，在弹出的快捷菜单中选择【New】|【Solid】命令，打开【Solid Settings】对话框，将【Color】设置为紫色，如图 6-77 所示。

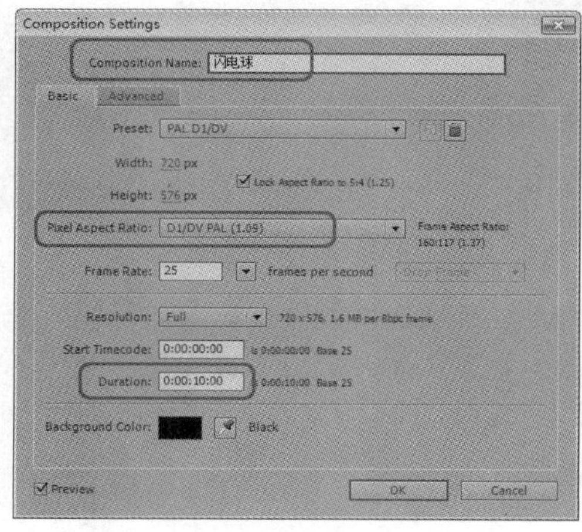

图 6-76

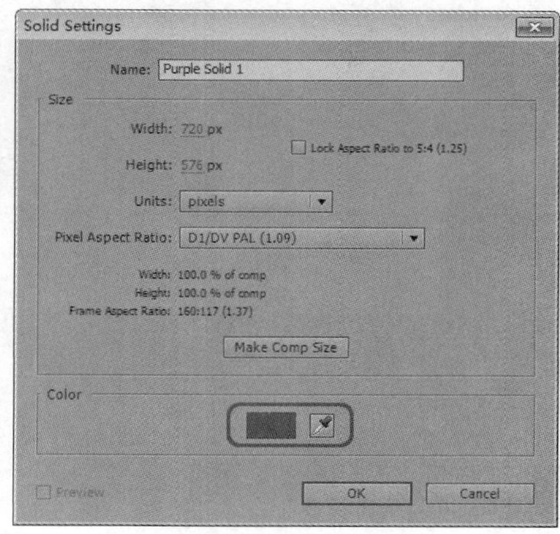

图 6-77

STEP 3 设置完成后单击【确定】按钮，即可创建一个紫色的图层，确认该层处于被选择的状态下，选择【Effect】|【Generate】|【Circle】命令，如图 6-78 所示为其添加特效。

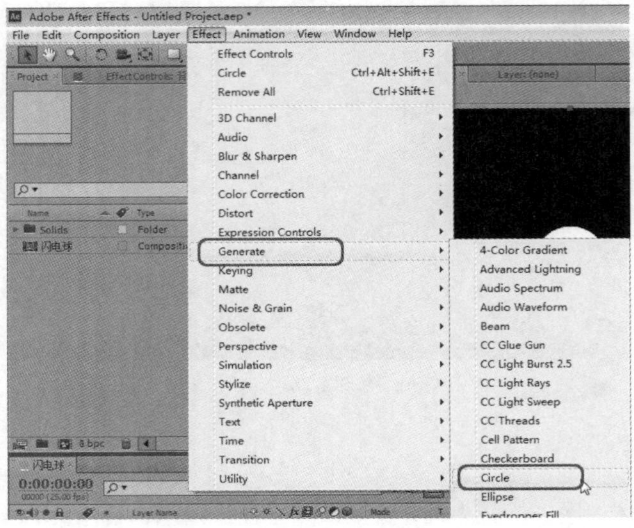

图 6-78

STEP 4 在时间线窗口中选择【Purple Solid 1】层，将其重命名为【背景层】，并切换至【Effect Controls】窗口，将【Radius】设置为【85.0】，将【Blending Mode】设置为【Stencil Alpha】，展开【Feather】选项，将【Feather Outer Edge】设置为【375.0】，如图 6-79 所示。

STEP 5 在时间线窗口中右击，在弹出的快捷菜单中选择【New】|【Solid】命令，打开【Solid Settings】对话框，将【Color】设置为黑色，并将其重命名为【闪电球】，如图 6-80 所示。

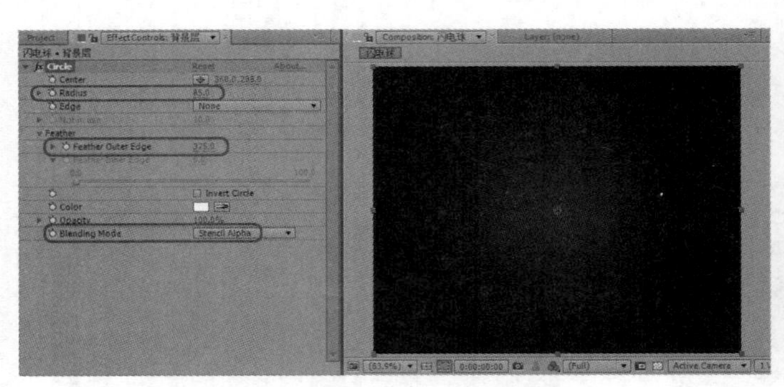

图 6-79

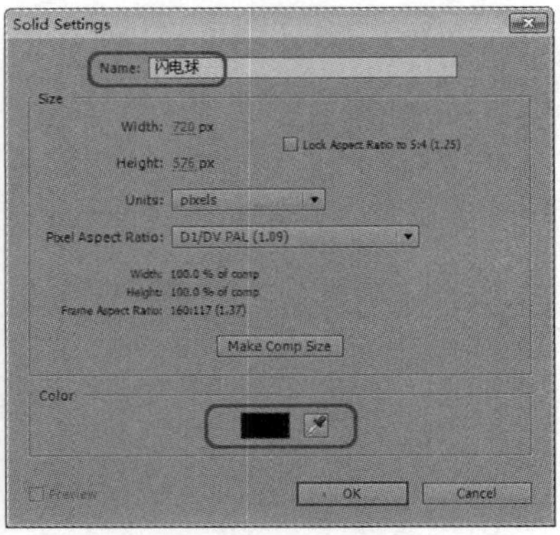

图 6-80

STEP 6 设置完成后单击【OK】按钮，确认该层处于被选择的状态下，选择【Effect】|【Generate】|【Advanced Lightning】命令，如图 6-81 所示为其添加特效。

STEP 7 在时间线窗口中选择【闪电球】层，将其图层混合模式设置为【Screen】，如图 6-82 所示。

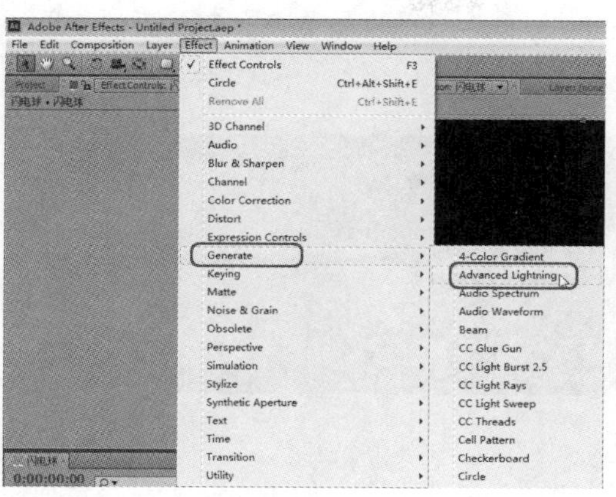

图 6-81

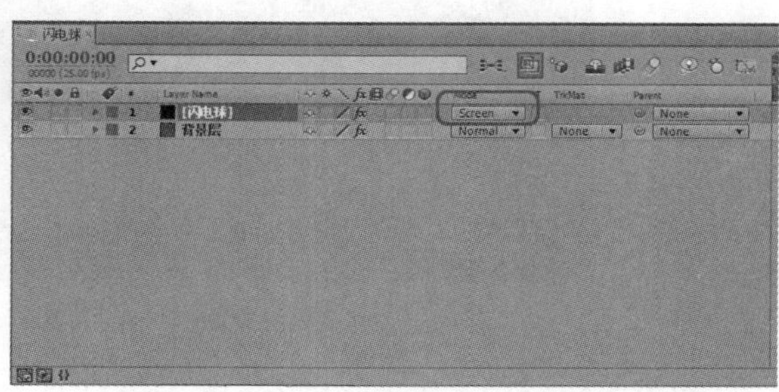

图 6-82

STEP 8　切换至【Effect Controls】窗口，将【Lighting Type】设置为【Anywhere】，展开【Glow Settings】选项，将【Glow Color】的 RGB 值设置为 92、83、238，勾选【Composite on Original】复选框，如图 6-83 所示。

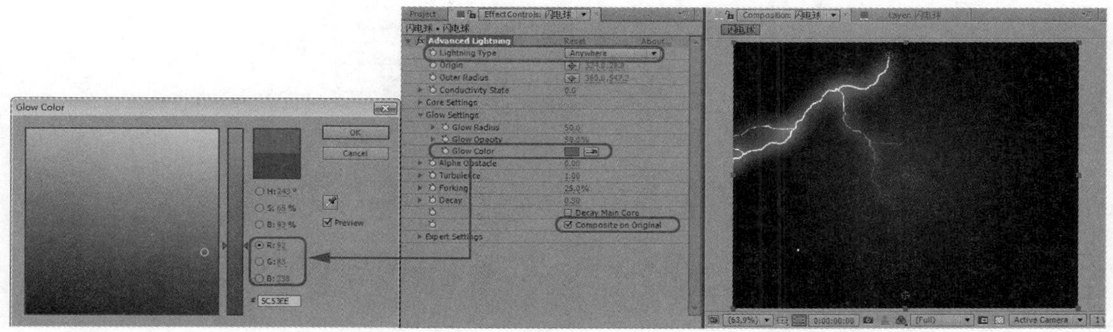

图 6-83

STEP 9　将当前时间设置为【0:00:00:00】，将【Origin】设置为【360.0,288.0】，将【Outer Radius】设置为【601.0,294.3.0】，单击【Conductivity State】左侧的按钮，打开记录动画，如图 6-84 所示。

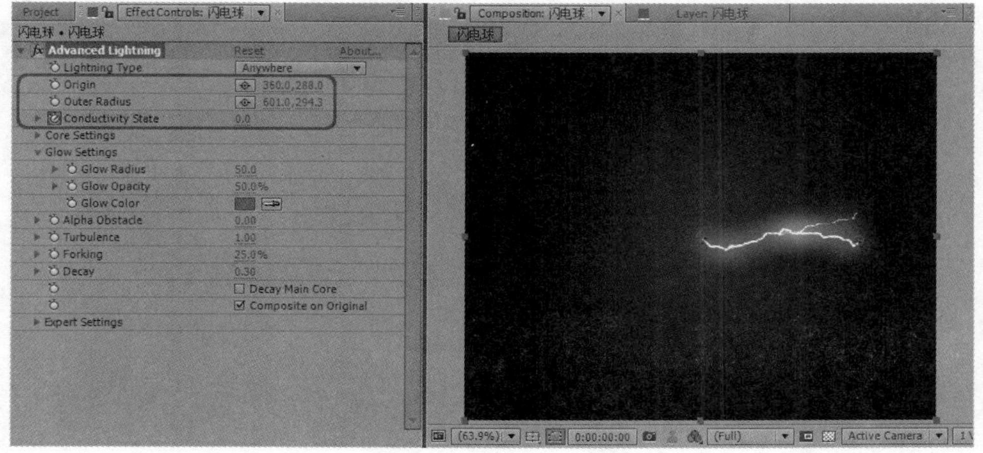

图 6-84

STEP 10 在合成的起点和终点之间设置【Conductivity State】的参数变换，完成后的效果如图 6-85 所示。

图 6-85

STEP 11 设置完成后，选择【Effect】|【Distort】|【CC Lens】命令，如图 6-86 所示。添加该滤镜。

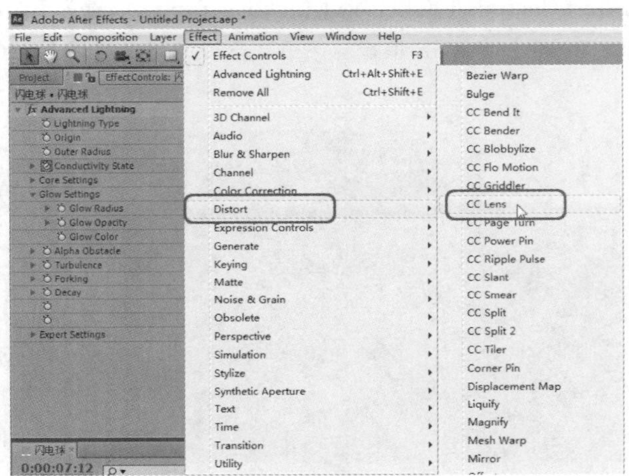

图 6-86

STEP 12 切换至【Effect Controls】窗口，将【Size】设置为【47.0】，将【Convergence】设置为【88.0】，如图 6-87 所示。

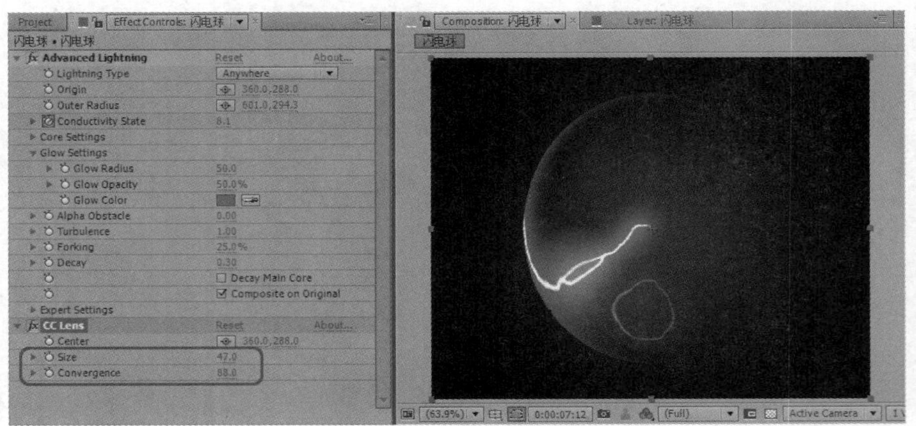

图 6-87

STEP 13 选择【闪电球】层，复制该层，展开【Transform】选项，将【Rotation】设置为【0x+180°】，查看效果，如图 6-88 所示。

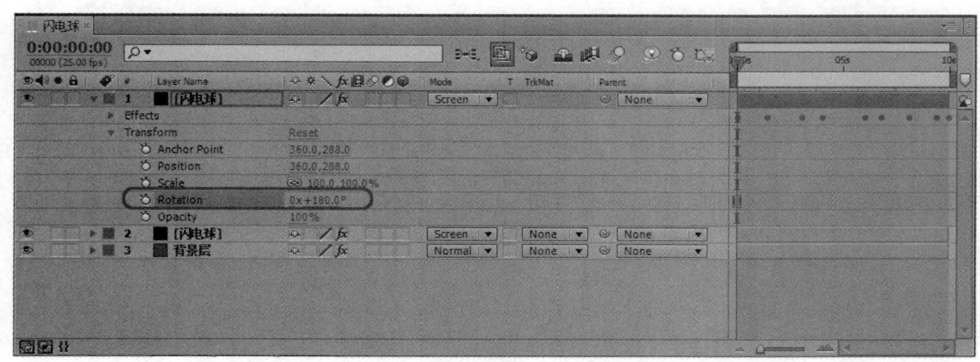

图 6-88

STEP 14 按【Ctrl+M】组合键，打开【Render Queue】面板，单击【Output To】右侧的蓝色文字，在弹出的【Output Movie To】对话框中为其指定一个正确的存储路径，并将格式设置为 AVI(*avi)，如图 6-89 所示。

STEP 15 设置完成后单击【保存】按钮，返回到【Current Render】面板中，单击【Render】按钮开始进行渲染，如图 6-90 所示，渲染以进度条的形式进行。

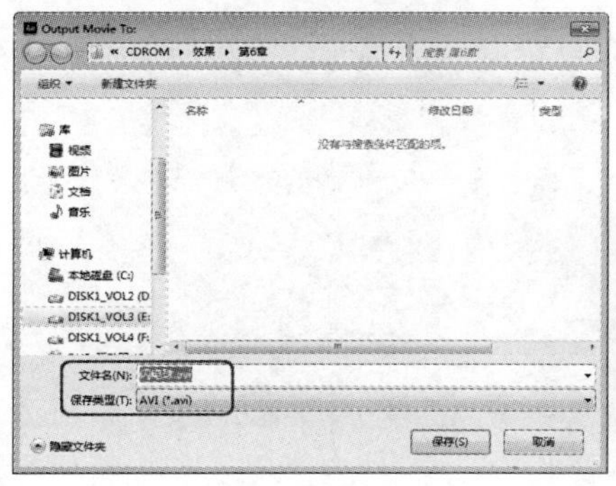

图 6-89

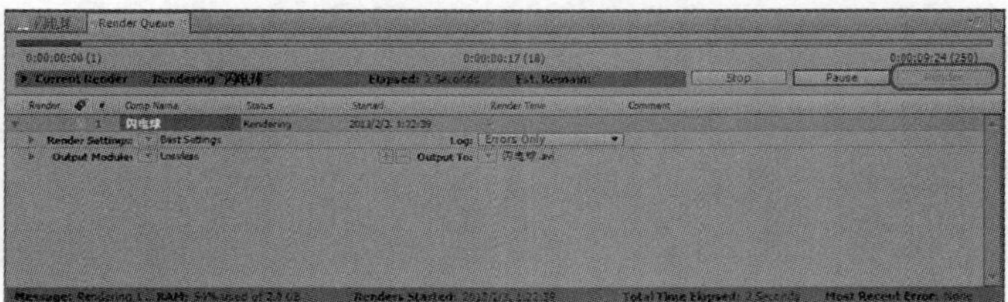

图 6-90

第 7 章 Noise & Grain

噪波、颗粒，该组特效主要是对图像进行降噪或添加、消除颗粒的处理，或改善图像质量，或模拟各种拍摄时所产生的颗粒效果。

7.1 Add Grain

Add Grain（添加颗粒），可以在图像上添加单色或彩色的颗粒，该特效比较实用，它可以模拟使用胶片拍摄时所产生的颗粒感，效果如图 7-1 所示。

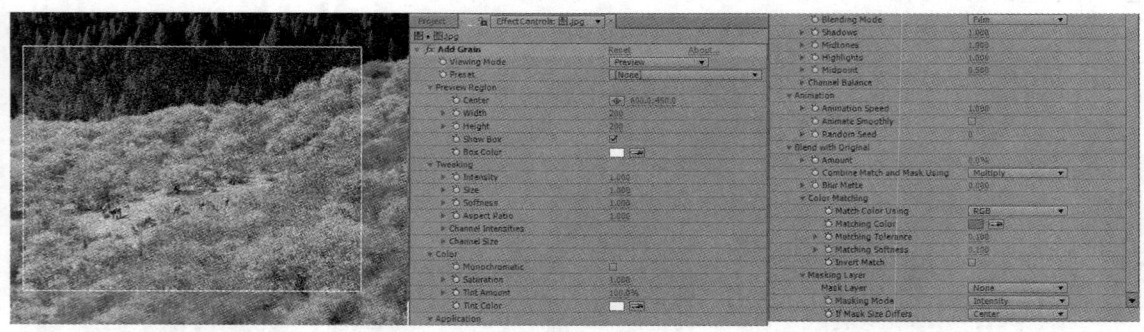

图 7-1

该特效各项参数的含义如下。

- Viewing Mode（显示模式），在调节特效时，可以在这里选择不同的显示模式，有以下 3 项。
  - Preview（预览模式），以相对较低的质量显示当前的特效调节效果，这样可以得到更好的反馈效果。
  - Blending Matte：以黑白色的方式显示当前调节的颜色或亮度通道，这样可以对图像进行更精细的调节，如图 7-2 所示。
  - Final Output（最高质量显示），当调节完成准备输出之前要选择该选项，这样可以得到最好的视频质量。
- Preset（预置效果），这里面保存了 Adobe 公司已经调节好的适合各种型号摄像机所拍摄视频的颗粒效果，可以直接调用。
- Preview Region（预览区域），在进行特效调节时会占用大量的系统资源，调节各项参数时反馈就比较慢，可以先设置相对较小的一个区域进行调节，最后再显示整个图像的效果，这样可以大大提升反馈速度，该选项是针对这个预览区域的控制项，有以下 5 项。

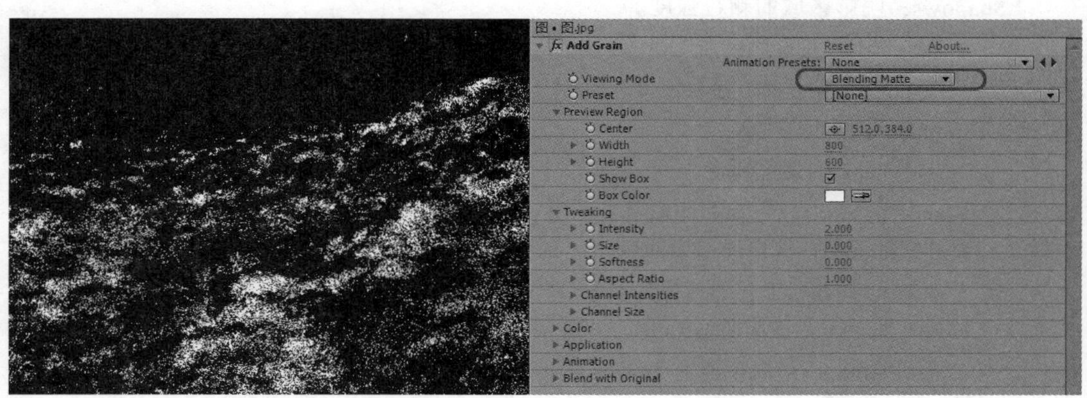

图 7-2

- Center：预览区域的中心点位置。
- Width：定义预览区域的宽度。
- Height：定义预览区域的高度。
- Show Box：是否显示预览区域的边框。
- Box Color：预览区域边框的颜色。

- Tweaking：颗粒设置项，有以下 6 项。
  - Intensity：颗粒的密度。
  - Size：颗粒大小。
  - Softness：颗粒的柔和程度，越大的数值将得到越柔和的颗粒效果。
  - Aspect Ratio：像素比，该选项要根据视频的像素进行设定，比如【PAL D1/DV】制的像素比为 1.09，不同分辨率的素材有不同的像素比。
  - Channel Intensities：通道强度，当前特效对各个通道的作用强度。
    1. Red Intensity：对红色通道的作用强度。
    2. Green Intensity：对绿色通道的作用强度。
    3. Blue Intensity：对蓝色通道的作用强度。
  - Channel Size ：各个通道的颗粒大小。
    1. Red Size：红色通道的颗粒大小。
    2. Green Size：绿色通道的颗粒大小。
    3. Blue Size：蓝色通道的颗粒大小。
- Color ：颜色。
  - Monochromatic（单色），勾选该复选框时颗粒的颜色为单色。
  - Saturation：颗粒为彩色时，该选项可用，调节颗粒的饱和度。
  - Tint Amount（染色强度），也就是控制 Tint Color 对颗粒的影响强度。
  - Tint Color：染色的颜色。
- Application：该选项组中提供了更多的控制项，可以对图像中的明、暗和过渡区域进行不同的颗粒设置，有以下几项。

- Blending Mode：颗粒与原图像的混合模式。
- Shadows：阴影区域的颗粒强度。
- Midtones：中间色的颗粒强度。
- Highlights：高光区域的颗粒强度。
- Midpoint：中间点的强度。
- Channel Balance：通道平衡。
  1. Red Shadows：红色通道阴影。
  2. Red Midtones：红色通道中间色。
  3. Red Highlights：红色通道高光。
  4. Green Shadows：绿色通道阴影。
  5. Green Midtones：绿色通道中间色。
  6. Green Highlights：绿色通道高光。
  7. Blue Shadow：蓝色通道阴影。
  8. Blue Midtones：蓝色通道中间色。
  9. Blue Highlights：蓝色通道高光。

- Animation：颗粒的动画控制。
  - Animation Speed：动画的速度。
  - Animation Smoothly：动画的平滑度。
  - Random Seed：颗粒分布的随机值。
- Blend with original：颗粒与原图像的混合设置。
  - Amount：混合强度。
  - Combine Match and Mask Using：颗粒通道与原图像的合成模式。
  - Blur Matte：对颗粒通道进行模糊，这样能得到柔和的颗粒通道。
  - Color Matching：颜色匹配。
    1. Match Color Using：设置与哪个通道进行匹配。
    2. Match Color：匹配颜色。
    3. Match Tolerance：匹配容差。
    4. Matching Softness：匹配柔和度。
    5. Invert Match：反向匹配。
  - Masking Layer（Mask 层），可以将其他的层为作当前层的颗粒通道。
    1. Mask Layer：指定 Mask 层。
    2. Masking Mode：设置使用目标层的哪个通道。
    3. If Mask Size Differs：如果 Mask 层与当前层分辨率不一致，可以设置将 Mask 层进行拉伸或中心对齐。

7.2 Dust & Scratches

Dust & Scratches：灰尘与划痕，有时候我们的素材会因为拍摄或带子问题，画面上会出现一些小的划痕，特别是胶片在保存时可能会被划伤而在画面上留下一些划痕，而该特效可以对视频画面进行修复，有效缓解这一问题，效果如图 7-3 所示。

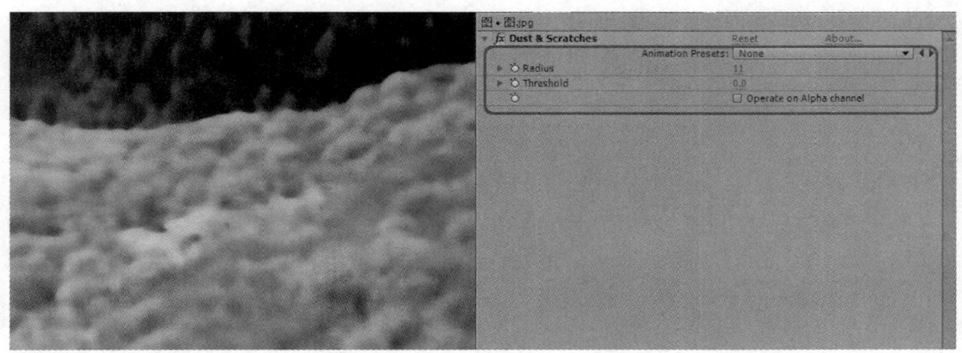

图 7-3

该特效的控制项非常简单，只有少数几个参数，它的作用原理是：对图像中凸出的部分进行模糊，进而弱化划痕区域。请反复仔细调节，以得到最佳效果。

该特效各项参数的含义如下。

- Radius：模糊半径，此项参数不可过大，模糊过大的半径会导致图像的严重失真。
- Threshold：阈值，这是很关键的一项参数，它控制着模糊区域的大小。
- Operate on Alpha channel：是否作用于 Alpha 通道。

7.3　Fractal Noise

Fractal Noise（分形噪波），该特效可以创建各种噪波图案，常常会用来完成云层等特效，在 After Effects 中可以算是使用频率最高，也是最重量级的生成类特效，它的使用也相当广泛。可以用来作为蒙版层、转换层，以及各种生动的效果，几乎可以创建无数种的图案，配合其他特效，比如，【Glow】|【Shine】|【Hue/Saturation】等，可以制作出相当惊人的效果，同时也提供了繁多的控制项，如图 7-4 所示。

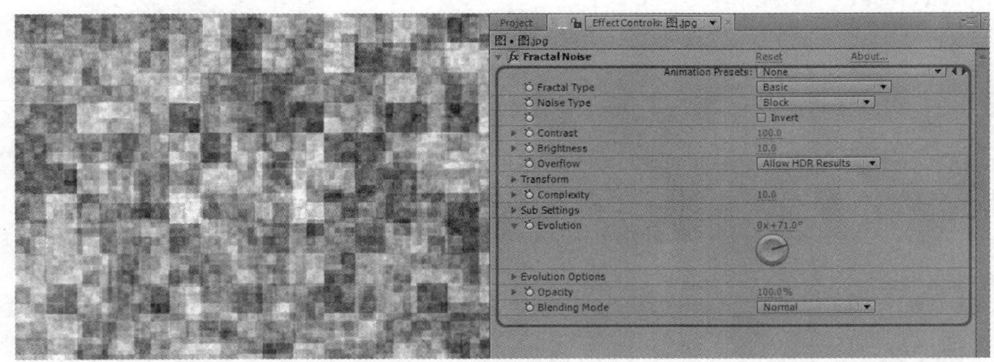

图 7-4

该特效各项参数的含义如下。

- Fractal Type：分形类型。
- Noise Type：噪波类型。
- Invert：反向处理。
- Contrast：噪波对比度。
- Brightness：噪波亮度。

- Overflow：溢出值控制。
- Transform：变换设置，有以下几项。
  - Rotation：旋转。
  - Uniform Scaling：统一缩放，开启该选项后噪波的缩放将由 Scale 值来控制。
  - Scale：噪波缩放控制。
  - Scale Width： Uniform Scaling 选项没有开启时，该选项将启用，它控制噪波的缩放宽度。
  - Scale Height：噪波的缩放高度。
  - Offset Turbulence：偏移喧嚣值。
  - Perspective Offset：开启透视偏移。
- Complexity：复杂程度，此项数值越大，噪波将拥有更丰富的细节。
- Sub Settings：次级设置，该选项组可以对噪波产生次级影响，对噪波进行更为精细的设置，有以下 5 项。
  - Sub Influence：该选项控制次级设置对当前噪波的影响强度。
  - Sub Scaling：次级噪波的缩放。
  - Sub Rotation：次级噪波的旋转。
  - Sub Offset：次级噪波的偏移。
  - Center Subscale：开启该选项后，将以图层的中心点为次级噪波的中心点。
- Evolution：进化，也就是噪波的随机数，调节该选项可以得到不同的噪波分布效果。
- Evolution Options：进化设置选项，包括以下 3 项。
  - Cycle Evolution：开启后进行循环进化。
  - Cycle：设置循环周期。
  - Random Seed：随机种子数。
- Opacity：噪波透明度。
- Blend Mode：与原图像的混合模式。

7.4 Match Grain

Match Grain：匹配杂色，Match Grain 特效与 Add Grain（添加杂色）特效相似，不过该特效可以通过取样其他层的杂点和噪波添加当前层的杂点效果，并可以进行再次调整，该特效中的许多参数与 Add Grain（添加杂色）相同，这里不再赘述，在此只讲解它们不同的部分，应用该特效后的效果如图 7-5 所示。

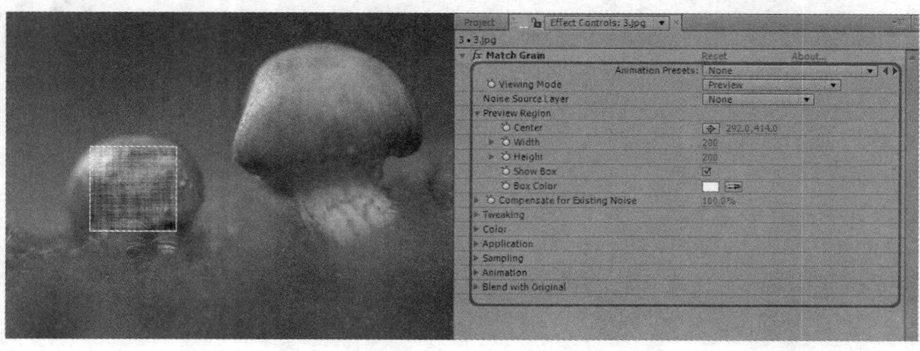

图 7-5

该特效各项参数的含义如下。

- Noise Source Layer：噪波源层用于选择作为噪波取样的源层。
- Compensate for Existing Noise（对现有噪波补偿），用于在取样噪波的基础上对噪波进行补偿设置。
- Sampling（采样），通过其选项组，可以设置采样帧、采样数量、采样尺寸等。

7.5 Median

Median（中间值），它对图像的中间值产生一些模糊以达到降噪的目的，如图 7-6 所示。

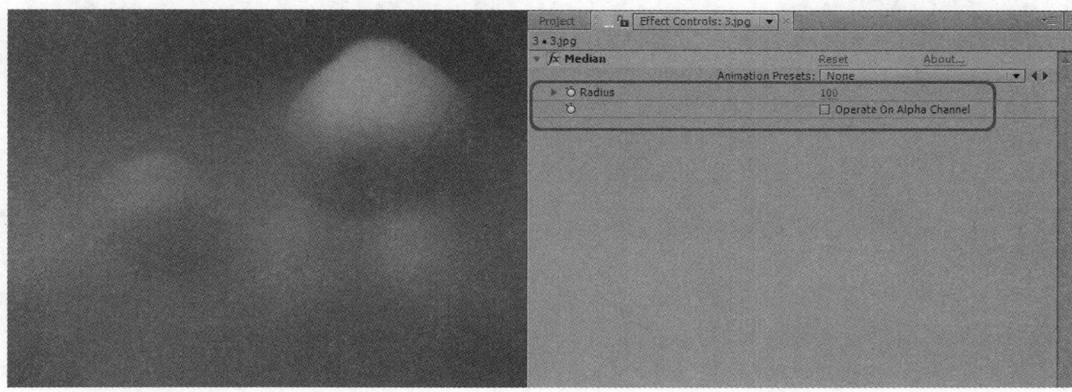

图 7-6

该特效各项参数的含义如下。

- Radius：模糊半径。
- Operate on Alpha Channel：开启该选项后将作用于 Alpha 通道。

7.6 Noise

Noise：噪波，该特效用来对图像添加杂点，比如，模拟光线不足的条件下拍摄的效果，效果如图 7-7 所示。

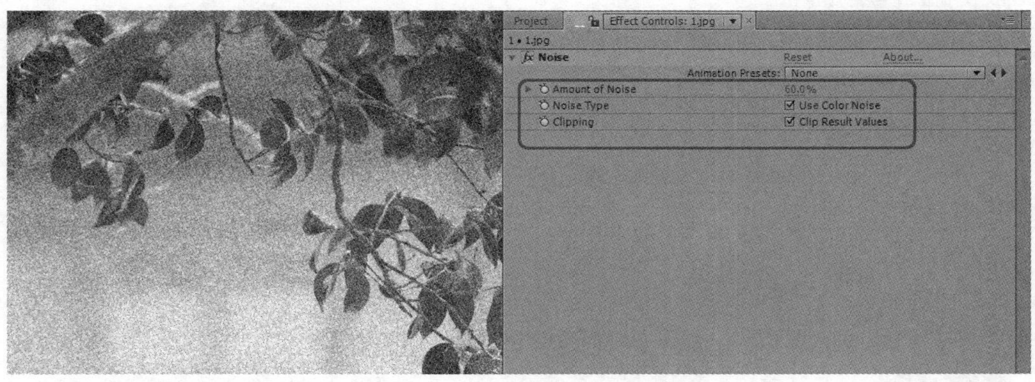

图 7-7

该特效各项参数的含义如下。

- Amount of Noise：杂点数量。

- Noise Type：噪波类型。
- Clipping：裁切，开启该选项可以对噪波区域进行分离，以便更好地调节。

7.7 Noise Alpha

Noise Alpha：对当前图像添加噪波，并作为其 Alpha 通道，控制项如图 7-8 所示。

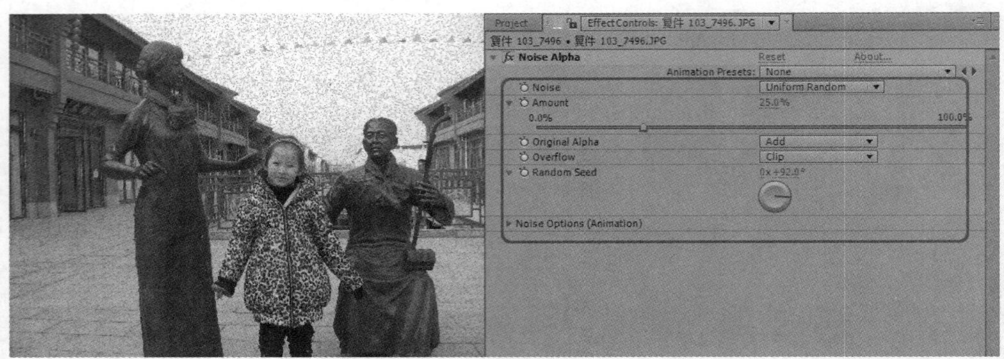

图 7-8

该特效各项参数的含义如下。

- Noise：噪波类型。
- Amount：噪波数量。
- Original Alpha：噪波通道与当前图像本身通道的混合方式。
- Overflow：溢出控制。
- Random Seed：噪波随机值，不同的值可以得到不同的噪波分布效果。
- Noise Options（animation）。
  - Cycle Noise：开启噪波循环控制。
  - Cycle（In Revolutions）：设置循环周期。

7.8 Noise HLS

Noise HLS：对图像添加彩色噪波，并以 HLS 模式进行控制，如图 7-9 所示。

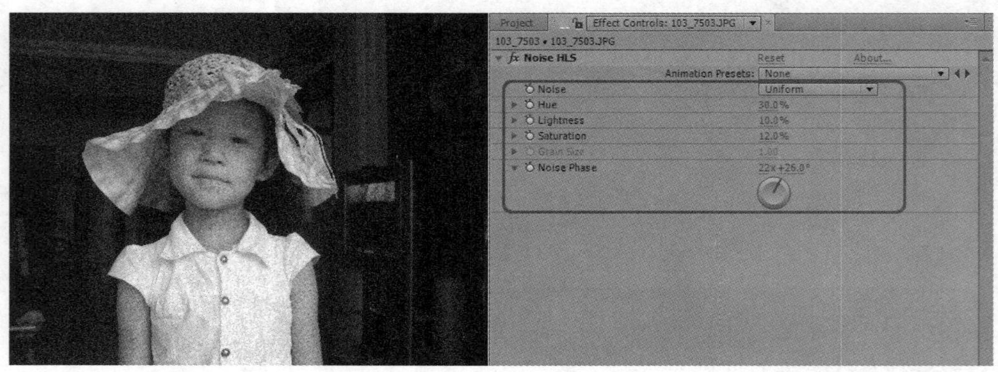

图 7-9

该特效各项参数的含义如下。

- Noise：噪波类型。
- Hue：噪波色相。
- Lightness：噪波亮度。
- Saturation：噪波饱和度。
- Grain Size：噪波颗粒大小。
- Noise Phase：噪波相位。

7.9 Noise HLS Auto

Noise HLS Auto：可以根据图像自动添加噪波，与 Noise HLS 比较接近，但是它能自动生成动画，效果如图 7-10 所示。

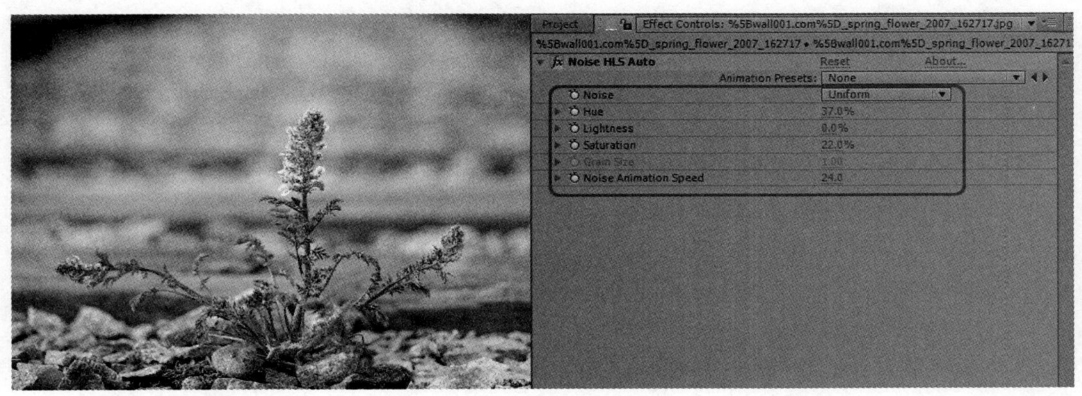

图 7-10

该特效各项参数的含义如下。

- Noise：噪波类型。
- Hue：噪波色相调节。
- Lightness：噪波亮度。
- Saturation：噪波饱和度。
- Grain Size：噪波颗粒大小控制。
- Noise Animation Speed：噪波动画速度，值越大，动画速度越快。

下面将通过一个具体实例的实现流程，依次介绍 Dust & Scratches，Fractal Noise，Median，Noise，Noise Alpha，Noise HLS，Noise HLS Auto 的基本使用方法。打开随书附带光盘中的【实例 14.aep】素材，我们将通过该案例来了解和认识杂点菜单下的相关特效知识。

STEP 1　Dust & Scratches（灰尘与刮擦）效果。

为背景层添加【Effect】|【Noise & Grain】|【Dust & Scratches】特效。设置参数【Radius】为【100】，【Threshold】为【30.0】，其余参数不变时的效果如图 7-11 所示。

STEP 2　Fractal Noise（碎片噪点）效果。

为背景图层添加【Effect】|【Noise &Grain】|【Fractal Noise】特效。设置参数【Noise Type】为【Block】，不勾选【Uniform Scaling】复选框，【Scale Height】为【600.0】，【Blending Mode】为【Multiply】，

其余参数不变时的效果如图 7-12 所示。

图 7-11

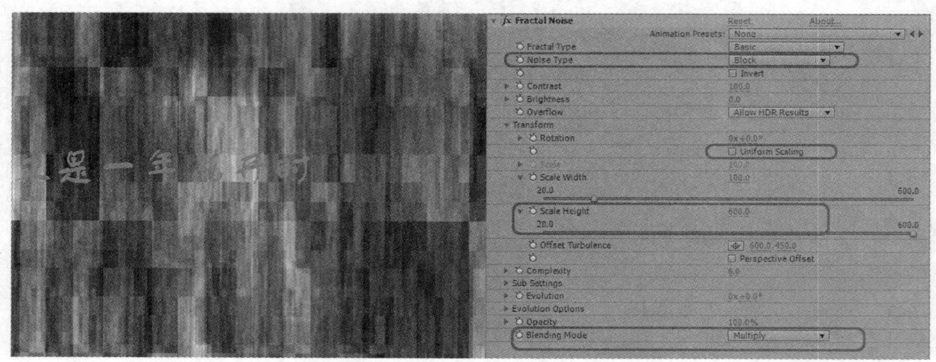

图 7-12

STEP 3　Median（中间）效果。

为背景图层添加【Effect】|【Noise & Grain】|【Median】特效。设置参数【Radius】为【50】，其余参数不变，效果如图 7-13 所示。

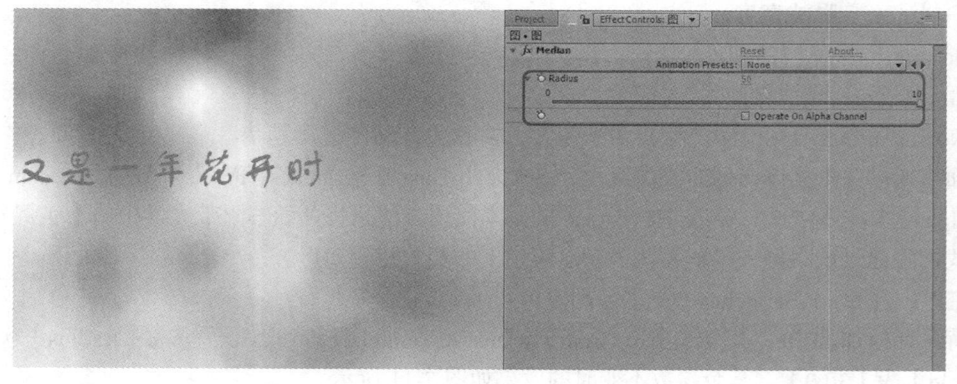

图 7-13

STEP 4　Noise（噪点）效果。

为背景图层添加【Effect】|【Noise & Grain】|【Noise】特效。设置参数【Amount of Noise】为【100.0%】，

【Noise Type】为不勾选【Use Color Noise】复选框，其余参数不变，效果如图 7-14 所示。

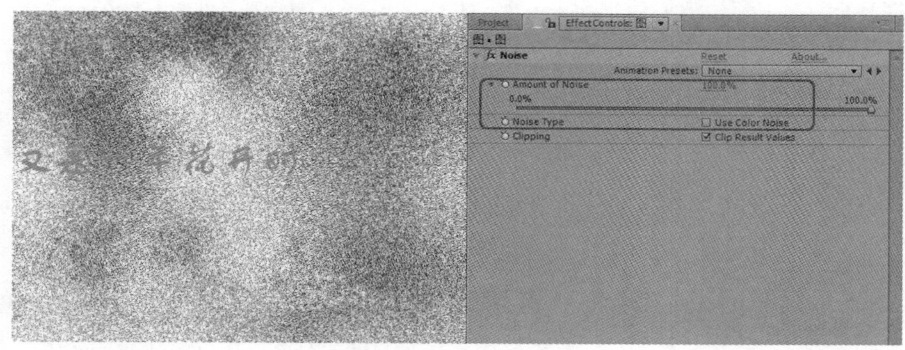

图 7-14

STEP 5　Noise Alpha（噪点 Alpha）效果。

为背景图层添加【Effect】|【Noise & Grain】|【Noise Alpha】特效。设置参数【Amount】为【50.0%】，【Overflow】为【Clip】，其余参数不变时的效果如图 7-15 所示。

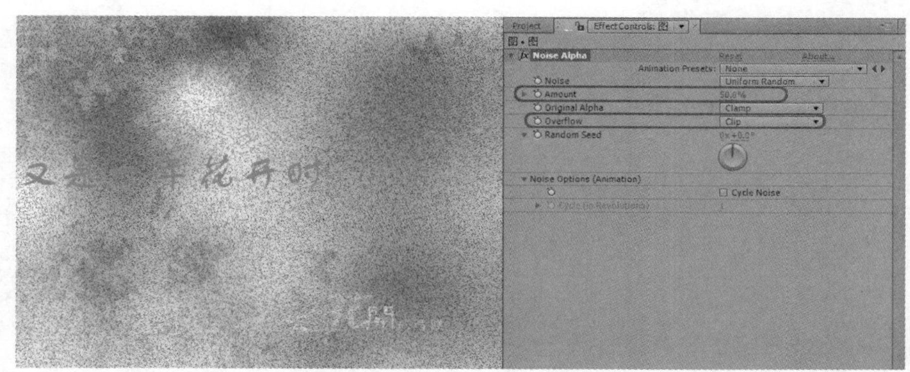

图 7-15

STEP 6　Noise HLS（噪点 HLS）效果。

为背景图层添加【Effect】|【Noise & Grain】|【Noise HLS】特效。设置参数【Noise】为【Squared】，【Lightness】为【100.0%】，其余参数不变时的效果如图 7-16 所示。

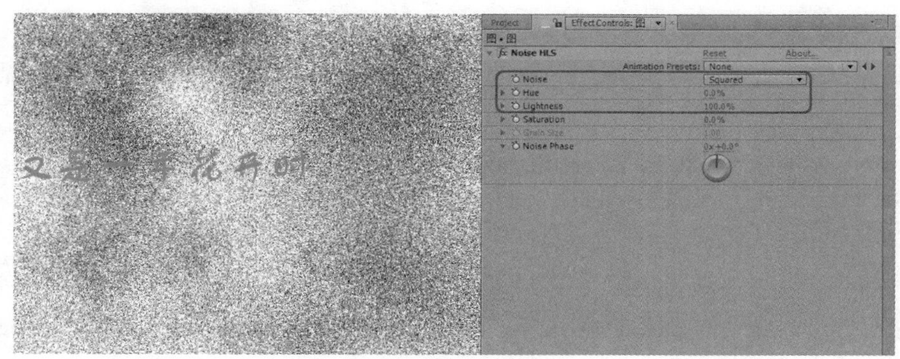

图 7-16

STEP 7 Noise HLS Auto 效果。

为背景图层添加【Effect】|【Noise & Grain】|【Noise HLS Auto】特效。设置参数【Noise】为【Grain】，【Hue】为【100.0%】，【Grain Size】为【2.00】，其余参数不变时的效果如图 7-17 所示。

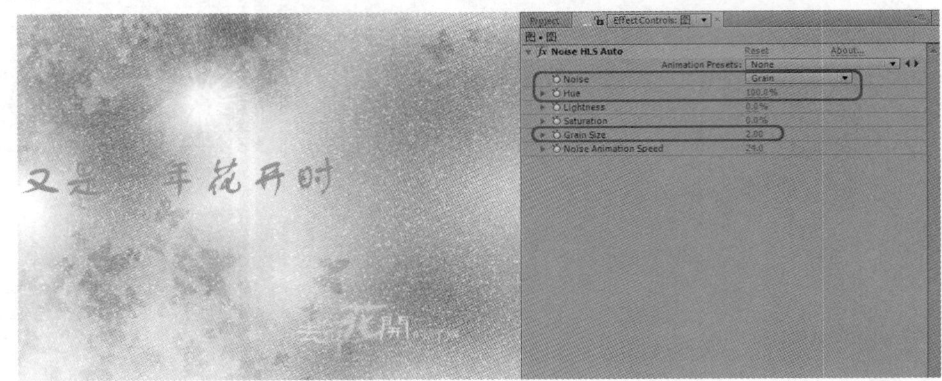

图 7-17

7.10 Remove Grain

Remove Grain（去除颗粒），在 After Effects 中它是一个专业的降噪工具，可以有效地去除图像中的颗粒，改善图像质量，如图 7-18 所示。

图 7-18

该特效各项参数的含义如下。

- Viewing Mode（显示模式），单击后面的下拉按钮，弹出下拉列表，如图 7-19 所示，包括以下 4 项。
  - Preview（预览模式），该显示模式下调节特效可以得到更好的反馈效果。
  - Noise Samples（噪波采样），该模式下可以更精细地进行噪波采样设置。
  - Blending Matte：在该模式下可以更好地观察每个颜色或 Alpha 通道的降噪情况。
  - Final Output：最终输出时，选择该选项可以得到最好的图像质量。
- Preview Region：预览区域边框设置。
  - Center：预览区域的中心位置。
  - Width：预览区域的宽度。
  - Height：预览区域的高度。

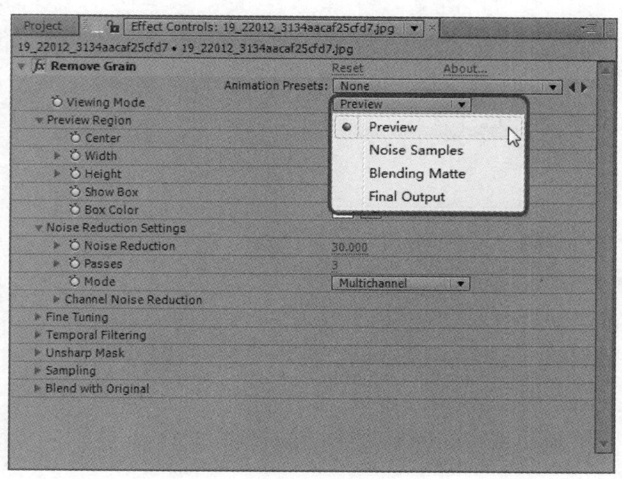

图 7-19

- Show Box：显示预览区域的边框。
- Box Color：边框的颜色。

● Noise Reduction Setting：噪波消除设置。

- Noise Reduction：噪波消除强度。
- Passes：迭代次数，较高的迭代次数可以得到更细腻的效果，但是占用更多的系统资源。
- Mode：模式，可以设置只作用于一个通道或作用于多个通道。
- Channel Noise Reduction：各个通道噪波消除设置。
  1. Red Noise Reduction：红色通道噪波消除强度。
  2. Green Noise Reduction：绿色通道噪波消除强度。
  3. Blue Noise Reduction：蓝色通道噪波消除强度。

● Fine Tuning：微调。

- Chroma Suppression：抑制色度。
- Texture：纹理。
- Noise Size Bias：噪波大小偏移。
- Clean Solid Areas：清除单色区域。

● Temporal Filtering：过滤。

- Enable：开启选项。
- Amount：过滤强度。
- Motion Sensitivity：运动敏感度。

● Unsharp Mask：不对 Mask 区域进行锐化选项设置。

- Amount：锐化强度。
- Radius：锐化半径。
- Threshold：阈值。

● Sampling：采样设置选项。

- Source Frame：源帧，在这里调节将哪帧图像设置为采样源图像。
- Number of Samples：采样数量。

- Sample Size：采样大小。
- Sample Box Color：采样框的大小。
- Sample Selection：采样选择方式。
  1. Automatic：自动。
  2. Manual：手动。
- Noise Sample Points 采样点设置。

下面选项是 10 个采样点的位置。

- Blend With Original：与源图像的混合模式。
  - Amount：混合强度。
  - Combine Match and Mask Using：匹配与遮 Alpha 通道的混合模式。
  - Blur Matte：对降噪通道进行模糊操作，该选项不影响最终的图像质量，只是控制与原层的混合通道柔和度。
  - Color Matching：颜色匹配设置。
    1. Match Color Using：指定用哪个通道进行匹配。
    2. Match Color：指定匹配颜色。
    3. Matching Tolerance：匹配容差。
    4. Matching Softness：匹配模糊强度，也就是柔和度。
    5. Invert Match：反向匹配。
  - Masking Layer：Mask 遮罩层设置。
    1. Mask Layer：指定 Mask 层。
    2. Masking Mode：遮挡模式。
    3. If Mask Size Differs：如果 Mask 层与当前层分辨率不一致，可以在这里设置进行中心对齐或拉伸 Mask 层与当前层进行匹配。

7.11 Turbulent Noise

Turbulent Noise（湍流噪波），它可以创建强度大且复杂的噪波图案，控制项如图 7-20 所示。

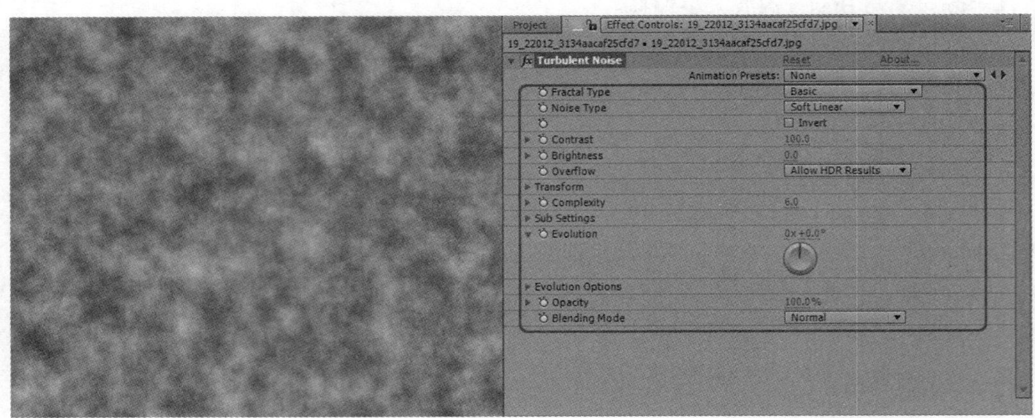

图 7-20

将该特效各项参数的含义如下。

- Fractal Type：分形类型。
- Noise Type：噪波类型。
- Invert：反向显示。
- Contrast：噪波对比度。
- Brightness：噪波亮度。
- Overflow：溢出值控制。
- Transform：变换控制。
  - Rotation：旋转。
  - Uniform scaling：统一缩放，开启该选项后，噪波的缩放将由（Scale）控制，关闭由进行分开控制。
  - Scale：缩放值。
  - Scale width：噪波的宽度。
  - Scale height：噪波的高度。
  - Offset turbulence：偏移噪波。
  - Perspective offset：开启该选项后可以进行噪波透视变换。
- Complexity：复杂程度控制，此参数越大，噪波的细节越丰富。
- Sub Settings：次级设置。
  - Sub influence：次级噪波对图像的影响强度。
  - Sub scaling：次级噪波缩放。
- Evolution：进化，不同的进化值将得到不同的噪波分布情况。
- Evolution Options：进化设置。
  - Turbulence factor：进化喧嚣值，也就是随机值。
  - Random seed：噪波分布随机值。
- Opacity：噪波透明度。
- Blending Mode：噪波与原图像的混合模式。

7.12　实战应用

本节将结合前面所学的基础知识来制作两个案例，通过这两个案例可以使读者对前面所学的知识有所巩固。

7.12.1　描边光线

本节将通过制作描边光线具体实例的实现流程，介绍 Noise & Grain 特效的基本使用方法，效果如图 7-21 所示。

图 7-21

STEP 1 运行 After Effects CS6 软件后，选择【Composition】|【New Composition】命令，新建一个合成，设置【Composition Name】为【背景】，Preset 为【PAL D1/DV】，【Duration】为【0:00:05:00】，设置完成后，单击【OK】按钮，如图 7-22 所示。

STEP 2 在【时间线】面板空白处右击，在弹出的快捷菜单中选择【New】|【Solid】命令，在弹出的【Solid Settings】对话框中保持默认设置，新建一个固态层，如图 7-23 所示。

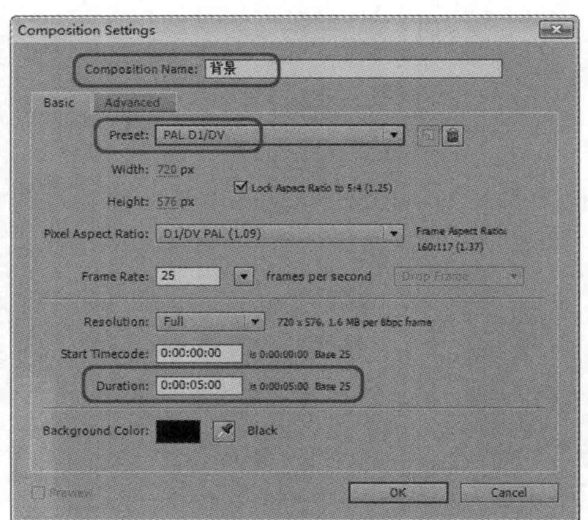

图 7-22

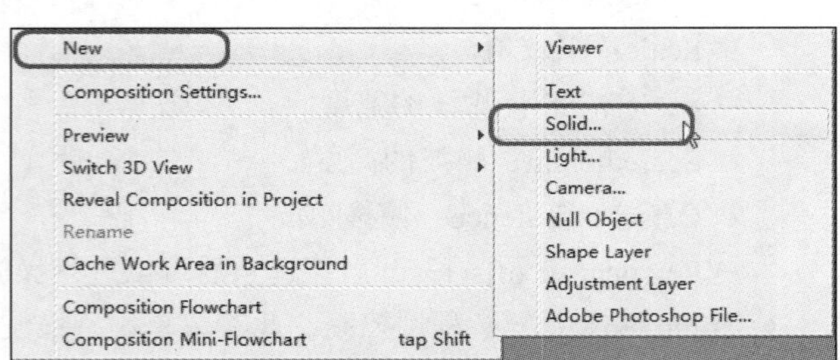

图 7-23

STEP 3 新建固态层后，选择【Effect】|【Noise & Grain】|【Fractal Noise】命令，为其添加分形噪波滤镜，设置【Fractal Type】为【Turbulent Smooth】，【Noise Type】为【Block】，【Contrast】为【140.0】，【Brightness】为【-50.0】。在【Transform】选项组下，设置【Scale】为【240.0】，【Complexity】为【3.0】，如图 7-24 所示。

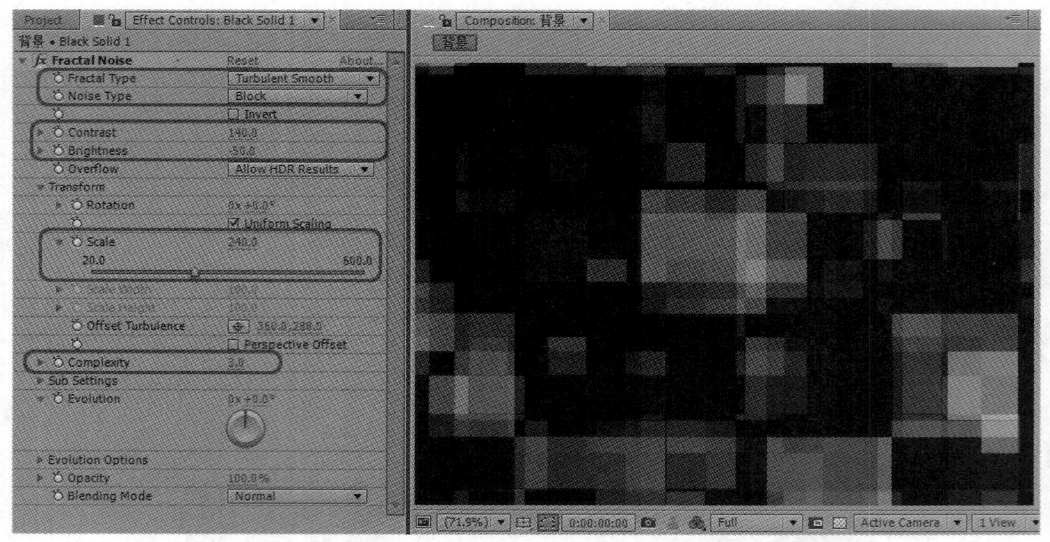

图 7-24

STEP 4 在 0:00:00:00 帧处，单击 Evolution 左侧的按钮，打开动画关键帧记录，在 0:00:04:24 帧处，将 Evolution 数值设置为【2x+0.0°】，如图 7-25 所示。

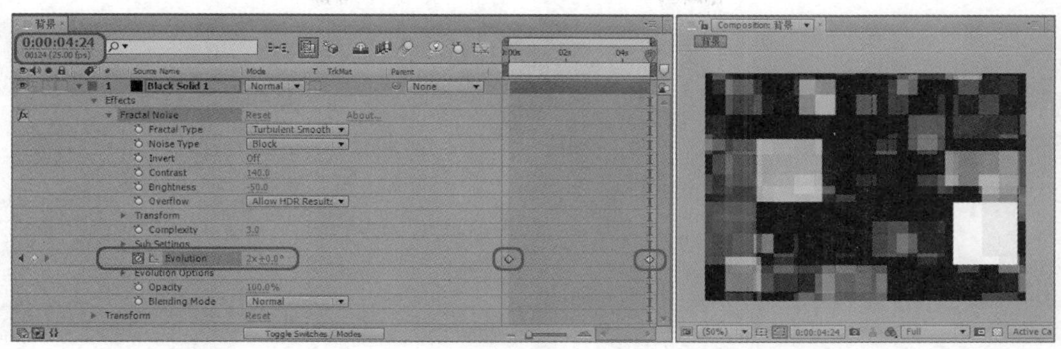

图 7-25

STEP 5　拖动时间指针，查看背景动画效果，如图 7-26 所示。

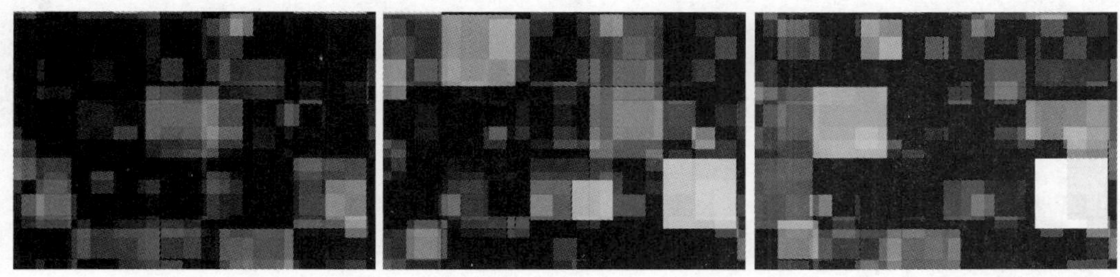

图 7-26

STEP 6　执行【Composition】|【New Composition】命令，新建一个合成，设置 Composition Name 为 Logo，其他保持默认设置，单击 OK 按钮，如图 7-27 所示。

STEP 7　新建合成后，使用文本工具T，在场景中输入文本 NEW2013，选中文字后，在 Character 面板中，将字体设置为 Haettens Chweiler，填充颜色设置为黑色，描边颜色设置为白色，T字体大小设置为 180px，设置☰描边宽度设置为 2px，AV字符间隔设置为 60，如图 7-28 所示。

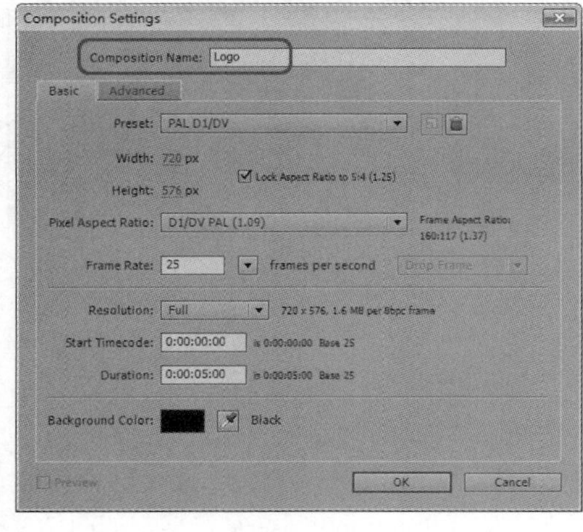

图 7-27

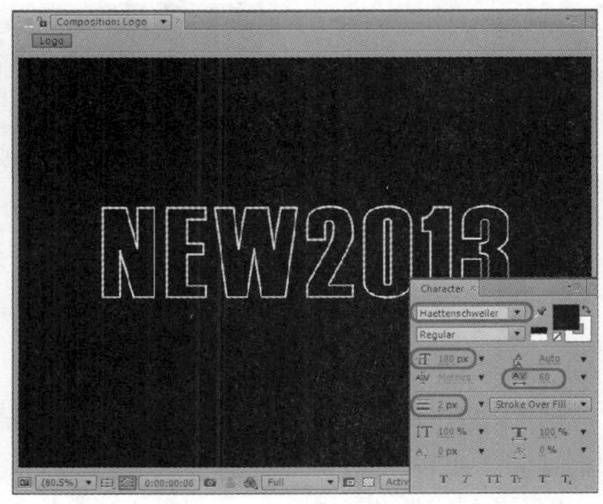

图 7-28

STEP 8　选择【Composition】|【New Composition】命令，新建一个合成，设置 Composition Name 为【描边光线】，其他保持默认设置，单击 OK 按钮，如图 7-29 所示。

STEP 9 新建合成后，选择合成“背景”和 Logo 并将其拖动至时间线面板中，然后单击左侧的 图标，当其变为 时，将图层隐藏，如图 7-30 所示。

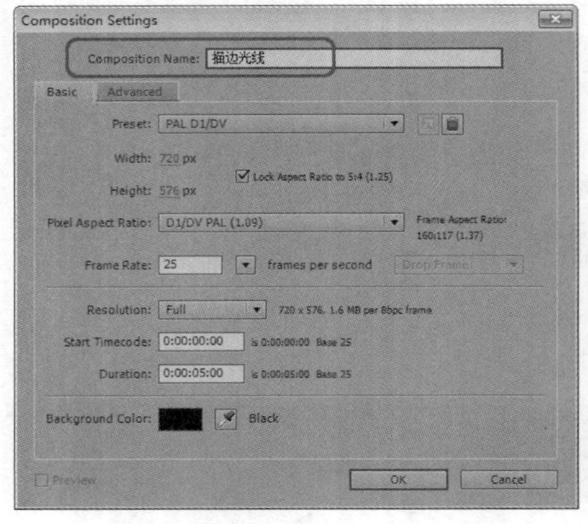

图 7-29

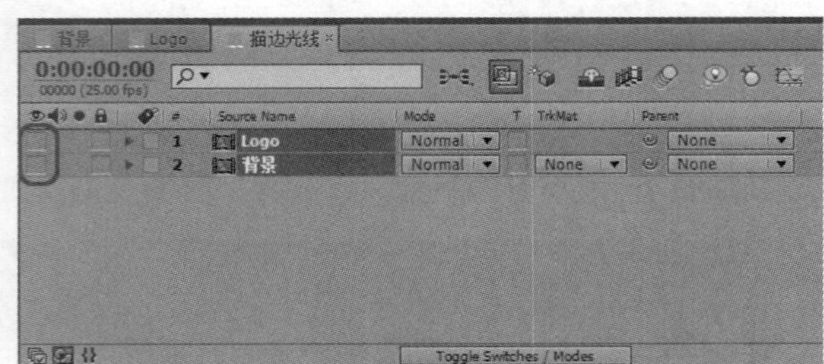

图 7-30

STEP 10 选择【Layer】|【New】|【Solid】命令，如图 7-31 所示。

STEP 11 弹出 Solid Settings 对话框，将 Name 设置为光线 1，如图 7-32 所示。

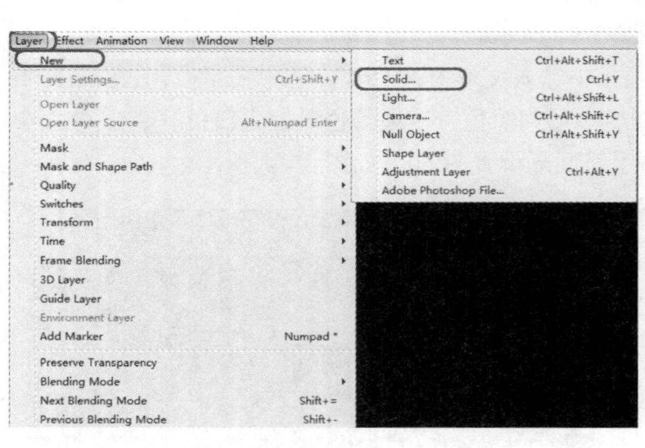

图 7-31

图 7-32

STEP 12 选择【Effect】|【Generate】|【Vegas】命令，为其添加描绘滤镜，如图 7-33 所示。

STEP 13 添加滤镜命令后，展开 Image Contours 选项组，将 Input Layer 设置为【3.背景】，Threshold 为【100】，如图 7-34 所示。

STEP 14 展开 Segments 选项组，设置 Segments 为 1，勾选 Rotation Phase 复选框，如图 7-35 所示。

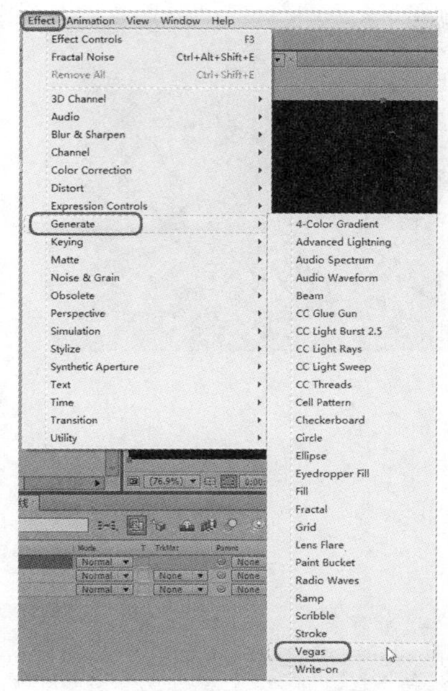

图 7-33

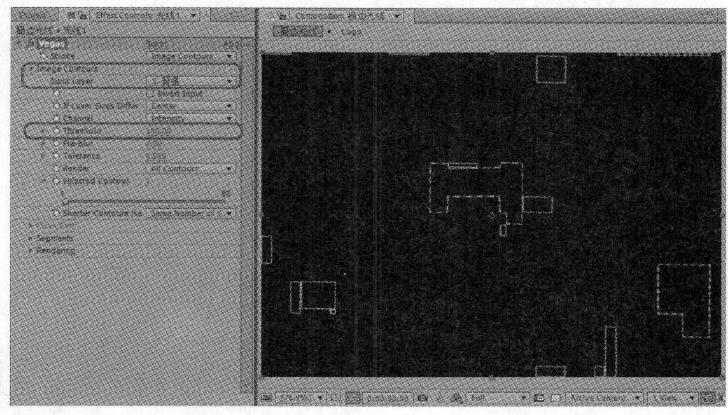

图 7-34

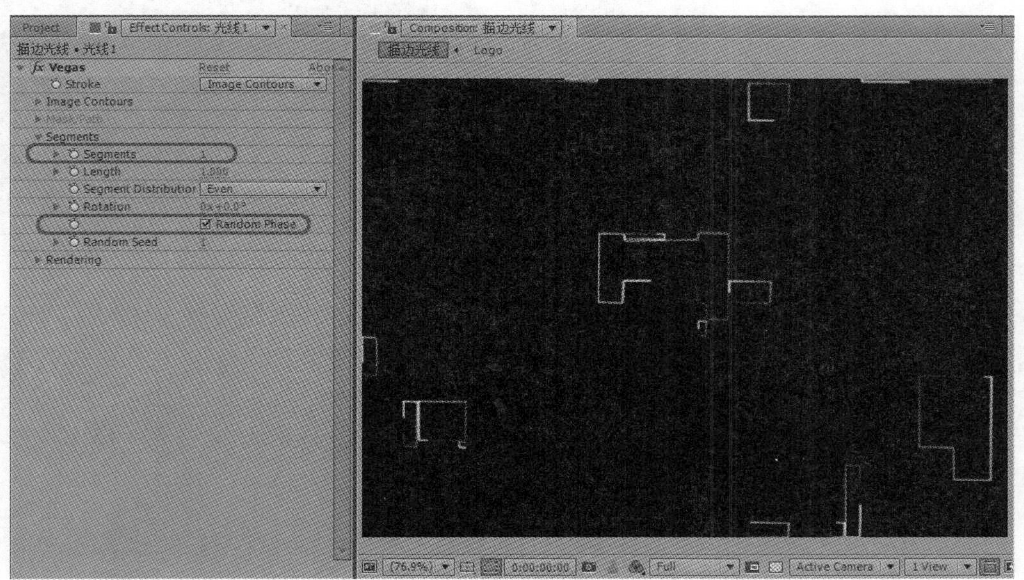

图 7-35

STEP 15　展开 Rendering 选项组，单击 Color 后的颜色框，将【RGB】值设置为【255、255、0】，将【Mode】设置为【Add】，如图 7-36 所示。

STEP 16　选择【Effect】|【Stylize】|【Glow】命令，为其添加发光特效，如图 7-37 所示。

STEP 17　添加特效后，设置 Glow Threshold 为【20.0%】，如图 7-38 所示。

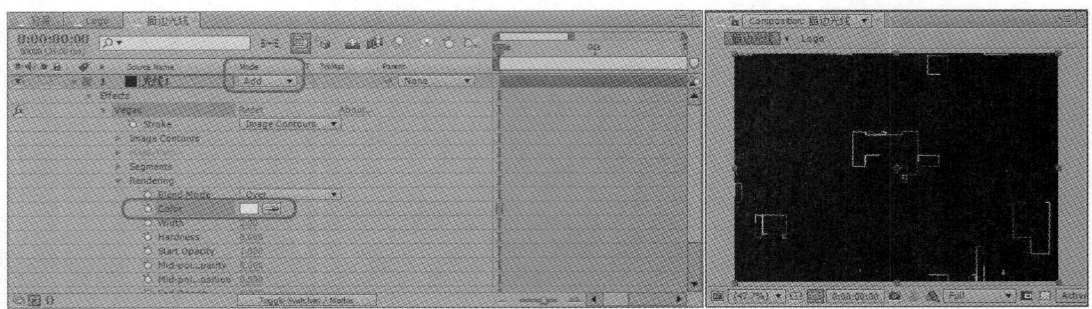

图 7-36

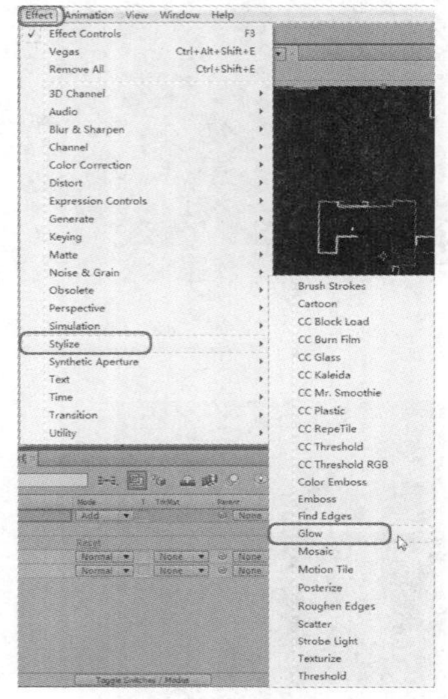

图 7-37

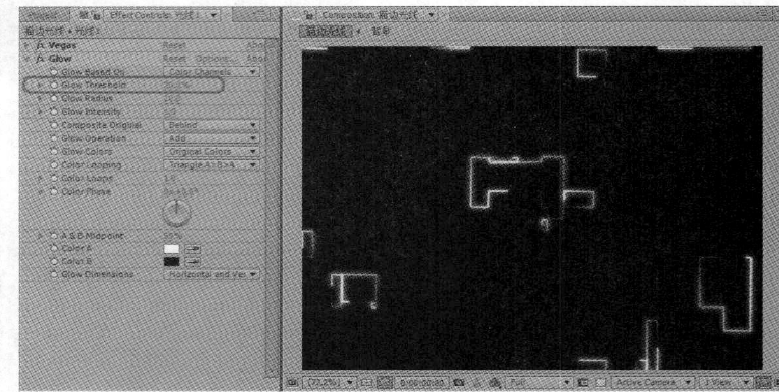

图 7-38

STEP 18 在时间线面板中，选择【光线 1】面板，按【Ctrl+D】组合键，复制该图层，然后调整 Vegas 特效的参数，在 Image Contours 选项组下，将 Input Layer 设置为【3.Logo】，如图 7-39 所示。

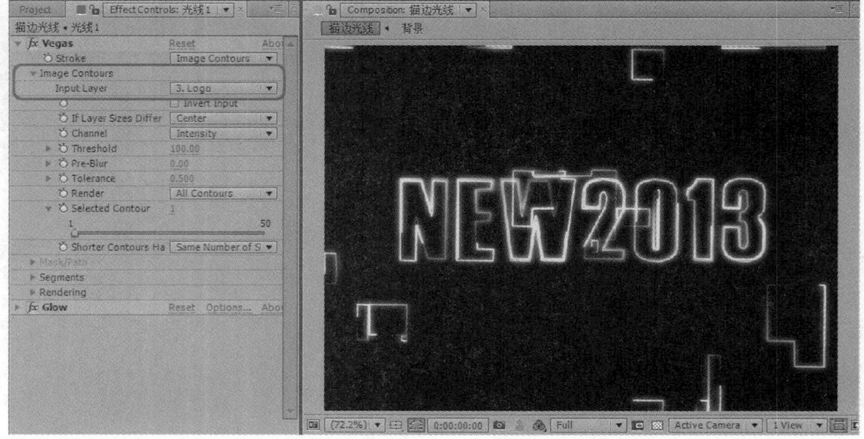

图 7-39

STEP 19　在 0:00:00:00 帧处，在【Segments】选项组下，单击 Length 左侧的按钮，打开动画关键帧记录，将【Length】设置为【0】，如图 7-40 所示。

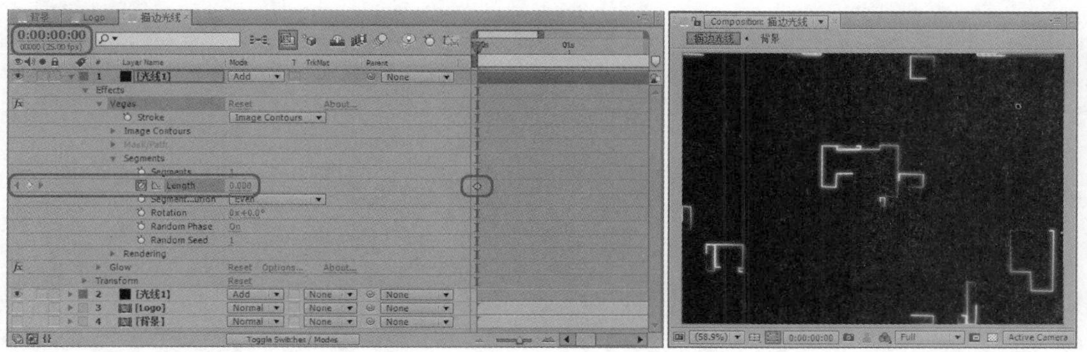

图 7-40

STEP 20　在 0:00:01:24 帧处，将【Length】设置为【1.000】，如图 7-41 所示。

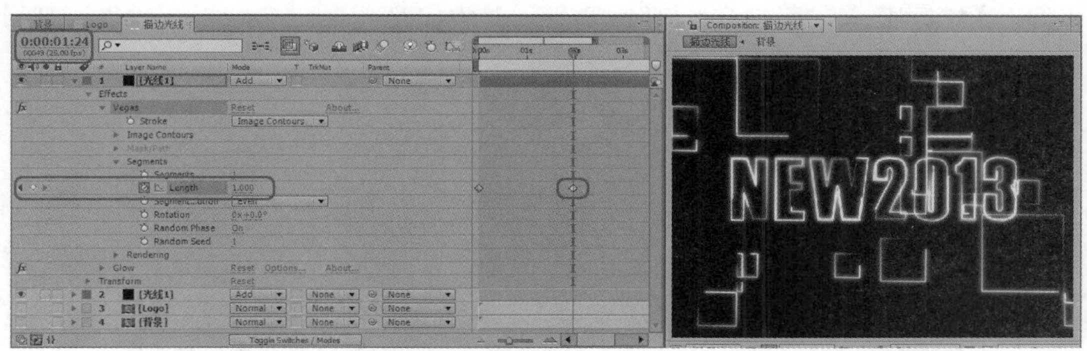

图 7-41

STEP 21　拖动时间指针，查看动画效果，如图 7-42 所示。

图 7-42

STEP 22　在时间线空白处右击，在弹出的快捷菜单中选择【New】|【Adjustment Layer】命令，新建一个调整图层，如图 7-43 所示。

STEP 23　新建调整图层后，选择【Effect】|【Stylize】|【Glow】命令，为其添加发光特效，如图 7-44 所示。

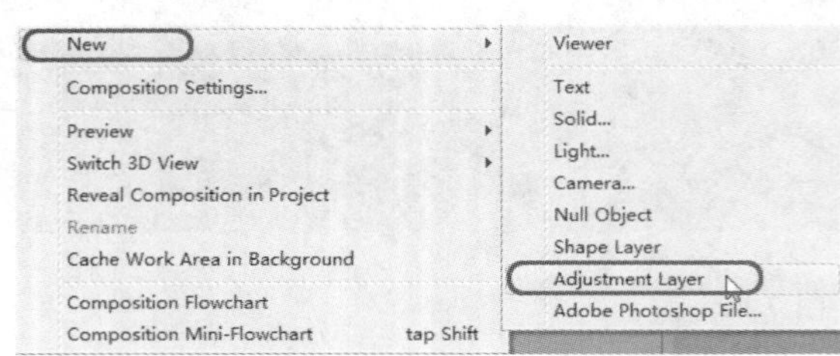

图 7-43

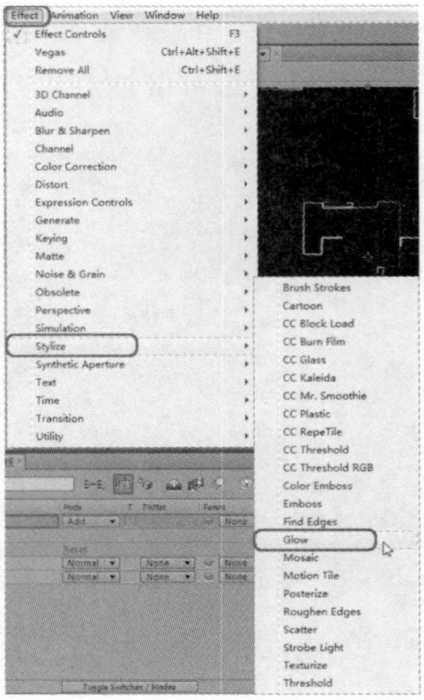

图 7-44

STEP 24 添加发光特效后，设置【Glow Threshold】为【100.0%】，【Glow Radius】为【100.0】，如图 7-45 所示。

图 7-45

STEP 25 在时间线面板中，选择图层【背景】，然后将其拖动至顶层并显示该图层，将 Mode 设置为 Screen，如图 7-46 所示。

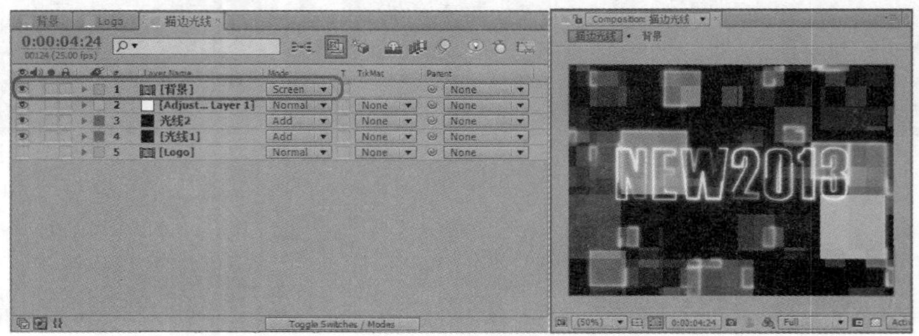

图 7-46

STEP 26　拖动时间指针，查看动画效果，如图 7-47 所示。

图 7-47

STEP 27　在时间线面板中，选择图层 3 并按回车键，将其重新命名为【光线 2】。选择图层【光线 1】和【光线 2】，调整 Vegas 的参数，设置【Threshold】为【150.00】，如图 7-48 所示。

图 7-48

STEP 28　在时间线面板中，选择【光线 1】图层，选择【Effect】|【Blur & Sharpen】|【Gaussian】命令，为其添加高斯模糊特效，设置【Blurriness】为【5.0】，如图 7-49 所示。

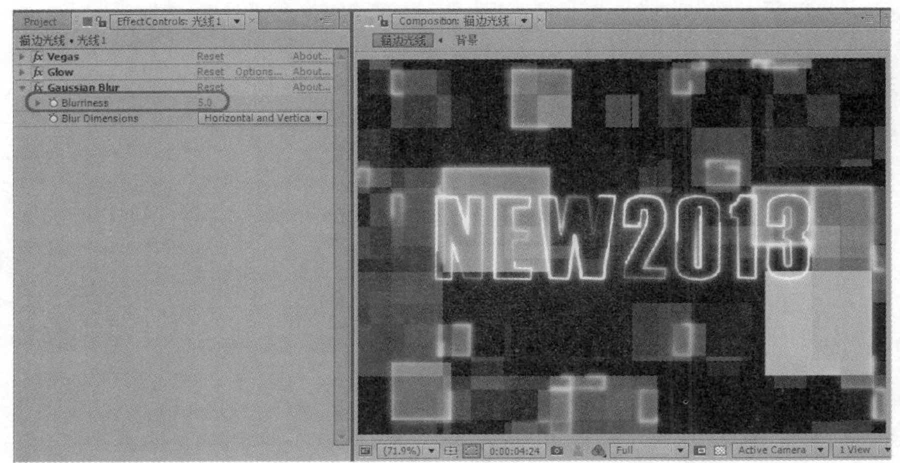

图 7-49

STEP 29 影片制作完成后，按空格键预览动画效果，如图 7-50 所示。

图 7-50

STEP 30 影片制作完成后将其输出为复合应用需要的影片，选择【Composition】|【Add to Render Queue】命令，将【描边光线】合成导入【Render Queue】窗口中，如图 7-51 所示。

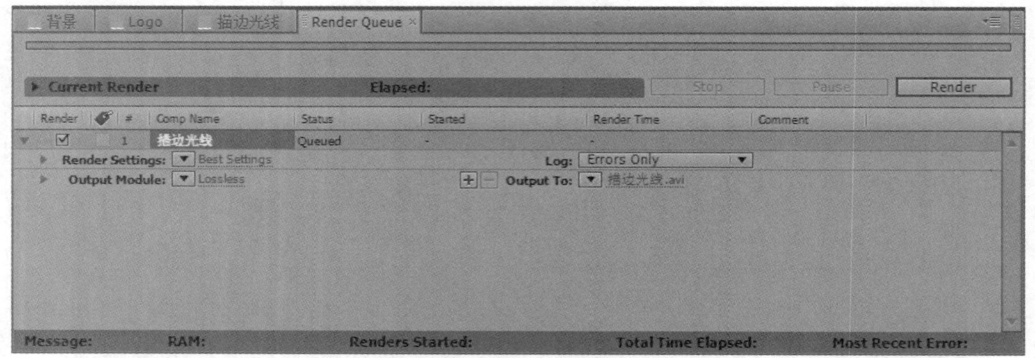

图 7-51

STEP 31 单击 Output To 右侧的【描边光线.avi】，打开【Output Movie To：】对话框，选择一个保存路径，并为影片命名，设置完成后单击【保存】按钮，如图 7-52 所示。

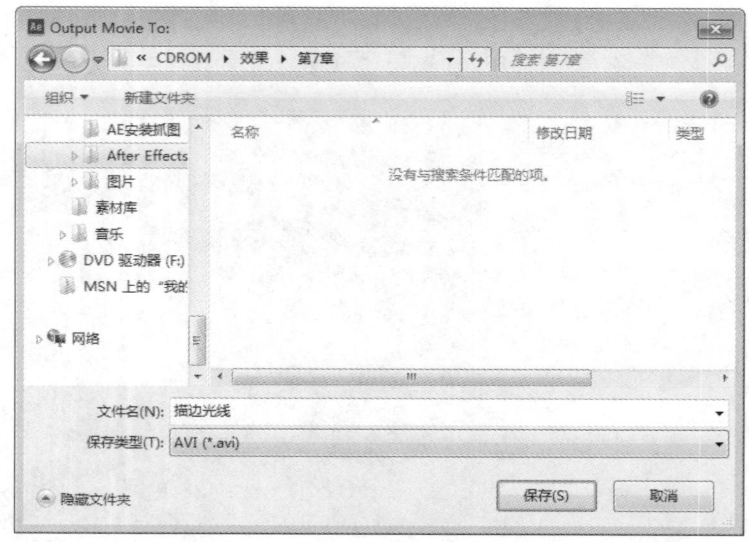

图 7-52

STEP 32　单击 Render 按钮，开始进行渲染输出，如图 7-53 所示为影片渲染输出的进度。

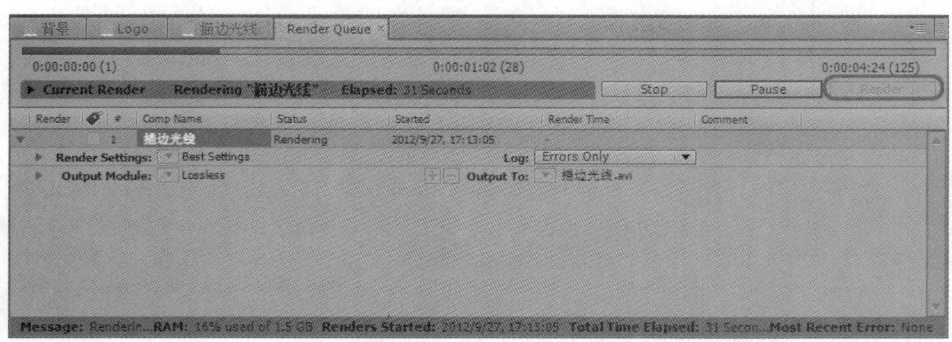

图 7-53

7.12.2　制作撕纸

本案例主要讲解怎样制作一个撕纸的效果，其效果如图 7-54 所示。具体操作步骤如下：

图 7-54

STEP 1　运行 After Effects CS6 软件后，在【Project】窗口中右击，在弹出的快捷菜单中选择【Composition】|【New Composition】命令，如图 7-55 所示。

STEP 2　打开【Composition Settings】对话框，在该对话框中将其重命名为 001，将【Duration】设置为 0:00:05:00，如图 7-56 所示。

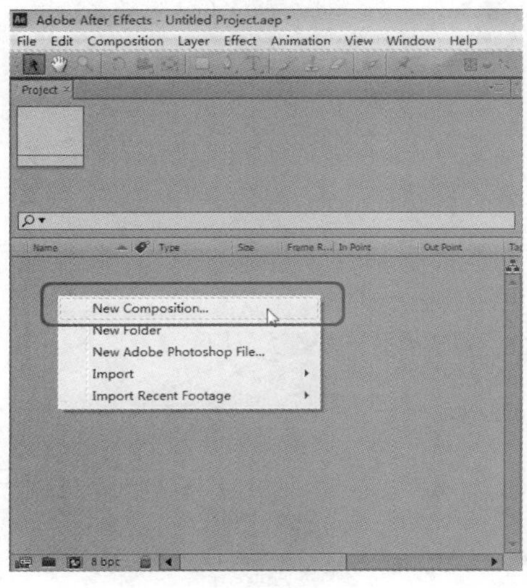

图 7-55

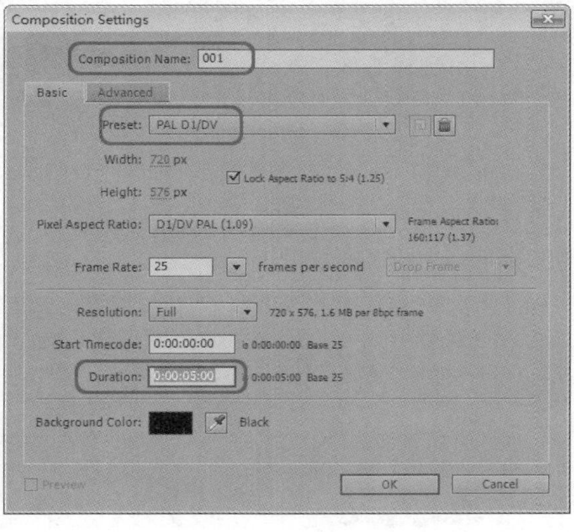

图 7-56

STEP 3 设置完成后单击【OK】按钮，在时间线窗口中右击，在弹出的快捷菜单中选择【New】|【Solid】命令，打开【Solid Settings】对话框，在该对话框中单击【Make Comp Size】按钮，如图 7-57 所示。

STEP 4 设置完成后单击【OK】按钮，在时间线窗口中选择【Black Solid 1】层，在菜单栏中选择【Effect】|【Noise& Grain】|【Fractal Noise】命令，如图 7-58 所示。

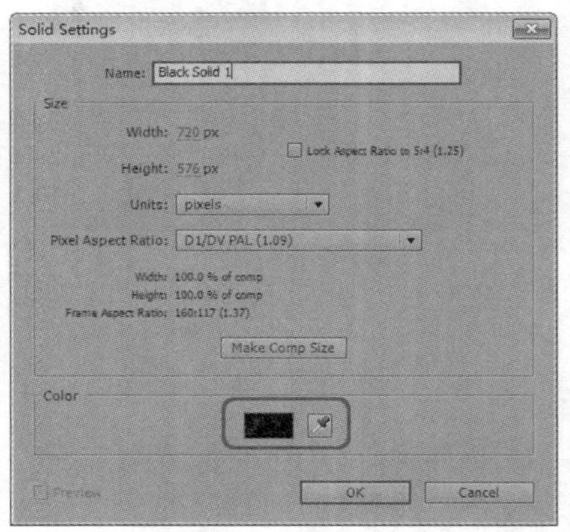

图 7-57

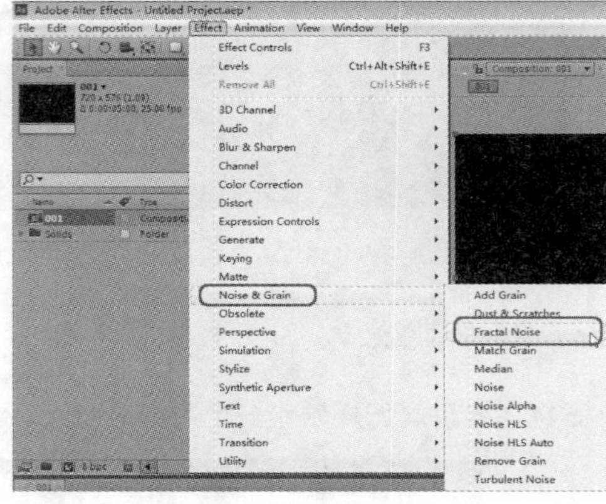

图 7-58

STEP 5 切换至【Effect Controls】窗口，将【Overflow】设置为【Clip】，如图 7-59 所示。

STEP 6 按【Ctrl+N】组合键，新建一个合成，将其重命名为【002】，将【Preset】设置为【PAL D1/DV】，将【Duration】设置为【0:00:05:00】，如图 7-60 所示。

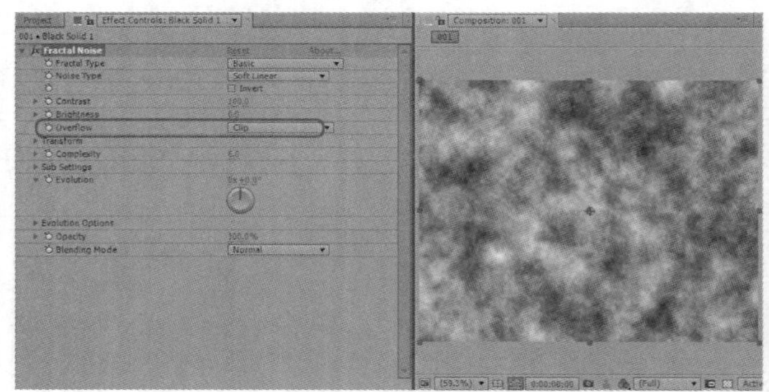

图 7-59

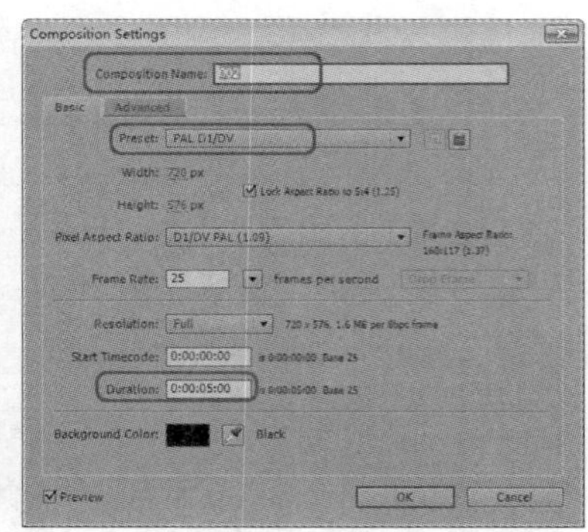

图 7-60

STEP 7 设置完成后单击【OK】按钮，在【Project】窗口中将【001】拖动至时间线窗口中，关闭其显示，如图 7–61 所示。

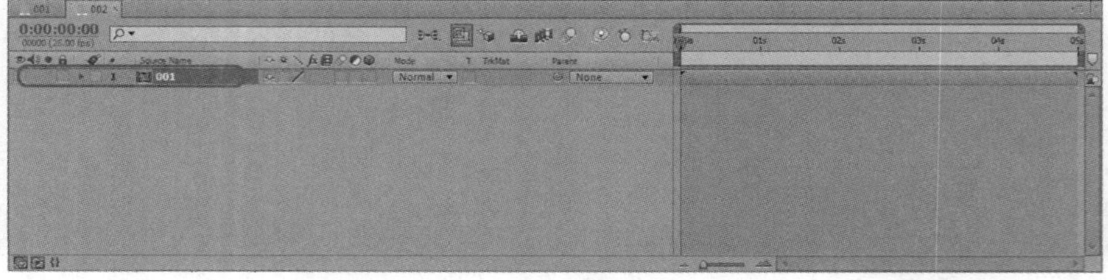

图 7-61

STEP 8 在菜单栏中选择【Horizontal Tool】工具，在【Composition】窗口中单击并输入文字内容，在【Character】窗口中将字体设置为【Impact】，将大小设置为【327px】，将【Vertically】设置为【190%】，将【Set the Baseline】设置为【–6px】，将 Horizontally 设置为【146%】，将字体颜色 RGB 值设置为【237、255、255】，如图 7-62 所示。

图 7-62

STEP 9 在时间线窗口中选择【Hello】层，在工具栏中选择【Pen Tool】工具，在绘制的矩形中绘制一个 Mask 形状，如图 7-63 所示。

STEP 10 在时间线面板中选择【Hello】层，按【Ctrl+K】组合键打开【Composition Settings】对话框，将【Background Color】设置为黑色，如图 7-64 所示。

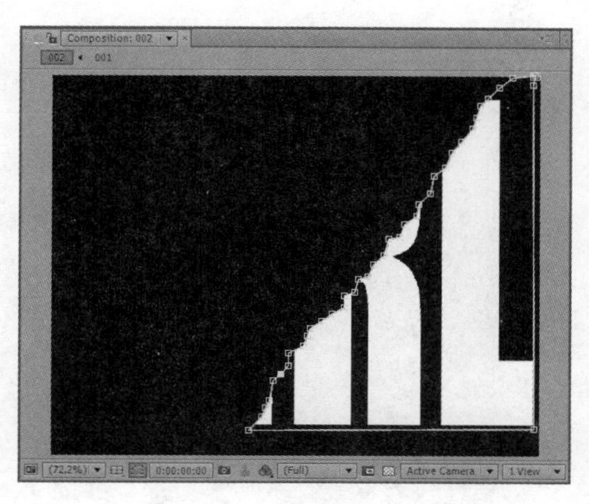

图 7-63

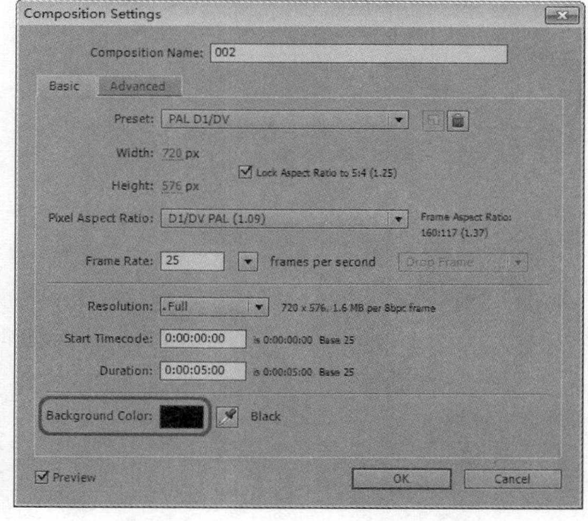

图 7-64

STEP 11 设置完成后单击【OK】按钮，在时间线窗口中选择【GIRL】层，在菜单栏中选择【Effect】|【Noise& Gain】|【Fractal Noise】命令，为其添加特效，切换至【Effect Controls】窗口，将【Overflow】设置为【Clip】，将【Transform】下的【Scale】设置为【450】，将【Opacity】设置为【50%】，如图 7-65 所示。

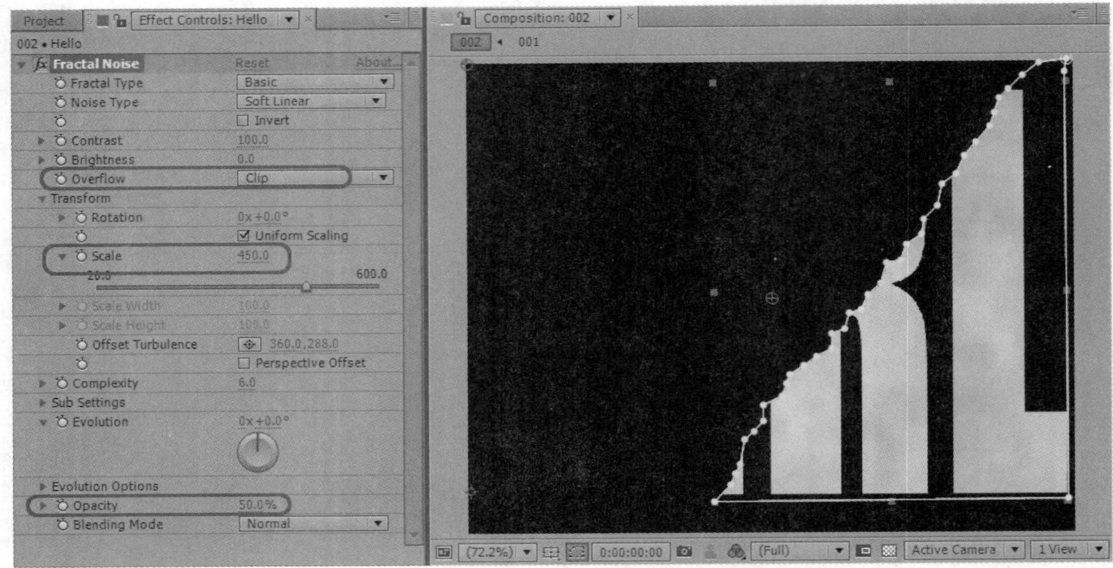

图 7-65

STEP 12 在时间线窗口中选择【GIRL】层，在菜单栏中选择【Effect】|【Stylize】|【Texturize】命令，如图 7-66 所示。

STEP 13 切换至【Effect Controls】窗口，将【Texture Layer】设置为【2.001】，如图 7-67 所示。

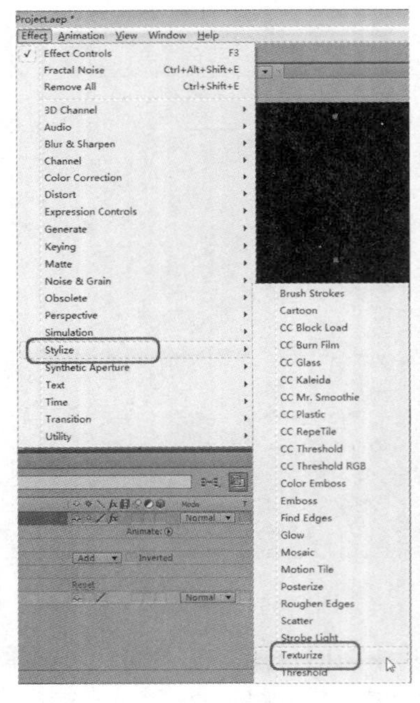

图 7-66

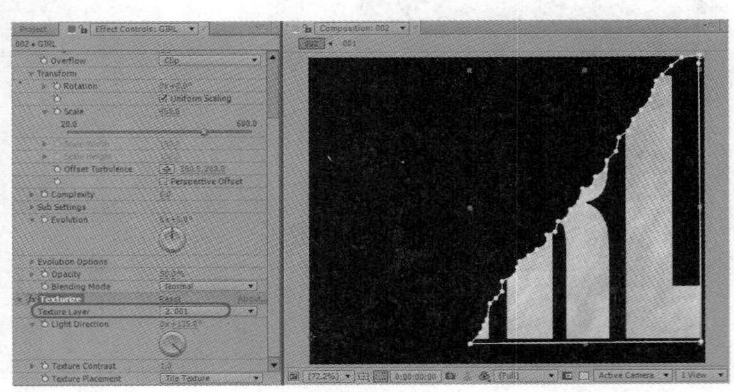

图 7-67

STEP 14 在【Project】窗口中选择【002】合成，按【Ctrl+D】组合键创建一个副本，将其重命名为【003】，如图 7-68 所示。

STEP 15　打开【003】合成时间线，在【Project】窗口中选择【002】合成并将其拖动至【003】合成时间线中，如图 7-69 所示。

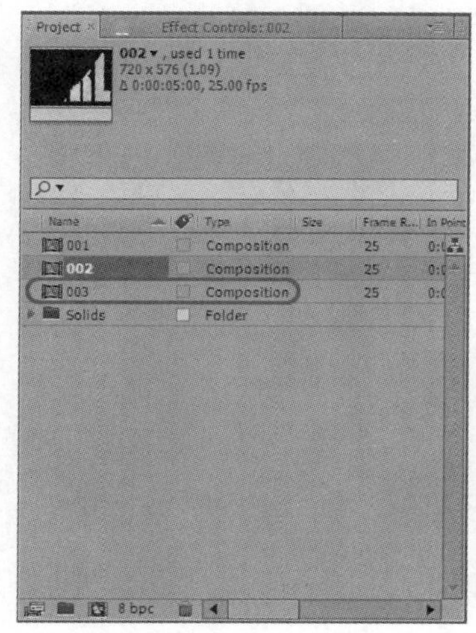

图 7-68

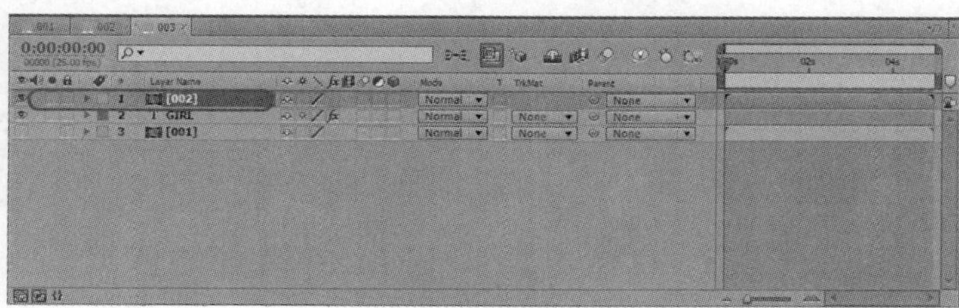

图 7-69

STEP 16　在时间线窗口中选择【GIRL】层，勾选【Mask 1】右侧的【Inverted】复选框，如图 7-70 所示。

图 7-70

STEP 17　设置完成后在时间线窗口中选择【002】层，在菜单栏中选择【Effect】|【Distort】|【CC Page Tum】命令，如图 7-71 所示。

STEP 18 切换至【Effect Controls】窗口，将【Controls】设置为【Classic UI】，将【Fold Direction】设置为【0x+198.0° 】，将【Light Direction】设置为【0x+7.0° 】，将【Render】设置为【Front Page】，将当前时间设置为 0:00:00:00，将【Fold Position】设置为【708.0，36.0】，如图 7-72 所示。

图 7-71

图 7-72

STEP 19 将当前时间设置为【0:00:04:24】，将【Fold Position】设置为【256，588】，如图 7-73 所示。

图 7-73

STEP 20 在时间线窗口中选择【002】层，将其重命名为【0021】，按【Ctrl+D】组合键 3 次，创建 3 个副本，如图 7-74 所示。

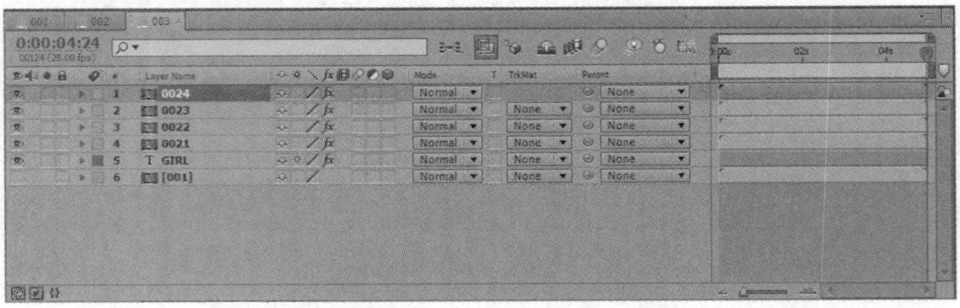

图 7-74

STEP 21　在时间线窗口中选择【0022】层，将【CC Page Turn】选项下的【Render】设置为【Back Page】，将【Back Page】设置为【4.0021】，将【Back Opacity】设置为【100.0】，如图 7-75 所示。

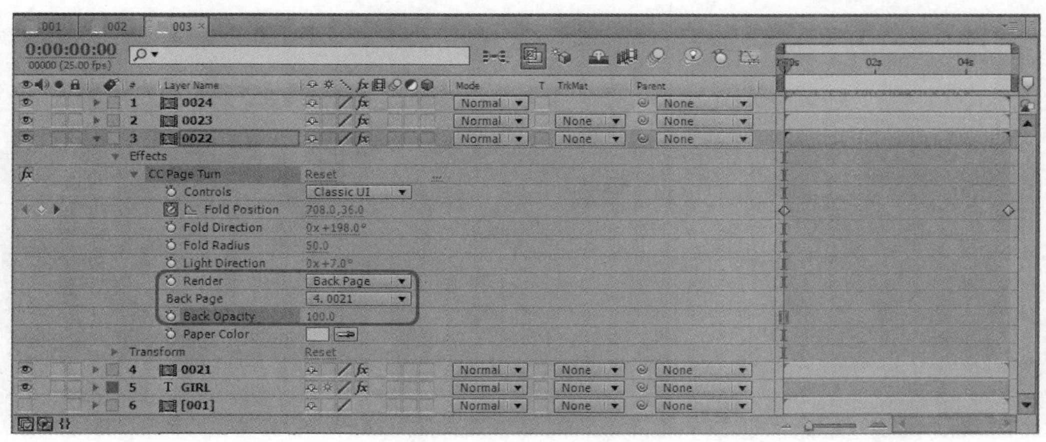

图 7-75

STEP 22　选择【Effect】|【Perspective】|【Drop Shadow】命令，如图 7-76 所示。

STEP 23　为该层添加特效，切换至【Effect Controls】窗口，将【Direction】设置为【0x+90.0°　】，将【Distance】设置为【20.0】，将【Softness】设置为【50.0】，勾选【Shadow Only】复选框，如图 7-77 所示。

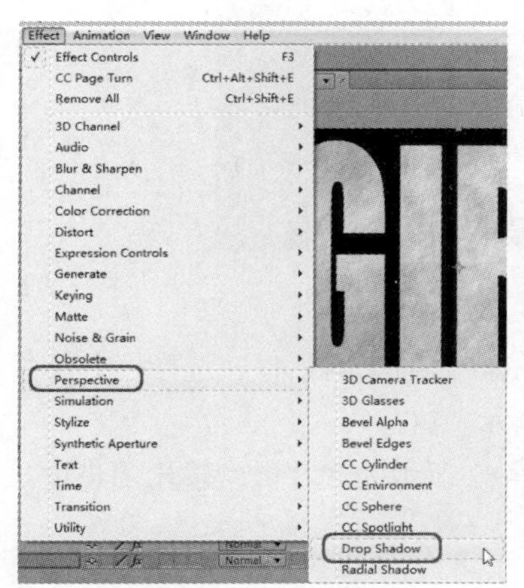

图 7-76　　　　图 7-77

STEP 24　在时间线窗口中选择【0024】，将【CC Page Turn】下的【Render】设置为【Back Page】，将【Back Page】设置为【0021】，将【Back Opacity】设置为 100，选择【Effect】|【Color Correction】|【Levels】命令，如图 7-78 所示。

STEP 25　切换至【Effect Controls】窗口，将【Gamma】设置为【0.45】，如图 7-79 所示。

STEP 26 影片制作完成后将其输出为复合应用需要的影片，按【Ctrl+M】组合键，打开【Render Queue】窗口中，如图 7-80 所示。

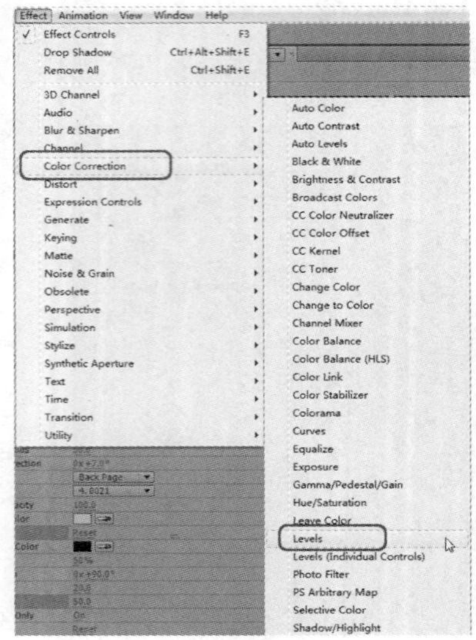

图 7-78

图 7-79

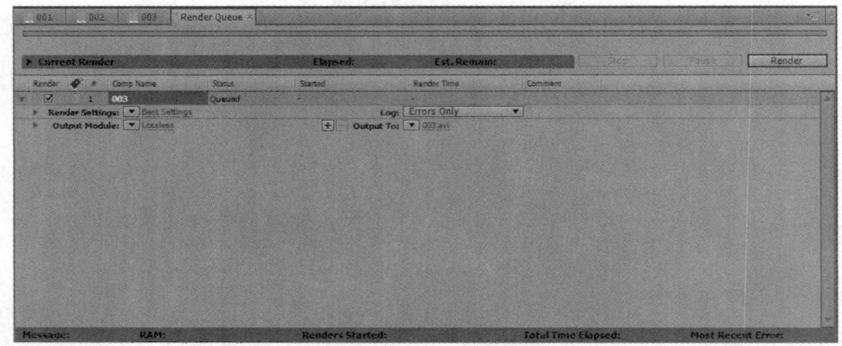

图 7-80

STEP 27 单击 Output To 右侧的蓝色文字，打开【Output Movie To：】对话框，选择一个保存路径，并为影片命名，设置完成后单击【保存】按钮，如图 7-81 所示。

STEP 28 单击【Render】按钮，开始进行渲染输出，如图 7–82 所示为影片渲染输出的进度。

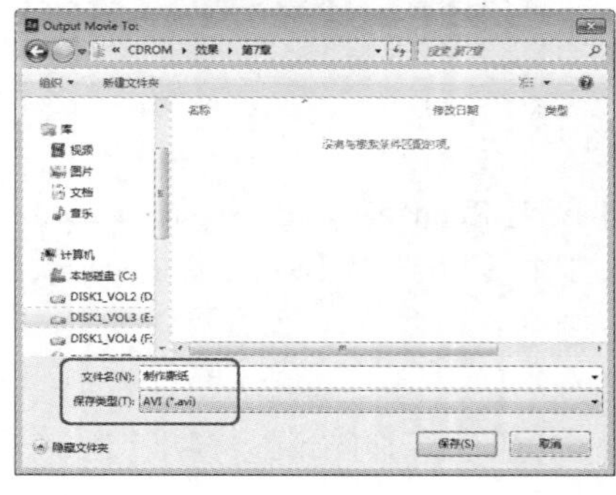

图 7-81

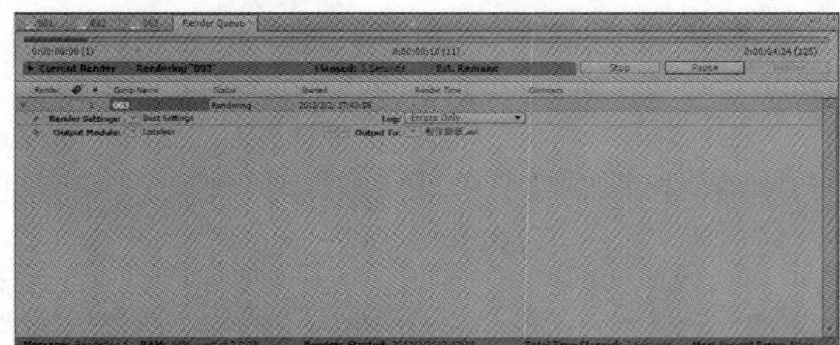

图 7-82

AE

第 8 章 Perspective 和 Simulation

Perspective 透视组提供了一些常用的比如阴影、灯光之类的特效，它们可以让对象看起来更具有立体感、真实感，实用性很强。Simulation 模拟选项组的特效大都用来模拟水、气泡、雨、雪、粒子和破碎效果，其中有一部分在以前的版本中是以插件形式存在的，在 After Effects 中被整合进来，这大大地加强了 After Effects 的特效生产能力。今后，我们在使用 After Effects 制作雨雪效果以及粒子效果的就不必再借助其他的软件或插件了。

8.1 Perspective（透视）

通过 Perspective 选项组中的参数设置，可以使对象更具有立体感，增加场景的真实性。

1. 3D Glasses

3D Glasses（3D 眼镜），该特效可以将两个层的图像合并到一个层中，并产生三维效果，该特效的控制项与其应用后的效果如图 8-1 所示。

图 8-1

该特效各项参数的含义如下。

- Left View（左视图），用于设置左边显示的图像。
- Right View（右视图），用于设置右边显示的图像。

- Scene Convergence（聚焦偏移），用于设置图先后聚焦的偏移量。
- Swap Left-Right（交换左右），勾选该复选框，可以将图像的左右视图进行交换。
- 3D View（3D 视图），可以从右侧的下拉列表中选择一种 3D 视图的模式。
- Balance（平衡），用于对 3D 视图中的颜色显示进行平衡处理。

2. Bevel Alpha

Bevel Alpha（通道倒角），该特效可以根据图像的 Alpha 通道边缘进行倒角，并模拟灯光照明的效果，产生边缘部位的明暗对比，这样让对象看起来更具立体感，控制项很简单，如图 8-1 中我们为可爱【图片图层】添加了 Bevel Alpha 特效，该特效会根据图像的 Alpha 边缘进行倒角，我们看到，现在图片的边缘好像有了厚度一般，它的控制项如图 8-2 所示。

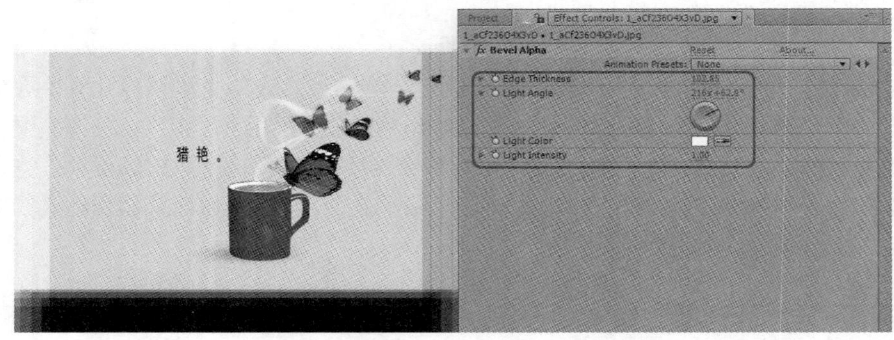

图 8-2

该特效各项参数的含义如下。

- Edge Thickness：定义边缘厚度。
- Light Angle：灯光角度。
- Light Color：灯光颜色。
- Light Intensity：灯光强度。

3. Bevel Edges

Bevel Edges（边缘倒角），它会根据图层的边缘进行倒角，基本上忽略通道对它的影响，这样就可以产生一些有趣的效果，比如图 8-3 中我们为背景图像添加了 Bevel Edges 特效，原来一个平面的层，现在看起来好像个小房子一样，该特效控制项基本与 Bevel Alpha 特效的控制项一样，其具体的讲解如下。

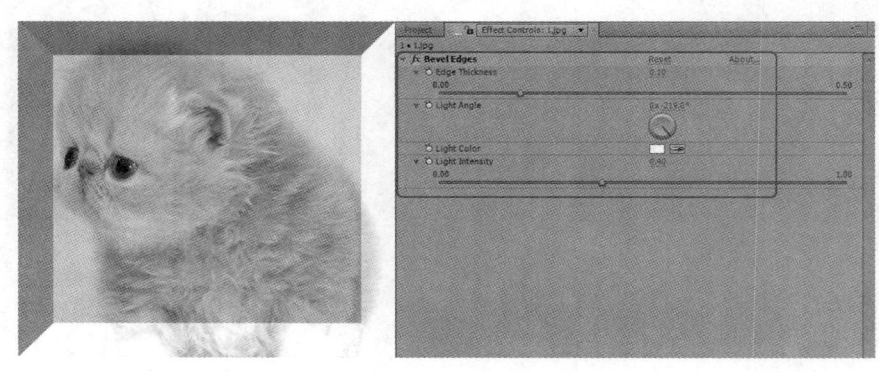

图 8-3

- Edge Thinness：边缘厚度。
- Light Angle：灯光角度。
- Light Color：灯光颜色。
- Light Intensity：灯光强度。

4. CC Cylinder

CC Cylinder：在之前的 After Effects 版本中，该特效是以插件形式存在的，After Effects CS6 软件的更新中被加入进来，它可以模拟很多意想不到的效果，将平面的图层进行弯曲，并进行三维空间的旋转和任意角度观察，将图层进行三维变形，以前，这类特效在后期软件中，只能在 Fusion 或 5D Cyborg 这样的大型软件中才能实现，图 8-4 所示为 CC Cylinder 的控制界面。

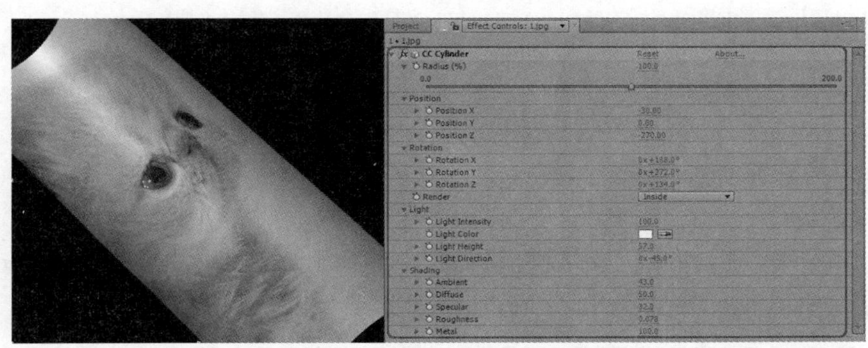

图 8-4

图 8-4 中的选项讲解如下。

- Radius（半径），也就是将图层弯曲成圆柱体后的半径大小。
- Position：位移控制。
  - Position X：X 向的位移控制。
  - Position Y：Y 向的位移控制。
  - Position Z：Z 向的位移控制。
- Rotation：旋转控制。
  - Rotation X：X 轴的旋转控制。
  - Rotation Y：Y 轴的旋转控制。
  - Rotation Z：Z 轴的旋转控制。
- Render（渲染设置），单击显示下拉列表，如图 8-5 所示。

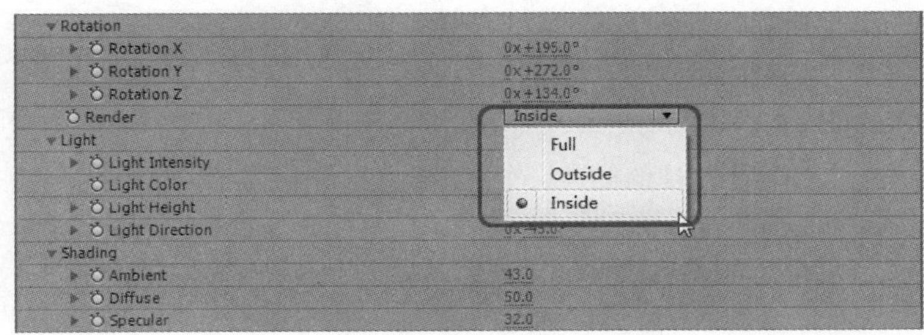

图 8-5

- Full：对整个图形进行渲染。
- Outside：只以外侧面进行渲染。
- Inside：只对内侧面进行渲染。

- Light：灯光设置。
  - Light Intensity：灯光强度。
  - Light Color：灯光颜色。
  - Light Height：灯光高度。
  - Light Direction：灯光方向。
- Shading：着色方式设置。
  - Ambient：环境亮度。
  - Diffuse：固有色强度，也就是图像本身的亮度。
  - Specular：高光强度。
  - Roughness：粗糙度。
  - Metal：金属度。

5．CC Sphere

CC Sphere：它的效果与 CC Cylinder 属于一类，它对图形进行一个球形的处理，并且可以在任意角度去观察，效果如图 8-6 所示。

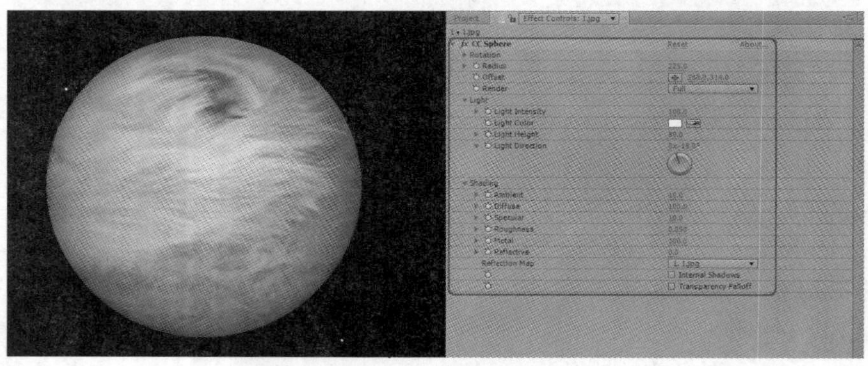

图 8-6

该特效各项参数的含义如下。

- Rotation：旋转控制。
  - Rotation X：X 向旋转控制。
  - Rotation Y：Y 向旋转控制。
  - Rotation Z：Z 向旋转控制。
- Radius：圆球的半径。
- Offset（偏移），也就是圆球的位置。
- Render：渲染设置。
  - Full：以整个平球体都进行渲染。
  - Outside：只对球体的外侧面进行渲染。
  - Inside：只对球体的内侧面进行渲染。

- Light：灯光设置。
  - Light Intensity：灯光强度。
  - Light Color：灯光颜色。
  - Light Height：灯光高度。
  - Light Direction：灯光照射方向。
- Shading：着色方式控制选项。
  - Ambient：环境亮度。
  - Diffuse：图像本身亮度。
  - Specular：高光亮度。
  - Metal：金属度。
  - Reflective：该特效还可以模拟现实生活中的反射效果，该选项控制反射的强度。
  - Reflection Map：可以设置反射贴图，也就是要投射哪一层图像，比如要反射天空的环境，那么在这里就应该选择一个天空图案的层。当然，这个层必须与当前层在同一个合成中。
  - Internal Shadows：该选框项控制是否显示内部阴影。
  - Transparency Falloff：开启该选框项将显示透明衰减，这样效果更接近真实，也更有质感。

6. CC Spotlight

CC Spotlight：该特效可以用来模拟灯光在空气中所产生的质量光效果，以前在 After Effects 中一直都用 Mask 来制作，但是效果并不是很好，所以很多时间都在三维软件中制作，相比之下，使用该特效要简单、快捷多了，控制项很简单，如图 8-7 所示。

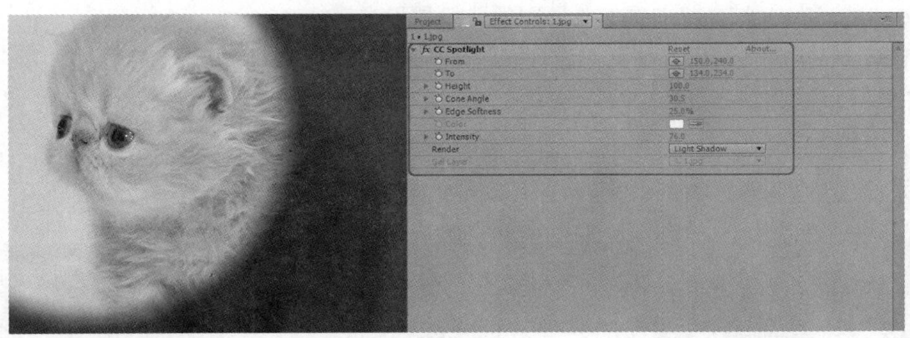

图 8-7

该特效各项参数的含义如下。

- From：控制灯光的位置。
- To：控制灯光的照射方向。
- Height：灯光高度。
- Cone Angle：灯光照射面积的大小。
- Edge Softness：灯光边缘的柔和度。
- Color：灯光颜色。
- Intensity：灯光强度。
- Render：渲染方式，单击弹出下拉列表如图 8-8 所示。

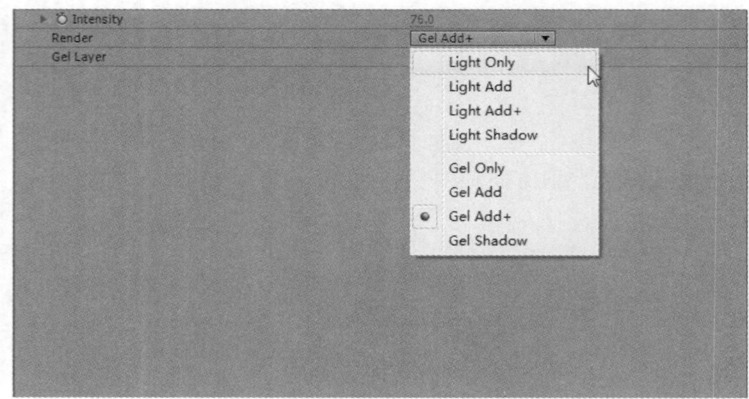

图 8-8

- Light Only：只显示灯光。
- Light Add：灯光和原图像进行叠加，但不计算 Alpha 通道。
- Light Add+：灯光和原图像进行叠加，并且计算通道。
- Light Shadow：灯光在原图像上进行照射，灯光照射到的地方为亮色，其他地方明显暗许多。
- Gel Only：在该特效中，灯光不仅是单色，还可以指定一个素材作为灯光所投射的图案，选择该选项后，将只显示灯光照射区域内的投射图案。
- Gel Add：灯光投射图案将与原图像进行叠加，但不计算 Alpha 通道。
- Gel Add+：灯光投向图案与原图像进行叠加，并且计算 Alpha 通道。
- Gel Shadow：灯光投向图案与原图像，但是相对都较暗。

- Get layer：指定将使用哪一层作为灯光的投射图案。

7. Drop Shadow

Drop Shadow（投射阴影），这是一个使用率相当高的特效，控制项很简单，但是很实用，主要用来为目标图层创建阴影，如图 8-9 所示。

图 8-9

该特效各项参数的含义如下。

- Shadow Color：单击右侧的颜色色块，可在弹出的对话框中设置阴影颜色。
- Opacity：设置阴影的透明度。

- Direction：设置投向阴影的方向。
- Distance：设置阴影与原图像的距离。
- Softness：设置阴影的柔和度。
- Shadow Only：勾选该复选框，将只显示阴影。

8. Radial Shadow

Radial Shadow（投影阴影），这也是一个高效的投影特效，相对“Drop Shadow”，它提供了更多的选项，用于创建更复杂的阴影效果，如图 8-10 所示。

图 8-10

- Shadow Color：阴影颜色。
- Opacity：阴影的透明度。
- Light Source：灯光的位置。
- Projection Distance：灯光与阴影的距离，此项数值加大之后，阴影也会放大。
- Softness：阴影的柔和度。
- Render：渲染方式。
  - Regular：常规投影方式。
  - Glass edge：玻璃边缘，选择该选项后，阴影边缘的颜色将由图像的边缘颜色决定。
- Color Influence：颜色影响强度。
- Shadow Only：勾选该复选框后将只显示阴影。
- Resize Layer：勾选该复选框后，将重新定义添加特效之后的图层大小。

9. Perspective 应用实例

下面将通过一个具体实例的实现流程，详细介绍 Perspective 的基本使用方法。打开随书附带光盘中的【音乐巅峰.aep】，我们将通过这个案例来了解和认识 Perspective 菜单下的相关特效知识。

STEP 1　3D Glasses（3D 眼镜）效果。

选择文字图层，为其添加【Effect】|【Perspective】|【3D Glasses】特效，设置参数【Left View】为音乐巅峰，【Right View】为背景【.jpg】，设置【Scene Convergence】值为【30.0】，勾选【Swap Left-Right】复选框，设置【3D View】为【Interlace Upper L Lower R】，其他均为默认，其视图效果如图 8-11 所示。

图 8-11

STEP 2 Bevel Alpha（Alpha 倒角）效果。

选择文字图层，为其添加【Effect】|【Perspective】|【Bevel Alpha】特效。设置参数【Edge Thickness】为【4.00】，【Light Intensity】为 1.00，其余参数不变时的效果如图 18-12 所示。

图 8-12

STEP 3 Bevel Edges（边缘倒角）效果。

选择背景图层，为其添加【Effect】|【Perspective】|【Bevel Edges】效果。设置【Edge Thickness】参数为【0.20】，【Light Angle】参数为【0x+180.0° 】，【Light Intensity】为【0.50】，其他参数均为默认的情况下，效果如图 8-13 所示。

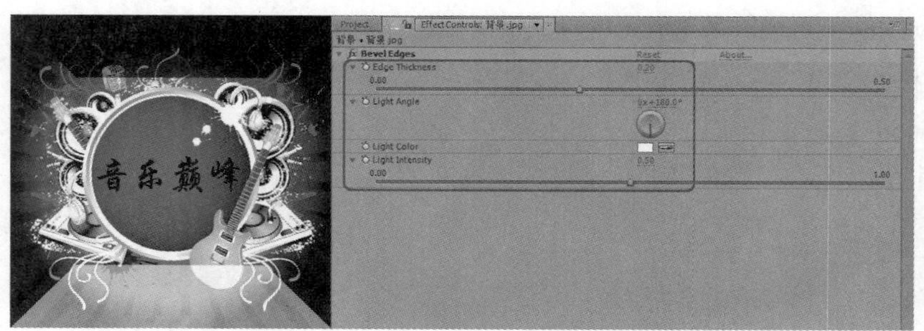

图 8-13

STEP 4 CC Cylinder（柱面）效果。

选择文字图层，为其添加【Effect】|【Perspective】|【CC Cylinder】特效。设置参数【Radius（%）】为【150.0】，【Light Intensity】为【150.0】，【Light Height】为【50.0】，【Ambient】为【80.0】，

其他参数为默认参数，其效果如图 8-14 所示。

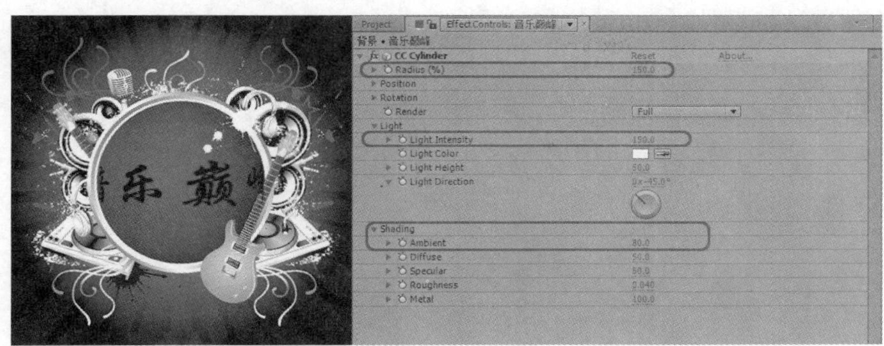

图 8-14

STEP 5　CC Sphere（球体）效果。

选择文字图层，为其添加【Effect】|【Perspective】|【CC Sphere】特效。将【Rotation X】参数设置为【0x-50.0°】,【Radius】为【100.0】,【Light Intensity】为【120.0】,【Light Height】为【100.0】，其他参数为默认参数，其效果如图 8-15 所示。

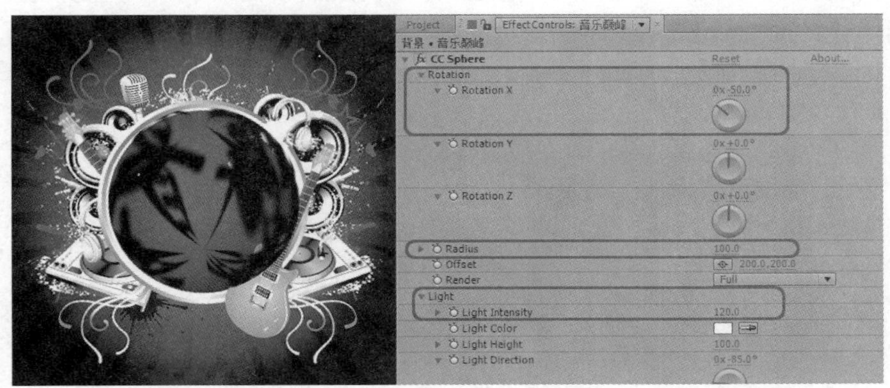

图 8-15

STEP 6　CC Spotlight（聚光灯）效果。

选择背景图层，为其添加【Effect】|【Perspective】|【CC Spotlight】特效。将【From】参数设置为【494.0，116.0】，【To】参数设置为【221.0,196.0】，【Height】为【70.0】，【Edge Softness】为【30.0%】，【Intensity】为【80.0】，其他参数为默认参数，其效果如图 8-16 所示。

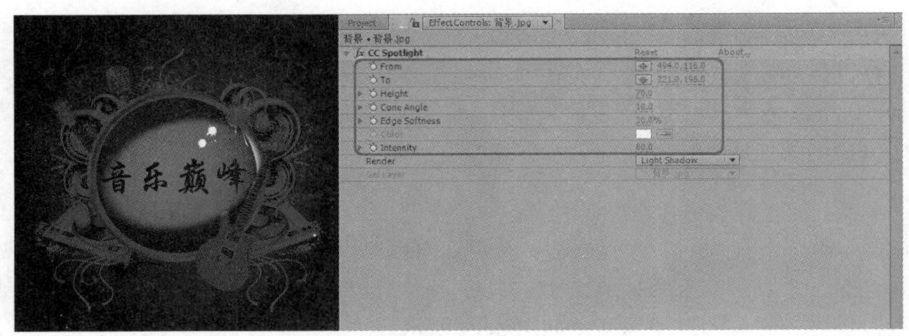

图 8-16

STEP 7 Drop Shadow（下降阴影）效果。

选择文字图层，为其添加【Effect】|【Perspective】|【Drop Shadow】特效。将【Opacity】参数设置为【35%】，【Direction】为【0x-41.0°　】，【Distance】为【20.0】，其他参数为默认参数，其效果如图 8-17 所示。

图 8-17

STEP 8 Radial Shadow（径向阴影）效果。

选择文字图层，为其添加【Effect】|【Perspective】|【Radial Shadow】效果。设置参数【Opacity】为【40.0%】，【Light Source】为【100.0,150.0】，【Projection Distance】为【10.0】，【Softness】为【10.0】，【Render】为【Glass Edge】，【Color Influence】为【50.0%】，其他参数为默认参数，其效果如图 8-18 所示。

图 8-18

8.2 Simulation（模拟）

Simulation（模拟），该组的特效大部分都是用来模拟一些水、气泡、雨、雪、粒子和破碎效果的，其中有一部分在以前的版本中是以插件形式存在的，在 After Effects CS6 新软件中被整合进来，从而大大地加强了 After Effects 的特效生产能力。今后，我们在使用 After Effects 制作雨雪效果及粒子效果就不必再借助其他的软件或插件。

1. Card Dance

Card Dance（舞蹈卡片），为图像添加该特效，可以将图像分割成规则或不规则的形状，然后进行统一动画。这是一个真正的三维特效，还可以在 X、Y、Z 轴上对卡片进行位移、旋转或者缩放等操作，还可以设置灯光方向和材质属性，如图 8-19 所示。

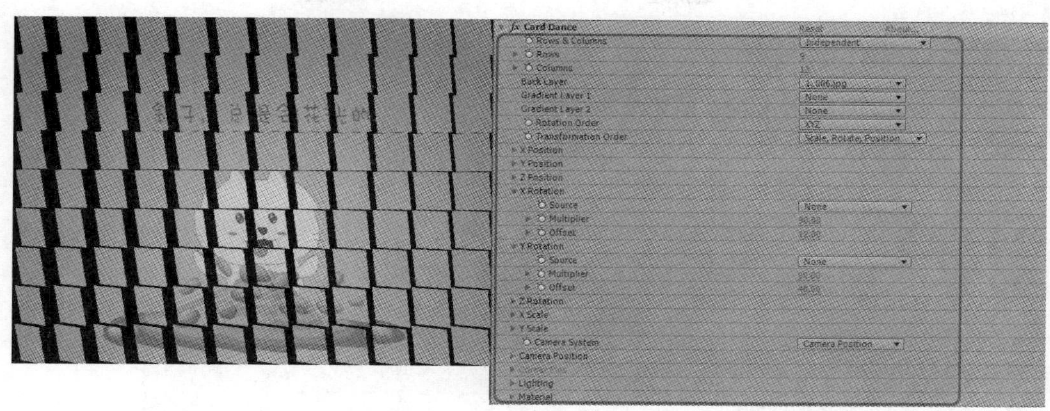

图 8-19

该特效各项参数的含义如下。

- Row & Columns（分割选项），单击弹出如图 8-20 所示的下拉列表。

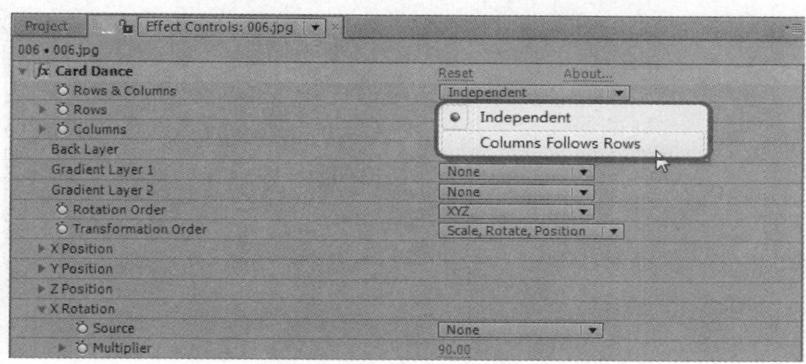

图 8-20

 - Independent：选择该选项时，行数和列数将分开控制。
 - Columns Follows Rows：选择该选项时，行数和列数将由一个参数统一控制。
- Rows：行数。
- Columns：列数。
- Back Layer：背面图层。
- Gradient Layer 1：指定渐变层 1。
- Gradient Layer 2：指定渐变层 2。
- Rotation Order：旋转轴向设置。
- Transformation Order：变换方式设置。
- X Position：X 方向的位置紊乱。
 - Source（源），也就是要以哪个通道作为紊乱的源通道。
 - Multiplier：紊乱强度。
 - Offset：X 方向的位置偏移。
- Y Position：Y 方向的位置紊乱调节，具体控制选项与前一项一样，这里就不再赘述。
- Z Position：Z 方向的位置紊乱调节。

- X Rotation：X 轴向的旋转紊乱调节。
- Y Rotation：Y 轴向的旋转紊乱调节。
- Z Rotation：Z 轴向的旋转紊乱调节。
- X Scale：X 向的缩放紊乱调节。
- Y Scale：Y 向的缩放紊乱调节。
- Camera System：选择摄像机系统，单击弹出下拉列表，如图 8-21 所示。

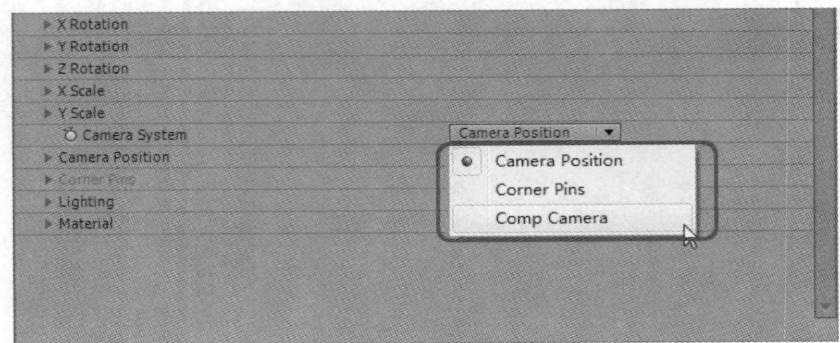

图 8-21

  - Camera Position：普通的摄像机系统，该模式下的摄像机可以进行自由地移动和旋转。
  - Corner Pins：平角摄像机，该模式下，将会通过四个角点的位置控制摄像机的观察区域。
  - Comp Camera：使用当前合成的摄像机。
- Camera Position：摄像机变换控制，当摄像机系统为“Camera Position”时，该选项可用。
  - X Rotation：摄像机 X 方向旋转。
  - Y Rotation：摄像机 Y 方向旋转。
  - Z Rotation：摄像机 Z 方向旋转。
  - X,Y Position：摄像机在 XY 的位置控制。
  - Z Position：摄像机在 Z 方向的位置。
  - Focal Length：焦距控制。
  - Transform Order：变换方式。
- Corner Pins：当摄像机系统为“Corner Pins”时该选项可用，它会通过对个人角点位置的调节控制摄像机的观察角度和区域。
  - Upper Left corner：左上角控制点的位置。
  - Upper Right corner：右上角控制点的位置。
  - Lower Left corner：左下角控制点的位置。
  - Lower Right corner：右下角控制点的位置。
  - Auto Focal Length：自动焦距，勾选该选项后，系统将自动调节摄像机的焦距。
  - Focal Length：如果不选择自动焦距，该选项将可用，手动控制摄像机的焦距。
- Lighting：灯光控制项。
  - Light Type（灯光类型），单击弹出下拉列表，如图 8-22 所示。

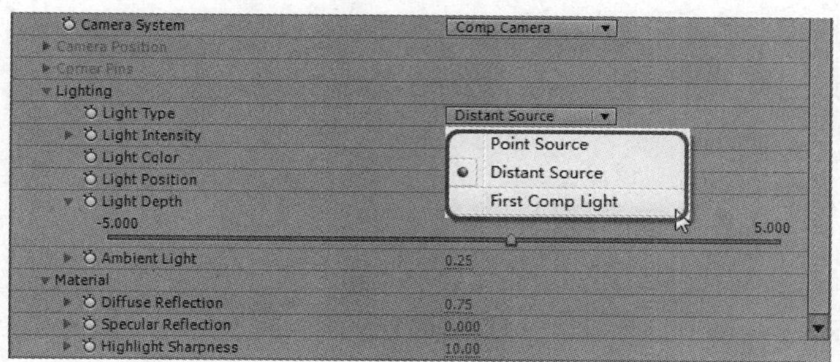

图 8-22

- Point Source（点光源），这种灯光会有一定的衰减，离灯光近的区域较亮，离灯光较远的区域相对较暗。
- Distant Source：这种光源没有衰减，不论多远，都可以照亮对象。
- First Comp Light：应用在当前合成里创建的第一盏的灯光类型。
  - Light Intensity：灯光强度。
  - Light Color：灯光颜色。
  - Light Position：灯光位置。
  - Light Depth：灯光深度。
  - Ambient Light：环境光的强度。
- Material：材质控制。
  - Diffuse Reflection：固有色反射强度，其实就是控制图像本身图案的亮度。
  - Specular Reflection：高光强度。
  - Highlight Sharpness：亮光区域的柔和强度。

2. Caustics

Caustics：该特效可以模拟物体在水下时，从水面向水中看的情况，可以真实地模拟出不同的水深度所产生的折射效果，甚至是天空对水面的影响，可以说这是一个高质量的模拟特效，效果如图 8-23 所示。

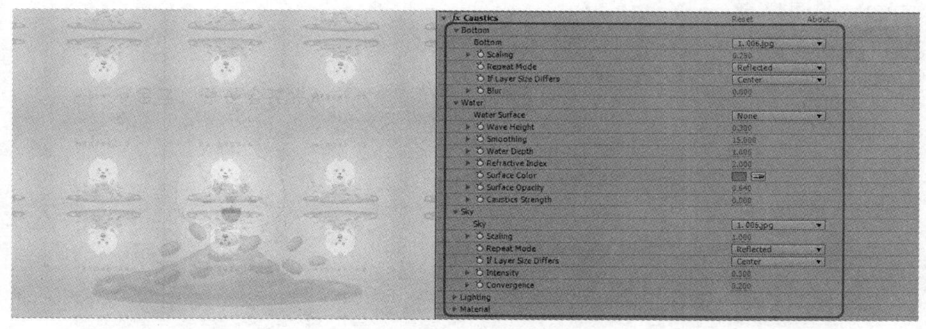

图 8-23

该特效各项参数的含义如下。

- Bottom：底部。
  - Bottom：定义底部的图案。

- ➢ Scaling：底部图案的缩放控制。
- ➢ Repeat mode：当对底部图案进行缩小时，系统会自动将图案进行重复，该选项就是控制重复的方式。
  1. Once：不进行重复，只显示一次。
  2. Tiled：平铺，将图像进行平铺以填满整个图像。
  3. Reflected：反射，也就是进行镜像的平铺。
- ➢ If Layer Size Differs：如果目标层与原层分辨率不一致，可以在这里设置将目标层进行拉伸或以中心进行对齐。
- ➢ Blur：对目标层进行模糊。

- Water：水的设置。
  - ➢ Water Surface：可以指定一个图层作为水面的反射图案。
  - ➢ Wave Height：波纹的高度。
  - ➢ Smoothing：平滑，也就是水面的平滑度。
  - ➢ Water Depth：水深度，不同的水深度将会产生不同的折射率。
  - ➢ Refractive Index：折射率，不同的透明物体有不同的折射率，水的折射率为 1。
  - ➢ Surface Color：水面的颜色。
  - ➢ Surface Opacity：水面的透明度。
  - ➢ Caustics Strength：水经过光线的照射后会产生焦散，这项参数控制焦散的拉伸强度。
- Sky：天空设置项。
  - ➢ Sky：指定天空的图案。
  - ➢ Scaling：在水面反射天空的大小。
  - ➢ Repeat Mode：天空的重复方式，与前面讲过的重复方式一样，可以参考前面。
  - ➢ If Layer Size Differs：如果目标层与当前层的分辨率不一致，在这里可以设置将其进行对齐或拉伸。
  - ➢ Intensity：在水面反射的天空透明度。
  - ➢ Convergence：水面对天空反射的聚合强度。
- Lighting：照明设置。
  - ➢ Light Type：灯光的类型，单击弹出下拉列表，如图 8-24 所示。

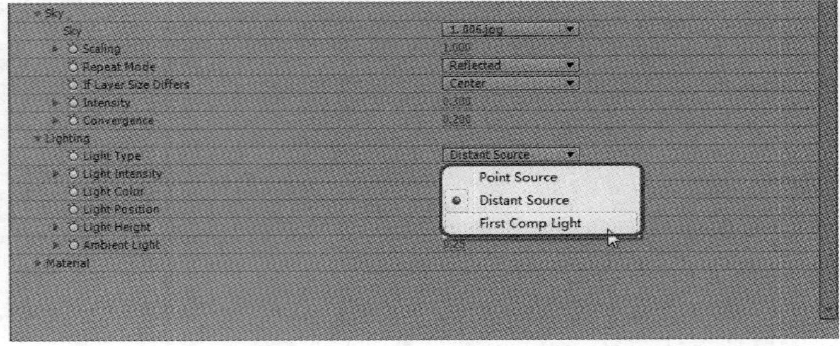

图 8-24

- Point Source：点光源，与现实生活中的灯光一致，离灯光近的物体较亮，远处的则较暗，有一定的衰减。
- Distant Source：远光，这个类型的灯光没有衰减，无论多远都可以被照亮。
- First Comp Light：勾选该复选框后会发现，现在的灯光颜色，其实使用的是水面的颜色。
  - Light Intensity：灯光强度。
  - Light Color：灯光颜色。
  - Light Position：灯光的位置。
  - Light Height：灯光高度。
  - Ambient Light：环境的亮度。
- Material：材质属性设置。
  - Diffuse Reflection：图像本身对周围环境的反射强度。
  - Specular Reflection：图像高光部分对环境的反射强度。
  - Highlight Sharpness：对图像高亮部分的锐化强度，值越大，越清晰。

3. CC Ball Action

CC Ball Action（CC 滚珠操作）。该特效以前是一个非常经典的球特效插件，它可以将图像分裂成小球，并且进行三维空间的运动，而且可以很好地计算通道，效果如图 8-25 所示。

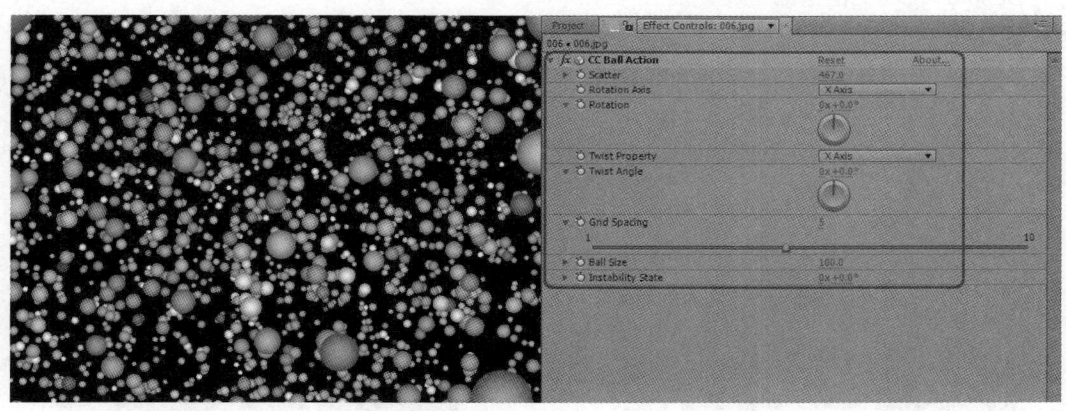

图 8-25

该特效各项参数的含义如下。

- Scatter：分裂强度。
- Rotation Axis：旋转轴向，因为它不可能像三维软件那样直观地对视图进行操作，所以这里提供了很多的旋转方式，我们可以自由选择。
- Rotation：旋转角度。
- Twist Property：除了对图像进行三维空间的旋转以外，还可对图像进行三维空间的扭曲，该选项则控制扭曲的方式。
- Twist Angle：扭曲强度。
- Grid Spacing：网格间距，间距越大，球体的数量就越小，但是球体的半径会越大。
- Ball Size：球体的大小。
- Instability State：球体的随机值。

4. CC Bubbles

CC Bubbles（气泡）。使用该特效可以将原图像分裂成很多的泡泡，并且可以运动，其效果如图 8-26 所示。

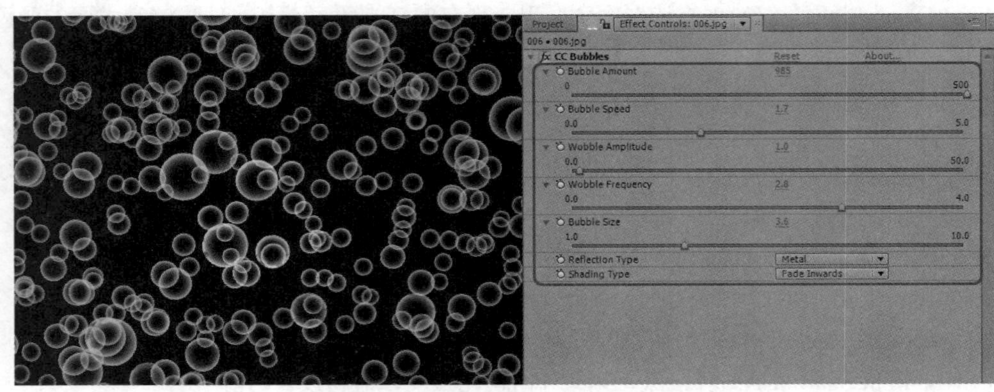

图 8-26

该特效各项参数的含义如下。

- Bubble Amount：泡泡的数量。
- Bubble Speed：泡泡的运动速度。
- Wobble Amplitude：控制泡泡摆动的幅度。
- Wobble Frequency：控制泡泡的摆频率。
- Bubble Size：泡泡的大小。
- Reflection Type：反射类型，也就是泡泡的属性，有两种，分别为 Liquid（流体）和 Metal（金属），图 8-27 所示为选择 Liquid 后的效果。图 8-28 所示为选择 Metal 后的效果。

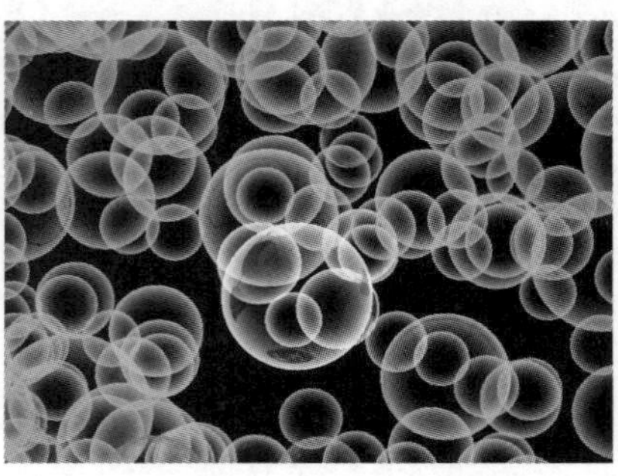

图 8-27

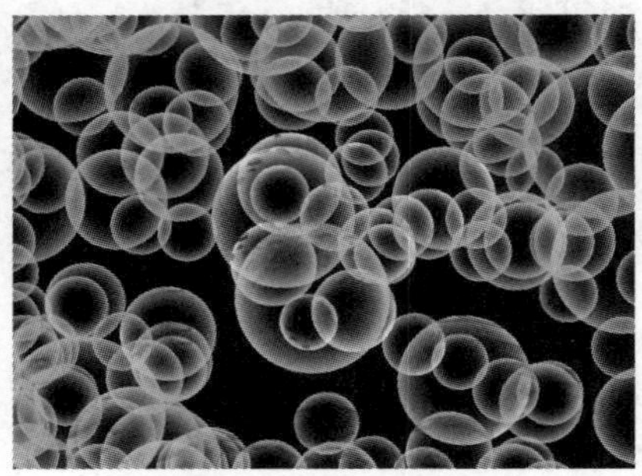

图 8-28

- Shading Type（着色方式），不同的着色方式对流体和金属泡泡可以产生不同的效果，在很大程度上影响着泡泡的质感。

下面将通过一个具体实例的实现流程，依次介绍 Card Dance、Caustics、CC Ball Action 、CC Bubbles 的基本使用方法。打开随书附带光盘中的【CDROM】|【素材】|【第 8 章】|【Simulation.aep】素材文件，我们将通过该案例来了解和认识模拟菜单下的相关特效知识。

STEP 1　Card Dance（卡片飞舞）效果。

选择【背景】图层，为其添加【Effect】|【Simulation】|【Card Dance】特效。将【X Rotation】|

【Offset】设置为 40.0，设置【Y Rotation】|【Offset】值为【25.0】，【Camera Position】|【Y Rotation】为【0x+20.0°　】，其余参数不变时的效果如图 8-29 所示。

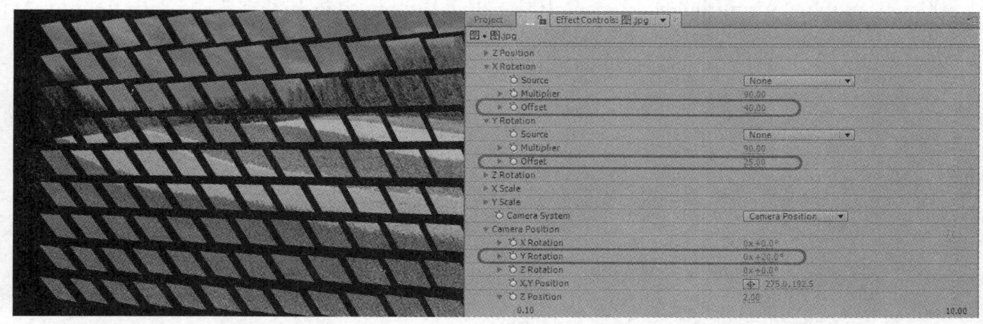

图 8-29

STEP 2　Caustics（腐蚀）效果。

选择【背景】图层，为其添加【Effect】|【Simulation】|【Caustics】特效。将【Scaling】参数设置为【0.2】，【Light Type】为【Point Source】，【Light Intensity】为【2.00】，其余参数不变时的效果如图 8-30 所示。

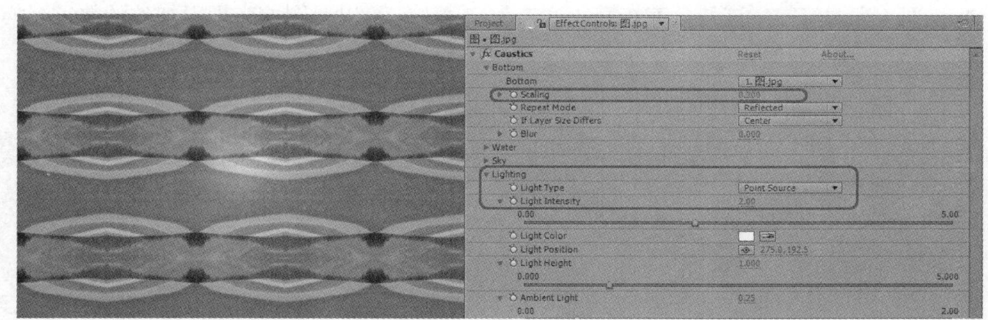

图 8-30

STEP 3　CC Ball Action 效果。

选择【背景】图层，为其添加【Effect】|【Simulation】|【CC Ball Action】特效。将【Scatter】参数设置为【2.0】，Twist Angle 为【1x+300.0°　】，【Grid Spacing】为【0】，其他参数为默认，其效果如图 8-31 所示。

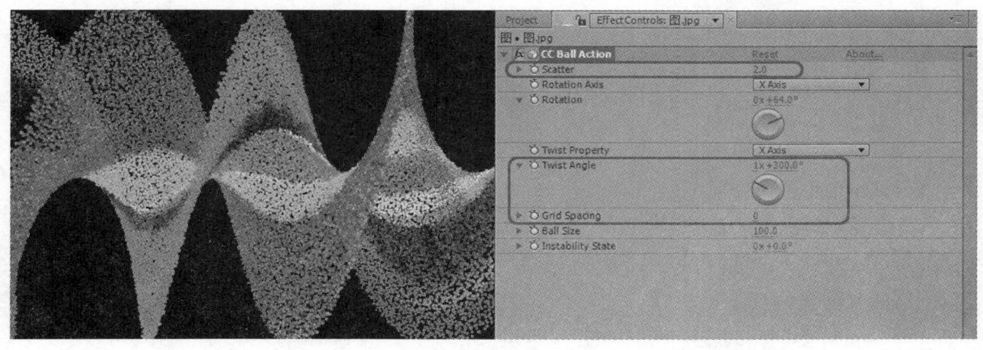

图 8-31

STEP 4 CC Bubbles 效果。

选择【背景】图层，为其添加【Effect】|【Simulation】|【CC Bubbles】特效，将【Bubble Amount】设置为【300】,【Wobble Amplitude】设置为 100。将【Bubble Size】设置为 5,【Reflection Type】设置为【Metal】，如图 8-32 所示。

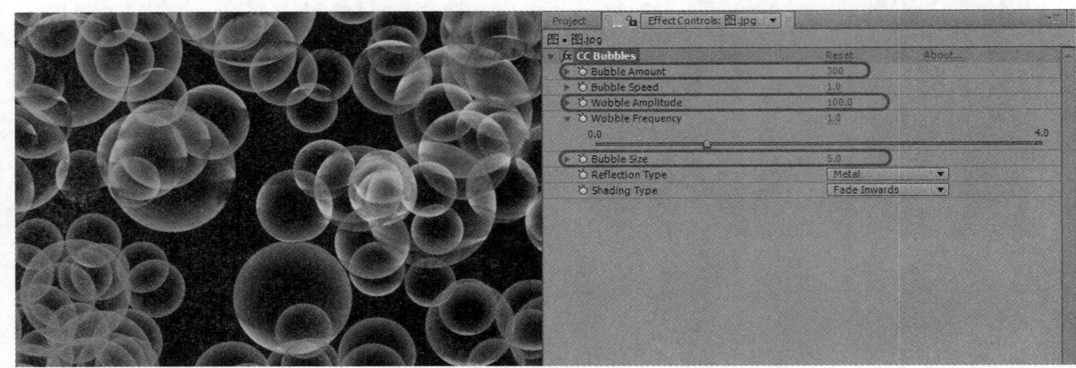

图 8-32

5. CC Drizzle

CC Drizzle（细雨滴）。该特效直接翻译过来为细雨，它可以对图像产生很细致的波纹置换效果，并且可以记录为动画，效果如图 8-33 所示。

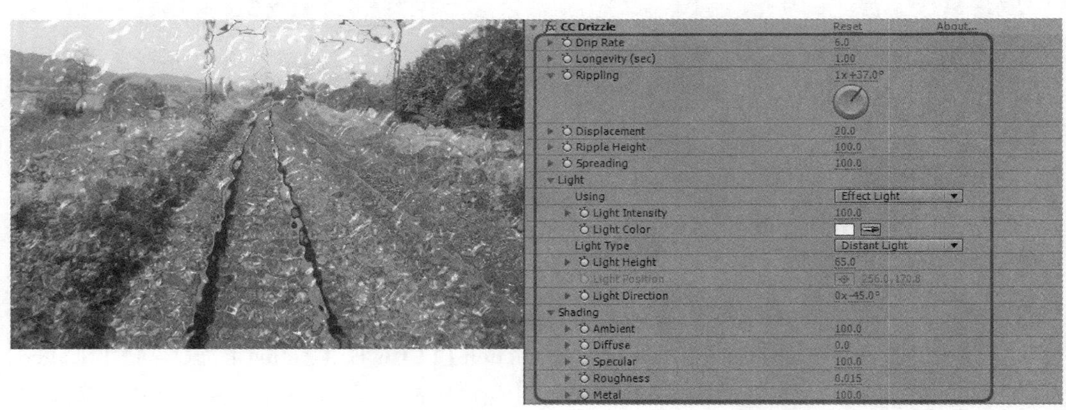

图 8-33

该特效各项参数的含义如下。

- Drip Rate：雨点的置换率。
- Longevity（sec）：雨点寿命，也就是持续时间。
- Rippling：波纹的数量。
- Displacement：置换的强度。
- Ripple Height：波纹的高度。
- Spreading：散布强度。
- Light：灯光设置。
    - Using：设置灯光的类型。

- ➢ Light Intensity：灯光强度。
- ➢ Light Color：灯光颜色。
- ➢ Light Type：灯光类型，Point Linght 为点光源，Distant Light 为直射光源。
- ➢ Light Position：灯光的位置。
- ➢ Light Direction：灯光的方向。
- Shading：着色设置。
  - ➢ Ambient：环境的亮度。
  - ➢ Diffuse：图像原本图案的透明度。
  - ➢ Specular：高光的强度。
  - ➢ Roughness：粗糙度。
  - ➢ Metal：金属度。

6. CC Hair

CC Hair（头发），使用它可以创建各种长发和短发的效果，并且可以模拟不同的颜色，效果如图 8-34 所示。

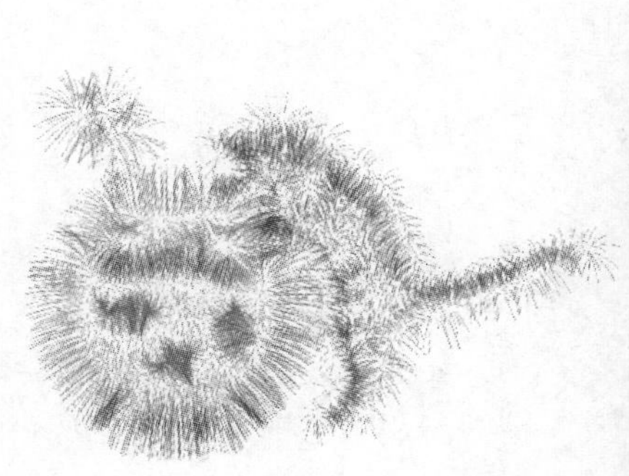

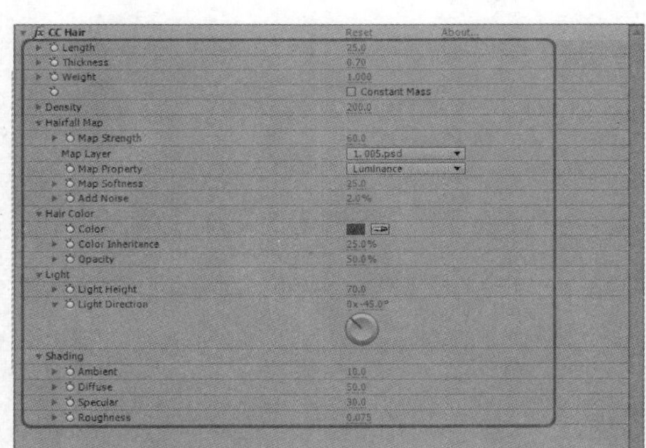

图 8-34

该特效各项参数的含义如下。

- Length：头发的长度。
- Thickiness：头发的粗细。
- Weight（重力），此项数值越大，头发的下垂就越严重。
- Density（密度），控制着头发生成的数量。
- Hairfall Map：可以指定一个目标层，系统按照目标图像的明暗度，控制头发的朝向。
  - ➢ Map Layer：指定目标层。
  - ➢ Map Softness：对目标层进行模糊操作。
  - ➢ Add Noise：为目标层添加噪波，这样可以得到更为杂乱的效果。
- Hair Color：头发颜色控制。
  - ➢ Color：指定头发的颜色。
  - ➢ Color Inheritance：颜色继承，当该项数值加大时，头发可以使用源图像的颜色。

- ➢ Opacity：头发透明度。
- Light：灯光设置。
  - ➢ Light Height：灯光高度。
  - ➢ Light Direction：灯光方向。
- Shading：着色设置。
  - ➢ Ambient：环境的亮度。
  - ➢ Diffuse：图像本身图案的透明度。
  - ➢ Specular：高光的强度。
  - ➢ Roughness：粗糙度。

7. CC Mr .Mercury

CC Mr .Mercury（水银滴落）。为图像添加该特效后，即可产生水或水银等液体下泄的效果，不用设置系统会自动生成动画，而且效果不错，也可用来模拟水从对象表面流下时所产生的折射效果，如图 8-35 所示。

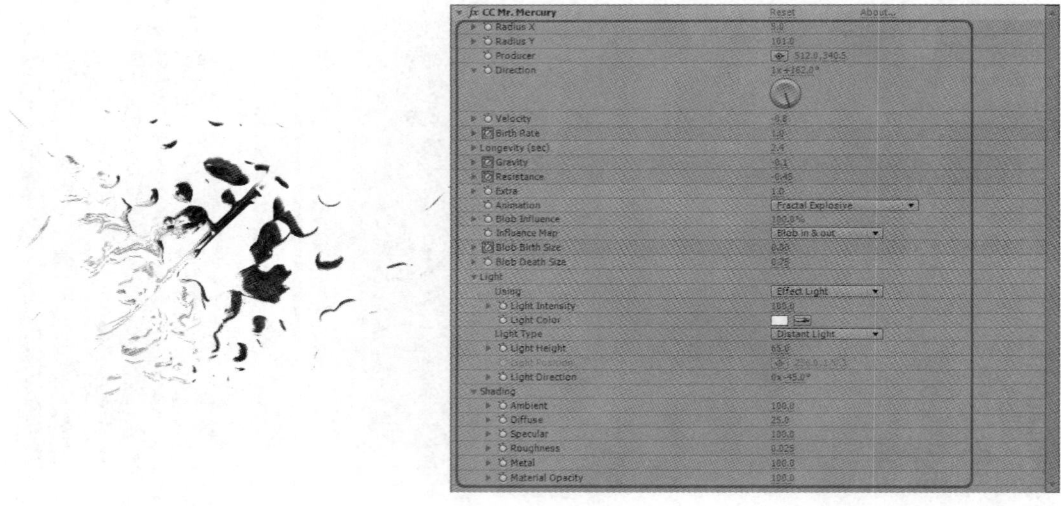

图 8-35

该特效各项参数的含义如下。

- Radius X：水滴在 X 方向的半径。
- Radius Y：水滴在 Y 方向的半径。
- Producer：水的发射位置。
- Direction：发射方向。
- Velocity：发射的速度，速度越快，发散的区域就越大。
- Birth Rate：水涌出的速率，也就是单位时间内，水滴的产生数量。
- Longevity：水滴的寿命，也就是持续时间。
- Gravity：重力，该选项影响着水滴的下落速度。
- Resistance：抵抗力，也就是水滴的聚集强度。
- Animation：水的动画方式，单击弹出下拉列表如图 8-36 所示。

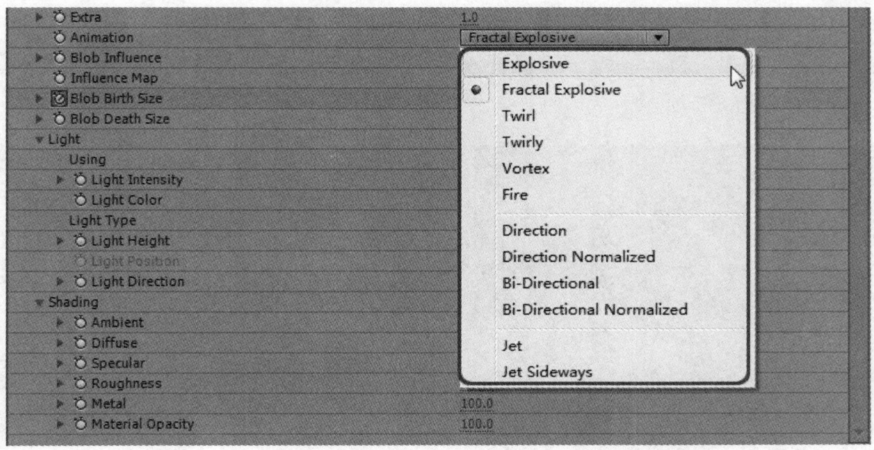

图 8-36

1. Explosive：爆炸方式。
2. Fractal Explosive：爆炸，而且形成不规则的碎片。
3. Twirl：旋转的水滴。
4. Vortex：旋涡。
5. Fire：火。
6. Direction：方向性的。
7. Direction Normalized：规则的方向性，也就是所有的水滴都向一个方向发散。
8. Jet：喷气效果。
9. Jet Sideways：两种喷气的发散效果。

- Blob Influence：泡泡的影响强度。
- Influence Map：泡泡的影响方式。
- Blob Birth Size：泡泡在生成时的大小。
- Blob Death Size：泡泡在消失时的大小。
- Light：灯光设置。
  - Light Color：灯光颜色。
  - Light Type：灯光类型。
  - Light Height：灯光高度。
  - Light Position：灯光的位置。
  - Light Direction：灯光的方向。
- Shading：着色方式。
  - Ambient：环境的亮度。
  - Diffuse：图像本身的透明度。
  - Specular：高光的强度。
  - Roughness：粗糙度。
  - Metal：金属度。

8. CC Particle Systems II

CC Particle Systems II（粒子系统），该特效也是 After Effects 新加入的粒子系统，可以产生高效的粒子效果，效果如图 8-37 所示。

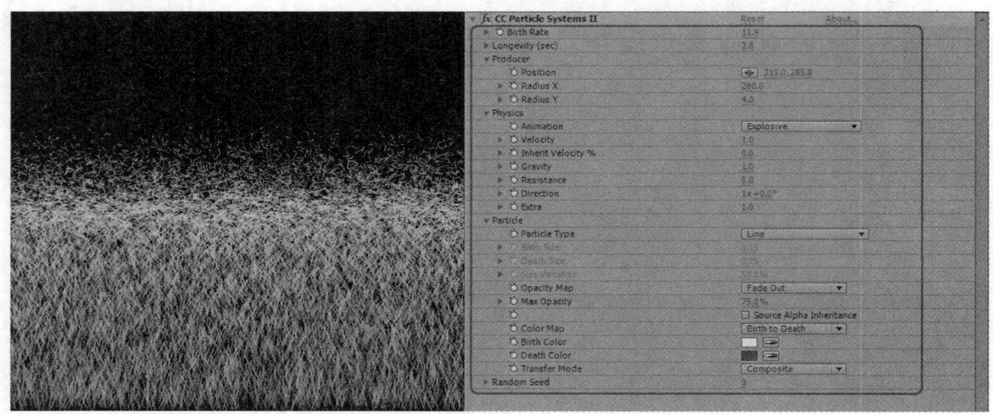

图 8-37

该特效各项参数的含义如下。

- Birth Rate：粒子的出生速度。
- Longevity：粒子的寿命。
- Producer：粒子的发射控制项。
  - Position：粒子发射源的位置。
  - Radius X：粒子发射源的 X 向半径。
  - Radius Y：粒子发射源的 Y 向半径。
- Physics：物理学设置。
  - Animation：粒子的动画方式，与“Mr .Mercury”此项设置一样，可以参考“Mr .Mercury”一节。
  - Velocity：粒子的运动速度。
  - Inherit Velocity%：继承速度。
  - Gravity：重力。
  - Resistance：粒子的凝聚力。
  - Direction：方向。
  - Extra：粒子在其他方向的发散强度。
- Particle：粒子设置项。
  - Particle Type（粒子类型），可以定制多种粒子效果。
  - Birth Size：粒子出生时的大小。
  - Death Size：粒子死亡时的大小。
  - Size Variation：粒子大小的紊乱性，比如设置为 50%，那么粒子的大小将在原来的基础上加减 50%，这样就可以产生大小不同的粒子。
  - Opacity Map：粒子的透明方式。
  - Max Opacity：粒子的最大透明度。

- ➢ Color Map：粒子的着色方式。
- ➢ Birth Color：粒子出生时的颜色。
- ➢ Death Color：粒子死亡时的颜色，使用这两项可以很轻松地创建出粒子发散的过渡效果。
- ➢ Transfer Mode：粒子特效与原图像的叠加方式。

9. CC Particle World

CC Particle World（CC 粒子仿真世界），该特效原来也是以插件形式存在的，由 Cycore 公司研发，有着 Cycore 公司软件的优良高效的视图控制能力，可以在三维空间中进行视图和粒子的控制，效果如图 8-38 所示。

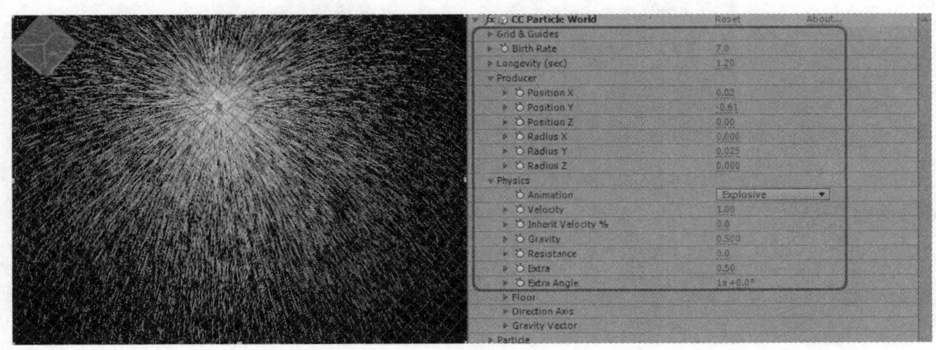

图 8-38

该特效各项参数的含义如下。

- Gird& Guides：网格与参考线。设置网格与参考线的各项数值。
- Birth Rate：粒子的出生速率。
- Longevity（sec）：粒子的寿命，也就是持续时间。
- Producer：粒子的发射控制。
  - ➢ Position X：粒子在 X 方向的位置。
  - ➢ Position Y：粒子在 Y 方向的位置。
  - ➢ Position Z：粒子在 Z 方向的位置。
  - ➢ Radius X：粒子发射区域在 X 向的半径。
  - ➢ Radius Y：粒子发射区域在 Y 向的半径。
  - ➢ Radius Z：粒子发射区域在 Z 向的半径。
- Physics：该选项组主要用于设置粒子的旋转角度、形状及颜色。
  - ➢ Animation：粒子的运动方式。
  - ➢ Velocity：运动速度。
  - ➢ Inherit Velocity%：继承速度。
  - ➢ Gravity：重力的大小。
  - ➢ Resistance：该选项用于设置粒子的凝聚力大小，该参数值越大，粒子的聚合力就越强；反之，该参数值越小，粒子的聚合力就越弱。
  - ➢ Extra：粒子在其他方向上的发射情况。
  - ➢ Extra Angle：粒子在其他方向上的发射角度。

- Particle：粒子设置项，如图 8-39 所示。

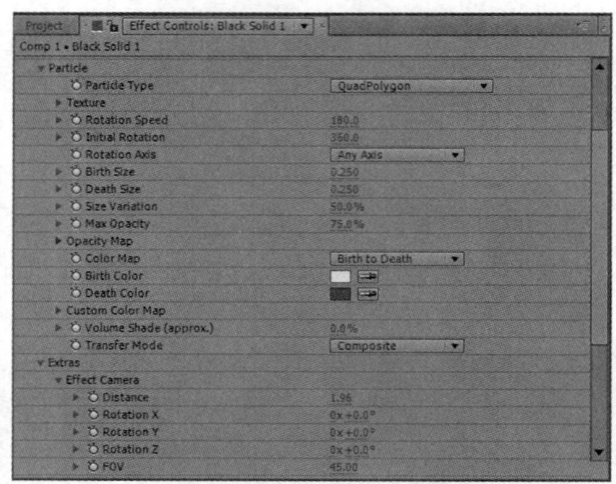

图 8-39

  - Particle Type：粒子类型。
    1. Texture Layer：当粒子类型为“Texture”类时，该选项可用，在这里指定目标贴图。
    2. Scatter：“Texture”类型的粒子可以将目标贴图进行分裂，产生碎片，该选项则控制分裂的强度，也就是这些碎片的大小。
    3. Texture Time：如果目标层是一个视频文件，这个选项就控制着视频的作用时间，Birth，粒子发射时目标层和图像。Current，使用当前帧的图像。From Start，从视频开始的时间起，任何视频文件都作用于粒子。
  - Rotation Speed：粒子的旋转速度。
  - Initial Rotation：粒子起始的旋转角度。
  - Birth Size：粒子出生时的大小。
  - Death Size：粒子死亡时的大小。
  - Size Variation：粒子大小的紊乱性，比如设置为 20%，那么粒子的大小将在原来的基础上加减 20%，这样就可以产生大小不同的粒子。
  - Max Opacity：粒子的最大透明度。
  - Color Map：粒子的贴图方式。
  - Birth Color：粒子出生时的颜色。
  - Death Color：粒子死亡时的颜色。
  - Volume Shade：体积色度的强度。
  - Transfer Mode：粒子效果与原图像的叠加方式。
- Effect Camera：摄像机设置。
  - Distance：摄像机离粒子的距离。
  - Rotation X：摄像机在 X 方向的位置。
  - Rotation Y：摄像机在 Y 方向的位置。
  - Rotation Z：摄像机在 Z 方向的位置。
  - FOV：摄像机视野大小。

下面将通过一个具体实例的实现流程，依次介绍介绍 CC Bubbles，CC Drizzle，CC Hair，CC Mr .Mercury，CC Particle Systems II， CC Particle World 的基本使用方法。

打开随书附带光盘中的【Simulation 模拟.aep】素材，我们将通过该案例来了解和认识模拟菜单下的相关特效知识。

STEP 1　CC Bubbles（气泡）效果。

选择【背景图层】，为其添加【Effect】|【Simulation】|【CC Bubbles】特效。将【Bubble Amount】设置为【400】，【Wobble Amplitude】设置为【100.0】，【Bubble Size】设置为【5.0】，【Reflection Type】设置为【Metal】，其他参数为默认数值，其效果如图 8-40 所示。

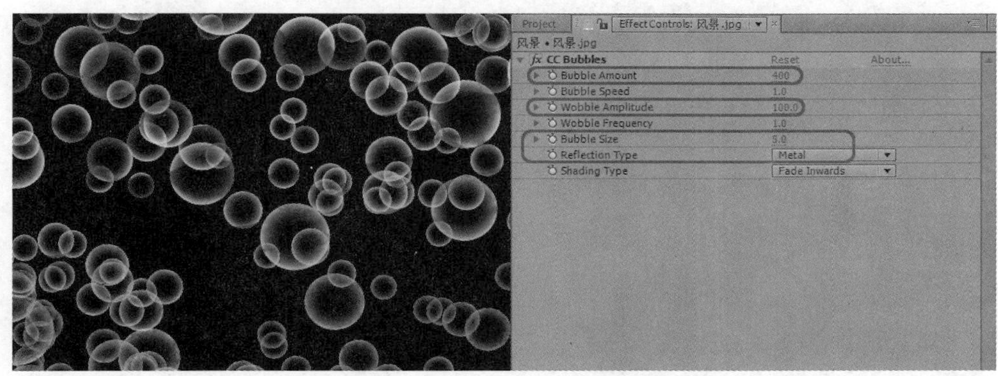

图 8-40

STEP 2　CC Drizzle（毛毛雨）效果。

选择【背景图层】，为其添加【Effect】|【Simulation】|【CC Drizzle】特效。将【Rippling】设置为【3x+0.0° 】，【Displacement】设置为【300.0】，其他参数为默认数值，其效果如图 8-41 所示。

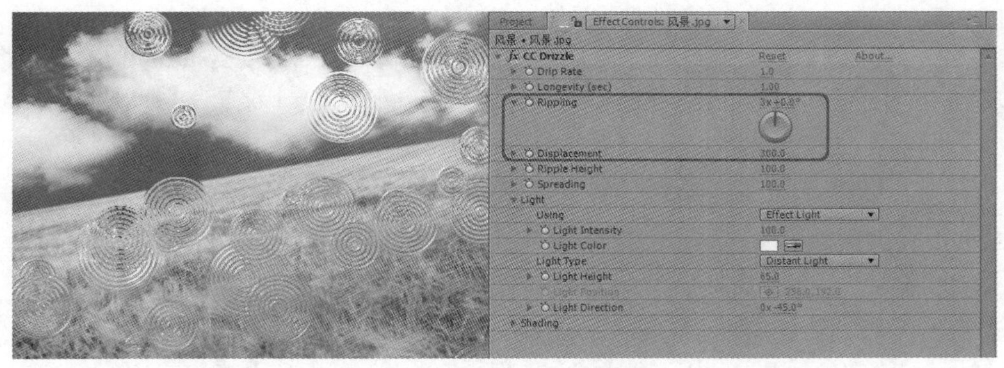

图 8-41

STEP 3　CC Hair（头发）效果。

选择【背景图层】，为其添加【Effect】|【Simulation】|【CC Hair】特效。将【Length】设置为【20.0】，【Density】为【300.0】，【Color Inherritance】为【80.0%】，其他参数为默认数值，其效果如图 8-42 所示。

STEP 4　CC Mr .Mercury 效果。

选择【背景图层】，为其添加【Effect】|【Simulation】|【CC Mr .Mercury】特效，将时间线拖动

至 5s 处，将【Radius X】设置为【100.0】，【Radius Y】设置为【50.0】，【Velocity】设置为【2.0】，【Resistance】设置为【-0.34】，【Blob Death Size】设置为【0.00】，其他参数为默认数值，其效果如图 8-43 所示。

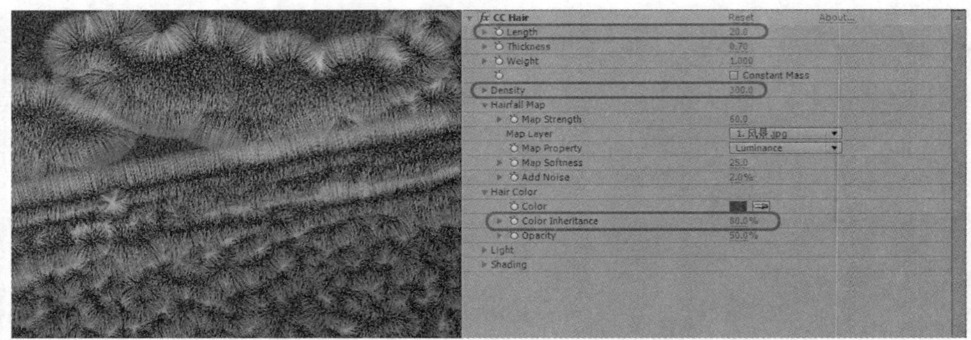

图 8-42

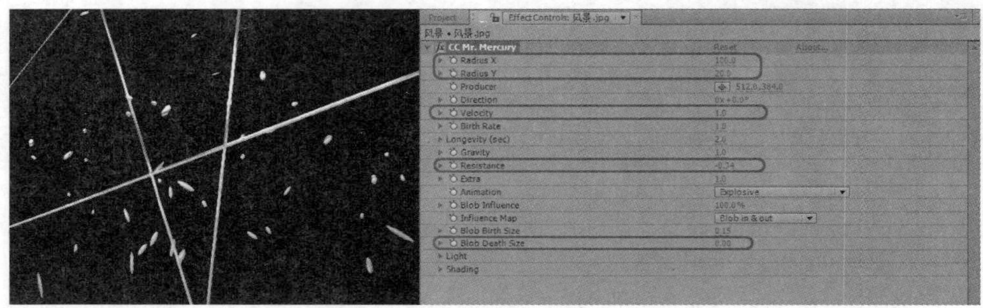

图 8-43

STEP 5　CC Particle Systems II（粒子系统）。

选择【背景图层】，对其添加【Effect】|【Simulation】|【CC Particle Systems II】特效，将时间线拖动至 5s 处，将【Birth Rate】设置为【3.0】，【Longevity（sec）】设置为【3.0】，【Velocity】设置为【3.0】，【Particle Type】设置为【Star】，其他参数为默认数值，其效果如图 8-44 所示。

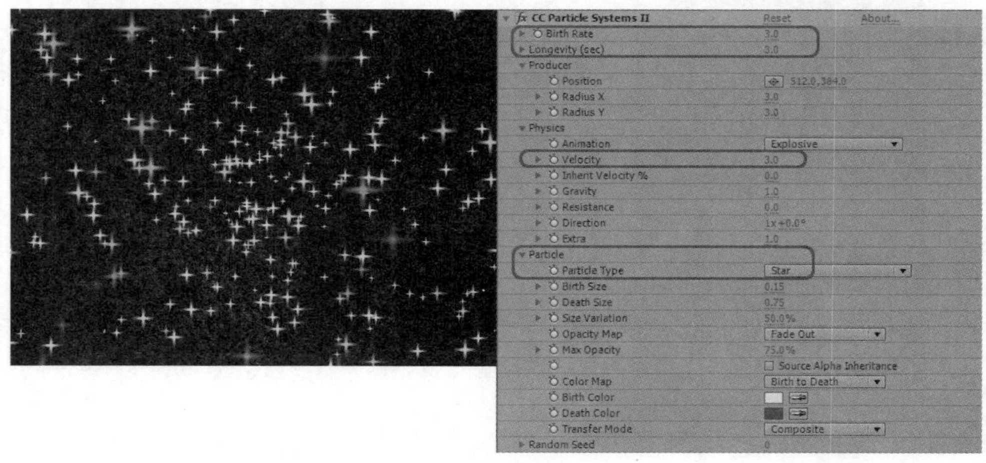

图 8-44

STEP 6　CC Particle World（CC 粒子仿真世界）。

选择【背景图层】，为其添加【Effect】|【Simulation】|【CC Particle World】特效，将时间线拖动至 5s 处，将【Birth Rate】设置为【5.0】，【Longevity（sec）】设置为【1.50】，【Animation】设置为【Cone Axis】，【Velocity】设置为【1.5】，如图 8-45 所示。

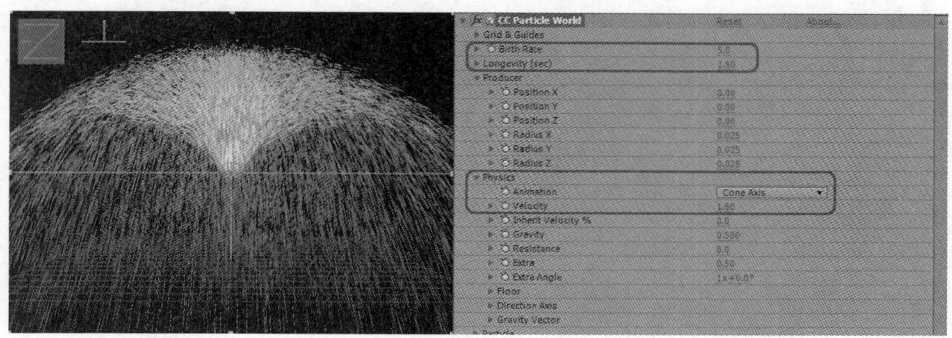

图 8-45

10. Pixel Polly

Pixel Polly（破碎特效）。该特效是 After Effects 的经典特效，该特效可以支持 After Effects 和 Premiere，碎片还可以受重力影响而下落，产生非常不错的破碎特效，而且可以很好地计算通道，速度上也很有优势，使用起来很简单，其效果如图 8-46 所示。

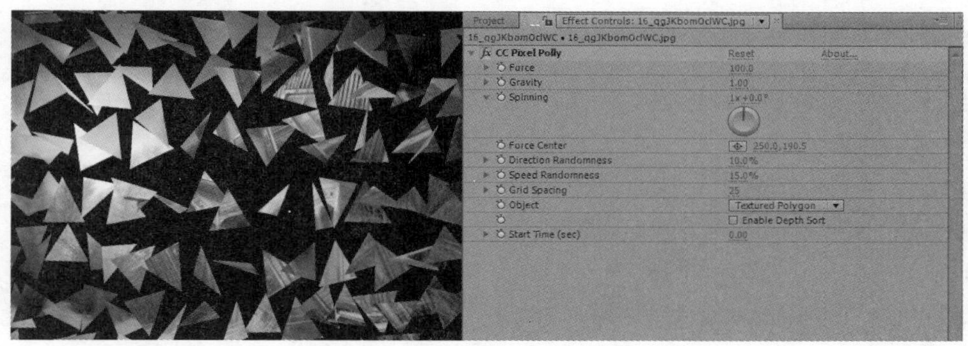

图 8-46

该特效各项参数的含义如下。

- Force：爆破力的大小。
- Gravity：重力大小。
- Spinning：碎片的自旋速度控制。
- Force Center：爆破的中心位置。
- Direction Randomness：爆破的随机方向。
- Speed Randomness：爆破速度的随机值。
- Grid Spacing：碎片的间距，此项数值越大碎片越大，数量也就越少。
- Object：碎片的显示方式。
- Enable Depth Sort：应用深度信息，开启该选项可以有效地避免碎片的自交叉问题。
- Start Time（sec）：设置爆破的启发时间。

11. CC Rainfall

CC Rainfall（CC 降雨）。该特效可以模拟下雨的效果，控制非常简单，如图 8-47 所示。

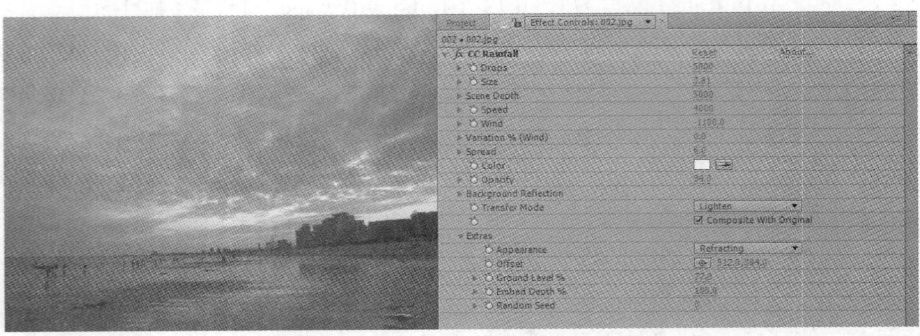

图 8-47

该特效各项参数的含义如下。

- Drops：雨的数量。
- Size：雨的大小。
- Scene Depth：雨的大小。
- Speed：下雨的角度。
- Wind：风的速度。
- Variation%（Wind）：变动风能。
- Spread：角度的紊乱。
- Drop Size：雨点的大小。
- Color：雨点的颜色。
- Opacity：点的透明度。
- Background Reflection：背景反射强度。
- Transfer Mode：雨的传输模式。
- Composite With Original：勾选该选项，则不显示背景。

12. CC Scatterize

CC Scatterize（CC 散射效果）。该特效可以将图像变为很多的小颗粒，并加以旋转，使其产生绚丽的效果，其效果如图 8-48 所示。

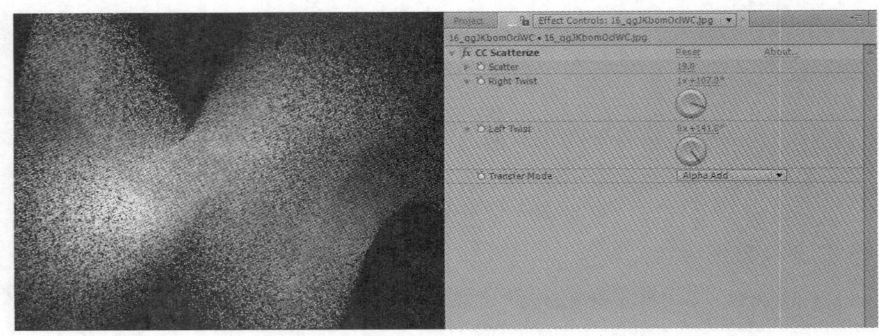

图 8-48

该特效各项参数的含义如下。

- Scatter：分散，用于设置分散程度。
- Right Twist：以图像右侧为开始端开始旋转。
- Left Twist：以图像左侧为开始端开始旋转。
- Transfer Mode：在右侧的下拉列表框中选择碎片间的叠加模式。

13. CC Snowfall

CC Snowfall（雪），该特效用来模拟下雪的效果，效果不错，速度也相当快，不足的是，在该特效中不能调整雪花的形状，其效果如图 8-49 所示。

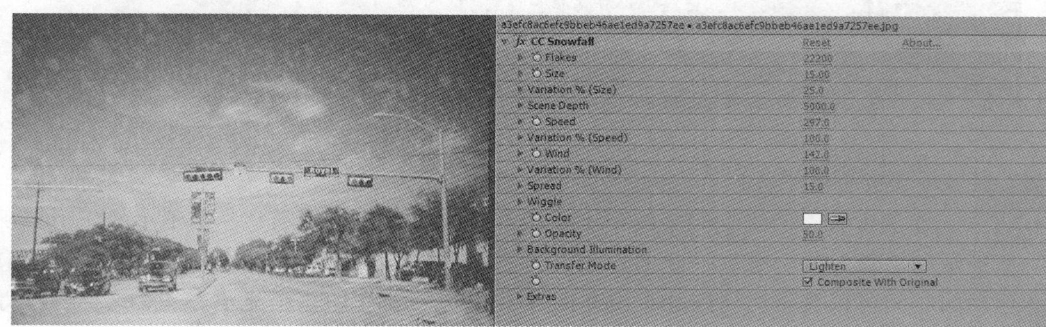

图 8-49

该特效参数介绍可参考 CC Rainfall 特效的各项参数说明。

14. CC Star Burst

CC Star Burst（星体破裂），我们通常会用它来模拟夜晚星空或在宇宙星体间穿行的效果，而且可以自动生成动画，使用非常简单，效果如图 8-50 所示。

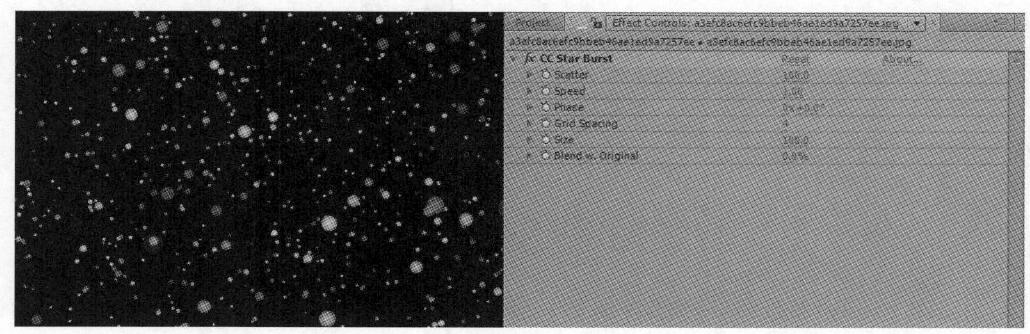

图 8-50

该特效各项参数的含义如下。

- Scatter：分裂强度。
- Speed：星体的运动速度。
- Phase：相位，不同的相位，可能产生不同的星体分布结构。
- Grid Spacing：网格的间距，直接表现出来的是星体的大小及数量。
- Size：星体的大小。
- Blend W. Original：特效与原图像的融合强度。

15．Foam

Foam（泡沫特效），它可以模拟大量泡泡运动的特效，控制项繁多，当然也可实现复杂的效果，如图 8-51 所示。

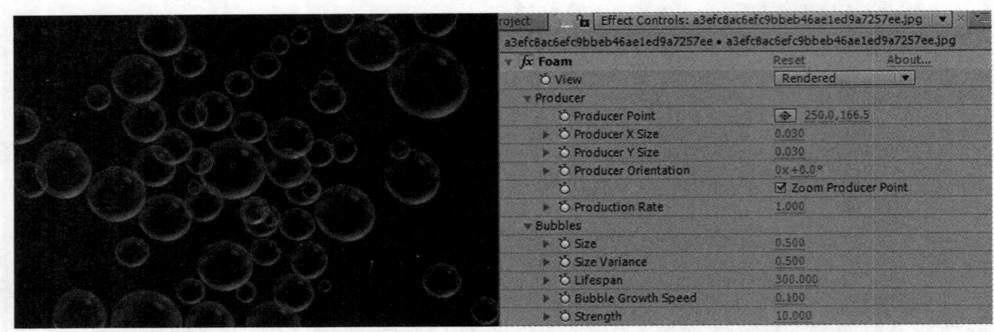

图 8-51

该特效各项参数的含义如下。

- View：显示方式，因为它用来模拟大量的泡沫效果，这对显示是一个不小的压力，所以在视图的更新上就会受到一定的影响，而该选项可以很好地解决这个问题，在调节泡沫运动的时间可以显示为“Draft”或“Draft + Flow Mpa”的草图显示方式，这样可以得到更快的反馈速度。在最终输出时选择“Rendered”渲染质量，这样可以渲染得到最好的质感。
- Producer：发射设置选项。
  - Producer Point：发射点位置。
  - Producer X Size：发射区域在 X 方向的大小。
  - Producer Y Size：发射区域在 Y 方向的大小。
  - Producer Orientation：发射区域的方向。
  - Zoom Producer Point：设置缩放发生器的位置。
  - Production Rate：发射速率，也就是单位时间内产生泡泡的数量。
- Bubbles：泡泡设置。
  - Size：泡沫的大小。
  - Size Variance：泡沫大小的紊乱，这样可以使泡泡在大小上有一定的差异。
  - Lifespan：泡泡的生命值。
  - Bubble Growth Speed：仔细观察特效，泡泡在刚出生时是很小的，后来慢慢变大，而该选项则控制着这种变化的速度。
  - Strength：张力，此项参数越大，泡泡的运动范围和速度都会受到影响。
- Physics：该选项用来设置粒子的渲染属性，如图 8-52 所示。
  - Initial SPEED：起始时间泡泡的速度。
  - INITIAL Direction：起始时间泡泡的方向。
  - Wind Speed：风速，在该特效中还可以计算泡泡受风影响所产生的效果，该项就控制风速的大小。
  - Wind Direction：风的方向。

- ➢ Turbulence：喧嚣，该项参数控制风速大小的随机变化。
- ➢ Wobble Amount：泡泡受风影响所产生摆动的强度。
- ➢ Repulsion：反推进，直接表现出来就是泡泡的弹性强度。
- ➢ Pop Velocity：泡泡出生时的运动速度。
- ➢ Viscosity：泡泡的整体运动速度。
- ➢ Stickiness：泡泡的黏性大小。

- Zoom：对整个粒子系统进行缩放，但是过大的缩放值将造成图像质量的下降。
- Universe Size：该选项直接翻译过来为宇宙大小，但实际上就是泡泡运动区域的大小。
- Rendering：该选项用来设置渲染的各项参数，如图 8-53 所示。

Physics	
Initial Speed	0.000
Initial Direction	0x+0.0°
Wind Speed	0.500
Wind Direction	0x+90.0°
Turbulence	0.500
Wobble Amount	0.050
Repulsion	1.000
Pop Velocity	0.000
Viscosity	0.100
Stickiness	0.750

图 8-52

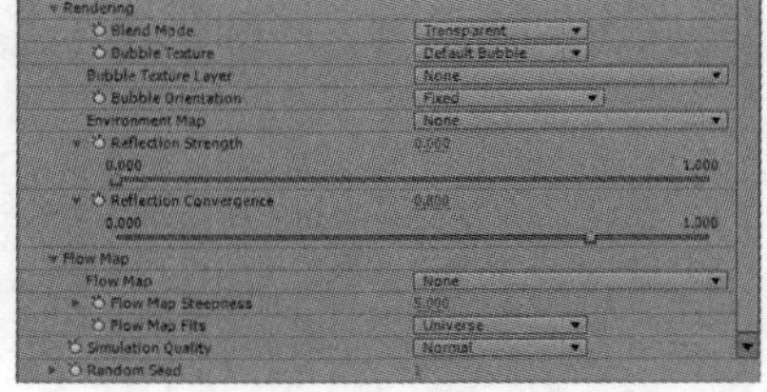

图 8-53

- ➢ Blend Mode：泡泡的混合方式，如图 8-54 所示。

  Transparent：通过透明方式，将泡泡叠加在一起显示。

  1. Solid Old on top：不计算透明，新生的泡泡将处于相对老的泡泡的下方。
  2. Solid New on top：不计算透明，新生的泡泡将处于相对老的泡泡的上方。

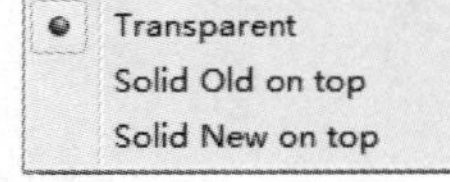

图 8-54

- ➢ Bubble Texture：泡泡纹理，可以自由定义的泡泡质感，极大地提高了该特效的表现力。
- ➢ Bubble Texture Layer：当上一项设置为“User defined”（用户自定义）时，该选项可用，可以指定一个图层，作为泡泡的纹理。
- ➢ Bubble Orientation：泡泡的方向。
- ➢ Environment Map：环境贴图，当我们仔细观察现实生活中的泡泡时会发现，它会反射周围的环境，该特效中也可以模拟出这个效果，该选项就来定义周围环境的景象。
- ➢ Reflection Strength：对周围环境的反射强度。
- ➢ Reflection Convergence：环境景象被反射到泡泡上时的聚合强度。

- Flow Map：指定一层，系统会按照目标层的明暗关系，自动分配泡泡的运动方向。
  - ➢ Flow Map：指定目标层。
  - ➢ Flow Map Steepness：目标层对当前泡泡运动的影响程度。
  - ➢ Flow Map Fits：目标层与当前层的适配方式。
- Simulation Quality：特效的模拟质量，较高的质量会得到更好的效果，但是也将战胜更多的系统资源。
- Random Seed：随机种子数，不同的随机数将产生不同的泡泡分布结构。

下面将利用 CC Snowfall（CC 下雪）制作出一个雪花纷纷下落的动态效果，通过制作本例，学习 CC Snowfall（CC 下雪）特效的参数设置，其具体的操作步骤如下：

STEP 1 按【Ctrl+N】组合键，在弹出的对话框中设置 Composition Name（合成名称）为【雪景】，设置【Width】为【500px】，【Height】为【375px】，【Frame Rate】为【25】，并设置【Duration】为【00:00:10:00】，如图 8-55 所示。

STEP 2 单击【OK】按钮，按【Ctrl+I】组合键，打开【Impot File】对话框，在该对话框中选择随书附带光盘中的【雪景.jpg】素材文件，如图 8-56 所示。

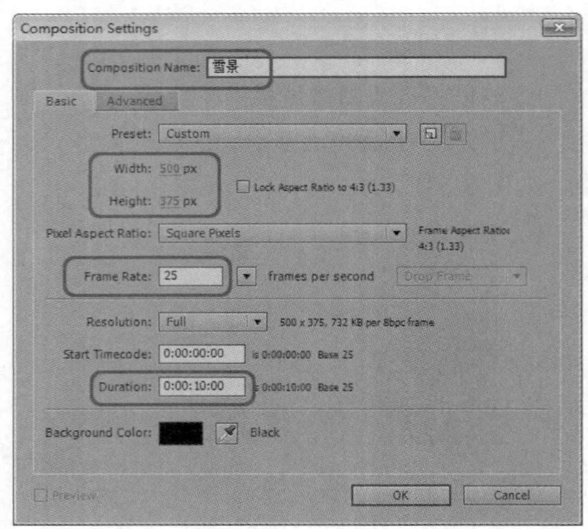

图 8-55

图 8-56

STEP 3 单击【打开】按钮，在项目面板中选择我们打开的素材文件，并将其拖动至时间线面板中，如图 8-57 所示。

STEP 4 选择打开的素材文件，在 Effects&Presets 面板中选择 Simulation（模拟）特效组中的 CC Snowfall（CC 下雪）特效，如图 8-58 所示。

图 8-57

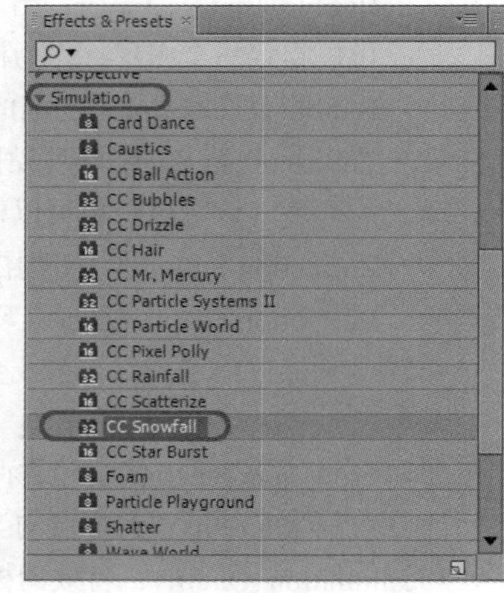

图 8-58

STEP 5 在 Effects Controls（特效控制）面板中，设置【Flakes】为【300000】，【Speed（速度）】的值为【150】，【Opacity（不透明度）】的值为 75.0，其他参数均为默认数值，如图 8-59 所示。

STEP 6 按空格键，播放制作的下雪的画面，效果如图 8-60～图 8-62 所示。

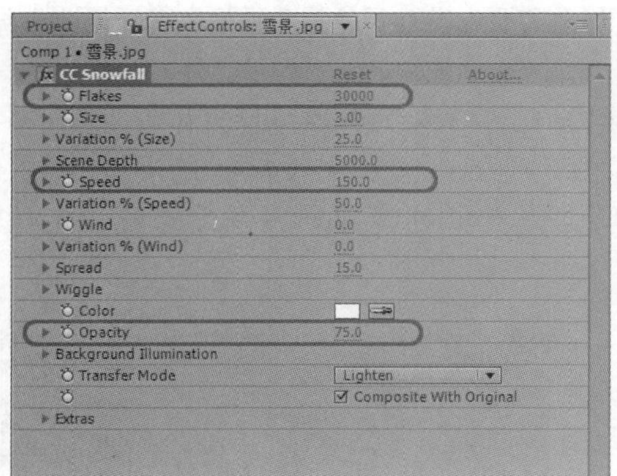

图 8-59

图 8-60

图 8-61

图 8-62

16. Particle Playground

Particle Playground（粒子游乐场），这可是 After Effects 的老牌粒子系统，可以说这是一个庞大、复杂的粒子特效系统，它拥有诸多特性，可以实现多种效果，还可以用它来生成文字特效，所以虽然 After Effects 更新了很多的版本，也加入了新的粒子特效系统，但是依然将它保留下来，这也说明它依然有它存在的价值和不可替代的重要性。由于篇幅原因我们不能把所有参数都讲清楚，所以在这里将对主要的参数都举例进行说明。如图 8-63 所示为该粒子特效系统的各项参数。

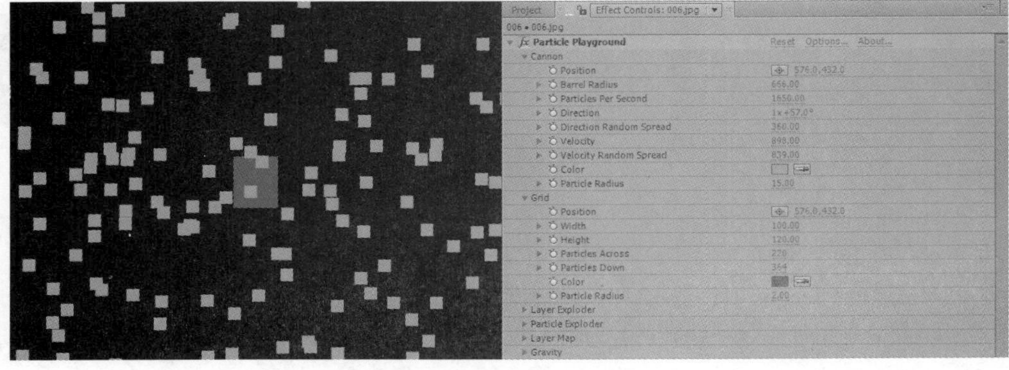

图 8-63

在默认情况下，系统会将文字作为粒子进行发射，但是需要先设置要参与动画的文字，其设置动画的具体操作步骤如下：

STEP 1 为选择的图层添加 Particle Playground 特效，在该特效下选择 Options 并单击，如图 8-64 所示。

STEP 2 弹出 Particle Playground 对话框，在该对话框中单击 Edit Cannon Text 按钮，如图 8-65 所示。

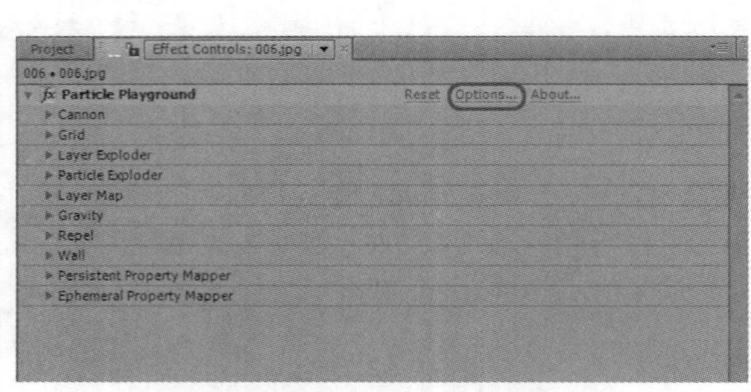

图 8-64

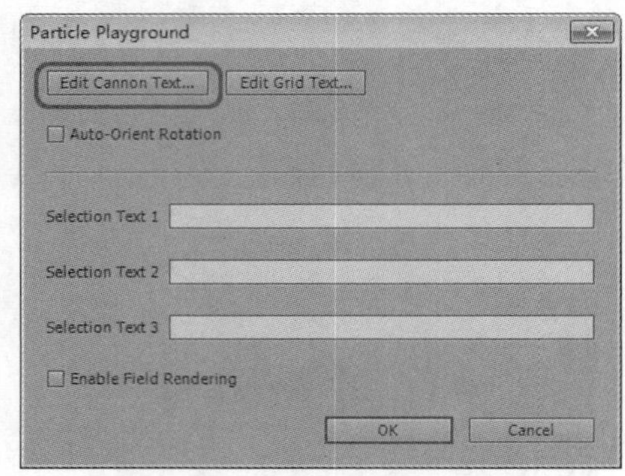

图 8-65

STEP 3 打开 Edit Cannon Text 对话框，在下方文本框中设置要参与动画的文本，如图 8-66 所示。

- Cannon（加农）。加农粒子发生器的设置，Cannon 粒子发生器在层上产生连续的粒子流，如同加农炮向外发射炮弹。默认情况下，系统使用 Cannon 离子发生器产生粒子，如果要使用其他粒子发生器，可以关闭 Cannon 或将 Particle Playground 参数设置为 0，即不产生粒子，如图 8-67 所示。

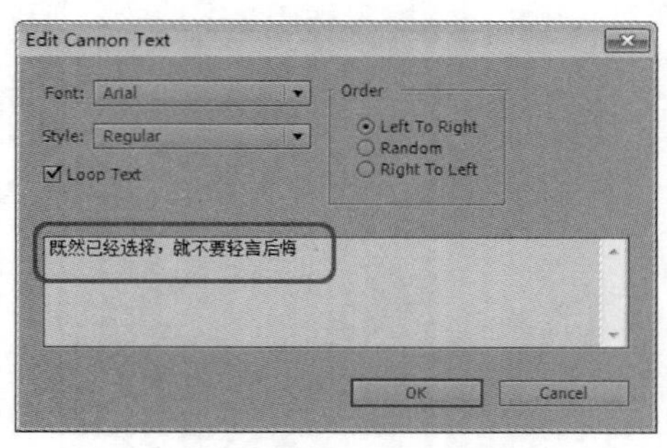

图 8-66

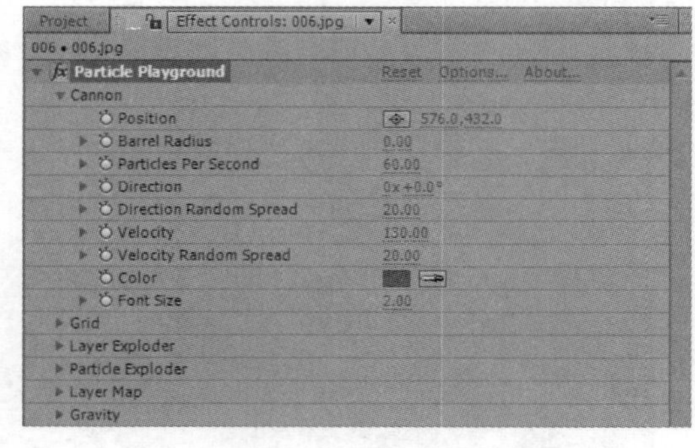

图 8-67

- Position（位置）。发射点的位置。
- Barrel Radius（圆筒半径）。发射点半径大小。
- Particles Per Second（粒子/秒），每秒所产生粒子的数量。
- Direction（方向），粒子的发射方向。
- Direction Random Spread（随机漫射方向），粒子发射方向的紊乱。

- Velocity：速度。
- Velocity Random Spread：粒子发射速度的紊乱。
- Color：粒子的颜色。
- Font Size：文字的大小。

- Grid（网格），网格粒子发生器设置，Grid 粒子发生器从一组网格交叉点产生连续的粒子面，网格粒子的移动完全依赖于重力、排斥、墙和属性映像设置。默认情况下，重力属性打开，网格粒子向框架的底部飘落，如图 8-68 所示。

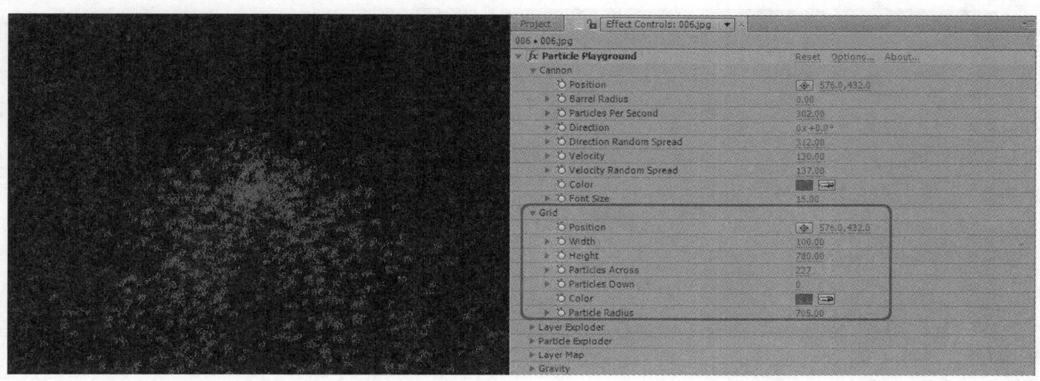

图 8-68

- Position（发射点位置），确定网格中心的 X、Y 坐标，不论粒子是圆点、层还是文本字符，粒子一经产生都是出现在交叉点中心。如果使用文本字符作为粒子，默认情况下 Edit Grid Text 对话框中的 Use Grid 选项是选中的，此时每个字符都出现在网格交叉点上，标准的字符间距、词距和字距排列都不起作用。如果要文本字符以普通间距出现在网格上，则要使用文字对齐功能，而不是 Use Grid。
- Width：以像素为单位，确定网格的边框宽度。
- Height：以像素为单位，确定网格的边框高度。
- Particles Across：粒子发射源在横向的数量。
- Particles Down：粒子发射源在纵向的数量。
- Color：粒子颜色。
- Particle Radius/Font Size：设置圆点的尺寸，过字符的尺寸（以点为单位）。将其值设置为 0 时，不产生粒子。

- Layer Exploder：该参数将目标层分裂为粒子，可以模拟爆炸、烟火等效果，如图 8-69 所示为该选项下的各参数。

图 8-69

- Explode Layer：定义发射源层。
- Radius of New Particles：新粒子的大小。
- Velocity Dispersion：该值以每秒像素为单位，决定了所产生粒子速度变化范围的最大值，较高值产生一个更为分散的爆炸，较低值则使其聚集在一起，一旦将一个层爆炸，就会在合成图像中连续不断地产生粒子，若要开始或结束爆炸，可以设置 New Particles 选项的 Radius 值为 0。

- Particle Exploder：该参数将一个粒子分裂成许多新的粒子，可以用来模拟爆炸、烟火等效果。粒子爆炸时，新粒子可以继承原始粒子的位置、速度、透明度、缩放和旋转属性。当原始粒子爆炸之后，新粒子的移动受到重力、排斥力、墙和属性映像等选项的影响。图 8-70 所示为该选项下的各参数设置参考。

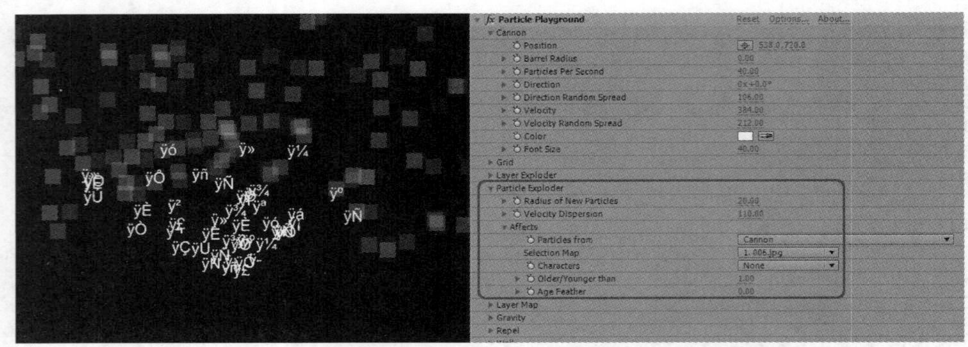

图 8-70

- Radius of New Particles：为爆炸所产生的粒子输入一个半径值，该值必须小于原始层的半径值。
- Velocity Disersion：该值以每秒像素为单位，决定了所产生粒子速度变化范围的最大值，较高值产生一个更为分散的爆炸。较低值则是新粒子聚集在一起。
- Affects：该参数栏指定哪些粒子受选项影响，粒子游乐场根据粒子的属性指定包含的粒子或排除的粒子。

1. Particles from：可在其下拉列表中选择粒子发生器，或者选择粒子受当前选项影响的粒子发生器的组合。
2. Selection Map：当“Older/Younger than”项和“Age Feather”项值为 0 时，可能选择一个图层，系统会按照目标图层的明间关系自动设置粒子爆破的时间和顺序，在这里则是要产生影响的图层。
3. Older/Younger than：此选项栏用于指定年龄阈值，以秒为单位，给出粒子受当前选项影响的年龄上限或下限，指定正的值影响较老的粒子，而负值影响年轻的粒子。
4. Age Feather：此选项用于控制年龄羽化。以秒为单位，指定一个时间范围，该范围内所有老的或年轻的粒子都羽化和柔和。羽化产生一个逐渐的而不是突然的变化效果。

- Layer Map：默认情况下，粒子发生器产生圆点粒子，After Effects 可以通过 Layer Map 指定合成图像中的任意能够作为粒子的贴图来替换圆点。如果使用动画素材进行贴图时，可以设置每个粒子产生时定位在哪一帧，使用一层上的各粒子有不同的变化，使用动态视频素材的粒子，出现更为复杂的变化，不同粒子使用视频素材中的不同帧，呈现出不同状态。图 8-71 所示为该选项下的各参数设置参考。
  - Use Layer：选择要参与粒子动画的图层。

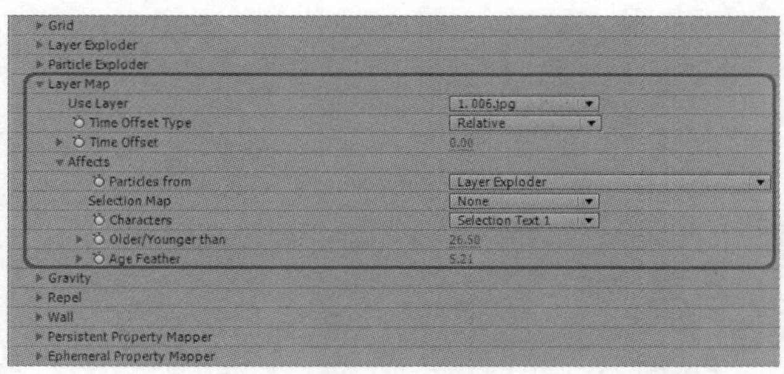

图 8-71

- ➢ Time Offset Type：时间偏移方式，如果我们选择的是一个视频素材，这项就可用，设置粒子间图像的偏差。
- ➢ Time Offset：最大紊乱时间。
- ➢ Affects：用于指定哪些粒子受该选项的影响。粒子运动场根据粒子的属性指定包含的粒子或排除的粒子。

- Gravity：重力，在刚才的动画设置中应该注意到了，第 1 次调节动画时都会调节该选项，因为该选项组的参数可以影响到特效中的所有动画组。
  - ➢ Force：重力大小，重力越大粒子越容易下落。
  - ➢ Force Random Spread：重力的随风机值。
  - ➢ Direction：力的方向。
  - ➢ Affects：指定将力作用于哪个动画组。
- Repel：该选项组中可设置另外一个力去影响动画，可以让动画更随机。
  - ➢ Force：力的大小。
  - ➢ Force Radius：力的半径，也就是作为范围。
  - ➢ Repeller：设置这个力将作用于哪个动画组。
  - ➢ Affects：指定这个力还可以影响到哪个动画组。
- Wall：约束粒子移动的区域。墙是用遮罩工具（如画笔工具）产生的遮罩，产生一个墙可以使粒子停留在一个指定的区域，当一个粒子碰到墙，它就以碰墙的力度产生一个速度弹回，如图 8-72 所示。
  - ➢ Boundary：反弹的强度。
  - ➢ Affects：设置这个力将作用于哪个动画组。
- Persistent Property Mappers：持续属性映像器，改变粒子属性为最近的值。
  - ➢ Use Layer As Map（使用层作为映像）：选择一个层作为影响粒子的层映像。
  - ➢ Affects（影响）：指定哪些粒子受选项的影响。粒子游乐场根据粒子的属性指定包含的粒子或排除的粒子。
  - ➢ Map Channel(R、G、B)to：在属性映像器中可以用层映像的 RGB 通道控制粒子属性。粒子游乐场分别从红、绿、蓝通道中提取亮度值进行控制，如果只修改一个属性或使用相同值修改 3 个属性，可以使用灰阶图作为层映像。系统使用 RGB 通道分别对粒子的以下属性进行控制，如图 8-73 所示。

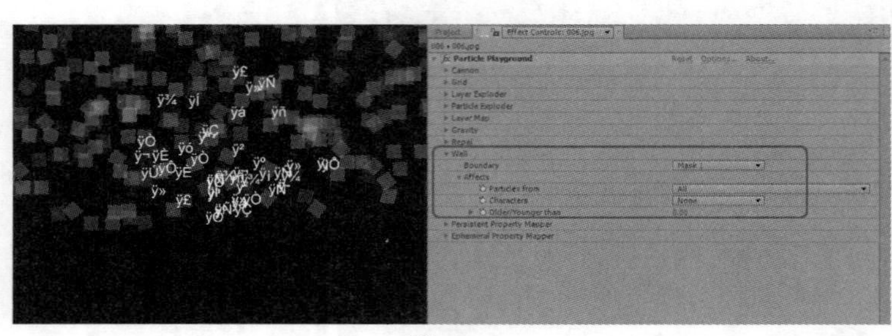
图 8-72

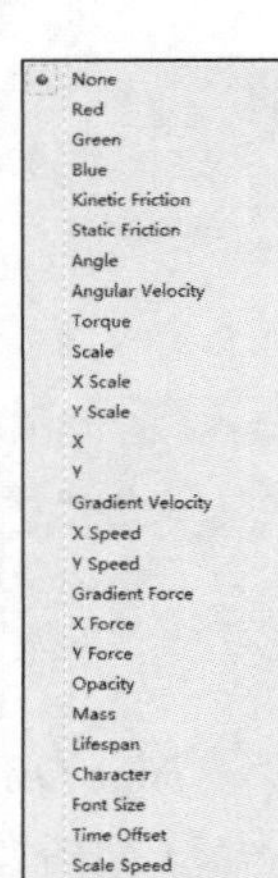

图 8-73

1. None（无）：不改变粒子。
2. Red（红）：复制粒子红色通道的值。
3. Green（绿）：复制粒子绿色通道的值。
4. Blue（蓝）：复制粒子蓝色通道的值。
5. Kinetic Friction（运动摩擦力）：复制运动物体的阻力值。
6. Static Friction（静摩擦力）：复制保持静态粒子不动的惯性值 。
7. Angle（角度）：复制粒子移动方向的一个值。该值与粒子开始角度相对应。
8. Angular Velocity（角速度）：复制粒子旋转的速度，以度/秒为单位。
9. Torque（扭矩）：复制粒子旋转的力度。正的扭矩会增大粒子的角速度，且对于大量集聚的粒子增大的速度更慢一些。越亮的像素对角速度的影响越明显，如果应用了与角速度相反的足够大的扭矩，则粒子将开始向相反的方向旋转。
10. Scale（缩放）：复制粒子沿着 X 轴和 Y 轴缩前的值。使用 Scale 参数可以拉伸一个粒子。
11. X Scale（X 轴缩放）：复制粒子沿着 X 轴缩放前的值。
12. Y Scale（Y 轴缩放）：复制粒子沿着 Y 轴缩放的值。
13. X：复制屏幕中粒子沿着 X 轴的位置。
14. Y：复制屏幕中粒子沿着 Y 轴的位置。
15. Gradient Velocity（渐变速度）：复制基于映像在 X 轴和 Y 轴运动面上区域的速度调节。
16. X Speed：复制粒子的水平方向速度。
17. Y Speed：复制粒子的垂直方向速度。
18. Gradient Force（渐变力）：基于层映像在 X 轴和 Y 轴运动面上区域的张力调节。彩色通道中的像素亮度值定义每个像素上粒子张力的阻力，减弱和增强粒子张力。层映像中有相同亮度的区域不对粒子张力进行调节。低的像素值对粒子张力阻力较小，高的像素值对粒子张力阻力较大。
19. X Force：复制沿 X 轴方向运动的强制力，正值将粒子向右推。
20. Y Force：复制沿 Y 轴方向运动的强制力，正值将粒子向下推。
21. Opacity（不透明度）：复制粒子的透明度。值为 0 时，全透明；值为 1 时，不透明。
22. Mass（聚集）：复制粒子聚集。通过所有粒子相互作用来调节张力。

23. Lifespan（生存期）：复制粒子的生存期，在生存期结束时，粒子从层中消失。

24. Character（字符）：复制对应于 ASCII 文本字符的值，用它替换当前的粒子。通过在层上灰色阴影的色值指定文本字符的显示内容。值为 0 时不产生字符，对于 US English 字符，使用值从 32 至 127。仅当用文本字符作为粒子时才能使用。

25. Font Size（字体大小）：复制字符的点大小仅当用文本字符作为粒子时才能使用。

26. Time Offset（时间位移）：复制层映像属性用的时间位移值。

27. Scale Speed（缩放速度）：影响粒子的速度。

- Min/Max（最小/最大）：当层映像亮度值的范围太宽或太窄时，可以用 Min 和 Max 选项来拉伸、压缩或移动层映像所产生的范围。
- Ephemeral Property Mappers（短暂属性映像器）：在每一帧后恢复粒子属性为初始值。例如，如果使用层映像改变粒子的状态，并且动画层映像使它退出屏幕，那么每个粒子一旦没有层映像之后马上恢复成原来的状态。单击后面的下拉按钮，弹出可选项的下拉列表，如图 8-74 所示。

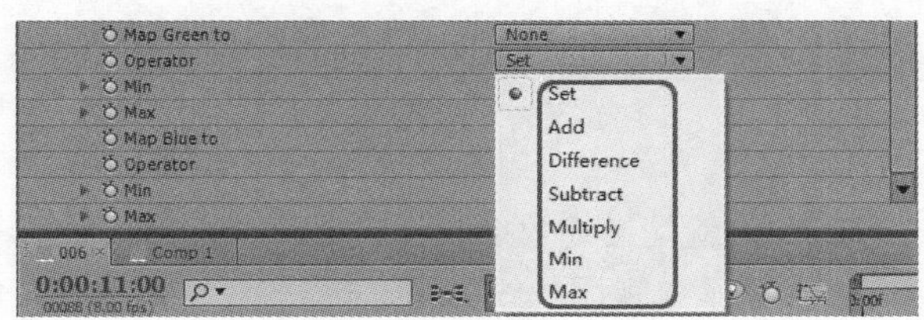

图 8-74

1. Set（设置）：粒子属性的值被相对应的层映像像素的值替换。
2. Add（加）：使用粒子属性值与相对应的层映像像素值的合计值。
3. Difference（差别）：使用粒子属性值与对应的层映像像素亮度值的差的绝对值。
4. Subtract（减）：以粒子属性的值减去对应的层映像像素的亮度值。
5. Multiply（乘）：使用粒子属性值与相对应的层映像像素相乘的值。
6. Min（最小）：取粒子属性值与相对应的层映像像素亮度值中较小的值。
7. Max（最大）：取粒子属性值与相对应的层映像像素亮度值中较大的值。

17. Shatter

Shatter（碎片特效），这也是 After Effects 中的一个经典特效，它可以用来模拟比如墙、玻璃等各种物体被打碎的情景，并且可以模拟出碎片的厚度，非常具有真实感，也拥有繁多的控制项，如图 8-75 所示是它的控制项和效果。

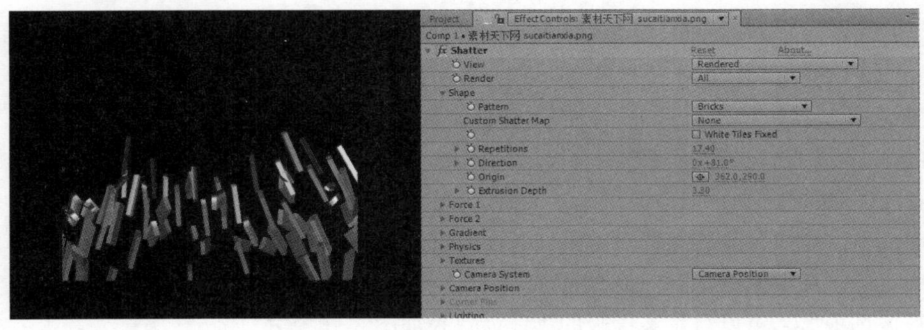

图 8-75

- View：控制显示设置，与其他特效一样，这里也是为了优化显示和提高反馈效率，如图 8-76 所示，有以下 5 项。

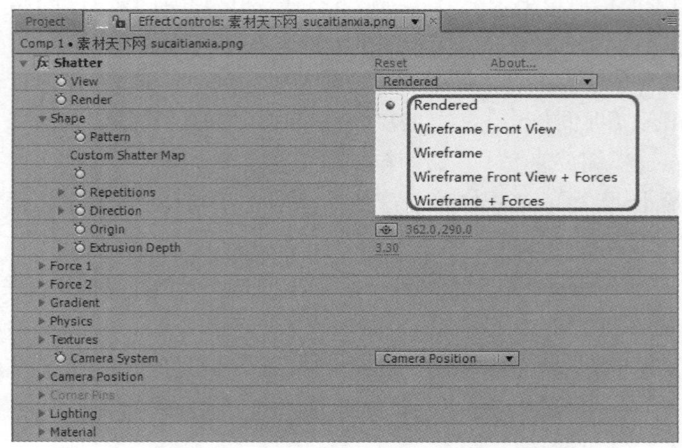

图 8-76

> Rendered（渲染效果），也就是最终效果。
> Wireframe Front View：显示前视图的线框图。
> Wireframe：只显示线框图，但是在该视图中，物体会有透视感。
> Wireframe Front View + Forces：显示前视图的线框图和爆破力的情况。
> Wireframe + Forces：只显示有透视感的线框和爆破力的情况。

- Render：控制最终效果图渲染时所显示的对象，如图 8-77 所示，有以下 3 项。

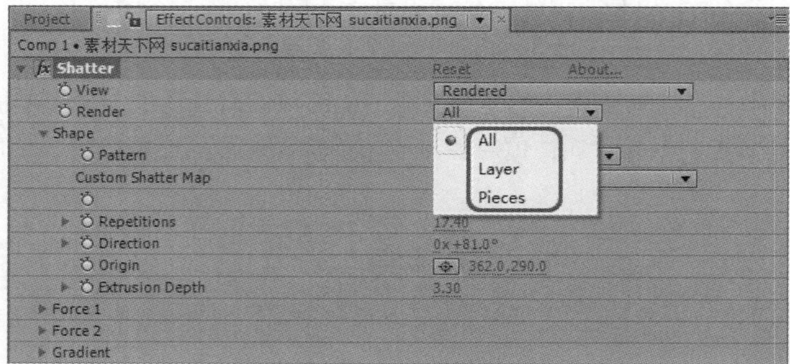

图 8-77

> All（渲染所有），也就是显示整个爆破的全部结果。
> Layer：选择该选项时只显示没有被爆破的区域。
> Pieces：选择该选项时只显示被爆破的碎片。

- Shape：形状设置项。

> Pattern：选择爆破的类型，比如 Glass（玻璃）、Egg（蛋）或是其他的物体，这里的设置决定了爆破的基本情况，它还提供了一项可供自己选择的设置项，Custom（自定义），选择该选项后，可以自定义爆破的物体，效果如图 8-78 所示。

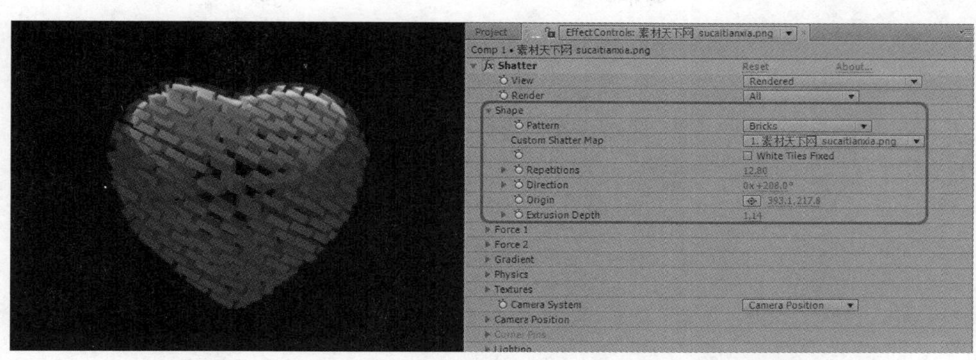

图 8-78

我们看到，当自定义爆破对象后，系统会根据图像的明暗对比自行爆破，同时还会产生丰富的碎片。

- Custom Shatter Map：指定要进行爆破的对象。
- White Titles Fixed：勾选该复选框后会保留更多的亮度区域。
- Repetitions（重复次数），也就是控制了碎片的数量。
- Direction（方向），碎片的旋转方向。
- Origin：爆破中心点的位置。
- Extrusion Depth：碎片的厚度。

- Force 1：爆破点 1 设置项。
  - Position：爆破点 1 的位置。
  - Depth：爆破点的深度，也就是在 Z 轴向的位置。
  - Radius：爆破点半径大小。
  - Strength：爆破力的强度。
- Force 2：爆破点 2 的设置，与 Force 1 的设置项一样。
- Gradient：渐变层设置，可以指定一个素材，然后系统会根据这个素材的明暗对当前层进行爆破。
  - Shatter Threshold：爆破的阈值，也就是爆破区域的大小。
  - Gradient Layer：指定渐变层。
  - Invert Gradient：勾选该复选框可以对渐变层的明暗情况进行反转。
- Physics：物理学设置。
  - Rotation Speed：碎片的旋转速度。
  - Tumble Axis：碎片自旋的轴向设置。
  - Randomness：随机性。
  - Viscosity：碎片炸开的速度。
  - Mass variance：碎片重量的紊乱性。
  - Gravity：重力。
  - Gravity Direction：重力的方向。
  - Gravity Inclination：重力的前后朝向。
- Textures：纹理设置。

- Color（颜色），当前只设置此项不会看到什么效果，当设置完下面的选项后就会看到变化。
- Opacity：透明度。
- Front Mode：设置爆破对象正面的着色方式，单击弹出下拉列表，如图 8-79 所示。

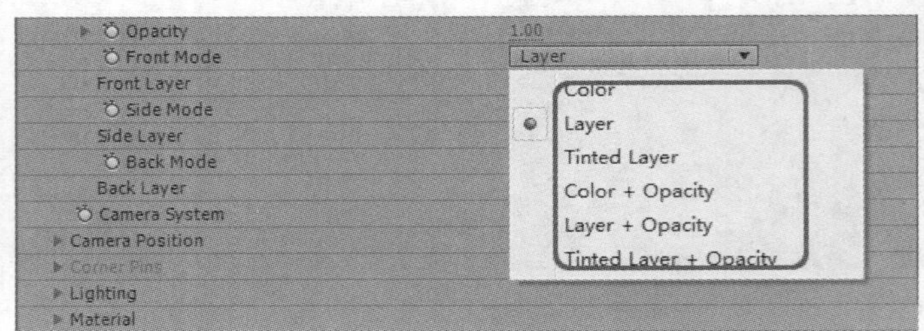

图 8-79

1. Color：颜色，选择该选项时正面会显示刚才设置的颜色，但不计算透明度，并且忽略图像本身的 Alpha 通道。
2. Layer：层图案，显示层原本的图案，计算 Alpha 通道，这时我们刚才设置的颜色和透明度都不可用。
3. Tinted Layer：染色层，用我们在 Color 选项设置的颜色与图像本身进行染色叠加，计算图像的 Alpha 通道，但不计算透明度。
4. Color + Opacity：颜色和透明度，这时使用 Color 选项的颜色，同时也计算我们设置的透明度，但是不计算图像本身的 Alpha 通道。
5. Layer + Opacity：层和透明度，显示图像本身的图案，同时计算图像本身的 Alpha 通道，Opacity 选项的设置也会起作用。
6. Tinted Layer + Opacity：染色层和透明度，Color 选项设置的颜色与图像本身进行叠加，同时计算图像本身的 Alpha 通道和 Opacity 项的透明度设置。

接下来将【Color】项设置为淡绿色，【Opacity】项设置为【0.5】，图 8-80 所示为各种着色模式的效果，可进行对照。

图 8-80

  - Front layer：指定正面的图案。
  - Side Mode：侧面的着色方式，与 Front Model 选项的作用相同，可参考。
  - Side Layer：指定侧面图案。
  - Back Mode：背面的着色方式。
  - Back Layer：指定背面的图案。
- Camera System：选择摄像机系统。
  - Camera Position：普通的摄像机系统，该模式下的摄像机可以进行自由的移动和旋转。
  - Corner Pins：平角摄像机，该模式下，将会通过四个角点的位置控制摄像机的观察区域。
  - Comp Camera：使用当前合成的摄像机。
- Camera Position：摄像的位置和角度控制。
  - X、Y、Z Rotation：摄像机的位置控制。
  - X、Y、Z Position：摄像机的角度控制。
  - Focal Length：焦距长短。
  - Transform Order：摄像机的运动轴向设置。
- Corner Pins：当摄像机系统为"Corner Pins"时该选项可用，它会通过对四个角点位置的调节来控制摄像机的观察角度和区域。
  - Upper Left Corner：左上角控制点的位置。
  - Upper Right Corner：右上角控制点的位置。
  - Lower Left Corner：左下角控制点的位置。
  - Lower Right Corner：右下角控制点的位置。
  - Auto Focal Length：自动焦距，勾选该复选框后，系统将自动调节摄像机的焦距。
  - Focal Length：如果不选择自动焦距，该选项将可用，手动控制摄像机的焦距。
- Lighting：灯光控制项。
  - Light Type：灯光类型。
    1. Point Source：点光源，这种灯光会有一定的衰减，离灯光近的区域较亮，离灯光较远的区域相对较暗。
    2. Distant Source：这种光源没有衰减，不论多远，都可以照亮对象。
    3. First Comp Light：应用在当前合成里创建的第一盏的灯光类型。
  - Light Intensity：灯光强度。
  - Light Color：灯光颜色。
  - Light Position：灯光位置。
  - Light Depth：灯光深度。
  - Ambient Light：环境光的强度。
- Material：材质控制。
  - Diffuse Reflection：固有色反射强度，其实也就是控制图像本身图案的亮度。
  - Specular Reflection：高光强度。
  - Highlight Sharpness：亮光区域的柔和强度。

8.3 实战应用——制作旋转碎片

本例将制作旋转碎片的效果，效果如图 8-81 所示。

图 8-81

STEP 1 运行 After Effects CS6 软件，选择【Composition】|【New Composition】命令，命名为【文字】，将【Preset】设置为【HDV 1080 25】，【Duration】为【0:00:05:00】，设置完成后单击【OK】按钮，如图 8-82 所示。

STEP 2 在时间线面板中右击，在弹出的快捷菜单中选择【New】|【Text】命令，在场景中输入文字【LIVE AND LEARN】,选择输入的文字后，在 Character 面板中将字体设置为 Inpact，将字体颜色设置为白色，字体大小为 200px 并将文字居中，如图 8-83 所示。

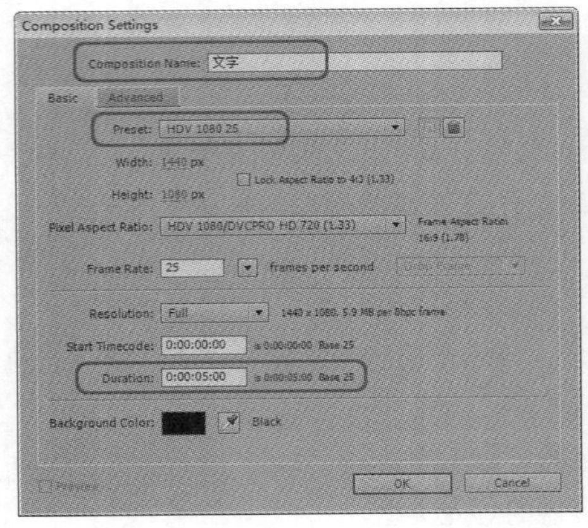

图 8-82

图 8-83

STEP 3 创建文字后，选择【Composition】|【New Composition】命令，命名为【01】，将【Preset】设置为【HDV 1080 25】，【Duration】为【0:00:05:00】，设置完成后单击【OK】按钮，如图 8-84 所示。

STEP 4 新建合成后，在时间线面板中右击，在弹出的快捷菜单中选择【New】|【Solid】命令，将其命名为旋转，设置完成后单击【OK】按钮，如图 8-85 所示。

STEP 5 在时间线面板中选择【旋转】图层，在菜单栏中选择【Effect】|【Simulation】|【CC Particle World】命令，设置如图 8-86 所示。

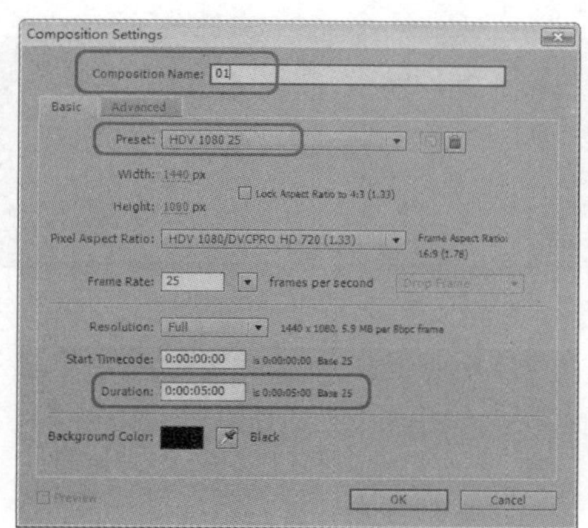

图 8-84

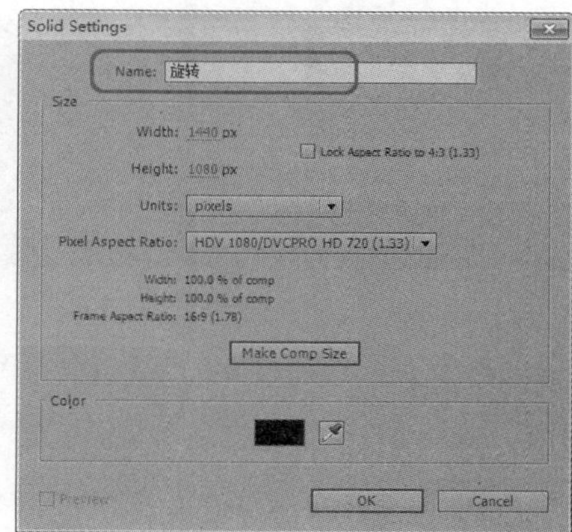

图 8-85

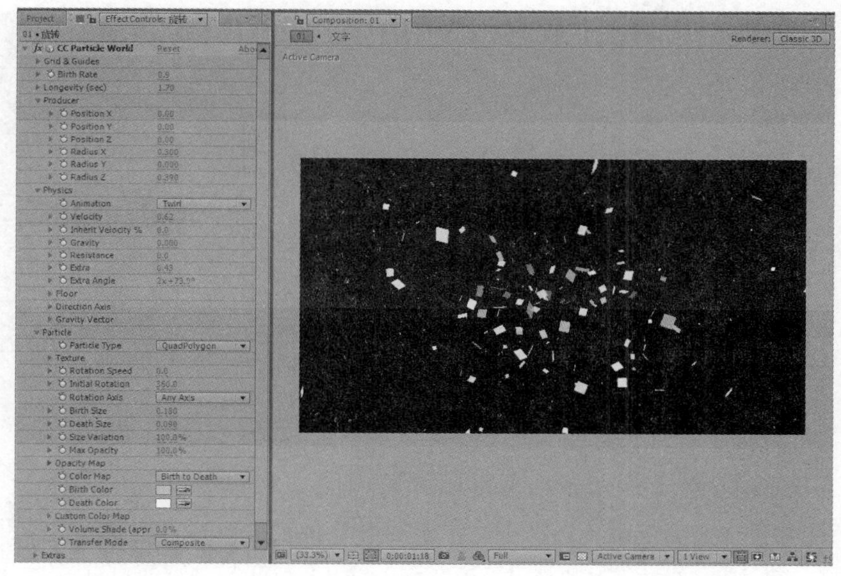

图 8-86

STEP 6　在时间线面板中单击左下方的按钮，将第一个时间设置为-0:00:01:15，将时间指针拖至 0:00:04:24 帧处，按【Alt+]】组合键，设置出点，如图 8-87 所示。

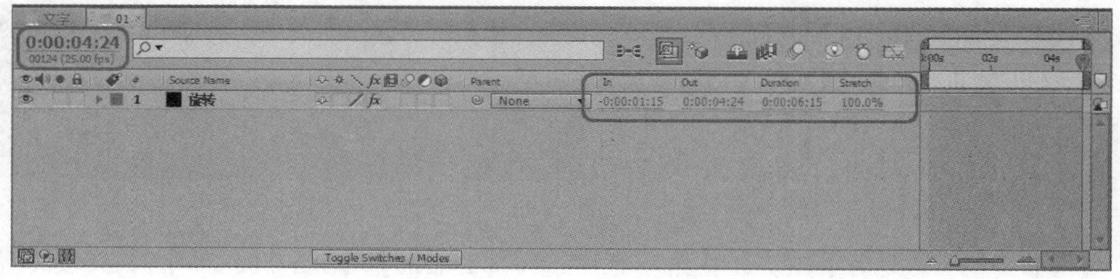

图 8-87

STEP 7　拖动时间指针，查看动画效果如图 8-88 所示。

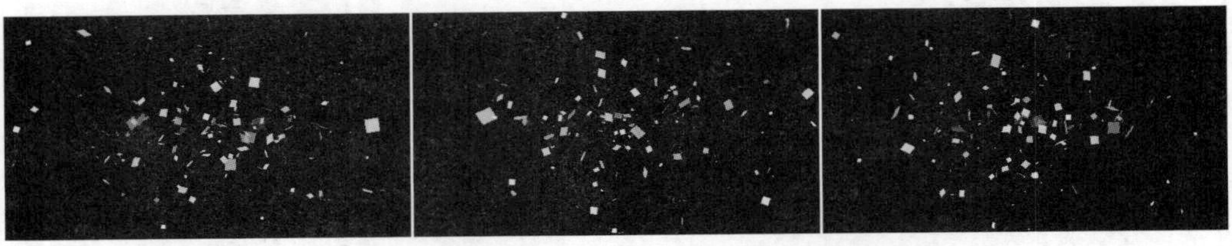

图 8-88

STEP 8 在时间线面板中选择【旋转】图层，在菜单栏中选择【Effect】|【Stylize】|【Glow】命令，设置【Glow Threshold】为【0.0%】，【Glow Radius】为【161.0】，【Glow Intensity】为【2.0】，如图 8-89 所示。

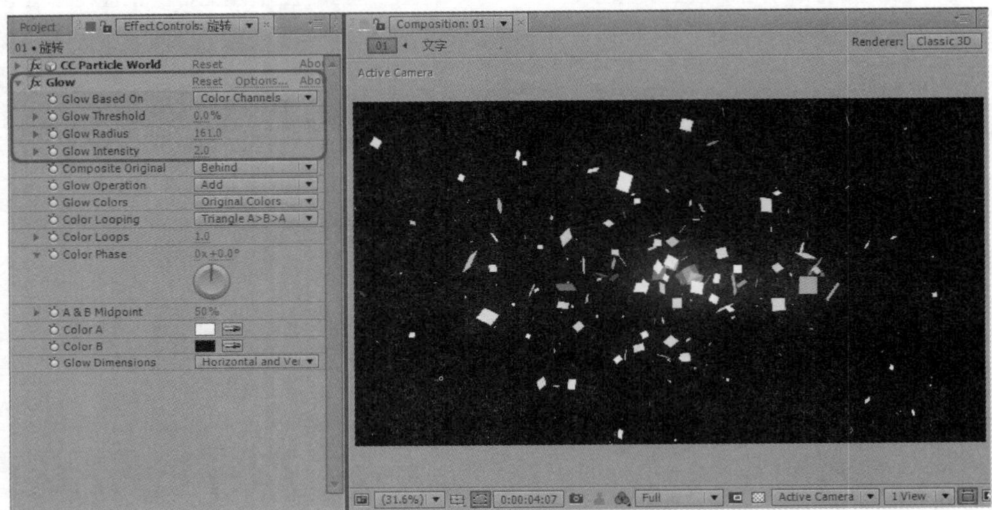

图 8-89

STEP 9 在 Project 面板中，选择【文字】图层并将其拖至时间线面板中，并将其三维层开启，按 P 键，将【Position】设置为【720.0,540,-7.0】，并将其放置在【旋转】图层下方，如图 8-90 所示。

图 8-90

STEP 10 选择【文字】图层，在菜单栏中选择【Effect】|【Perspective】|【Bevel Alpha】命令，将【Edge Thickness】设置为【6.50】，【Light Angle】为【1x+0.0°】，【Light Intensity】为【1.00】，如图 8-91 所示。

图 8-91

STEP 11 在时间面板空白处右击，在弹出的快捷菜单中选择【New】|【Camera】命令，在弹出的【Camera Settings】对话框中，将【Type】设置为【Two-Node Camera】，【Preset】为【35mm】，设置完成后单击【OK】按钮，创建 Camera1，如图 8-92 所示。

STEP 12 在时间面板空白处右击，在弹出的快捷菜单中选择【New】|【Null Object】命令，创建一个空物体图层【Null 1】并将其三维层开启，然后将图层【Camera1】的 Parent 设置为【1.Null 1】，如图 8-93 所示。

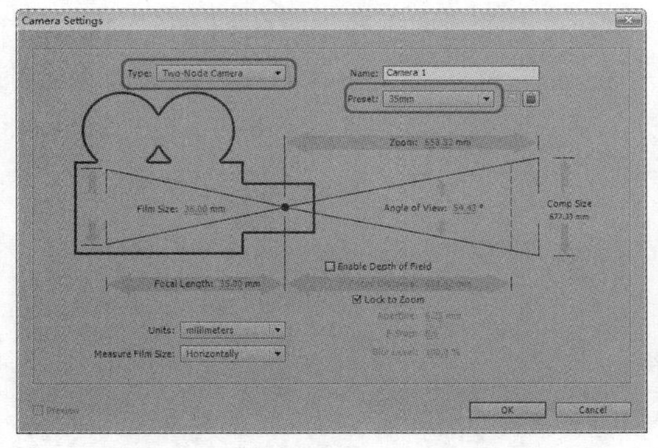

图 8-92

图 8-93

STEP 13 在 0:00:00:00 帧处，选择【Camera1】，单击 Orientation 左侧的按钮，添加动画关键帧记录，将其设置为【0° ,90° ,0° 】，如图 8–94 所示。

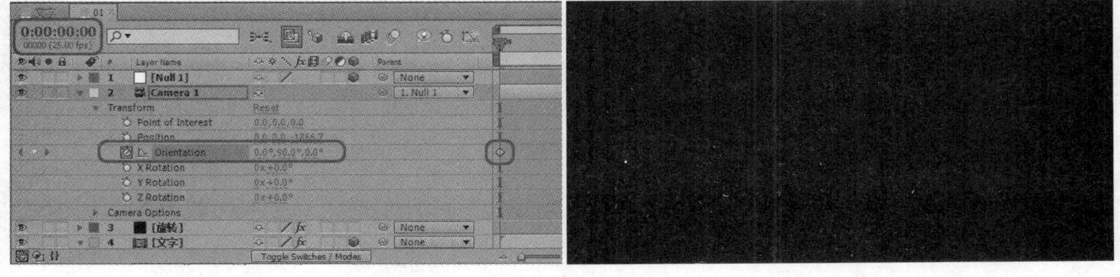

图 8-94

STEP 14 在 0:00:01:17 帧处，将 Orientation 设置为【0° ,0° ,0° 】，如图 8-95 所示。

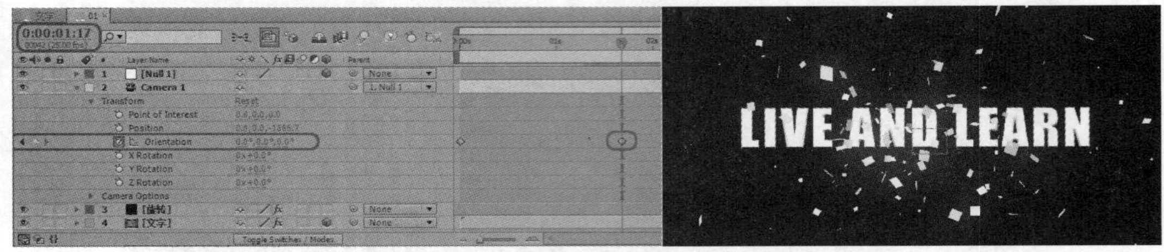

图 8-95

STEP 15 拖动时间指针查看动画效果，如图 8-96 所示。

图 8-96

STEP 16 在时间线面板空白处右击，在弹出的快捷菜单中选择【New】|【Solid】命令，将其命名为光晕，如图 8-97 所示。

STEP 17 在 0:00:00:00 帧处，选择【光晕】图层，在菜单栏中选择【Effect】|【Generate】|【Lens Flare】命令，在特效控制面板中，单击 Flare Center 左侧的按钮，为其添加动画关键帧记录，将其设置为【960,540】；在 0:00:03:00 帧处，将其设置为【-153.0,540.0】，如图 8-98 所示。

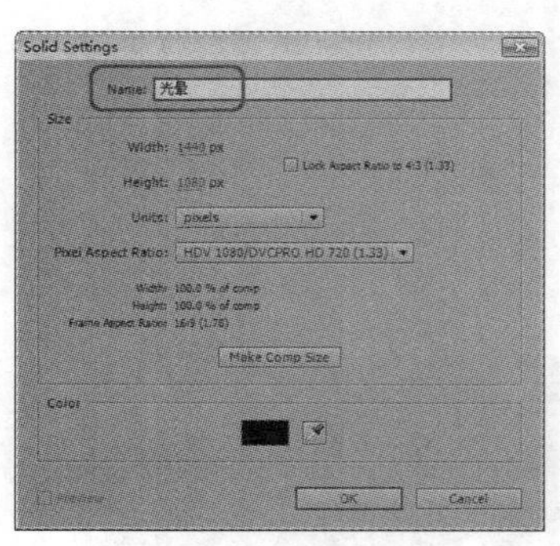

图 8-97

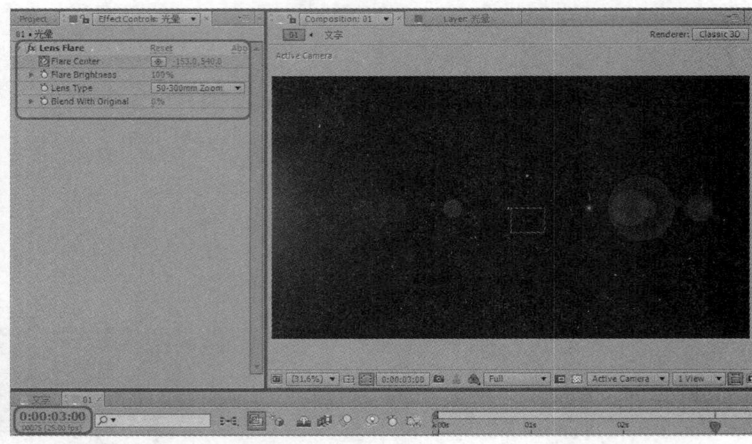

图 8-98

STEP 18 在 0:00:00:00 帧处，单击 Flare Brightness 左侧的按钮，添加动画关键帧记录，将其设置为 168%；在 0:00:02:00 帧处，设置为 85%，如图 8-99 所示。

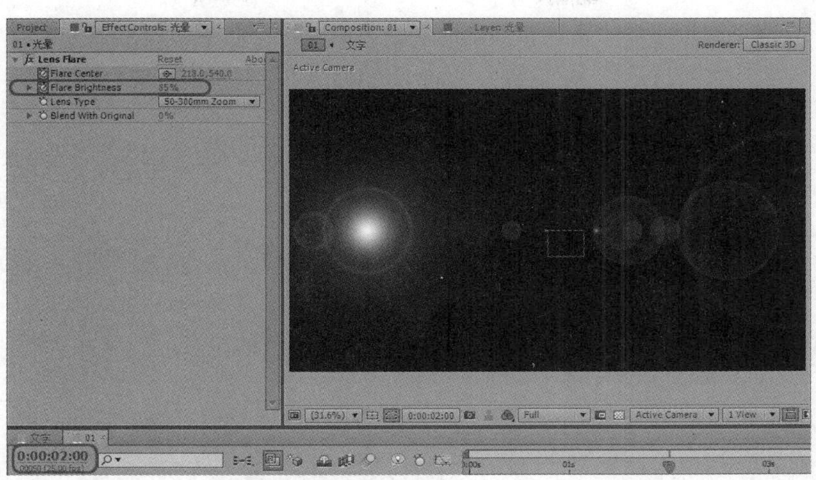

图 8-99

STEP 19　在 0:00:00:12 帧处，在时间线面板中选择【光晕】图层，按【T】键，单击其左侧的按钮，添加动画关键帧记录，如图 8-100 所示。

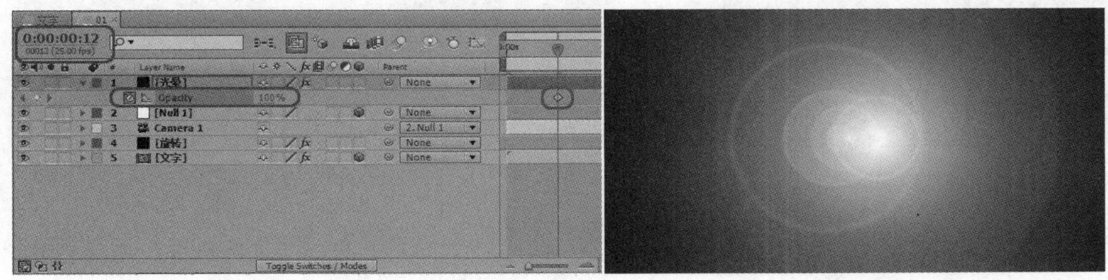

图 8-100

STEP 20　在 0:00:01:18 帧处，设置为 0%，如图 8-101 所示。

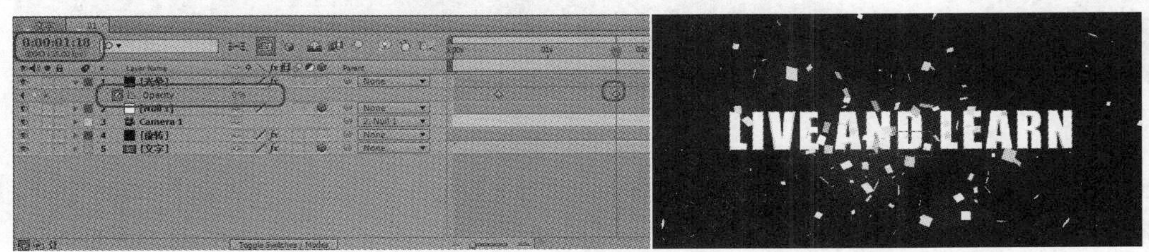

图 8-101

STEP 21　在时间线面板中，拖动时间指针查看动画效果，如图 8–102 所示。

图 8-102

STEP 22 在时间线面板中右击，在弹出的快捷菜单中选择【New】|【Light】命令，在弹出的 Light Settings 对话框中，将 Light Type 设置为 Point，Color 的 RGB 值设置为 255、230、180， Intensity 设置为 120%，设置完成后单击【OK】按钮，如图 8-103 所示。

STEP 23 在菜单栏中选择图层【Light1】，按【P】键，将 Position 设置为【800,510,-666】，调整灯光在场景中的位置，如图 8-104 所示。

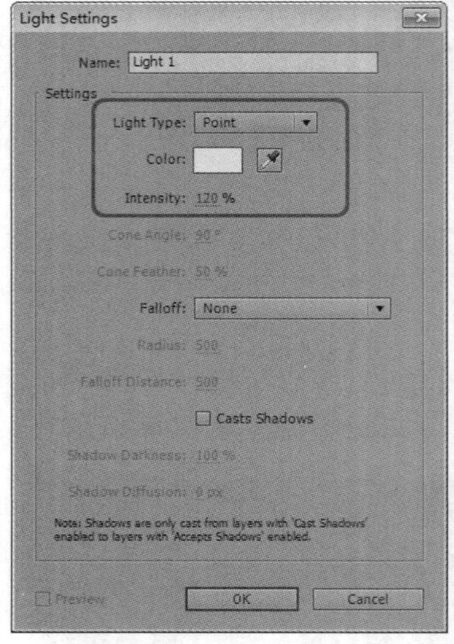

图 8-103

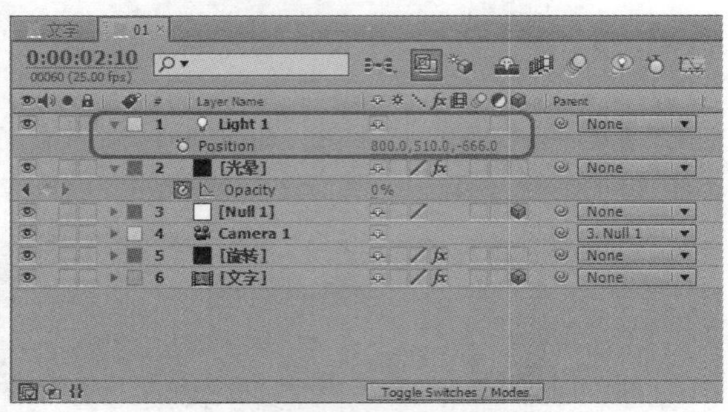

图 8-104

STEP 24 在时间线面板中，拖动时间指针查看动画效果，如图 8-105 所示。

图 8-105

STEP 25 影片制作完成后，最终要将其输出，选择【Composition】|【Add to Render Queue】命令，将该合成导入【Render Queue】窗口中，如图 8-106 所示。

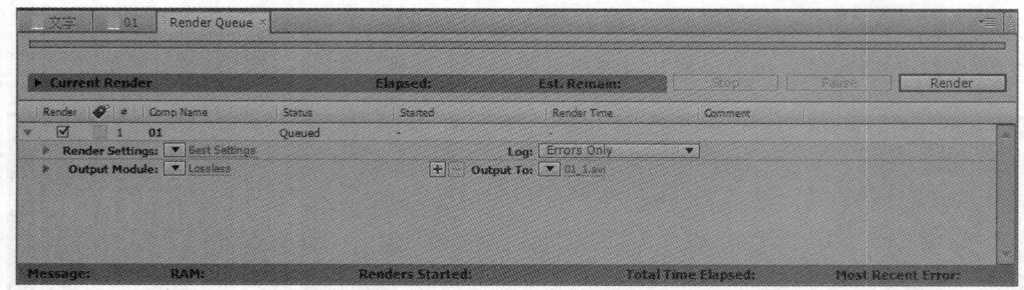

图 8-106

STEP 26　单击 Output To（输出到）右侧的蓝色文字，打开【Output Movie To】对话框，选择一个保存路径，并为影片命名，设置完成后单击【保存】按钮，如图 8-107 所示。

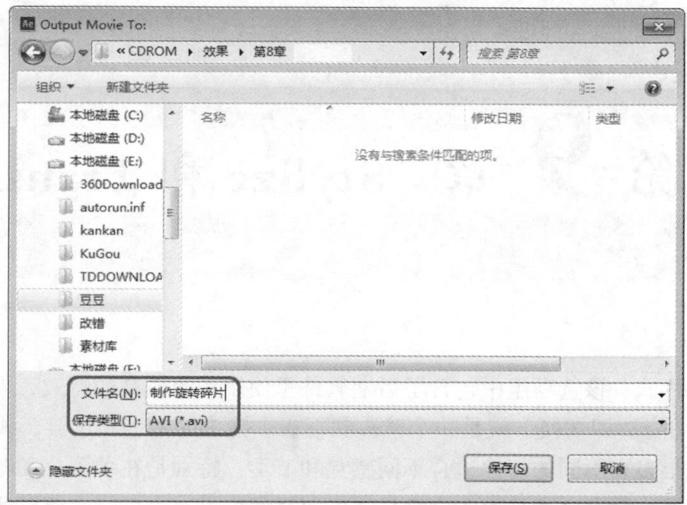

图 8-107

STEP 27　单击【Render】按钮，开始进行渲染输出，如图 8-108 所示为影片渲染输出的进度。

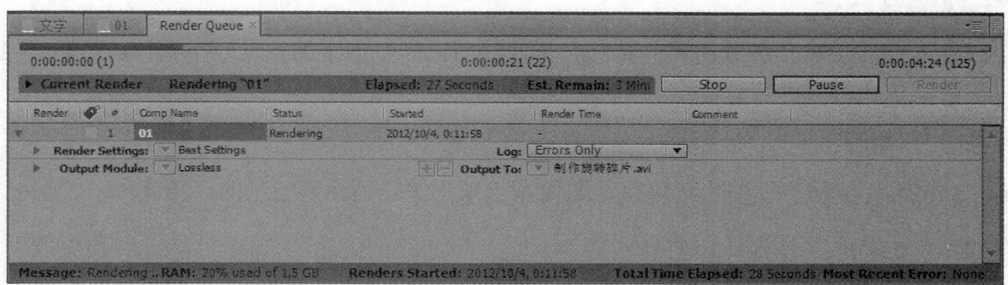

图 8-108

第 9 章 Stylize 和 Transition

Stylize 是风格、样式，该选项组中包含了后期软件里使用频率较高的特效，可以创建画笔、卡通及发光等特效。Transition 即切换，就是一个镜头到下一个镜头的衔接和过渡，我们在各类片子中都能看到，切换的样式很多，不同的切换适合不同感觉和节奏，特别是在动画片和各类的片头中，更是大量应用到切换。切换，简言之就是使一个素材消失而显示出另一个素材，所以我们必须导入两段素材，新建一个 PAL 制的合成，再为上层素材添加切换特效。

9.1 Stylize

Stylize 特效组主要模仿各种绘图的技巧，从而使图像产生丰富的视觉效果，该特效包含 24 种特效组，下面将简单地对其进行介绍。

1. Brush Strokes

Brush Strokes（笔触），使用它可以让图像看起来更像是用画笔绘制的，功能单一，控制项也很简单，如图 9-1 所示。

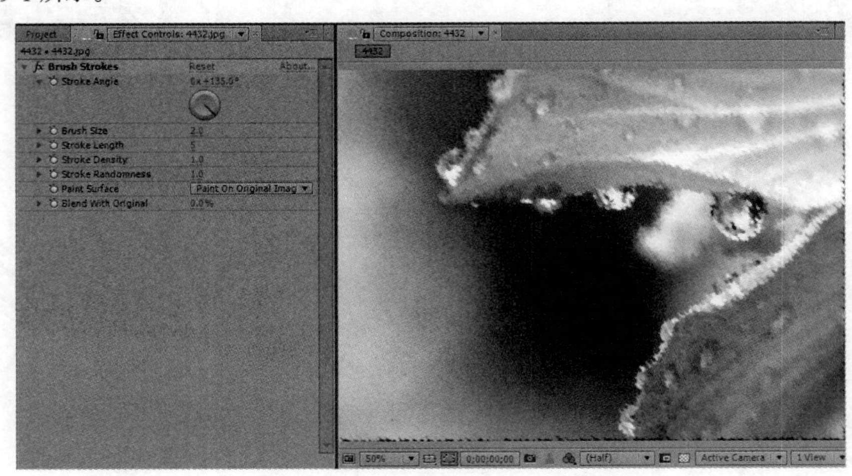

图 9-1

该特效各项参数的含义如下。

- Stroke Angle：笔画的角度。
- Brush Size：笔刷的大小。

- Stroke Length：笔画的长度。
- Stroke Density：笔画的密度。
- Stroke Randomness：笔画的随机性。
- Paint Surface：绘画表面，设置画笔将绘制在哪种表面上，如图 9-2 所示的下拉菜单。
  - Paint On Original Image：在原图像上进行绘制。
  - Paint On Transparent：在透明的背景上进行绘制。
  - Paint On White：在白色的背景上进行绘制。
  - Paint On Black：在黑色的背景上进行绘制。
- Blend With Original：与原始图像混合。

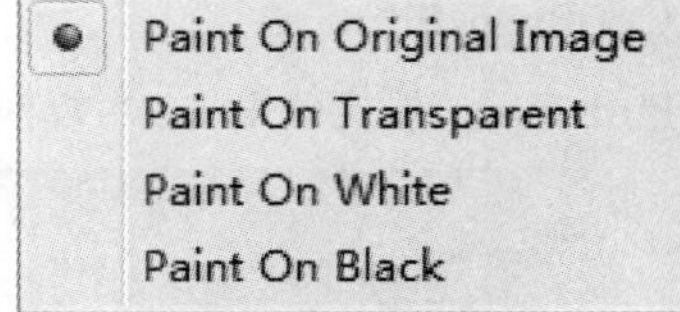

图 9-2

2. Cartoon

Cartoon：卡通效果，用以创建卡描边的卡通效果，如图 9-3 所示。

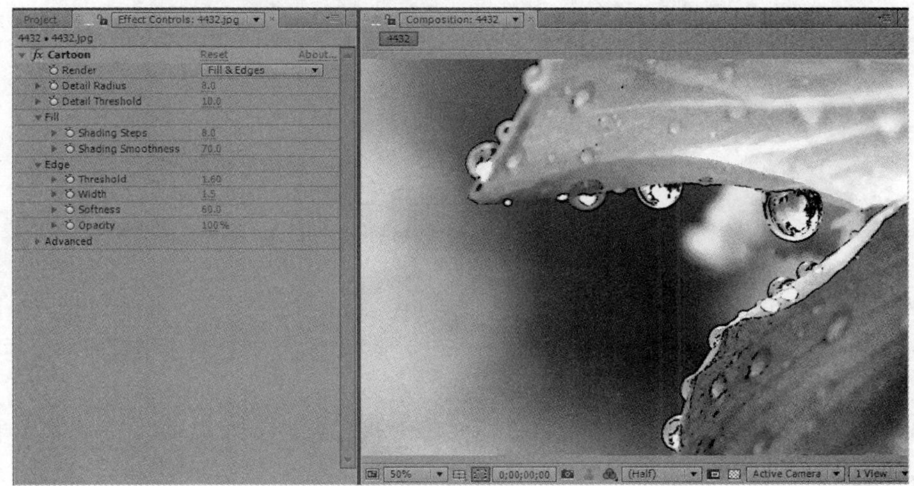

图 9-3

- Render：该选项控制渲染的方式。
  - Fill：只渲染填充部分。
  - Edge：只渲染描边部分。
  - Fill & Edges：渲染填充和描边。
- Detail Radius：细节的半径大小。
- Detail Threshold：细节的阈值，较小的阈值将获得更多的细节。
- Fill：填充设置。
  - Shading Steps：填充着色的步幅数，较小的参数将获得更为明显的卡通效果。
  - Shading Smoothness：着色的平滑度，此项数值越大，填充颜色过渡就越自然。
- Edge：描边设置。
  - Threshold：阈值，较小的阈值将得到更多的描边区域。
  - Width：描边的宽度。
  - Softness：描边的柔和度。
  - Opacity：描边的透明度。

- Advanced：高级控制。
  - Edge Enhancement：提高边缘，提高该选项参数可以获得更为精细的边缘控制效果。
  - Edge Black Level：描边黑色级别，此项参数越大，描这的区域也就越大。
  - Edge Contrast：描边的对比度。

3. CC Burn Film

CC Burn Film（燃烧效果），可以模拟火焰燃烧时边缘变化的结果，从而使图像消失，如图 9-4 所示。

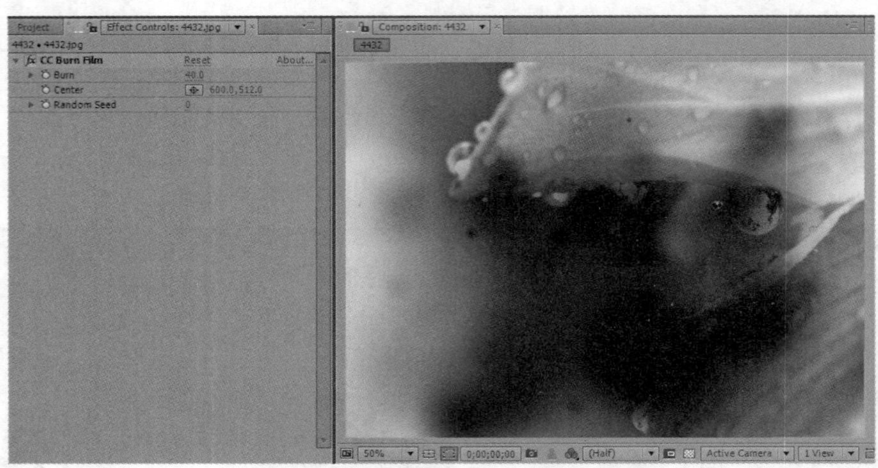

图 9-4

该特效各项参数的含义如下。

- Burn：用于调节图像中黑色区域的面积。为其添加关键帧，可以制作出画面燃烧的效果。
- Center：用于设置燃烧中心点的位置。
- Random Seed：用于调节燃烧时黑色区域的变化速度，需要添加关键帧才能看到效果。

4. CC Glass

CC Glass（玻璃），一看就能知道是产生玻璃效果，它能够模拟玻璃的折射效果，如图 9-5 所示。

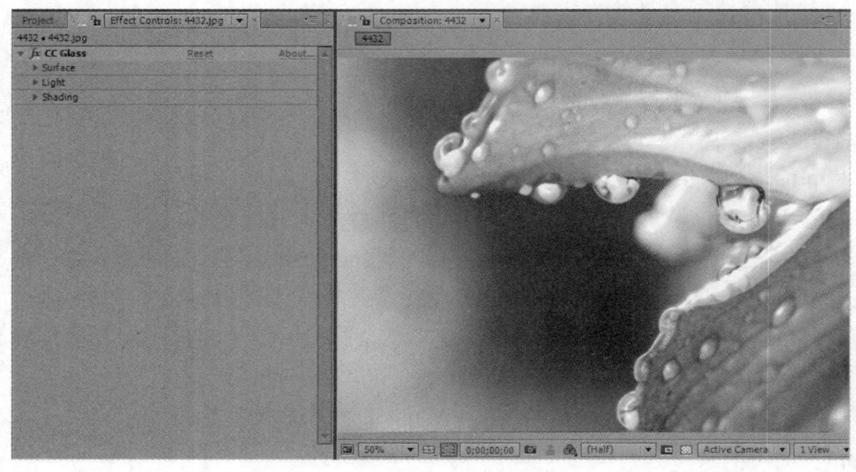

图 9-5

该特效各项参数的含义如下。

- Surface：表面设置。
  - Bump Map：凹凸贴图，指定一个目标素材，系统会根据目标素材的明暗对当前层进行凹凸设置。
  - Property：选择要将目标层的哪个通道作用于当前层图像。
  - Softness：柔和度。
  - Height：凹凸的高度。
  - Displacement：置换的强度。
- Light：灯光设置。
  - Light Intensity：灯光的强度。
  - Light Color：灯光的颜色。
  - Light Type：灯光的类型。
  - Light Height：灯光的高度。
  - Light Position：灯光的位置。
  - Light Direction：灯光的方向。
- Shading：着色设置。
  - Ambient：环境亮度。
  - Diffuse：图像本身的透明度。
  - Specular：高光的强度。
  - Roughness：粗糙度。
  - Metal：金属度。

5. CC Kaleida

CC Kaleida（CC 万花筒），可以将图像进行不同角度的变换，使画面产生各种不同的图案，如图 9-6 所示。

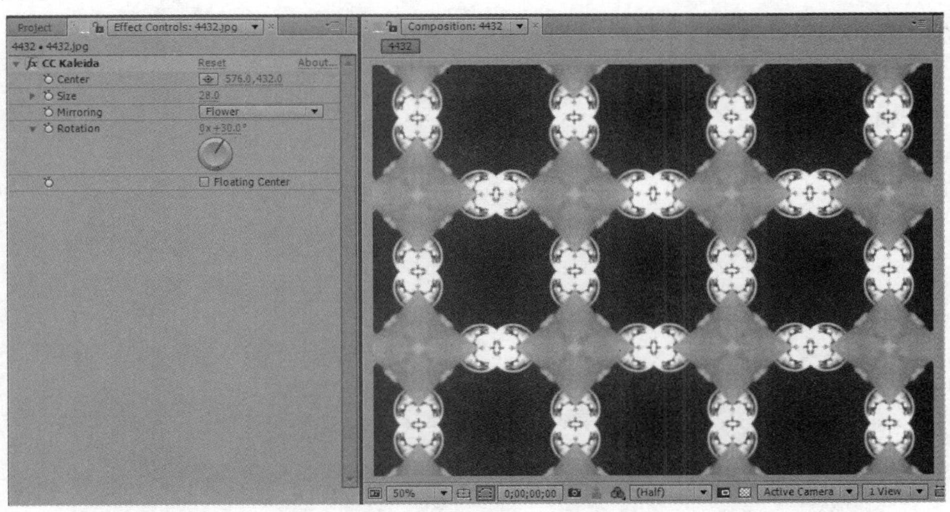

图 9-6

该特效各项参数的含义如下。

- Center：用于设置图像的中心点位置。
- Size：用于设置变形后图案的大小。

- Mirroring：用于改变图像的形状。从右侧的下拉列表框中可以选择一个选项，作为变形的形状。
- Rotation：用于改变旋转的角度，画面中的图案也会随之改变。

6. CC Mr. Smoothie

CC Mr. Smoothie（CC 平滑），应用通道来设置图案变化，通过相应的调整来改变图像效果，如图 9-7 所示。

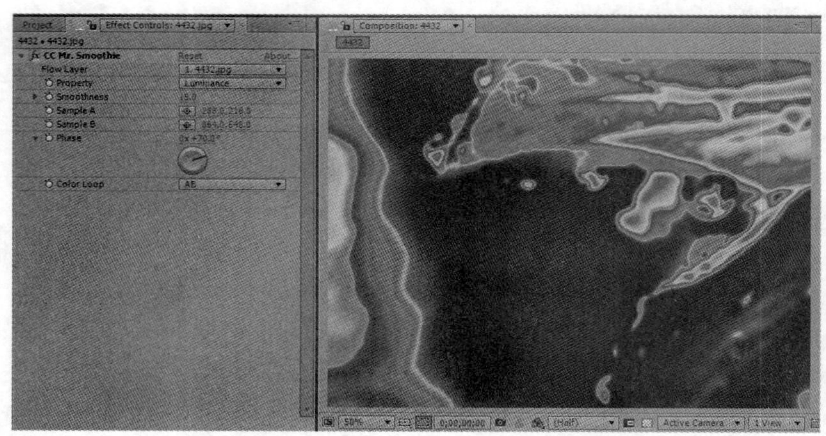

图 9-7

该特效名项参数的含义如下。

- Property：从右侧的下拉列表框中选择一种用于运算的通道。
- Smoothness：用于调节平滑后图像的融合程度。值越大，融合程度越高；值越小，融合程度越低。
- Sample A：用于设置取样点 A 的位置。
- Sample B：用于设置取样点 B 的位置。
- Phase：用于设置图案的变化。
- Color Loop：用于设置图像中颜色的循环变化。

7. CC Plastic

CC Plastic（CC 塑料），通过对图像的设置，模拟出塑料质感，如图 9-8 所示。

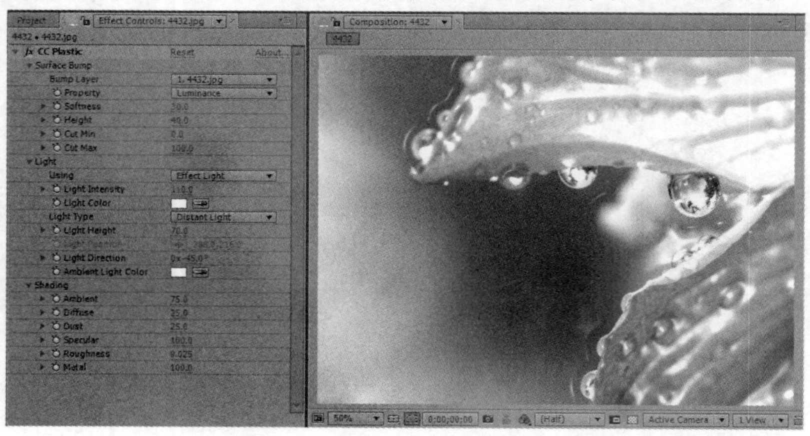

图 9-8

该特效各项参数的含义如下。

- Surface Bump：用于设置表面凹凸。
  - Bump Layer：凹凸图层的名称。
  - Property：在右侧的下拉列表框中，选择对图像的特性进行调整，如图 9-9 的下拉列表。
  - Softness：凹凸的柔和设置。
  - Height：高度设置，值越大，画面。
  - Cut Min：最小割。
  - Cut Max：最大割。

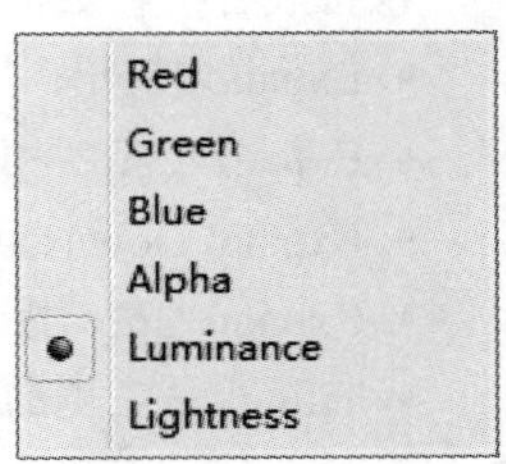

图 9-9

- Light：设置灯光，灯光类型包含 Effect Light、AE Lights。
  - Light Intensity：设置灯光强度，值越大，亮度越大。
  - Light Color：设置灯光颜色。
  - Light Type：目标灯光类型，包含 Distant Light、Point Light。
  - Light Height：灯光高度，值越大，画面越亮。
  - Light Position：灯光位置。
  - Light Direction：灯光方向。
  - Ambient Light Color：环境光的颜色。
- Shading：设置画面的明暗。
  - Ambient：设置环境的明暗。
  - Diffuse：设置漫反射。
  - Dust：设置灰度值。
  - Specular：设置高光。
  - Roughness：设置粗糙度。
  - Metal：模拟金属制品的明暗。

8. CC Repe Tile

CC Repe Tile（CC 边缘拼贴），可以将图像的边缘进行水平和垂直的拼贴，产生类似边框的效果，如图 9-10 所示。

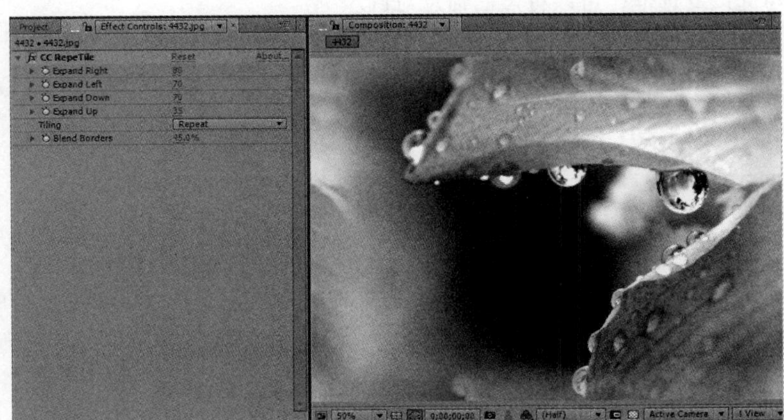

图 9-10

该特效各项参数的含义如下。

- Expand Right：用于扩展图像右侧的拼贴。
- Expand Left：用于扩展图像左侧的拼贴。
- Expand Down：用于扩展图像下部的拼贴。
- Expand Up：用于扩展图像上部的拼贴。
- Tiling：从右侧的下拉列表框中可以选择拼贴类型，如图 9-11 所示。
- Blend Borders：用于设置边缘拼贴与图像的融合程度。

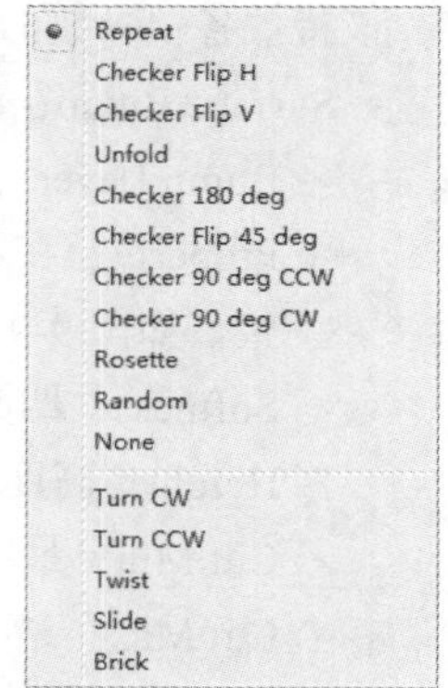

图 9-11

9. CC Threshold

CC Threshold（CC 阈值），可以将图像转换成高对比度的黑白图像效果，并通过级别的调整来设置黑白所占的比例，如图 9-12 所示。

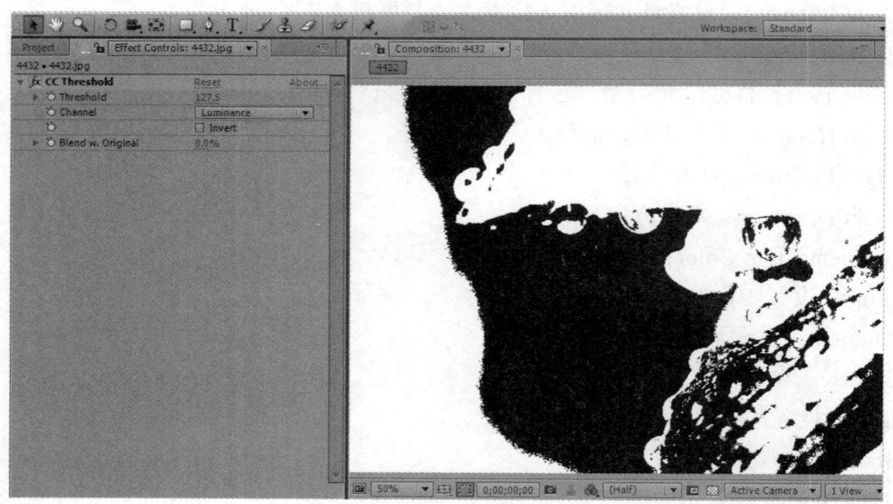

图 9-12

该特效各项参数的含义如下。

- Threshold：用于调整黑白的比例大小，值越大，黑白占的比例越多；值越小，白色点的比例越多。
- Channel：在右侧的下拉列表框中，选择用来运算填充的通道，如图 9-13 所示。
- Invert：勾选该复选框，可以将黑白信息对调。
- Blend W.Original：用于设置复合运算后的图像与源图像间的混合比例，值越大，越接近原图。

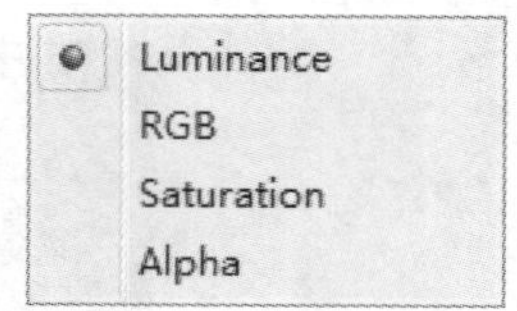

图 9-13

10. CC Threshold RGB

CC Threshold RGB（CC 阈值 RGB），只对图像的 RGB 通道进行运算填充，如图 9-14 所示。

该特效各项参数的含义如下。

- Red Threshold：用于调整红色在图像中所占的比例大小，值越大，红色所占的比例越少；值越小，红色所占的比例越多。
- Green Threshold：用于调整绿色在图像中所占的比例大小，值越大，绿色占的比例越少；值越小，绿色占的比例越多。
- Blue Threshold：用于调整蓝色在图像中所占的比例大小，值越大，蓝色占的比例越少；值越小，蓝色所占的比例越多。

- Invert Red Channel：勾选该复选框，可以将图像中的红色信息与其他颜色的信息进行反转。
- Invert Green Channel：勾选该复选框，可以将图像中的绿色信息与其他颜色的信息进行反转。
- Invert Blue Channel：勾选该复选框，可以将图像中的蓝色信息与其他颜色的信息进行反转。
- Blend W.Original：用于设置复合运算后的图像与原图像间的混合比例。

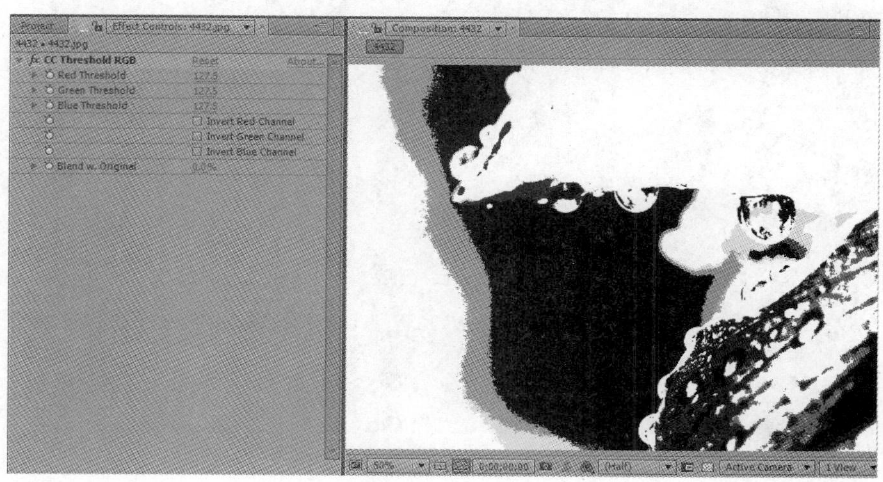

图 9-14

11. Color Emboss

Color Emboss（颜色浮雕），它与 Embossed 的效果一样，只是它可以产生彩色的浮雕效果，如图 9-15 所示。

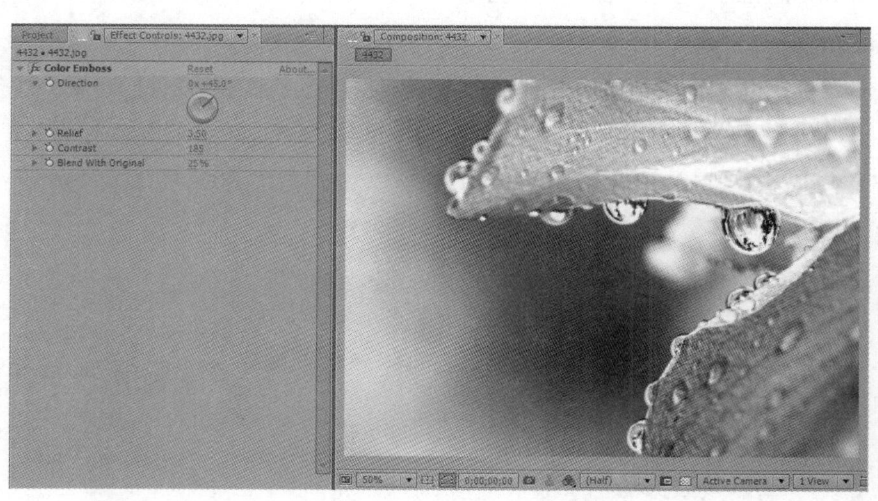

图 9–15

该特效各项参数的含义如下。

- Direction：浮雕的角度。
- Relief：浮雕的深度。
- Contrast：图像对比度，较大的对比度，将得到细节更为丰富的浮雕效果。

- Blend With Original：与原图像的混合强度。

12. Emboss

Emboss（浮雕效果），使用过 Photoshop 的人对它肯定不会陌生，它用来实现浮雕效果，类似石雕的效果，它的控制项很简单，如图 9-16 所示。

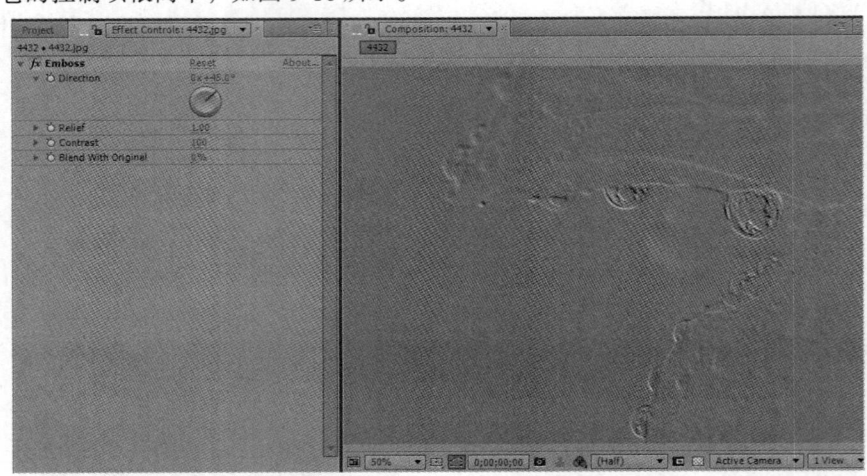

图 9-16

该特效各项参数的含义如下。

- Direction：浮雕的角度。
- Relief：浮雕的深度。
- Contrast：图像对比度，较大的对比度，将得到细节更为丰富的浮雕效果。
- Blend With Original：与原图像的混合强度。

13. Find Edges

Find Edges（查找边缘），该特效很简单，主要是根据对比度来查找图像的边缘，再进行描边，以突出显示，如图 9-17 所示。

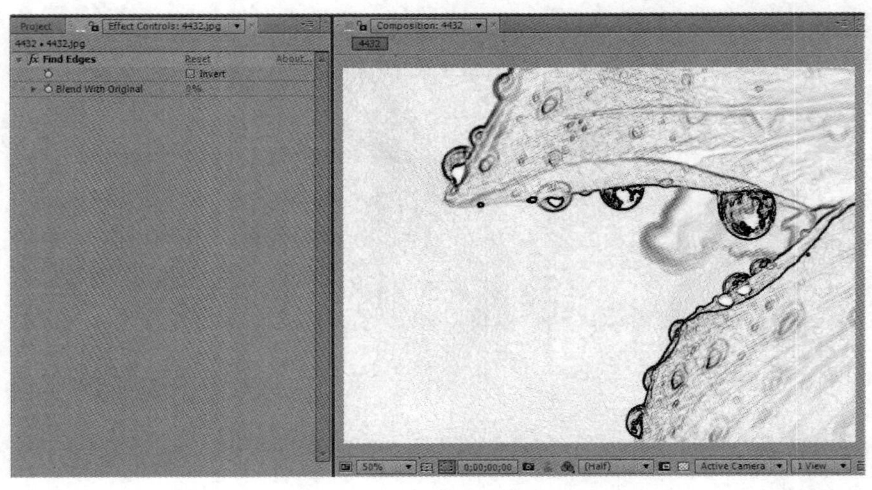

图 9-17

- Invert：反向，勾选该复选框可以反转图像的显示方式。
- Blend With Original：与原图像的混合强度。

14. Glow

Glow（发光），在进行影视合成时，特别是在合成片头一些效果时，该特效几乎是必用特效之一，它可以产生发光的效果，如图 9-18 所示。

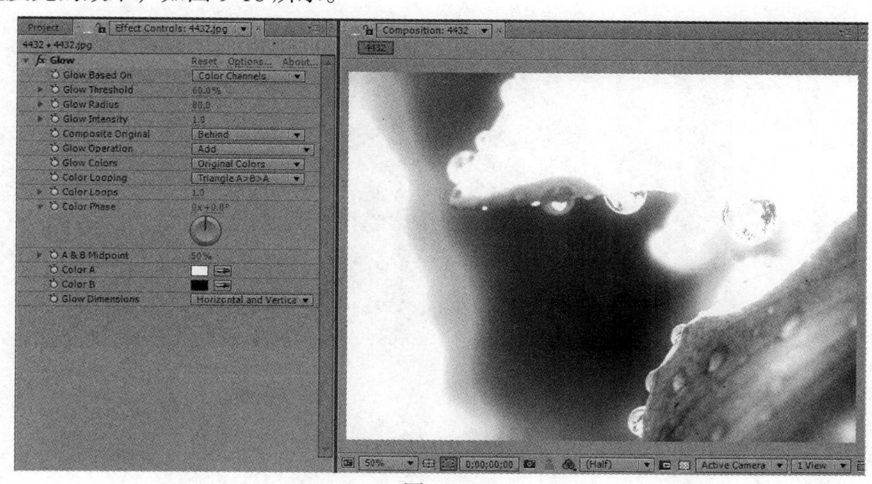

图 9-18

该特效各项参数的含义如下。

- Glow Based On：光晕的产生方式，
  - Alpha Channels：Alpha 通道，选择该选项时，光晕将会在图像的 Alpha 通道边缘产生。
  - Color Channels：颜色通道，选择该选项时，光晕会在图像较亮的部分产生。
- Glow Threshold：光晕阈值，此项数值越大发光区域就小；反之则发光区域越大。
- Glow Radius：光晕的半径大小。
- Glow Intensity：光晕的强度。
- Composite Original：光晕与原层的混合方式。
  - On Top：原图像在光晕的上层。
  - Behind：原图像在光晕的下层。
  - None：不进行设置。
- Glow Operation：光晕与原图像的叠加模式，与图层的叠加模式一样，请参考图层叠加模式部分。
- Glow Colors：光晕颜色控制项。
  - Original Colors：这时光晕的颜色将受图像本身影响，比如图像本身是红色的，那么在这里的光晕就是红色的。
  - A & B Colors：选择该选项后，可以自定义光晕的颜色，由下面的 Color A 和 Color B 两项控制。
  - Arbitrary Map：选择该选项后将产生黑色和白色过渡的光晕。
- Color Looping：颜色的循环方式。
- Color Phase：颜色相位偏移。

- A & B Midpoint：A、B 两的颜色的分配比例。
- Color A：定义颜色 A。
- Color B：定义颜色 B。
- Glow Dimensions：光晕的方向，可以指定为双向，以及水平或垂直的单向。

该特效的应用极为频繁，常常会用于对光的合成上，图 9-19 所示为光线合成前后的效果对比及相关参数。

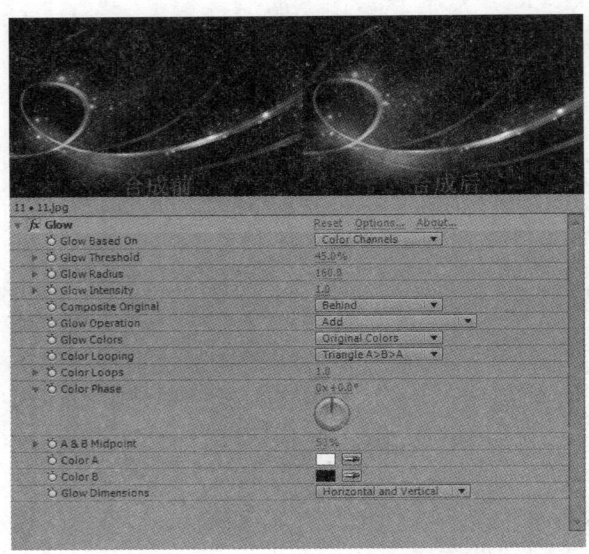

图 9-19

15. Mosaic

Mosaic（马赛克），该效果我们在电视上常常能见到，控制极为简单，如图 9-20 所示。

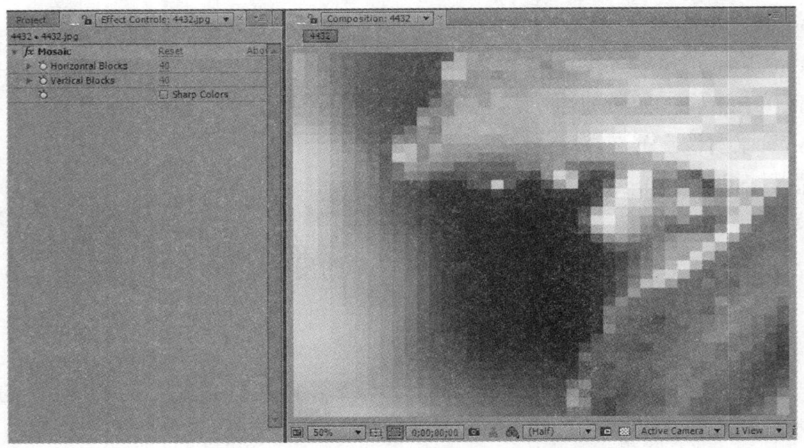

图 9-20

该特效各项参数的含义如下。

- Horizontal Blocks：水平方向方格的数量。
- Vertical Blocks：垂直方向方格的数量。

- Sharp Colors：勾选该复选框将对颜色进行锐化处理。

16. Motion Tile

Motion Tile（运动拼贴），可以将图像进行水平和垂直的拼贴，产生类似在墙上贴瓷砖的效果，如图 9-21 所示。

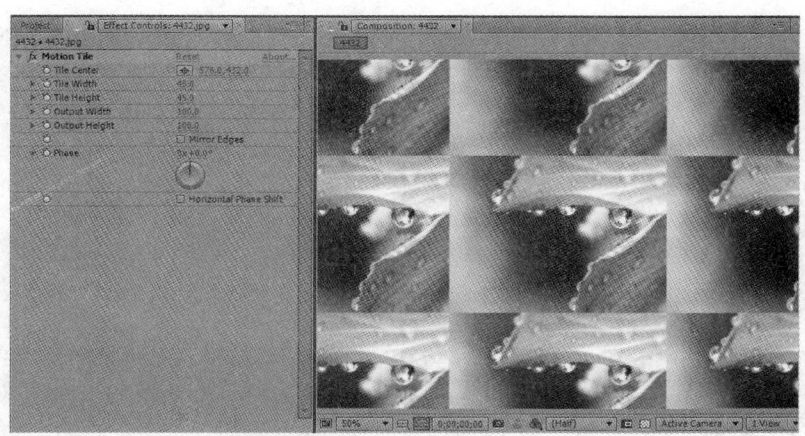

图 9-21

该特效各项参数的含义如下。

- Tile Center：用于设置拼贴的中心点位置。
- Tile Width：用于设置拼贴图像的宽度大小。
- Tile Height：用于设置拼贴图像的高度大小。
- Output Width：用于设置图像输出的宽度大小。
- Mirror Edges：勾选该复选框，将为拼贴的图像进行镜像操作。
- Phase：用于设置垂直拼贴图像的位置。
- Horizontal Phase Shift：勾选该复选框，可以通过修改 Phase 值来控制拼贴图像的水平位置。

17. Posterize

Posterize（颜色分化），将图像的颜色进行精简，然后会分阶显示，如图 9-22 所示。

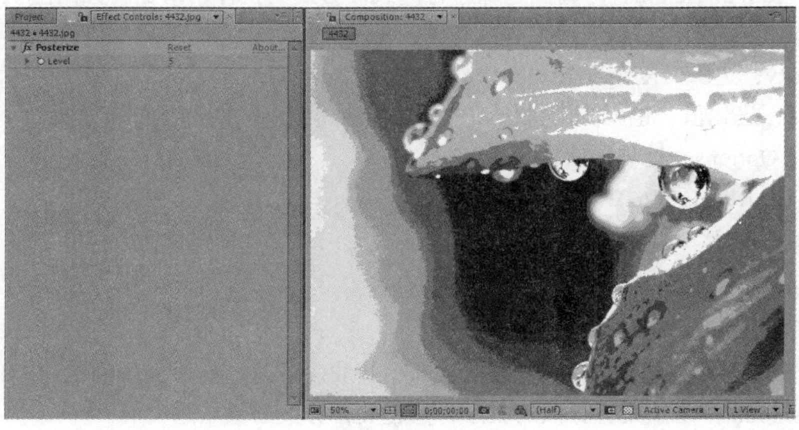

图 9-22

该特效各项参数的含义如下。

Level：设置要将颜色分为多少阶。

18. Roughen Edges

Roughen Edges（腐蚀边缘），该特效可以对图像的边缘进行腐蚀，变得凹凸不平，很实用，效果如图 9-23 所示。

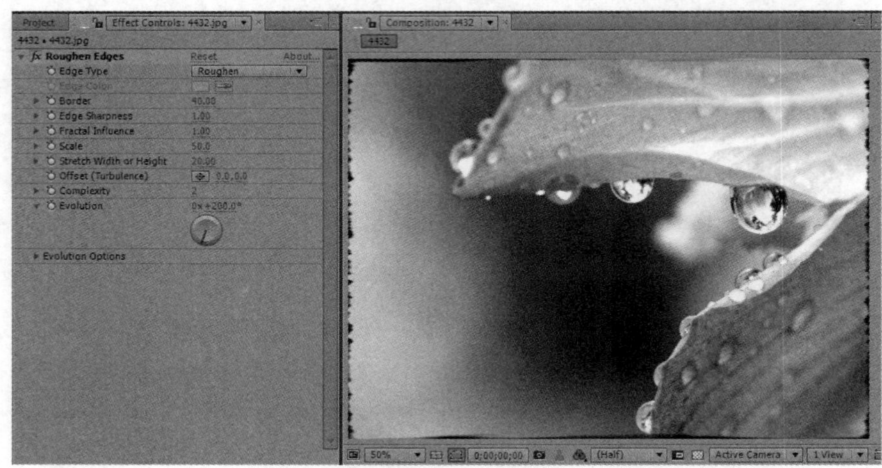

图 9-23

该特效各项参数的含义如下。

- Edge Type：边缘的类型，不同的边缘类型会产生不同的腐蚀效果。
- Edge Color：边缘颜色，当 Edge Type 项设置为 Roughen 等与颜色有关的类型时，在这里指定颜色。
- Border：边缘的宽度，也就是对图像边缘腐蚀的强度。
- Edge Sharpness：边缘的锐化强度。
- Fractal Influence：分形碎片对当前边缘的影响强度，此项参数越大，将获得更多的细节，边缘会变得更不平整。
- Scale：对腐蚀效果的整体缩放。
- Stretch Width or Height：对腐蚀边缘进行宽或高方式的拉伸，增加腐蚀的随机性。
- Offset(Turbulence)：对腐蚀效果进行整体的偏移，同样也是为了增加腐蚀是不规则性。
- Complexity：边缘的复杂度。
- Evolution：进化值，也就是随机值，不同的值将得到不同的腐蚀分布效果。
- Evolution Options：进化选项。
  - Cycle (in Revolutions)：进化周期。
  - Random Seed：随机种子数。

19. Scatter

该特效各项参数的含义如下。

Scatter：分散，可以将图像分离成颗粒状，产生分散效果，如图 9-24 所示。

- Scatter Amount：用于设置分散的大小，值越大，分散的数量越大。
- Grain：用于设置杂点的方向位置，有 Both、Horizontal、Vertical 3 个选项供选择。

- Scatter Randomness：勾选 Randomize Every Frame 复选框，会将每一帧都进行随机分散。

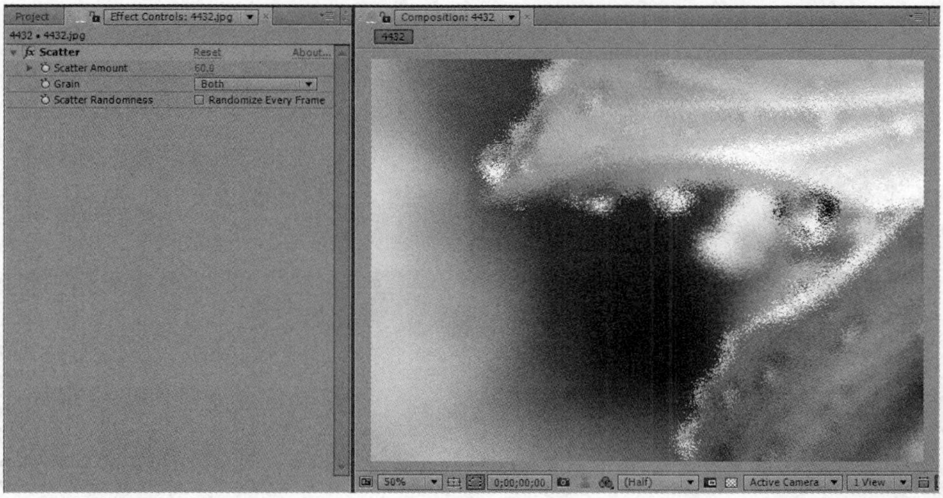

图 9-24

20. Strobe Light

Strobe Light（闪光灯），可以模拟相机的闪光灯效果，使图像自动产生闪光灯效果，该特效在视频编辑中经常用到，如图 9-25 所示。

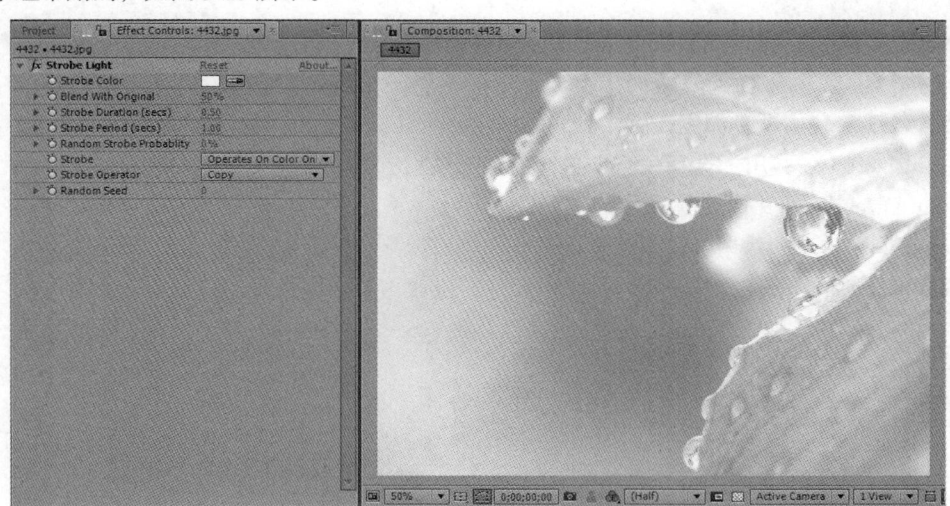

图 9-25

该特效各项参数的含义如下。

- Strobe Color：用于设置闪光灯的闪光颜色。
- Blend With Original：用于设置闪光效果与原始素材的融合程度，值越大，越接近原图。
- Strobe Duration(secs)：用于设置闪光灯的持续时间，单位为秒。
- Strobe Period(secs)：用于设置闪光灯两次闪光之间的间隔时间，单位为秒。
- Random Strobe Probablity：用于设置闪光灯闪光的随机概率。
- Strobe：用于设置闪光的方式。
  - Operates On Color Only：在所有通道中显示闪烁特效。

- ➢ Make Layer Transparent：只在透明层上显示闪烁特效。
- Strobe Operator：设置闪光的运行方式。
- Random Seed：设置闪光的随机种子量，值越大，颜色产生的不透明度越高。

21. Texturize

Texturize（纹理），可以在一个素材上显示另一个素材的纹理。应用时将两个素材放在不同的层上，两个相邻的素材必须在时间上有重合的部分，在重合的部分就会产生纹理效果，原素材如图 9-26 所示；使用 Texturize 特效后的效果如图 9-27 所示。

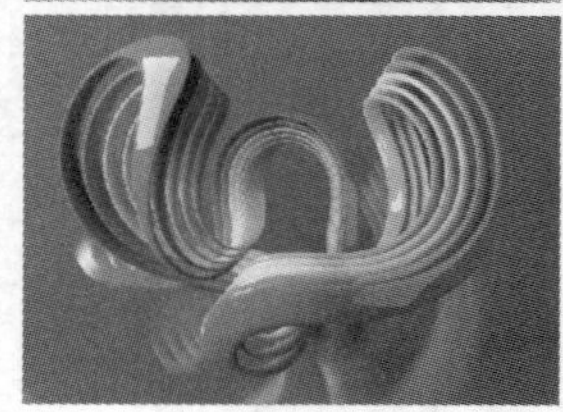

图 9-26

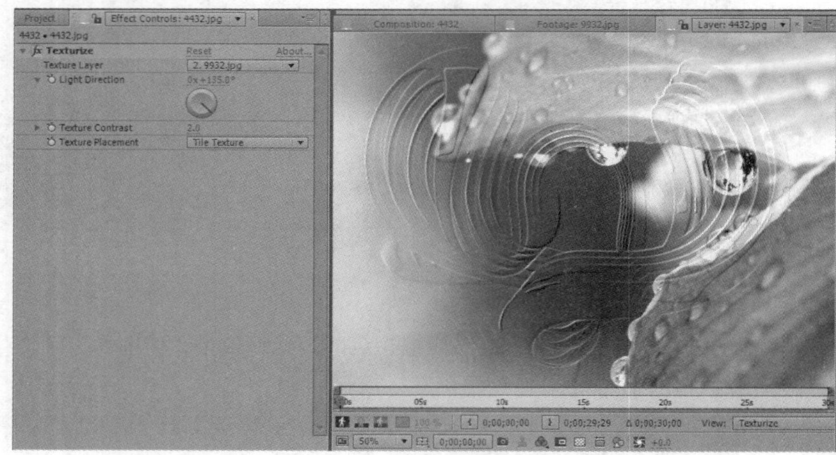

图 9-27

该特效各项参数的含义如下。

- Texturize Layer：用于选择一个层作为纹理并映射到当前特效层。
- Light Direction：用于设置光照的方向。
- Texturize Contrast：用于设置纹理的强度。
- Texturize Placement：在右侧的下拉列表中，包含用于指定纹理的应用方式如图 9-28 所示。

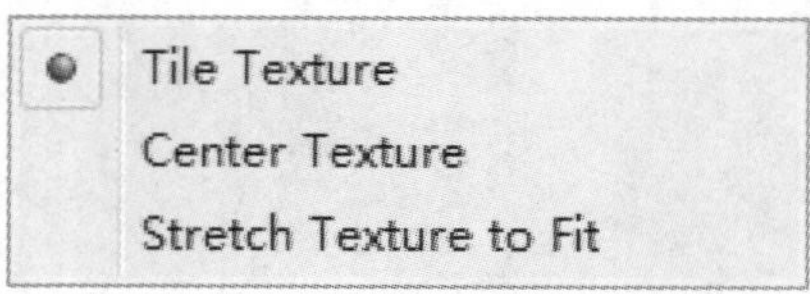

图 9-28

- ➢ Tile Texturize：表示重复纹理图案。
- ➢ Center Texture：表示将纹理图案的中心定位在应用此特效的素材中心，纹理图案的大小不变。
- ➢ Stretch Texturize to Fit：表示将纹理图案的大小进行调整，使其与应用该特效的素材大小一致。

22. Threshold

Threshold（阈值），非常简单，就是用来显示图像的明暗关系，模拟我们在使用 Level 工具时看到的明暗色阶效果，如图 9-29 所示。

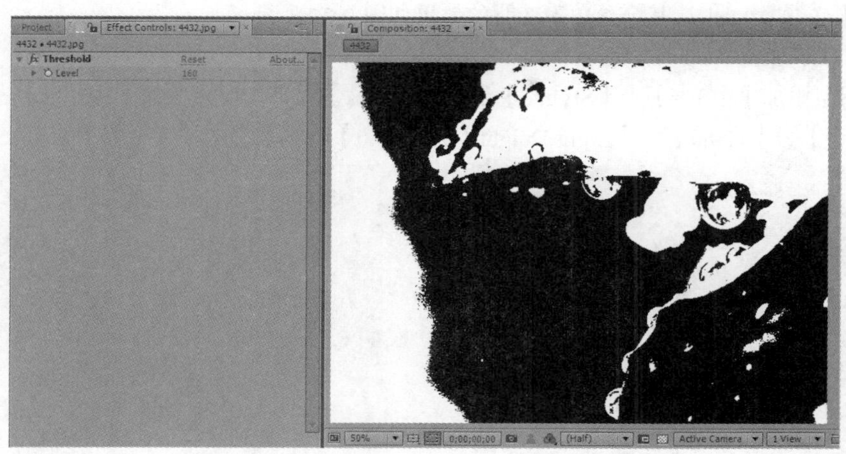

图 9-29

该特效各项参数的含义如下。

Level（色阶值），0 为全白；255 为全黑。

23. Stylize 综合应用实例

下面将通过一个具体实例的实现流程，依次介绍 Stylize 的基本使用方法。打开随书附带光盘中的 24.aep，我们将通过该案例来了解和认识风格化菜单下的相关特效知识。

STEP 1　Brush Strokes（笔触）效果。

为色彩之旅图层添加【Effect】|【Stylize】|【Brush Strokes】效果。设置参数【Brush Size】为【3.0】，【Stroke Length】为【6】，【Stroke Randomness】为【2.0】，其余参数不变时的效果如图 9-30 所示。

STEP 2　Cartoon（卡通）效果。

为背景图层添加【Effect】|【Stylize】|【Cartoon】效果。设置参数 Shading Smoothness 为 100.0，【Width】为【5.0】，【Softness】为【30】，【Edge Contrast】为【0.45】，其余参数不变时的效果如图 9-31 所示。

图 9-30

图 9-31

STEP 3　CC Burn Film（燃烧）效果。

为背景图层添加【Effect】|【Stylize】|【CC Burn Film】效果。设置参数【Burn】为【40.0】，

【Center】为【60.0,210.0】，其余参数不变时的效果如图 9-32 所示。

STEP 4 CC Glass（玻璃）效果。

对背景图层添加【Effect】|【Stylize】|【CC Glass】效果。设置参数【Height】为【100.0】，【Light Intensity】为【120.0】，【Light Height】为【80.0】，其余参数不变时的效果如图 9-33 所示。

图 9-32

图 9-33

STEP 5 CC Kaleida 效果。

为色彩之旅图层添加【Effect】|【Stylize】|【CC Kaleida】效果。设置参数【Size】为【15.0】，【Rotation】为【10.0】，其余参数不变时效果如图 9-34 所示。

STEP 6 CC Mr.Smoothie（冰沙）效果。

为色彩之旅图层添加【Effect】|【Stylize】|【Mr.Smoothie】效果。设置参数【Smoothness】为【6.0】，【Phase】为【180.0】，其余参数不变时的效果如图 9-35 所示。

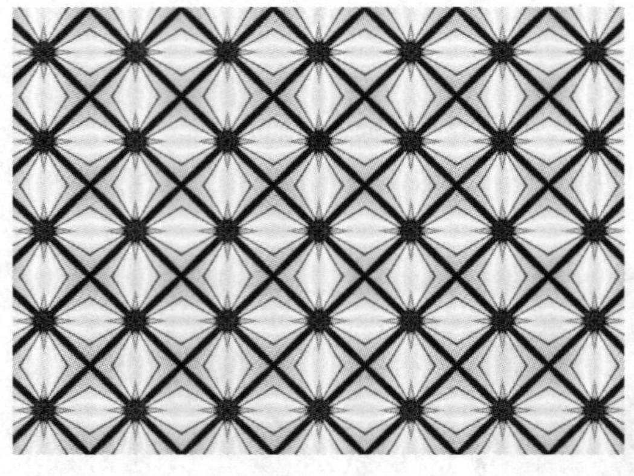

图 9-34

图 9-35

STEP 7 CC Plastic（塑料）效果。

为背景图层添加【Effect】|【Stylize】|【CC Plastic】效果。设置参数【Height】为【100.0】，【Light Height】为【100.0】，【Dust】为【100.0】，【Roughness】为【0.100】，其余参数不变时的效果如图 9-36 所示。

STEP 8 CC Repe Tile（边缘拼贴）效果。

为背景图层添加【Effect】|【Stylize】|【CC Repe Tile】效果。设置参数【Expand Right】为【300】，【Expand Left】为【300】，【Expand Down】为【300】，【Expand Up】为【300】，【Blend Borders】

为【90.0%】，其余参数不变时的效果如图 9-37 所示。

图 9-36

图 9-37

STEP 9　CC Threshold（阈）效果。

为背景图层添加【Effect】|【Stylize】|【CC Threshold】效果。设置参数【Threshold】为【50.0】，【Blend W. Original】为【50.0%】，其余参数不变时的效果如图 9-38 所示。

STEP 10　CC Threshold RGB（阈）效果。

为背景图层添加【Effect】|【Stylize】|【CC Threshold RGB　】效果。设置参数【Red Threshold】为【130.0】，【Green Threshold】为【130.0】，【Blue Threshold】为【130.0】，【Blend W.Orignal】为【60.0%】，其余参数不变时的效果如图 9-39 所示。

图 9-38

图 9-39

STEP 11　Color Emboss（彩色浮雕）效果。

为背景图层添加【Effect】|【Stylize】|【Color Emboss】效果。设置参数【Relief】为【12.00】，【Contrast】为【150】，其余参数不变时的效果如图 9-40 所示。

STEP 12　Emboss（浮雕）效果。

为背景图层添加【Effect】|【Stylize】|【Emboss】效果。设置参数【Relief】为【7.00】,【Contrast】为【150】，其余参数不变时的效果如图 9-41 所示。

图 9-40

图 9-41

STEP 13 Find Edges（寻找边缘）效果。

为背景图层添加【Effect】|【Stylize】|【Find Edges】效果。设置参数【Blend With Original】为【10%】，效果如图 9-42 所示。

STEP 14 Glow（辉光）效果。

为背景图层添加【Effect】|【Stylize】|【Glow】效果。设置参数【Glow Radius】为【15.0】，【Glow Intensity】为【2.0】，【Glow Operation】为【Lighten】，其余参数不变时的效果如图 9-43 所示。

图 9-42

图 9-43

STEP 15 Mosaic（马赛克）效果。

为背景图层添加【Effect】|【Stylize】|【Mosaic】效果。设置参数【Horizontal Blocks】为【50】，【Vertical Blocks】为【50】时，其余参数不变时的效果如图 9-44 所示。

STEP 16 Motion Tile（运动瓷砖）效果。

为背景图层添加【Effect】|【Stylize】|【Motion Tile】效果。设置参数【Tile Width】为【30.0】，【Tile Height】为【30.0】，勾选【Mirror Edges】复选框，【Phase】为【100.0】，勾选【Horizontal Phase Shift】复选框，其余参数不变时的效果如图 9-45 所示。

图 9-44

图 9-45

STEP 17　Posterize（色调分离）效果。

为背景图层添加【Effect】|【Stylize】|【Posterize】效果。设置参数【Level】为【10】，效果如图 9-46 所示。

STEP 18　Roughen Edges（粗糙边缘）效果。

为色彩之旅图层添加【Effect】|【Stylize】|【Roughen Edges】效果。设置参数【Edge Type】为【Rusty】，【Border】为【150.00】，【Complexity】为【10】，其余参数不变时的效果如图 9-47 所示。

图 9–46

图 9–47

STEP 19　Scatter（分散）效果。

为背景图层添加【Effect】|【Stylize】|【Scatter】效果。设置参数【Scatter Amount】为【60.0】，其余参数不变时的效果如图 9–48 所示。

STEP 20　Strobe Light（闪光灯）效果。

为背景图层添加【Effect】|【Stylize】|【Strobe Light】效果。设置参数【Blend With Original】为【70%】，【Strobe Duration】为【0.40】，其余参数不变时的效果如图 9-49 所示。

STEP 21　Texturize（纹理）效果。

为背景图层添加【Effect】|【Stylize】|【Texturize】效果。设置参数【Texture Layer】为背景，【Texture Contrast】为 2.0，其余参数不变时的效果如图 9-50 所示。

STEP 22 为背景图层添加【Effect】|【Stylize】|【Threshold】效果。设置参数【Level】为【55.0】时的效果如图 9-51 所示。

图 9-48

图 9-49

图 9-50

图 9-51

9.2 Transition

Transition 特效组主要用来制作图像之间的过渡效果，如图 9-52 所示。

图 9-52

1. Block Dissolve

Block Dissolve（随机方块切换），可以在随机的立方块中隐藏层素材，立方块的大小可以以像素为单位进行自由设置；当立方块的各项参数设置值较小时，层素材中只有极少部分的像素被溶解或隐藏；当立方块的各项参数设置值较大时，层素材中将有大部分的像素被溶解或隐藏，效果如图 9-53 所示。

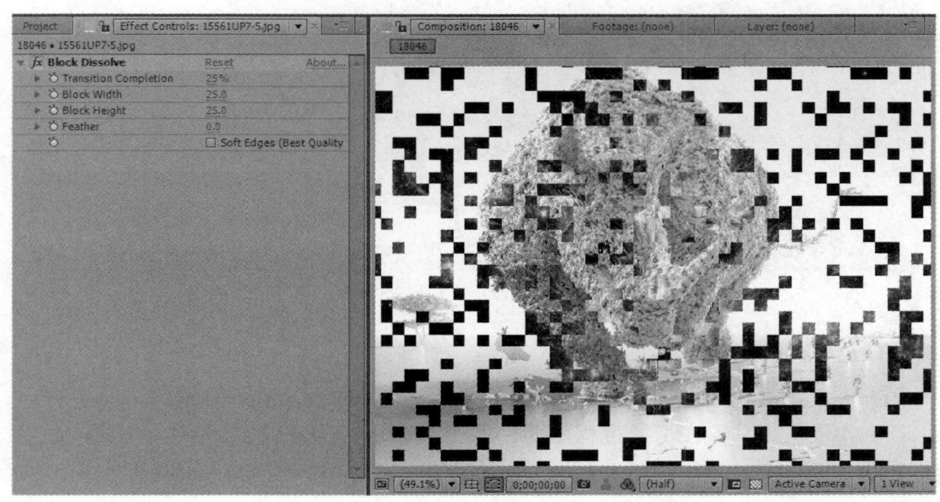

图 9-53

该特效各项参数的含义如下。

- Transition Completion：控制立方块的溶解程度。数值越大，则立方块的溶解程度越明显；数值越小，则立方块的溶解程度越不明显，0 为开始，100 为结束。
- Block Width：控制立方块的宽度，值越大，则立方块的宽度越大；值越小，则立方块的宽度越小，参数设置范围为 1.0~127.0。
- Block Height：控制立方块的高度，值越大，则立方块的高度越大；值越小，则立方块的高度越小，参数设置范围为 1.0~127.0。
- Feather：控制立方块的边界柔和度。
- Soft Edges（Best Quality）：用于柔和边界，从而得到最好的效果。

只有在图层显示为最佳质量时该选项才可用，如图 9-54 所示。

图 9-54

2. Card Wipe

Card Wipe（卡片擦除），它拥有诸多的控制项，可以将图像分解成很多的小卡片，以卡片的形状来显示擦除图像，效果如图 9-55 所示。

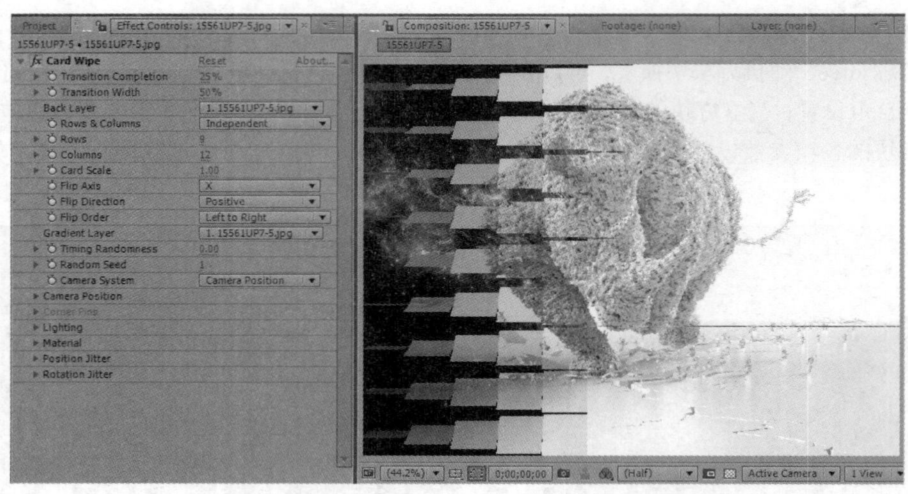

图 9-55

该特效各项参数的含义如下。

- Transition Completion：设置图像过渡的程度，0 为开始，100 为结束。
- Transition Width：设置在切换过程中使用的图形面积，值越大，切换的范围越大。
- Back Layer：背面层，用于指定切换后显示的图层。
- Row & Columns：行和列，用于设置行和列切换的方式，右侧下拉列表如图 9-56 所示。
  - Independent：选择该选项时，行数和列数将分开控制。
  - Columns Follows Rows：列数将与行数保持相同。
- Rows：用于设置行的数量。
- Columns：用于设置列的数量。
- Card Scale：设置缩放卡片的大小。
- Flip Axis：设置卡片反转的轴向。
- Flip Direction：设置卡片反转的方向，右侧下拉列表如图 9-57 所示。

图 9-56

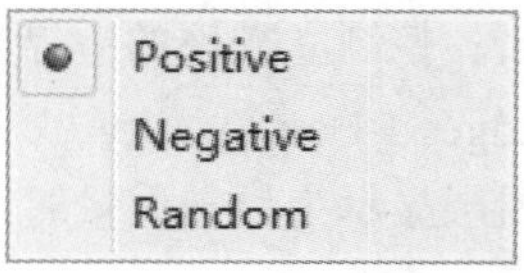

Positive
Negative
Random

图 9-57

  - Positive：正向翻转。
  - Negative：反射翻转。
  - Random：随机翻转。
- Flip Order：控制卡片的翻转顺序，右侧下拉列表如图 9-58 所示。
  - Left to Right：卡片将从左向右翻转。
  - Right to Left：从右向左。
  - Top to Bottom：从上向下。
  - Bottom to Top：从下向上。

- Top Left to Bottom Right：从左上角向右下角。
- Top Right to Bottom left：从右上角向左下角。
- Bottom Left to Top Right：从右下角向左上角。
- Bottom Right to Top Left：从左下角向右上角。
- Gradient：按渐变图案确定翻转方向。

- Gradient Layer：用于指定一个渐变层。
- Timing Randomness：设置随机变化的时间值。
- Random Seed：设置随机变化的种子数量，只有当 Flip Axis 或 Flip Direction 选项为 Random（随机）时，该选项才会起作用。
- Camera System：选择摄像机系统，右侧下拉列表如图 9-59 所示。

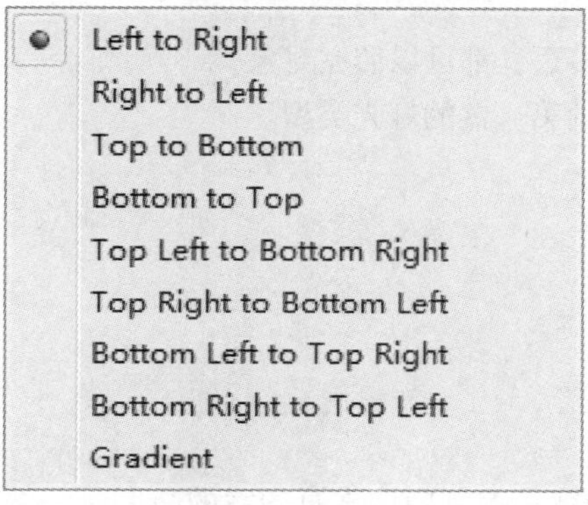

图 9-58

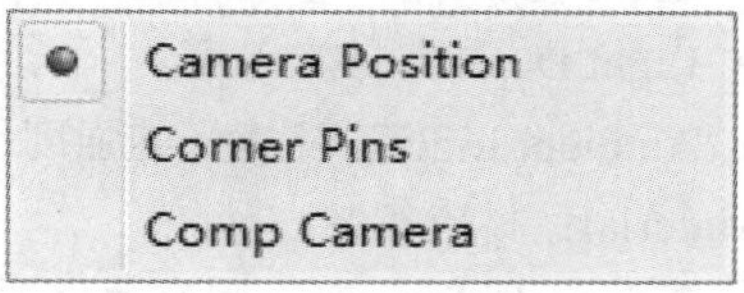

Camera Position
Corner Pins
Comp Camera

图 9-59

- Camera Position：普通的摄像机系统，该模式下的摄像机可以进行自由移动和旋转。
- Corner Pins：平角摄像机，该模式下，将会通过四个角点的位置控制摄像机的观察区域。
- Comp Camera：使用当前合成的摄像机。

- Camera Position：当摄像机系统为“Camera Position”时，该选项可用，摄像机变换控制。
  - X Rotation：摄像机 X 方向旋转。
  - Y Rotation：摄像机 Y 方向旋转。
  - Z Rotation：摄像机 Z 方向旋转。
  - X,Y Position：摄像机在 XY 的位置控制。
  - Z Position：摄像机在 Z 方向的位置。
  - Focal Length：焦距控制。
  - Transform Order：变换方式。
- Corner Pins：当摄像机系统为“Corner Pins”时该选项可用，它会通过对个人角点位置的调节控制摄像机的观察角度和区域。
  - Upper Left Corner：左上角控制点的位置。
  - Upper Right Corner：右上角控制点的位置。
  - Lower Left Corner：左下角控制点的位置。
  - Lower Right Corner：右下角控制点的位置。
  - Auto Focal Length：自动焦距，勾选该复选框后，系统将自动调节摄像机的焦距。

➢ Focal Length：如果不选择自动焦距，该选项将可用，手动控制摄像机的焦距。

- Lighting：灯光控制项。

➢ Light Type：灯光类型，单击弹出下拉列表，如图 9-60 所示。

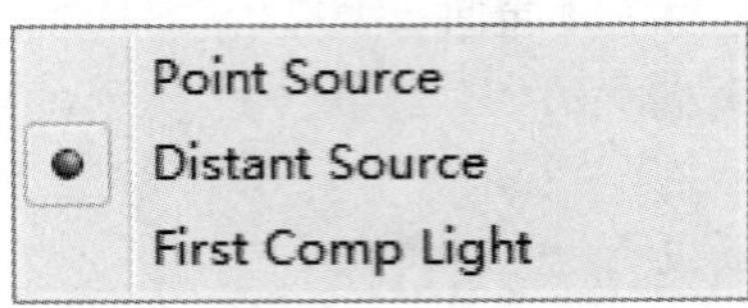

图 9-60

1. Point Source：点光源，这种灯光会有一定的衰减，离灯光近的区域较亮，离灯光较远的区域相对较暗。
2. Distant Source：这种光源没有衰减，不论多远，都可以照亮对象。
3. First Comp Light：应用在当前合成中创建的第一盏的灯光类型。

➢ Light Intensity：灯光强度。

➢ Light Color：灯光颜色。

➢ Light Position：灯光位置。

➢ Light Depth：灯光深度。

➢ Ambient Light：环境光的强度。

- Material：材质控制。

➢ Diffuse Reflection：固有色反射强度，其实也就是控制图像本身图案的亮度。

➢ Specular Reflection：高光强度。

➢ Highlight Sharpness：亮光区域的柔和强度。

- Position Jitter：卡片位置上的跳动控制，使用该选项可以让卡片的运动更具随机性。

➢ X Jitter Amount：卡片在 X 方向运动的随机值。

➢ X Jitter Speed：卡片在 X 方向运动速度的随机值。

➢ Y Jitter Amount：卡片在 Y 方向运动的随机值。

➢ Y Jitter Speed：卡片在 Y 方向运动速度的随机值。

➢ Z Jitter Amount：卡片在 Z 方向运动的随机值。

➢ Z Jitter Speed：卡片在 Z 方向运动速度的随机值。

- Rotation Jitter：卡片旋转上的跳动控制，可以让卡片的旋转更具随机性。

➢ X Rotation Jitter Amount：卡片在 X 轴向旋转的随机值。

➢ X Rotation Jitter Speed：卡片在 X 轴向旋转速度的随机值。

➢ Y Rotation Jitter Amount：卡片在 Y 轴向旋转的随机值。

➢ Y Rotation Jitter Speed：卡片在 Y 轴向旋转速度的随机值。

➢ Z Rotation Jitter Amount：卡片在 Z 轴向旋转的随机值。

➢ Z Rotation Jitter Speed：卡片在 Z 轴向旋转速度的随机值。

3. CC Glass Wipe

CC Glass Wipe（玻璃擦除），可以使图像产生类似玻璃效果的扭曲现象，如图 9-61 所示。

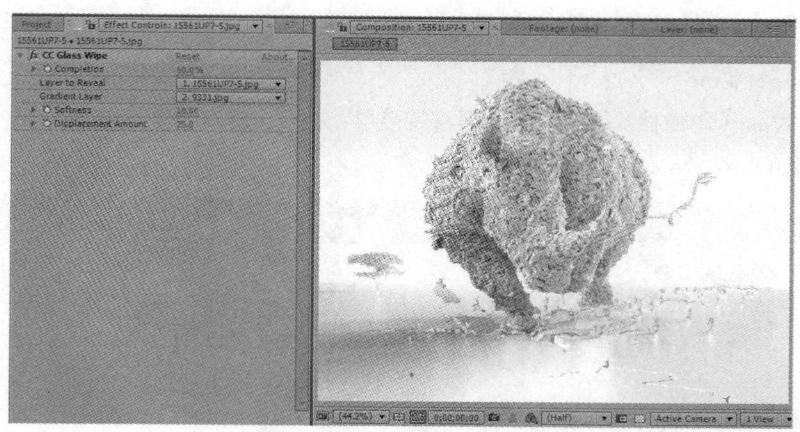

图 9-61

该特效各项参数的含义如下。

- Completion：设置图像扭曲的程度。
- Layer to Reveal：设置当前显示层。
- Gradient Layer：指定一个渐变层。
- Softness：设置扭曲效果的柔化程度。
- Displacement Amount：设置扭曲的偏移程度。

4. CC Grid Wipe

CC Grid Wipe（网格擦除），可以将图像分解成很多的小网格，以网格的形状来显示擦除图像的效果，如图 9-62 所示。

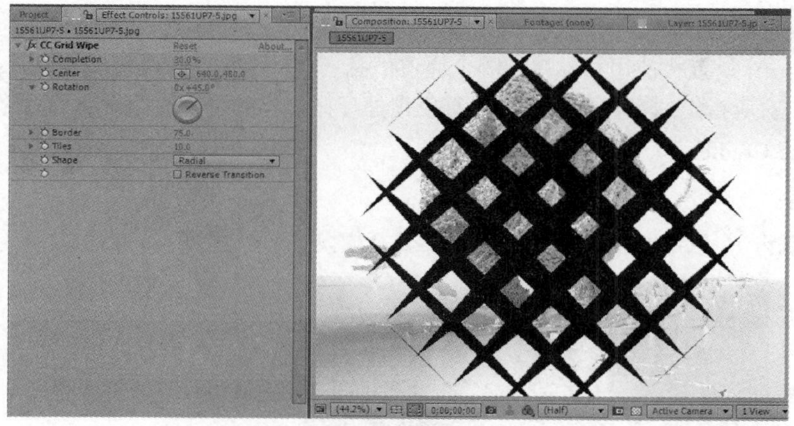

图 9-62

该特效各项参数的含义如下。

- Completion：设置图像过渡的程度。
- Center：设置网格中心点的位置。
- Rotation：设置网格旋转角度。
- Border：网格边缘宽度。
- Tiles：网格平铺数量。
- Shape：选择网格形状。

- Reverse Transition：反转切换效果，使擦除的形状相反。

5．CC Image Wipe

CC Image Wipe（图像擦除），该特效通过特效层在指定层之间像素的差异比较，而产生以指定层的图像产生擦除的效果，如图 9-63 所示。

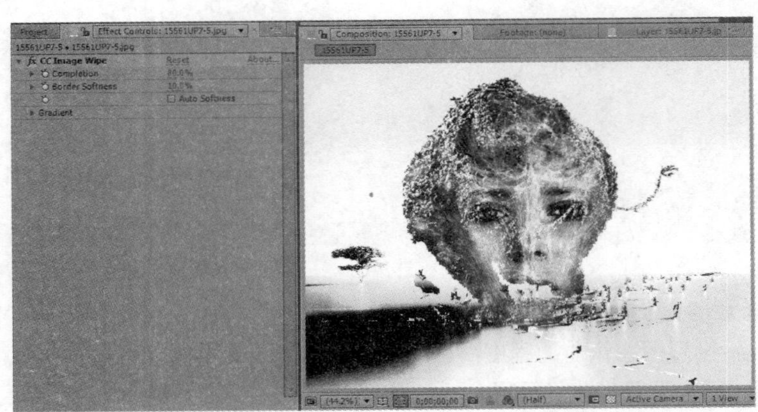

图 9-63

该特效各项参数的含义如下。

- Completion：设置图像擦除的程度。
- Border Softness：边缘的柔化强度。
- Auto Softness：系统自动调节边缘柔化强度。
- Gradient：过渡设置。
  - Layer：指定过渡层。
  - Property：设置将使用目标层的哪个通道信息。
  - Blur：对所指定的目标层通道，进行模糊处理，这样能得到更为柔和的边缘。
  - Inverse Gradient：反转过渡层通道。

6．CC Jaws

CC Jaws（锯齿），以锯齿形状将图像一分为二进行切换，产生锯齿擦除的图像效果，如图 9-64 所示。

图 9-64

该特效各项参数的含义如下。

- Completion：设置图像过渡的程度。
- Center：设置锯齿的中心点位置。
- Direction：设置锯齿的旋转角度。
- Height：设置锯齿的高度。
- Width：形状宽度。
- Shape：选择渐变的图形。

7. CC Light Wipe

CC Light Wipe（灯光过渡），但却并不需要灯光，只是生成类似照射时所产生的高亮光斑，如图 9-65 所示。

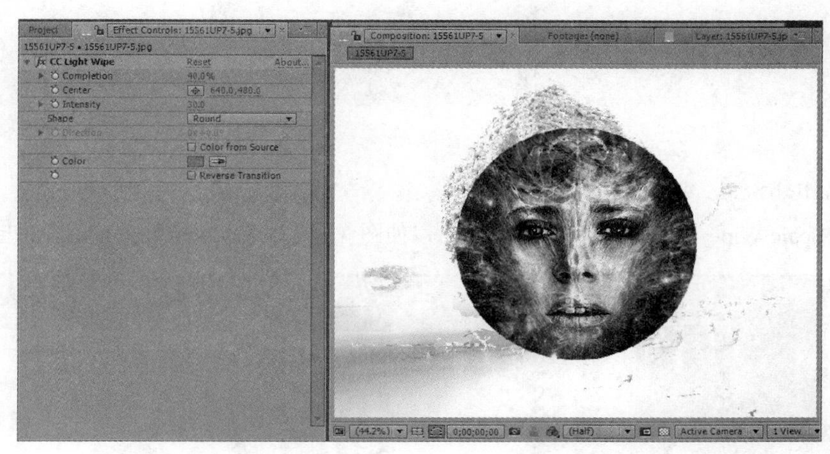

图 9-65

该特效各项参数的含义如下。

- Completion：设置图像过渡的程度。
- Center：设置中心点位置。
- Intensity：设置灯光强度。
- Shape：设置擦除的形状。
- Direction：设置擦除的角度。
- Color：设置灯光的颜色。
- Reverse Transition：勾选该复选框，可以将发光擦除的黑色区域与图像区域进行转换，使擦除反转。

8. CC Line Sweep

CC Line Sweep（扫描线过渡），如图 9-66 所示。

- Completion：图像过渡的程度。
- Direction：擦除的角度。
- Thickness：设置线的密度。
- Slant：设置线的倾斜度。
- Flip Direction：勾选该复选框，可以将扫描线反转。

图 9-66

9. CC Radial Scale Wipe

CC Radial Scale Wipe（放射状缩放擦除），可以使图像产生旋转缩放擦除的效果，如图 9-67 所示。

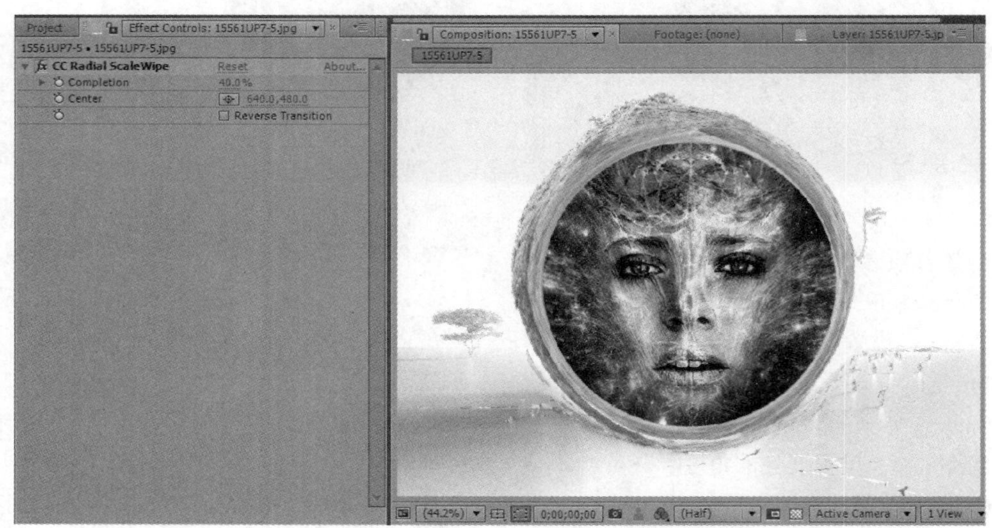

图 9-67

该特效各项参数的含义如下。

- Completion：图像过渡的程度。
- Center：放射的中心点位置。
- Reverse Transition：勾选该复选框，可以产生反转效果。

10. CC Scale Wipe

CC Scale Wipe（缩放擦除），可以进行单向缩放产生拉伸效果，进行过渡，与其他切换不同的是，它没有切换进度的控制参数，需要改变中心点的位置来控制进度，效果如图 9-68 所示。

图 9-68

该特效各项参数的含义如下。

- Stretch：拉伸强度。
- Center：中心点位置。
- Direction：拉伸方向。

11. CC Twister

CC Twister（扭曲切换），使用它需要设置好背景的图案，然后可以产生扭曲的效果，如图 9-69 所示。

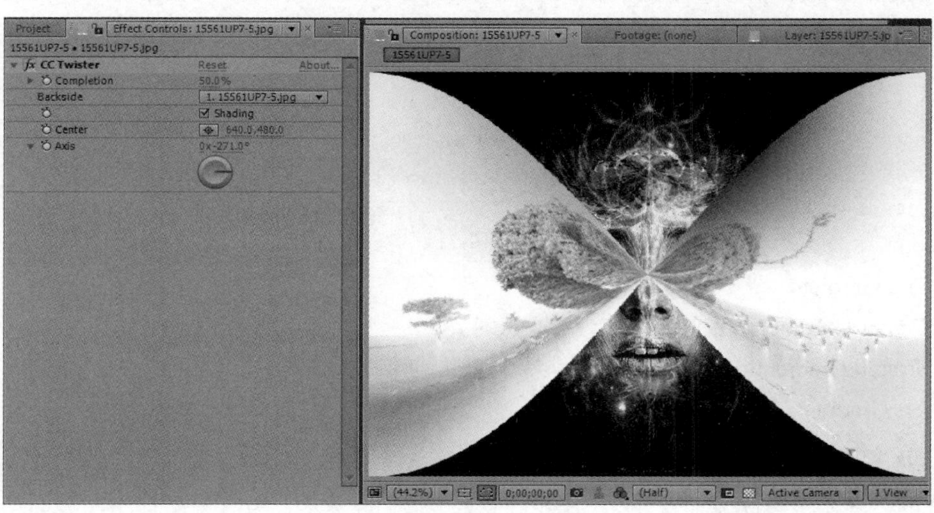

图 9-69

该特效各项参数的含义如下。

- Completion：切换进度控制。
- Backside：指定背面图案。
- Shading：勾选该复选框后，将模拟曲面所产生的高光。
- Center：扭曲中心位置控制。
- Axis：轴向，扭曲轴向控制。

12. Gradient Wipe

Gradient Wipe（过渡切换），类似 CC Image Wipe，也是使用一个过渡层进行切换，如图 9-70 所示。

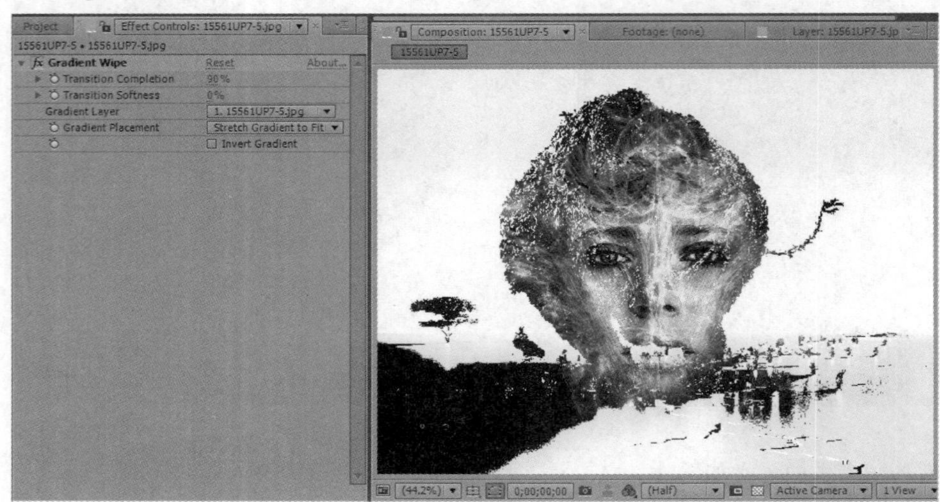

图 9-70

该特效各项参数的含数如下。

- Transition Completion：切换进度控制。
- Transition Softness：切换的柔和度。
- Gradient Layer：指定过渡目标层。
- Gradient Placement：如果目标层与当前层分辨率不同，在这里设置平铺方式，如图 9-72 所示。

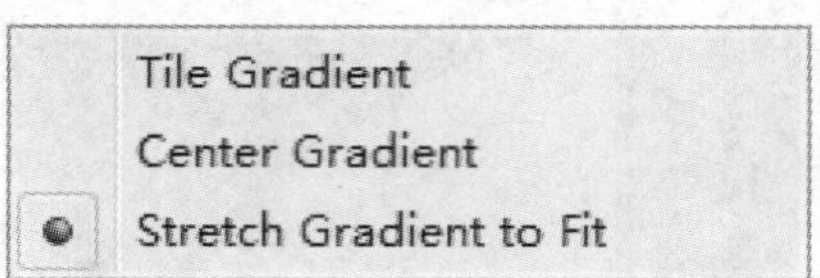

图 9-71

  - Tile Gradient：平铺目标层。
  - Center Gradient：不平铺，进行中心点对齐。
  - Stretch Gradient to Fit：拉伸目标层以适应当前层。
- Invert Gradient：反转过渡效果。

13. Iris Wipe

Iris Wipe（多边形擦除），它可以产生多种多边形的擦除效果，如图 9-72 所示。

该特效各项参数的含义如下。

- Iris Center：多边形的中心点位置。
- Iris Points：多边形的顶点数量。
- Outer Radius：外圆的半径。
- Use Inner Radius：勾选该复选框后，Inner Radius 项将可用。
- Inner Radius：内圆的半径。
- Rotation：多边形旋转角度。

- Feather：边缘羽化强度。

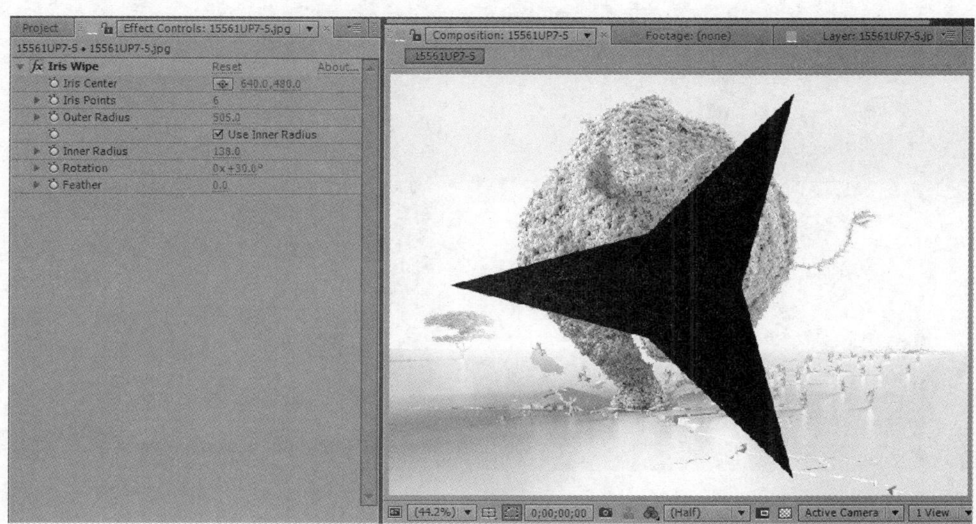

图 9-72

14. Linear Wipe

Linear Wipe（线性擦除），可以以一条直线为界线进行切换，产生线性擦除的效果，如图 9-73 所示。

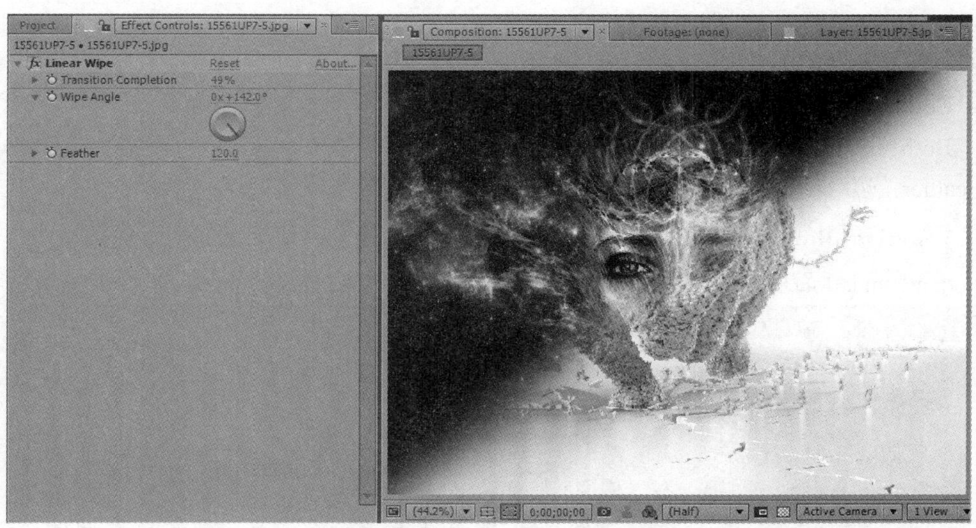

图 9-73

该特效各项参数的含义如下。

- Transition Completion：切换进度控制。
- Wipe Angle：过渡角度。
- Feather：边缘羽化强度。

15. Radial Wipe

Radial Wipe（径向擦除），可以模拟表针旋转擦除的效果，如图 9-74 所示。

图 9-74

该特效各项参数的含义如下。

- Transition Completion：切换进度。
- Start Angle：开始角度。
- Wipe Center：中心点位置。
- Wipe：擦除方式，有以下 3 项，如图 9-75 所示。
  - Clockwise：顺时针方向。
  - Counterclockwise：逆时针方向。
  - Both：两者同时进行擦除。
- Feather：边缘羽化强度。

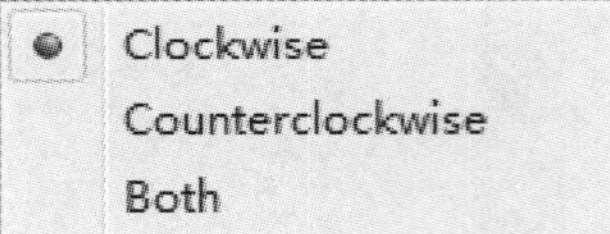

图 9-75

16. Venetian Blinds

Venetian Blinds（百叶窗式切换），可以使图像间产生百叶窗过渡的效果，如图 9-76 所示。

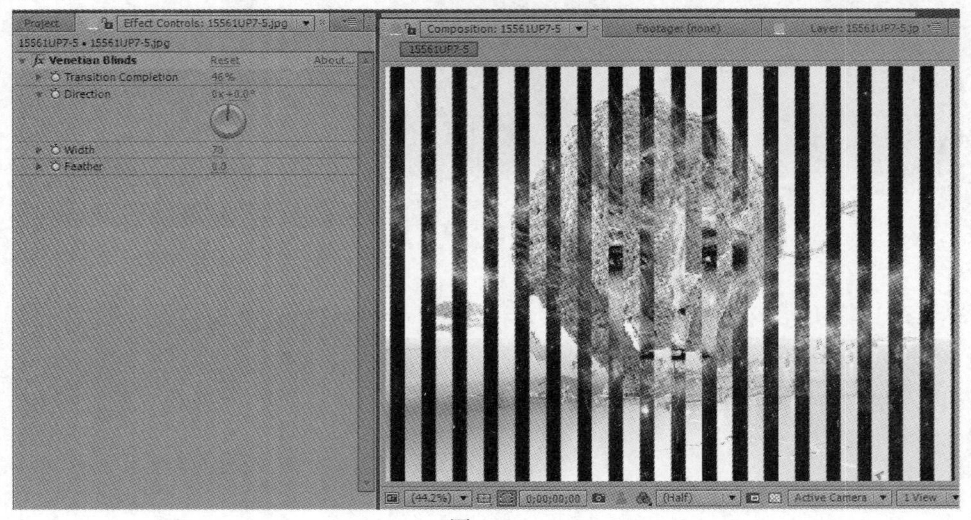

图 9-76

该特效各项参数的含义如下。

- Transition Completion：切换进度控制。
- Direction：方向设置。
- Width：百叶窗宽度。
- Feather：羽化强度。

9.3　实战应用

下面结合以上所学的知识制作卡片飞舞变化和舞台背景效果，以加深对本章的认识。

9.3.1　卡片飞舞变化

本例为一个图层添加 Card Wipe 特效，通过参数的设置使其产生的卡片拥有在三维空间中旋转的效果，如图 9-77 所示。

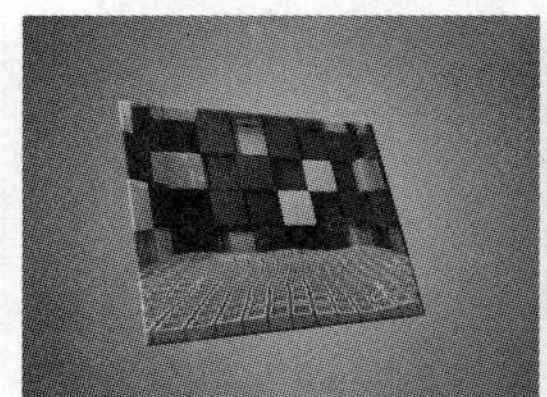 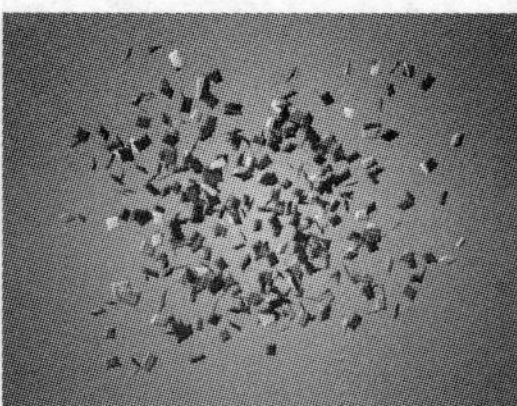 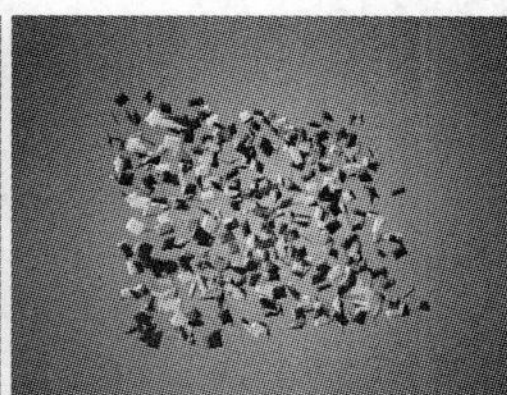 

图 9-77

STEP 1　启动 After Effects CS6 软件，按【Ctrl+N】组合键，弹出【Composition Settings】对话框，将【Composition Name】设置为【卡片飞舞变化】，【Preset】设置为【PAL D1/DV】制式，设置【Duration】为【0:000:03:00】，单击【OK】按钮，如图 9-78 所示。

STEP 2　选择【File】|【Import】|【File】命令，打开【Import File】对话框，选择随书附带光盘中的【蓝色.jpg】和【黄色.jpg】文件素材，如图 9-79 所示。

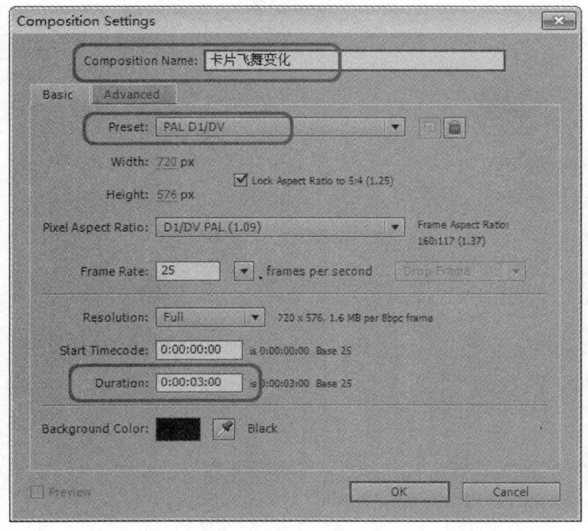

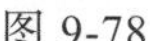

图 9-78

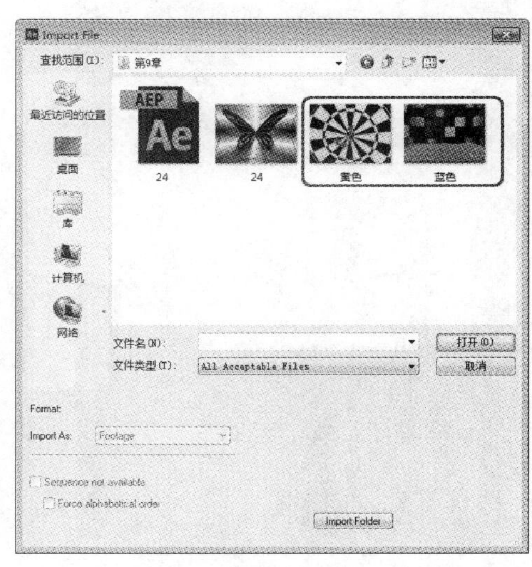

图 9-79

STEP 3 单击【打开】按钮后，将文件导入 Project 窗口中，如图 9-80 所示。

STEP 4 在时间线窗口中右击，选择【Layer】|【New】|【Solid】命令，打开【Solid Settings】对话框，使用默认名称，将 Color 设置为白色，单击【Make Comp Size】按钮，单击【OK】按钮，如图 9-81 所示。

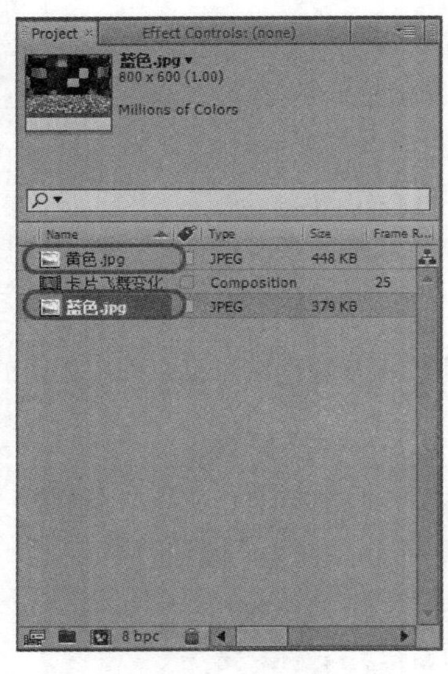

图 9-80

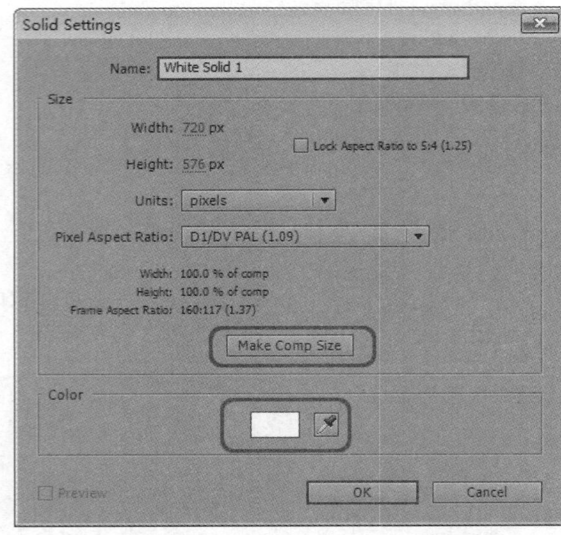

图 9-81

STEP 5 选择 White Solid 1 图层，选择【Effect】|【Generate】|【Ramp】命令，为其添加渐变特效，如图 9-82 所示。

STEP 6 添加渐变命令后，首先将【Ramp Shape】设置为【Radial Ramp】，将【Start of Ramp】设置为【364.5,290.4】，将【Start Color 的 RGB】值设置为【107、255、243】，将【End of Ramp】设置为【355.5,871.2】，将【End of Color】的 RGB 值设置为【0、26、157】，如图 9-83 所示。

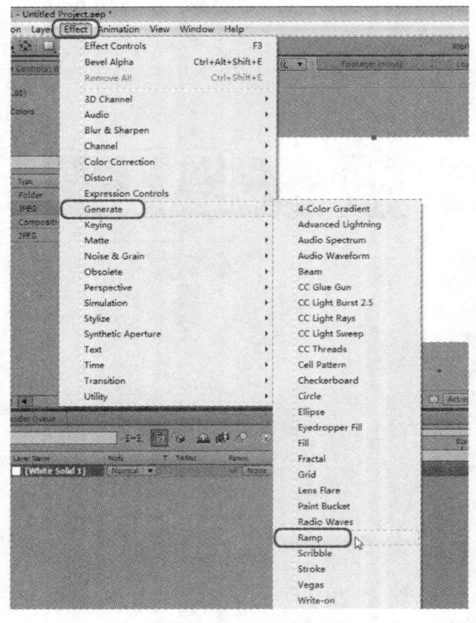

图 9-82

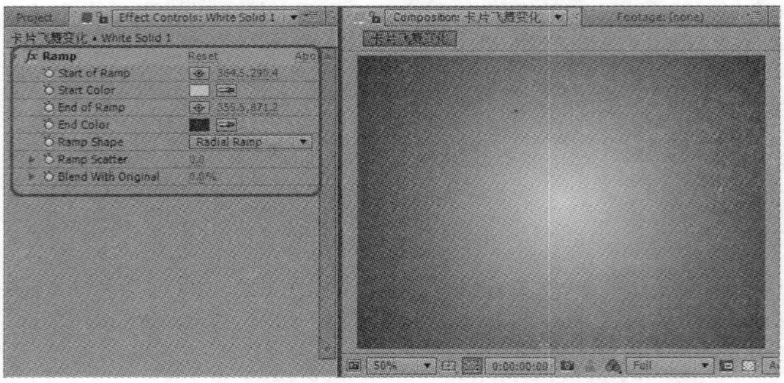

图 9-83

STEP 7　在 Project 窗口依次选择【黄色.jpg】和【蓝色.jpg】素材，依次拖入时间线窗口中，然后选择这两个图层，按【S】键，在时间线中将 Scale 值设置为【80.0,80.0%】，如图 9-84 所示。

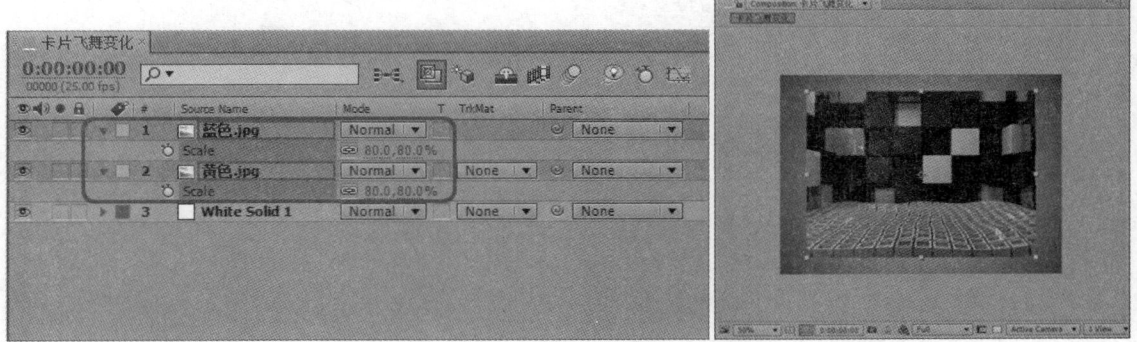

图 9-84

STEP 8　选择【黄色.jpg】图层并将其隐藏，然后选择【蓝色.jpg】图层，选择【Effect】|【Transition】|【Card Wipe】命令，为其添加卡片擦除特效，如图 9-85 所示。

STEP 9　设置【Transition Width】为【100%】，将【Back Layer】设置为【1.蓝色.jpg】，将【Rows】和【Columns】设置为【20】；将【Flip Axis】、【Flip Direction】均设置为【Random】；将【Gradient Layer】设置为【None】；将【Timing Randomness】设置为【1.00】；在【Camera System】参数项下，将【X Rotation】设置为【0x-24.0°　】，【Y Rotation】设置为【0 x −29.0°　】，将【Z Rotation】设置为【0 x +0.0°　】；将【Focal Length】设置为【50.00】，如图 9-86 所示。

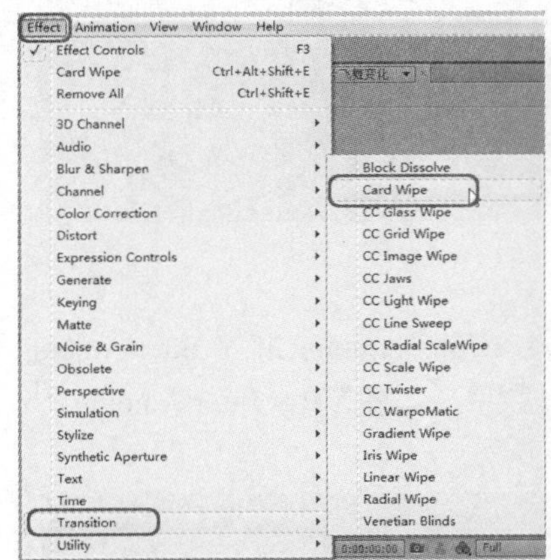

图 9-85

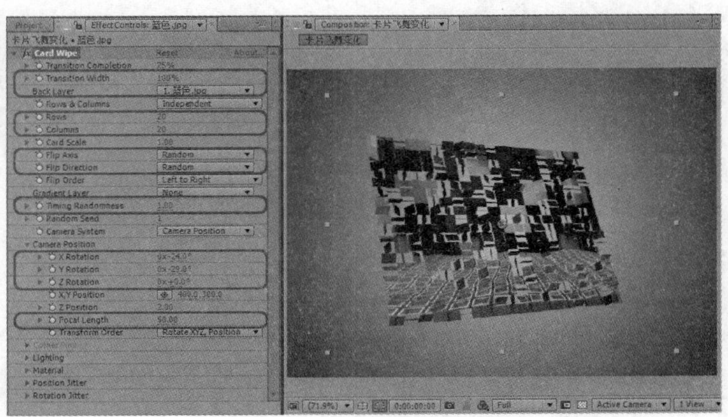

图 9-86

STEP 10　在时间线面板中，在 0:00:00:15 帧处，对 Card Wipe 特效进行设置。在 Position Jitter 参数项下，单击 X Jitter Amount、Y Jitter Amount、Z Jitter Amount 左侧的按钮；在 Rotation Jitter 参数项下，单击 X Rot Jitter Amount、Y Rot Jitter Amount、Z Rot Jitter Amount 左侧的按钮，打开动画关键帧记录，如图 9-87 所示。

STEP 11　在时间线面板中，在 0:00:01:00 帧处，将【Transition Completion】设置为【0%】，并单击左侧的按钮，打开动画关键帧记录，如图 9-88 所示。

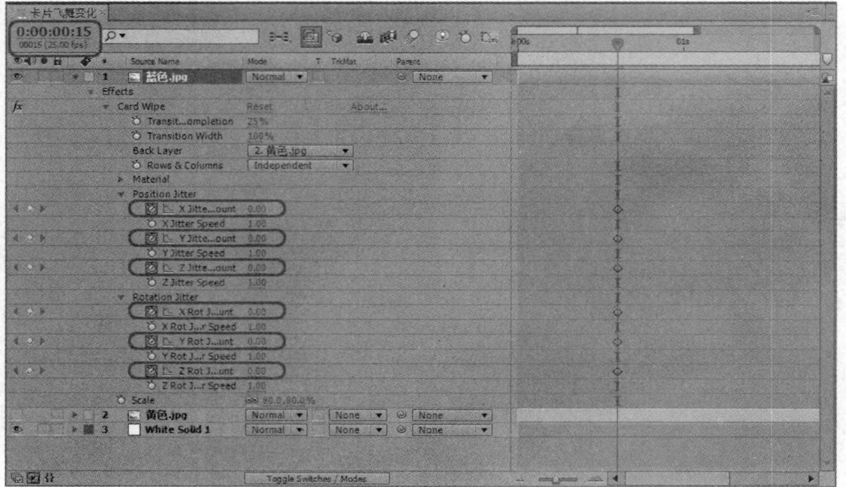

图 9-87

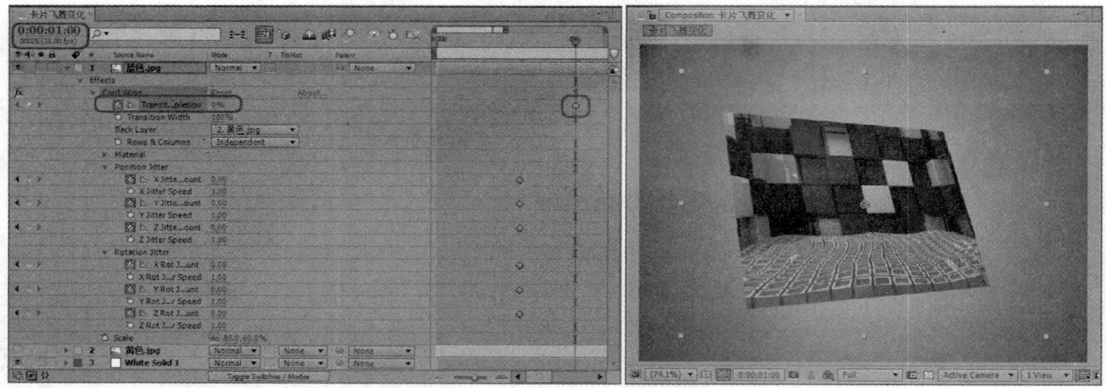

图 9-88

STEP 12 在 0:00:01:08 帧处，在 Position Jitter 参数项下，将 X Jitter Amount 和 Y Jitter Amount 设置为 5.00，将 Z Jitter Amount 设置为 25.00；在 Rotation Jitter 参数项下，将 X Rot Jitter Amount、Y Rot Jitter Amount 和 Z Rot Jitter Amount 设置为 360.00，如图 9-89 所示。

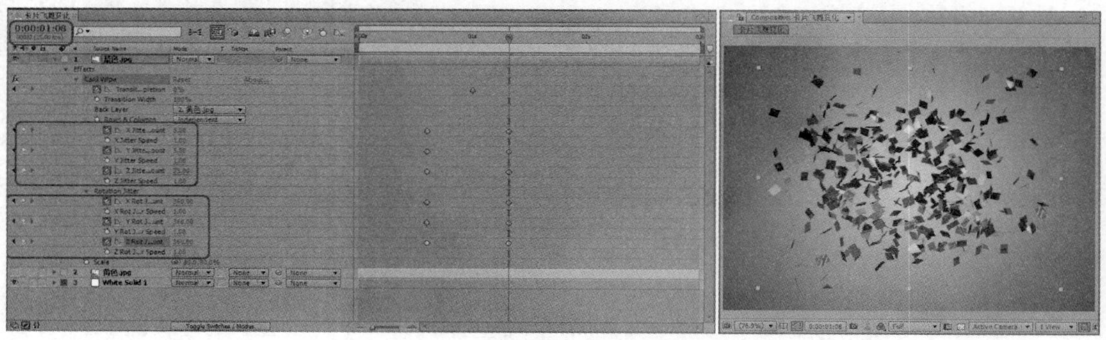

图 9-89

STEP 13 在 0:00:01:21 帧处,分别单击 X Jitter Amount、X Jitter Amount、Y Jitter Amount 和 Z Rot Jitter Amount、X Rot Jitter Amount 、Y Rot Jitter Amount 和 Z Rot Jitter Amount 左侧的按钮，使其转变为，为其添加关键帧，如图 9-90 所示。

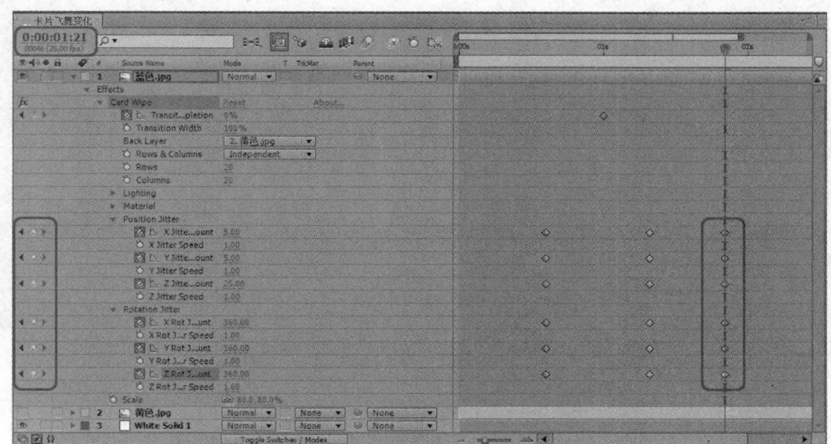

图 9-90

STEP 14 在 0:00:02:00 帧处，将 Transition Completion 设置为 100%，如图 9-91 所示。

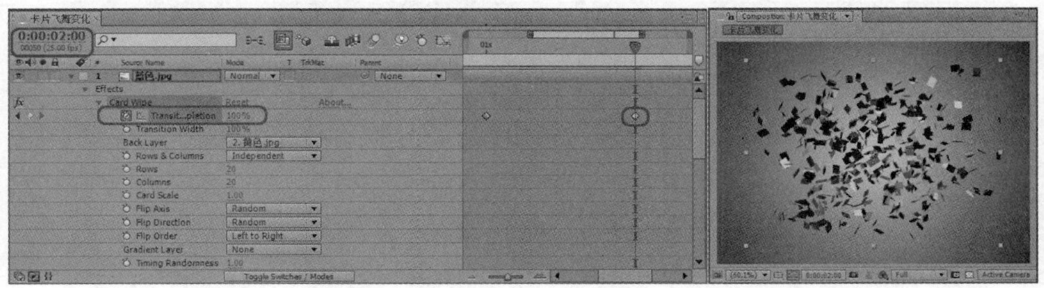

图 9-91

STEP 15 在 0:00:02:15 帧处，将 X Jitter Amount、Y Jitter Amount 和 Z Jitter Amount、X Rot Jitter Amount、Y Rot Jitter Amount 和 Z Rot Jitter Amount 均设置为 0.00，如图 9-92 所示。

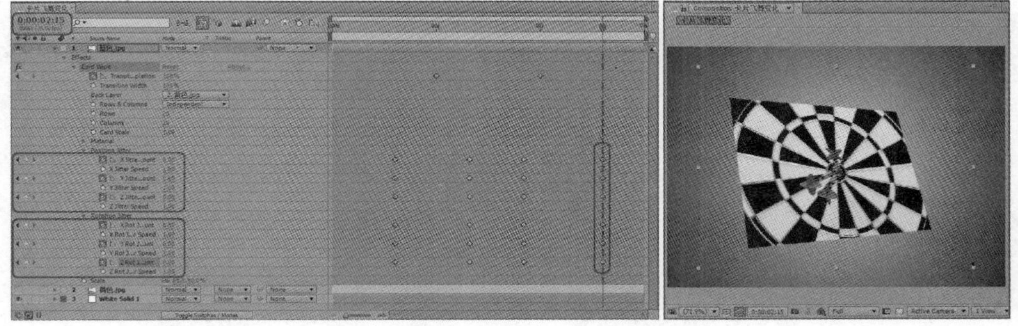

图 9-92

STEP 16 选择【蓝色.jpg】图层，选择【Effect】|【Perspective】|【Bevel Alpha】命令，为其添加斜面 Alpha 特效，将【Edge Thickness】设置为【5.00】，如图 9-93 所示。

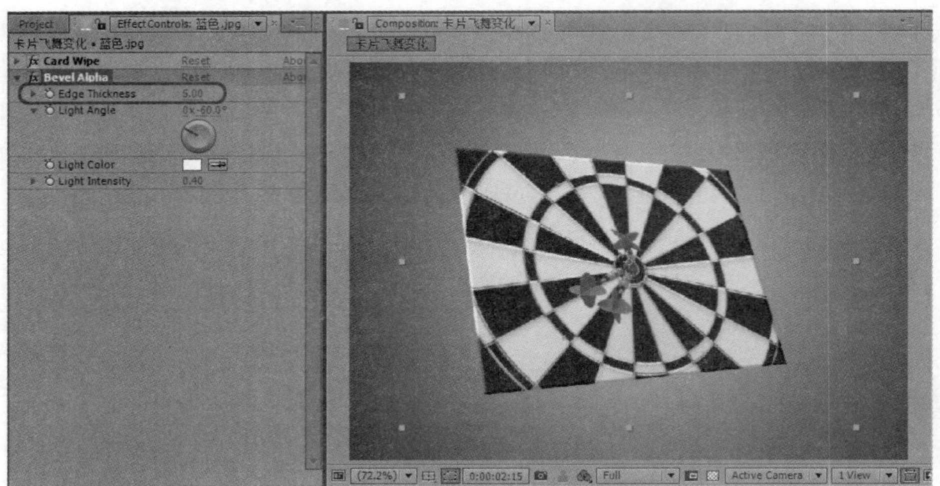

图 9-93

STEP 17 卡片飞舞变化效果制作完成，按空格键预览最终效果。影片制作完成后，最终要将其输出为复合应用需要的影片，选择【Composition】|【Add to Render Queue】命令，将【卡片飞舞变化】合成导入【Render Queue】窗口中，如图 9-94 所示。

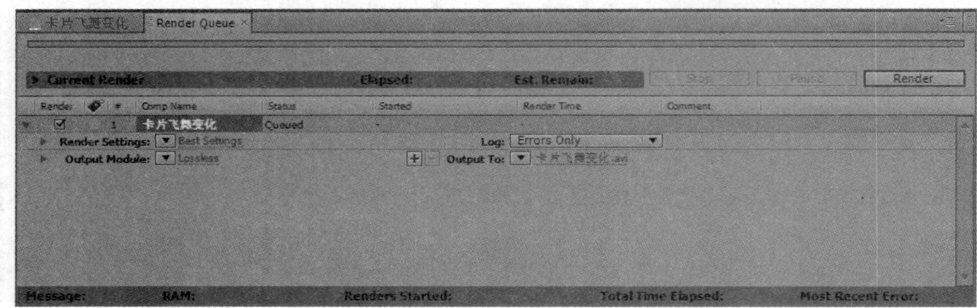

图 9-94

STEP 18 单击 Output To（输出到）右侧的动感模糊文字，打开【Output Movie To】对话框，选择一个保存路径，并为影片命名，设置完成后单击【保存】按钮，如图 9-95 所示。

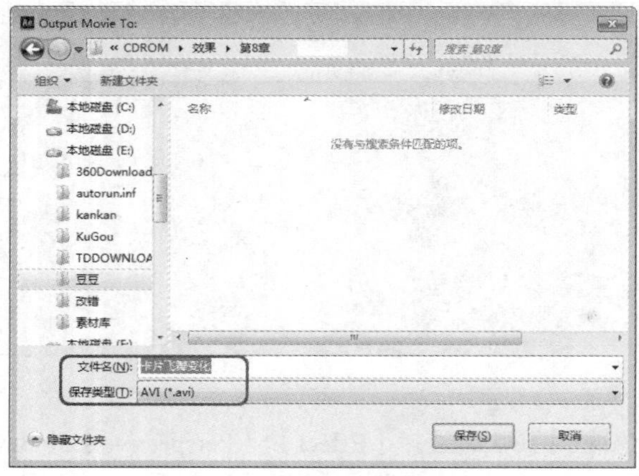

图 9-95

STEP 19　单击【Render】按钮，开始进行渲染输出，图 9-96 所示为影片渲染输出的进度。

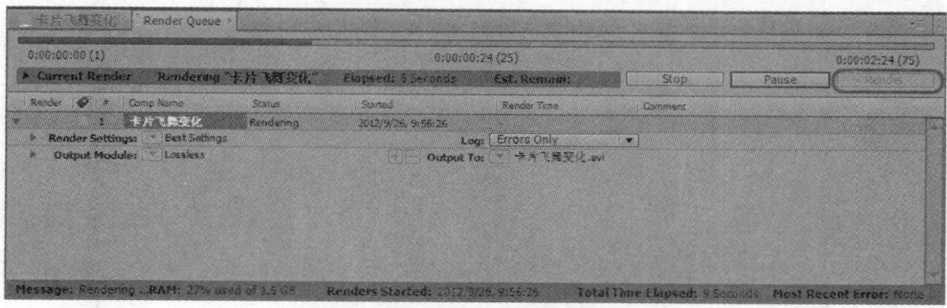

图 9-96

9.3.2　舞台背景

下面将介绍怎样使用【Stylize】切换特效中的滤镜制作一个舞台背景动画效果，效果如图 9-97 所示，其具体的操作步骤如下：

图 9-97

STEP 1　按【Ctrl+N】组合键，弹出【Composition Settings】对话框，在该对话框中将【Composition Name】重命名为【舞台背景】，将【Preset】设置为【PAL D1/DV】，将【Duration】设置为【0:00:06:00】，如图 9-98 所示。

STEP 2　设置完成后单击【OK】按钮，在时间线窗口中右击，在弹出的快捷菜单中选择【New】|【Solid】命令，打开【Solid Settings】对话框，将其重命名为【黑色背景】，单击【Make Comp Size】按钮，如图 9-99 所示。设置完成后单击【OK】按钮。

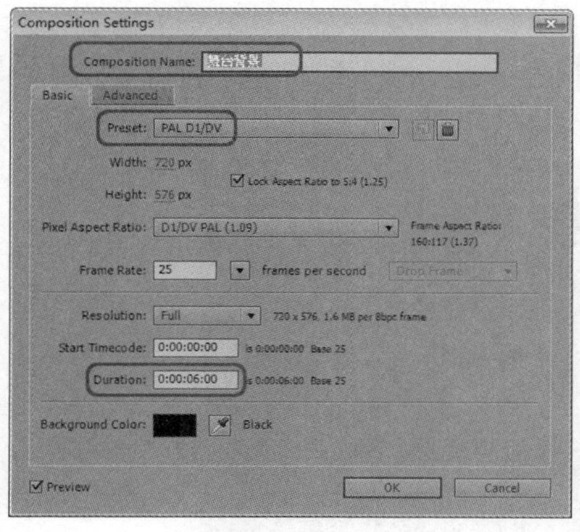

图 9-98

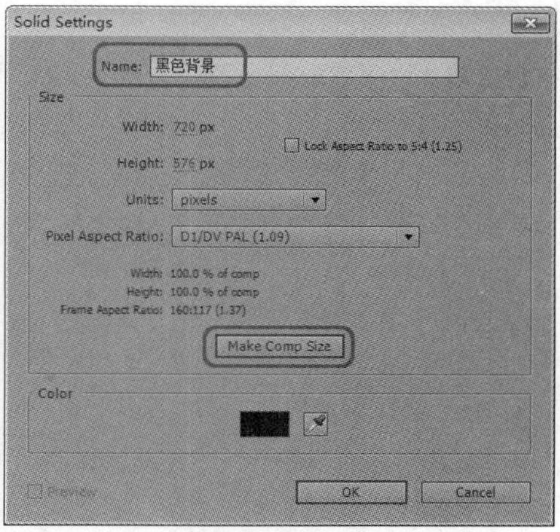

Solid Settings
Name: 黑色背景
Size
Width: 720 px
Height: 576 px
Units: pixels
Pixel Aspect Ratio: D1/DV PAL (1.09)
Make Comp Size
Color
OK
Cancel

图 9-99

STEP 3　在工具栏中选择【Horizontal Type Tool】工具，在【Composition】窗口中单击并输入

文字内容，设置字体大小为 200px，字体样式为【SimHei】，字体颜色的 RGB 值设置如图 9-100 所示。

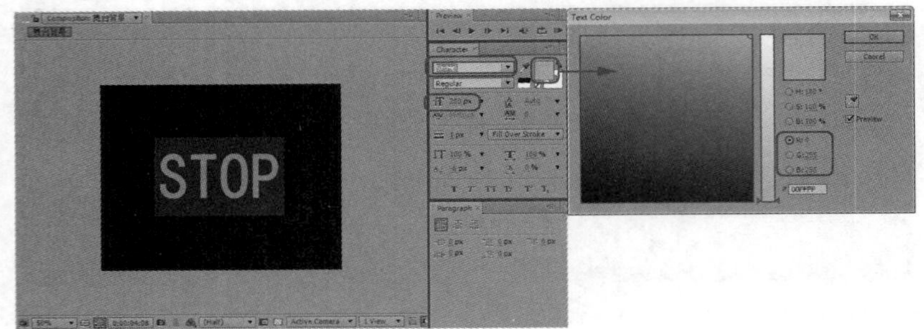

图 9-100

STEP 4 调整文字内容在【Composition】中的位置，在时间线窗口中选择文字层，将其图层混合模式设置为【Add】，如图 9-101 所示。

STEP 5 选择【Effect】|【Simulation】|【CC Pixel Polly】命令，如图 9-102 所示。

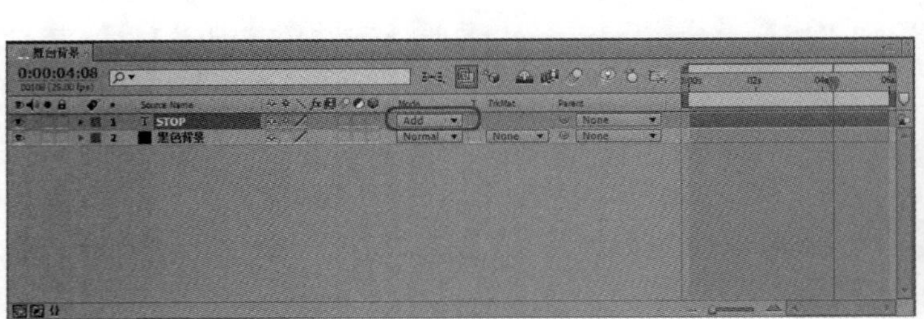

图 9-101

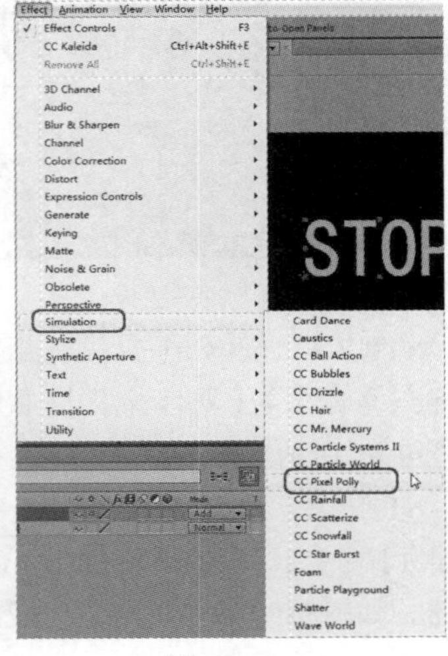

图 9-102

STEP 6 将当前时间设置为 0:00:00:00，切换至【Effect Controls】窗口，单击【Force】左侧的 按钮，打开记录动画，将其设置为 0.0，如图 9-103 所示。

图 9-103

STEP 7　将当前时间设置为 0:00:05:00，将【Force】设置为【165.0】，如图 9-104 所示。

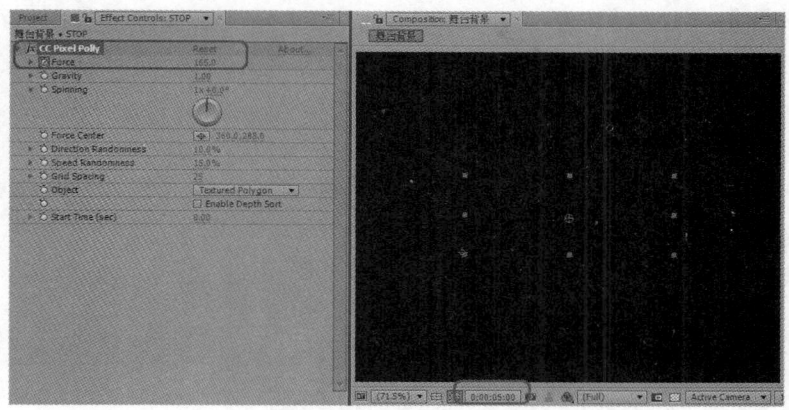

图 9-104

STEP 8　将当前时间设置为 0:00:01:00，单击【Gravity】左侧的按钮，将其设置为 0.15，如图 9-105 所示。

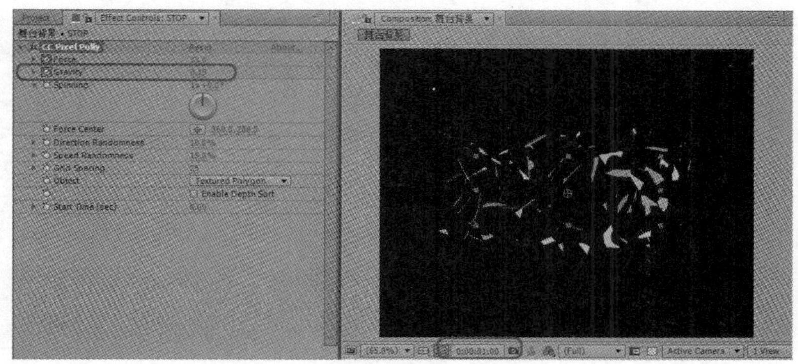

图 9-105

STEP 9　将当前时间设置为 0:00:05:00，单击【Gravity】左侧的按钮，将其为设置为 0.45，如图 9-106 所示。

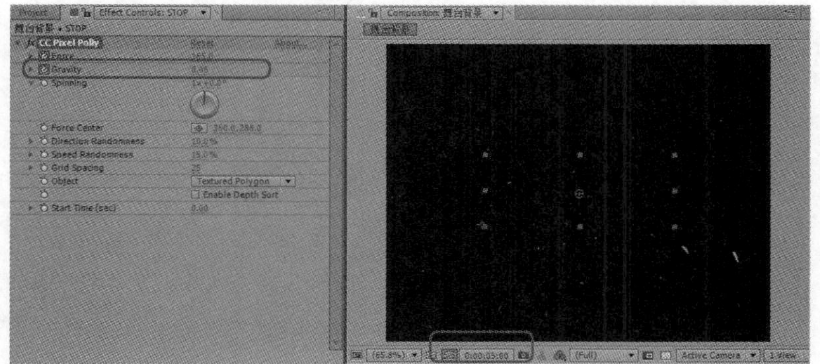

图 9-106

STEP 10　将【Direction Randomness】设置为【100.0%】，将【Speed Randomness】设置为【100.0%】，

将【Grid Spacing】设置为 1，将【Object】设置为【Textured Polygon】，如图 9-107 所示。

STEP 11 选择【Effect】|【Stylize】|【CC Kaleida】命令，如图 9-108 所示。

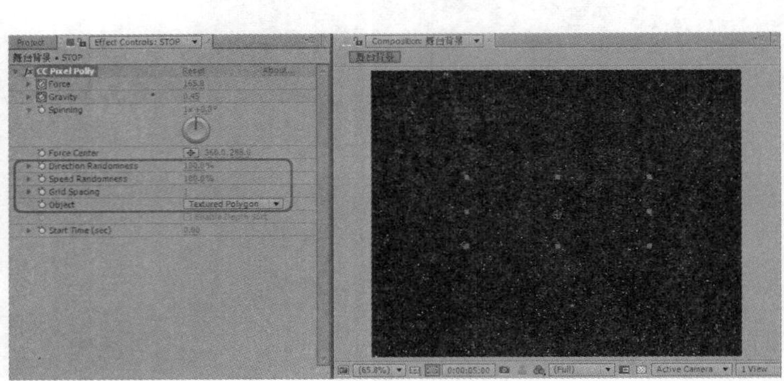

图 9-107

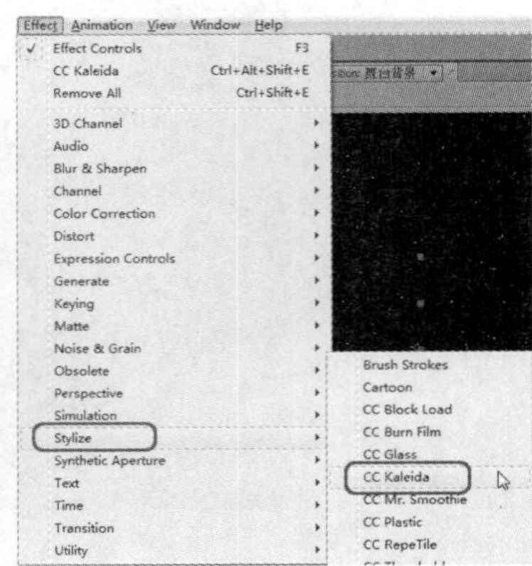

图 9-108

STEP 12 切换至【Effect Controls】窗口，将【Mirroring】设置为【Starlish】，如图 9-109 所示。

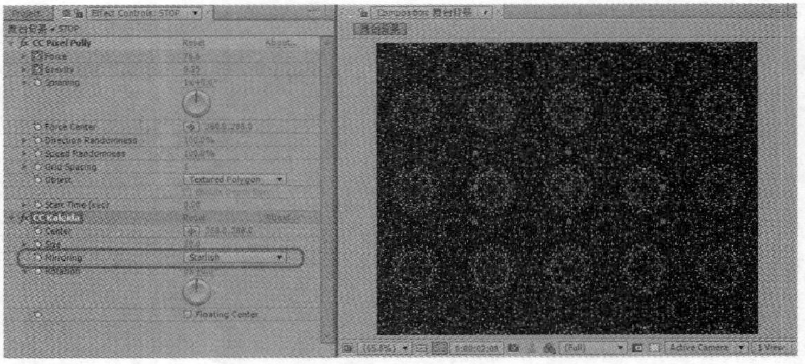

图 9-109

STEP 13 至此，舞台背景就制作完成，按【Ctrl+M】组合键，打开【Render Queue】窗口，在该窗口中单击【Output To】右侧的蓝色文字，在弹出的对话框中为其指定一个正确的存储路径，如图 9-110 所示。

STEP 14 单击【保存】按钮，在【Render Queue】窗口中单击【Render】按钮，即可以进度条的形式进行输出，如图 9-111 所示。

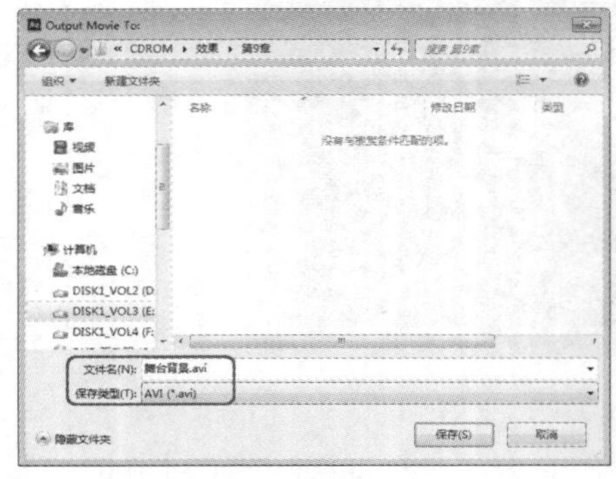

图 9-110

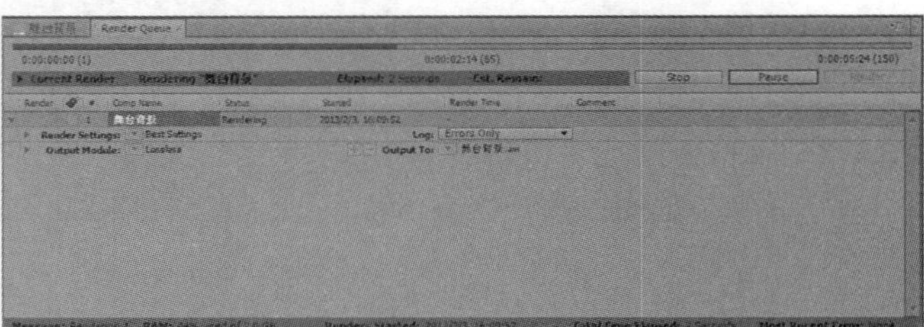

图 9-111

第 10 章　色彩校正和键控

在看很多影片时，我们会感觉画面很漂亮，但与现实生活中的事物色彩很不相同，影片看上去感觉很舒服、很漂亮，似乎天总是那么蓝；收获时的麦子比黄金的色泽还要夺目；树林的绿色，总是那么苍翠；事实上，不同的影片有不同的色调，还有，如果我们用心去观察，你会发现有些影片从头到尾并不是一个色调串下来的，不同的场景、不同的节奏影片会被调成不同的色调。

影片中的东西总是那么美好，看起来那么有感觉，但是我们在现实生活中所看到的事物并非如此，这就是影片调节的魅力，事实上所有的影片在拍摄完成之后，都需要经过调节，让事物看起来更加符合影片的节奏，带给观众超现实的享受和震撼，不同的色调会给人以不同的感觉。

After Effects 在很早的时候就有色彩调节的功能，并拥有完整的色彩调节工具，可对影片进行色彩的校正、调节和明暗的重组，接下来我们学习 After Effects CS6 强大的色彩校正系统。

10.1　After Effects CS6 强大的调节系统

所谓色彩校正，也就是调色，比如现实的天空总是灰蒙蒙的，一时半会我们没有办法让它变蓝，但是通过 AE 的调色，可以让它在我们的影片中看起来那么蓝，那么清澈，但是怎样才能让灰色变蓝，这就涉及色彩的基础知识。After Effects 的调色系统包含一整套的色彩校正工具，可以对色相、饱和度、亮度、对比度，等信息进行精细调节，接下来我们就来一一了解并应用它们。

1. Auto Color

Auto Color：自动颜色调节，系统会根据图像色彩的情况，进行自动调节，基本上不用调节任何参数，如图 10-1 所示。

该特效各项参数的含义如下。

- Temporal Smoothing：时间滤波，颜色调节的平滑度，越高的平滑度将得到更好的图像质量，但是也将占用更多的系统资源。
- Black Clip：黑场，维护黑色区域。
- White Clip：白场，维护白色区域。
- Snap Neutral Midtones：吸附中间色调，自动捕捉图像的中间色调。
- Blend With Original：与原图像的混合强度。

图 10-1

2. Auto Contrast

Auto Contrast（自动对比度），系统会根据图像的情况，进行自动调节对比度，如图 10-2 所示。

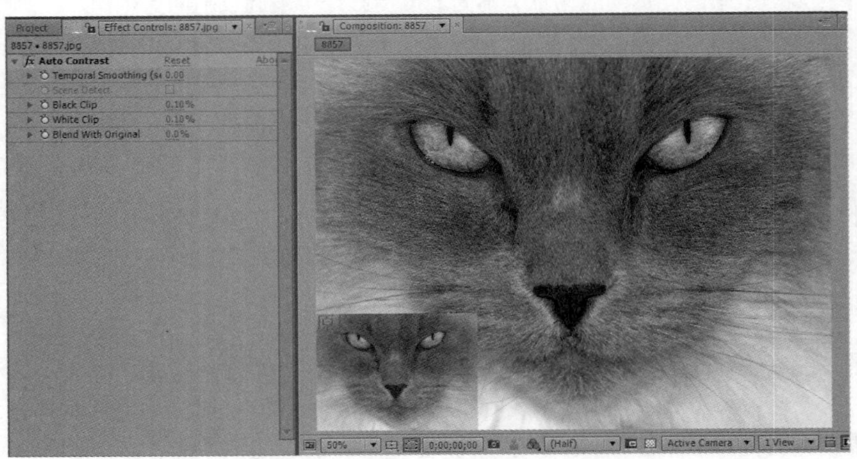

图 10-2

该特效各项参数的含义如下。

- Temporal Smoothing：时间滤波，颜色调节的平滑度，越高的平滑度将得到更好的图像质量，但是也将占用更多的系统资源。
- Black Clip：黑场，维护黑色区域。
- White Clip：白场，维护白色区域。
- Snap Neutral Midtones：吸附中间色调，自动捕捉图像的中间色调。
- Blend With Original：与原图像的混合强度。

3. Auto Levels

Auto Levels（自动色阶），系统会根据图像的情况，对亮度进行自动调节，如图 10-3 所示。

该特效各项参数的含义如下。

- Temporal Smoothing：颜色调节的平滑度，越高的平滑度将得到更好的图像质量，但是也将占用更多的系统资源。

- Black Clip：维护黑色区域。
- White Clip：维护白色区域。
- Snap Neutral Midtones：自动捕捉图像的中间色调。
- Blend With Original：与原图像的混合强度。

图 10-3

4. Black & White

Black & White（黑白），可以将彩色的画面转换为黑白的效果，可以通过对不同色彩参数的调整来调节对应部分的明暗度，可以在黑白效果的基础上添加某种颜色的着色效果，如图 10-4 所示。

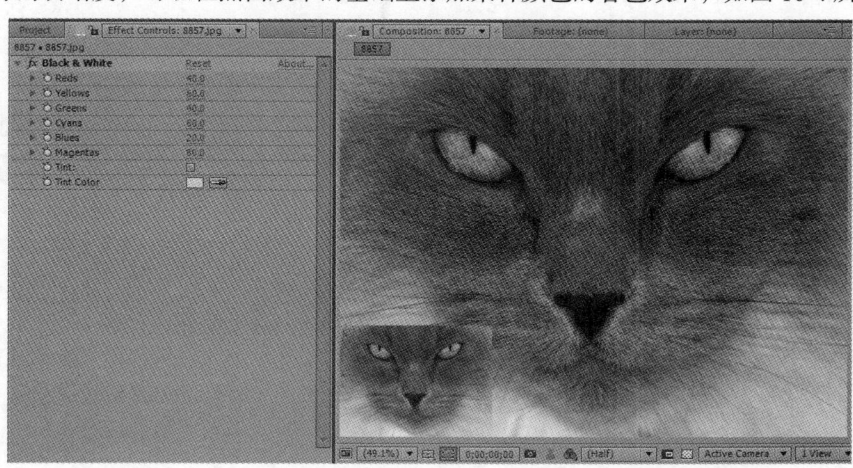

图 10-4

该特效各项参数的含义如下。

- Reds：红色系。
- Yellows：黄色系。
- Greens：绿色系。
- Cyans：氰基色系。
- Blues：蓝色系。

- Magentas：品红系。
- Tint：着色。
- Tint Color：适合的颜色。

5. Brightness & Contrast

Brightness & Contrast（亮度&对比度特效），使用率相当高的一个调色特效，对图像的亮度和对比度进行调节，如图 10-5 所示。

图 10-5

该特效各项参数的含义如下。

- Brightness：亮度，用于调整亮度值，正值增加亮度，负值降低亮度。
- Contrast：对比度，用于调整对比度值，正值增加对比度，负值降低对比度。

6. Broadcast Colors

Broadcast Colors（广播颜色），我们在制作时所使用的颜色，有时已经超出了广播的安全色，一旦超出后，在广播时有可能造成显示不完全或杂音，使用该特效可以帮助检测出广播安全色以外的颜色，并进行及时的更改，如图 10-6 所示。

图 10-6

该特效各项参数的含义如下。

- Broadcast Locale：广播制式，选择制式，我国使用的是 PAL 制。
- How to Make Color Safe：控制颜色安全的方式，有以下 4 项，如图 10-7 所示。
  - Reduce Luminance：降低溢出色的亮度。
  - Reduce Saturation：降低溢出色的饱和度。
  - Key Out Unsafe：输出不安全色，使之透明。
  - Key Out Safe：输出安全色，使之透明。
- Maximum Signal Amplitude：电视信息的最大幅度。

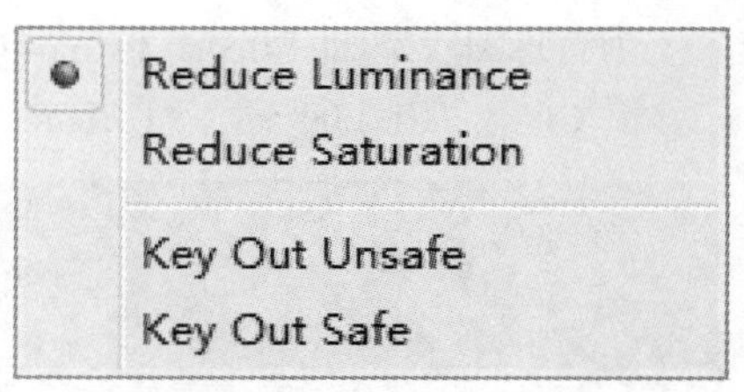

图 10-7

7. CC Color Offset

CC Color Offset（色彩偏移），控制很简单也很直观，对 R、G、B 三个颜色通道分别调节，如图 10-8 所示。

图 10-8

该特效各项参数的含义如下。

- Red Phase：红色通道相位。
- Green Phase：绿色通道相位。
- Blue Phase：蓝色通道相位。
- Overflow：颜色溢出控制。

下面将通过一个具体实例的实现流程，依次介绍 Auto Colors、Auto Contrast、Auto Levels、Black &White、Brightness & Contrast、Broadcast Colors、CC Color Offset 的基本使用方法。打开随书附带光盘中的 25.aep，我们将通过该案例来了解和认识色彩调整菜单下的相关特效知识。

STEP 1　Auto Colors（自动颜色）效果。

为背景图层添加【Effect】|【Color Correction】|【Auto Colors】效果。设置参数【Blend With Original】为【40.0%】，效果如图 10-9 所示。

STEP 2 Auto Contrast（自动对比度）效果。

为背景图层添加【Effect】|【Color Correction】|【Auto Contrast】效果。设置【Black Clip】为【10.00%】，【White Clip】为【3.00%】，【Blend With Original】为【430.0%】，效果如图 10-10 所示。

图 10-9

图 10-10

STEP 3 Auto Levels（自动色阶）效果。

为背景图层添加【Effect】|【Color Correction】|【Auto Levels】效果。设置参数【Black Clip】为【10.00%】，【White Clip】为【4.00%】，【Blend With Original】为【50.0%】，其余参数不变时的效果如图 10-11 所示。

STEP 4 Black &White（黑白）效果。

为背景图层添加【Effect】|【Color Correction】|【Black &White】效果。设置参数【Greens】为【80】，其余参数不变时的效果如图 10-12 所示。

图 10-11

图 10-12

STEP 5 Brightness & Contrast（亮度和对比度）效果。

为背景图层添加【Effect】|【Color Correction】|【Brightness & Contrast】效果。设置参数【Brightness】为【50.0】，【Contrast】为【20.0】，其余参数不变时的效果如图 10-13 所示。

STEP 6 Broadcast Colors（黑白）效果。

为背景图层添加【Effect】|【Color Correction】|【Broadcast Colors】效果。设置参数【Broadcast Locale】

为【PAL】,【How to Make Color Safe 为 Key Out Safe】,【Maximum Signal Amplitude（IRE）】为【90】,效果如图 10-14 所示。

图 10-13

图 10-14

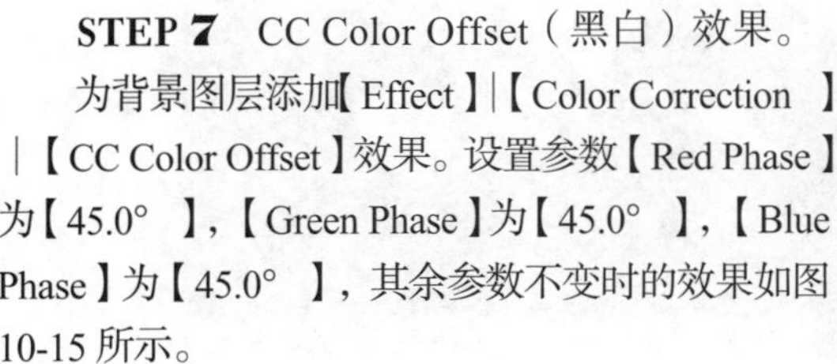

STEP 7　CC Color Offset（黑白）效果。

为背景图层添加【Effect】|【Color Correction】|【CC Color Offset】效果。设置参数【Red Phase】为【45.0°】,【Green Phase】为【45.0°】,【Blue Phase】为【45.0°】,其余参数不变时的效果如图 10-15 所示。

图 10-15

8. CC Toner

CC Toner（调色）,通过对图像的高光颜色、中间色调和阴影颜色的调节来改变图像的颜色,如图 10-16 所示。

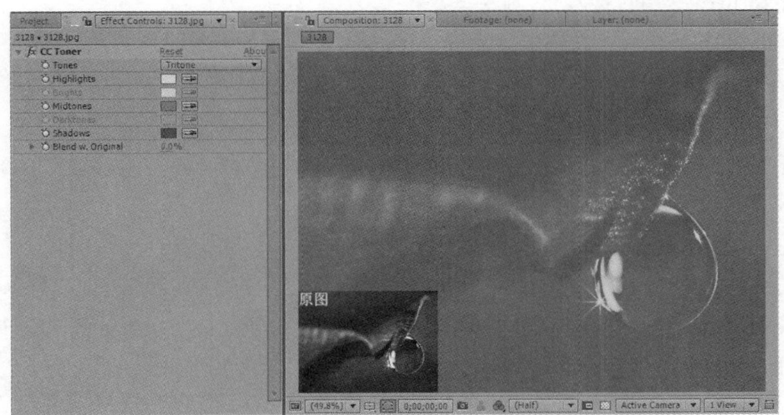

图 10-16

该特效各项参数的含义如下。

- Highlights：高光,利用色块或吸管来设置图像的高光颜色。

- Midtones：中间，利用色块或吸管来设置图像中的中间色调。
- Shadows：阴影，利用色块或吸管来设置图像的阴影颜色。
- Blend W.Original：混合初始状态，用于调整与原图的混合。

9. Change Color

Change Color（改变颜色），使用它可以将图像中的某种颜色转换为其他颜色，如图 10-17 所示，将原来瓶装液体的蓝色改为紫色，但是花朵的颜色并没有受到影响（虽然看起来不是那么好看，但是也很好地讲明了该特效的功能）。

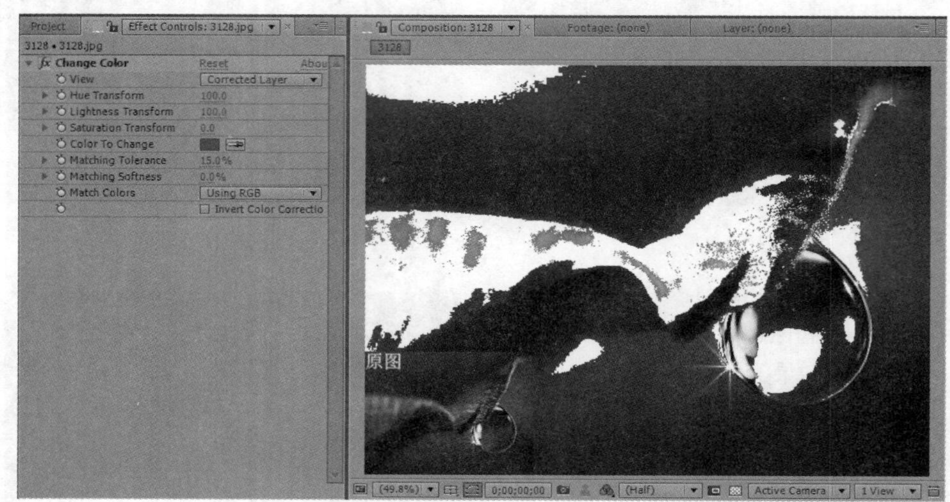

图 10-17

该特效各项参数的含义如下。

- View：视图显示设置，有以下两项，如图 10-18 所示。
  - Corrected Layer：校正层，显示最终的调节效果。
  - Color Correction Mask：校正遮罩，以黑白通道的方式显示色彩调节的区域。
- Hue Transform：色相转换。
- Lightness Transform：亮度转换。
- Saturation Transform：饱和度置换。
- Color To Change：颜色改变，选择要改变的颜色。
- Matching Tolerance：容差，较高的容差值将会选择更多的区域，但是过高的容差将导致颜色的选择不准确。
- Matching Softness：柔和，有时候颜色选择之后发现并不理想，有些区域始终难以选择，这时不妨试试该选项。
- Match Colors：匹配颜色，可以选择 RGB 模式、Hue 模式或 Chroma 模式进行颜色的选择，如图 10-19 所示。

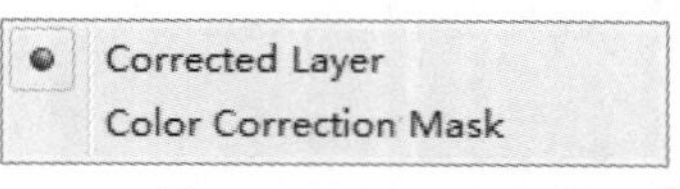

图 10-18

图 10-19

- Invert Color Correction：反转颜色选择蒙版，选择该选项后将对选择区域以外的区域进行颜色调节。

10. Change To Color

Change To Color（改变到颜色），该特效可以快速地将一个颜色转换到另一个颜色，如图 10-20 所示。

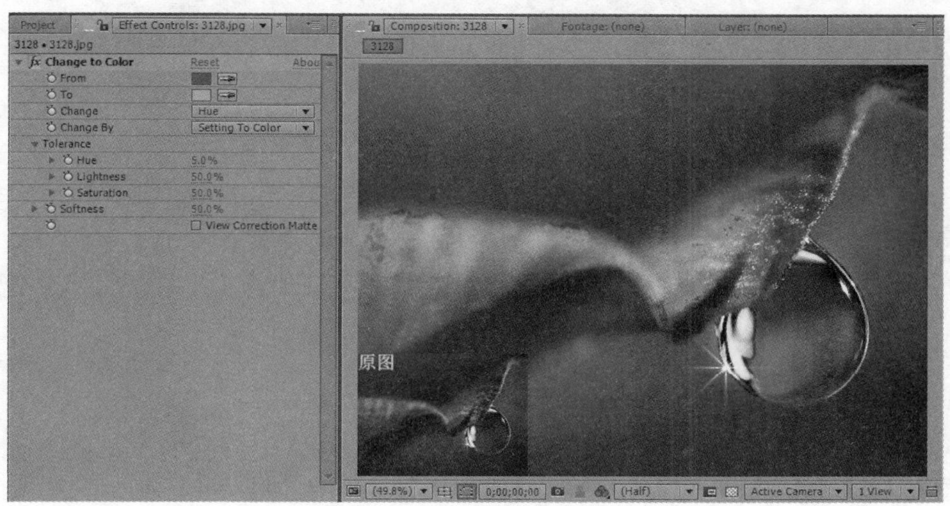

图 10-20

该特效各项参数的含义如下。

- From：从，选择要进行转换的颜色。
- To：到，设置目标颜色。
- Change：改变，设置要转换图像的哪些信息，有以下 4 项，如图 10-21 所示。
  - Hue：色相，只转换色相。
  - Hue & Lightness：色相和亮度，转换色相和亮度信息。
  - Hue & Saturation：色相和饱和度，转换色相和饱和度信息。
  - Hue ,Lightness & Saturation：色相、亮度及饱和度，转换色相、亮度及饱和度信息。
- Change By：改变自，设置转换的方式，有以下两项，如图 10-22 所示。

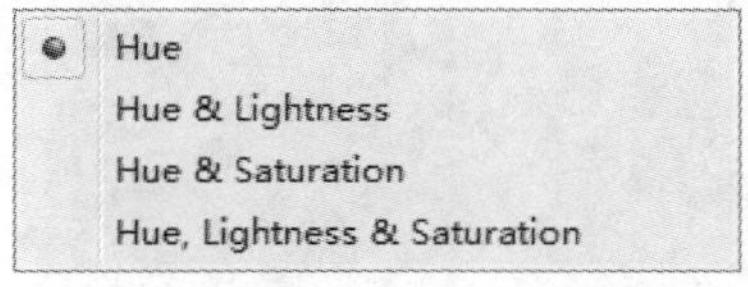

图 10-21

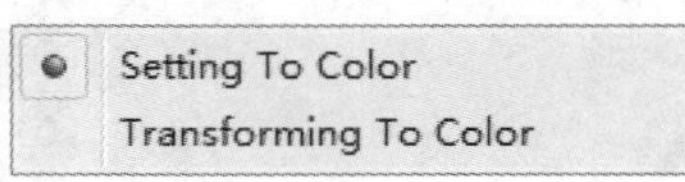

图 10-22

  - Setting To Color：设置到颜色，将颜色转换为目标颜色。
  - Transforming To Color：转换到颜色，选择该选项后会将所选颜色转换为从原来颜色到目标颜色之间的过渡区域的颜色。
- Softness：柔化，选择区域的羽化强度。
- View Correction Matte：视图蒙版修正，勾选该复选框后，将以黑白通道的方式显示颜色的选择情况，白色为所选择区域。

11. Channel Mixer

Channel Mixer：通道混合，通过修改一个或多个通道的颜色值来调整图像的色彩，如图 10-23 所示。

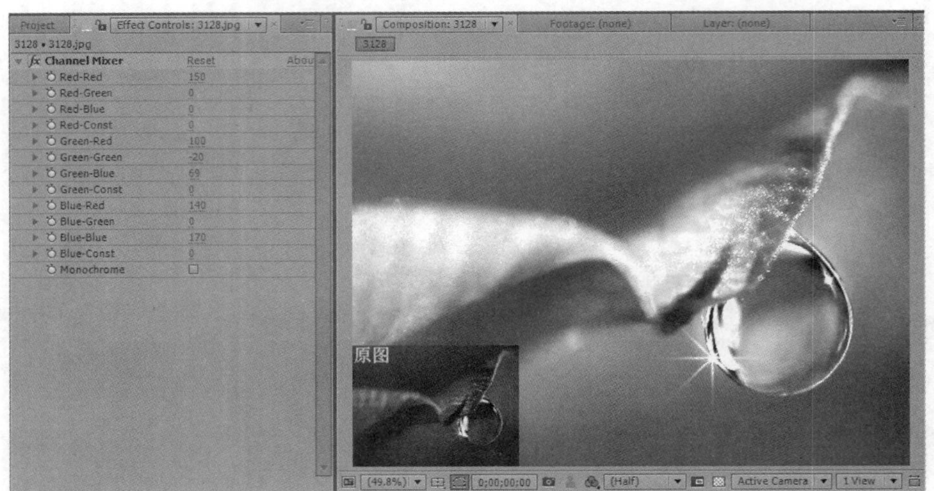

图 10-23

该特效各项参数的含义如下。

- Red-Red、Red-Green...：表示图像 RGB 模式，分别用于调整红、绿、蓝 3 个通道，表示在某个通道中其他颜色所占的比率，其他依次类推。
- Red-Const、Green-Const...：用于设置一个常量，以确定几个通道的原始数值，添加到前面颜色的通道中，最终效果就是其他通道计算的结果和。
- Monochrome：选中该复选框，图像将变成灰色。

12. Color Balance

Color Balance（色彩平衡），使用它可以分别对图像的各个区域进行 R、G、B 三个颜色的控制，如图 10-24 所示。

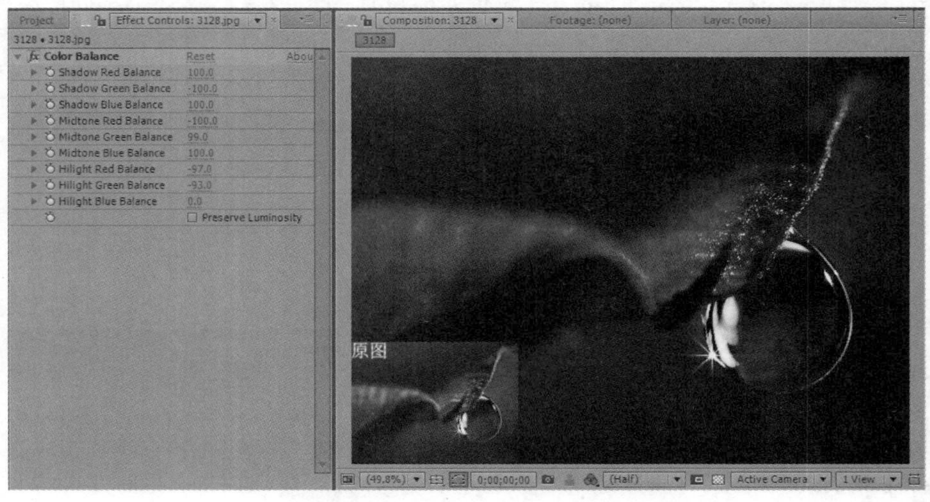

图 10-24

该特效各项参数的含义如下。

- Shadow Red Balance：阴影区域的红色平衡。
- Shadow Green Balance：阴影区域的绿色平衡。
- Shadow Blue Balance：阴影区域的蓝色平衡。
- Midtone Red Balance：中间区域的红色平衡。
- Midtone Green Balance：中间区域的绿色平衡。
- Midtone Blue Balance：中间区域的蓝色平衡。
- Hilight Red Balance：高亮区域的红色平衡。
- Hilight Green Balance：高亮区域的绿色平衡。
- Hilight Blue Balance：高光区域的蓝色平衡。
- Preserve Luminosity：保持亮度，勾选该复选框后，图像会始终保持原来的亮度信息，上面的调节只会影响图像的色相。

13. Color Balance (HLS)

Color Balance (HLS)（色彩平衡），通过 HLS 模式调节图像的色彩平衡，如图 10-25 所示。

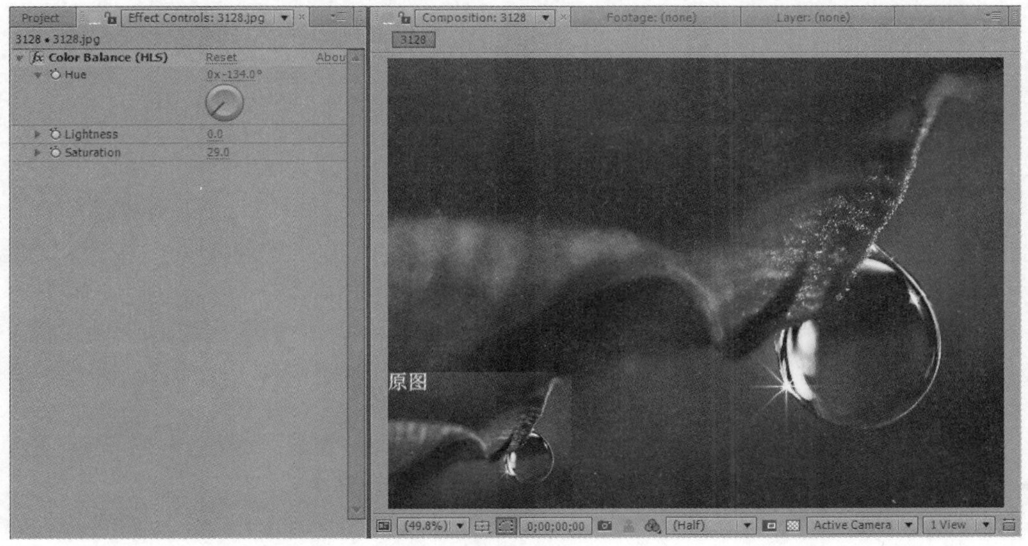

图 10-25

该特效各项参数的含义如下。

- Hue：色相，调整图像的色调。
- Lightness：亮度，调整图像的明亮程度。
- Saturation：饱和度，调整图像色彩的浓度。

14. Color Link

Color Link（颜色链接），使用该特效可以将另一个素材与当前图层进行链接，目标层的图像信息将按照不同的运算方式影响当前层，如图 10-26 所示。

该特效各项参数的含义如下。

- Source Layer：源层，设置目标层。

- Sample：采样方式，也就是要将目标层的哪个区域与当前层进行运算，默认为 Average（平均值），如图 10-27 所示。

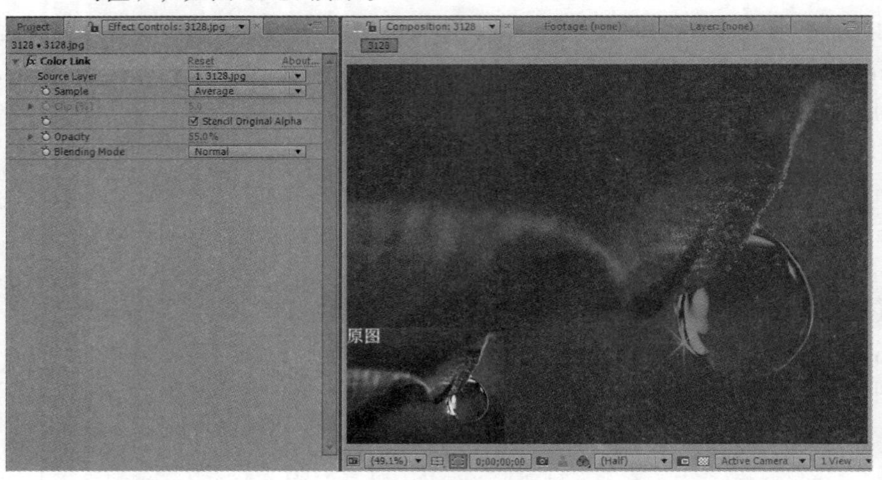

图 10-26

图 10-27

  - Average：平均计算。
  - Median：：中间区域。
  - Brightest：最亮区域。
  - Darkest：最暗区域。
  - Max RGB：最大化颜色色相。
  - Min RGB：最小化颜色色相。
  - Average Alpha：平均计算通道。
  - Median Alpha：通道的中间色区域。
  - Max Alpha：最大化 Alpha 通道，比如图像的 Alpha 通道中有一部分半透明区域，选择该选项后，半透明区域也将作为通道与当前层进行运算。
  - Min Alpha：最小化 Alpha，选择该选项后，半透明区域将被裁剪，然后再与当前层进行运算
- Clip（%）：修剪，对所在目标层作用区域的裁剪强度。
- Opacity：不透明度，目标层的透明度。
- Blending Mode：目标层与当前层的混合模式。

下面将通过一个具体实例的实现流程，依次介绍 CC Toner、Change Color、Change To Color、Channel Mixer、Color Balance、Color Balance (HLS)、Color Link 的基本使用方法。打开随书附带光盘的 26.aep，我们将通过该案例来了解和认识色彩调整菜单下的相关特效知识。

STEP 1　CC Toner 调色效果。

为背景图层添加【Effect】|【Color Correction】|【CC Toner】效果。设置参数【Highlights】为红色，【Midtones】为黄色，【Shadows】为青色，效果如图 10-28 所示。

STEP 2　Change Color（更改色彩）效果。

为背景图层添加【Effect】|【Color Correction】|【Change Color】效果。设置参数【Hue Transform】为【350.0】，【Lightness Transform 为 10.0】，【Saturation Transform 为 20.0】，【Matching Tolerance】为【90.0%】，其余参数不变时的效果如图 10-29 所示。

图 10-28

图 10-29

STEP 3　Change To Color（改变到颜色）效果。

为背景图层添加【Effect】|【Color Correction】|【Change To Color】效果。设置参数【From】为橘色，【To】为红色，【Softness】为【80.0%】，其余参数不变时的效果如图 10-30 所示。

STEP 4　Channel Mixer（通道混合）效果。

为背景图层添加【Effect】|【Color Correction】|【Channel Mixer】效果。设置参数【Red-Const】为【30】，【Green-Red】为【40】，【Blue-Green】为【30】，其余参数不变时的效果如图 10-31 所示。

图 10-30

图 10-31

STEP 5　Color Balance（色彩平衡）效果。

为背景图层添加【Effect】|【Color Correction】|【Color Balance】效果。设置参数【Midtone Blue Balance】为【80.0】,【Hilight Green Balance】为【50.0】,【Hilight Blue Balance】为【45.0】，其余参数不变时的效果如图 10-32 所示。

STEP 6　Color Balance (HLS)（色彩平衡 HLS）效果。

为背景图层添加【Effect】|【Color Correction】|【Color Balance (HLS)　】效果。设置参数【Hue】为【120°　】，其余参数不变时的效果如图 10-33 所示。

图 10-32

图 10-33

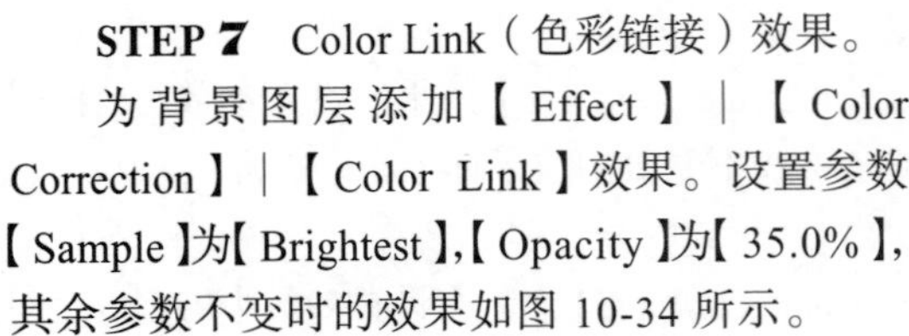

STEP 7 Color Link（色彩链接）效果。

为背景图层添加【Effect】|【Color Correction】|【Color Link】效果。设置参数【Sample】为【Brightest】,【Opacity】为【35.0%】，其余参数不变时的效果如图 10-34 所示。

图 10-34

15. Color Stabilizer

Color Stabilizer（颜色稳定器），通过选择不同的稳定方式，然后在指定点通过区域添加关键帧对色彩进行设置，如图 10-35 所示。

图 10-35

该特效各项参数的含义如下。

- Stabilize：稳定，在右侧的下拉列表框中可以选择稳定的方式，Brightness 表示在画面中设置一个黑点稳定亮度；Levels 表示通过画面中设置的黑点和白点来稳定画面色彩；Curves 表示通过在画面中设置黑点、中间点和白点来稳定画面色彩。
- Black Point：黑点，用于设置一个保持不变的暗点。
- Mid Point：中间点，用于在亮点和暗点中间设置一个保持不变的中间色调。
- White Point：亮点，用于设置一个保持不变的亮点。
- Sample Size：采样大小，用于设置采样区域的大小尺寸。

16. Colorama

Colorama（色彩渐变映射），可以将色彩以自身为基础按色环颜色变化的方式周期变化，产生梦幻彩色光的填充效果，如图 10-36 所示。

图 10-36

该特效各项参数的含义如下。

- Input Phase：输入相位，该选项组中有很多其他的选项，应用比较简单，主要是对彩色光的相位进行调整。
- Output Cycle：输出色环，通过 Use Preset Palette 可以选择预置的多种色样来改变色彩；通过 Output Cycle 可以调节三角色块来改变图像中对应的颜色，在色环的颜色区域单击可以添加三角色块，将三角色块拉出色环即可删除三角色块；通过 Cycle Repetitions 可以控制彩色光的色彩重复次数。
- Modify：修改，可以在右侧的下拉列表框中选择修改色环中的某个颜色或多个颜色，以控制彩色光的颜色信息。
- Pixel Selection：选择像素，通过 Matching Color 可以指定彩色光影响的颜色；通过 Matching Tolerance 可以指定彩色间的过渡平滑程度；通过 Matching Mode 可以指定一种影响彩色光的模式。
- Masking：蒙版，可以指定一个用于控制彩色光的蒙版层。
- Blend With Original：混合初始状态，用于设置修改图像与原图像的混合程度。

17. Curves

- Curves（曲线），它的使用很简单也很直观，调节方便灵活，曲线的最顶端为高亮控制，最底端为暗部控制，控制点越靠网格的左边图像越亮，靠右边则变暗，如图 10-37 所示。

该特效各项参数的含义如下。

- Channel：选择通道。
- Curves：曲线控制区域，是主要工作区域，如图 10-38 所示。

图 10-37

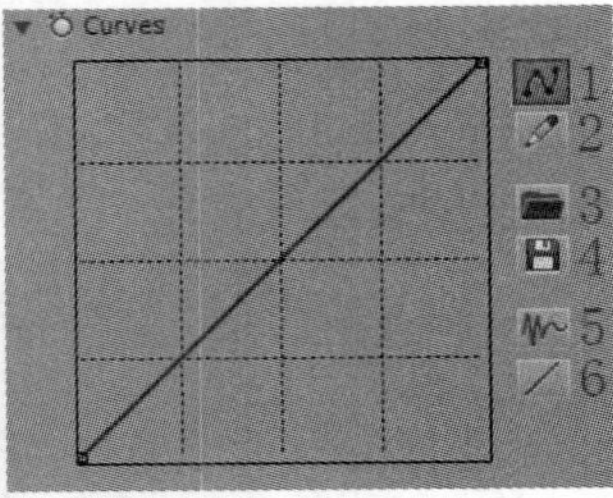

图 10-38

1：曲线调节模式。

2：手绘曲线模式，选择该选项后会出现一个小铅笔图标，可以在曲线区域进行自由绘制，绘制完成后可以返回曲线调节模式进行再次调节。

3：打开区域预置文件。

4：保存曲线预置文件，当调节好之后，可以按该按钮将其保存，按上面的按钮可以再次调用。

5：手绘的曲线可能会产生很多的节点，该按钮可以使曲线趋于平滑。

6：重设曲线。

18. Equalize

Equalize（均化），该特效可以将图像中的色彩或亮度进行均化，相对保持一致，如图 10-39 所示。

图 10-39

该特效各项参数的含义如下。

- Equalize：补偿，选择均化的作用方式，有以下 3 项，如图 10-40 所示。
  - RGB：该特效将作用于图像的 RGB 通道。
  - Brightness：只对图像的亮度信息进行调节。
  - Photoshop Style：使用 Photoshop 软件中 Equalize 工具的模式。
- Amount To Equalize：补偿量，均化强度。

RGB
Brightness
Photoshop Style

图 10-40

19．Exposure

Exposure（曝光），该特效可以模拟因曝光过度所产生的大面积白色，也可以模拟因曝光不足所产生的阴暗画面效果，如图 10-41 所示。

图 10-41

该特效各项参数的含义如下。

- Channels：通道，选择作用通道，有以下两项，如图 10-42 所示。
  - Master：主要的，对所有通道进行统一控制。
  - Individual Channels：单个通道，选择该选项后可以对每个通道进行分开控制。

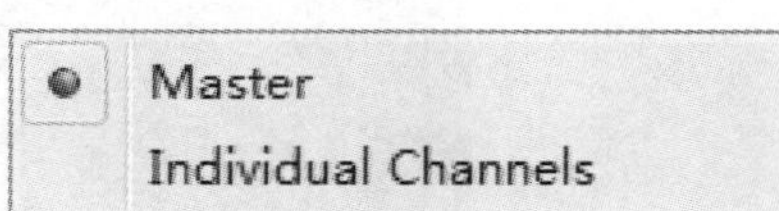

图 10-42

- Master：主要的，用于调整整个图像的色彩。
- Exposure：曝光强度。
- Offset：曝光偏移。
- Gamma Correction：Gamma 值调节。

  Channel 项选择 Individual Channels 时，下面选项可用。
- Red：对红色通道进行调节。
- Green：对绿色通道进行调节。
- Blue：对蓝色通道进行调节。
- Bypass Linear Light Conversion：旁路线性转变，勾选该复选框后将对更大区域进行曝光控制。

20．Gamma/Pedestal/Gain

Gamma/Pedestal/Gain（伽马/基准/增益），可以对图像的各个通道值进行控制，以细致地改变图像的效果，如图 10-43 所示。

图 10-43

该特效各项参数的含义如下。

- Black Stretch：黑色拉伸，控制图像中的黑色像素。
- Red/Green/Blue/Gamma：红/绿/蓝/伽马，控制颜色通道曲线的形状。
- Red/Green/Blue/edestal：红/绿/蓝/基准，设置通道中的最小输出值，主要控制图像的暗区部分。
- Red/Green/Blue/Gain：红/绿/蓝/增益，设置通道的最大输出值，主要控制图像的亮区部分。

21. Hue/Saturation

Hue/Saturation（色相&饱和度），可以对单个通道或整个图像进行色彩的调节和转换，如图 10-44 所示。

图 10-44

该特效各项参数的含义如下。

- Channel Control：通道控制，选择当前特效的作用通道，如图 10-45 所示，有以下几项。
  - Master：主色相，对图像进行整体调节。
  - Reds：对红色通道进行调节。
  - Yellows：对黄色通道进行调节。
  - Greens：对绿色通道进行调节。
  - Cyans：青色通道进行调节。

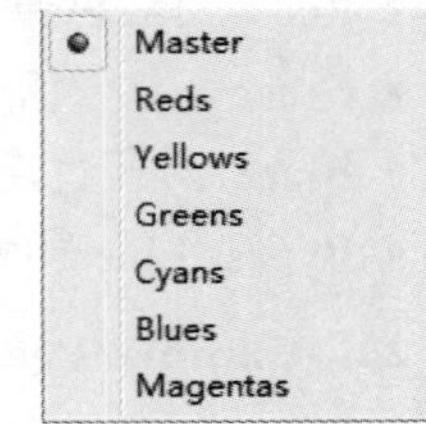

图 10-45

- ➢ Blues：对蓝色通道进行调节。
- ➢ Magentas：对红紫色通道进行调节。

- Channel Range：颜色区域，当通道设置为 Reds 时，用来观察颜色的转换情况，当对单个通道进行调节时，出现 4 个调节滑块，可以设置色彩的转换区域，两个三角的滑块来定义绝对颜色区域，两个矩形滑块用用来定义过渡颜色区域，如图 10-46 所示。

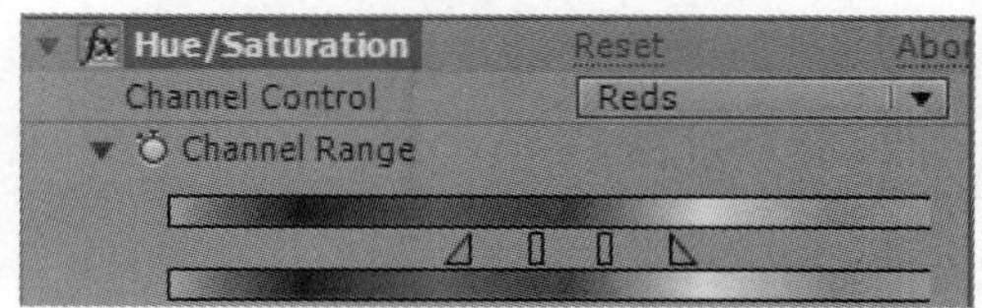

图 10-46

- Master Hue：色相转换控制，也就是要将所选的颜色转换成哪个颜色。
- Master Saturation：饱和度，所选颜色区域转换后的饱和度控制。
- Master Lightness：亮度，所选颜色区域置换后的亮度控制。
- Colorize：着色，开启该选项后，上面所有的控制项将禁用，同时开启下面的控制项，用来对图像进行整体的色彩重新定义。
- Colorize Hue：着色色相，重新定义后的色相。
- Colorize Saturation：着色饱和度，重新定义后的饱和度。
- Colorize Lightness：着色亮度，重新定义后的亮度。

22. Leave Color

Leave Color（保留颜色），可以只保留图像中的一个颜色，而将其他颜色区域的饱和度降至 0，如图 10-47 所示。

图 10-47

该特效各项参数的含义如下。

- Amount To Decolor：脱色数量，颜色转化强度。
- Color To Leave：保留色彩，选择要保留的颜色。
- Tolerance：公差，相似程度。

• Edge Softness：边缘柔化，边缘的柔和强度。

• Match colors：匹配色彩，匹配颜色模式。

下面将通过一个具体实例的实现过程，依次介绍 Color Stabilizer 、Colorama、Curves、Equalize、Exposure、Gamma/Pedestal/Gain、Hue/Saturation、Leave Color 的基本使用方法。打开随书附带光盘中的 27.aep，我们将通过该案例来了解和认识色彩调整菜单下的相关特效知识。

STEP 1　Color Stabilizer（颜色稳定器）效果。

为背景图层添加【Effect】|【Color Correction　】|【Color Stabilizer】效果。在指定点区域添加关键帧并调整，设置参数【Black Point】为【687.0，575.0】，【White Point】为【980.0，464.0】，【Sample Size】为【5.0】，效果如图 10-48 所示。

STEP 2　Colorama（色彩渐变映射）效果。

为背景图层添加【Effect】|【Color Correction　】|【Colorama】效果。设置参数【Get Phase From】为【Lightness】，【Phase Mode】为【90.0°　】，其余参数设置不变，效果如图 10-49 所示。

图 10-48

图 10-49

STEP 3　Curves（曲线）效果。

为背景图层添加【Effect】|【Color Correction　】|【Curves】效果。调整曲线形状，其余参数不变时的效果如图 10-50 所示。

STEP 4　Equalize（补偿）效果。

为背景图层添加【Effect】|【Color Correction　】|【Equalize】效果。设置【Equalize】为【Brightness】，【Amount to Equalize】为【60.0%】，其余参数不变时的效果 10-51 所示。

图 10-50

图 10-51

STEP 5　Exposure（曝光）效果。

为背景图层添加【Effect】|【Color Correction】|【Exposure】效果。设置参数【Exposure】为【0.80】，其余参数不变时的效果如图 10-52 所示。

STEP 6　Gamma/Pedestal/Gain（伽马/基准/增益）效果。

为背景图层添加【Effect】|【Color Correction】|【Gamma/Pedestal/Gain】效果。设置参数【Red Gain】为【0.5】，【Green Pedestal】为【-1.0】，【Blue Pedestal】为【0.5】，【Blue Gain】为【1.5】，其余参数不变时的效果如图 10-53 所示。

图 10-52

图 10-53

STEP 7　Hue/Saturation（色相&饱和度）效果。

为背景图层添加【Effect】|【Color Correction】|【Hue/Saturation】效果。设置参数【Master Hue】为【330°　】，其余参数不变时的效果如图 10-54 所示。

STEP 8　Leave Color（保留颜色）效果。

为对背景图层添加【Effect】|【Color Correction】|【Leave Color】效果。设置参数【Amount to Decolor】为【100.0%】，将【Color To Leave】后的颜色，使用吸管吸取场景中鱼尾处的黄色，其余参数不变时的效果如图 10-55 所示。

图 10-54

图 10-55

23．Levels

Levels（色阶），用来调节图像的亮度，可以对高亮区域、中间区域和暗部进行分开调节，也可以对间隔色彩通道进行调节，如图 10-56 所示。

图 10-56

该特效各项参数的含义如下。

- Channel：选择通道，可以选择颜色通道或 Alpha 通道。
- Histogram：直方图，用来调节图像的亮度和对比图情况，用直方图调节很方便也很直观，所以常常用直方图来调节，而用数值调节反而少，如图 10-57 所示。

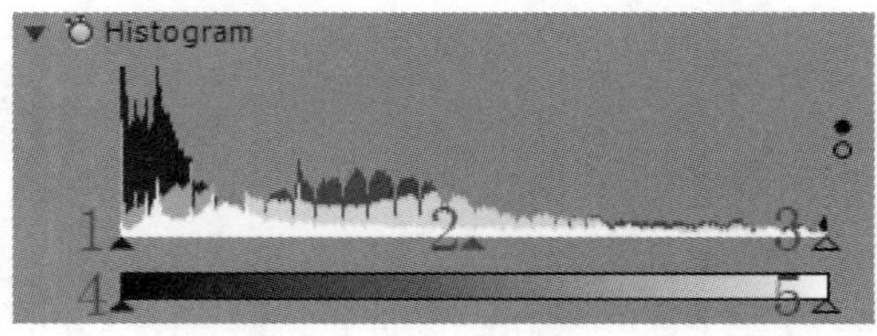

图 10-57

滑块 1：控制图像的高亮区域。

滑块 2：控制图像的中间区域。

滑块 3：控制图像的暗部。

滑块 4：控制图像的黑色输出，黑色输出越少图像的白色就越多，所以图像就会偏亮。

滑块 5：控制图像的白色输出量。

下面的数值用来对图像进行精确控制。

- Input Black：图像的黑色输入。
- Input White：图像的白色输入。
- Gamma：Gamma 值，也就是图像的中间色调，Gamma 值用来维持图像的黑亮平衡。
- Output Black：黑色输出量。
- Output White：白色输出量。

24．Levels(Individual Controls)

Levels(Individual Controls)（单独色阶控制），该特效与 Levels（色阶）应用方法相同，只是在控制图像的亮度、对比度和伽马值时，对象的通道进行单独控制，更细化了控制的效果；该特效各项参数的含义与 Levels（色阶）特效相同，这里不再讲解，如图 10-58 所示。

图 10-58

25. Photo Filter

Photo Filter（相片过滤器），该特效主要用于对照片和视频的调节，可以很轻松地将素材调到冷、暖色调，还可以模拟出不同的环境中拍摄产生的偏色，如图 10-59 所示。

该特效各项参数的含义如下。

- Filter：过滤模式，在弹出的下拉列表中选择一种用于过滤的预设，也可以选择自定义设置过滤色，如图 10-60 所示。

图 10-59

Warming Filter (85)
Warming Filter (LBA)
Warming Filter (81)
Cooling Filter (80)
Cooling Filter (LBB)
Cooling Filter (82)
Red
Orange
Yellow
Green
Cyan
Blue
Violet
Magenta
Sepia
Deep Red
Deep Blue
Deep Emerald
Deep Yellow
Underwater
Custom

图 10-60

- Warming Filter：暖色调。
- Cooling Filter：冷色调。
- Red：红色为主体色。
- Orange：橘色为主体色。
- Yellow：黄色为主体色。
- Green：绿色为主体色。
- Cyan：青色为主体色。

- ➢ Blue：蓝色为主体色。
- ➢ Violet：紫罗兰为主体色。
- ➢ Magenta：红紫色为主体色。
- ➢ Sepia：棕褐色为主体色。
- ➢ Deep Red：深红色调。
- ➢ Deep Blue：深蓝色调。
- ➢ Deep Emerald：深祖母绿色调。
- ➢ Deep Yellow：深黄色调。
- ➢ Underwater：水底环境拍摄的色调。
- ➢ Custom：自定义。

- Color：设置自定义的颜色。
- Density：颜色的浓度，也就是当前颜色对图像的影响强度。
- Preserve Luminosity：保留原图像亮度信息。

26. PS Arbitrary Map

PS Arbitrary Map（Photoshop）曲线图，该特效应用在 Photoshop 的映像设置文件上，通过相应的调整来改变图像效果，如图 10-61 所示。

图 10-61

该特效各项参数的含义如下。

- Phase：相位，用于调整颜色的相位位置。
- Apply Phase Map To Alpha：应用相位图到通道，选中该复选框，可以将相位图应用到图像的通道上。

27. Selective Color

Selective Color（可选颜色），该特效可对图像中的指定颜色进行校正，以调整图像中不平衡的颜色，其最大的优点就是可以单独调整某一种颜色，而不影响其他颜色，如图 10-62 所示。

- Method：选择方式，分别为 Relative（相对值）和 Absolute（绝对值）选项。
- Color：当在 Filter（过滤器）中选择 Custom（自定义）时，该项才可以使用，用来设置一种过滤的颜色。

图 10-62

- Cyan：通过对该种颜色增加与减少调整色彩效果。
- Magenta：品红。
- Yellow：黄色。
- Black：黑色。
- Details：详细，在该选项中可以调整色彩的详细设置。

28. Shadow/Highlight

Shadow/Highlight（阴影/高光），该特效用于对图像中的阴影和高光部分进行调整，如图 10-63 所示。

图 10-63

该特效各项参数的含义如下。

- Auto Amounts：自动数值，勾选该复选框，可以对图像进行自动阴影和高光的调整，应用此选项后，Shadow Amount（阴影数值）和 Hlighlight Amount（高度数值）将不能使用。
- Shadow Amount：阴影数值，用于调整图像的阴影数量。
- Highlight Amount：高光数值，用于调整图像的高光数量。
- Temporal Smoothing：时间滤波，用于设置时间滤波的秒数，只有勾选 Auto Amounts（自动数值）复选框，此选项才可以用。
- Scene Detect：场景检测，勾选该复选框，将场景进行检测。
- More Options：更多选项，可以通过展开参数对阴影和高光的数量、范围、宽度、色彩进行更细致的修改。

- Blend With Original：混合初始状态，用于调整与原图的混合。

29. Tint

Tint（色调），可以对图像的较亮区域和较暗区域重新定义颜色，如图 10-64 所示。

图 10-64

该特效各项参数的含义如下。

- Map Black To：映射黑色到，设置较暗区域将转换的目标色。
- Map White To：映射白色到，设置较亮区域将转换的目标色。
- Amount To Tint：色彩总计，该参数控制色彩化强度。

30. Tritone

Tritone（调色），该特效可以对图像的高亮区域、中间区域和暗部分别转换为不显的颜色，如图 10-65 所示。

图 10-65

该特效各项参数的含义如下。

- Highlights：高光颜色，设置高亮区域的目标色。

- Midtones：中间颜色，中间区域的目标色。
- Shadows：阴影颜色，暗部的目标色。
- Blend With Original：与原图像的混合强度。

31. Vibrance

Vibrance（自然饱和度），该特效在调节图像饱和度时会保护已经饱和的像素，即在调整时会大幅增加不饱和像素的饱和度，而对已经饱和的像素只做很少、很细微地调整，这样不但能够增加图像某一部分的色彩，而且还能使整幅图像饱和度正常，如图 10-66 所示。

图 10-66

下面将通过一个具体实例的实现过程，依次介绍 Levels、Levels(Individual Controls)、Photo Filter、PS Arbitrary Map、Selective Color、Shadow/Highlight、Tint、Tritone、Vibrance 的基本使用方法。打开随书附带光盘中的 28.aep，我们将通过该案例来了解和认识色彩调整菜单下的相关特效知识。

STEP 1　Levels（色阶）效果。

为背景图层添加【Effect】|【Color Correction】|【Levels】效果。设置参数【Input Black】为【-140.0】，【Input White】为【200.0】，【Output Black】为【-125.0】，【Output White】为【260.0】，其余参数不变时的效果如图 10-67 所示。

STEP 2　Levels(Individual Controls)（单独色阶控制）效果。

为背景图层添加【Effect】|【Color Correction】|【Levels(Individual Controls)】效果。设置参数【Input Black】为【-20.0】，【Input White】为【180.0】，其余参数不变时的效果如图 10-68 所示。

图 10-67

图 10-68

STEP 3　Photo Filter（照片过滤器）效果。

对背景图层添加【Effect】|【Color Correction】|【Photo Filter】效果。设置参数为【Density】为【100.0%】，效果如图 10-69 所示。设置【Filter】为【Blue】，【Density】为【100.0%】，效果如图 10-70 所示。

图 10-69

图 10-70

STEP 4　PS Arbitrary Map（Photoshop 曲线图）效果。

为背景图层添加【Effect】|【Color Correction】|【PS Arbitrary Map】效果。设置参数【Phase】为【250°】，效果如图 10-71 所示。

STEP 5　Selective Color（可选颜色）效果。

为背景图层添加【Effect】|【Color Correction】|【Selective Color】效果。设置参数【Color】为【Yellows】，【Cyan】为【100.0%】，【Magenta】为【-100.0%】，【Yellow】为【100.0%】，【Black】为【-100.0%】，其余参数不变时的效果如图 10-72 所示。

图 10-71

图 10-72

STEP 6　Shadow/Highlight（阴影/高光）效果。

为背景图层添加【Effect】|【Color Correction】|【Shadow/Highlight】效果。取消勾选【Auto Amount】复选框，设置参数【Shadow Amount】为【60】，效果如图 10-73 所示。

STEP 7　Tint（色调）效果。

为背景图层添加【Effect】|【Color Correction】|【Tint】效果。设置参数【Map Black To】为蓝色，【Map White To】为白色，其余参数不变时的效果如图 10-74 所示。

图 10-73

图 10-74

STEP 8　Tritone（调色）效果。

为背景图层添加【Effect】|【Color Correction】|【Tritone】效果。设置参数【Highlights】为白色，【Midtones】为蓝色，【Shadows】为白色，其余参数不变时的效果如图 10-75 所示。

STEP 9　Vibrance（自然饱和度）效果。

为背景图层添加【Effect】|【Color Correction】|【Vibrance】效果。设置参数【Vibrance】为【15.0】，【Saturation】为【30.0】，其余参数不变时的效果如图 10-76 所示。

图 10-75

图 10-76

10.2　使用各种键控工具进行抠像

After Effects CS6 自带了很多的抠像工具：CC Simple Wire Removal、Color Difference Key、Color Key、Color Rage、Difference Matte、Extract、Inner/Outer Key、Keylight(1.2)、Linear Color Key、Luma Key、Spill Suppressor 等，基本上可以应对所有的情况。

1. CC Simple Wire Removal

CC Simple Wire Removal：该特效是利用一根线将图像分割，在线的部位产生模糊效果，如图 10-77 所示。

图 10-77

- Point A：点 A；用于设置控制点 A 在图像中的位置。
- Point B：点 B；用于设置控制点 B 在图像中的位置。
- Removal Style（移除样式），用于设置钢丝的样式，包括 Fade、Frame Offset、Displace 和 Displace Horizontal 几个选项。
- Thickness（厚度），用于设置钢丝的厚度。
- Slope（倾斜），用于钢丝的倾斜角度。
- Mirror Blend：镜像混合，用于设置线与源图像的混合程度。值越大，图像就越模糊；值越小，图像就越清晰。
- Frame Offset（帧偏移），当 Removal Style 为 Frame Offset 时，该选项才可以使用。

2. Color Difference Key

Color Difference Key：该特效具有相当强大的抠像功能，它通过颜色的吸取和加选、减选的应用，将需要的图像内容抠出，如图 10-78 所示。

图 10-78

该特效各项参数的含义如下。

- Preview：预览，该选项组中的选项主要用于抠像的预览。
  - ：吸管，用于从图像上吸取键控的颜色。
  - ：黑场：用于从图像上吸取透明区域的颜色。
  - ：白场：用于从特效图像上吸取不透明区域的颜色。
- View：视图，用于设置不同的图像视图。
- Key Color：键控颜色，用于设置显示或设置从图像中删除的颜色。
- Color Matching Accuracy：色彩匹配精确度，用于设置颜色的匹配精确程度，有 Faster 和 More Accurate 两个选项，Faster（更快的）表示匹配的精确度低，More Accurate（精确的）表示匹配的精确度高。
- Partial A：局部 A，用于调整遮罩 A 的参数精确度。
- Partial B：局部 B，用于调整遮罩 B 的参数精确度。
- Matte：遮罩，用于调整 Alpha 遮罩的参数精确度。

3. Color Key

Color Key（颜色键控），它的使用相对简单，足以应对一些常规的蓝绿背景抠像，而且运算速度很快，为抠像层添加一个 Color Key 键控特效，如图 10-79 所示。

图 10-79

该特效各项参数的含义如下。

- Key Color：键控颜色，设置被抠除的颜色，使用后面的小吸管工具可以在视图中进行拾取。
- Color Tolerance：颜色容差，抠像层的背景不一定是纯色，而我们指定的抠像颜色是一个固定的数值，此项数值控制着抠除颜色的容差，此项数值越大被抠除的颜色区域也就越大。
- Edge Thin：边缘的宽度，经过简单抠像之后，大部分的背景会被抠去，但是在对象边缘的颜色往往难以抠去，此项参数可以对图像的边缘进行一个向内切除或向外的扩展。
- Edge Feather：控制抠像后图像边缘的羽化强度，让图像边缘看起来更柔和。

4. Color Rage

Color Rage：该特效可以应用的色彩模式包括 Lab、YUV 和 RGB，被指定的颜色范围将产生透明效果，如图 10-80 所示。

图 10-80

该特效各项参数的含义如下。

- Preview（预览），该选项组中的选项主要用于抠像的预览。
  - ➢ ：吸管，用于从图像中吸取需要镂空的颜色。
  - ➢ ：加选吸管，在图像中单击可以增加键控的颜色范围。
  - ➢ ：减选吸管，在图像中单击可以减少键控的颜色范围。
- Fuzziness（柔化），用于控制边缘的柔和程度。值越大，边缘越柔和。
- Color Space（颜色空间），用于设置键控所使用的颜色空间，包括 Lab、YUV 和 RGB 三个选项。
- Min/Max（最小/最大），用于精确调整颜色空间中颜色开始范围的最小值和颜色结束范围的最大值。

5. Difference Matte

Difference Matte：该特效通过指定的差异层与特效层进行颜色对比，将相同颜色区域抠出，制作出透明的效果，特别适合在相同背景下，将其中一个移动物体的背景制作成透明效果，如图 10-81 所示。

图 10-81

该特效各项参数的含义如下。

- View（视图），用于设置不同的图像视图。
- Difference Layer（差异层），用于指定与特效层进行比较的差异层。

- If Layer Sizes Differ：如果差异层与特效层大小不同，可以选择居中或者拉伸差异层。
- Matching Tolerance：匹配容差，用于设置颜色对比的范围大小。值越大，包含的颜色信息量越多。
- Matching Softness：匹配柔和，用于设置颜色的柔化程度。
- Blur Before Difference：差异前模糊，用于在对比前将两个图像进行模糊处理。

6. Extract

Extract：该特效可以通过抽取通道的颜色来制作透明效果，如图 10-82 所示。

图 10-82

该特效各项参数的含义如下。

- Histogram：柱形统计图，用于显示图像亮区、暗区的分布情况和参数值的调整情况。
- Channel：通道，用于选择要提取的颜色通道，以制作透明效果。包括 Luminance（亮度）、Red（红色）、Green（绿色）、（蓝色）和 Alpha（Alpha 通道）5 个选项。
- Black Point（黑点）：用于设置黑点的范围，小于该值的黑色区域将变透明。
- White Point（白点）：用于设置白点的范围，小于该值的白色区域将变透明。
- Black Softness（黑白柔点）：用于设置黑色区域的柔化程度。
- White Softness（白点柔和）：用于设置白色区域的柔化程度。
- Invert（反选）：反转上面参数设置的颜色提取区域。

7. Inner/Outer Key

Inner/Outer Key：该特效可以通过制定的遮罩来定义内边缘和外边缘，然后根据内外遮罩进行图像差异比较，得出透明效果，如图 10-83 所示。

该特效各项参数的含义如下。

- Foreground(Inside)：内前景，为特效层制定内边缘遮罩。
- Additional Foreground：附加前景，为特效层制定更多的内边缘遮罩。
- Background(Outside)：外背景，为特效指定外边缘遮罩。
- Additional Background：附加背景，为特效层指定更多的外边缘遮罩。
- Single Mask Highlight Radius：单一遮罩高光半径，当使用单一遮罩时，修改该参数可以扩展遮罩的范围。
- Cleanup Foreground：清除前景，该选项组用于指定遮罩来清除前景颜色。

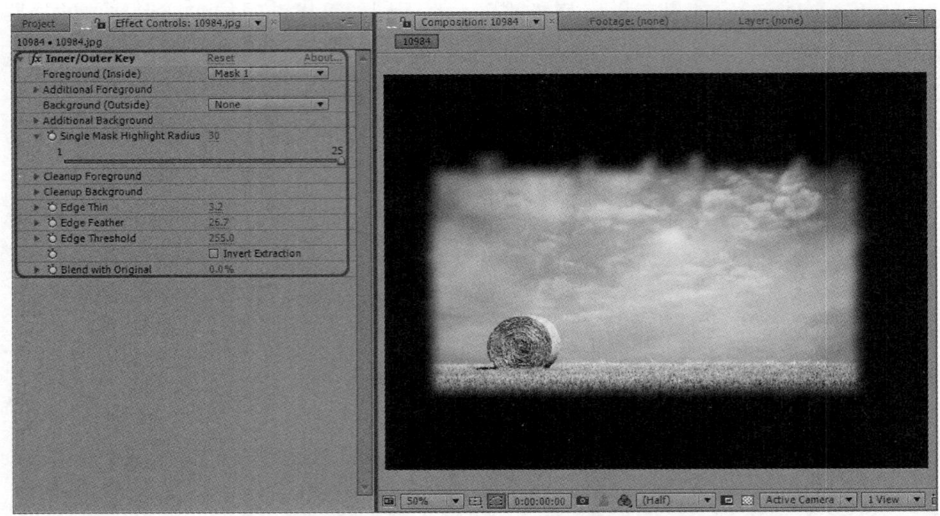

图 10-83

- Cleanup Background：清除背景，该选项组用于指定遮罩来清除背景颜色。
- Edge Thin：边缘薄厚，用于设置边缘的粗细。
- Edge Feather：边缘羽化，用于设置边缘的柔化程度。
- Edge Threshold：边缘阈值，用于设置边缘颜色的阈值。
- Invert Extraction：反转提取，勾选该复选框，将设置的提取范围进行反转操作。
- Blend With Original：混合程度，用于设置特效图像与源图像间的混合比例，值越大，越接近原图。

8. Keylight(1.2)

- Keylight(1.2)：该特效可以通过指定的颜色来对图像进行抠除，根据内外遮罩进行图像差异比较，如图 10-84 所示。

图 10-84

该特效各项参数的含义如下。

- View（视图），用于设置不同的图像视图。
- Screen Colour（屏幕颜色），用于选择要抠除的颜色。
- Screen Gain（屏幕增益），用于调整屏幕颜色的饱和度。
- Screen Balance（屏幕平衡），用于设置屏幕的色彩平衡。
- Screen Matte（屏幕蒙版），用于调节图像黑白所占的比例及图像的柔和程度等。
- Inside Mask（内部遮罩），用于对内部遮罩层进行调节。
- Outside Mask（外部遮罩），用于对外部遮罩层进行调节。
- Foreground Color Correction（前景色校正），用于校正特效层的边缘色。
- Edge Color Correction（边缘色校正），用于校正特效层的边缘色。
- Source Crops（来源），用于设置图像的范围。

9. Linear Color Key

Linear Color Key（线性颜色键控），相对 Color Key 它提供了更多的选项，可以对抠像的颜色进行更精细的控制，如图 10-85 所示。

图 10-85

该特效各项参数的含义如下。

- Preview（预览区域），用来显示抠像所显示的颜色范围预览。
  - ：吸管，用于从图像中吸取需要镂空的颜色。
  - ：加选吸管，在图像中单击可以增加键控的颜色范围。
  - ：减选吸管，在图像中单击可以减少键控的颜色范围。
- View（视图），用于设置不同的图像视图。
- Key Color（键控颜色），用于指定要进行抠像的颜色。
- Match Colors（匹配颜色），也就是使用哪种颜色模式进行抠像，可以任意选择在不同的颜色模式下进行抠像，但是通常情况下 RGB 颜色模式用得相对较多。

- Matching Tolerance（匹配容差值），与 Color Key 中的 Tolerance 作用一样。
- Matching Softness：匹配软化选择区域。
- Key Operation：当前特效的键控模式。

Key Colors：输出当前选择区域。

Keep Colors：保留当前后的选择区域。

10. Luma Key

Luma Key（亮度键），该特效可以根据图像的命令程度将图像制作出透明效果，画面对比强烈的图像更适用，如图 10-86 所示。

图 10-86

该特效各项参数的含义如下。

- Key Type（键控类型），用于指定键控的类型，包括 Key Out Brighter（输出亮度），Key Out Darker（输出暗区）、Key Out Similar（输出相似）和 Key Out Dissimilar（输出不同的）4 个选项。
- Threshold（阈值），用于调整素材背景的透明程度。
- Tolerance（容差），用于调整输出颜色的容差大小。值越大，包含的颜色信息量越多。
- Edge Thin（边缘薄厚），用于设置边缘的粗细。
- Edge Feather（边缘羽化），用于设置边缘的柔化程度。

11. Spill Suppressor

Spill Suppressor（溢出抑制），该特效可以去除键控后图像残留的键控色痕迹，可以将素材的颜色替换成另一种颜色，如图 10-87 所示。

该特效各项参数的含义如下。

- Color To Suppress（溢出颜色），用于指定溢出的颜色。
- Suppressin（抑制），用于设置抑制程度。

图 10-87

10.3　实战应用

下面将介绍怎样使用色彩知识和键控抠像制作两个案例，以便于读者了解本章知识试用于什么领域。

10.3.1　火焰文字

本例制作一个文字燃烧的效果，通过对图层添加特效，使文字模拟出火焰燃烧的效果，如图 10-88 所示。

图 10-88

STEP 1　启动 After Effects CS6 软件后，选择【Composition】|【New Composition】命令，弹出【Composition Settings】对话框，将【Composition Name】设置为【DREAM】，将【Preset】设置为【PAL D1/DV】，【Duration】设置为【0:00:05:00】，设置完成后单击【OK】按钮，如图 10-89 所示。

STEP 2　新建合成后，在工具箱中选择T工具，在屏幕中单击并输入文字【DREAM】，选择文字并在 Character 字符面板中，设置字体为 Mangal，文字大小设置为 170px，将字体颜色设置为 110、138、142，设置完成后将文字放置在舞台居中的位置，如图 10-90 所示。

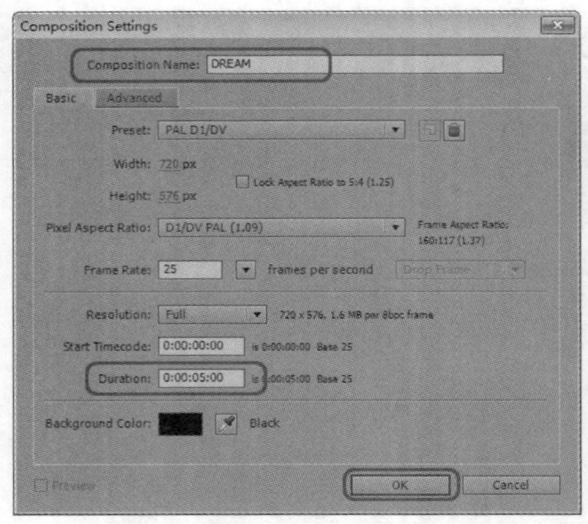

图 10-89

图 10-90

STEP 3　在时间线面板中选择【DREAM】图层，在菜单栏中选择【Effect】|【Stylize】|【CC Burn Film】命令，如图 10-91 所示。

STEP 4　添加特效命令后，在 0:00:00:00 帧处，单击 Burn 左侧的按钮，当其变为时，打开动画关键帧，在 0:00:04:24 帧处，将 Burn 设置为 75.0，如图 10-92 所示。

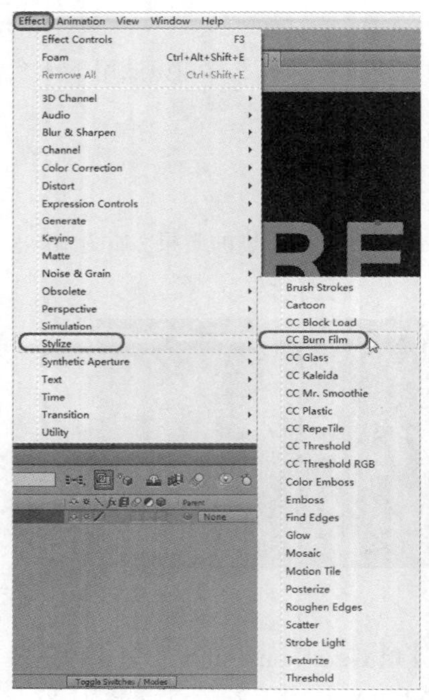

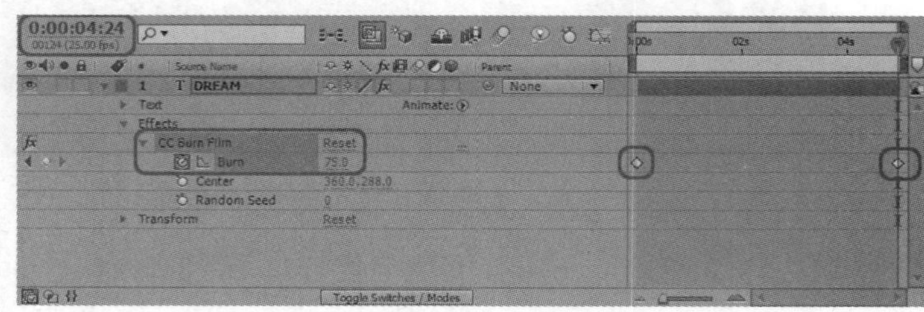

图 10-91　　　　　　　　　　　　　　　　图 10-92

STEP 5　为了方便查看效果，单击【Composition】对话框下方的按钮，背景呈透明显示状态，效果如图 10-93 所示。

STEP 6　添加特效后，动画效果如图 10-94 所示。

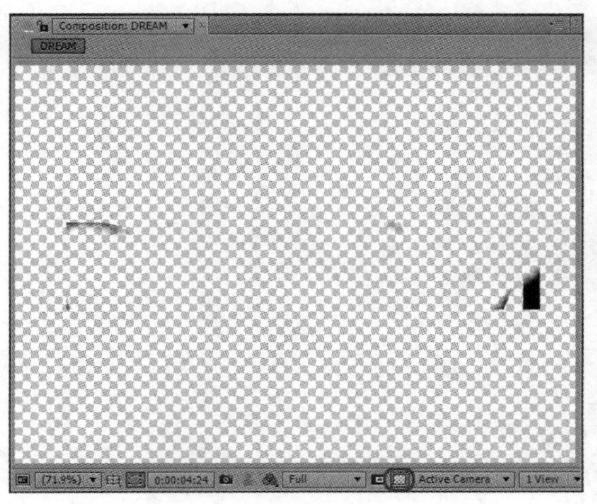

图 10-93

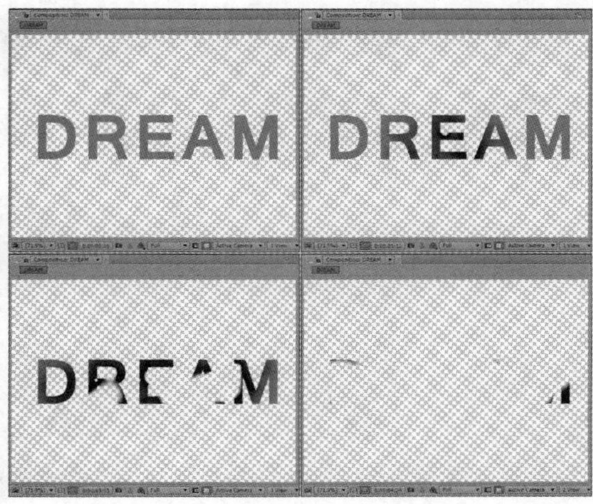

图 10-94

STEP 7　在时间线面板中，选择【DREAM】图层，按【Ctrl+D】组合键，创建【DREAM 2】图层，并将字体颜色设置为白色，然后将【DREAM 2】图层拖动至【DREAM】图层的下方，如图 10-95 所示。

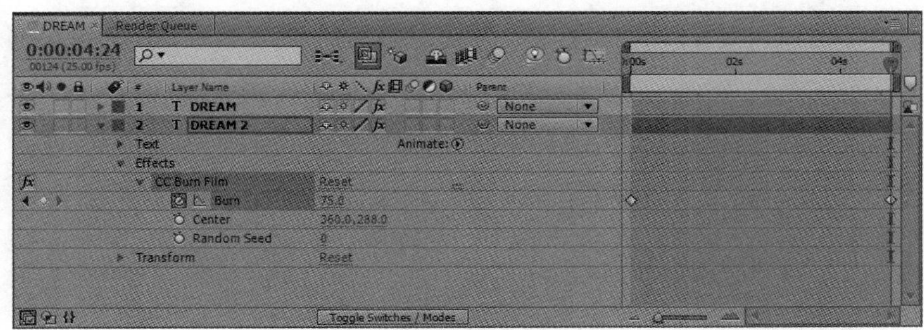

图 10-95

STEP 8　在时间线面板中选择【DREAM 2】图层，在 0:00:04:24 帧处，将 Burn 值设置为 80.0，如图 10-96 所示。

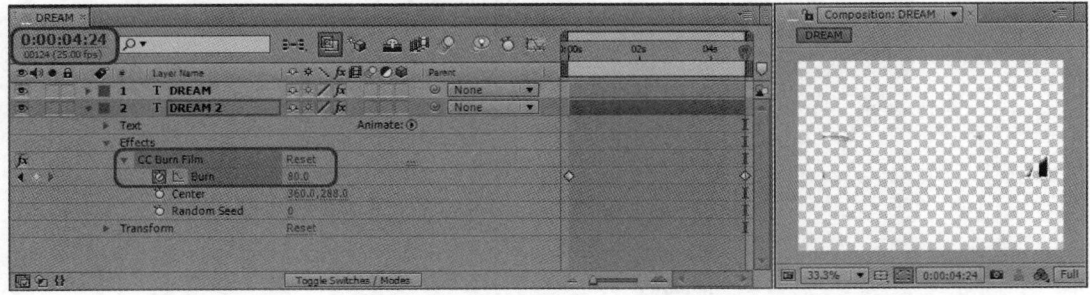

图 10-96

STEP 9　继续选择【DREAM 2】图层，在菜单栏中选择【Effect】|【Color Correction】|【Levels】命令；在 0:00:00:00 帧处，单击 Histogram 左侧的按钮，打开动画关键帧记录，保持默认设置，如图 10-97 所示。

图 10-97

STEP 10 在 0:00:01:00 帧处，在特效控制面板中，将【Input Black】设置为【87.0】，将【Input White】设置为【111.0】，如图 10-98 所示。

图 10-98

STEP 11 在 0:00:02:00 帧处，将【Input Black】设置为【34.0】，【Input White】设置为【58.0】，如图 10-99 所示。

图 10-99

STEP 12 在 0:00:03:00 帧处，将【Input Black】设置为【10.0】，【Input White】设置为【49.0】，如图 10-100 所示。

图 10-100

STEP 13 在时间线面板中将【DREAM】图层隐藏，拖动时间指针查看【DREAM 2】图层的效果，如图 10-101 所示。

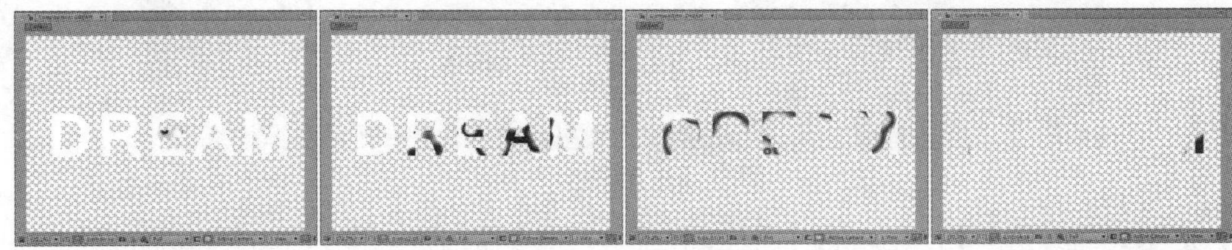

图 10-101

STEP 14 继续选择【DREAM 2】图层，在菜单栏中选择【Effect】|【Color Correction】|【Tint】命令，在特效控制面板中将 Map Black To 的颜色 RGB 值设置为 255、10、68，如图 10-102 所示。

STEP 15 将 Map White To 的颜色 RGB 值设置为 24、100、255，如图 10-103 所示。

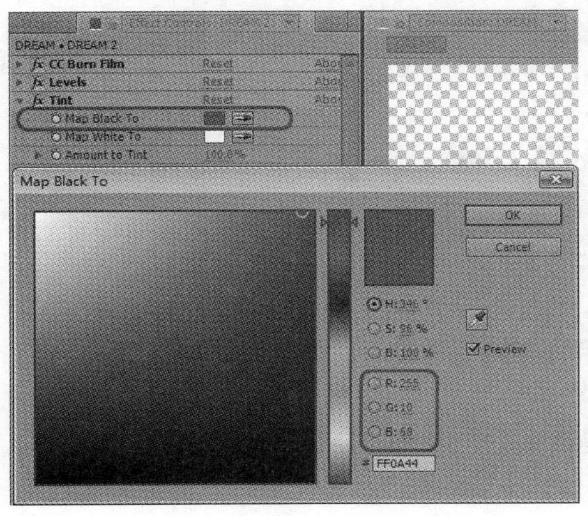

图 10-102

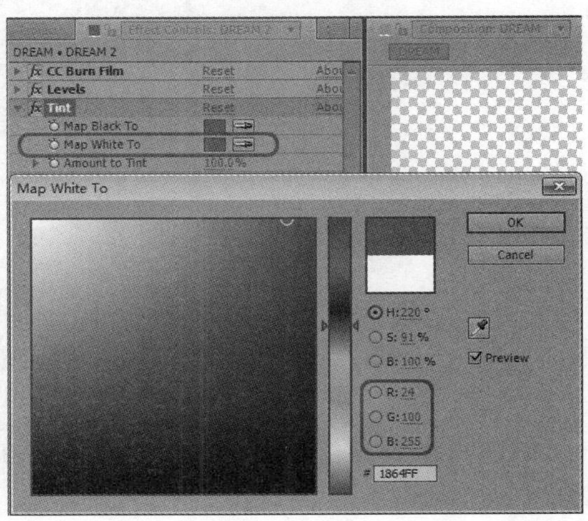

图 10-103

STEP 16 设置完成后，拖动时间指针查看【DREAM 2】图层的效果，如图 10-104 所示。

图 10-104

STEP 17 继续选择【DREAM 2】图层，在菜单栏中选择【Effect】|【Keying】|【Color Key】命令，设置【Key Tolerance】为【255】，如图 10-105 所示。

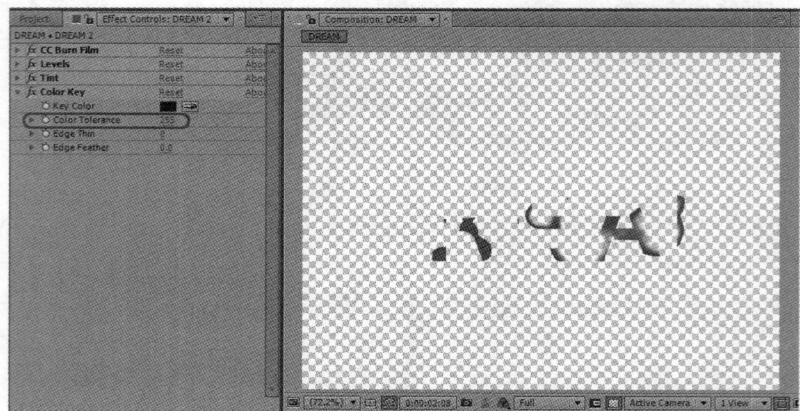

图 10-105

STEP 18 继续选择【DREAM 2】图层，在菜单栏中选择【Effect】|【Color Correction】|【Levels】命令，在特效控制面板中将【Channel】设置为【Alpha】，【Alpha Input White】设置为【25.0】，如图 10-106 所示。

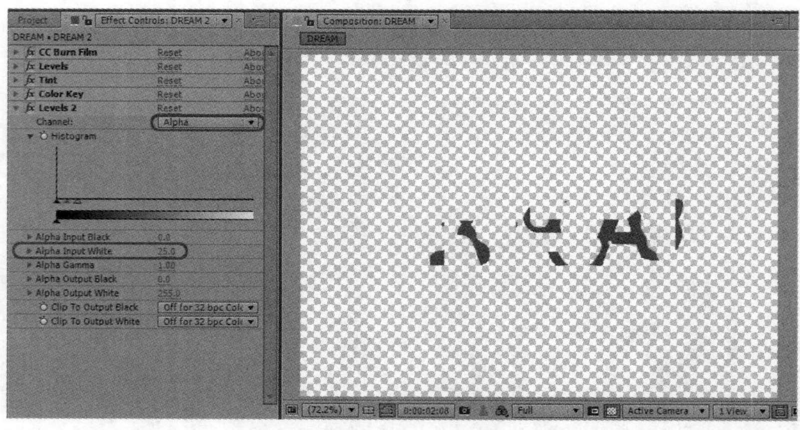

图 10-106

STEP 19 继续选择【DREAM 2】图层，在菜单栏中选择【Effect】|【Generate】|【Fill】命令，设置 Color 为黑色，如图 10-107 所示。

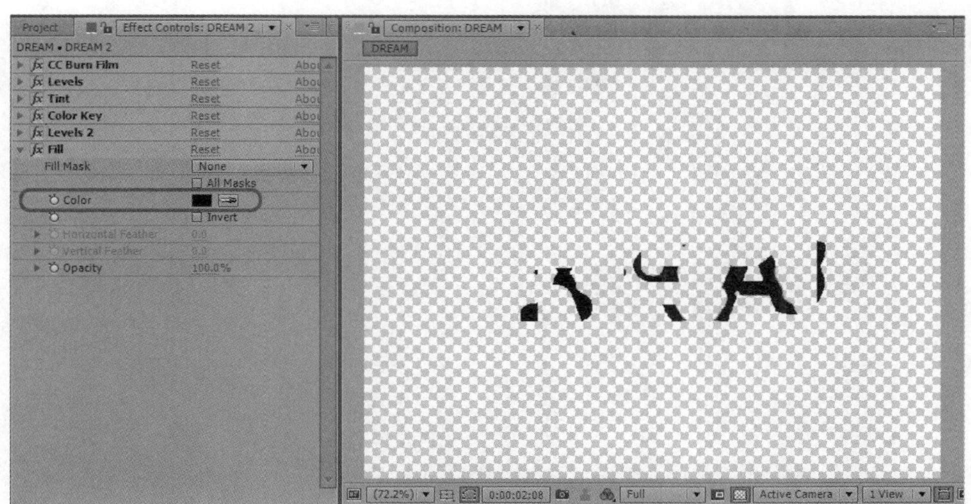

图 10-107

STEP 20 继续选择【DREAM 2】图层，在 0:00:00:00 帧处，在菜单栏中选择【Effect】|【Noise & Grain】|【Fractal Noise】命令，设置【Fractal Type】为【Turbulent Smooth】，【Contrast】为【200.0】，【Overflow】为【Clip】，将【Transform】选项组下的【Scale】设置为【50.0】，【Perspective Offset】为【On】，【Complexity】为【10.0】，【Sub Settings】选项组下的【Sub Influence】设置为【75.0】，分别为【Offset Turbulence】、【Evolution】添加动画关键帧记录，将【Offset Turbulence】设置为【360.0,570.0】，【Evolution】设置为【0x+0.0°】，如图 10-108 所示。

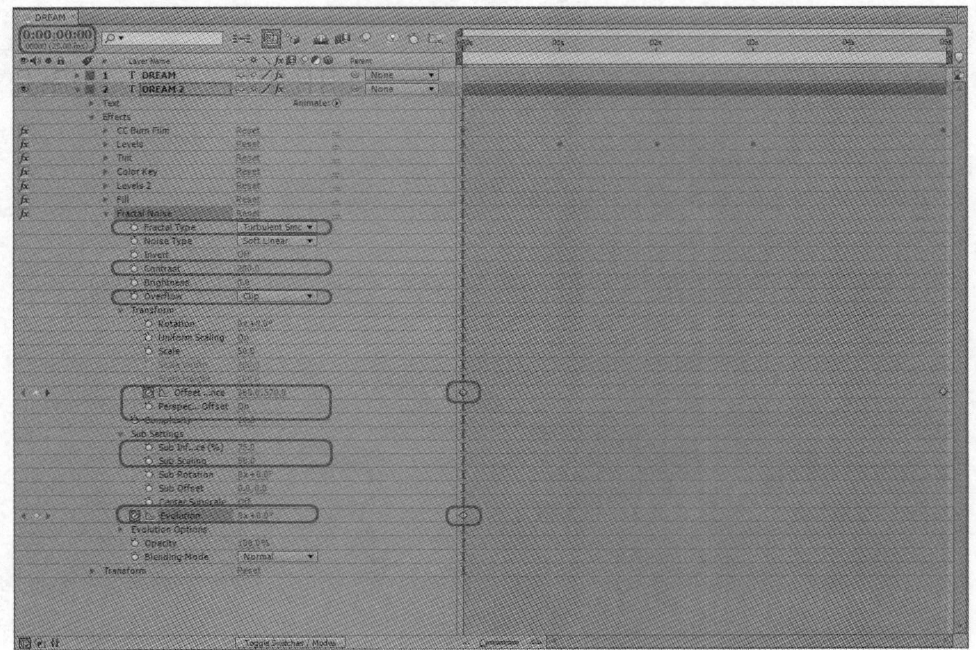

图 10-108

STEP 21 在 0:00:04:24 帧处，将【Offset Turbulence】设置为【360.0,0.0】，【Evolution】

设置为【10x+0° 】，如图 10-109 所示。

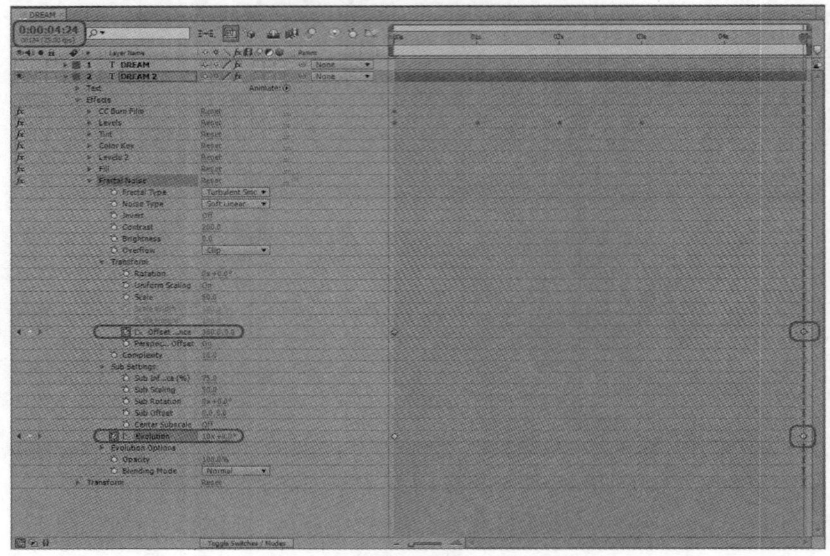

图 10-109

STEP 22 拖动时间指针，查看动画效果，如图 10-110 所示。

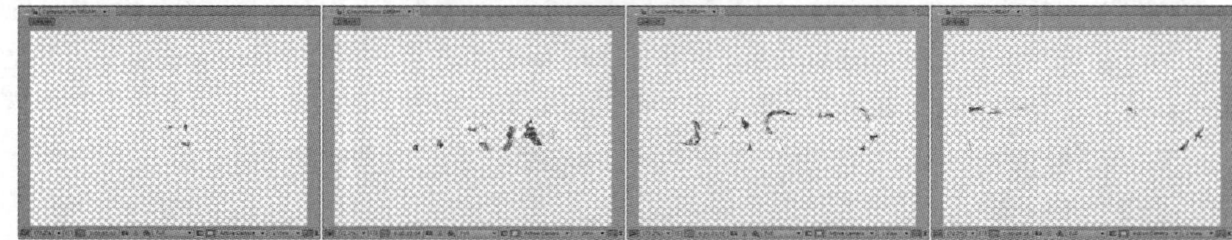

图 10-110

STEP 23 继续选择【DREAM 2】图层，在菜单栏中选择【Color Correction】|【CC Toner】命令，设置 Highlights 的 RGB 值设置为 255、212、9，Midtones 的 RGB 值设置为 222、115、0，Shadows 的 RGB 值设置为 95、40、0，如图 10-111 所示。

图 10-111

STEP 24　在时间线面板中显示 DREAM 图层，拖动时间指针查看动画效果，如图 10-112 所示。

图 10-112

STEP 25　在时间线面板中继续选择【DREAM 2】图层，按【Ctrl+D】组合键，创建出【DREAM 3】图层，并将该图层拖动至顶层，在菜单栏中选择【Effect】|【Blur & Sharpen】|【Fast Blur】命令，将【Blurriness】设置为【50.0】，在特效控制面板中，将 Fast Blur 特效命令拖动至 Levels2 和 Fill 特效命令之间，如图 10-113 所示。

图 10-113

STEP 26　在 0:00:00:00 帧处，选择【DREAM 3】图层，在菜单栏中选择【Effect】|【Stylize】|【Roughen Edges】命令，并将该特效置于最底层，设置【Edge Sharpness】为【0.50】，【Scale】为【300.0】，单击【Offset】和【Evolution】左侧的按钮，打开动画关键帧记录，并将其设置为【0.0,577.0】，【Evolution】为【0x+0°　】，如图 10-114 所示。

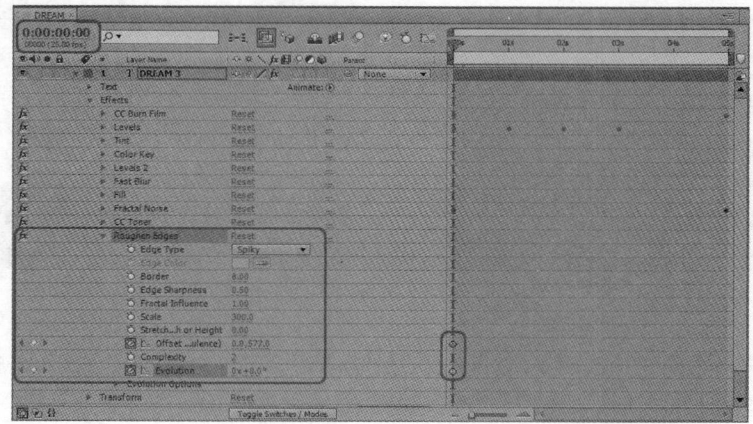

图 10-114

STEP 27 在 0:00:04:24 帧处，设置【Offset】值为【0.0,0.0】，【Evolution】值为【5x+0.0°　】，如图 10-115 所示。

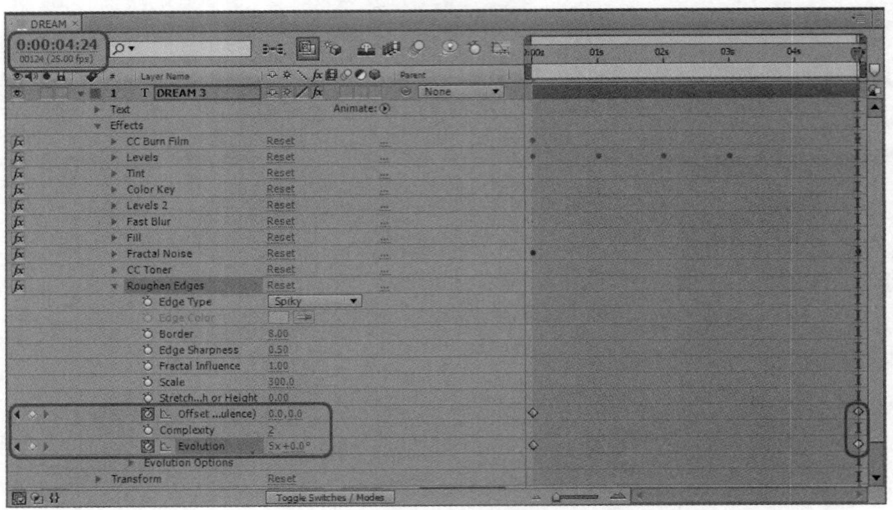

图 10-115

STEP 28 在 0:00:00:00 帧处，选择【DREAM 3】图层，按【Ctrl+D】组合键，创建出【DREAM 4】图层，并将其移至底部，在特效面板中删除前 5 个特效命令，并将 Fast Blur 特效下的 Blurriness 修改为【15.0】；将【Rough Edges】特效下的【Edge Sharpness】修改为【1.00】，【Scale】修改为【100.0】，将【Offset（Turbulence）】修改为【（0.0,228.0）】，如图 10-116 所示。

图 10-116

STEP 29 选择【DREAM 4】图层，按【Ctrl+D】组合键，创建出【DREAM 5】图层，并位于【DREAM 2】图层和【DREAM 4】图层之间，如图 10-117 所示。

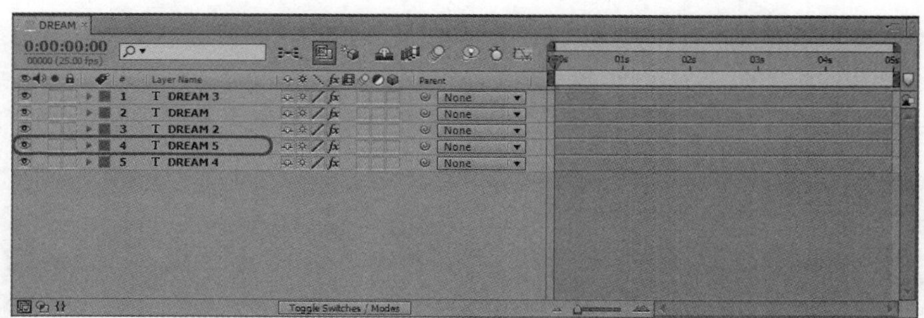

图 10-117

STEP 30 在 0:00:00:00 帧处，选择【DREAM 5】图层，将 Fast Blur 特效下的 Blurriness 修改为 400.0；将 Rough Edges 特效下的【Edge Sharpness】修改为【0.50】，【Fractal Influence】修改为【0.75】，【Scale】修改为【300.0】，将【Offset（Turbulence）】修改为【0.0,577.0】，如图 10-118 所示。

图 10-118

STEP 31 在 0:00:04:24 帧处，将【Offset（Turbulence）】修改为【0.0,0.0】，【Evolution】修改为【5x+0°　】，显示背景效果如图 10-119 所示。

图 10-119

STEP 32 在 0:00:00:00 帧处，选择【DREAM 5】图层，在菜单栏中选择【Effects】|【Transition】|【Linear Wipe】命令，设置【Wipe Angle】为【0x+180.0°】,【Feather】为【100.0】，单击 Transition Completion 左侧的按钮，打开动画关键帧记录，如图 10-120 所示。

图 10-120

STEP 33 在 0:00:02:00 帧处，将【Transition Completion】设置为【100%】；在 0:00:04:24 帧处，将【Transition Completion】设置为【0%】；在时间线面板中选择该图层，并按【P】键，将【Position】设置为【53.0,288.0】，如图 10-121 所示。

图 10-121

STEP 34 影片制作完成后，最终要将其输出为复合应用需要的影片，选择【Composition】|【Add to Render Queue】命令，将【动感模糊文字】合成导入【Render Queue】窗口中，如图 10-122 所示。

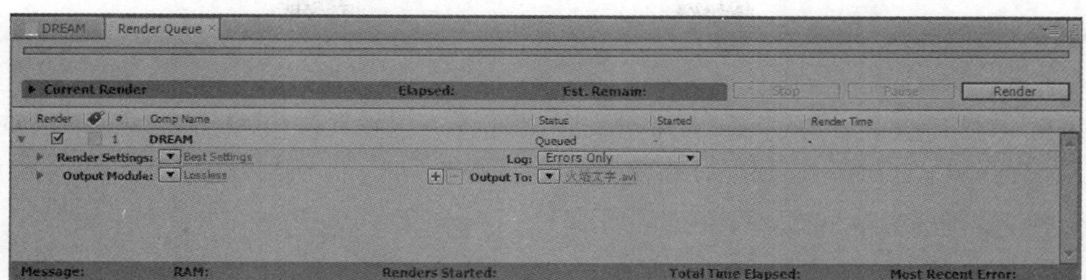

图 10-122

STEP 35　单击 Output To 右侧的蓝色文字，打开【Output Movie To】对话框，选择一个保存路径，并为影片命名，设置完成后单击【保存】按钮，如图 10-123 所示。

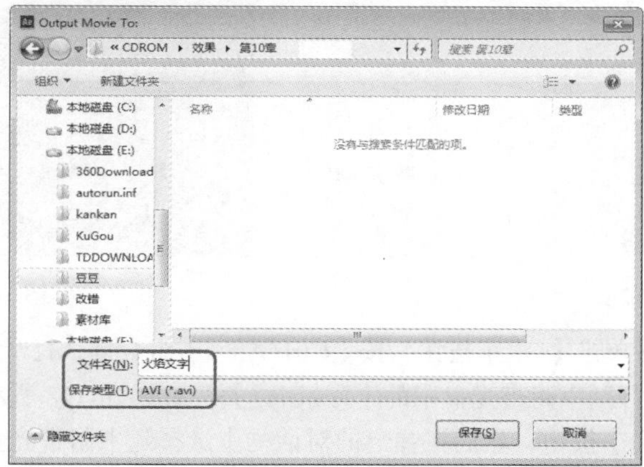

图 10-123

STEP 36　单击【Render】按钮，开始进行渲染输出，图 10-124 所示为影片渲染输出的进度。

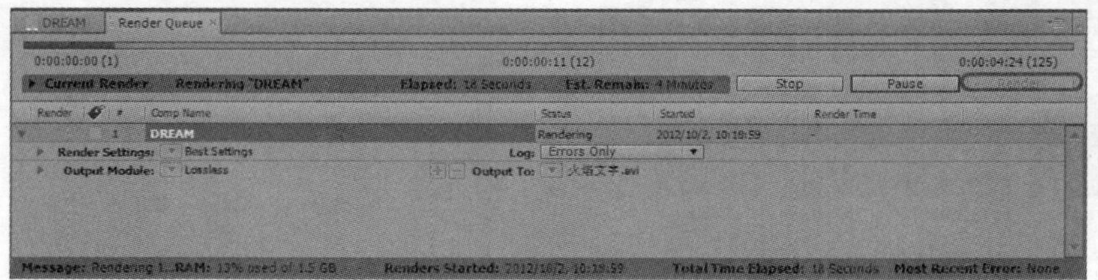

图 10-124

10.3.2　天外飞仙

本案例使用【颜色差异键】特效对素材进行抠像处理，然后使用【溢出抑制】特效进一步完善，最后通过设置位置关键帧，为静帧的背景设置动态效果，如图 10-125 所示。

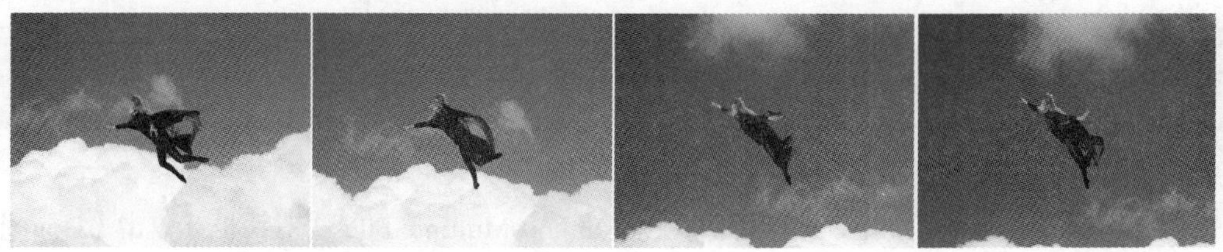

图 10-125

STEP 1 启动 After Effects CS6 软件后，选择【Composition】|【New Composition】命令，如图 10-126 所示。

STEP 2 打开【Composition Settings】对话框，将【Preset】设置为【PAL D1/DV】，将【Duration】设置为【0:00:30:00】，如图 10-127 所示。

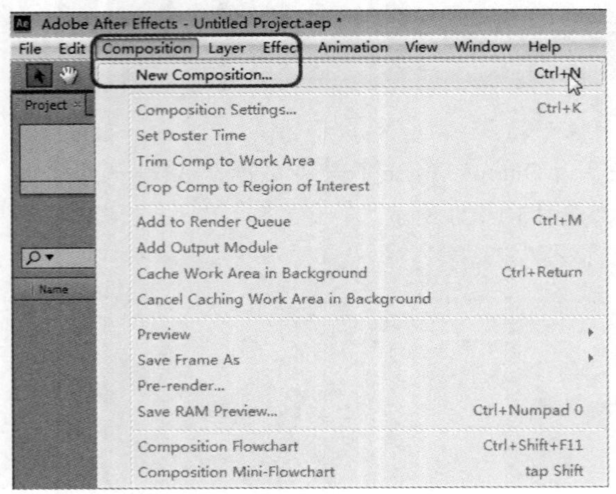

图 10-126

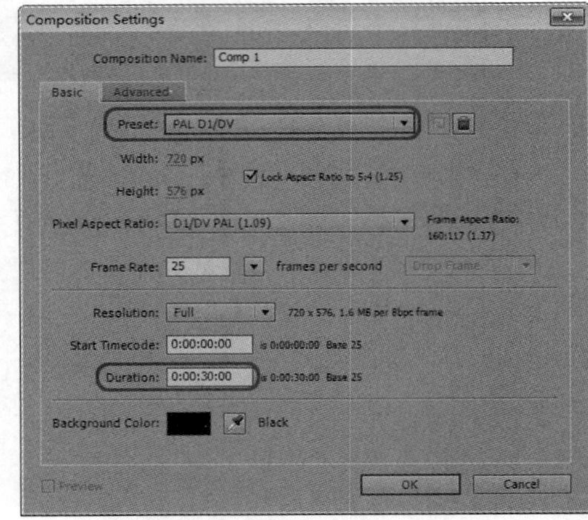

图 10-127

STEP 3 设置完成后单击【OK】按钮，按【Ctrl+Alt+I】组合键，打开【Import Multiple Files】对话框，在该对话框中选择随书附带光盘中的【背景.jpg】，如图 10-128 所示。

STEP 4 单击【打开】按钮，然后在弹出的对话框中选择随书附带光盘中的【人物】文件夹，进入当前文件夹，选择第一个素材【001.tga】文件，勾选【Targa Sequence】复选框，如图 10-129 所示。

图 10-128

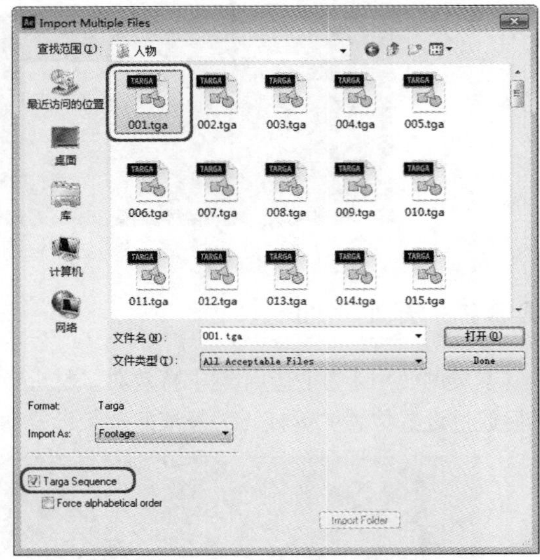

图 10-129

STEP 5 单击【打开】按钮，即可再次弹出【Import Multiple Files】对话框，单击【Done】按钮即可，如图 10-130 所示。

STEP 6　将【背景.jpg】素材文件与【001-110.tga】素材文件依次拖入时间线窗口中，如图 10-131 所示。

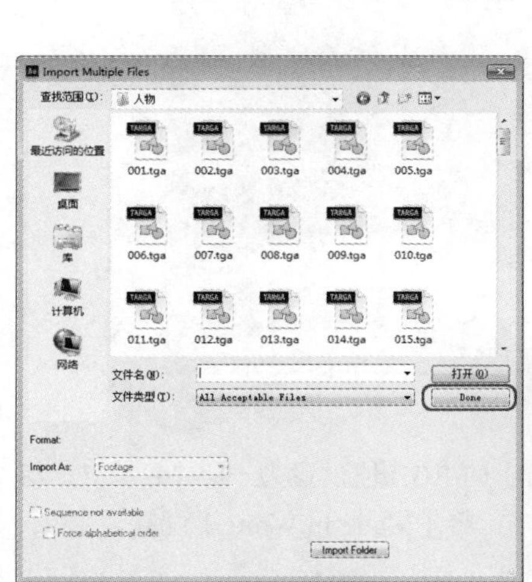

图 10-130

图 10-131

STEP 7　在时间线窗口中选择【背景.jpg】素材文件，展开【Transform】选项，将【Scale】设置为【130.0，130.0%】，如图 10-132 所示。

STEP 8　在时间线窗口中选择【001-110.tga】层，切换至【Effect&Presets】窗口，选择【Keying】|【Color Difference Key】命令，如图 10-133 所示。

图 10-132

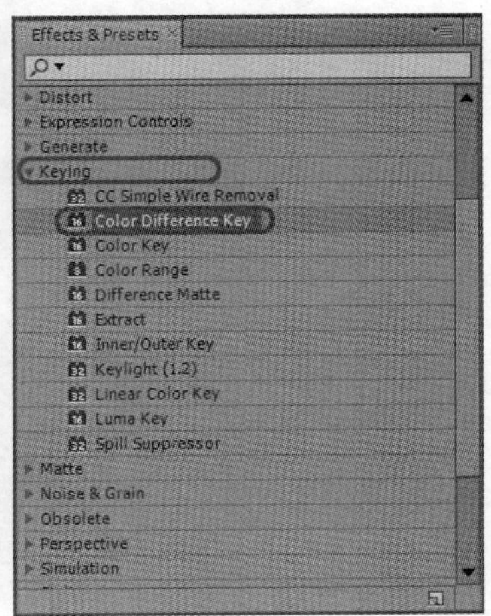

图 10-133

STEP 9　选择该特效，为时间线窗口中的【001-110.tga】层添加特效，如图 10-134 所示。

图 10-134

STEP 10 切换至【Effect Controls】面板，将【Key Color】的 RGB 值设置为 19、70、251，将【Partial A IN Black】设置为 150、将【Matte In Black】设置为 75，将【Matte In White】设置为 139，如图 10-135 所示。

图 10-135

STEP 11 再次切换至【Effect&Presets】窗口，选择【Keying】|【Spill Suppressor】命令，如图 10-136 所示。

STEP 12 选择该特效，为时间线窗口中的【001-110.tga】层添加特效，如图 10-137 所示。

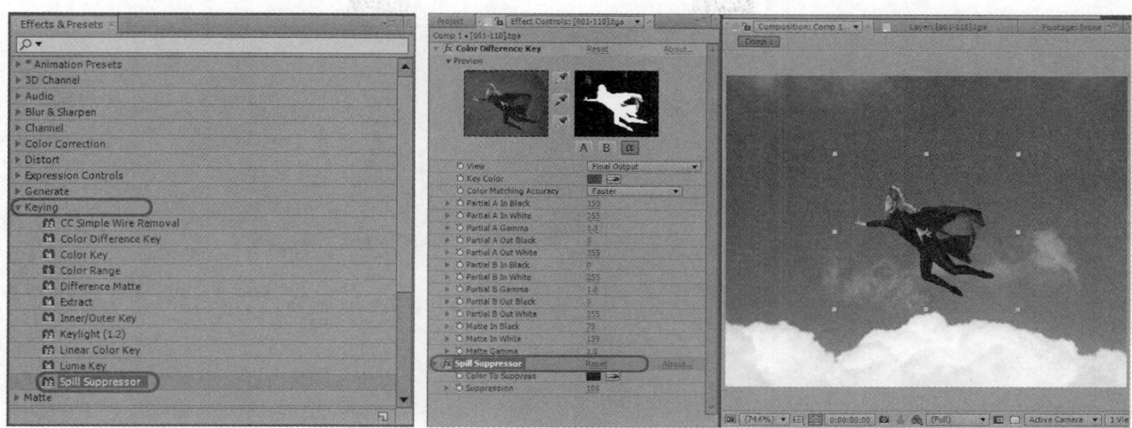

图 10-136　　　　图 10-137

STEP 13 切换至【Effect Controls】面板，将【Key Color】的 RGB 值设置为 19、70、251，如图 10-138 所示。

图 10-138

STEP 14 在时间线窗口中选择【背景.jpg】素材文件，在 0:00:00:00 帧处，将【Position】设置为【125.0,146.0】，单击【Position】左侧的按钮，打开记录动画，如图 10-139 所示。

图 10-139

STEP 15 在 0:00:03:15 帧处，将【Position】设置为【590.0,400.0】，如图 10-140 所示。

图 10-140

STEP 16　效果完成后，按【Ctrl+M】组合键，打开【Current Render】对话框，单击【Output To】右侧的蓝色文字，如图 10-141 所示。

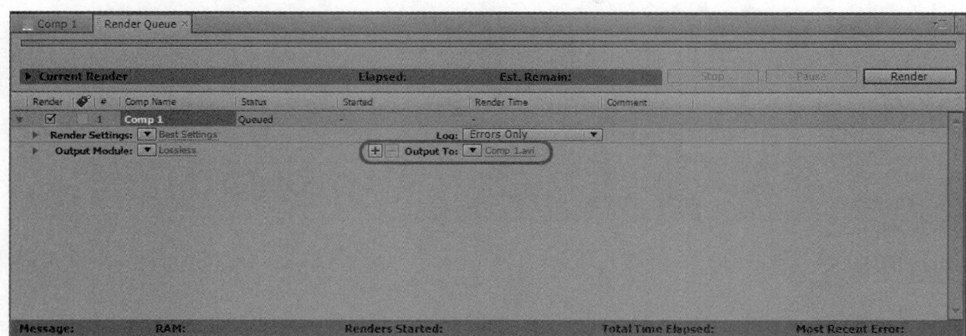

图 10-141　【Current Render】对话框

STEP 17　打开【Output Movie To】对话框，在弹出的对话框中为其指定一个正确存储路径，并为其重命名为【天外飞仙】，如图 10-142 所示。

图 10-142

STEP 18　设置完成后单击【保存】按钮，单击【Render】按钮，如图 10-143 所示，即可将其导出。

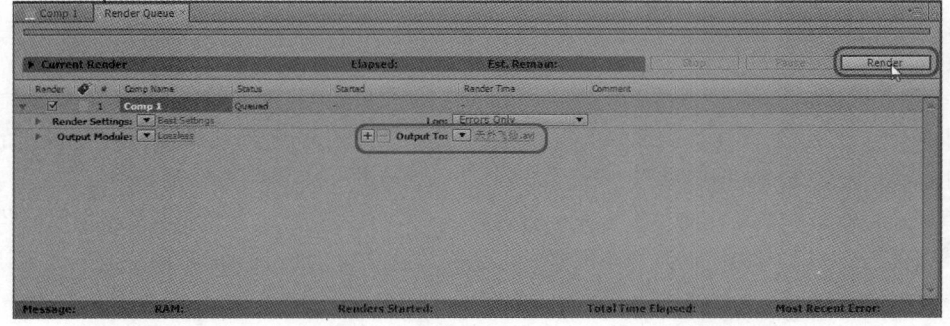

图 10-143

第 11 章 文字动画的制作

文字在每一类影片中都担当着不可或缺的角色，在各类的影片和短片中我们都能看到文字动画，基本上所有的影片都会有字幕注释，这可以算得上是文字的最简单应用，还有片头和片尾的介绍，以及各类片头中的文字动画等，层出不穷，特别是国外的一些大片，更是将文字的动画发挥到极致，如图 11-1 所示为国外大片（邻家特工）的片头文字动画，很简单，但是与背景搭配很和谐，也显得很大气。

图 11-1

11.1 文字动画基础

通过本章的学习，必须要学会掌握 After Effects 动画制作的常规设置，以及各类动画组的详细功能，并且能够完成复杂的文字动画。

文字从来就不是单独存在的，没有人会愿意花钱买票去影院，或者坐在电视机前看一堆文字飞来飞去，同样，我们学习文字动画也不仅是学习怎么样让文字动起来，而是要知道怎么动让文字更有意义。

文字动画的意义在于：能够正确传达镜头所要表达的情感，同时让画面更为生动，所以在制作文字动画时，一定要有针对性，需要考虑背景是什么构图方式、什么色调及明暗对比等因素，综合考虑之后来决定文字用什么颜色、什么样式、什么动画方式，最终想要表达什么样的意义。这样在实际工作时，才能真正派上用场，才能真正有所提高。

11.1.1　为文字创建简单动画

在前面的章节中我们讲到过，After Effects 可以创建矢量文字图层，也就是说它们可以被无限放大，而不会产生锯齿，文字层还拥有与其他图层一样的属性。比如，位移、旋转、缩放、透明度等，都可以被记录为动画，同样也可以应用所有的特效，而这些属性基本上可以实现常用的一些动画效果。文字层也可以应用所有的特效，这样就更拓宽了文字的表现手法，如图 11-2 所示，我们创建了一个文字层，图中所示的这些下拉选项都可以被记录为动画。

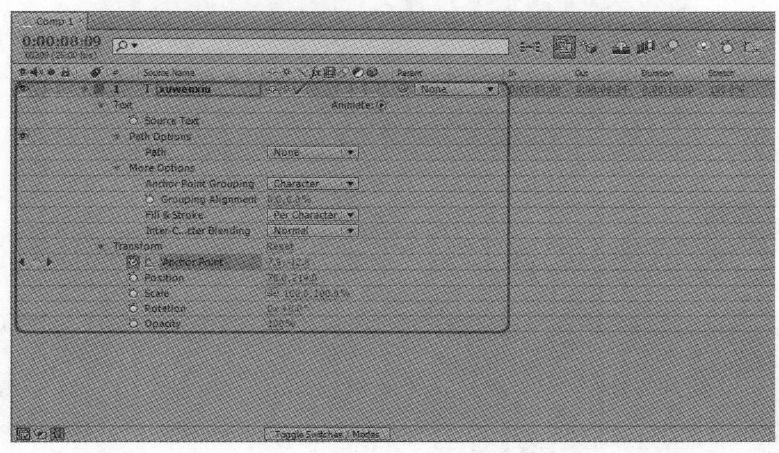

图 11-2

STEP 1　接下来为文字创建一个简单的动画，感受一个文字动画的方便与快捷，按【Ctrl+N】组合键，打开【Composition Setting】对话框，设置【Frame Rate】为【8】,【Duration】设置为【0:00:12:00】，如图 11-3 所示。

STEP 2　单击【OK】按钮，即可新建一个合成层，在时间线窗口中右击，在弹出的快捷菜单中选择【New】|【Text】命令，如图 11-4 所示。

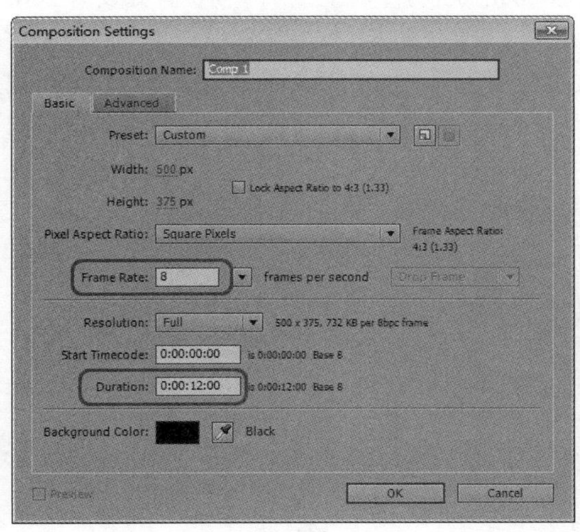

图 11-3

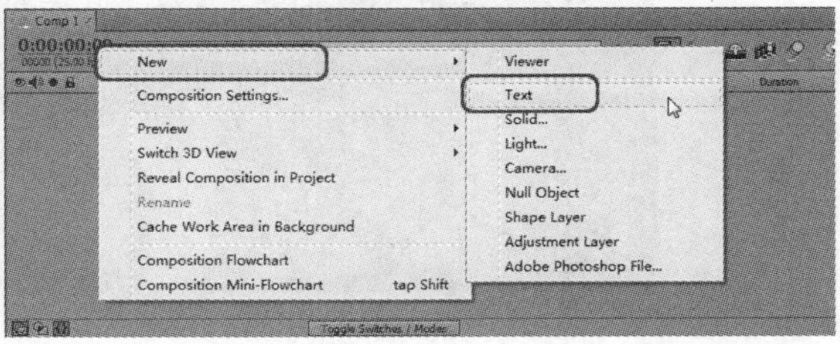

图 11-4

STEP 3 新建文字图层，并输入文本内容【引领时尚潮流】，如图 11-5 所示。

图 11-5 文字效果

STEP 4 打开【Transform】下拉选项，设置【Anchor Point】为【0.0，-17.0】，文字效果如图 11-6 所示。

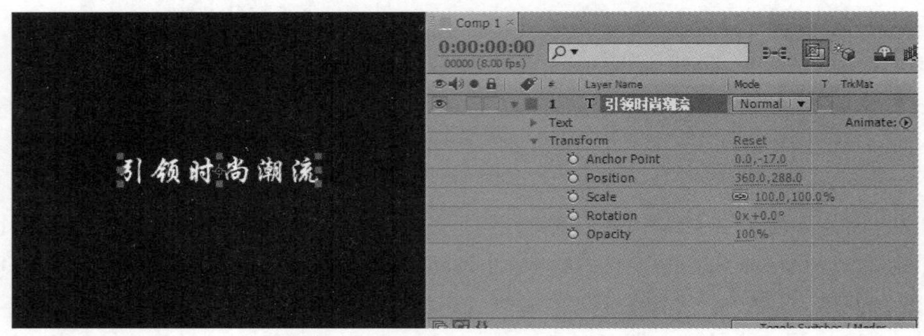

图 11-6

STEP 5 在第 1 帧位置处，将【Scale】设置为【2000.0,2000.0%】，在第 10 帧位置处设为 200，第 11 帧时，解开 Scale 前面的小锁，然后设置为【0.0,1000.0】，现在看到文字已经产生了一个缩放的动画，并且在后面还有一定的运动延续性，而且文字被放大到 2000%时文字的边缘依然没有出现锯齿，如图 11-7 所示。

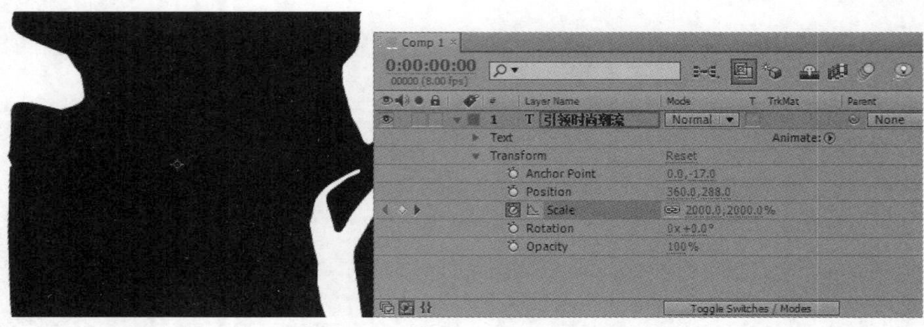

图 11-7

STEP 6　按空格键，观看制作的文字动画，其效果如图 11-8 所示。

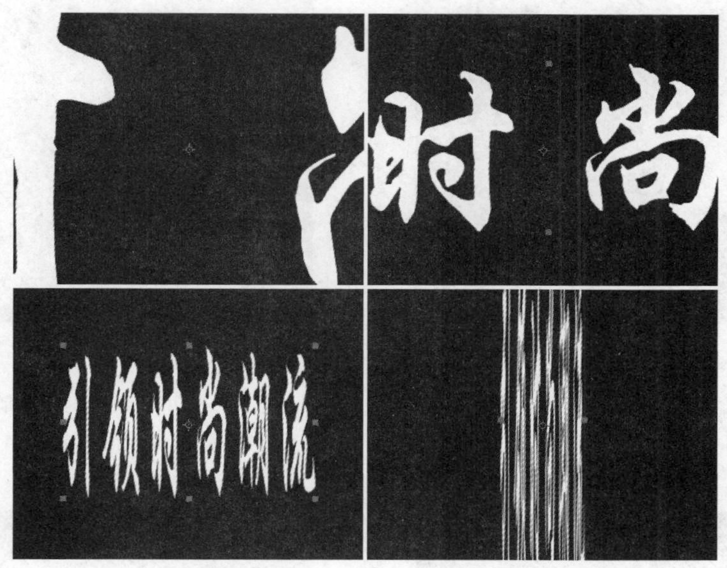

图 11-8

11.1.2　使用路径为文字制作动画

After Effects 中提供了诸多的文字动画方式，路径运动就是其中的一种，文字可以沿着指定的路径进行正向或反向的运动，

首先创建一个文字层，再为文字层添加一个 Mask，可在 Path 选项后设置该文字路径为 Mask 1，其效果如图 11-9 所示。

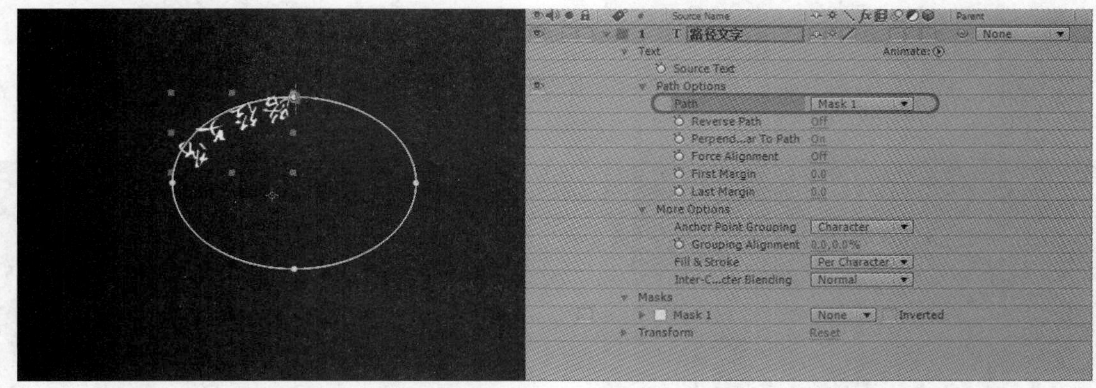

图 11-9

该特效各项参数的含义如下。

- Path：在此选择文字路径，任何的 Mask 都可以当作路径来使用，同样，不论当前层有多少个 Mask，在这里只能指定一个来使用。
- Reverse Path（反转路径），反转路径之后，文字运动方向的排列方向都将被反转，如图 11-11 和图 11-12 所示为设置反转路径前后的对比效果。

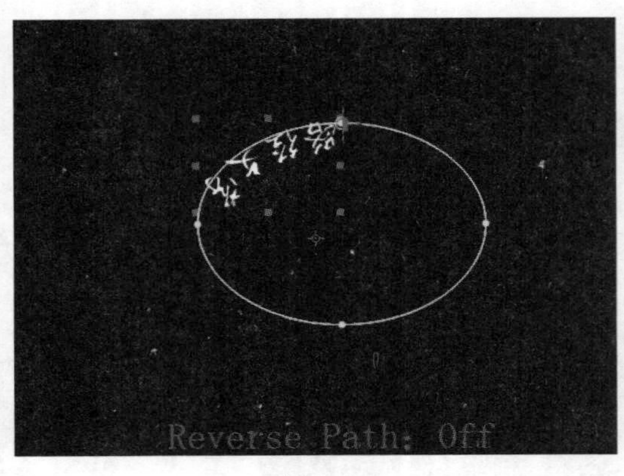

图 11-10

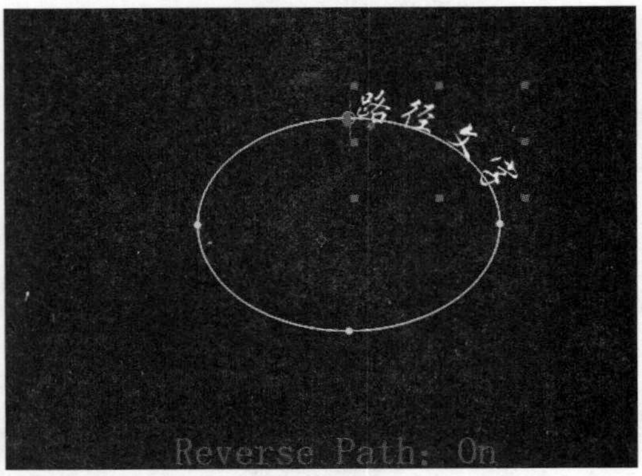

图 11-11

- Perpend…ar to Path：关闭该选项后，文字在沿路径进行运动时，可以根据路径的方向和角度的变化而自动调节；开启时，文字将始终处于路径的内侧或外侧，如图 11-12 和图 11-13 所示为两种情况的对比。

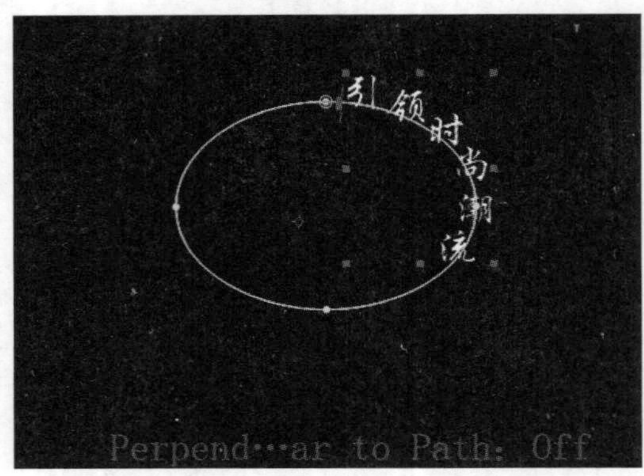

图 11-12

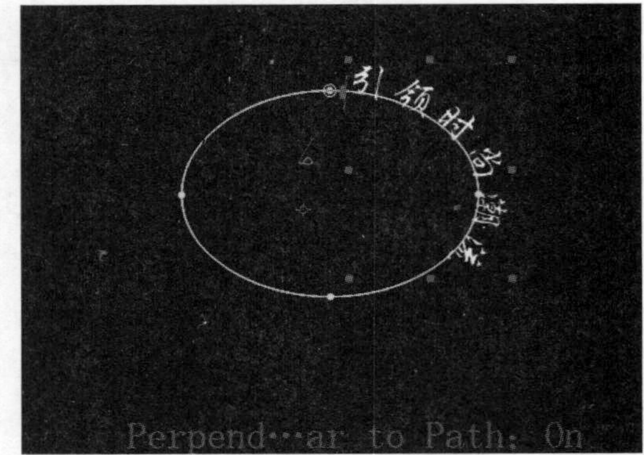

图 11-13

- Force Alignment：强制对齐，开启该选项后，文字将采用分散对齐的方式，将所有文字对齐于路径，如图 11-14 和图 11-15 所示为两种情况的对比。

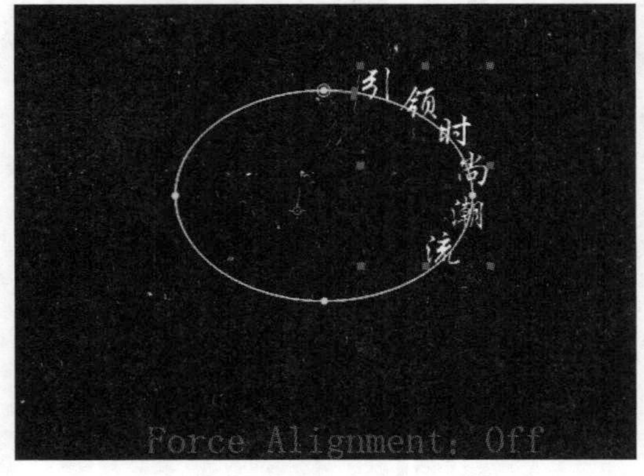

图 11-14

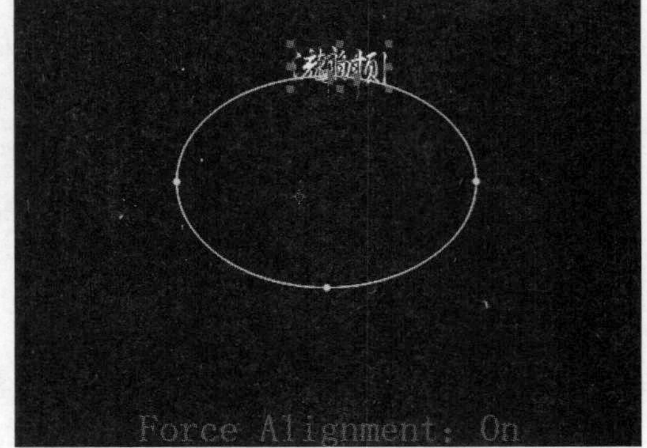

图 11-15

- First Margin：开始对齐，也就是文字起始点的位置，该选项在 Force Alignment 选项关闭时，用来调节文字在路径上的位置；当 Force Alignment 选项开启时，用来定义文字的宽度。

- Last Margin：结束对齐，也就是文字结束点的位置，该选项与前面一样，在 Force Alignment 选项关闭时，用来调节文字在路径上的位置；当 Force Alignment 选项开启时，用来定义文字的宽度。

11.1.3　实战应用——《三维文字》

在该实例中，我们将完成一个三维文字的效果，让文字围绕着对象沿路径运动，效果如图 11-16 所示。

图 11-16

STEP 1　按【Ctrl+N】组合键，在打开的对话框中设置【Frame Rate】为【8】，设置【Duration】值为【0:00:06:00】，如图 11-17 所示。

STEP 2　单击【OK】按钮，即可新建一个合成层，创建一个文本层，输入 AE，并设置其字体大小为 200，颜色为红色，字体样式用户可自行设置，如图 11-18 所示。

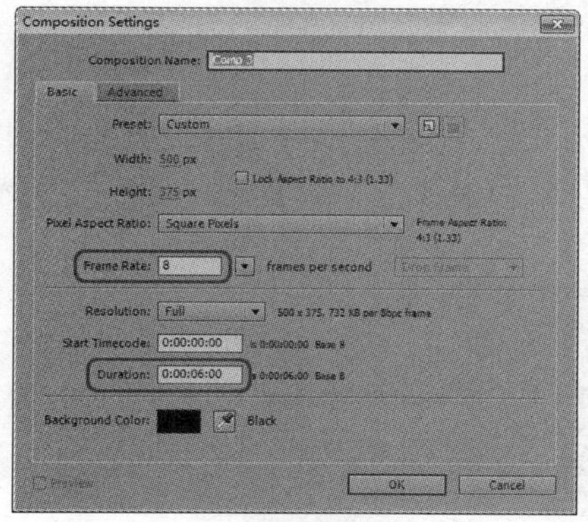

图 11-17

图 11-18

STEP 3　新建一个文本层，输入 AFTER EFFECTS CS6，设置字体大小值为 30，颜色为白色，字体样式用户可自行设计，效果如图 11-19 所示。

STEP 4　设置完成后，绘制一个椭圆 Mask，如图 11-20 所示。

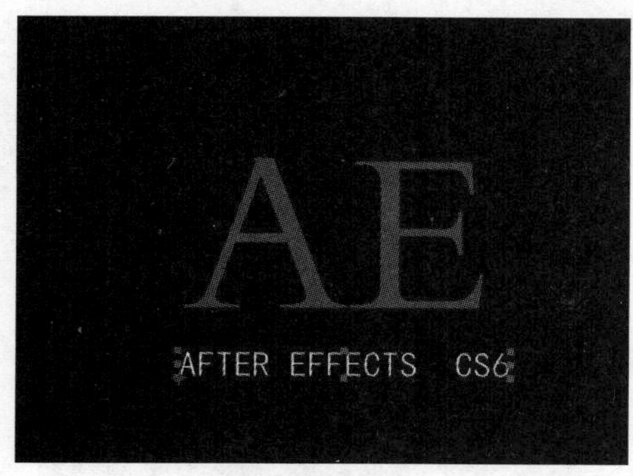

图 11-19

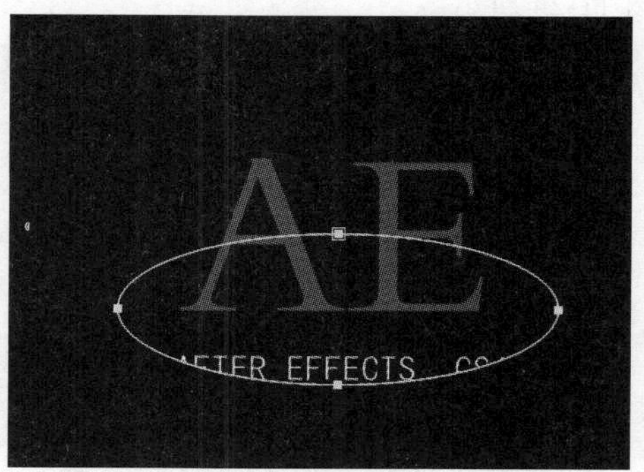

图 11-20

STEP 5　在时间线面板中设置【Path】为【Mask 1】，设置【Perpend...ar to Path】为【Off】，

如图 11-21 所示。

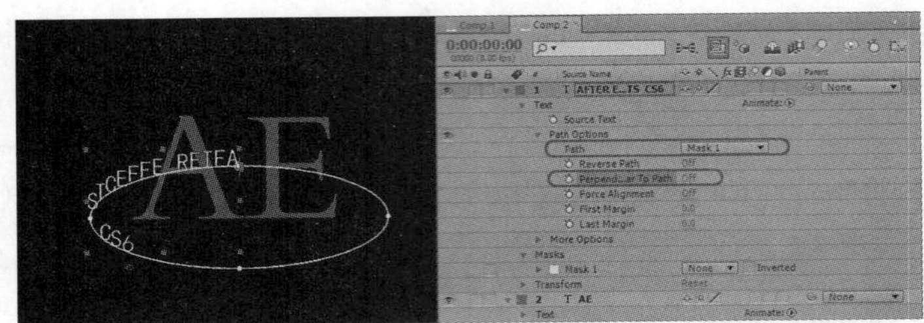

图 11-21

STEP 6 再次创建一个矩形 Mask 2，并勾选【Inverted】复选框，如图 11-22 所示。

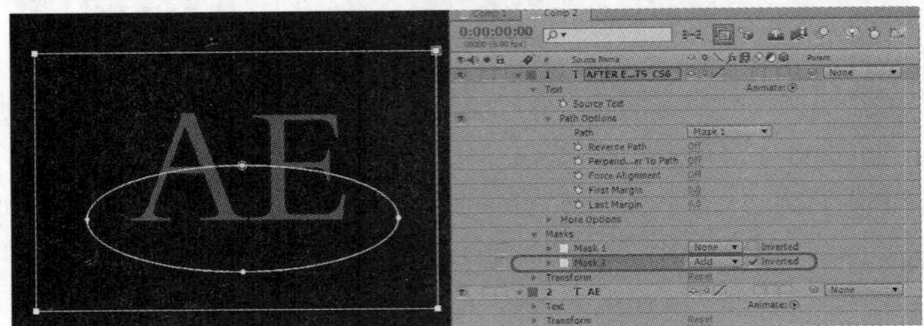

图 11-22

STEP 7 选择 AFTER EFFECTS CS6 文本图层，按【Ctrl+C】组合键进行复制，然后按【Ctrl+V】组合键将复制的内容粘贴，并将粘贴的图层拖动至最后一层，取消勾选 Inverted 复选框，完成后的效果如图 11-23 所示。

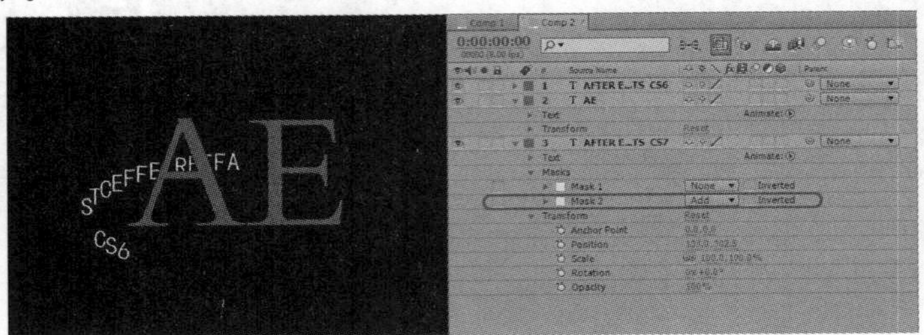

图 11-23

STEP 8 在第 1 帧位置设置 First Margin 为 0，在第 6 帧位置处设置【First Margin】为【800.0】，如图 11-24 所示。

STEP 9 按空格键播放创建的文本动画，其效果如图 11-25～图 11-27 所示。

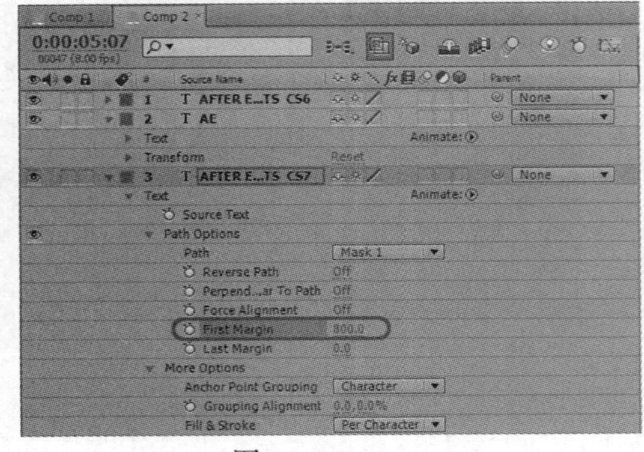

图 11-24

图 11-25

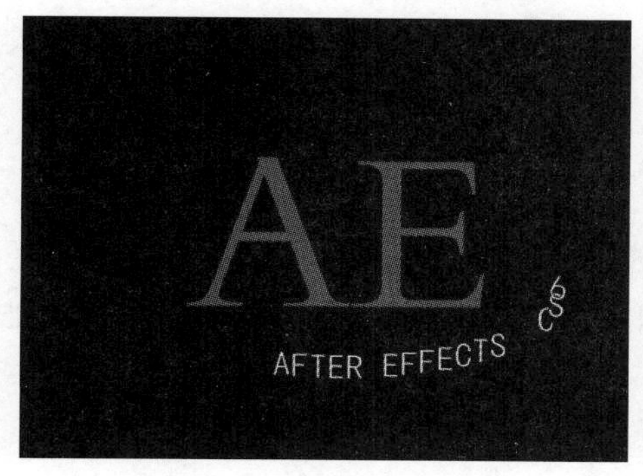

图 11-26

图 11-27

11.2 文字动画组的初步应用

文字的有些属性并不能直接被记录为动画，比如文字的间距、行距等，这时就需要借助动画组来控制，当然动画组并不仅仅是记录这些简单的动画，动画组几乎可以对文字的所有属性进行控制并记录为动画，这也是 After Effects 文字动画的最大亮点。

11.2.1 初识文字动画组

如图 11-28 所示，当创建文字层后，在其层级下有一个 Animate 选项，单击后面的下拉按钮会弹出下拉列表，在该下拉列表中可以选择不同的属性进行动画控制。

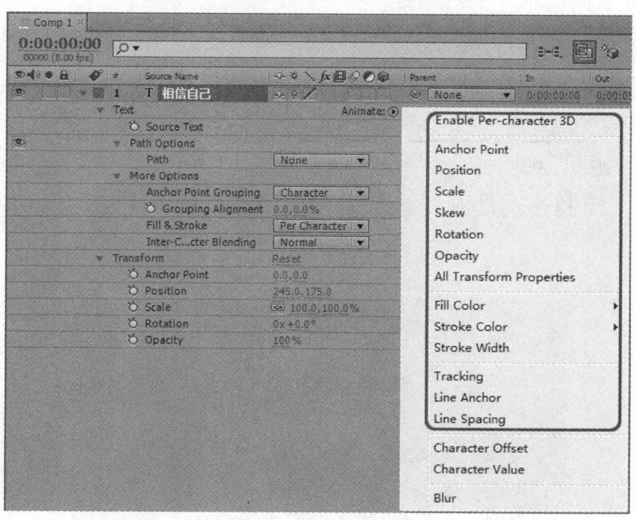

图 11-28

创建文字层后单击下拉按钮，然后选择 Position 选项，现在文字的层级下会加入一个名为 Animator 1 的动画控制组，选择该组后按回车键，将其名字改为“运动控制 - 1”，我们看到下面的很多控制项，如图 11-29 所示。

- 看到添加动画组之后，在动画组里有一个 Add 按钮，用来对当前动画添加其他文字属性。
- Range Selector 1：区域选择控制。

- ➢ Start：区域的开始点位置。
- ➢ End：区域的结束点位置。
- ➢ Offset：对整个区域进行百分比的偏移。

- Advanced：高级控制。
  - ➢ Units：单位。
  - ➢ Based on：文字运动的基础，也就是文字将以什么为单位进行运动，单击弹出下拉列表，如图 11-30 所示。

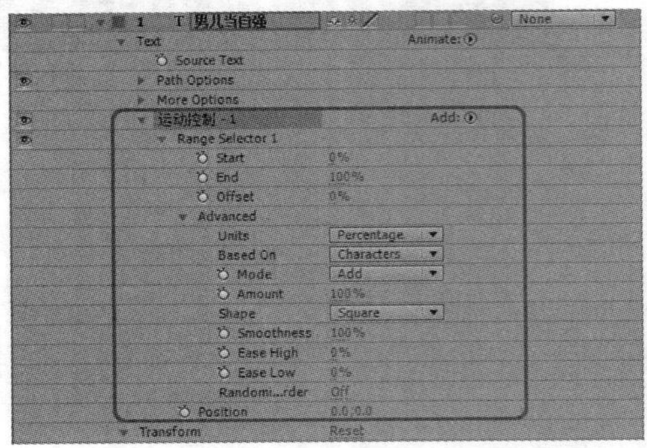

图 11-29

图 11-30

1. Characters：以单个字符进行运动，其中包括空格。
2. Characters Excluding Spaces：以单个字符进行运动，其中不包括空格。
3. Words：以单词为单位进行运动。
4. Lines：以行为单位进行运动。

- ➢ Mode：该选项用来控制运动组与属性文字原属性的运算方式，以及与其动画组的运算方式。
- ➢ Amount：动画组执行的强度。
- ➢ Shape：该选项控制当前动画组运动的曲线类型，类似图层的运动曲线类型，如图 11-31 所示。

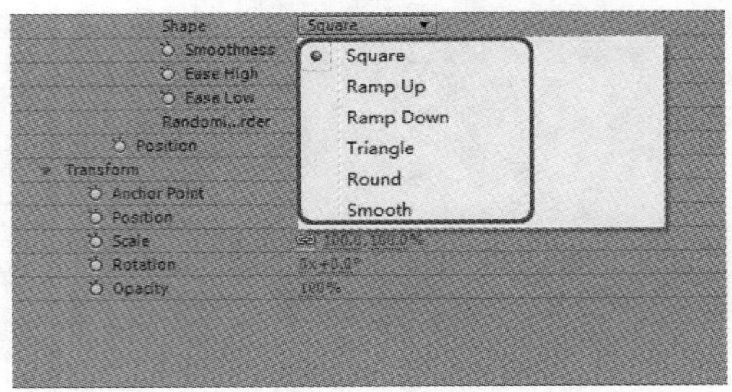

图 11-31

1. Square：正方形，也就是直线运动，这样的曲线方式不会出现任何偏差，完全按照用户的设置执行动画效果，动画方式相对生硬。
2. Ramp Up：坡度向上，选择该选项后，对象的动画曲线不再是直线，而会产生一个向上的坡度，动画也会从高处开始执行。

3. Ramp Down：坡度向下，跟 Ramp up 正好相反，从坡度的最低处开始执行动画。
4. Triangle：三角曲线。
5. Round（回形），选择该选项后，对象的动画曲线类似于 U 形曲线。
6. Smooth（平滑），选择该选项时，系统会根据对象的动画方向进行自动平滑。

- Smoothness：Shape 项为 Square 时这项可用，控制运动曲线的平滑度。
- Ease High：控制对象动画的上行曲线。
- Ease Low：控制对象动画的下行曲线，这两项控制可以实现不同的运动节奏。
- Randomize order：开启或关闭动画的随机性。

- Position：Position 动画组用来实现对文字移动属性的动画控制，该选项控制文字的初始位置。

11.2.2　文字动画组的简单应用

本节将使用文字动画组来实现一些相对简单的文字动画效果。在开始之前需要新建一个 15 帧的合成，再创建一个文字层并输入文本内容。

STEP 1　单击 Animate 选项后面的下拉按钮即可弹出一个快捷菜单，选择 Scale 命令，如图 11-32 所示，该选项可以对文字的缩放进行运动控制。

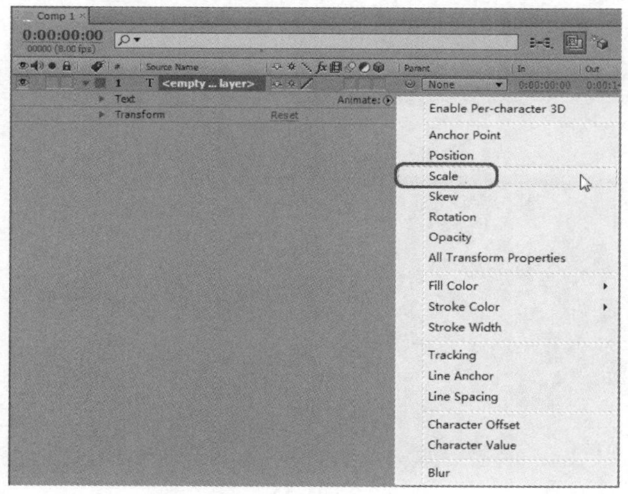

图 11-32

STEP 2　将动画组的【Scale】值设置为【1000.0，1000.0%】，如图 11-33 所示。

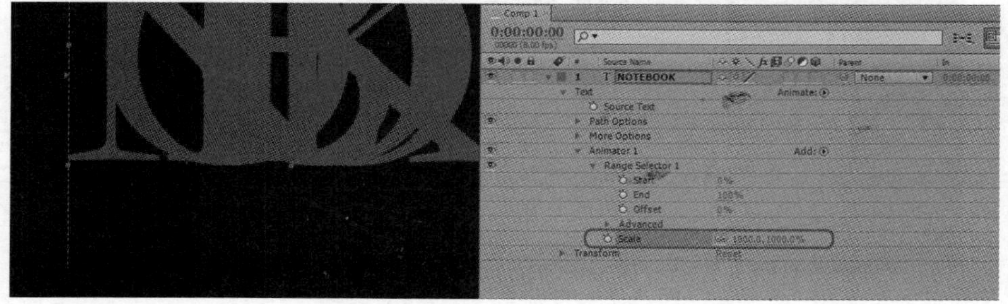

图 11-33

STEP 3 打开 Range Selector 1 下 Start 项前面的动画记录按钮，在第 0 帧位置处将 Start 设置为 0%，第 15 帧位置处设置 Start 为 100%。

STEP 4 按键盘上的【0】键，即可预览制作的动画片段，其效果如图 11-34 所示。

图 11-34

STEP 5 单击动画组里的【Add】按钮，在弹出的快捷菜单中选择【Property】|【Anchor Point】命令，如图 11-35 所示。

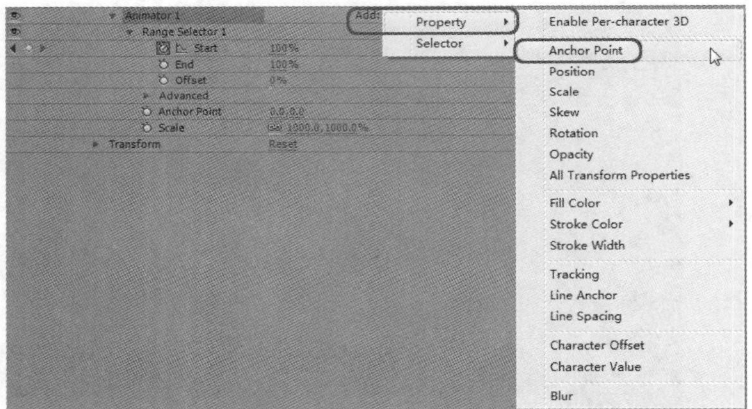

图 11-35

STEP 6 将【Anchor Point】值设置为【0.0，-11.0】，如图 11-36 所示。

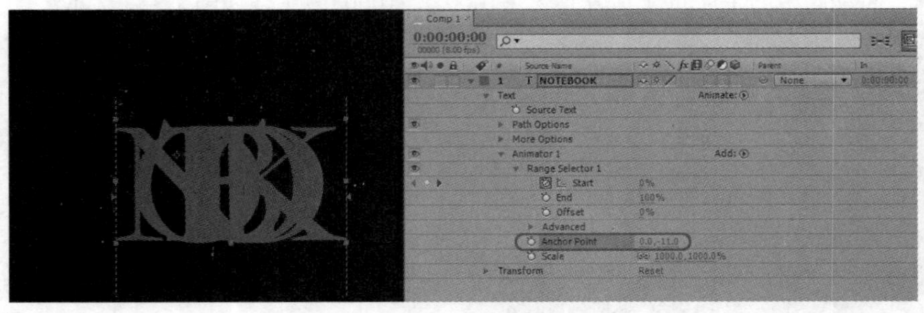

图 11-36

STEP 7 单击【Add】按钮，在弹出的快捷菜单中选择【Property】|【Opacity】命令，如图 11-37 所示。

STEP 8　将【Opacity】值设置为【0%】，如图 11-38 所示。

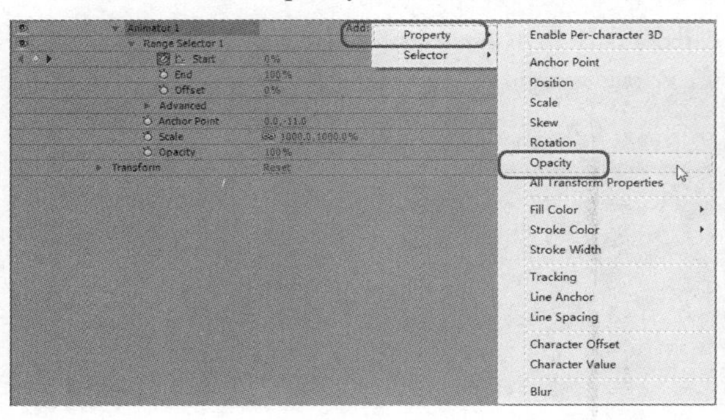

图 11-37

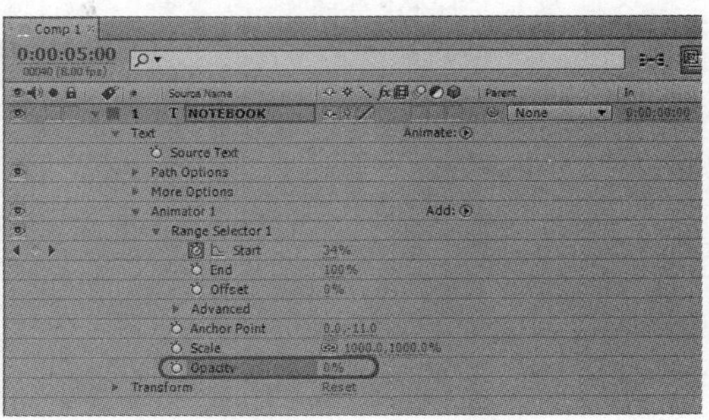

图 11-38

11.3　文字动画组介绍

在添加文字动画组时，看到有很多项，如图 11-39 所示，它们可以实现不同属性的控制，下面将介绍这些动画组的详细设置。

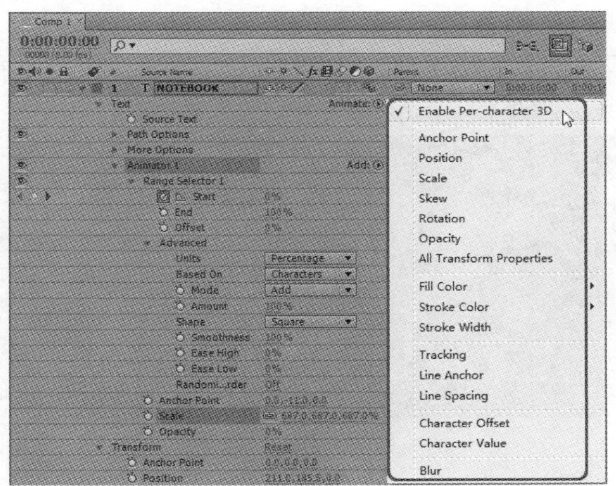

图 11-39

1. Enable Per – character 3D

默认状态下，我们添加的运动类动画组都只有 X 和 Y 两个轴向，开启 Enable Per – character 3D 之后将可以实现 X、Y、Z 三个轴向的动画控制，如图 11-40 所示。

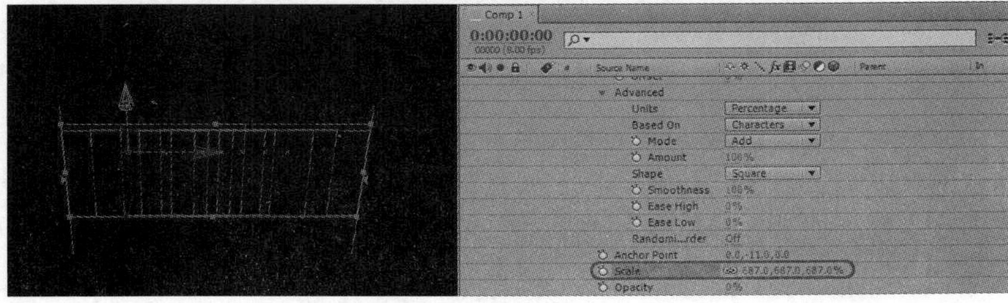

图 11-40

2. Anchor Point

设置文字中心点的位置，并可以记录动画，如图 11-41 所示。

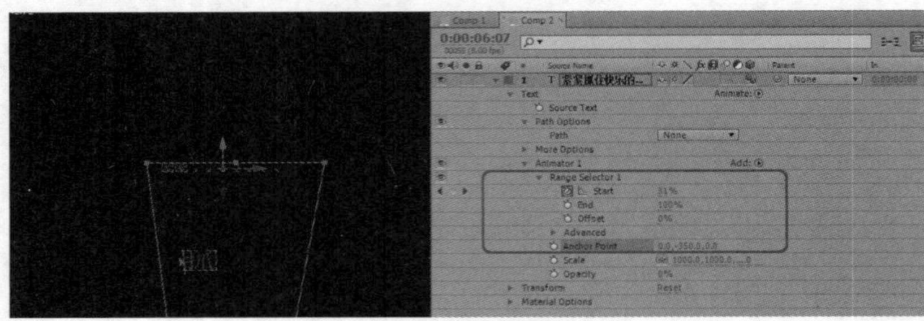

图 11-41

该特效各项参数的含义如下。

- Range Selector 1：选择区域，也就是动画组当前的控制区域，与上节我们讲的内容相同，每个动画组里都有这项控制，以后就不再赘述。
- Anchor Point：初始中心点位置，文字本身的中心点设置为目标位置，动画组就是利用这组属性差异产生动画。

3. Position

对文字的位置进行动画控制，同样是在动画组设置原始位置，文字原来的位置为目标位置，产生文字的位置动画，如图 11-42 所示。

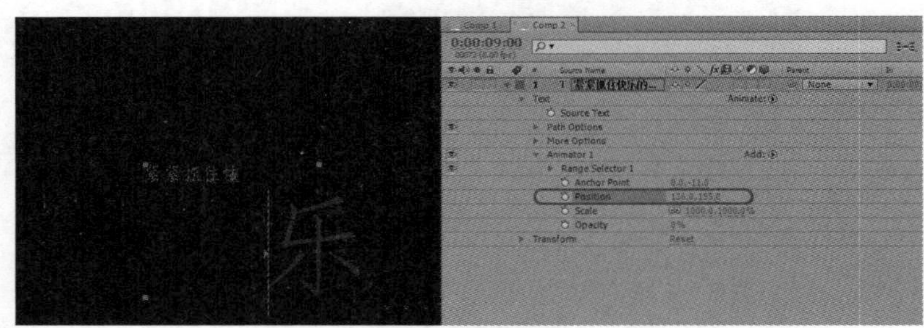

图 11-42

Position：设置文字的起始位置。

4. Scale

对文字进行缩放控制，如图 11-43 所示。

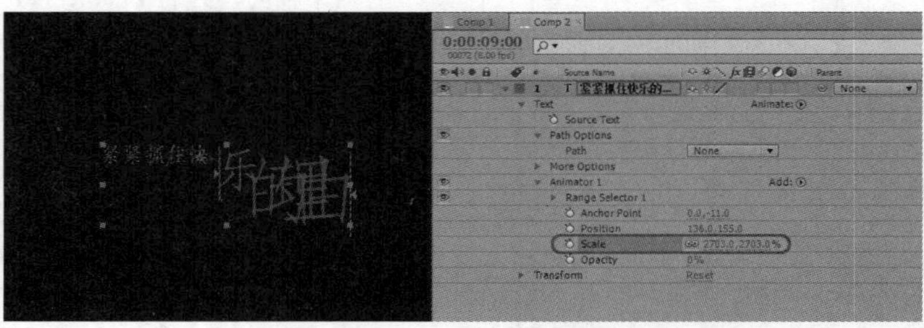

图 11-43

Scale：设置文字的初始大小，在 After Effects 中文字本身没有厚度，所以 Z 向的缩放值不产生任何作用。

5. Skew

对文字进行倾斜操作并可以记录为动画，如图 11-44 所示。

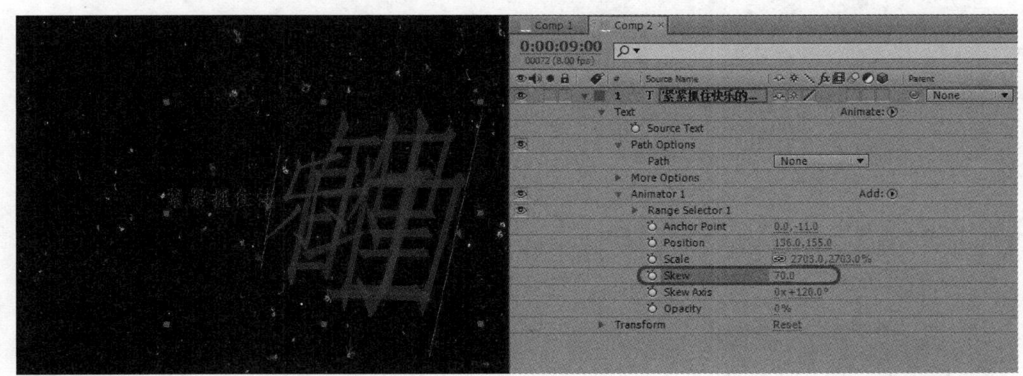

图 11-44

该特效各项参数的含义如下。

- Skew：倾斜强度。
- Skew Axis：倾斜轴向。

下面将通过一个实例开简单介绍 Enable Per – character 3D、Anchor Pint、Position、Scale、Skew 中各参数的设置及制作文字动画的简单步骤。

STEP 1　新建一个 15 帧的合成，再创建一个文字层并输入文本内容：忧伤并快乐着，可自行设置字体的样式，大小，颜色，并自行设置文本位置，如图 11-45 所示。

STEP 2　单击 Animate 选项后面的下拉按钮，在弹出的快捷菜单中选择【Enable Per – character 3D】命令，如图 11-46 所示。

图 11-45

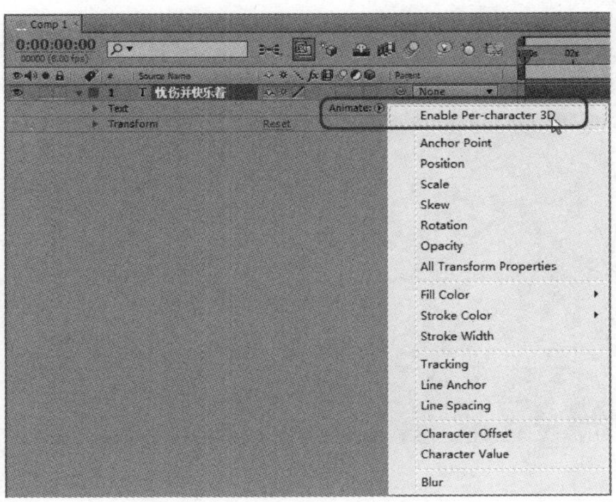

图 11-46

STEP 3　将【Orientation】设置为【0.0°,333.0°,0.0°】，将【Scale】设置为【200.0,200.0,200.0%】，如图 11-47 所示。

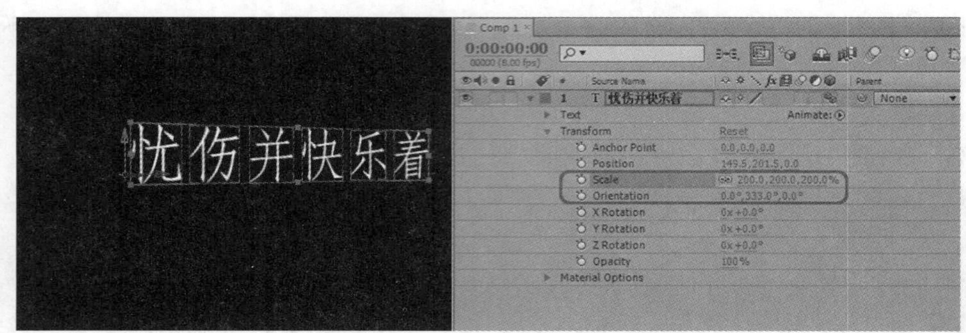

图 11-47

STEP 4 再次添加 Anchor Point 选项，打开该选项下的记录动画按钮，将其设置为【-240.0，0.0，0.0】，如图 11-48 所示。

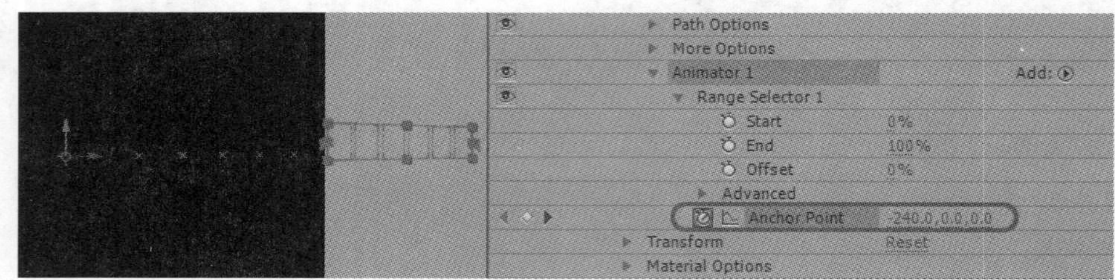

图 11-48

STEP 5 在第 15 帧位置将其设置为【31.0，0.0，0.0】，添加 Position 选项，打开该选项下的记录动画按钮，在第一帧位置设置【Position】为【0.0，70.0，0.0】，在第 15 帧位置设置【Position】为【0.0，0.0，0.0】，在 Range Seletorl 选项下，打开记录动画按钮，在第 1 帧位置设置【Start】为【0%】，在第 15 帧位置设置【Start】为【100%】，其效果如图 11-49 和图 11-50 所示。

图 11-49

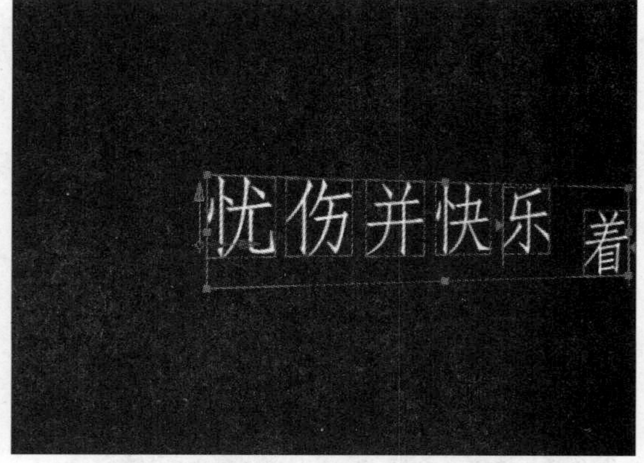

图 11-50

STEP 6 添加 Scale 选项，打开记录动画按钮，在第 1 帧位置处设置【Scale】为【700%】，在第 15 帧位置处设置【Scale】为【100%】，完成后的效果如图 11-51 和图 11-52 所示。

图 11-51

图 11-52

STEP 7　添加 Skew 选项，设置 Skew 值为 70.0，其效果如图 11-53 和图 11-54 所示。

图 11-53

图 11-54

6. Rotation

对文字的旋转角度进行动画控制，如图 11-55 所示。

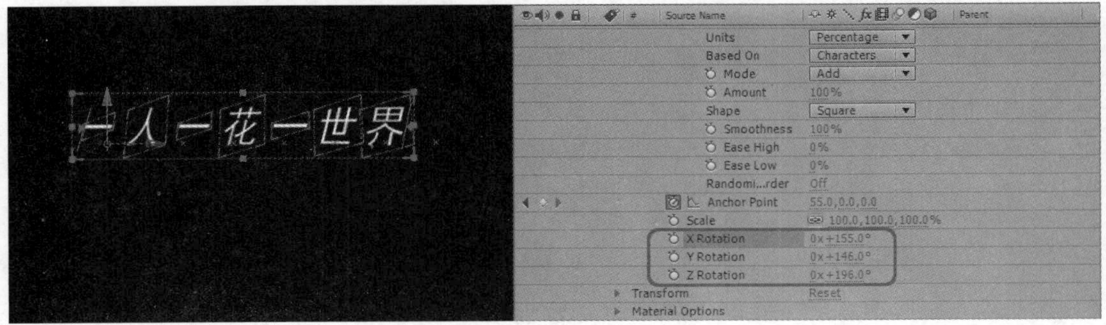

图 11-55

该特效各项参数的含义如下。

- X Position：X 轴向的旋转角度。
- Y Position：Y 轴向的旋转角度。

- Z Position：Z 轴向的旋转角度。

7. Opacity

控制文字的透明度，常常用作文字一个接一个显示的效果，如图 11-56 所示。

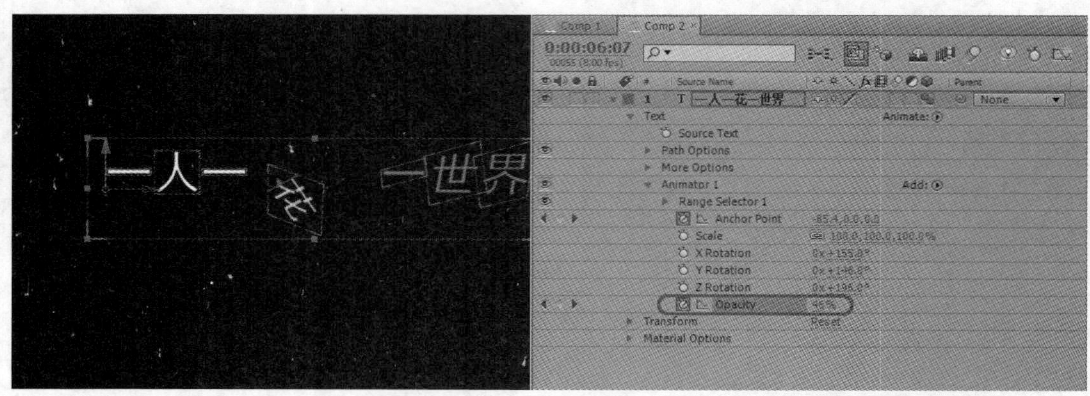

图 11-56

Opacity：控制文字的初始透明度。

8. All Transform Properties

选择该选项可以一次添加所有的运动类的动画控制项，并把它们全都集成在一个动画组内进行统一控制，如图 11-57 所示。

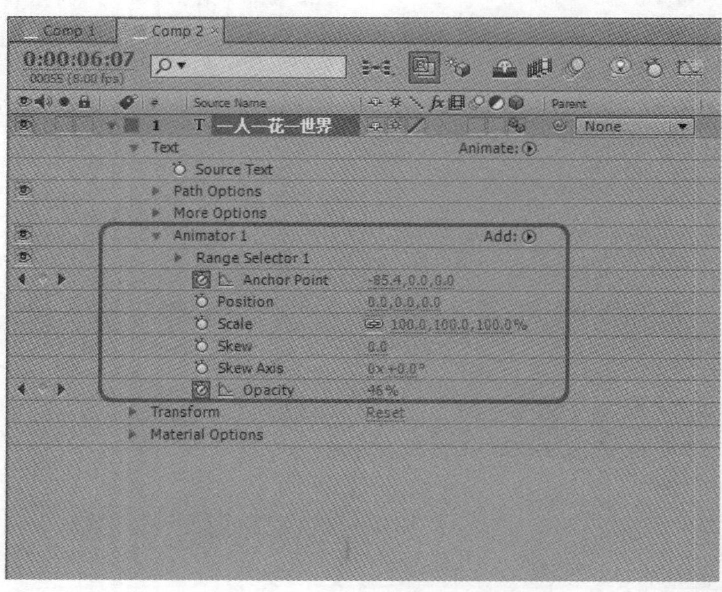

图 11-57

9. Fill Color

控制文字填充色的颜色属性，而不会影响到描边的颜色，如图 11-58 所示。

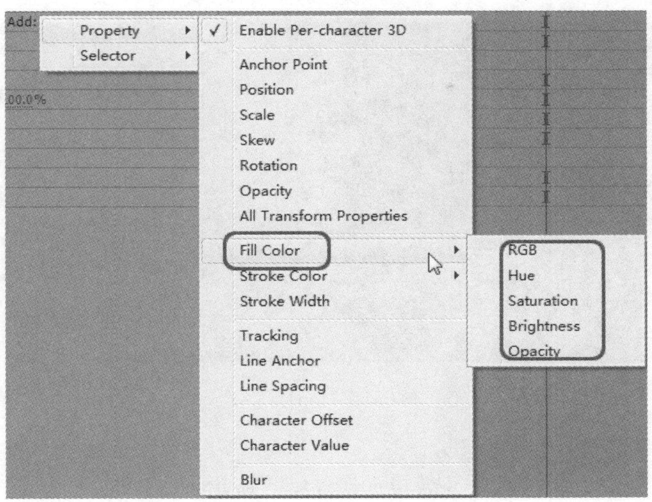

图 11-58

该特效各项参数的含义如下。

• RGB：控制填充色的色彩，如图 11-59 所示。

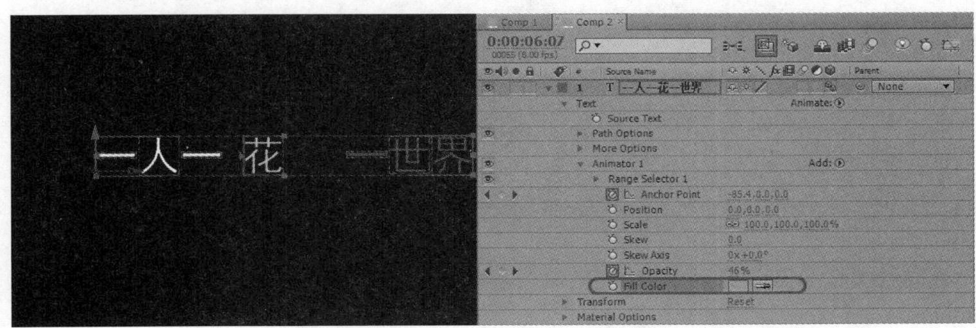

图 11-59

Fill Color：设置文字的目标颜色。

• Hue：控制填充色的色相，效果如图 11-60 所示。

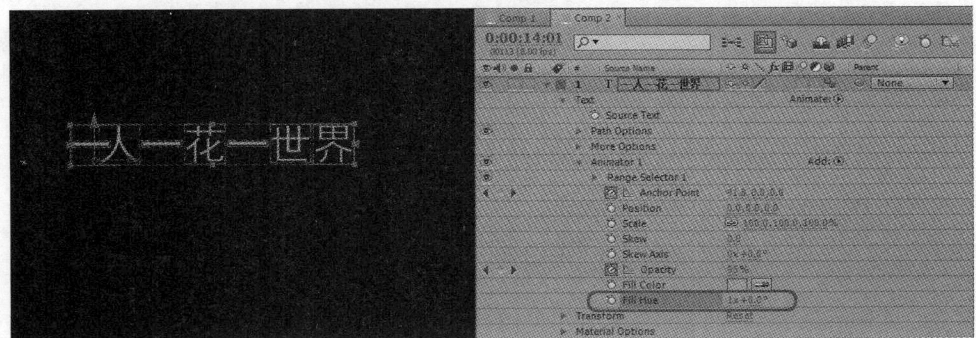

图 11-60

Fill Hue：设置填充色的色相。

• Saturation：控制填充色的饱和度，如图 11-61 所示。

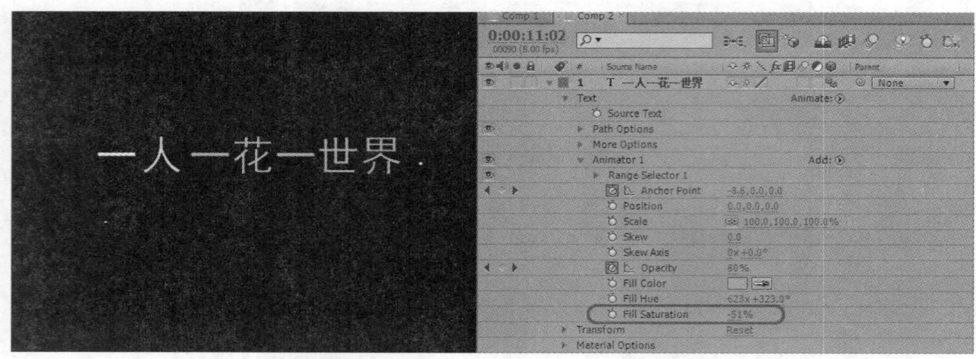

图 11-61

Fill Saturation：设置填充色的饱和度。

- Brightness：控制填充色的亮度，效果如图 11-62 所示。

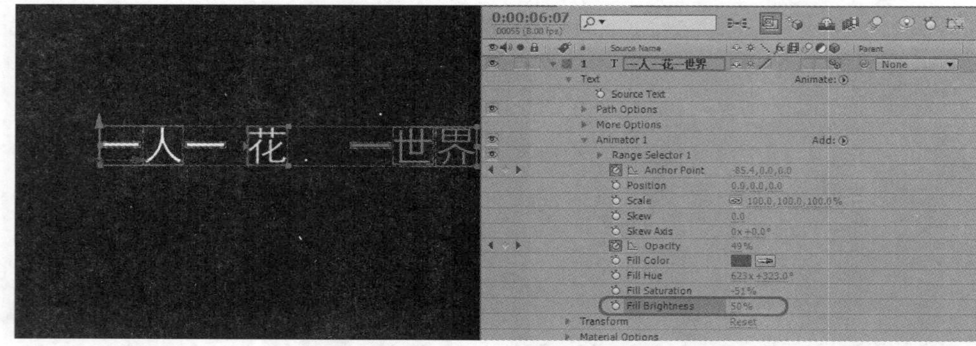

图 11-62

Fill Brightness：设置文字填充色的亮度。

- Opacity：控制填充色的透明度，如图 11-63 所示。

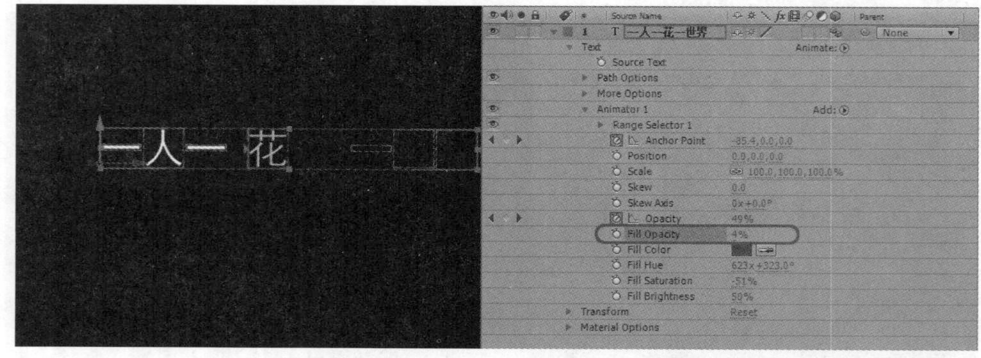

图 11-63

Fill Opacity：填充色的透明度控制。

10. Stroke Color

控制文字的描边颜色，具体的控制项与 Fill color 相同，但它只影响描边的颜色而不会影响到填充色，如图 11-64 所示。

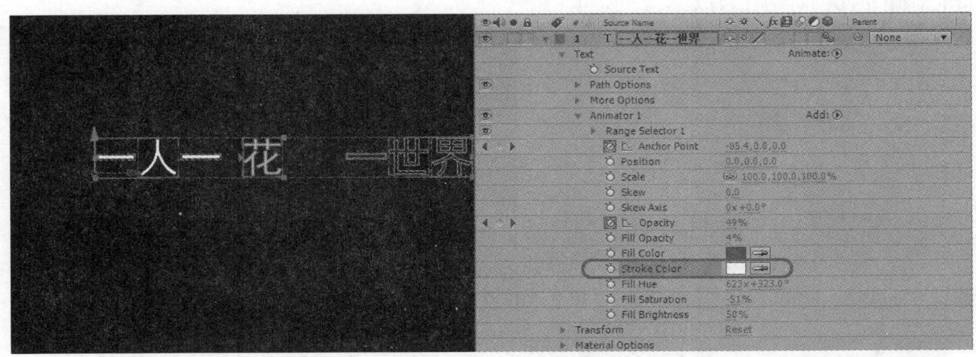

图 11-64

11. Stroke Width

对文字描边的宽度的动画控制，如图 11-65 所示。

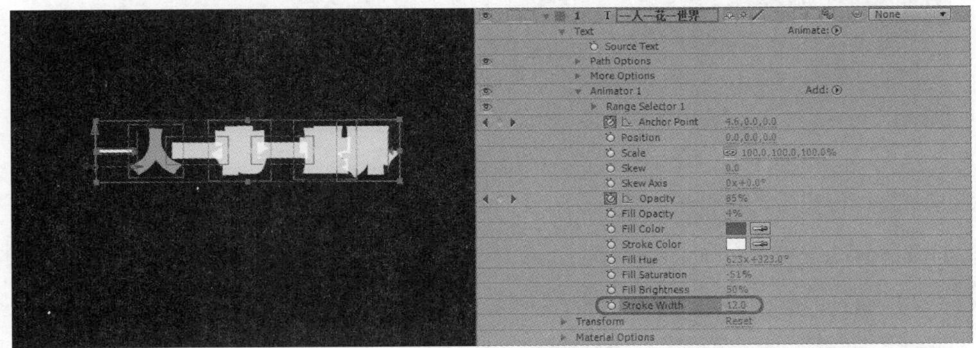

图 11-65

Stroke Width：描边的宽度设置。

12. Tracking

对文字的间距进行动画控制，如图 11-66 所示。

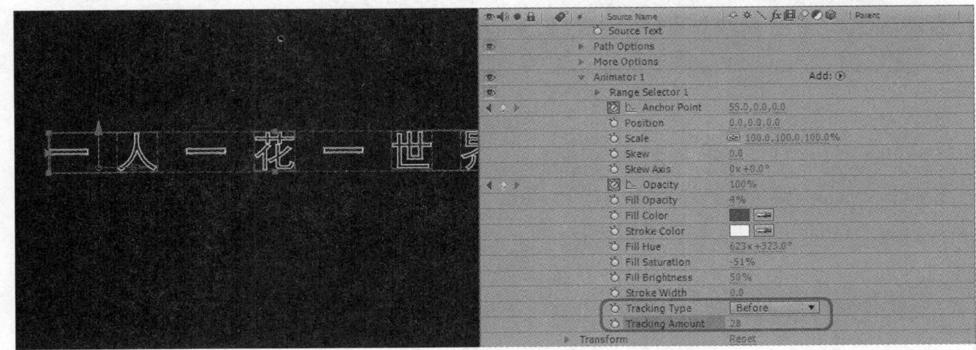

图 11-66

该特效各项参数的含义如下。

- Tracking Type：间距缩放的方向。
  - Before & After：前面和后面一直缩放，也就是以文字的中心进行间距的缩放。
  - After：向后方缩进。
  - Before：向前方缩进。
- Tracking Amount：间距大小设置。

13. Line Anchor

控制每行文字的中心点在水平方向上的位置，进行动画控制，但是该选项单独使用不会有任何效果，必须与 Tracking 项同时使用才会有效果，如图 11-67 所示。

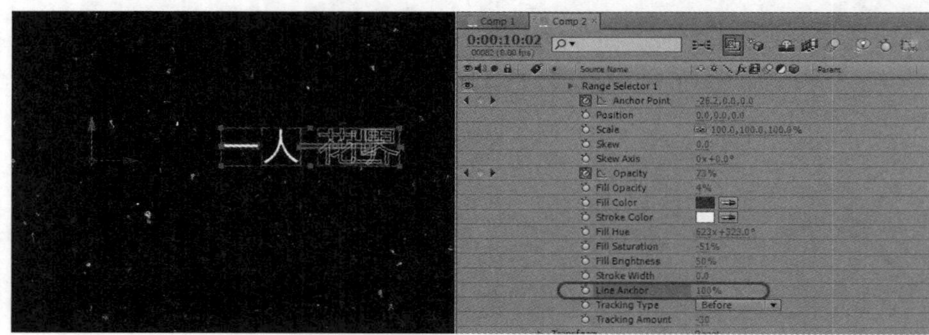

图 11-67

Line Anchor：设置中心点位置，单位为百分比。

14. Line Spacing

控制文字行与行的间距及相对位置，效果如图 11-68 所示。

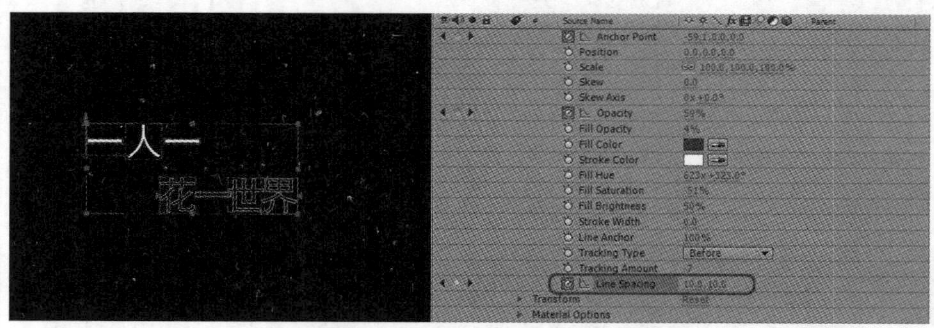

图 11-68

Line Spacing：行与行之间距离的大小设置。

下面将通过一个实例来简单介绍 Rotation、All Transform Properties、Fill Color、Stroke Color、Stroke Width、Tracking、Opacity、的基本使用方法。

STEP 1 新建一个 15 帧的合成，再创建一个文字层并输入文本内容【一生达济天下，此刻静享人生】，可自行设置字体的样式，大小，颜色，并自行设置文本位置，如图 11-69 所示。

STEP 2 单击 Animate 选项后面的下拉按钮，在弹出的快捷菜单中选择【Rotation】命令，如图 11-70 所示。

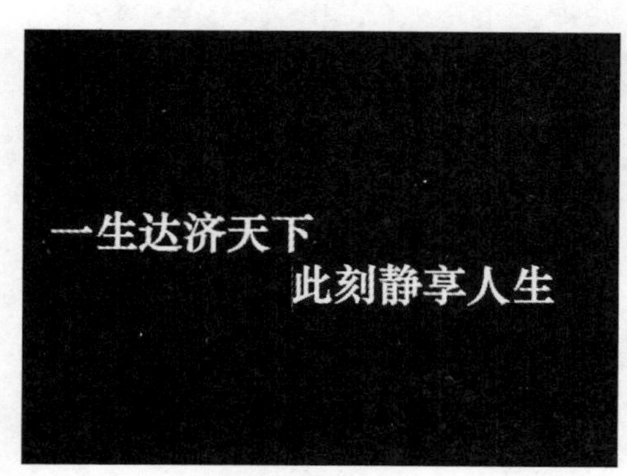

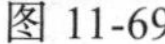
图 11-69

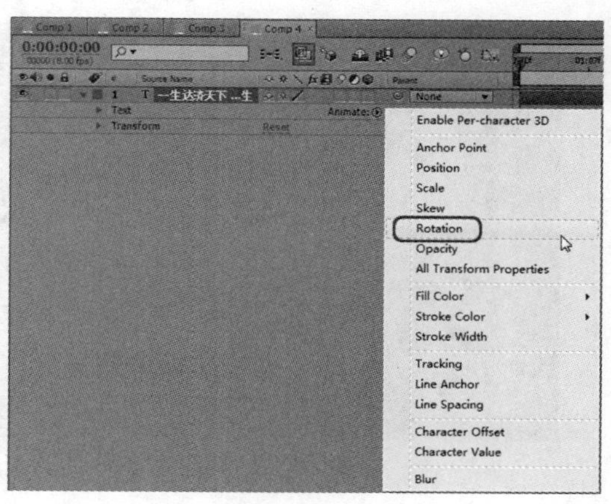

图 11-70

STEP 3 选择 Rotation 选项，打开记录动画按钮，在第 15 帧位置处将【Rotation】设置为【0x+90.0°】，如图 11-71 所示。

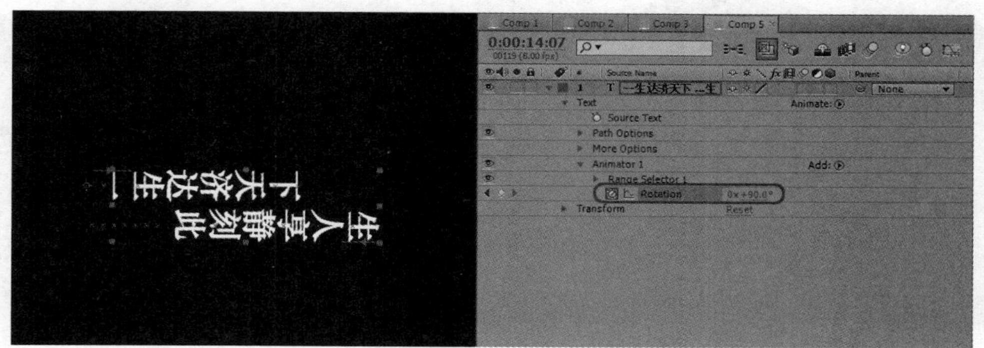

图 11-71

STEP 4 添加 All Transform Properties 选项，选择 Scale 选项，打开记录动画按钮，在第 1 帧位置处将【Scale】设置为【200.0,200.0%】，如图 11-72 所示。

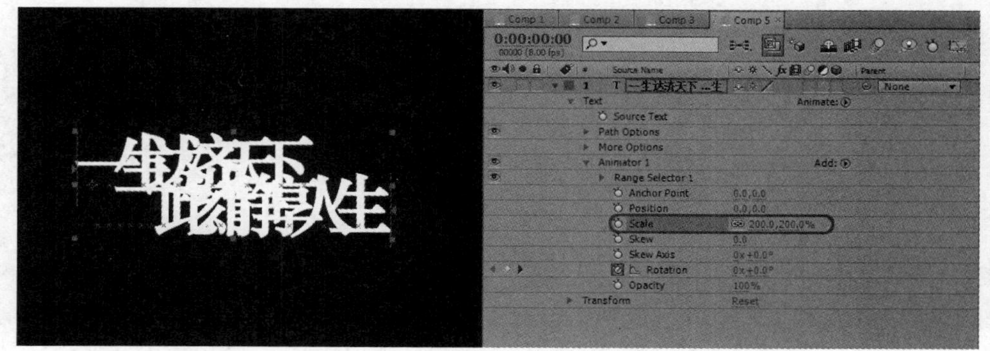

图 11-72

STEP 5 在地 15 帧位置处将 Scale 设置为 0，添加【Fill Color】|【RGB】选项，选择 Fill Color，设置其颜色为红色，如图 11-73 所示。

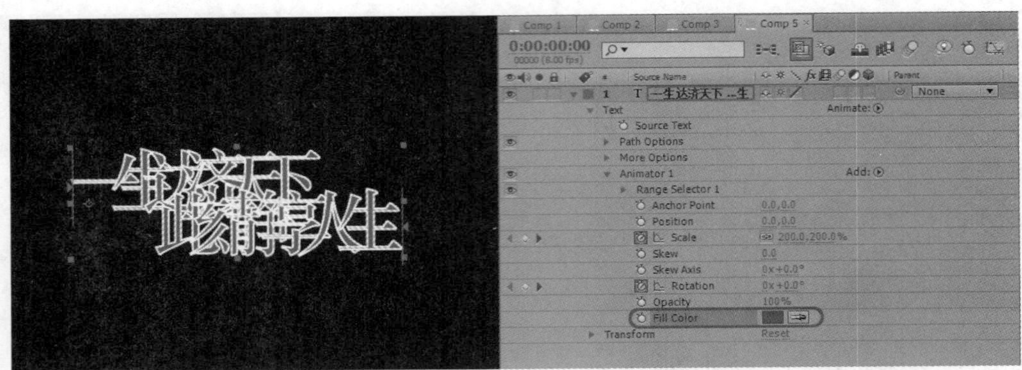

图 11-73

STEP 6 添加 Stroke Color 选项，设置其颜色为白色，再次添加 Stroke Width 选项，并将其选择，将其设置为-4.0，如图 11-74 所示。

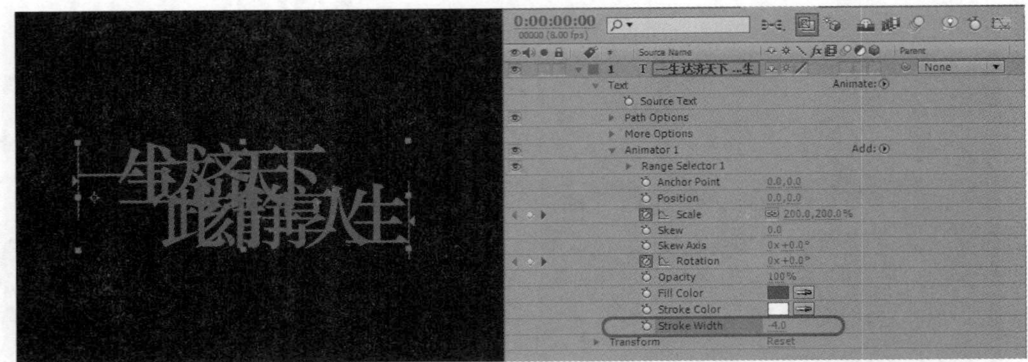

图 11-74

STEP 7 添加 Tracking 选项，选择 Tracking Amount，打开记录动画按钮，将其设置为 20，如图 11-75 所示。

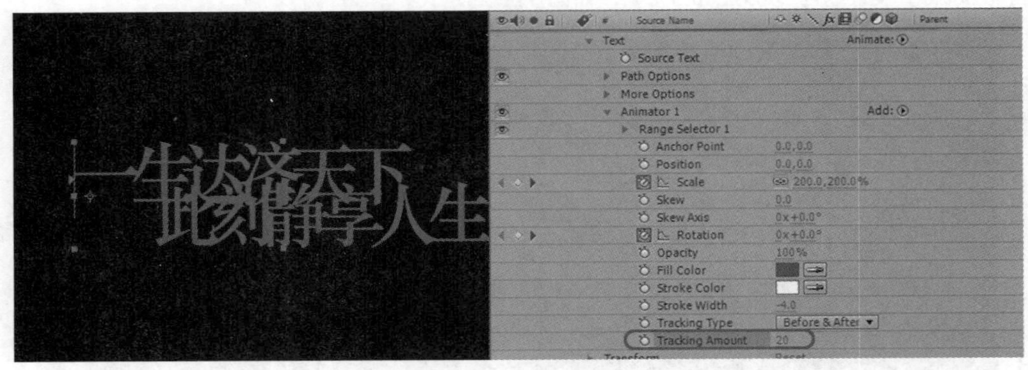

图 11-75

STEP 8 选择 Opacity 选项，在第 1 帧位置打开记录动画按钮，参数保持默认设置，在第 6 帧位置处将 Opacity 设置为 50%，如图 11-76 所示。

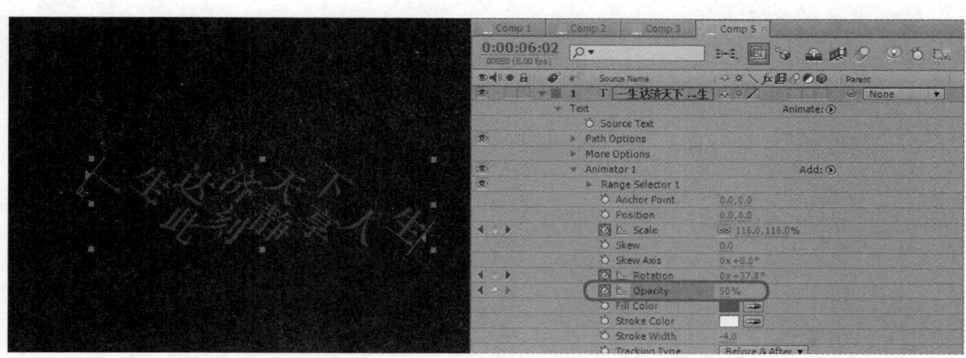

图 11-76

STEP 9　按空格键播放制作的文字动画，其效果如图 11-77 所示，本例并没有完全将各选项运用，用户可根据自己的设计理念，进行添加各选项制作更为理想的文字动画效果。

图 11-77

15. Character Offset

Character Offset：该选项可以控制每个字符按照英文的顺序向前或向后推移，比如输入的是 A，向前推一个就是 Z，而向后推一个就是 B，依此类推。如果输入的是中文，那就没有规律可言了。例如输入文字【天下无不散之宴席】，添加 Character Offset 动画组并将参数设置为 100 之后的效果如图 11-78 所示。

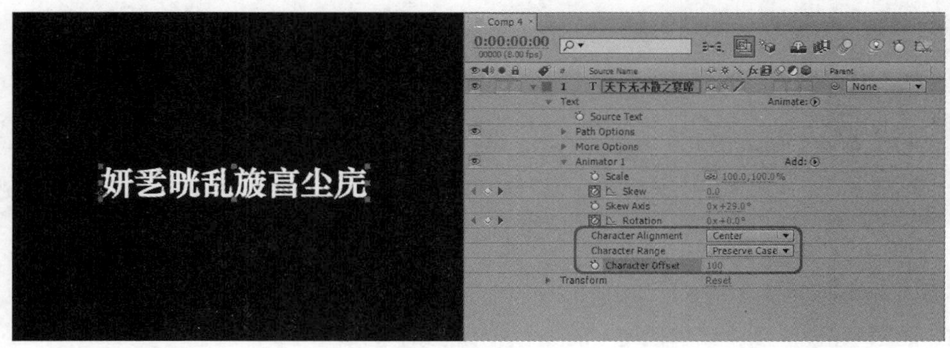

图 11-78

该特效各项参数的含义如下。

- Character Alignment：字符的对齐方式，有以下 4 项，如图 11-79 所示。

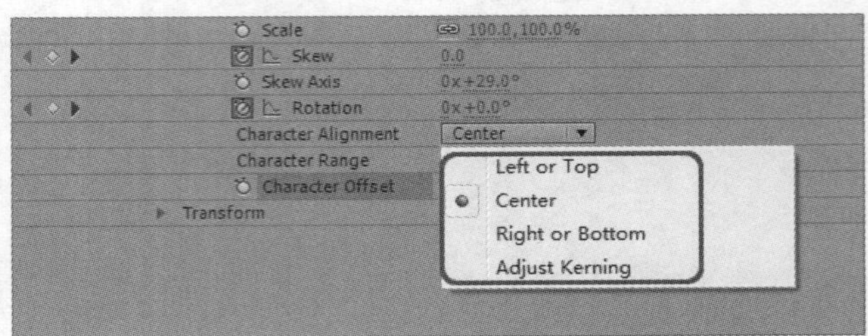

图 11-79

  - Left or Top：左对齐或上对齐。
  - Center：居中对齐。
  - Right or Bottom：右对齐或下对齐。
  - Adjust Kerning：自动调节间距。

- Character Range：字符范围，有以下两项，如图 11-80 所示。

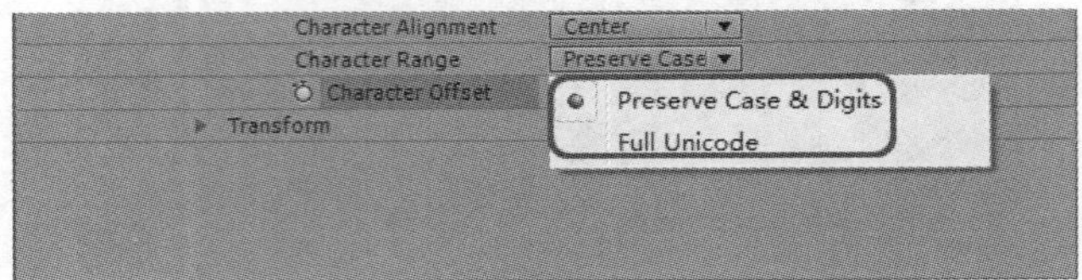

图 11-80

  - Preserve Case & Digits：选择该选项后在进行文字转换时，如果输入的是数字或符号，转换之后依然是数字或符号。
  - Full Unicode：选择该选项后，无论输入的是什么字符，都按照 Unicode 表进行统一转换。

- Character Offset：字符的偏移量，正数为正向，负数为反向。

16. Character Value

Character Value：该选项可以使字符一个接一个由其他的随机字符跳转显示出现，效果如图 11-81 所示。

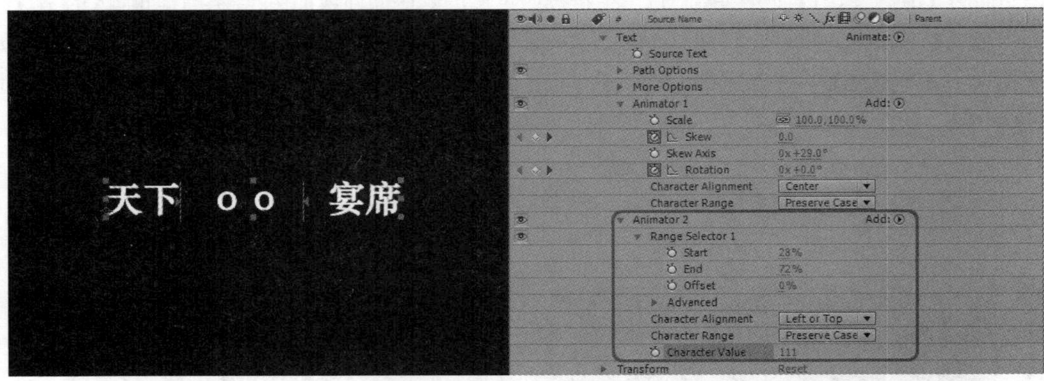

图 11-81

该特效各项参数的含义如下。

- Character Alignment：该选项与 Character Offset 的选择作用一样。
- Character Range：与 Character Offset 选项作用一样。

- Character Value：设置字符的转换值。

17. Blur

Blur：对文字进行模糊操作，并可控制单个的模糊强度，如图 11-82 所示。

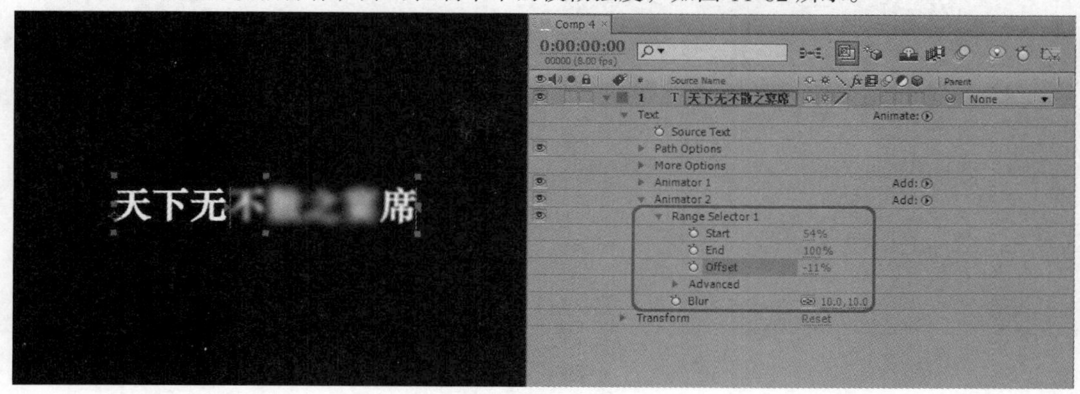

图 11-82

Blur：控制模糊强度，两个数值分别对应水平和垂直方向的模糊强度。

18. Selector

我们看到在动画组里有一个 Selector 选项，使用它可以为组内添加一些文字属性的控制项，同时也可以加入其他的额外控制项，如图 11-83 所示。

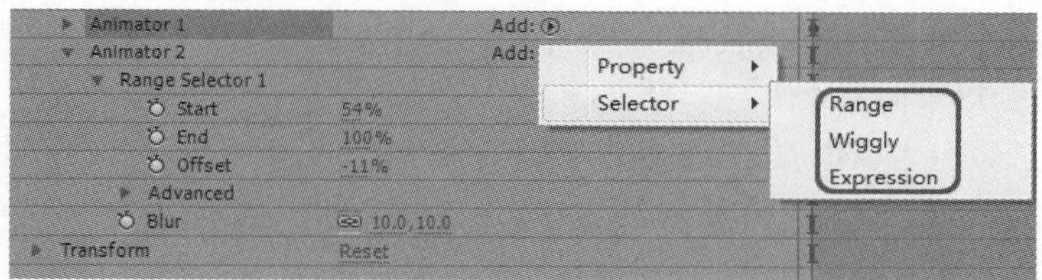

图 11-83

该特效各项参数的含义如下。

- Range：为当前动画组插入一个区域控制项。
- Wiggles：为当前动画添加一项随机值控制项，如图 11-84 所示。

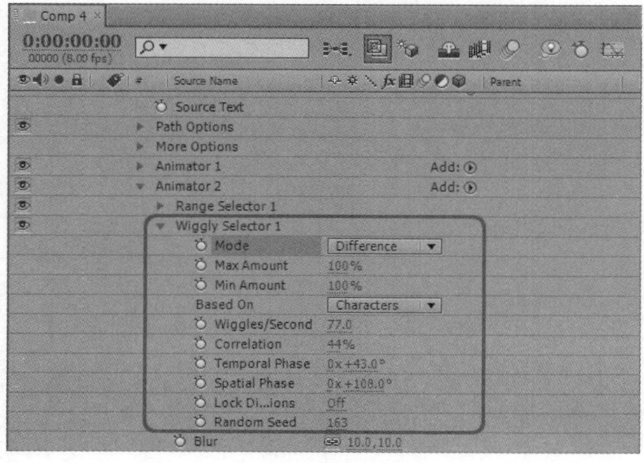

图 11-84

为动画组加入 Wiggles 控制项后，动画组内的所有数值均会受到影响，如图 11-85 所示。

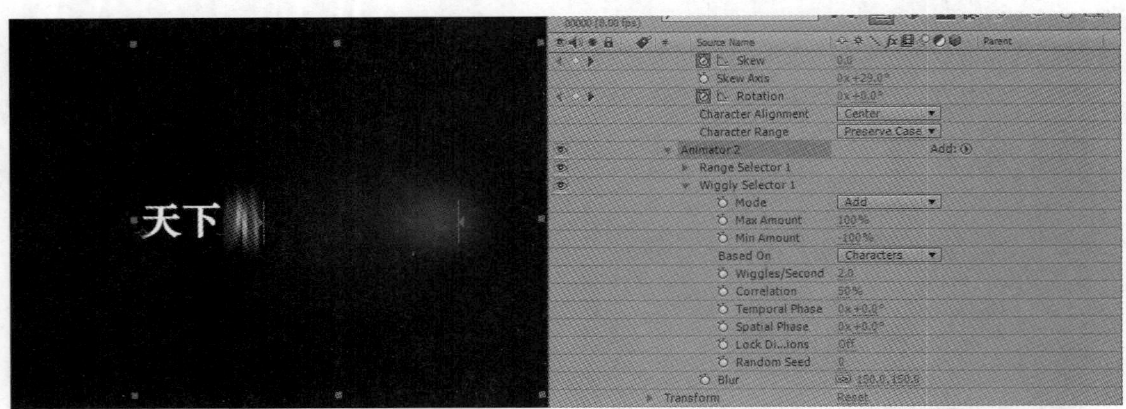

图 11-85

- Mode：与原参数的叠加方式。
- Max Amount：最大随机强度。
- Min Amount：最小随机强度。
- Based On：进行随机控制的个体单位控制。
  1. Characters：以单个字符为单位进行控制，其中包括空格。
  2. Characters Excluding Spaces：以单个字符为单位进行控制，其中不包括空格。
  3. Words：以单词为单位。
  4. Lines：以行为单位进行随机控制。
- Wiggles/Second：随机的速度。
- Correlation：相互影响强度，随机值对原来数值的影响强度。
- Temporal Phase：当前相位。
- Spatial Phase：空间相位。
- Lock Dimensions：锁定尺寸。
- Random Seed 随机种子数。

• Expression：插入表达式控制项，可以用 Java 语言编写表达式，应用于动画组。

11.4 文字动画的其他应用

After Effects 的文字动画还有一些其他方面的应用，比如，数字倒计时这类时间指示的应用，这类的应用很常见，在很多片子的开始都会有这方面的应用。

1. Number

Number：这是一个数字方面的专业特效，可以创建出多种数字效果，比如，倒计时、时间、日期等数字应用。首先创建一个任意长度的合成，再新建一个 Solid 层，为 Solid 层添加一个 Numbers 特效，即可弹出如图 11-86 所示的对话框。

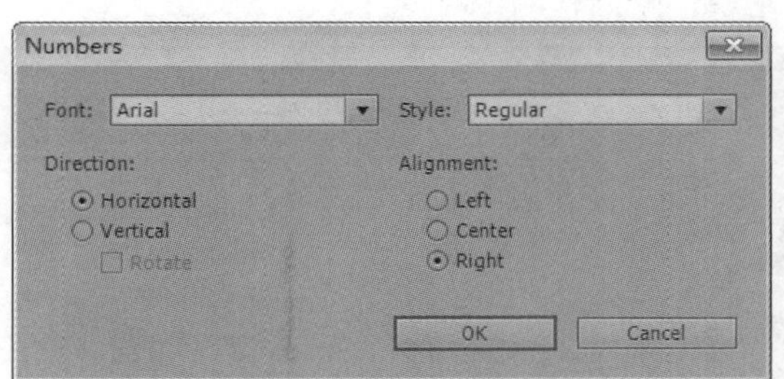

图 11-86

该特效各项参数的含义如下。

- Font：选择字体。
- Style：选择文字样式。
- Direction：文字方向设置，有以下两项。
  - Horizontal：横向文字。
  - Vertical：纵向文字。
- Alignment：文字的对齐方式，有以下 3 项。
  - Left：左对齐。
  - Center：中心对齐。
  - Right：右对齐。
- 设置完成后在视口中预览设置完成后的效果如图 11-87 所示。

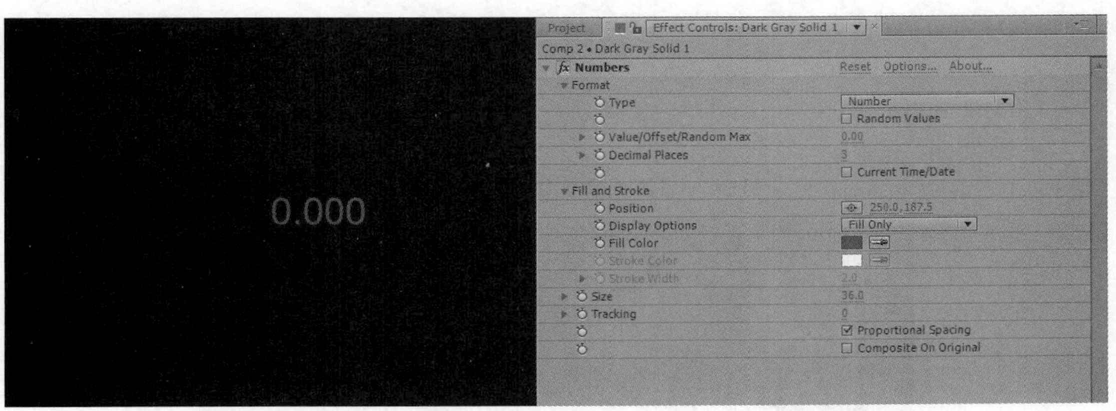

图 11-87

该特效各项参数的含义如下。

- Format：格式设置。
  - Type：类型，单击弹出下拉列表，如图 11-88 所示。
    1. Number：数字格式。
    2. Number [leading Zeros]：在数字前加零。
    3. Timecode [30]：30 帧每秒的帧速率，也就是 NTSC 的制式。
    4. Timecode [25]：25 帧每秒的帧速率，也就是 PAL 的制式。
    5. Timecode [24]：24 帧每秒的帧速率，电影制式。

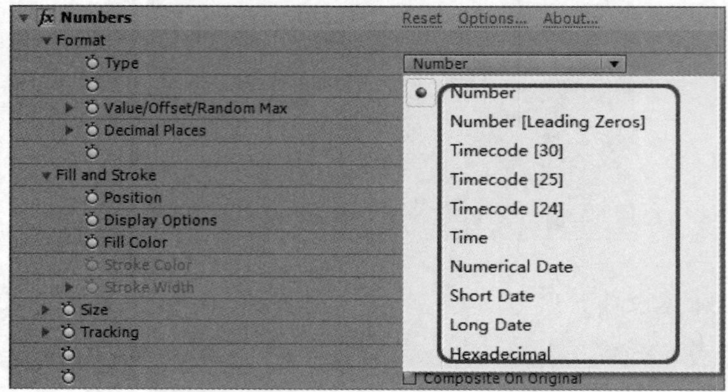

图 11-88

6. Time：显示为时间格式。
7. Numerical Date：显示为“年-月-日”格式。
8. Short Date：短时间格式。
9. Long Date：长时间格式。
10. Hexadecimal：科学计数法。

➢ Random Values：随机值，并可自动生成动画。
➢ Value/Offset/Random Max：设置数字的偏移量。
➢ Decimal Places：小数位置，最多为 10 位小数。
➢ Current Time/Date：勾选该复选框后，将显示当前计算机的时间。

- Fill and Stroke：字体填充色和描边的设置。

➢ Position：位置。
➢ Display Options：显示设置，下拉列表如图 11-89 所示。

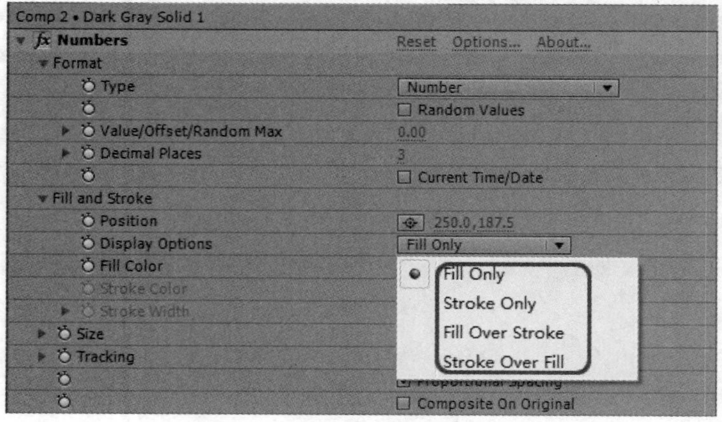

图 11-89

1. Fill Only：只显示填充。
2. Stroke Only：只显示描边。
3. Fill Over Stroke：填充色覆盖描边。
4. Stroke Over Fill：描边覆盖填充色。

  - Fill Color：设置填充颜色。
  - Stroke Color：设置描边颜色。
  - Stroke Width：描边宽度设置。
- Size：文字大小。
- Tracking：文字间距。
- Proportional Spacing：自动调节间距。
- Composite On Original：是否与原图进行合成。

2. Timecode

Timecode：用来创建一些相对简单的数字特效，它是作用就是指示当前的时间，作用相对单一，使用也简单，如图 11-90 所示。

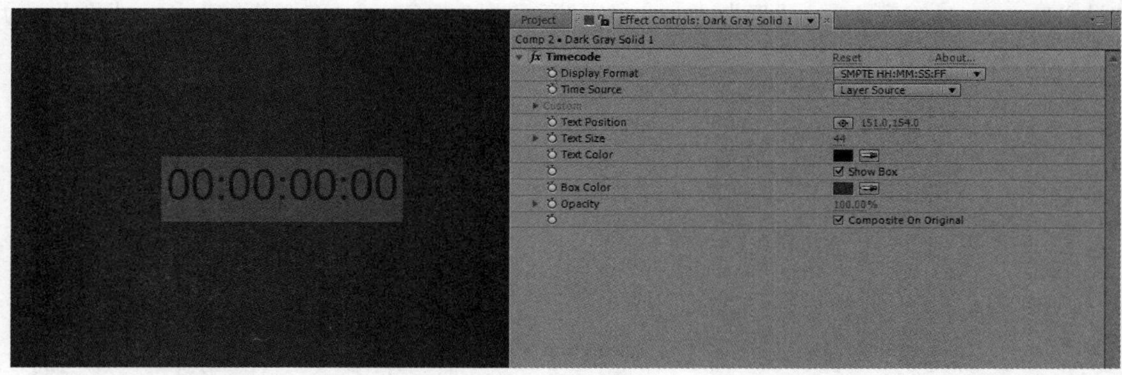

图 11-90

该特效各项参数的含义如下。

- Display Format（显示格式设置），选择不同的显示格式。
- Text Position（文本位置），用于设置时间编码显示的位置。
- Text Size（文本尺寸），用于设置时间编码的尺寸。
- Text Color（文字颜色），用于设置时间编码的颜色。

11.5　实战应用

文字动画是我们最熟悉的，影片荧幕、广告招商，文字效果一幕幕地上演着不同地效果及角色，下面将简单介绍两种文字动画效果。

11.5.1　动感模糊文字

本案例主要应用【卡片擦除】特效制作文字的卡片运动效果，然后使用【高斯模糊】特效与【彩色光】特效制作模糊与光的效果，最后使用【镜头光晕】特效设置光晕效果，使效果更精彩，最终效果如图 11-91 所示。

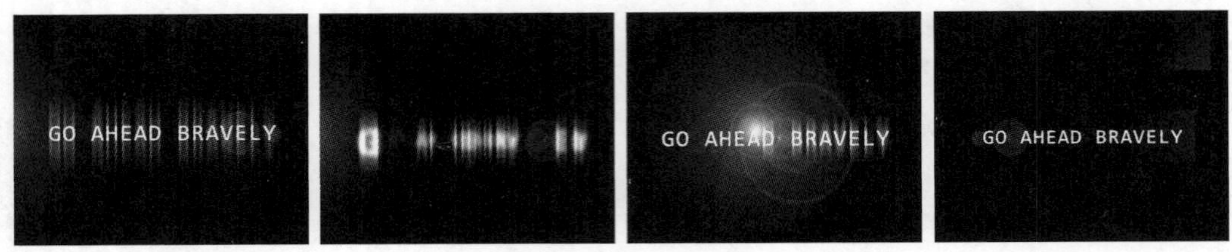

图 11-91

STEP 1 启动 After Effects CS6 软件，选择【Composition】|【New Composition】命令，新建一个名为“动感模糊文字”的合成，使用 PAL D1/DV 制式，【Duration】设置为【0:00:06:00】，如图 11-92 所示。

STEP 2 使用文字工具 T 创建文本“GO AHEAD BRAVELY”，在文字面板中进行设置，将字体设置为 Consolas，字体大小设置为 57px，文字颜色设置为白色，文本轨迹设置为 60，水平设置为 110%，并使文本在合成窗口处于居中位置，如图 11-93 所示。

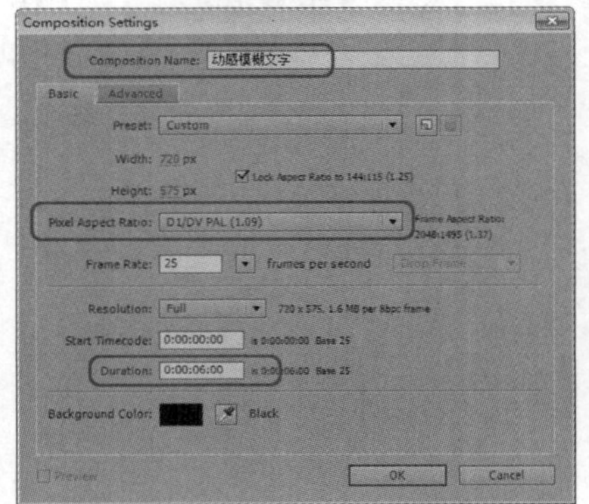

图 11-92

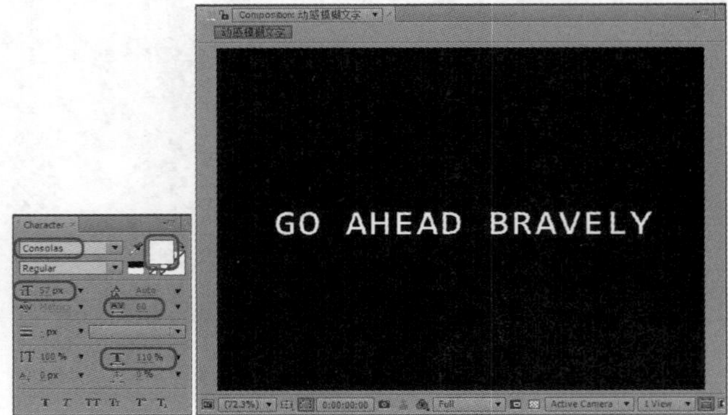

图 11-93

STEP 3 选择文本层，选择【Effect】|【Transition】|【Card Wipe】命令，在第 0:00:00:00 帧处，设置参数【Transition Completion】为【0%】，【Rows】设置为【1】，在【Position Jitter】下，单击【X Jitter Amount】和【Z Jitter Amount】左侧的按钮，打开动画关键帧记录；设置【X Jitter Speed】为【1.40】，【Y Jitter Speed】为【0.00】，【Z Jitter Speed】为【1.50】，如图 11-94 所示。

STEP 4 在第 0:00:02:12 帧处，将【X Jitter Amount】设置为【5.00】，如图 11-95 所示。

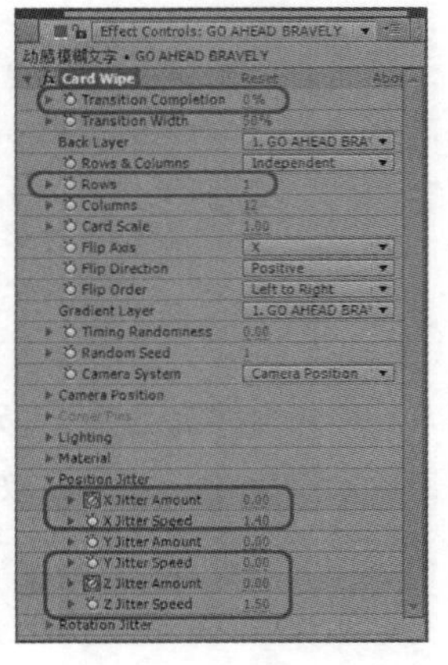

图 11-94

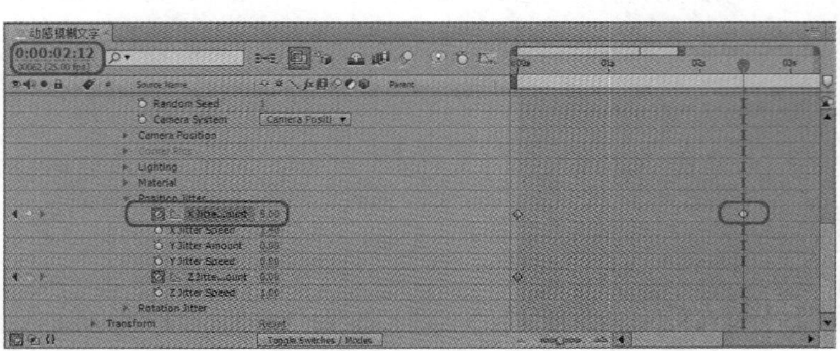

图 11-95

STEP 5　然后单击 X Jitter Speed 与 Z Jitter Speed 左侧的⏱按钮，打开动画关键帧记录；设置数值【Z Jitter Amount】为【6.16】，如图 11-96 所示。

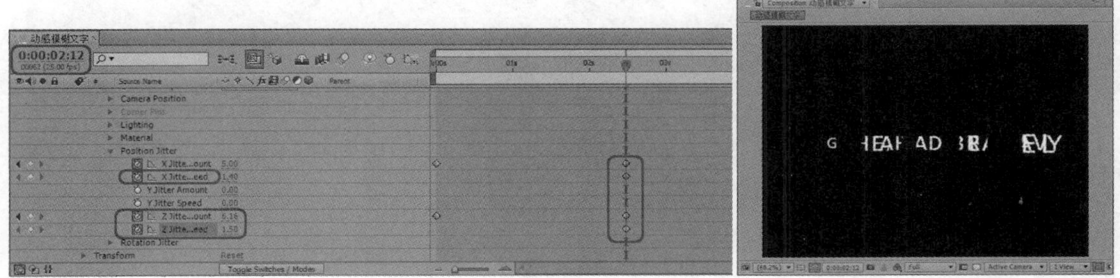

图 11-96

STEP 6　在第 0:00:03:10 帧处，单击 Transition Completion 左侧的⏱按钮，打开关键帧记录；将 X Jitter Amount、X Jitter Speed、Z Jitter Amount 和 Z Jitter Speed 都设置为 0.00，如图 11-97 所示。

图 11-97

STEP 7　在第 0:00:04:10 帧处，将【Transition Completion】设置为【100%】，如图 11-98 所示。

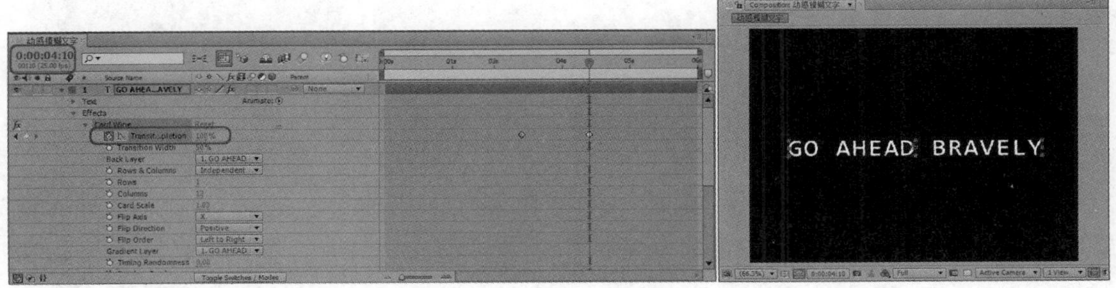

图 11-98

STEP 8　选择【Effect】|【Blur & Sharpen】|【Gaussian Blur】命令，为文字图层添加高斯模糊特效；在第 0:00:03:10 帧处，设置【Blurniness】为【27.0】，并单击 Blurniness 左侧的⏱按钮，打开动画关键帧记录，如图 11-99 所示。

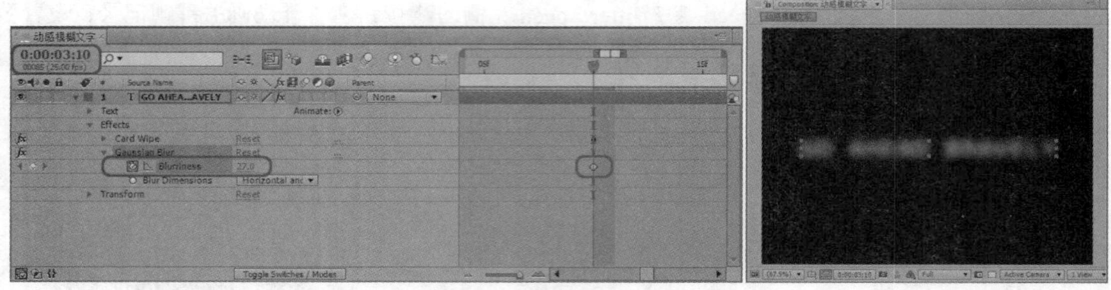

图 11-99

STEP 9 在第 0:00:04:10 帧处，设置【Blurriness】为【0.0】，如图 11-100 所示。

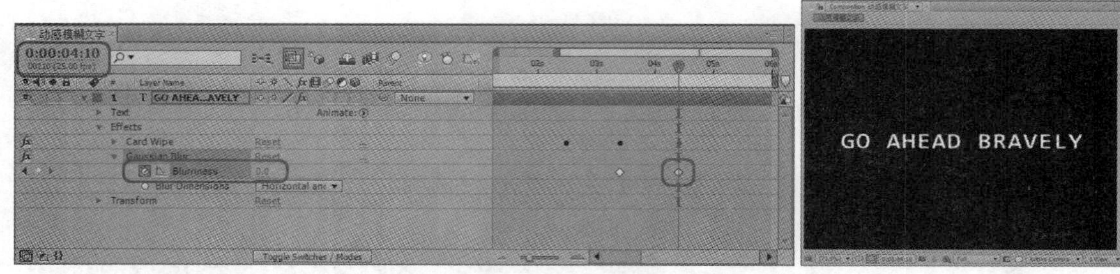

图 11-100

STEP 10 在第 0:00:00:10 帧处，设置【Blurriness】为【0.0】，如图 11-101 所示。

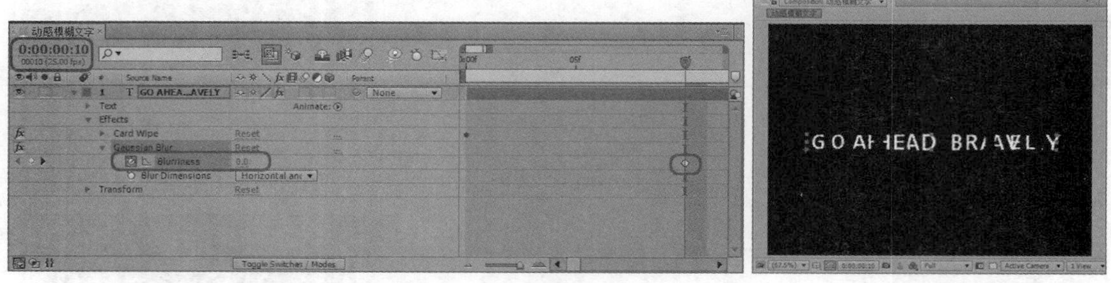

图 11-101

STEP 11 选择文字图层，按【Ctrl+D】键进行复制，并将复制的文字层命名为光芒，在 Effect Controls 面板中将 Gaussian Blur 特效删除，然后选择【Effect】|【Blur & Sharpen】|【Directional Blur】命令，添加方向模糊特效；在第 0:00:00:00 帧处，将 Blur Length 设置为【100.0】，并单击左侧的⏱按钮，打开关键帧记录，如图 11-102 所示。

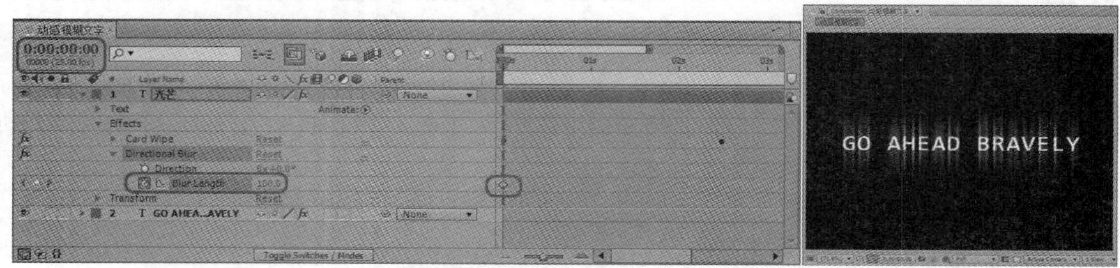

图 11-102

STEP 12 在第 0:00:01:17 帧处，将【Blur Length】设置为【50.0】，如图 11-103 所示。

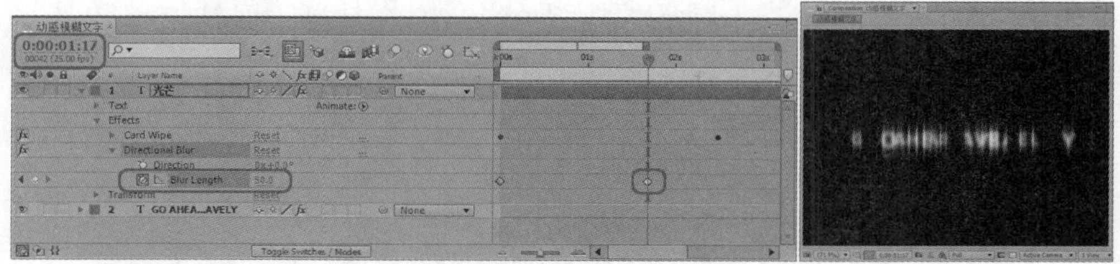

图 11-103

STEP 13 在第 0:00:03:10 帧处，将【Blur Length】设置为【100.0】，如图 11-104 所示。

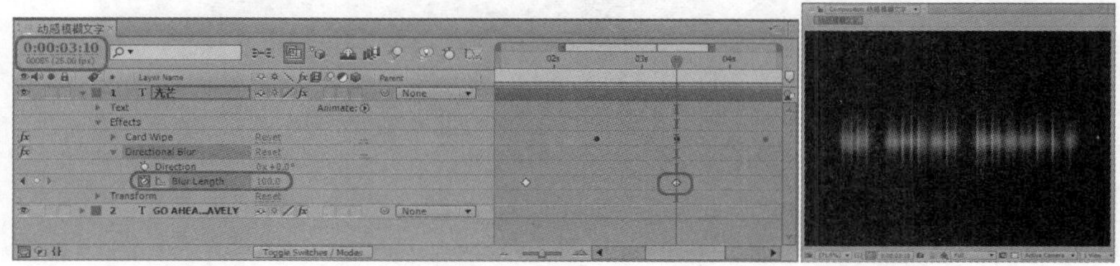

图 11-104

STEP 14 在第 0:00:04:10 帧处，将【Blur Length】设置为【50.0】，如图 11-105 所示。

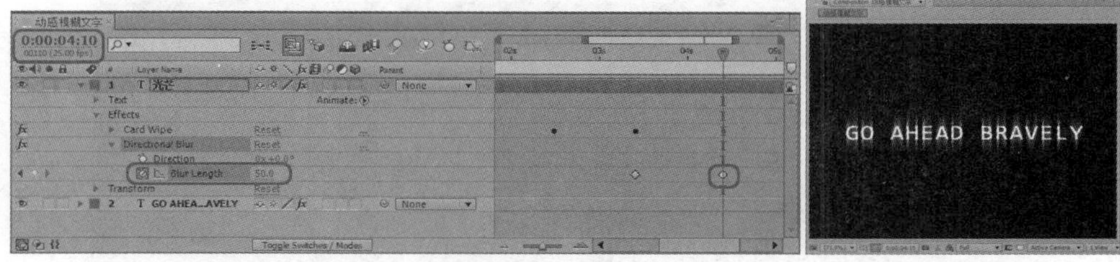

图 11-105

STEP 15 选择光芒图层，执行【Effect】|【Color Correction】|【Levels】命令，为其添加色阶特效，将【Channel】设置为【Alpha】，【Alpha Input White】设置为【288.1】，【Alpha Gamma】设置为【1.49】，【Alpha Output Black】设置为【-7.6】，【Alpha Output White】设置为【306.0】，如图 11-106 所示。

图 11-106

STEP 16 继续选择光芒图层，执行【Effect】|【Color Correction】|【Colorama】命令，为其添加色彩渐变映射特效，将 Input Phase（输入相位）下的 Get Phase From（获取相位自）设置为 Alpha，如图 11-107 所示。

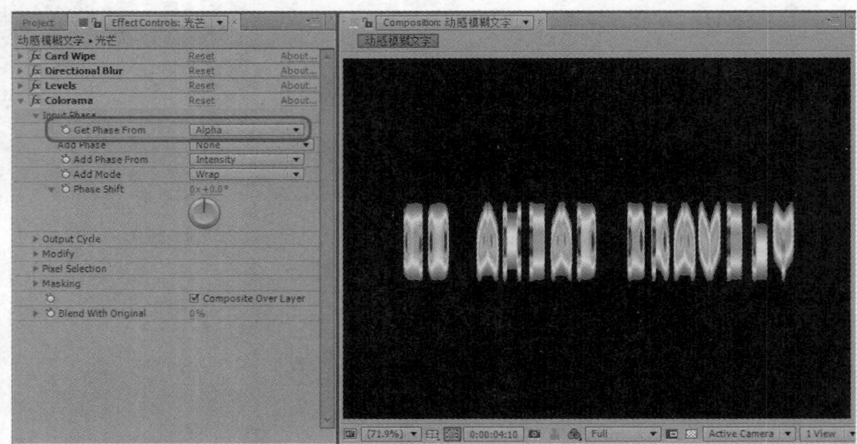

图 11-107

STEP 17 在 Output Cycle（输出循环）下，将 Use Preset Palette（使用预置调色板）设置为 Fire，如图 11-108 所示。

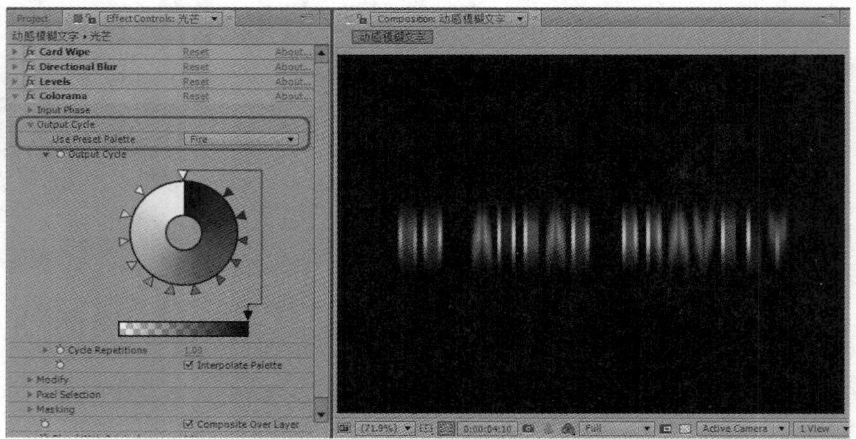

图 11-108

STEP 18 选择光芒图层，将其 Mode 设置为 Add，如果未发现该选项，可以单击下方的 Toggle Switches/Modes（切换开关/模式）按钮进行切换，如图 11-109 所示。

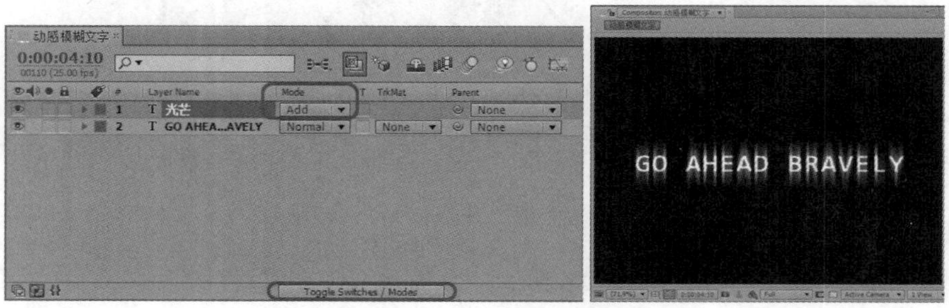

图 11-109

STEP 19　选择【Layer】|【New】|【Solid】命令，打开【Solid Settings】对话框，将 Name（名称）设置为遮罩，Color（颜色）设置为黑色，其他参数保持默认设置，单击【OK】按钮，如图 11-110 所示。

STEP 20　新建固态层后，选择光芒图层，将 Track Matte（轨道蒙版）设置为 Alpha Matte“[遮罩]”，如图 11-111 所示。

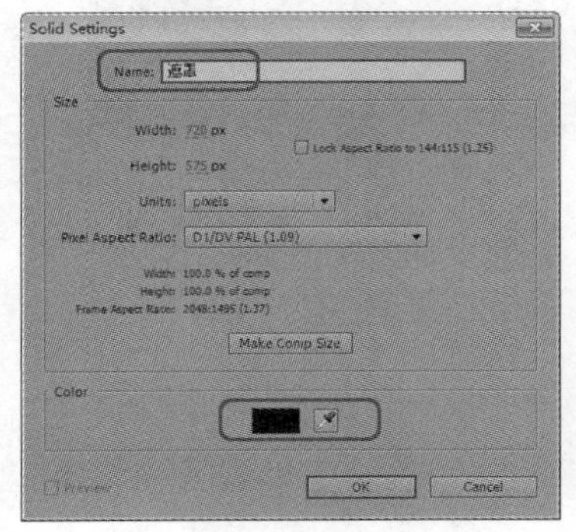

图 11-110

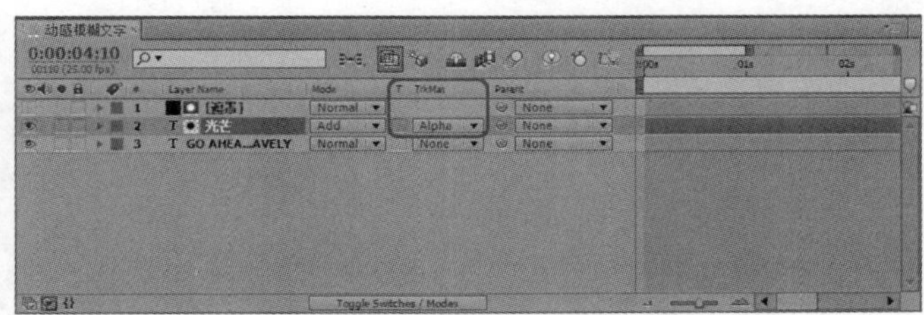

图 11-111

STEP 21　在第 0:00:04:10 帧处，选择遮罩图层，按【P】键打开位置属性，并单击左侧的按钮，打开动画关键帧记录；然后在第 0:00:05:10 帧处，将【Position】设置为【1100.0,288.0】，如图 11-112 所示。

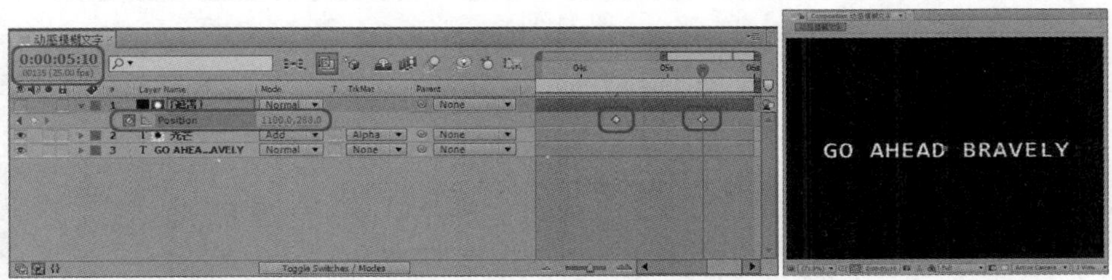

图 11-112

STEP 22　选择【Layer】|【New】|【Solid】命令，打开【Solid Settings】对话框，将 Name（名称）设置为光晕，其他参数保持默认设置，如图 11-113 所示。

STEP 23　选择光晕图层，将其 Mode 设置为 Add，如图 11-114 所示。

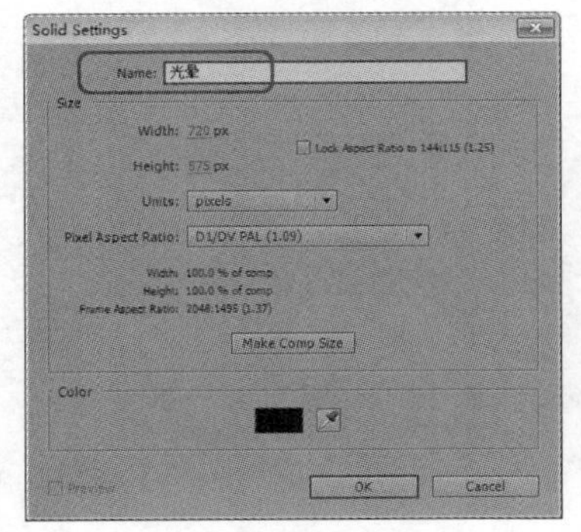

图 11-113

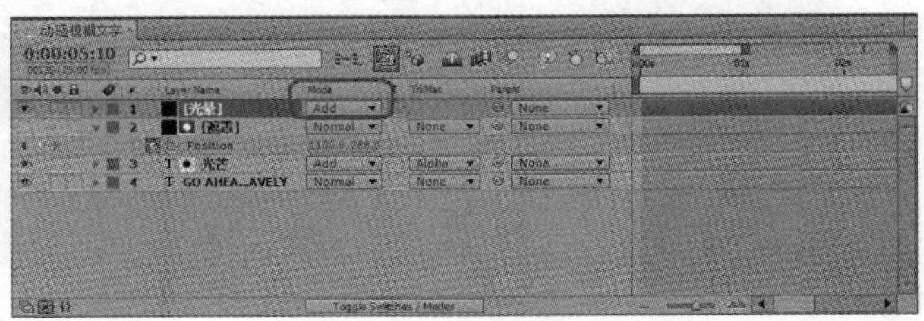

图 11-114

STEP 24　继续选择光晕图层，执行【Effect】|【Generate】|【Lens Flare】命令，为其添加镜头光晕特效，在第 0:00:04:10 帧处，将【Flare Center（光晕中心）】设置为【-64.0,273.4】，并单击左侧的按钮，打开动画关键帧记录，如图 11-115 所示。

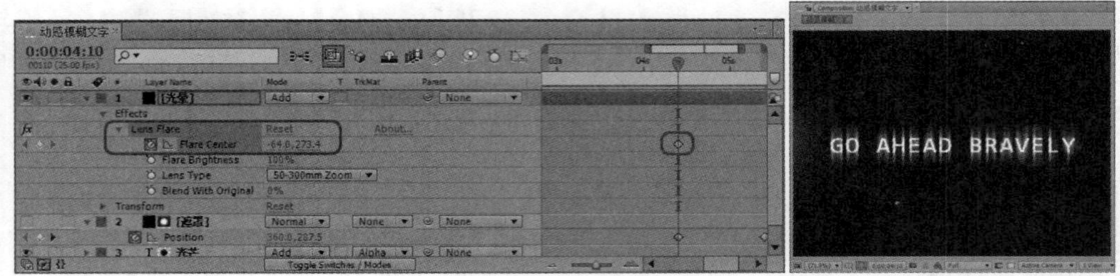

图 11-115

STEP 25 选择光晕图层，按【Alt+[】键剪切层的入点，如图 11-116 所示。

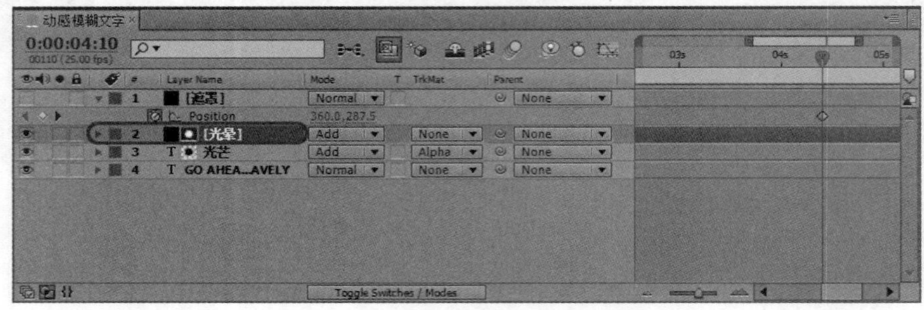
图 11-116

STEP 26 在第 0:00:05:10 帧处，将 Flare Center（光晕中心）设置为【798.0,273.4】，如图 11-117 所示。

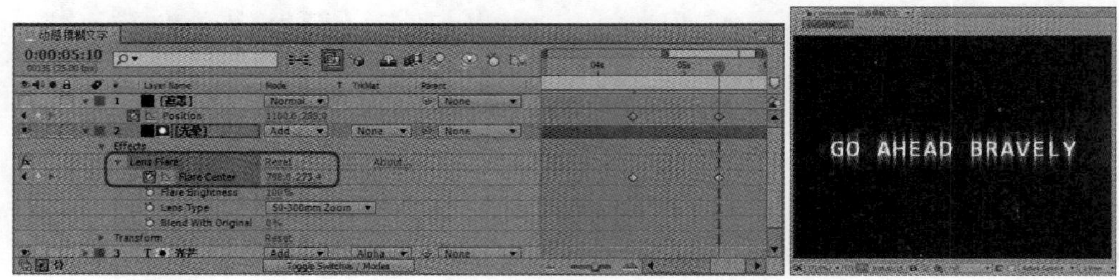

图 11-117

STEP 27 设置完成后，选择光晕图层，按【Alt+]】键剪切层的出点，如图 11-118 所示。

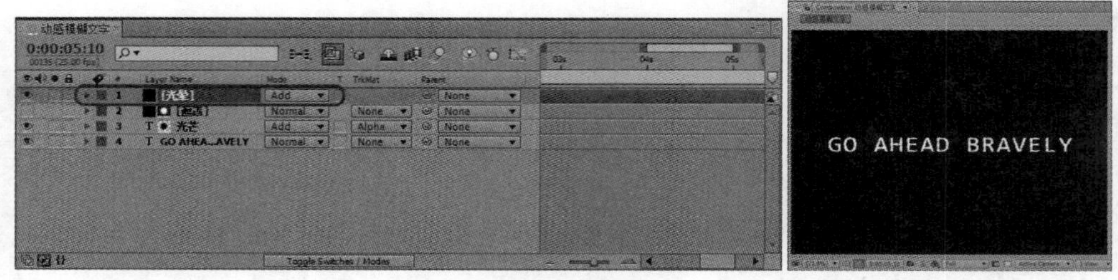

图 11-118

STEP 28 场景制作完成后，按小键盘区的【0】键，预览影片效果；当影片文件太大时，影片的预览速度非常慢，这时可以通过降低显示的质量来提高影片的预览速度。在 Composition 窗口中单击【Full】按钮，在弹出的菜单中可以选择需要的显示质量，如图 11-119 所示；也可以选择 Custom 命令，打开【Custom Resolution】对话框，进行自定义设置，如图 11-120 所示。

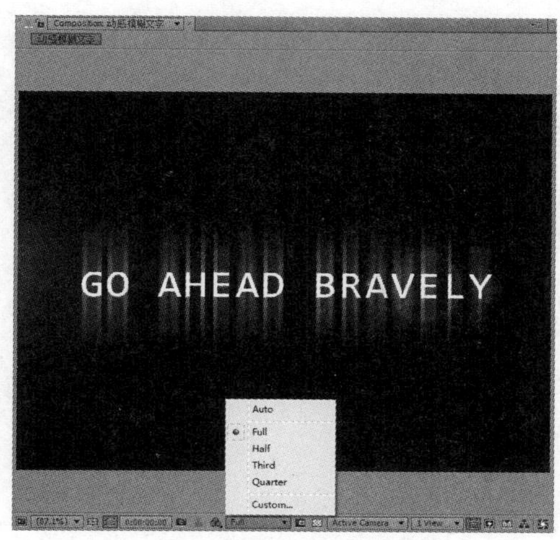

图 11-119

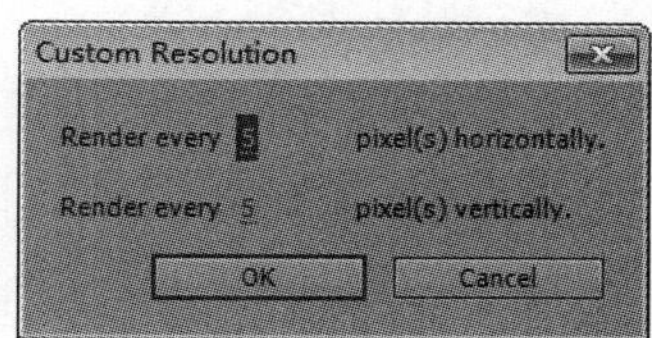

图 11-120

STEP 29 影片制作完成后，最终要将其输出为复合应用需要的影片，选择【Composition】|【Add to Render Queue】命令，将【动感模糊文字】合成导入【Render Queue】窗口中，如图 11-121 所示。

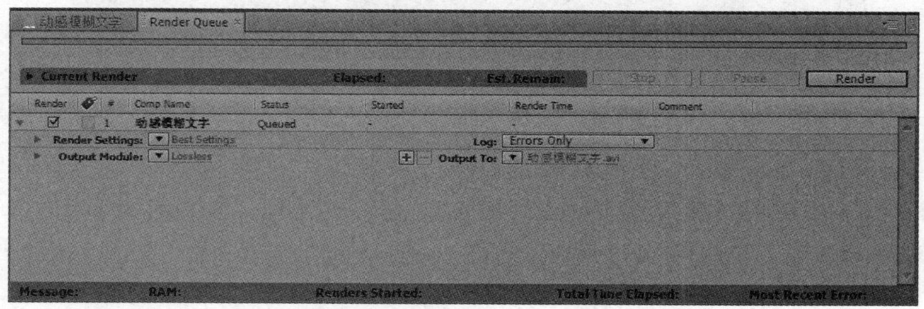

图 11-121

STEP 30 单击 Output To（输出到）右侧的动感模糊文字，打开【Output Movie To】对话框，选择一个保存路径，并为影片命名，设置完成后单击【保存】按钮，如图 11-122 所示。

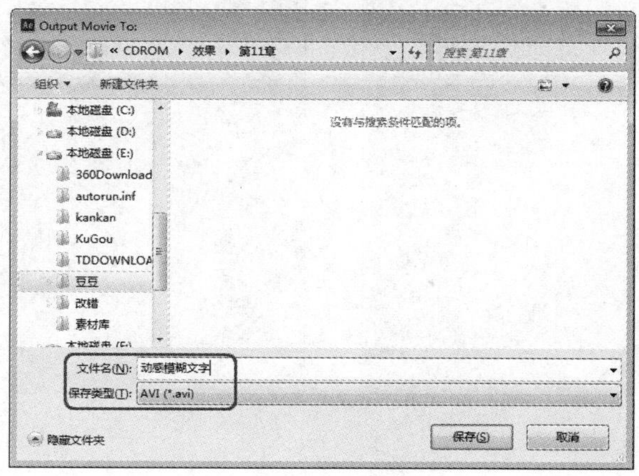

图 11-122

STEP 31 单击【Render】按钮，开始进行渲染输出，如图 11-123 所示为影片渲染输出的进度。

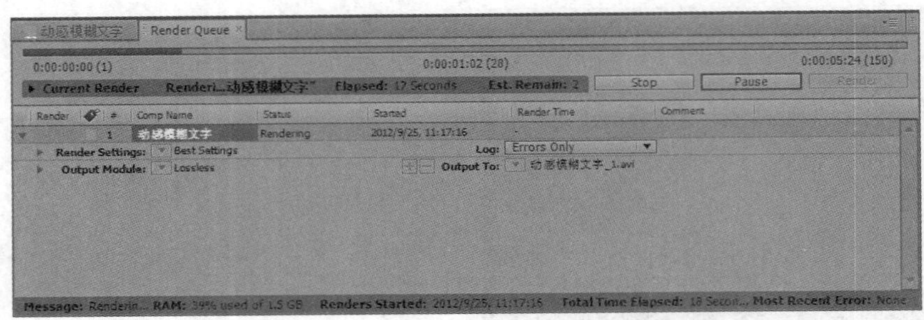

图 11-123

11.5.2 爆炸文字

下面将介绍怎样制作由光影文字到爆炸文字的效果，其效果如图 11-124 所示。

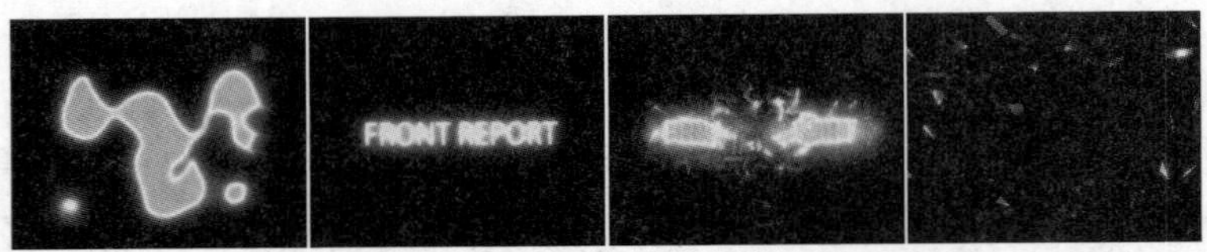

图 11-124

STEP 1 启动 After Effects CS6 软件，选择【Composition】|【New Composition】命令，新建一个名为“贴图”的合成，使用 PAL D1/DV 制式，持续时间设置为 0:00:10:00，如图 11-125 所示。

STEP 2 在时间线空白处右击，在弹出的快捷菜单中选择【New】|【Solid】命令，新建一个图形，在弹出的对话框中将其重命名为【流动背景】，【Color】设置为黑色，如图 11-126 所示。

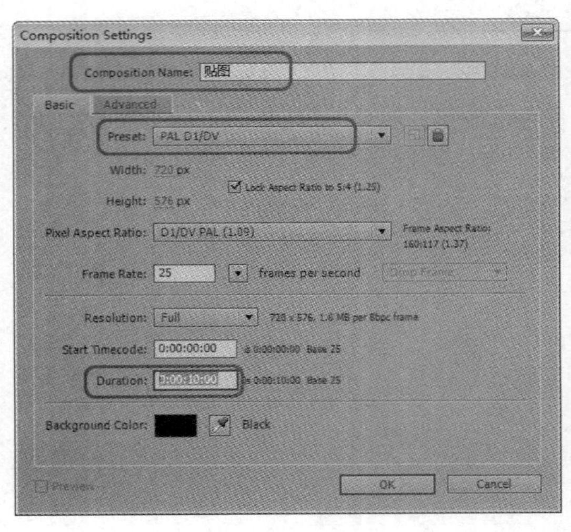

图 11-125

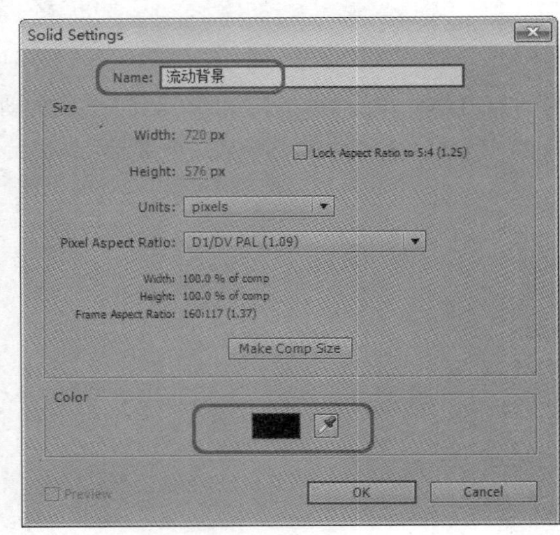

图 11-126

STEP 3 设置完成后单击【OK】按钮，选择新建的图层，切换至【Effects& Presets】窗口，选择【Noise& Grain】|【Fractal Noise】命令，如图 11-127 所示。

STEP 4　选择该特效，将其添加至选择的图层上，切换至【Effect Controls】窗口，将【Contrast】设置为 200.0，将【Complexity】设置为【2.0】，展开【Transform】选项栏，将【Scale】设置为【150.0】，单击【Evolution】选项左侧的 按钮，打开记录动画，在第 0:00:00:00 帧时将其设置为【0x+0.0°　】，第 100 帧时设置为【720°　】，如图 11-128 所示。

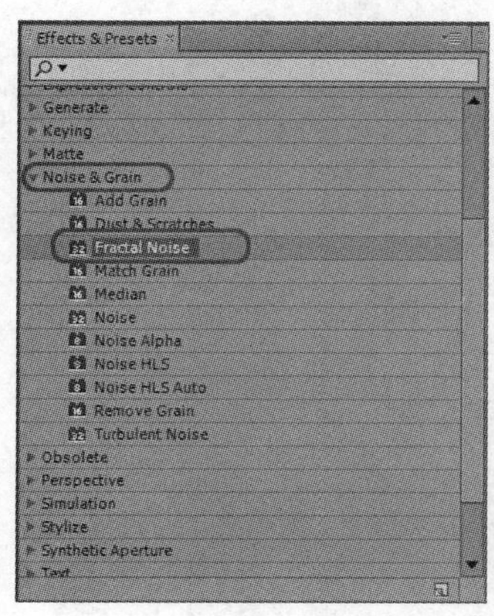

图 11-127

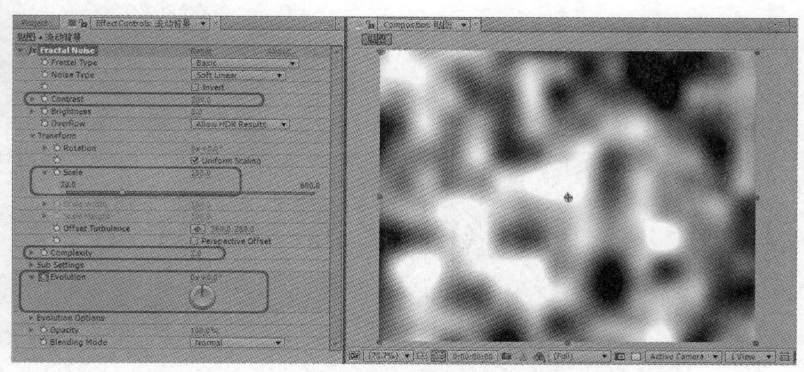

图 11-128

STEP 5　在时间线面板中选择【流动背景】层，将当前时间设置为 0:00:03:00，展开【Transform】，单击【Opactiy】左侧的 按钮，打开记录动画，如图 11-129 所示。

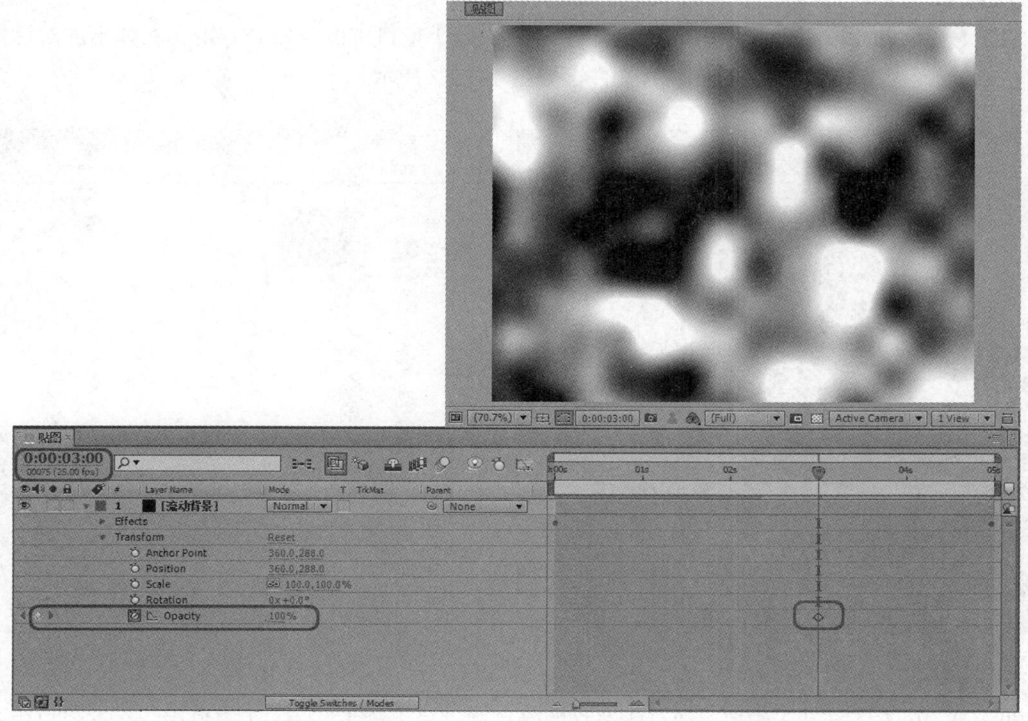

图 11-129

STEP 6　将当前时间设置为 0:00:04:12，将【Opactiy】设置为【0%】，如图 11-130 所示。

图 11-130

STEP 7 选择【Composition】|【New Composition】命令，在弹出的对话框中将其重命名为【最终合成文件】，将其持续时间设置为 0:00:10:00，如图 11-131 所示。

STEP 8 设置完成后单击【OK】按钮，在【Project】窗口中的空白处右击，在弹出的对话框中选择随书附带光盘中的【背景.jpg】素材文件，如图 11-132 所示。

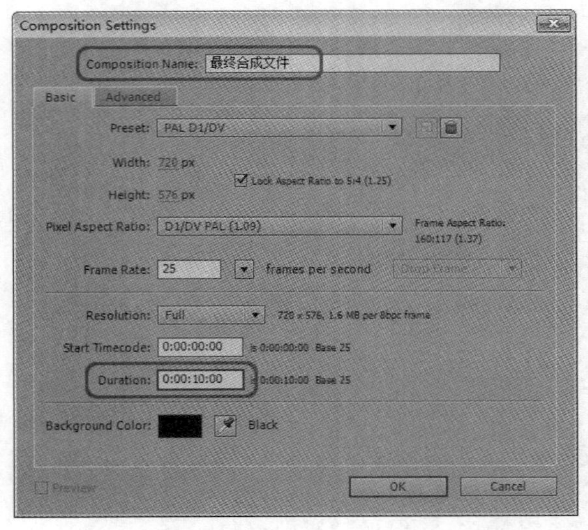

图 11-131

图 11-132

STEP 9 单击【打开】按钮，即可将选择的素材文件导入到【Project】窗口中，在该窗口中选择【贴图】合成，将其拖动至时间线窗口中，关闭其可见性，然后将导入的素材文件拖动至时间线窗口中的【贴图】层上方，如图 11-133 所示。

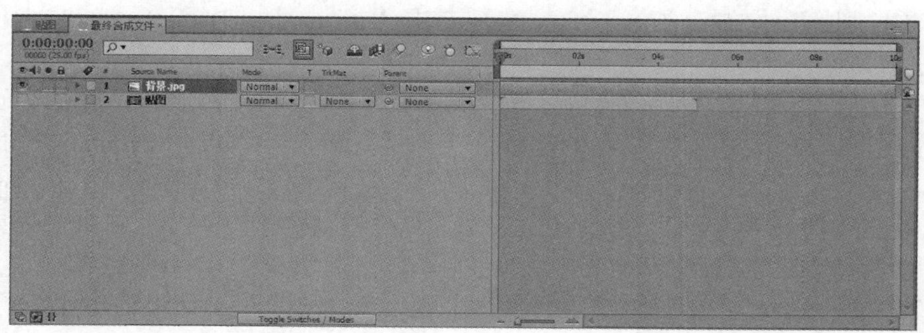

图 11-133

STEP 10　使用文字工具 T 创建 FRONT REPORT 文字，设置颜色的 RGB 值为 235、223、102，文字大小设置为 75px，字体为随意，如图 11-134 所示。

图 11-134

STEP 11　切换至【Effects& Presets】窗口，选择【Blur& Sharpen】|【Compound Blur】命令，如图 11-135 所示。

STEP 12　选择该特效，为时间线窗口中添加【FRONT REPORT】层，切换至【Effect Controls】窗口，将【Blur layer】设置为【3.贴图】，将【Maximum Blur】设置为【30.0】，如图 11-136 所示。

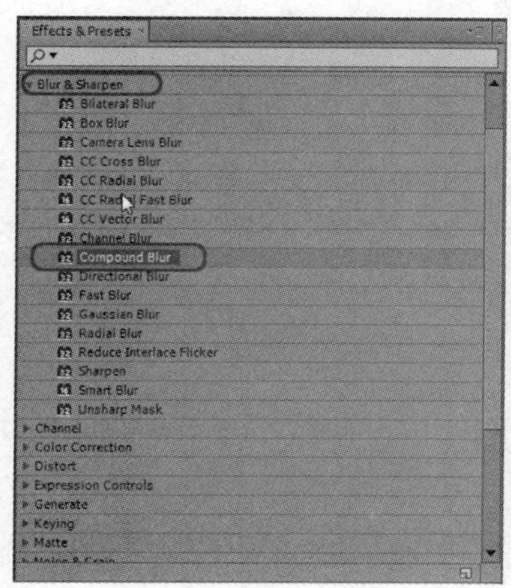

图 11-135

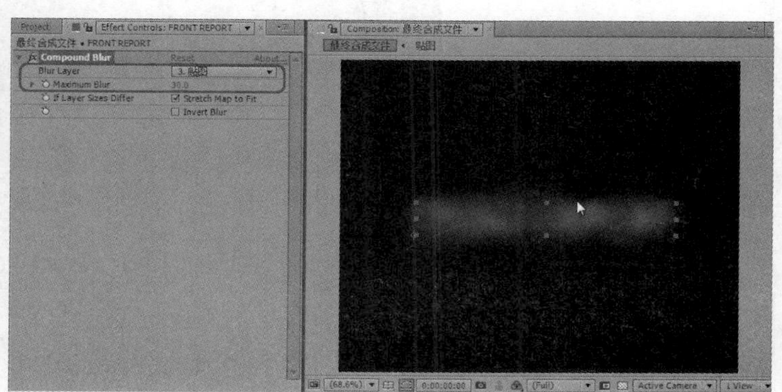

图 11-136

STEP 13 切换至【Effects& Presets】窗口，选择【Distort】|【Displacement Map】命令，如图 11-137 所示。

STEP 14 选择该特效，为时间线窗口中添加【FRONT REPORT】层，切换至【Effect Controls】窗口，将【Displacement Map Layer】设置为【3.贴图】，将【Use For Horizontal Displace】设置为【Lightness】，将【Max Horizontal Displacemer】设置为【-35.0】，将【Use Vertical Displacement】设置为【Lightness】，将【Max Vertical Displacement】设置为【150.0】，如图 11-138 所示。

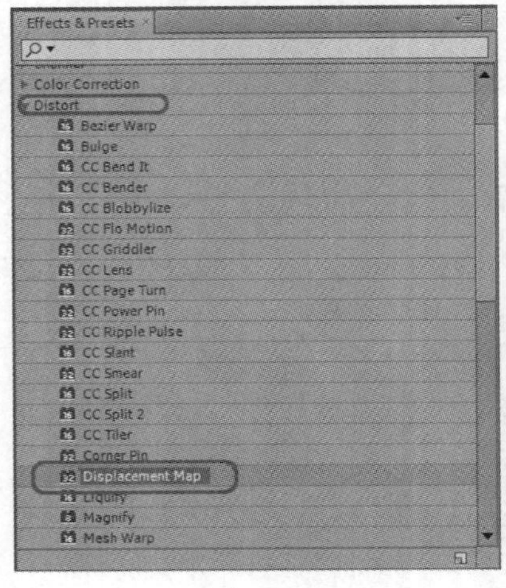

图 11-137

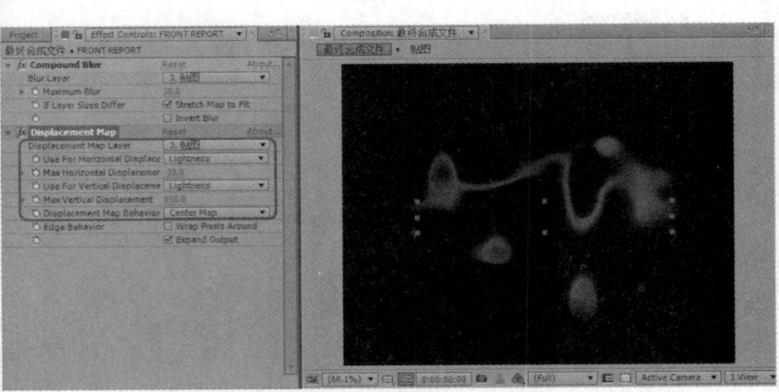

图 11-138

STEP 15 切换至【Effects& Presets】窗口，选择【Stylize】|【Glow】命令，如图 11-139 所示。

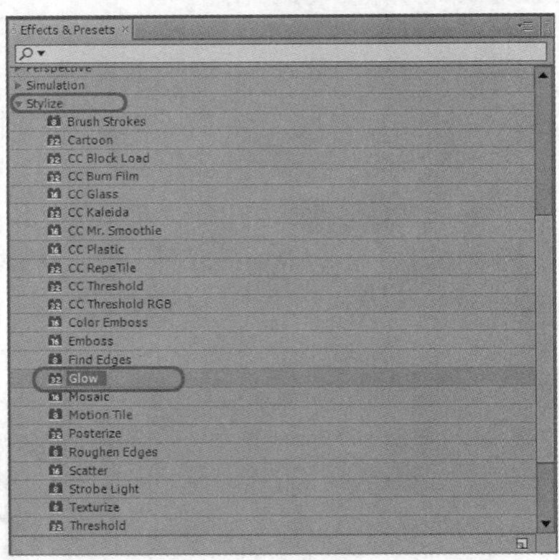

图 11-139

STEP 16 选择该特效，为时间线窗口中添加【FRONT REPORT】层，切换至【Effect Controls】窗口，将【Glow Based On】设置为【Alpha Channel】，将【Glow Threshold】设置为 8.0%，将【Glow Radius】设置为【80.0】，将【Glow Intensity】设置为【2.5】，将【Color A】的 RGB 值设置为 225、226、5，将【Color B】的 RGB 值设置为 255、0、0，如图 11-140 所示。

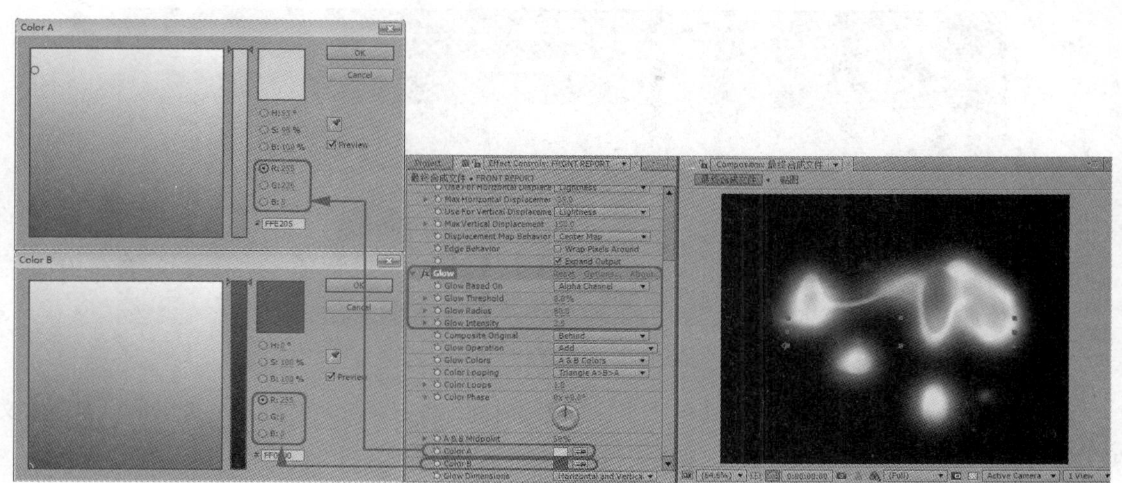

图 11-140

STEP 17 确认当前时间为 0:00:05:00，将【FRONT REPORT】的长度拖动至与时间线重合，如图 11-141 所示。

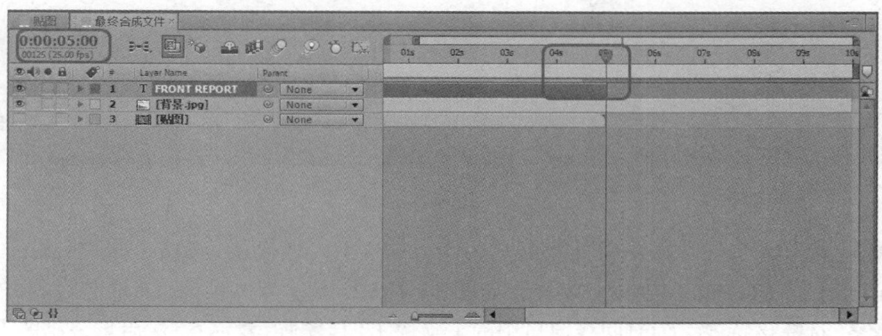

图 11-141

STEP 18 复制【FRONT REPORT】层，并将其重命名为【文字】，调整该层在时间线窗口中的位置，如图 11-142 所示。

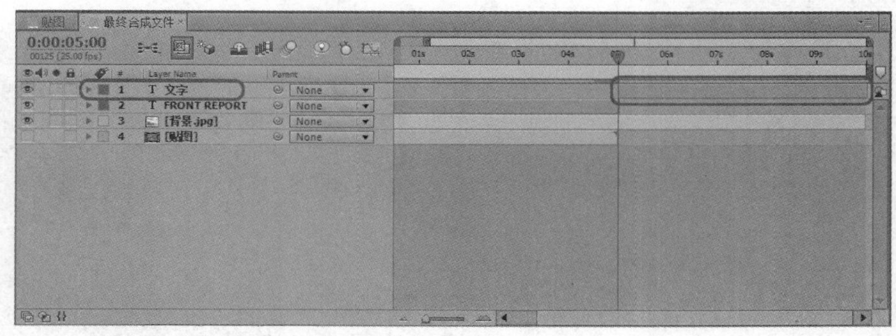

图 11-142

STEP 19 将当前时间设置为 0:00:06:00，调整【FRONT REPORT】层的结尾处与时间线重合，如图 11-143 所示。

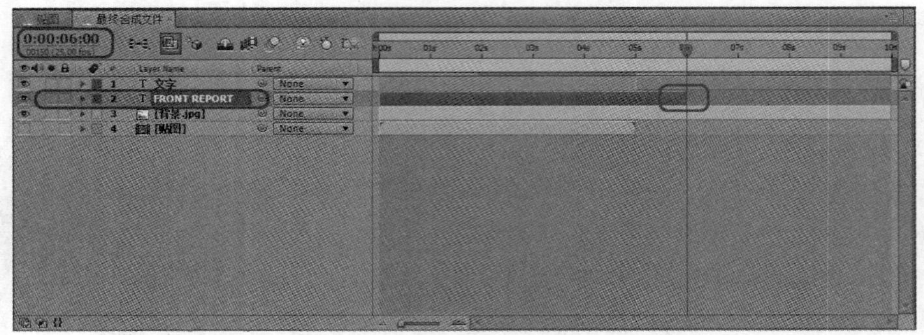

图 11-143

STEP 20 使用同样的方法调整【文字】层的持续时间，将当前时间设置为 0:00:07:00，选择【文字】层，按【Ctrl+Shift+D】组合键，分裂图层，如图 11-144 所示。

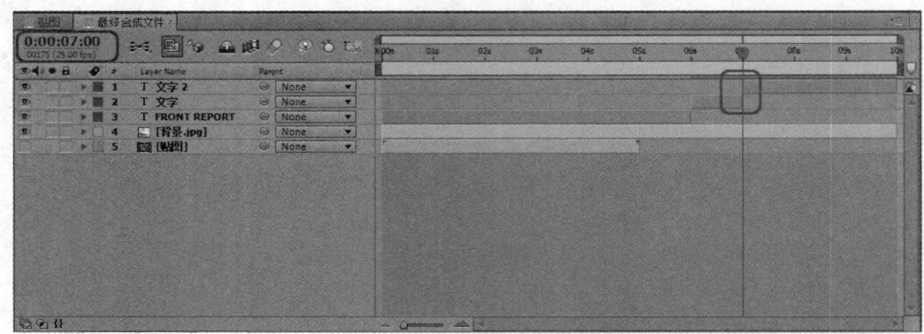

图 11-144

STEP 21 选择【文字 2】，将其重命名为【碎块 1】，切换至【Effects& Presets】窗口，选择【Simulation】|【CC Pixel Polly】特效，如图 11-145 所示。

STEP 22 选择该特效，为时间线窗口中的【碎块 1】层添加该特效，然后将该层的【Compound Blur】、【Displacement Map】特效删除，将【Gravity】设置为【-0.00】，将当前时间设置为 0:00:07:00，单击【Force】左侧的 按钮，打开记录动画，并将其参数设置为 0.0，如图 11-146 所示。

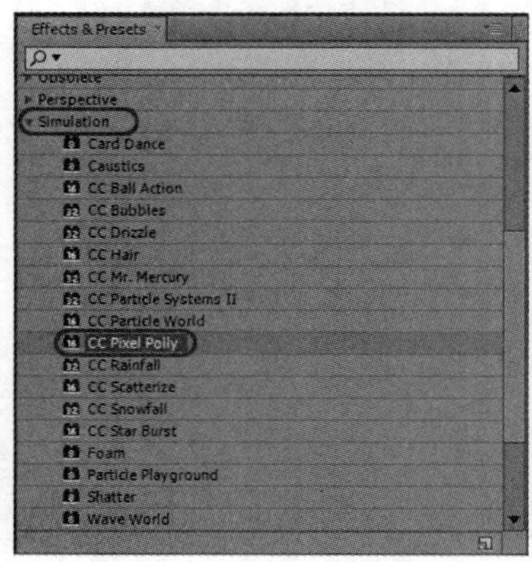

图 11-145

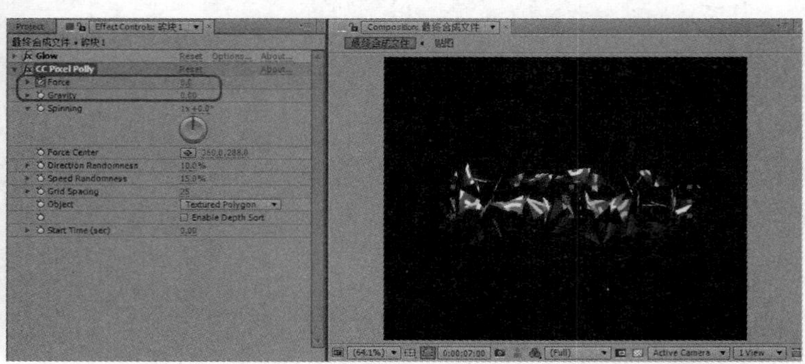

图 11-146

STEP 23 使用同样的方法，将【文字】层的【Compound Blur】、【Displacement Map】特效删除。

STEP 24 将当前时间设置为 0:00:08:00，将【Force】设置为【100.0】，如图 11-147 所示。

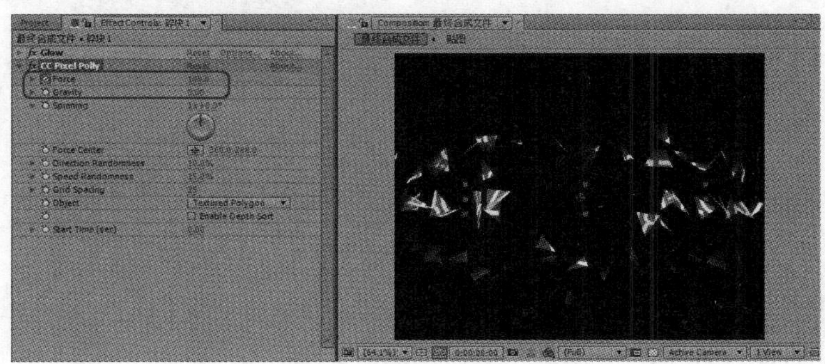

图 11-147

STEP 25 复制图层【碎块 2】，将【CC Pixel Polly】删除，为该图层添加【Shatter】特效，切换至【Effect Controls】窗口，将【View】设置为【Rendered】，展开【Shape】选项，将【Pattern】设置为【Glass】，将【Repetitions】设置为【20.00】，如图 11-148 所示。

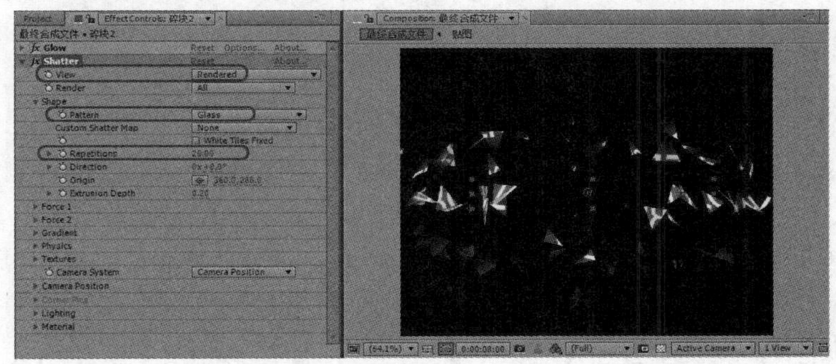

图 11-148

STEP 26 展开【Physics】选项，将【Gravity】设置为 1。展开【Force】选项，将当前时间设置为 0:00:07:00，将【Radius】设置为【0.00】，单击该项左侧的 按钮，打开记录动画，如图 11-149 所示。

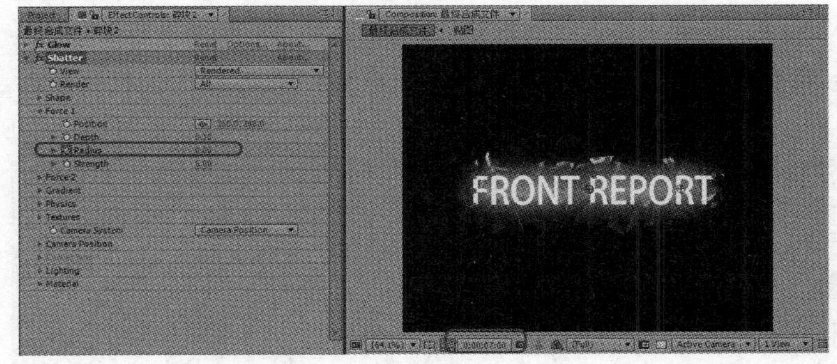

图 11-149

STEP 27 将当前时间设置为 0:00:08:00，将【Radius】设置为【0.40】，如图 11-150 所示。

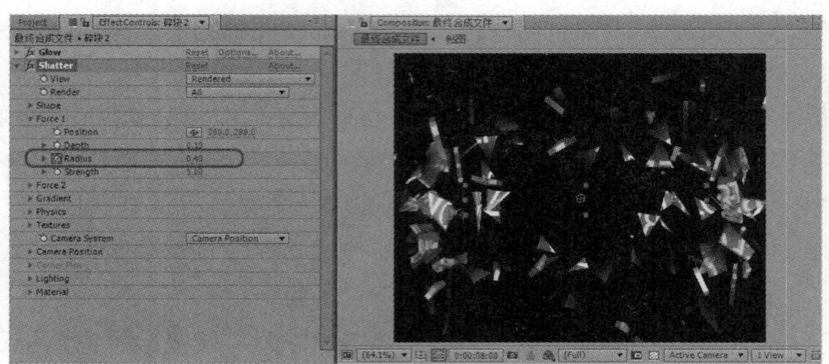

图 11-150

STEP 28 选择【碎块 1】层，复制该图层，将其重命名为【碎末】，关闭【CC Pixel Polly】，在时间线窗口中，单击【Animate】右侧的三角按钮，在弹出的下拉菜单中选择【Scale】命令，为其添加【Scale】动画器，将当前时间设置为 0:00:07:00，单击该项左侧的 按钮，打开记录动画，如图 11-151 所示。

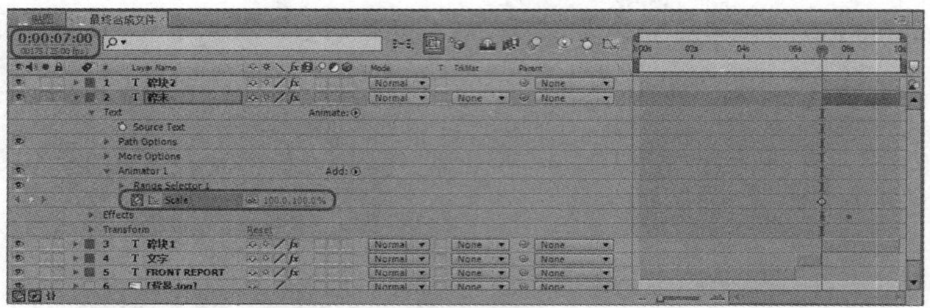

图 11-151

STEP 29 将当前时间设置为 0:00:09:00，将【Scale】设置为【1.0,1.0%】，如图 11-152 所示。

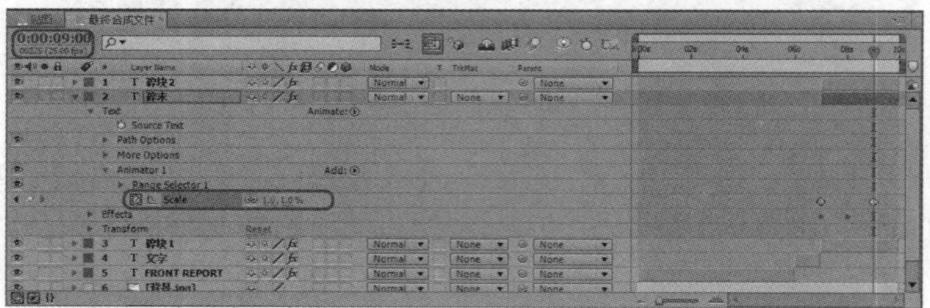

图 11-152

STEP 30 设置完成后，使用同样的方法为其添加【Tracking】动画器，将当前时间设置为 0:00:07:00，单击【Tracking Amount】左侧的 按钮，打开记录动画，如图 11-153 所示。

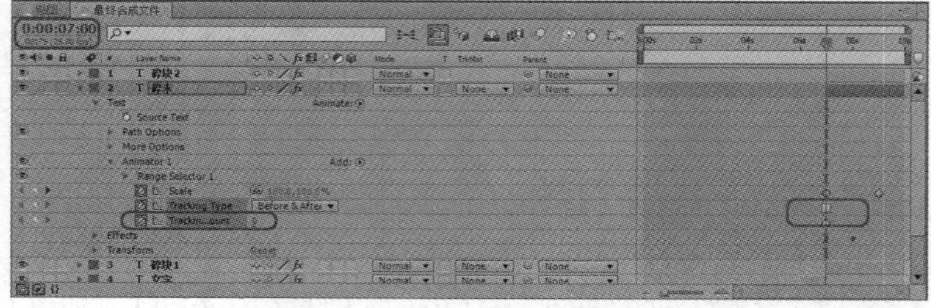

图 11-153

STEP 31 将当前时间设置为 0:00:09:00，将【Tracking Amount】设置为【10】，如图 11-154 所示。

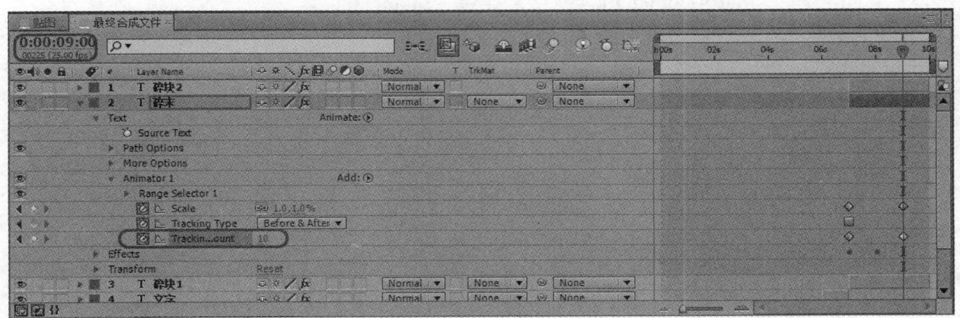

图 11-154

STEP 32 为该层添加【Scatter】特效，将当前时间设置为 0:00:07:00，单击【Scatter Amount】左侧的按钮，打开记录动画，将当前时间设置为 0:00:09:00，将【Scatter Amount】设置为【1000.0】，如图 11-155 所示。

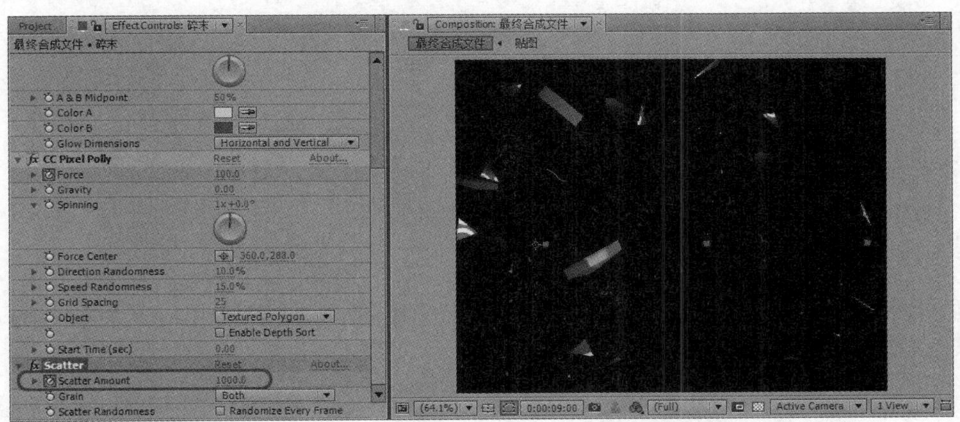

图 11-155

STEP 33 重新打开【CC Pixel Polly】特效，将【Grid Spacing】设置为【1】，如图 11-156 所示。

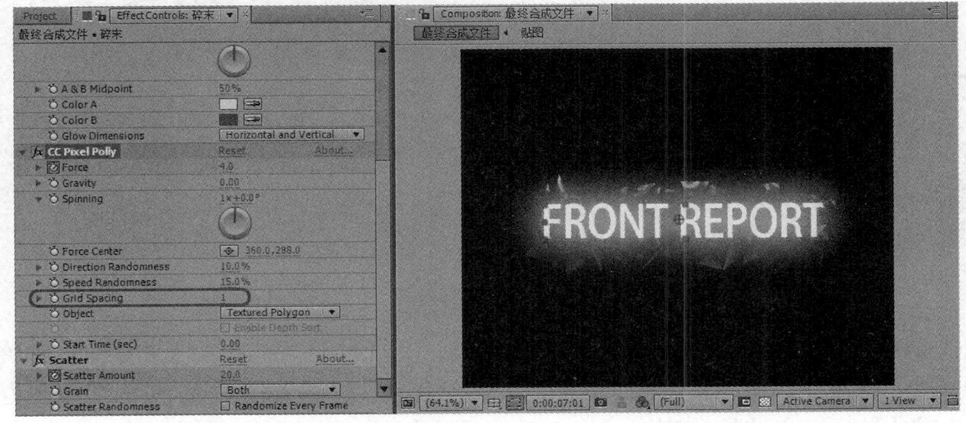

图 11-156

STEP 34 在时间线窗口中的空白处右击，在弹出的快捷菜单中选择【New】|【Adjustment Layer】命令。新建一个调节层，并为其添加【Tritone】特效，如图 11-157 所示。

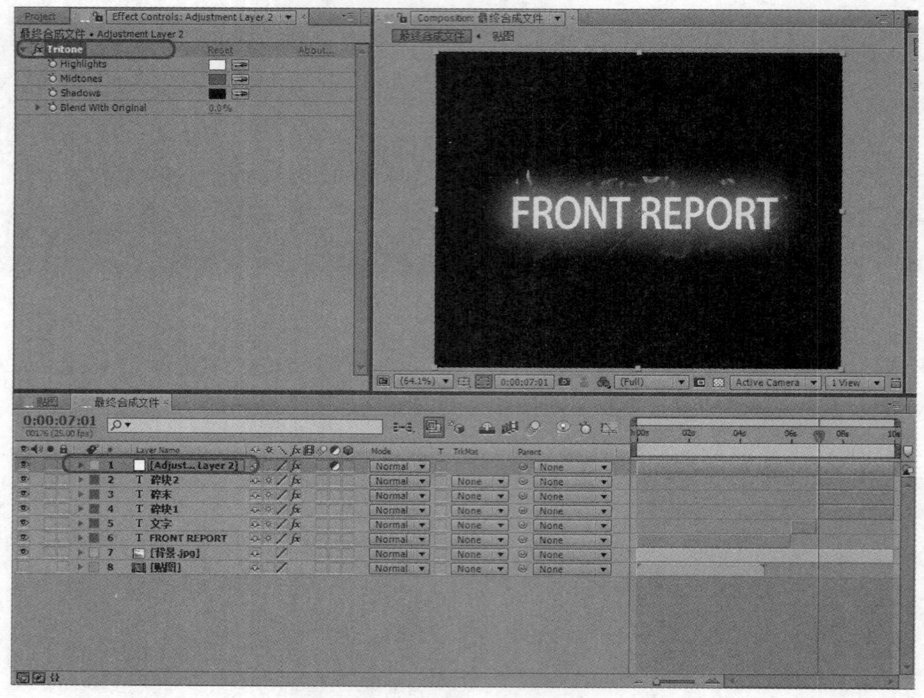

图 11-157

STEP 35 切换至【Effect Controls】窗口，设置【Highlights】的 RGB 值为 235、171、0，如图 11-158 所示。

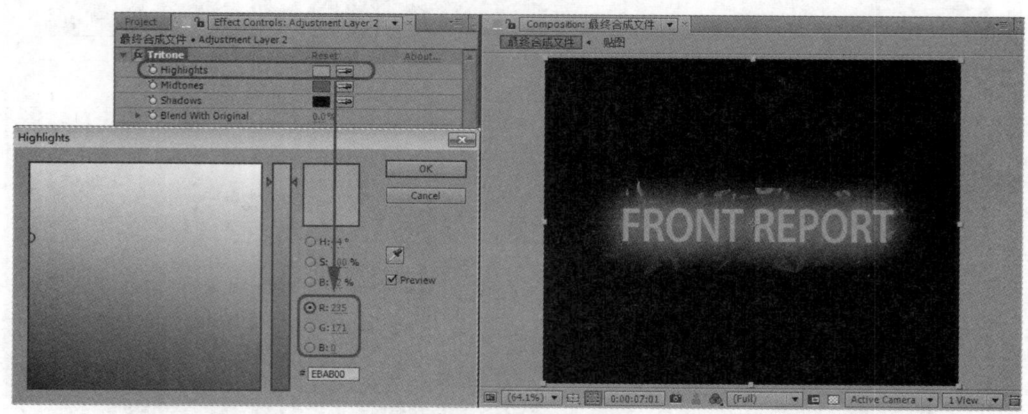

图 11-158

STEP 36 选择该层，再次为其添加【Glow】特效，将【Glow Threshold】设置为【40.0%】，将【Glow Radius】设置为【20.0】，将【Glow Intensity】设置为【2.0】，将【Glow Colors】设置为【A&B Colors】，将【Color A】设置为橙色，【Color B】设置为红色，如图 11-159 所示。

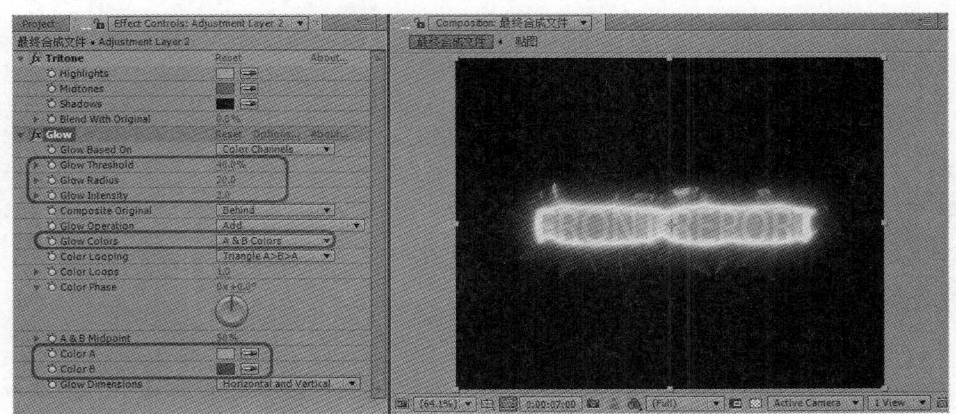

图 11-159

***STEP* 37** 按【Ctrl+M】组合键，打开【Render Queue】窗口，单击 Output To（输出到）右侧的动感模糊文字，打开【Output Movie To】对话框，选择一个保存路径，并为影片命名，设置完成后单击【保存】按钮，如图 11-160 所示。

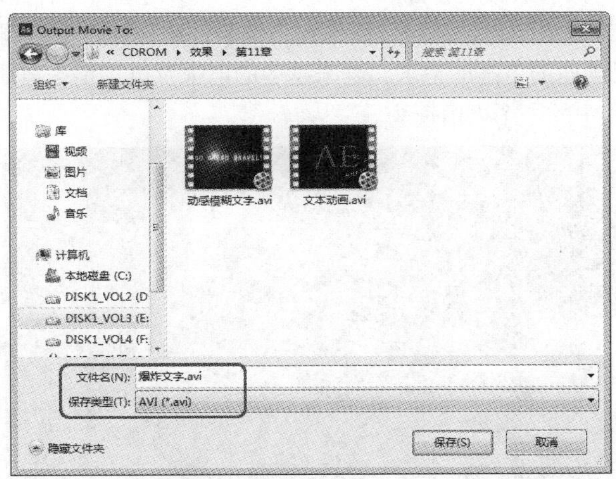

图 11-160

***STEP* 38** 单击【Render】按钮，开始进行渲染输出，如图 11-161 所示为影片渲染输出的进度。

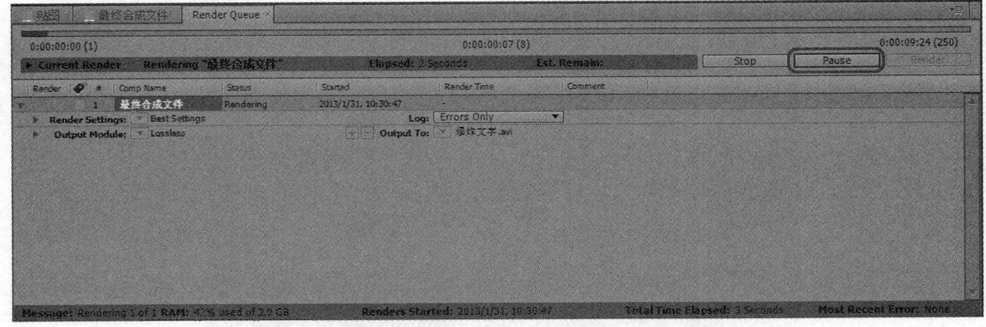

图 11-161

第 12 章　三维合成

三维合成，事实上也是相对于二维来说的，简单地说，二维的运动范围为 X 和 Y 两个轴向，而三维则有 X、Y、Z 三个轴向，这就是二维与三维的根本区别，三维可以表现出二维所不能及的空间感、深度，就与我们真实的世界空间一样，可以将任何事物放置于任何位置。三维合成就是使用后期软件在三维的空间内，将不同的素材进行叠加和合成，这样可以创造出更有冲击力和更为震撼的镜头，在 After Effects 中进行三维合成工作，甚至可以像在三维软件中那样自由地调整视图和置定空间。

随着现在观众对影视画面的更高的追求，越来越多的电视及电影镜头需要进行三维空间的合成，如图 12-1 所示为影视大片中的一个火山镜头。

图 12-1

你看过这些镜头之后肯定想不到，这些竟然是在后期软件中通过三维合成来实现的，如图 12-2 所示。

图 12-2

现在整个的影视行业，特别是一些电影的制作上对画面的要求极高，镜头的表现方式也与以前有很大的不一样，很多时候，传统的二维合成方式已经不能满足现代影片的需求，所以三维合成的方式就应运而生，而且被大量推广和使用，因为它拥有更高的自由度和更强的镜头表现能力，可以完成更为精细和复杂的效果。

After Effects 拥有完整三维合成的功能，可以在真正三维的空间内对不同的素材进行整合和控制，整体虽不及 Fusion 的三维模块那样强大，但是绝对可以满足绝大部分的镜头合成需要，在制作一些三维效果时，不必再依赖三维软件，在 After Effects 中即可完成，我们可以自由地创建摄像机、灯光，以及产生正确的投影，而且对对象的控制及对空间的设置也很方便和自由。

12.1　After Effects 三维合成基础知识

本章将详细讲解三维合成中图层的属性、三维灯光、阴影及摄像机的应用，三维合成现在被越来越多的应用。在 After Effects 里进行三维合成工作，摄像机的调节尤其重要，镜头的调节很大程度上要靠个人的感觉，不同的片子会有不同的节奏、不同的镜头效果，大家应该多看一些电视及电影，多注意其中镜头的应用。现在一些片头及电视包装也越来越多地应用三维合成的模式，这样可以与实拍的镜头进行很好的对位和结合，可以生产更好、更高质量的片子。通过本章的学习，必须要掌握 After Effects 的三维合成功能，并对其有深层次的理解，并且需要熟练使用 After Effects 中的摄像机、灯光和材质，能在 After Effects 中完成纯三维合成的任务，以及二维和三维混合合成的任务。

进入三维合成模式后，可以在 X、Y、Z 三个轴向上进行操作，但是 After Effects 中的文字和图层本身没有厚度，所以对单层进行 Z 向的缩放操作没有作用。另外，图层之间的遮挡关系也不再受时间线上图层的上下排列影响，而由图层的空间位置所决定。

12.2　3D 对象的创建及动画处理

接下来详细了解在 After Effects 中三维对象的创建方式及对其进行动画记录，另外还有一些三维图层的特性。

12.2.1　将普通图层转换为 3D 图层

在 After Effects CS6 中没有专门的二维和三维的工作模式，默认处于二维模式，我们可以开启图层的 3D 模式来对图层进行三维空间的操作，如图 12-3 所示。

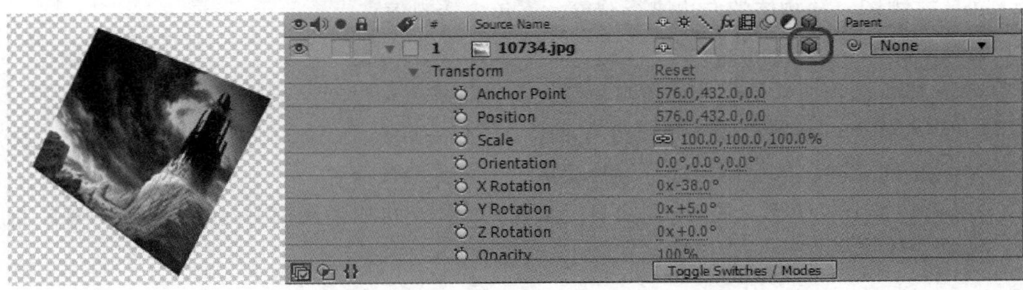

图 12-3

所有图层，开启如图 12-3 所示的按钮后就转换为三维图层，拥有 3D 属性，可以在三个轴向进行控制，如图 12-4 所示。

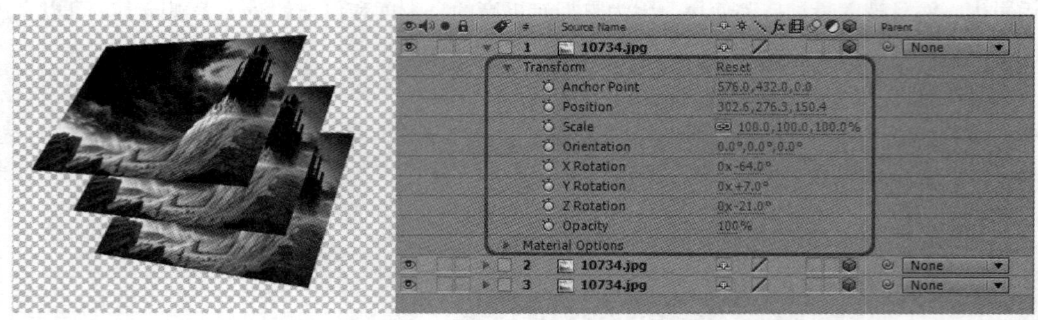

图 12-4

12.2.2 使用 3D 视图

当开启三维图层后，即可使用 3D 视图来对三维图层进行不同角度的观察，如图 12-5 所示。

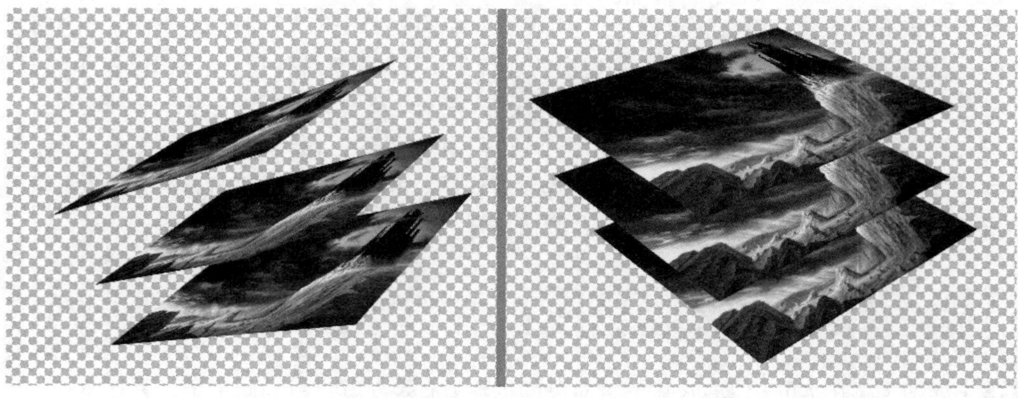

图 12-5

在视图窗口下方的位置，有一个视图切换按钮，可以选择不同的视图，如图 12-6 所示。

- Active Camera ：摄像机视图，创建了摄像机之后该选项可用，显示当前摄像机角度所观察到的事物。
- Front：前视图，从物体的前面进行观察，但是不包含透视信息。
- Left：左视图，从物体的左边进行观察，不包含透视信息。
- Top：顶视图，从物体的顶面进行观察，不包含透视信息。
- Back：后视图，从物体的背面进行观察，不包含透视信息。
- Right：右视图，从物体的右视图进行观察，不包含透视信息。
- Bottom：底视图，从物体的底部进行观察，不包含透视信息。
- Custom View 1：自定义视图 1，在自定义视图中用户可以使用视图变换工具，对观察角度进行自由改变，并包含透视信息，如图 12-7 所示。

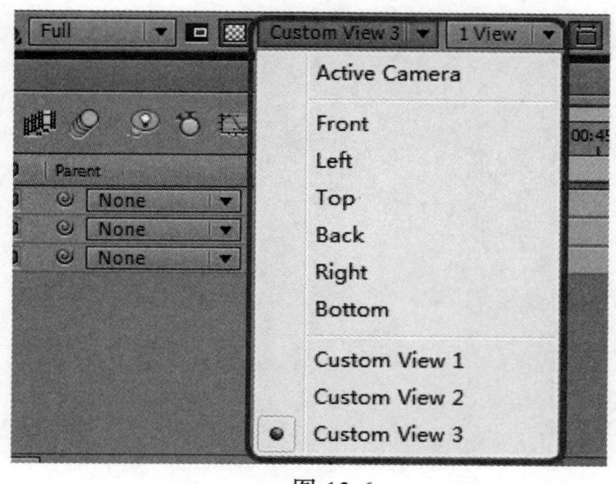

图 12-6

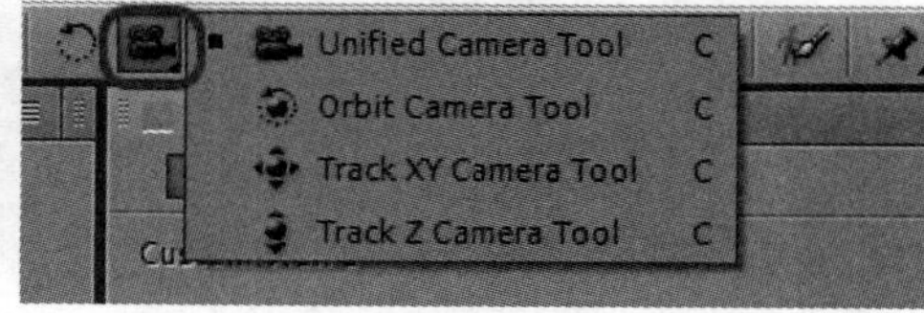

图 12-7

- ➢ Unified Camera Tool（统一摄像调节工具），使用该工具可以对摄像机的观察位置和角度进行调节。在选择该工具的状态下，单击鼠标左键进行拖动临时切换到视图旋转工具，单击鼠标中键临时切换到视图移动工具，单击鼠标右键临时切换到摄像机远近工具。
- ➢ Orbit Camera Tool（摄像视图旋转工具），用于调节观察角度。
- ➢ Track XY Camera Tool（视图移动工具），用于调节观察位置。
- ➢ Track Z Camera Tool（Z 向视图调节工具），用于调节视图的远近。

- Custom View 2（自定义视图 2），包含透视信息。
- Custom View 3（自定义视图 3），包含透视信息。

提示：视图调节工具只是改变观察角度和位置，不对场景中的对象产生任何影响。当场景中没有摄像机时，对视图进行调节，只是对视口进行调节；当场景存在摄像机并且在摄像机视图调节时，会影响摄像机的位置和角度，这一点在制作摄像机运动时很方便也很实用。

在 After Effects CS6 中还可以像三维软件那样在多个视图里同时进行观察，如图 12-8 所示。

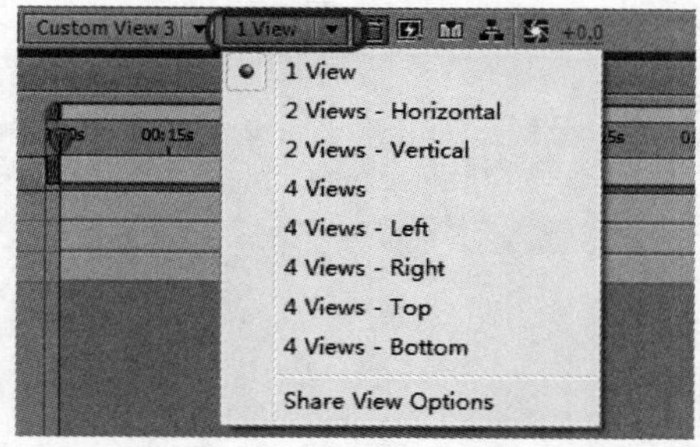

图 12-8

- 1 View（单个视口），也就是打开 After Effects CS6 软件时转变视图方式，只有一个视口，只能在一个视口里进行观察。
- 2 Views- Horizontal（两个视口横向排列），这样可以在两个视口时同时对一个对象进行观察，而且单个视口的观察区域也很大，在调节对象的相位位置和角度时很实用，如图 12-9 所示。

图 12-9

- 2 Views – Vertical（两个视口纵向排列），如图 12-10 所示。

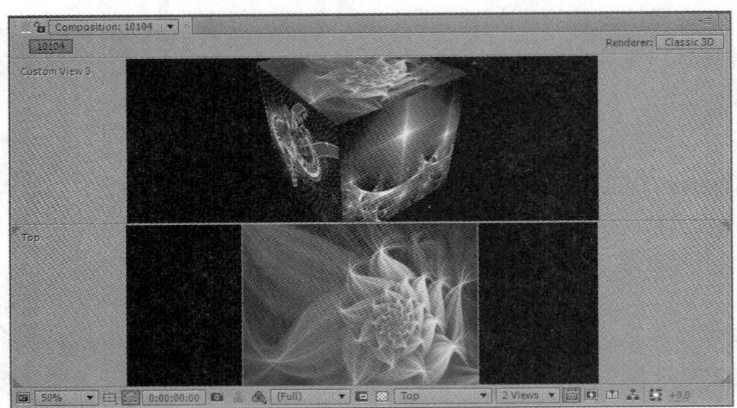

图 12-10

- 4 Views（4 个视口平均排列），与三维软件一样，可以同时进行 4 视图的观察与调节，4 个视口可以分别设置为顶视图、前视图、左视图和摄像机视图，如图 12-11 所示。

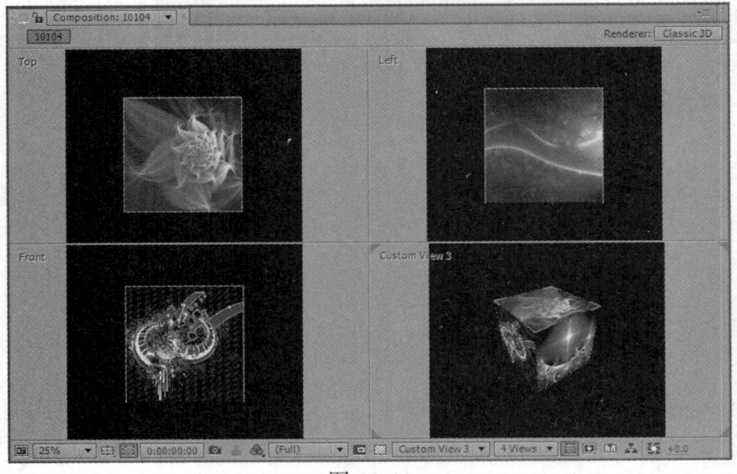

图 12-11

- 4 Views – Left（4 个视口观察），左边三个右边一个的排列方式，如图 12-12 所示。

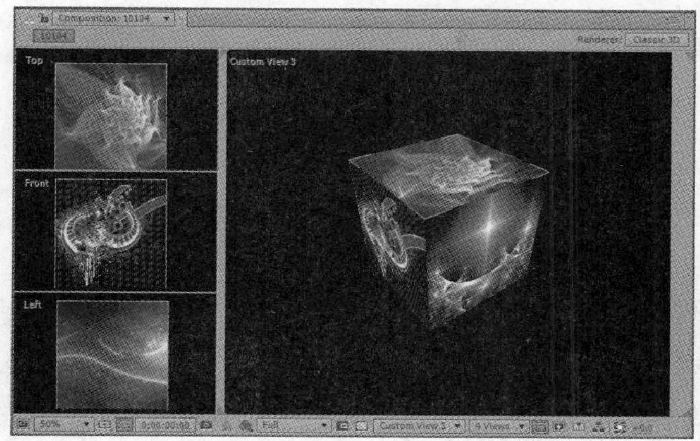

图 12-12

- 4 Views – Right（4 个视口），左这一个右边三个的排列方式，如图 12-13 所示。

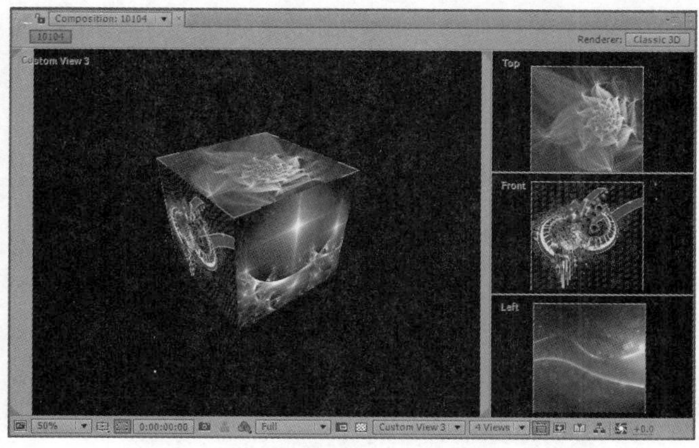

图 12-13

- 4 Views – Top（4 个视口），上边三个下边一个的排列方式，如图 12-14 所示。

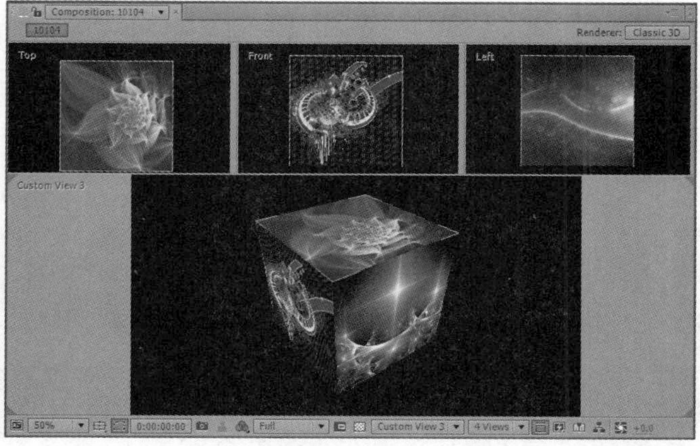

图 12-14

- 4 Views – Bottom（4 个视口），上边一个下边三个的排列方式，如图 12-15 所示。

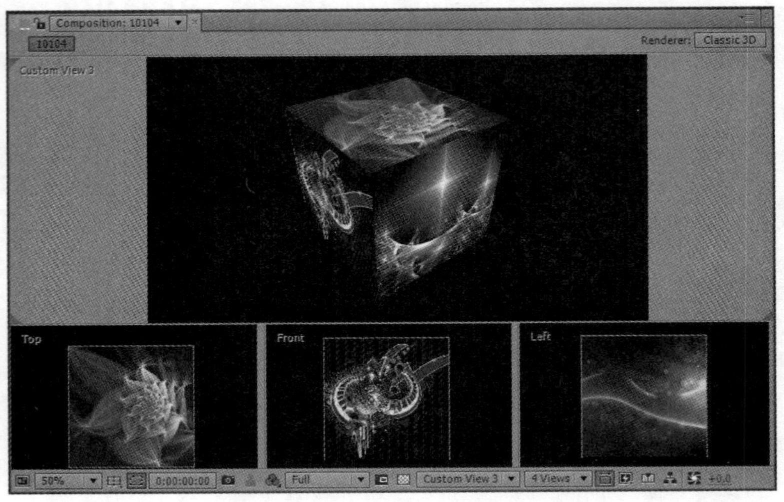

图 12-15

使用多视图模式，每个视口可以设置为不同的视图，这样在进行三维合成时，可以在多个角度同进观察，方便对物体进行位置和角度的设置，以及进行动画调节。在多视口模式下，选择一个视口在视图选择区域设置不同的视图，如图 12-16 所示。

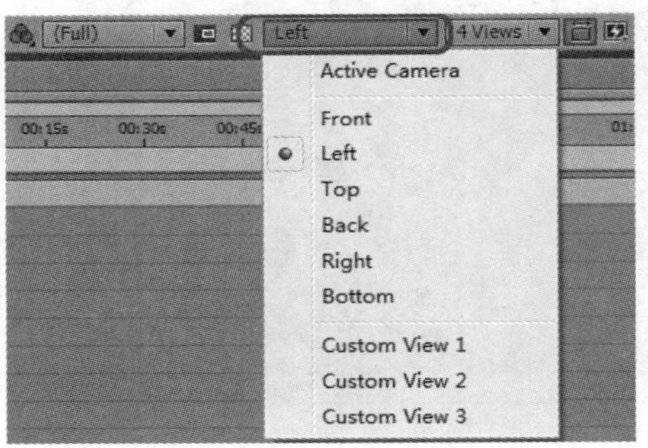

图 12-16

12.2.3 制作一个立方体

本节使用三维层来制作一个立方体，简单了解并熟悉一个三维合成的工作模式。

STEP 1 首先创建一个任意长度的合成，打开随书附带光盘中的素材导入 6 张大小为 500×500 的图片，并开启三维层，如图 12-17 所示。

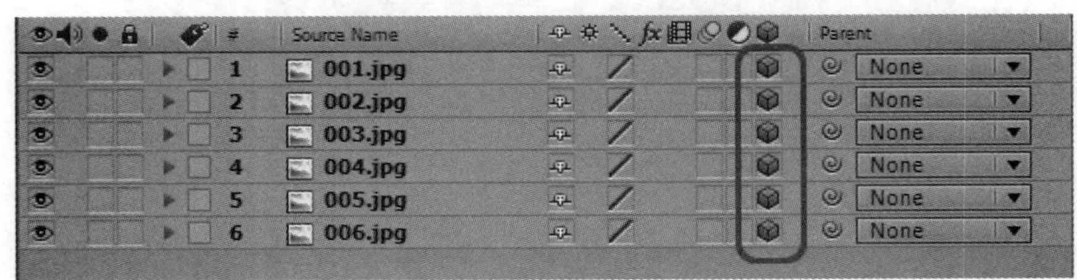

图 12-17

STEP 2 切换到双视图模式，这样方便各层的对位，将右侧的视图设置为 Custom View1，视图的设置如图 12-18 所示。

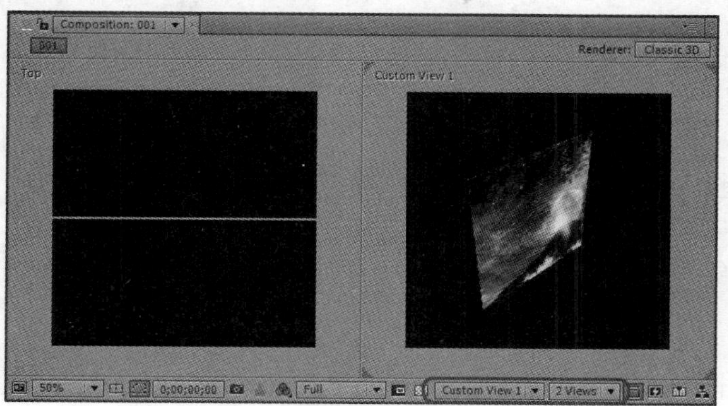

图 12-18

STEP 3 在窗口区域选择显示模式窗口，设置 Top 视图的显示方式为 Wireframe（线框模式），这样才能透过顶面的图像看到其他图像，方便调节，如图 12-19 所示。

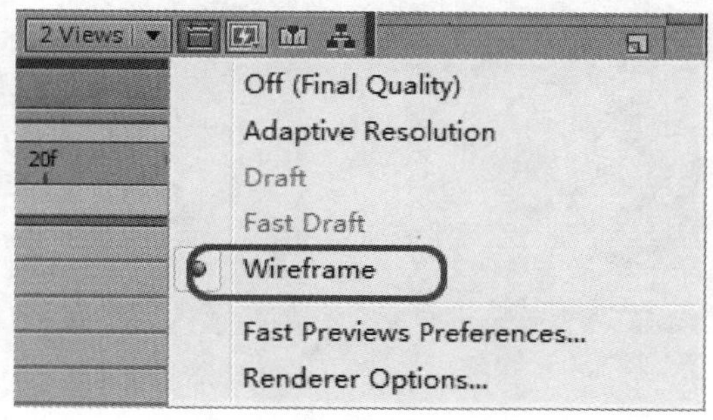

图 12-19

STEP 4 选择所有层，按【P】键，这样可以只显示图层的移动属性，再按【Shift + R】组合键，这样可以追加显示图层旋转属性，因为只对层进行移动和旋转操作，所示只显示图层的移动和旋转属性，可以节省更多的屏幕空间，如图 12-20 所示。

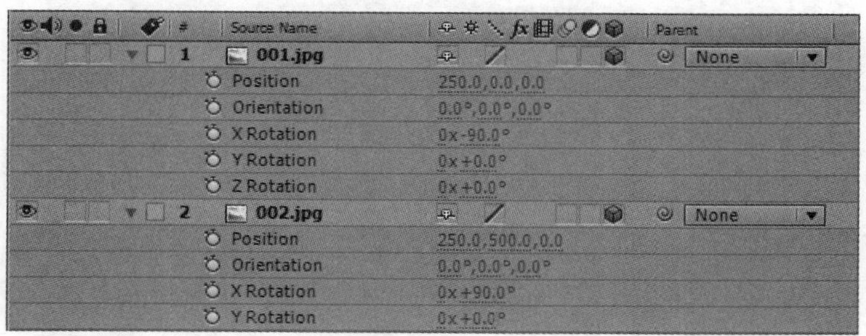

图 12-20

STEP 5 在时间线窗口中选择图层 1，让其作为顶面，设置参数【X Rotation】为【-90.0° 】，让图层平放，再将其向上升，设置【Position】为【250.0,0.0,0.0】，使其向上移动与其他图层的边缘对齐，切换不同的视图查看效果，如图 12-21 所示。

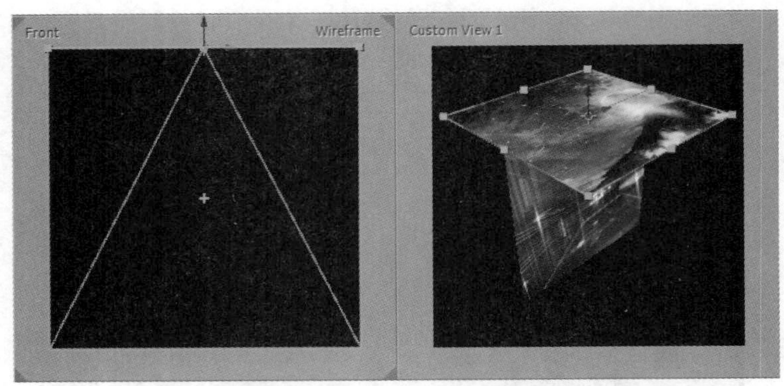

图 12-21

STEP 6 在时间线窗口中选择图层 2，将图层 2 作为底面，设置【X Rotation】为【90.0° 】,【Position】为【250.0,500.0,0.0】，效果如图 12-22 所示。

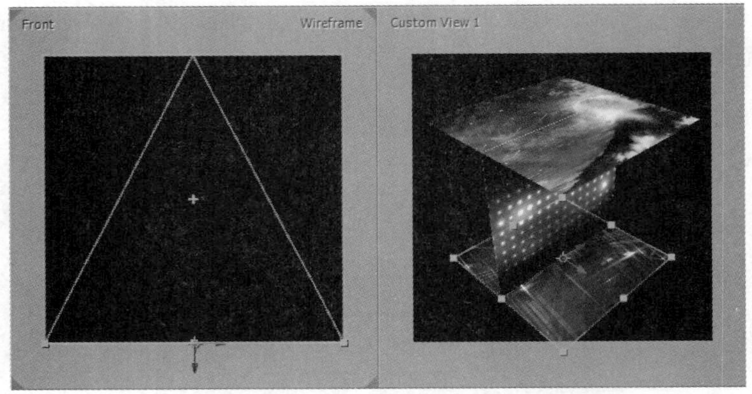

图 12-22

STEP 7 在时间线窗口中选择图层 3，将图层 3 作为左侧面，所以不需要旋转，只需在另一个视图中对齐到其他图层的左侧即可，设置参数【Position】为【250.0,250.0,250.0】，效果如图 12-21 所示。

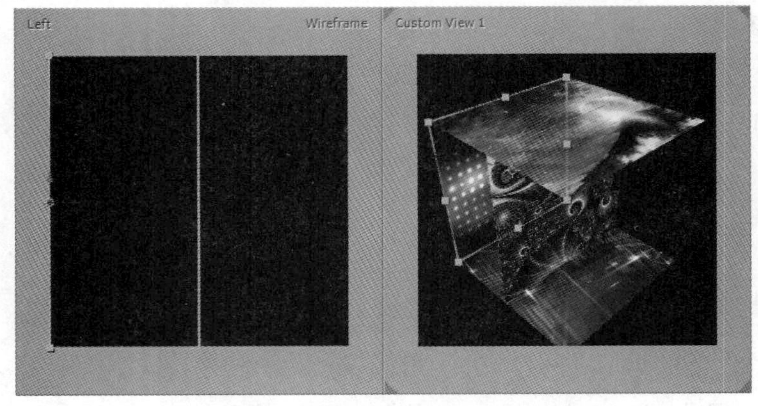

图 12-23

STEP 8 在时间线窗口中选择图层 4，将图层 4 作为右侧面，同样移动与其他图层对齐即可，设置参数【Position】为【250.0,250.0,-250.0】，效果如图 12-24 所示。

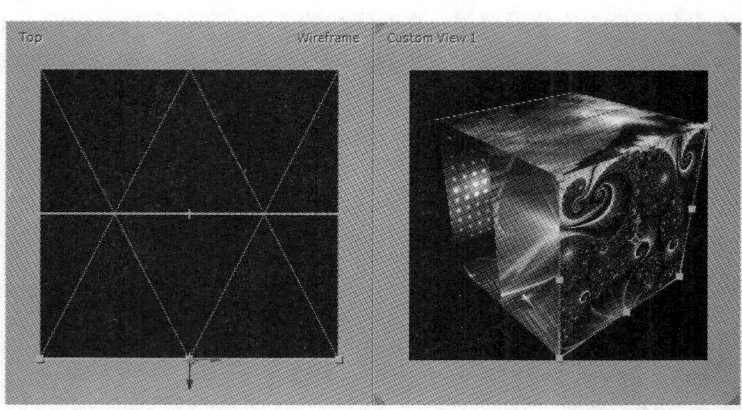

图 12-24

STEP 9　在时间线窗口中选择图层 5，将图层 5 作为立方体的背面，设置参数【Y Rotation】为【90.0°】，【Position】为【500.0,250.0,0.0】，效果如图 12-25 所示。

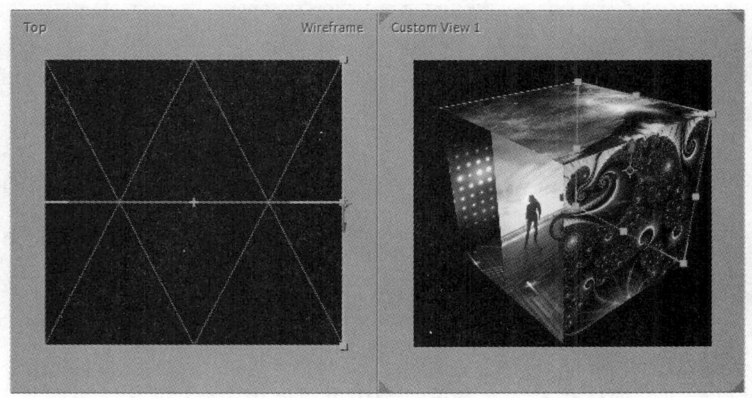

图 12-25

STEP 10　在时间线窗口中选择图层 6，将图层 6 作为正面，与图层 5 的操作一样，进行旋转然后移动再进行对齐，设置参数【Y Rotation】为【90.0°　】，【Position】为【0.0,250.0,0.0】，效果如图 12-26 所示。

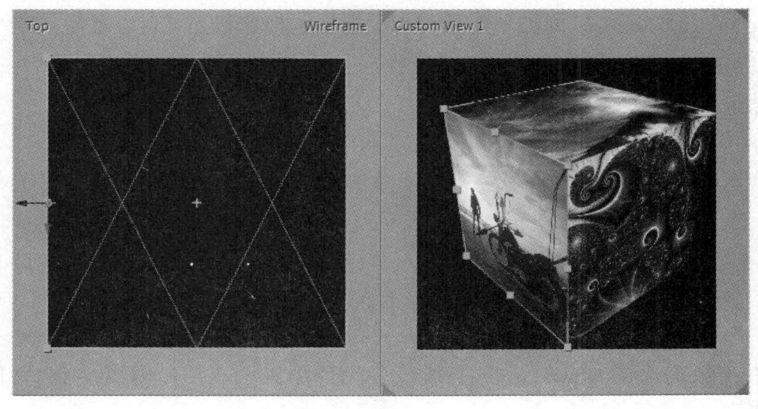

图 12-26

STEP 11 现在看到一个立方体形成了，在时间线的下方，单击【Toggle Switches/Modes】按钮，时间线显示为Model模式，然后按【Ctrl + A】组合键选择所有层，将图层的叠加模式更改为Add，现在看起来就比刚才好看多了，如图12-27所示。

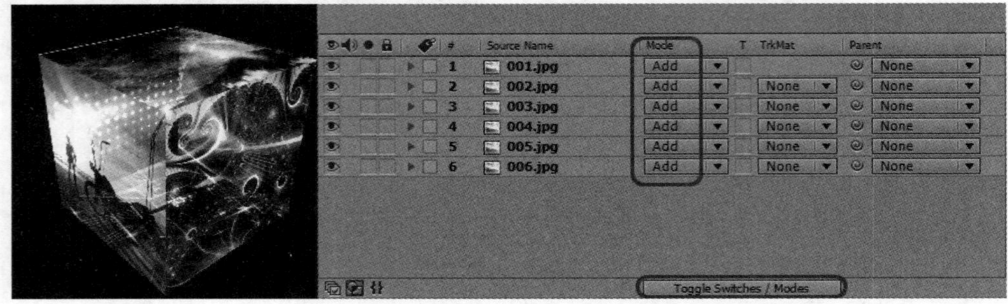

图 12-27

STEP 12 在图层较亮的地方有一些曝光过度了，选择所有图层，按【T】键，显示所有图层的Opacity属性，并将其更改为80%，如图12-28所示。

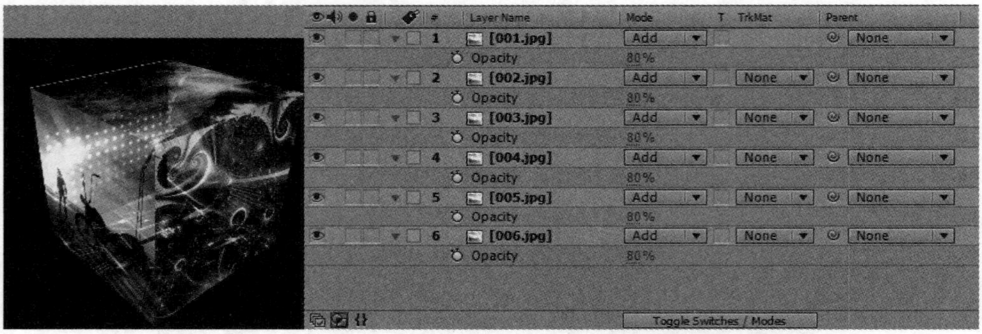

图 12-28

现在看起来就好多了，通体透亮，在调节过程中可以使用【C】键在视图调节工具间相互切换，以便在不同的角度进行观察。

12.2.4 三维摄像机的应用

在After Effects CS6中还可以添加三维摄像机，添加了摄像机后，可以在不同的角度观察三维层，与现实生活中的摄像机一样，可以进行推、拉、摇、移，并被记录为动画，而且有一些效果必须在摄像机视图中才能被正确渲染。

> **提示**：After Effects中的摄像机由两部分组成：摄像机本身和目标点，两者的位置共同决定了摄像机的观察角度。摄像机目标点就相当于人视线的视点，目标点的位置控制着摄像机“往”什么地方看，而摄像机本身的位置控制摄像机“在”什么地方看，摄像机本身的旋转控制着摄像机的倾斜角度。只要清楚了这些概念，After Effects中的摄像机即可让你自由调配了。

在时间线上右击依次选择New/Camera，或按【Ctrl + Alt + Shift + C】组合键，打开摄像机创建面板，如图12-29所示。

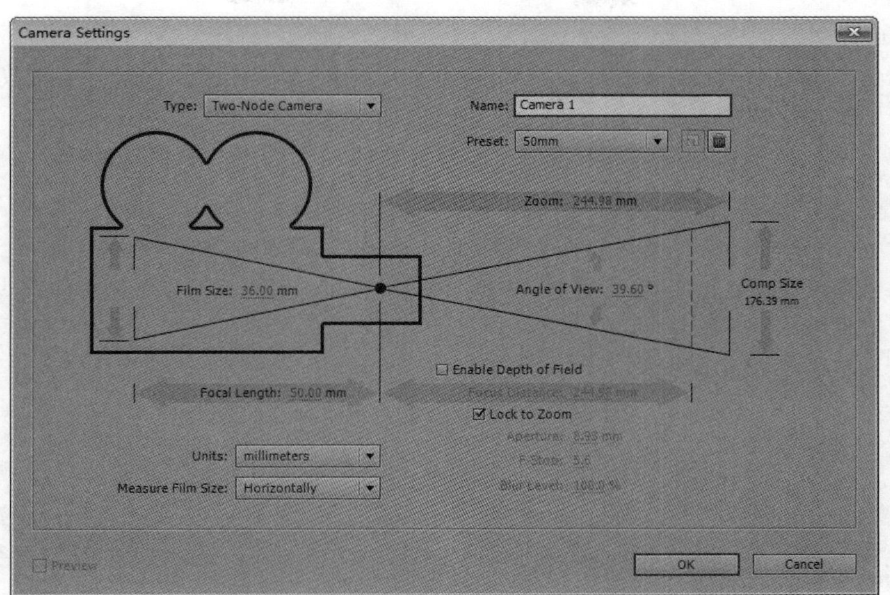

图 12-29

在 Name 区域设置好名字后单击 OK 按钮即可，这样就在合成中加入了一个三维摄像机，它的控制项如图 12-30 所示。

#	Layer Name	Mode	T	TrkMat	Parent
1	Camera 1				None
	Transform	Reset			
	Point of Interest	250.0,250.0,0.0			
	Position	250.0,250.0,-694.4			
	Orientation	0.0°,0.0°,0.0°			
	X Rotation	0x+0.0°			
	Y Rotation	0x+0.0°			
	Z Rotation	0x+0.0°			
	Camera Options				
	Zoom	694.4 pixels (39.6° H)			
	Depth of Field	Off			
	Focus Distance	694.4 pixels			
	Aperture	25.3 pixels			
	Blur Level	100%			
	Iris Shape	Fast Rectangle			
	Iris Rotation	0x+0.0°			

图 12-30

- Transform：变换属性。
  - Point of Interest：摄像机目标点的位置。
  - Position：摄像机的位置。
  - Orientation：这是一个轴向的控制项，默认状态下，调节看起来与 Rotation 项效果一样，以至于很多人在使用 After Effects 好多年之后都不知道两者的区别。在 After Effects 中所有的三维对象都会有这个控制项， 它相当于一个世界坐标系，而 Rotation 相当于一个自身坐标系。在创建了摄像机后，将其他图层全部都关闭，选择 Custom View 3 视图，如图 12-31 所示。

调节 Orientation 的 Z 向旋转，看到这时是以坐标的蓝色轴向为旋转中心，调节 Rotation 的 Z 向旋转，也是以坐标的蓝色轴向为旋转中心，将所有两项的所有参数都归 0，将 Y Rotation 值设置为 90° ，如图 12-32 所示。

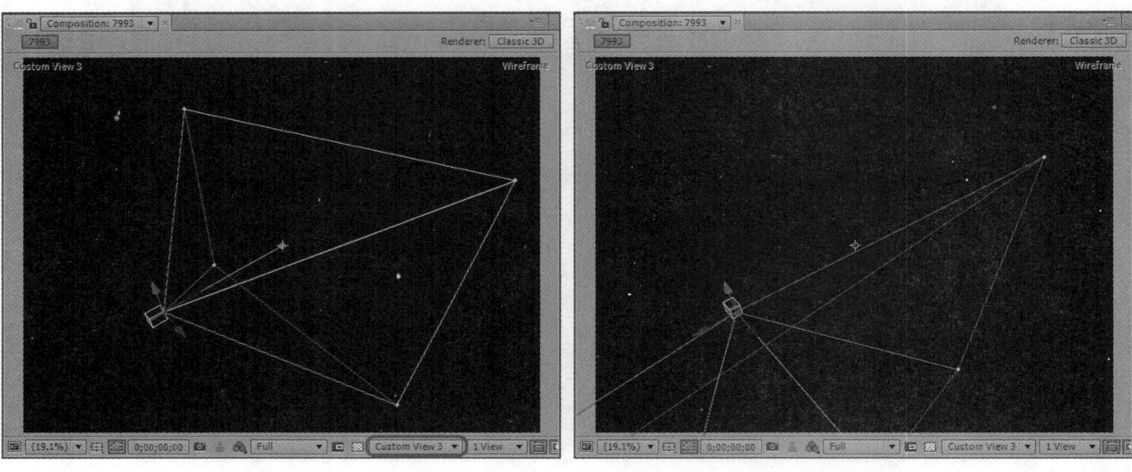

图 12-31　　　　图 12-32

调节 Orientation 项的 Zoom 向旋转，看到摄像机不再以蓝色轴向为旋转中心，而调节 Rotation 的 Z 向旋转却仍然以蓝色轴向为旋转中心，如图 12-33 所示。

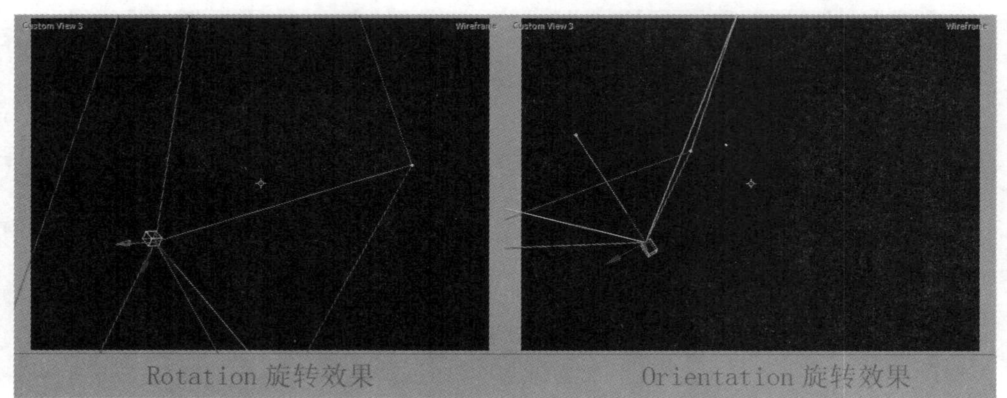

图 12-33

也就是说，Orientation 选项所控制的是世界坐标系，旋转和移动的方向不受对象自身朝向的影响，而 Rotation 所控制的是自身坐标系，坐标的轴向会根据对象的旋转而改变，始终跟随着三维对象。

- X Rotation：摄像机 X 轴向的旋转。
- Y Rotation：摄像机 Y 轴向的旋转。
- Z Rotation：摄像机 Z 轴向的旋转。

- Camera Options：
  - Zoom：视野的大小。
  - Depth of Field：是否开启景深。
  - Focus Distance：当景深开启时可用，该选项项用来调节焦距。

➢ Aperture：当景深开启时可用，调节光圈大小。
➢ Blur level：控制景深的模糊强度。

图 12-34 所示为摄像机在应用景深前后的效果对比。

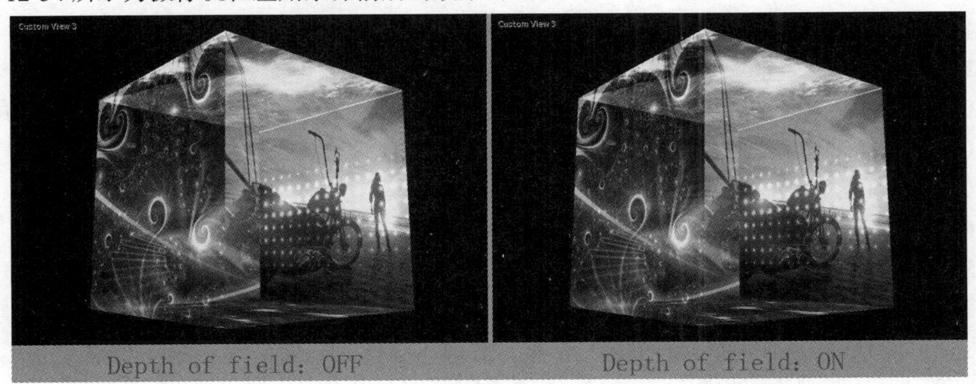

图 12-34

12.2.5　三维灯光

Affect Effects CS6 的三维空间中不仅可以生成三维层，以及三维的摄像机，还可以创建三维的灯光，与现实生活中的灯光一样用来照亮物体，并且可以产生投影，而且还会随着距离的变化，产生照射强度的衰减，灯光可以是不同的强度，不同的颜色，以及不同的类型，接下来我们就来详细了解 After Effects CS6 中的三维灯光。

在时间线窗口右击依次选择 New/Light，或者使用快捷键【Ctrl + Shift + Alt + L】，打开灯光创建面板，如图 12-35 所示。

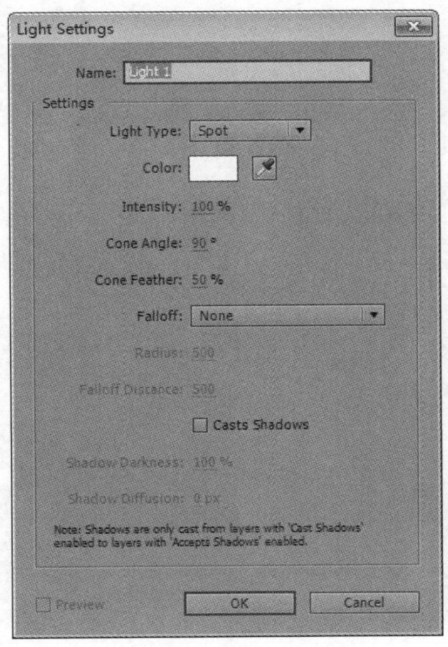

图 12-35

- Name：灯光的名字。
- Light Type：灯光的类型，在后面会有详细的讲解。

- Parallel：平行光源。
- Spot：聚光灯。
- Point：点光源。
- Ambient：环境光。

- Intensity：灯光强度。
- Cone Angle：灯光类型为 Spot 时可用，Spot 灯光的照射范围呈锥形，该选项控制锥形的大小。
- Cone Feather：灯光类型为 Spot 时可用，控制锥形边缘的羽化效果。
- Color：灯光颜色。
- Casts Shadows：投射阴影。
- Shadows Darkness：开启投向阴影时该选项可用，一般情况下阴影的颜色为黑色，该选项控制阴影黑色的强度，也就是阴影的暗度。
- Shadows Diffusion：阴影的扩散度。

灯光创建后在视口中可以看到灯光的标志，不同的灯光用不同的标志来表示，属性也不尽相同，而且在创建之后，也可以单击 Light Options 选项后面的下拉按钮，更改灯光的类型，如果没有看到这个按钮，则单击下面的 Toggle Switches/Modes 按钮，切换面板显示模式，如图 12-36 所示。

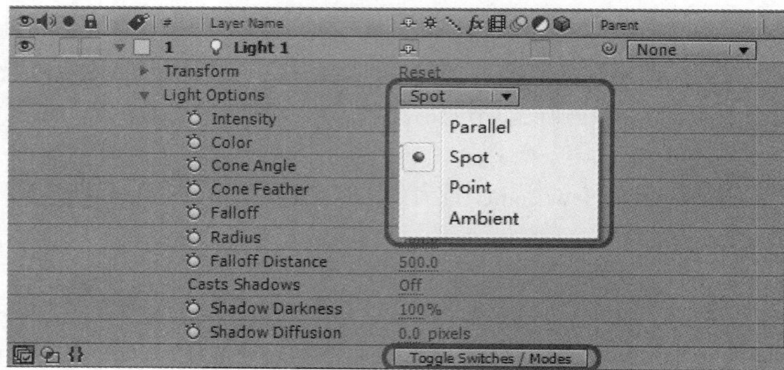

图 12-36

- Parallel（平行光源），这种光源没有衰减范围，由两部分组成：一个目标点和光源本身，它所指向的物体无论多远都可以被照亮，并且可以产生投影，如图 12-37 所示。

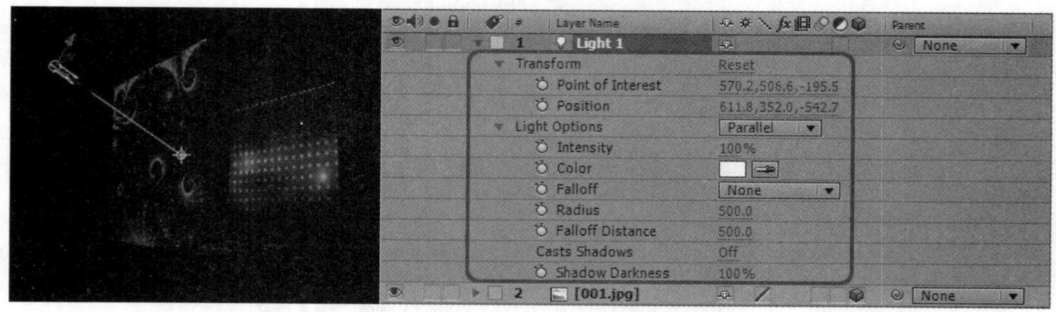

图 12-37

- Point of Interest：目标点的位置。

➢ Position：光源的位置。

➢ Intensity（灯光的强度），不同的灯光强度可以产生不同的照射效果，如图 12-38 所示。

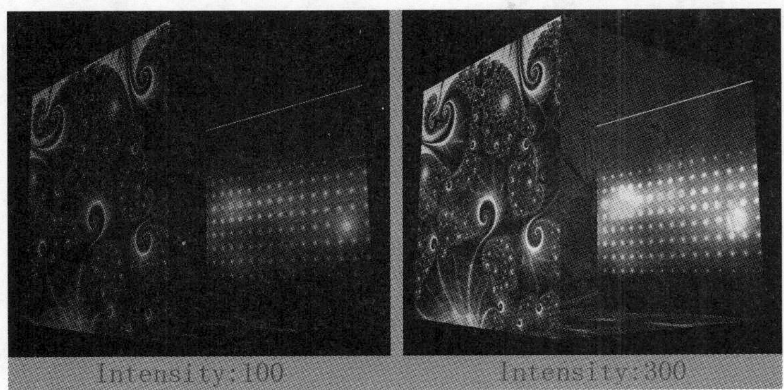

图 12-38

➢ Color（灯光的颜色），灯光的颜色会影响到被照射对象的颜色变化，如图 12-39 所示。

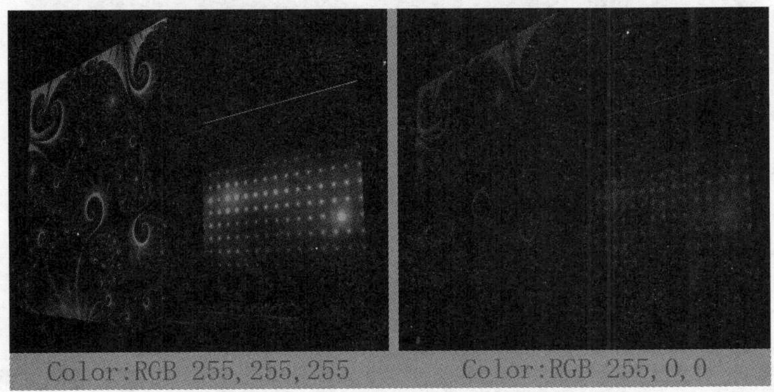

图 12-39

➢ Casts Shadows：当前灯光是否产生投影。

➢ Shadow Darkness：阴影的暗度。

● Spot（聚光灯），也由目标点和光源本身两部分组成，但是光源的角度也改变目标点的位置，这种灯光只能照亮一块区域，类似我们现实生活中的射灯，它的照射区域从灯光处开始呈锥形向外扩散，如图 12-40 所示。

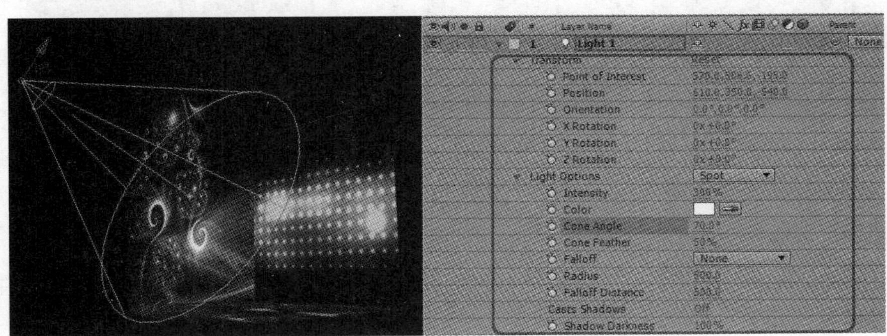

图 12-40

➢ Point of Interest：灯光目标点的位置。
➢ Position：光源的位置。
➢ Orientation：按世界坐标对光源进行旋转。
➢ X Rotation：沿 X 轴进行自身旋转。
➢ Y Rotation：沿 Y 轴进行自身旋转。
➢ Z Rotation：沿 Z 轴进行自身旋转。
➢ Intensity：灯光亮度。
➢ Color：灯光的颜色。
➢ Cone Angle：灯光照射区域大小，如图 12-41 所示。

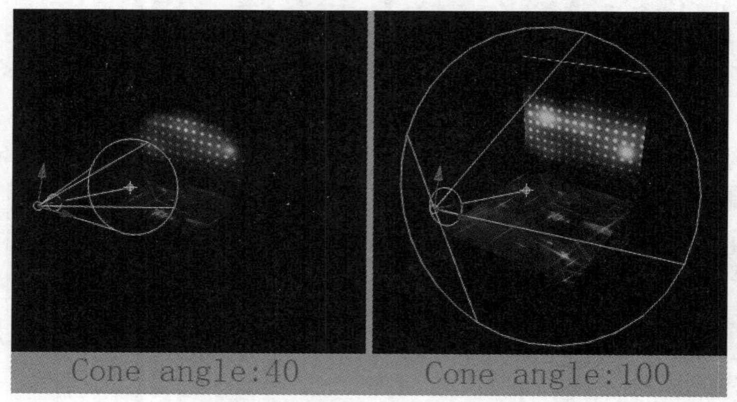

图 12-41

➢ Cone Feather：灯光照射区域边缘的衰减，如图 12-42 所示。

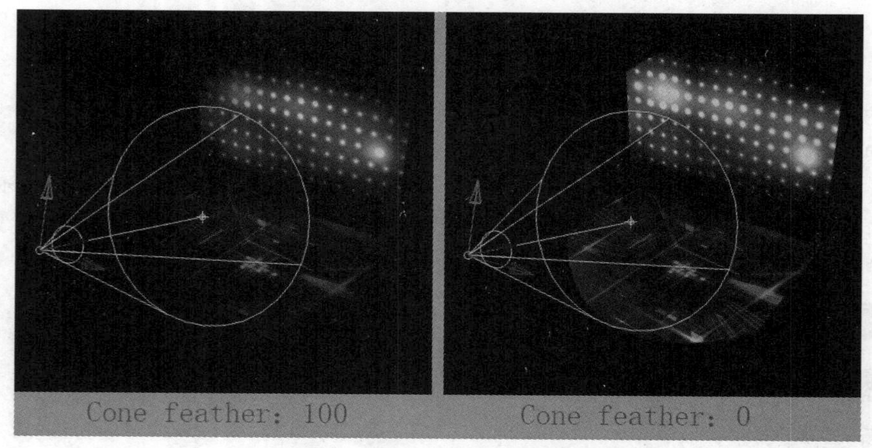

图 12–42

➢ Casts Shadows：是否投向阴影。

• Point（点光源），类似现实生活中的灯泡，可以将它周围的物体照亮，并且会产生衰减，越远的物体受灯光照射强度就越小，如图 12-43 所示。

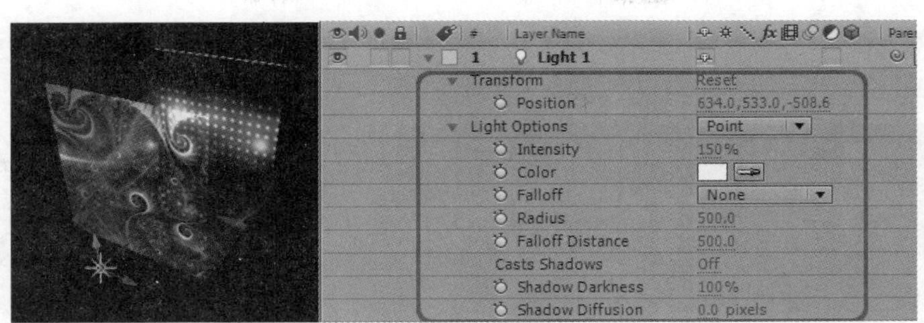

图 12-43

- Position：灯光的位置。
- Intensity：灯光的强度。
- Color：灯光的颜色。
- Casts Shadows：是否开启投射阴影。
- Shadow Darkness：阴影的暗度。
- Shadow Diffusion：阴影的扩散度。

- Ambient：环境光，可以照亮场景中的任何一个角落，整体提升场景亮度，这种灯光没有标志指示，也不可以产生阴影，它的照射情况与位置无关，一般用它来作为补光使用，如图 12-44 所示。

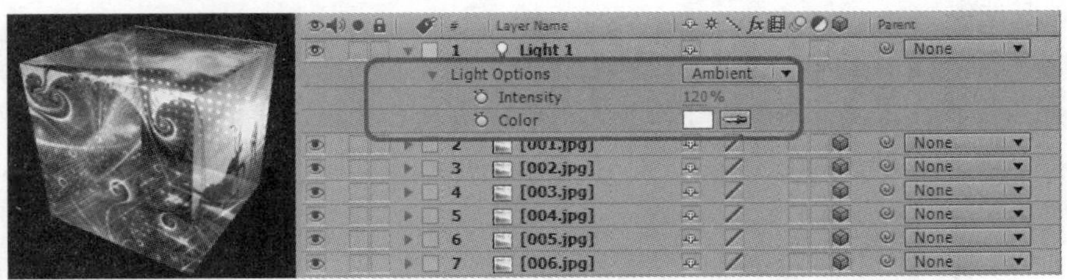

图 12-44

- Intensity：环境光的强度。
- Color：环境光的颜色。

了解了灯光的类型后，为当前的场景添加灯光进行照亮。

STEP 1　先创建一盏 Spot 光源，灯光设置及位置参考如图 12-45 所示。

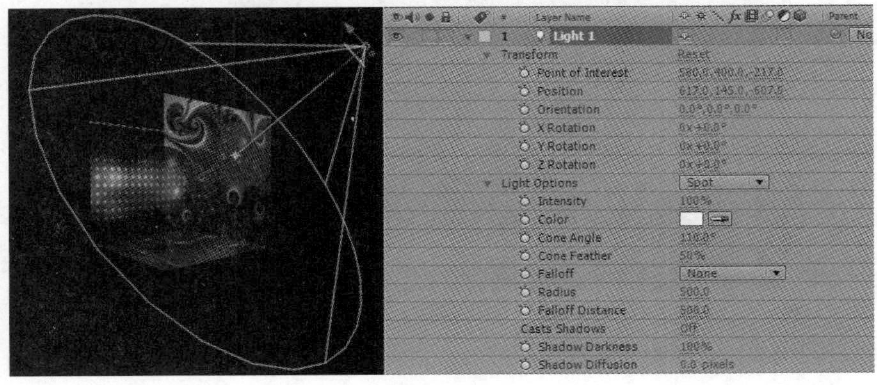

图 12-45

STEP 2 现在看到场景中有些暗，将 Spot 的灯光强度设置为 150，再创建一盏 Ambient 光源，将灯光强度设置为 50%，如图 12-46 所示。

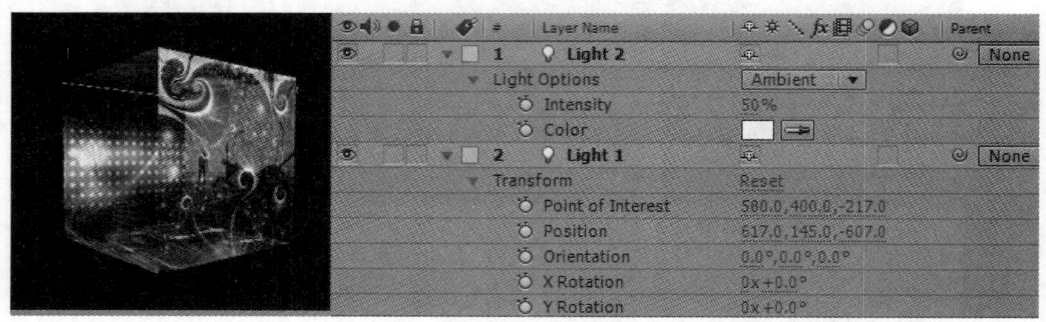

图 12-46

现在看起来好多了，整个立方体半透明且通体透亮。

下面将通过一个具体实例的实现流程，依次介绍三维摄像机和三维灯光的基本使用方法。打开随书附带光盘中的 31.aep，我们通过该案例了解和认识三维摄像机和三维灯光的基本使用方法。

三维摄像机和三维灯光都只对三维层产生影响。

STEP 1 打开随书附带光盘中的 31.aep，通过【Layer】|【New】|【Camera】命令创建一个摄像机并保持默认其选项。

创建摄像机后，工具栏中的摄像机从灰色变为可用，在新版本中添加了一个比较实用的操作工具，其操作采用现在很多三维软件中对场景的控制方法，通过快捷键【Alt】加鼠标左、中、右键，分别控制三维视图的旋转，移动，缩放。将【Active Camera】改为【Camera1】，视图效果如图 12-47 所示。

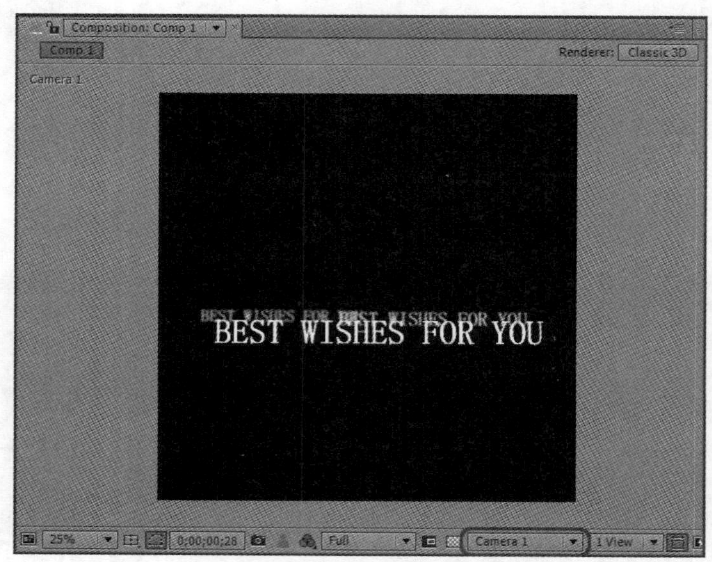

图 12-47

STEP 2 在时间线面板中打开摄像机的参数设置，调整其参数设置点后，如图 12-48 所示。

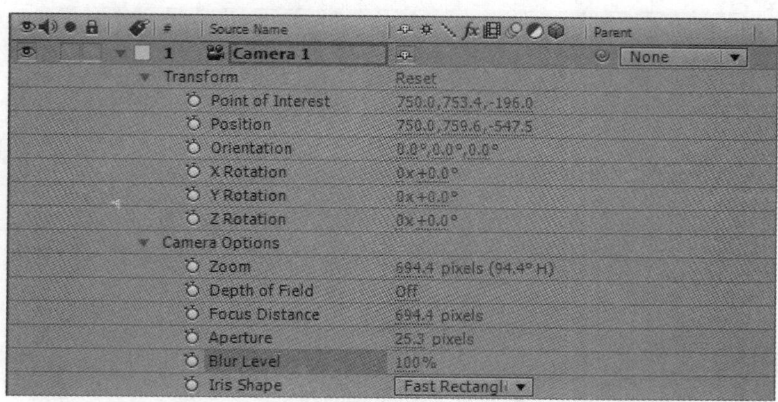

图 12-48

当关闭 Depth of Field 时，其余参数不变，视图效果如图 12-49 所示。

图 12-49

当开启 Depth of Field 并将【Blur Level】设置为【500%】时，效果如图 12-50 所示。

图 12-50

STEP 3　为了加强三维空间感，很多时候会添加灯光来增强效果。通过【Layer】|【New】|【Light】命令创建一个灯光。默认其选项，打开其属性，如图 12-51 所示。

Source Name
Parent
1
Light 2
None
Transform
Reset
Point of Interest
750.0,750.0,0.0
Position
812.5,687.5,-520.8
Orientation
0.0°,0.0°,0.0°
X Rotation
0x+0.0°
Y Rotation
0x+0.0°
Z Rotation
0x+0.0°
Light Options
Spot
Intensity
100%
Color
Cone Angle
90.0°
Cone Feather
50%
Falloff
None
Radius
500.0
Falloff Distance
500.0
Casts Shadows
Off
Shadow Darkness
100%
Shadow Diffusion
0.0 pixels

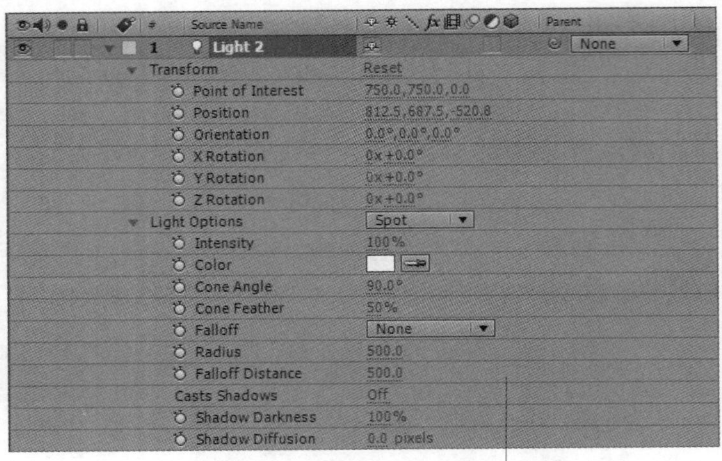

图 12-51

设置其参数如图 12-52 所示。

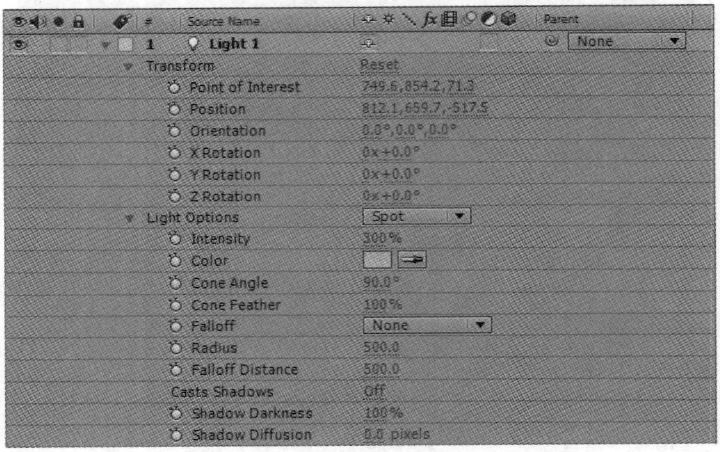

Source Name
Parent
1
Light 1
None
Transform
Reset
Point of Interest
749.6,854.2,71.3
Position
812.1,659.7,-517.5
Orientation
0.0°,0.0°,0.0°
X Rotation
0x+0.0°
Y Rotation
0x+0.0°
Z Rotation
0x+0.0°
Light Options
Spot
Intensity
300%
Color
Cone Angle
90.0°
Cone Feather
100%
Falloff
None
Radius
500.0
Falloff Distance
500.0
Casts Shadows
Off
Shadow Darkness
100%
Shadow Diffusion
0.0 pixels

图 12-52

添加以上参数后的视图效果如图 12-53 所示。

BEST WISHES FOR

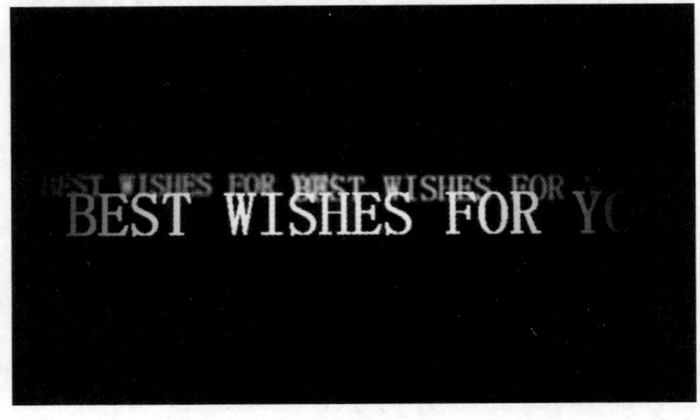

图 12-53

12.2.6　三维图层的材质属性及阴影的应用

将二维图层转换为三维图层后，除了基础的变换属性的不同，还会多出一项材质属性的设置项，用来设置三维图层的阴影及高光质感，如图 12-54 所示。

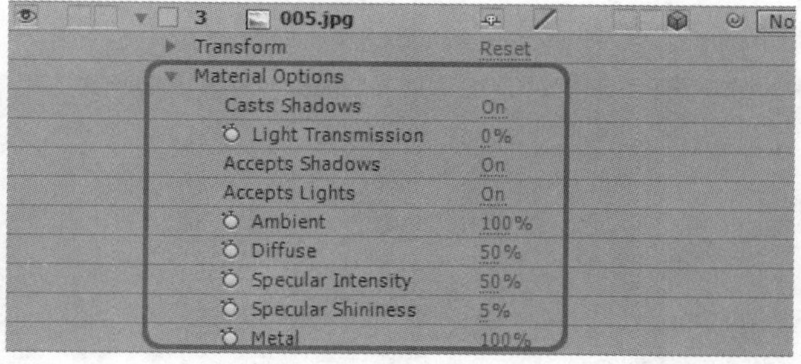

图 12-54

- Material Options：材质选项，该选项中包括与灯光相关的设置。
  - Casts Shadows（投影开关），开启该选项后，如果场景中的灯光也开启了投影，即可在三维空间内产生阴影，如图 12-55 所示。

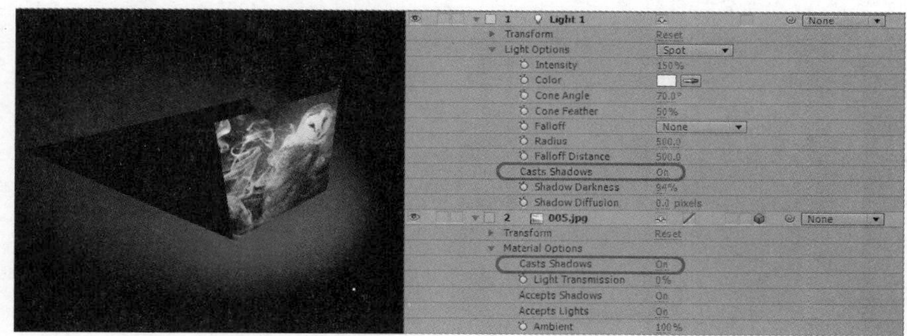

图 12-55

  - Light Transmission（灯光穿透强度），默认情况下为 0%，灯光不能穿透图层，所以图层的背面不能受灯光照射的就是黑色，同时产生黑色的阴影。当项强度加大时，灯光穿透图层，那么图层的背面也可以被看到，同时产生彩色的阴影，如图 12-56 所示。

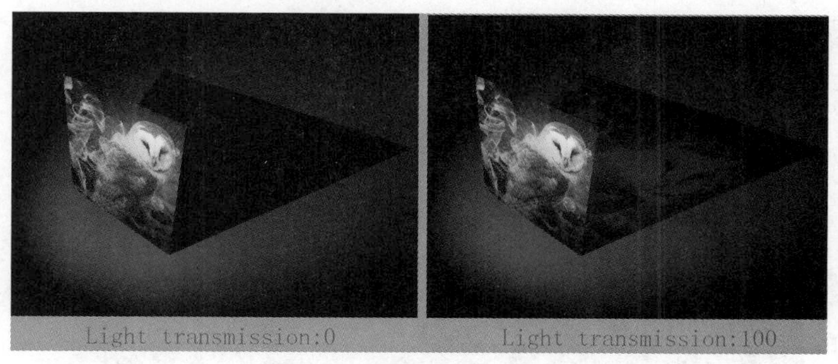

图 12-56

该选项在做一些彩色玻璃效果时常常能用得上。

- Accepts Shadows（接收阴影），开启之后当前层可以接收其他层所产生的投影，比如当前的场景中，如果把地面图层的 Accepts Shadows 选项关掉，即使其他图层和灯光都产生投影，也不会显示阴影。如果图像层的 Light transmission 值大于 0，也就是灯光可以穿过图层而照亮图层的背面，也可以产生彩色的投影，但场景中接收投影的物体只有地面层。如果没有开启接收阴影，那样同样不会产生阴影，如图 12-57 所示。

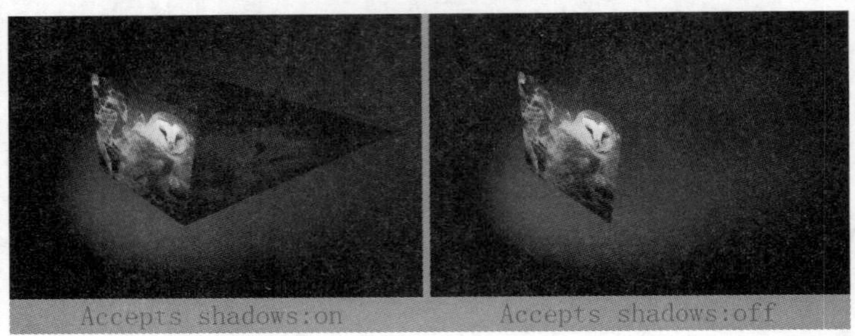

图 12-57

- Accepts Lights（接收灯光），开启该选项后当前层被场景中的灯光照亮，如果关闭则不受灯光影响，但是依旧会产生投影，如图 12-58 所示。

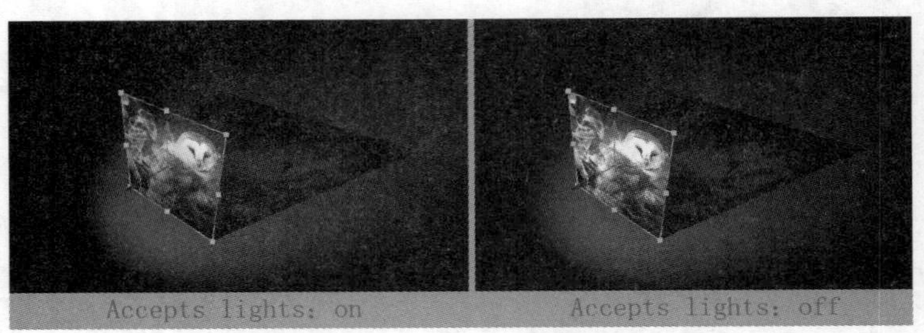

图 12-58

提示：关闭该选项不受灯光影响后图层并不是黑色的，我们在刚创建三维层还没有灯光时，那些三维层也可以被看到，这是因为默认情况下，系统会在用户没有创建灯光时自动产生光照，但是只要用户一创建灯光之后系统的灯光就会关闭。而将图层受灯光影响的属性关闭后，该图层会自动受系统默认照明的影响，其他图层则不会。

现在将地面层的 Accepts Lights 选项关闭，这样效果会更明显，如图 12-59 所示。

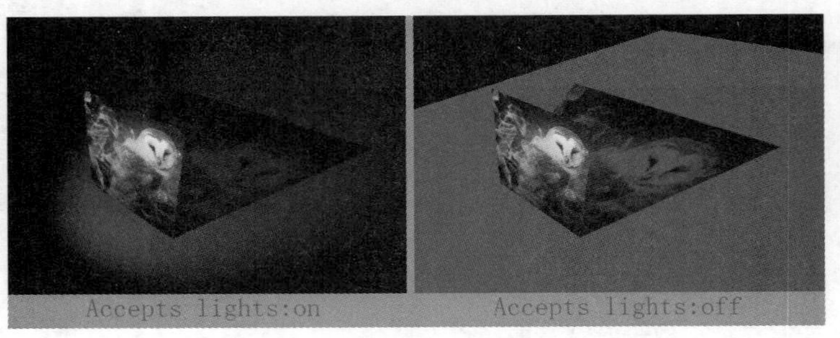

图 12-59

➢ Ambient（环境的亮度），在创建了 Ambient 灯光后，图层受 Ambient 灯光影响的强度，所以要先创建一个 Ambient 灯光，接下来调节地面层受 Ambient 灯光影响的强度，如图 12-60 所示。

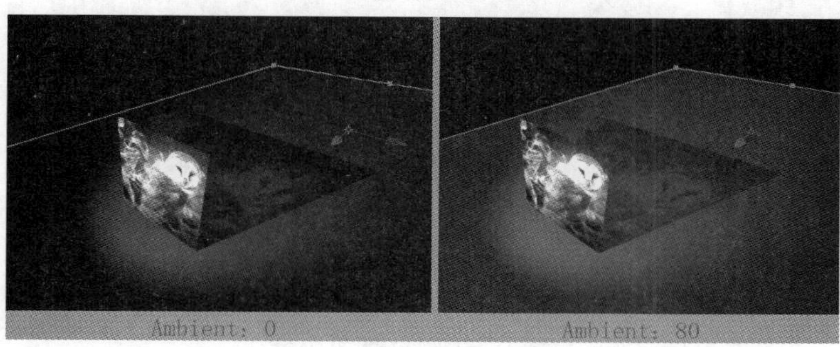

图 12-60

提示：图层的 Accepts Light 属性为关闭时，该选项不可用。

➢ Diffuse（固有色），也就是图层本身图像的亮度，如图 12-61 所示。

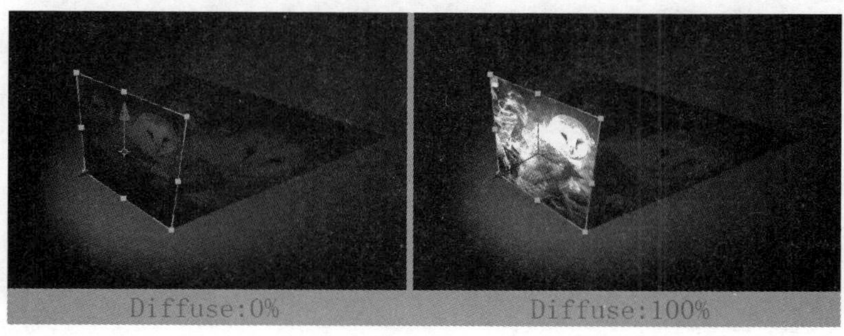

图 12-61

➢ Specular Intensity（高光亮度），也就是当前层在受到灯光照射的情况下，所产生的高亮区域，这是表现材质属性很重要的特性，不同质感的物体会产生不同形状及范围的高光，如图 12-62 所示。

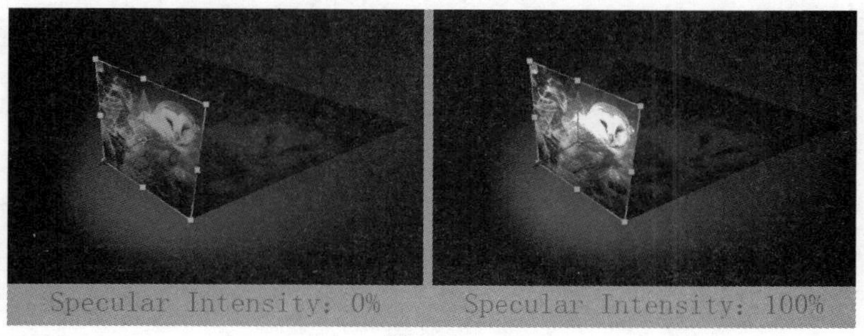

图 12-62

➢ Specular Shininess（光感、光泽度），控制着高光范围的大小，如图 12-63 所示。

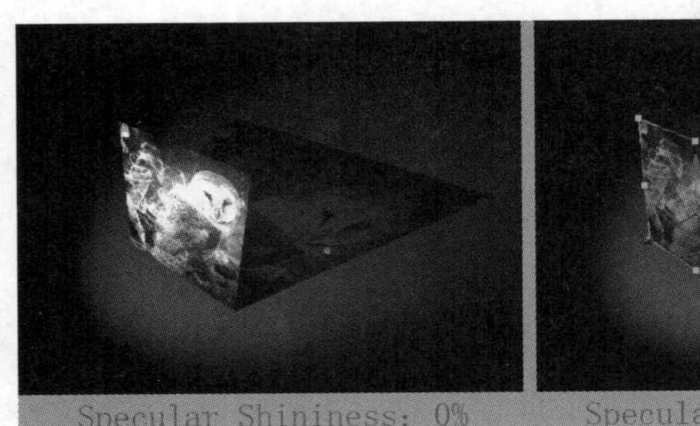

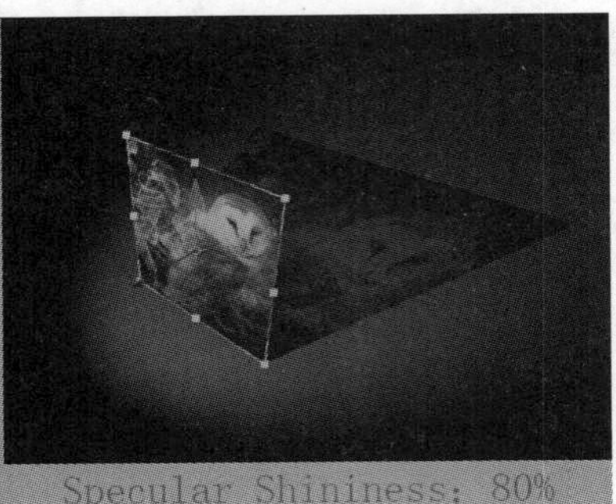

图 12-63

- Metal（金属度），该参数越大，图层的金属质感就越重，金属质感的主要特征就是高光区域很少，但高光区域的亮度很高，如图 12-64 所示。

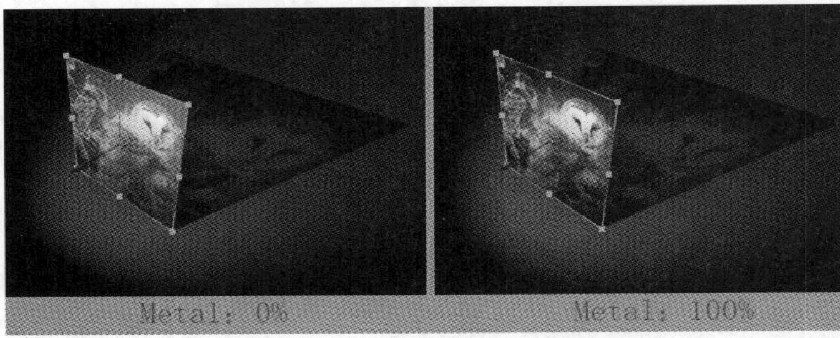

图 12-64

第 13 章 渲染和输出

前面章节做的所有工作都是为本章而服务的，如果没有这个环节，即使做再好的片子，也不能被世人所看到。输出，这是让我们的作品问世的最后一个环节，将我们所做的片子通过渲染输出到不同的媒体上，然后才可以进行浏览和播放。学习过三维软件的人都知道，从三维软件中导出视频或单帧的图像必须经过渲染，在 After Effects CS6 中也一样，所做的任何效果都需要经过渲染才能进行播放。

本章学习在 After Effects CS6 中输出格式、方法、所注意的问题，能够把自己的片子输出到任何你所需的媒体，还要清楚各种媒体所需的格式设置。

13.1 渲染详细设置

当对所有镜头都调节完成之后，可以按【Ctrl + M】组合键，将当前合成发送到 Render Queue 面板，如图 13-1 所示。

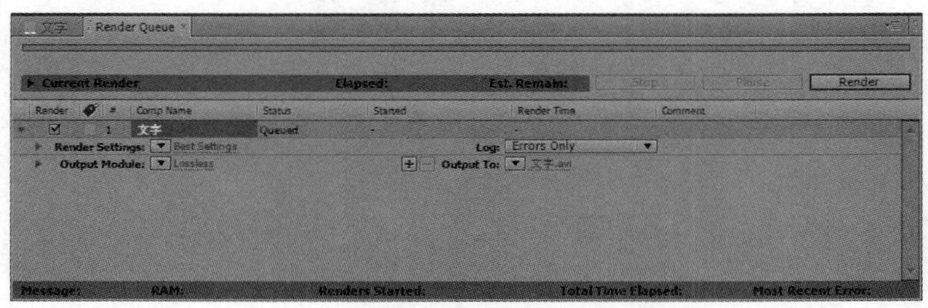

图 13-1

渲染队列窗口分为 3 个部分：Current Render（当前渲染）、渲染组和 All Renders（所有渲染），下面详细介绍各项的含义。

13.1.1 Current Render

Current Render（当前渲染）区显示了当前渲染的影片信息，包括队列的数量、内存使用量、渲染时间和日志文件的位置等信息，如图 13-2 所示。

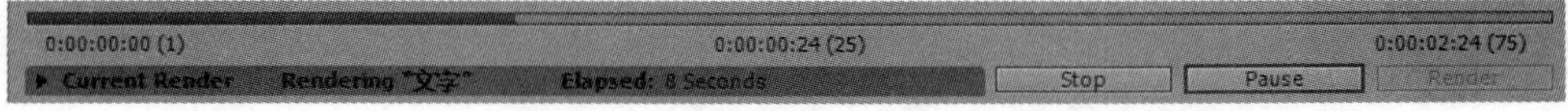

图 13-2

- Rendering“文字”：当前渲染影片的名字。
- Elapsed（用时），显示当前影片渲染所用的时间。
- Render：渲染，单击该按钮，对影片进行渲染。
- Pause：暂停，在影片渲染的过程中，单击该按钮，可以暂停影片的渲染。
- Continue：继续，单击该按钮，可以继续渲染影片。
- Stop：停止，在影片的渲染过程中单击该按钮，可结束影片的渲染。

当影片在渲染时，单击 Current Render 左侧的▶按钮，可以显示当前渲染影片的详细资料，包含正在渲染的合成名称、正在渲染的层、影片的大小、输出影片的保存路径等资料，如图 13-3 所示。

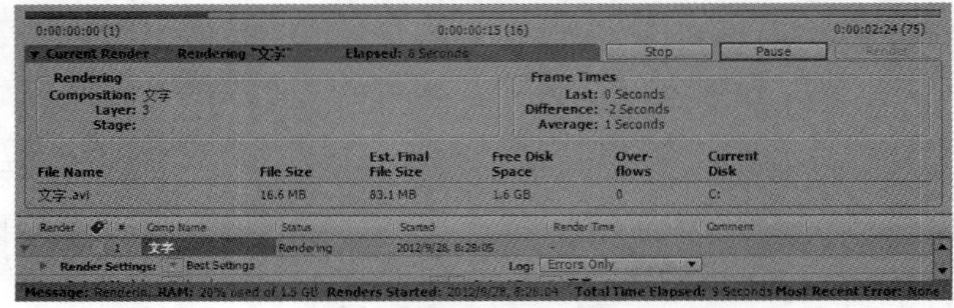

图 13-3

- Composition（合成），显示当前渲染影片合成的名称。
- Layer（图层），显示当前正在渲染影片的图层。
- Stage（渲染进度），显示影片当前渲染的特效、合成等。
- Last（最近），显示影片渲染的最近几秒时间。
- Difference（差异），显示影片最近几秒时间中的差异。
- Average（平均值），显示时间的平均值。
- File Name（文件名），显示影片输出的名称及文件格式。
- File Size（文件大小），显示当前影片已经输出的文件大小。
- Est . Final File Size（估计影片在渲染完成后），最终文件的大小。
- Free Disk Space（空闲磁盘空间），显示当前输出影片所在磁盘的空余空间的大小。
- Over-flows（溢出），显示溢出磁盘的大小。
- Current Disk（当前磁盘），显示渲染影片所在磁盘的位置。

13.1.2 渲染组

渲染组显示要进行渲染的合成列表，并显示渲染的合成名称、渲染时间等，还可以通过参数设置对渲染进行相关的调整，如图 13-4 所示。

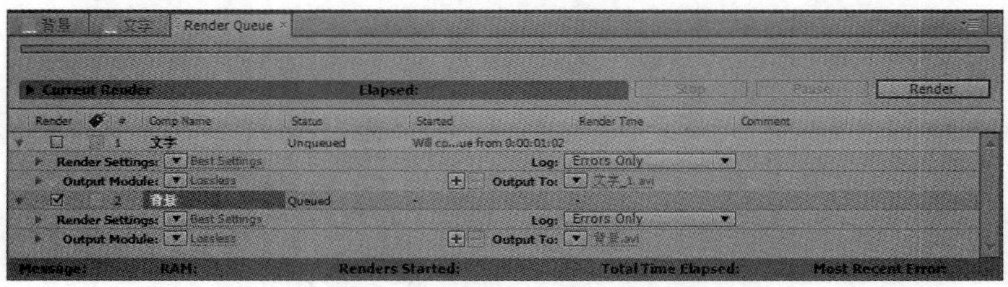

图 13-4

1. 添加项目

在进行多影片的渲染时，可以通过以下方法进行添加：

- 在 Project（项目）面板中选择一个或者多个合成文件，然后执行【Composition】|【Make Movie】命令，或者按【Ctrl+M】组合键。
- 在 Project（项目）面板中选择一个或者多个合成文件，然后执行【Composition】|【Add To Render Queue】命令。
- 在 Project（项目）面板中选择一个或者多个合成文件，然后按住鼠标左键直接将文件直接拖动至渲染面板中。

2. 删除项目

在渲染组中，有些合成项目不需要渲染，需要将其删除，通过以下方法可以进行删除：

- 在渲染队列中选择一个或者多个不需要删除的合成项目，按住【Shift】或者【Ctrl】键进行多选，然后选择【Edit】|【Clear】命令，可以将不需要的项目删除。
- 在渲染队列中选择一个或者多个不需要删除的合成项目，然后按【Delete】键，将不需要的项目删除。

3. 移动项目

当进行多个项目渲染时，系统默认的顺序是由上至下进行渲染，若要更改渲染的顺序，可以将影片的位置进行更改。在渲染队列中，选择一个或者多个合成项目，按住鼠标左键进行拖动至合适的位置，当出现一条黑线时，松开鼠标左键，即可完成项目的渲染顺序。

4. 渲染组标题的含义

渲染组的标题所包含的内容丰富，包含渲染、标签、合成名称等状态等，各项参数的含义如下：

- Render：渲染，设置影片是否被渲染；在渲染面板中，每个合成前都有一个□复选框，勾选该复选框☑，表示该影片将被渲染，未勾选时表示该项目不被渲染，单击 Render 按钮，影片由上至下进行渲染。
- 标签图标：标签，对应灰色的方块，用来为影片设置不同的标签颜色，单击该颜色方块，在弹出的快捷菜单中可以为标签设置不同的颜色，如图 13-5 所示。
- #：序号，该选项对应渲染队列的排列顺序，如 1、2 等。
- Comp Name：合成名称，显示渲染影片的合成名称。
- Status：状态，显示影片的渲染状态，其中包含 Unqueued（不在队列中）、User Stopped（用户停止）、Done（完成）、Rendering（渲染中）和 Queued（队列）。

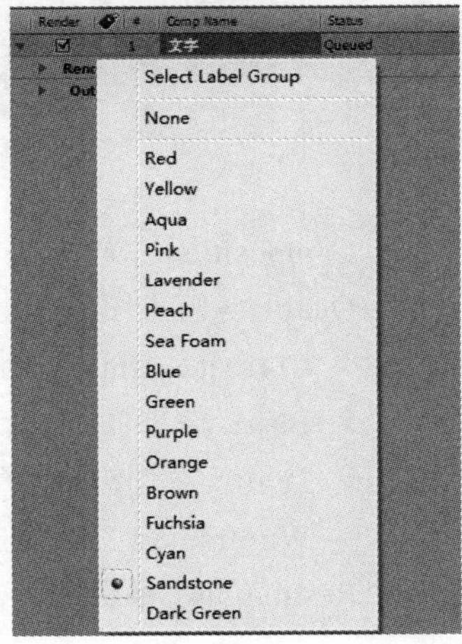

图 13-5

13.2 渲染信息

All Renders（所有渲染）区显示了当前渲染的影片信息，包括队列的数量、内存使用量、渲染时间和日志文件的位置等信息，如图 13-6 所示。

Message: Rendering 1 of 1 RAM: 25% used of 1.5 GB Renders Started: 2012/9/28, 9:31:03 Total Time Elapsed: 5 Seconds Most Recent Error: None

图 13-6

- Message（信息），显示影片的任务及当前渲染的影片。
- RAM（内存），显示当前渲染影片的内存使用量。
- Renders Started（开始渲染），显示开始渲染影片的时间。
- Total Time Elapsed（已用时间），显示渲染影片已经使用的时间。
- Most Resent Error（更多新错误），显示出现错误的次数。

13.2.1 Render Settings

该选项用来设置输出的质量，单击 Render Settings（渲染设置）后面的蓝色文字 Best Settings，打开【Render Settings】对话框，在该对话框中进行详细设置，如图 13-7 所示。

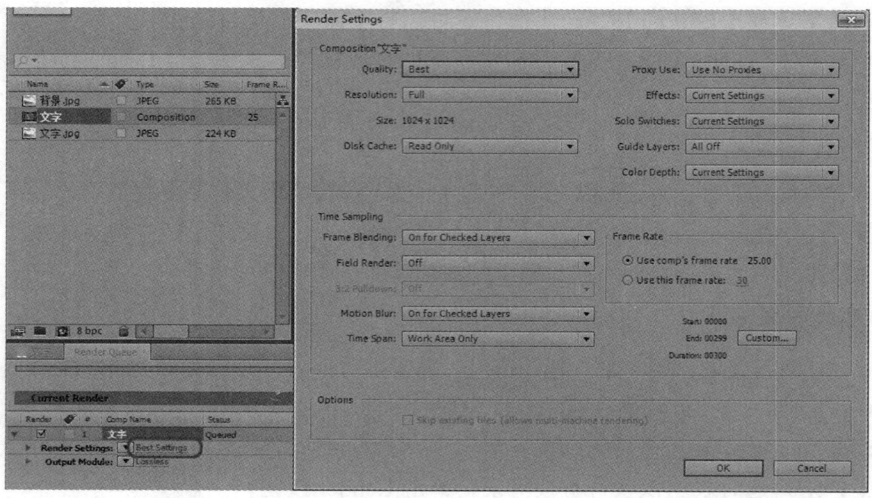

图 13-7

- Composition“文字”：当前合成设置。
- Quality（渲染图像质量），下拉列表如图 13-8 所示。
  - Current SettingS：使用当前视口中的设置进行输出。
  - Best：渲染输出最佳图像质量，在最后输出时选择该选项。
  - Draft（草图级别），输出的图像质量较差，适合作最终输出之前的预览输出。
  - Wireframe（线框模式），适合于输出观察层的运动情况。
- Resolution（解析度），也就是分辨率的设置，下拉列表如图 13-9 所示。

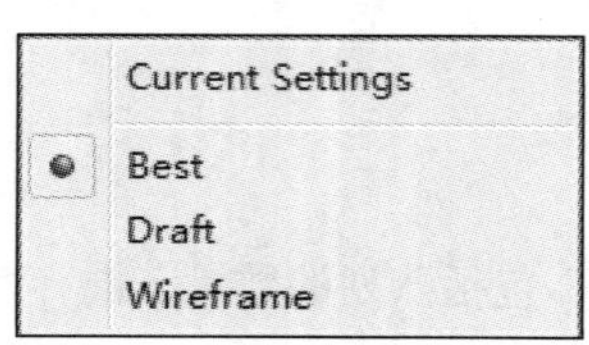

图 13-8

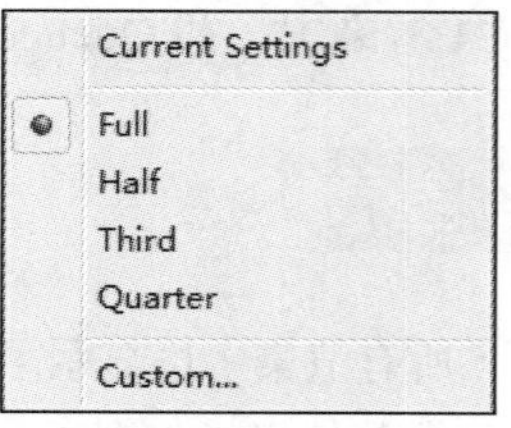

图 13-9

- Current Settings：使用当前视口的设置进行输出。
- Full（满分辨率模式），也就是以合成的分辨率进行输出。
- Half：以当前合成分辨率的一半进行输出。
- Third：以当前合成分辨率的三分之一进行输出。
- Quarter：以当前合成分辨率的四分之一进行输出。
- Custom（自定义），选择该选项后，弹出【Custom Resolution】对话框，如图 13-10 所示。

在该对话框中 Horizontally（横向）每几个像素点渲染一次和 Vertically（纵向）每几个像素点渲染一次。

- Disk Cache（磁盘存储方式），可以设置 Read Only 为只读。
- Proxy Use（代理设置），如果在工程一些素材的数据里过大或者一些效果相对复杂，那么将会发生硬盘读取速度慢或计算机处理速度慢的情况，这时可以设置代理，用一个相对较旧的素材进行临时替换，这样可以得到更快捷的视图反馈速度，该选项控制在输出时是否使用代理素材，下拉列表如图 13-11 所示。

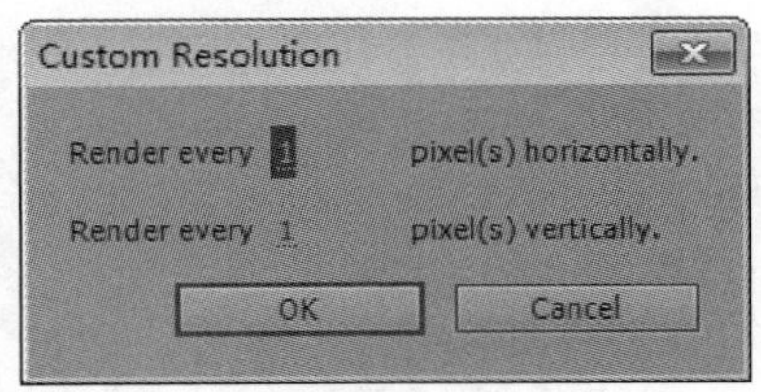

图 13-10

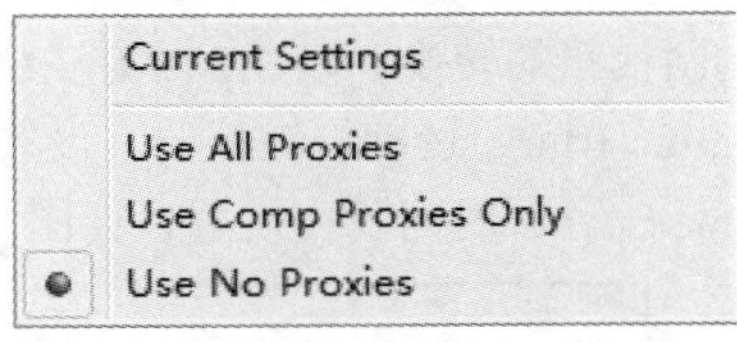

图 13-11

  - Current Settings：使用当前工程的设置，比如工程又链接了一些代理，但是其中有一部分并没有使用，选择该选项会按照那些设置进行渲染输出。
  - Use All Proxies：使用所有代理，选择该选项后，将启用工程中的所有代理，不论当前是否在使用。
  - Use Comp Proxies Only：只开启合成代理而不使用单层素材的代理。
  - Use No Proxies：禁用所有代理。
- Effects：特效设置，控制当前工程中特效的使用情况，如图 13-12 所示。
  - Current Settings：使用当前设置，也就说在工程中一些保持关闭的特效依然关闭，而启用的特效将会被渲染输出。
  - All On：开启所有特效。
  - All Off：禁用所有特效。
- Solo Switches：是否对音频素材进行输出。
- Guide Layers：是否使用引导层。
- Color Depth：颜色位深度，我们常用的颜色大约为 8 位，如果使用了一些其他位深度的素材，在这里可以选择不同的选项。
- Time Sampling：时间设置。
- Frame Blending：帧融合的使用设置如图 13-13 所示。

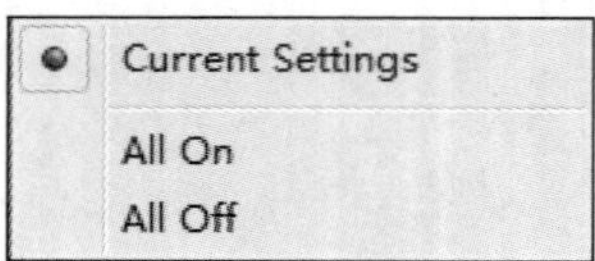

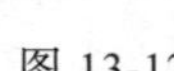

图 13-12

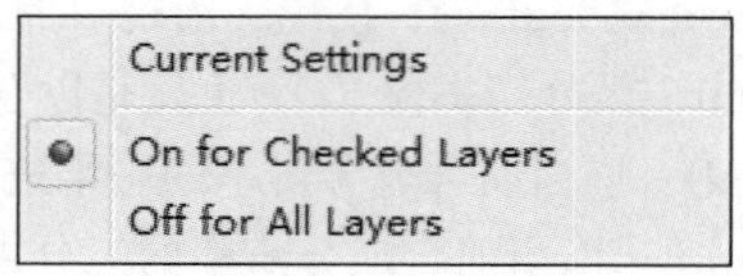

图 13-13

- Current Settings：使用当前工程中的设置。
- On for Checked Layers：只对方格层开启帧融合。
- Off for All Layers：禁用帧融合。

- Field Render：场的渲染设置，如果输出的目标媒体是电视那么就需要渲染场，如图 13-14 所示。
  - Off：不渲染场。
  - Upper Field First：渲染场，上场先。
  - Lower Field First：渲染场，下场先。
  - 3:2 Pulldown:3 比 2 下拉法，当开启渲染场时该选项可用，3:2 下拉法多应用于电影到 NTSC 制视频的转换，以 3:2 的方法将每秒 24 帧的电影平均分布到 30 帧的 NTSC 视频。
- Motion Blur：运动模糊控制，设置是否开启运动模糊。
- Time Span：时间长度设置，如图 13-15 所示。

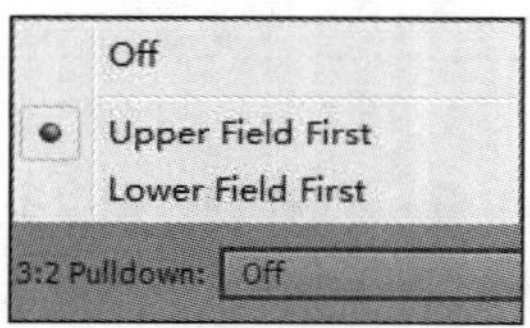

图 13-14

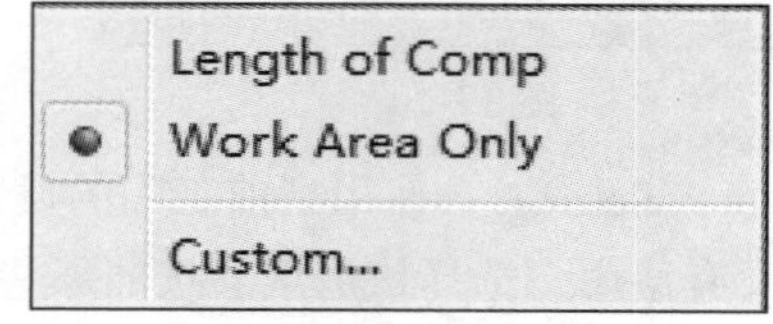

图 13-15

- Length of Comp：渲染整个合成的图像。
- Work Area Only：只渲染从合成开始点到结束点之间的图像。
- Custom：自定义长度，如图 13-16 所示。

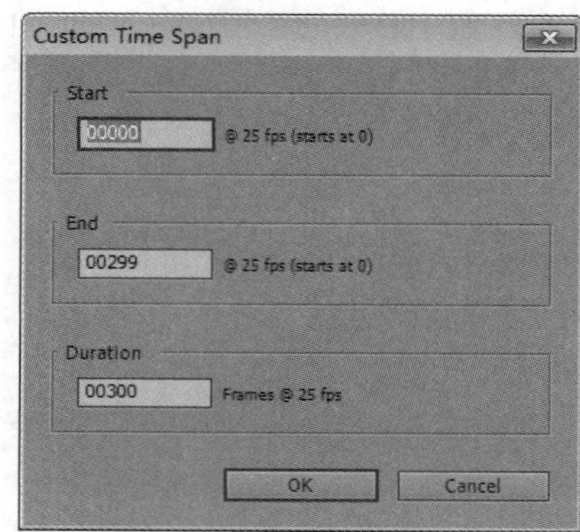

图 13-16

Start：渲染的开始时间。

End：渲染的结束时间。

Duration：一共的渲染时间。

- Frame Rate：帧速率设置。
  - Use comp's frame rate：使用当前合成的帧速率。
  - Use this frame rate：用户自定义帧速率。

单击 Render Setting 前面的按钮显示当前的设置，如图 13-17 所示。

单击 Render Settings 后面的按钮进行一些快捷的设置，如图 13-18 所示。

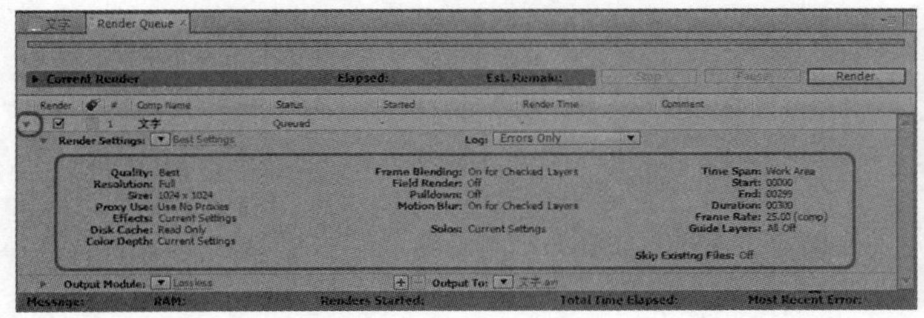

图 13-17

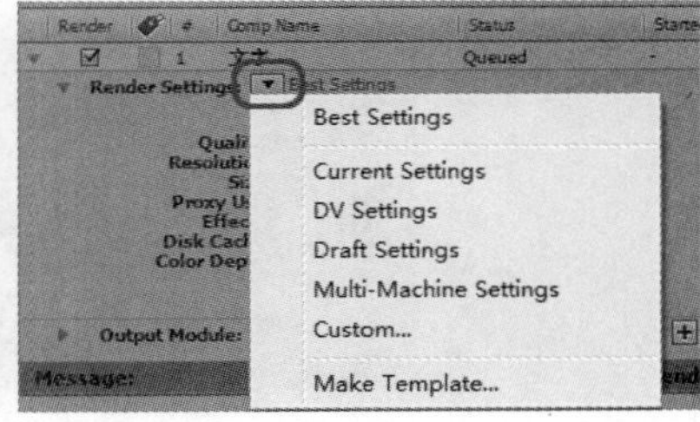

图 13-18

13.2.2 Output Module 选项

Output Module 选项用来设置输出的格式，单击 Output Module 选项后面的 Lossless 按钮，打开输出模式对话框，如图 13-19 所示。

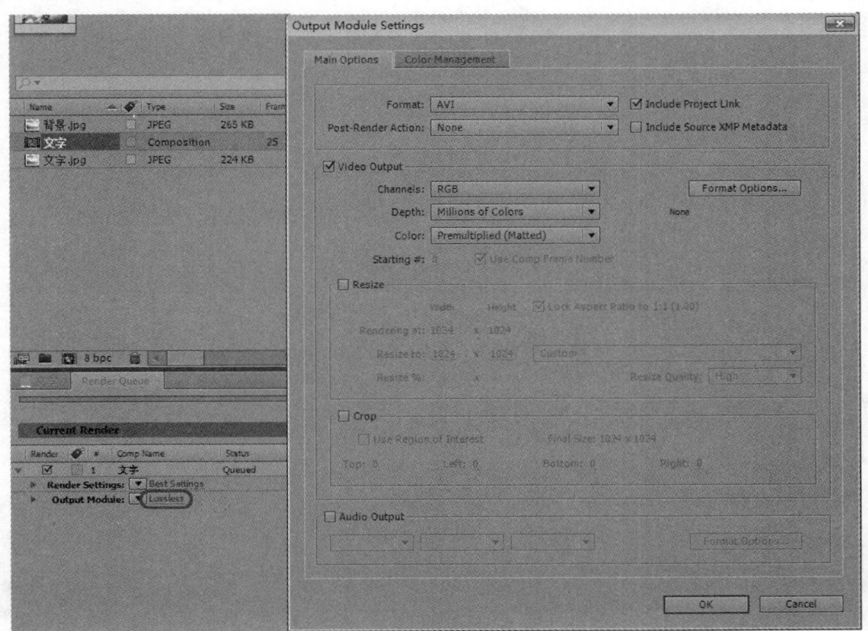

图 13-19

- Format（格式），选择要输出的格式。
- Video Output：视频输出选项。
- Channels：通道设置，下拉列表如图 13-20 所示。
  - RGB：只输出颜色通道。
  - Alpha：只输出 Alpha 通道。

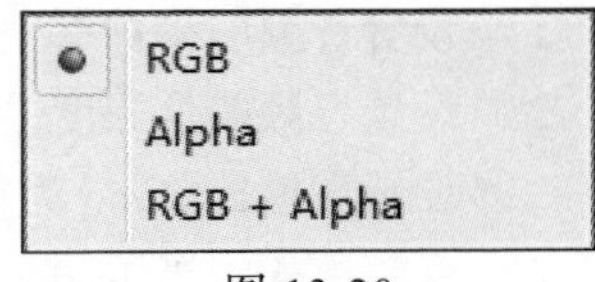

图 13-20

- RGB + Alpha：输出颜色通道并埋入 Alpha 通道，在输出 TGA 格式时常常会选择该选项。
- Depth（设置位深度），可以设置为不同色彩信息的格式。
  - Format options：选择不同的视频压缩程序，每种格式都有不同的压缩程序，可以根据需要进行选择。
- Resize（拉伸），可以重新定义视频的输出尺寸，如图 13-21 所示。

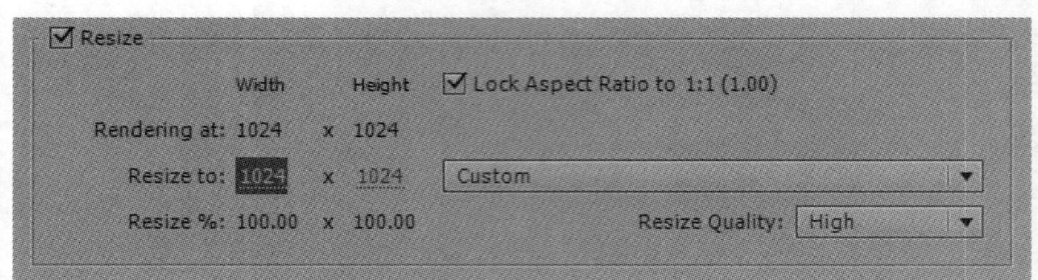

图 13-21

  - Rendering at：当前的渲染尺寸。
  - Resize to：改变以后的渲染尺寸。
  - Custom（自定义尺寸），可以选择一些预置的不同制式的格式。
  - Resize %：显示改变之后的尺寸比原先的尺寸拉伸的百分比。
  - Resize Quality（拉伸质量），视频经过拉伸以后会不同程度影响到的画面的质量，选择拉伸的质量。
- Crop（裁切），该选项可以在当前视频的基础上进行一定量的裁切，如图 13-22 所示。

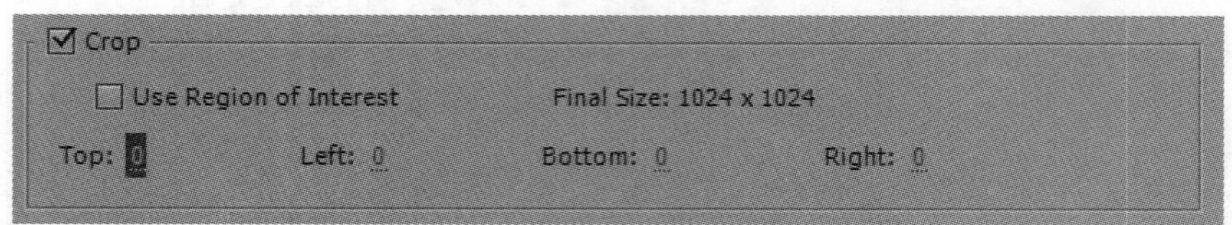

图 13-22

Top（上面裁切）； Left（左边裁切）； Bottom（下边裁切）； Right（右边裁切）。

裁切量可以是正数也可以是负数，如果是负数，那么裁切之后的图像将会比原先的尺寸大，这样多出的部分就会以黑色进行填充。

- Audio Output：音频输出控制，如图 13-23 所示。

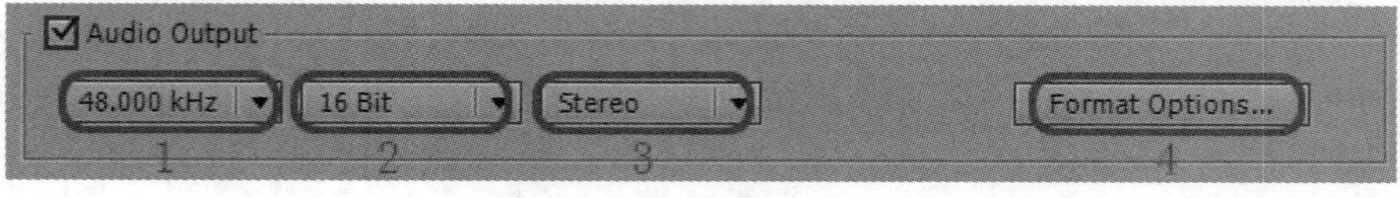

图 13-23

1. 设置音频的采样率，常用的是 44.1kHz 和 48.0kHz。
2. 设置音频的位深度，常用的是 8Bit 和 16Bit。
3. 设置声道，Mono 为单声道；Stereo 为立体声。
4. 音频格式，当 Format 项设置为音频格式，比如 MP3 时，该选项可用，单击弹出如图 13-24 所示对话框。

- Audio Birtate：声音比特率设置。
- Coder Quality：音频质量，Fast 读取的速度比较快，但相对质量较差；High 为高质量。

单击 Output Module 选项后面的按钮，快速选择一些预置的格式，如图 13-25 所示。

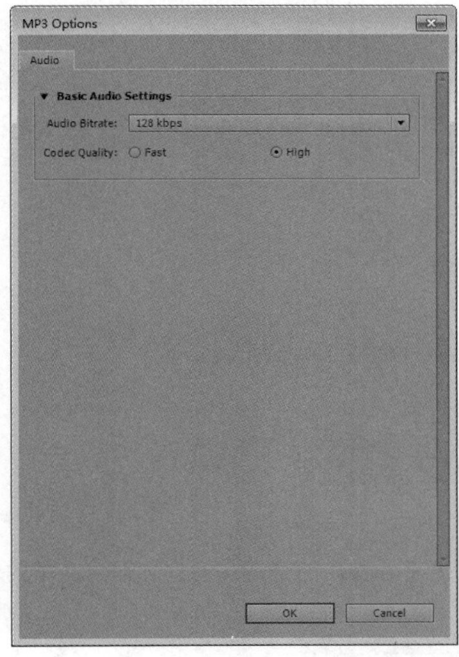

图 13-24

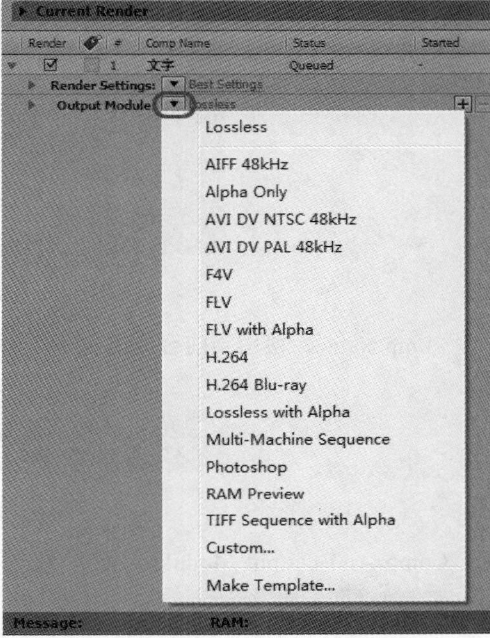

图 13-25

13.2.3 Output To 选项

Output To 选项用来设置输出文件的名字和存储位置，单击 Output To 后面的蓝色字体选择存储的位置，如图 13-26 所示。

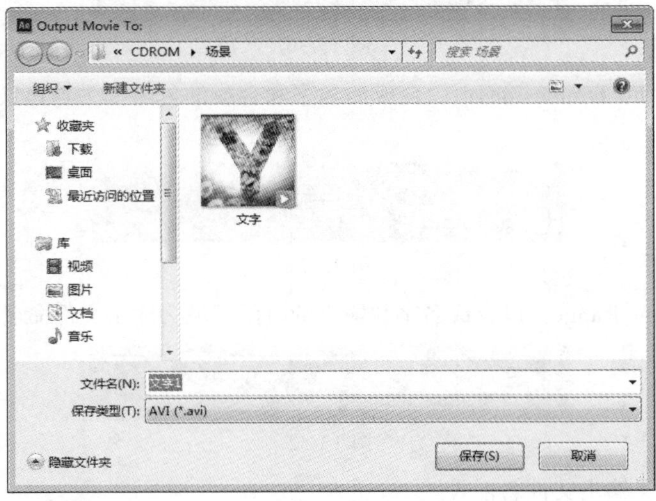

图 13-26

在该窗口中设置文字名和存储位置，设置完成后单击【保存】按钮即可。单击 Output To 后面的下拉按钮可以进行快速命名，很方便，即使没有时间为文件命名，而且输出的文件一大堆时也不会出乱，很好地体现了 Adobe 公司软件的人性化，如图 13–27 所示。

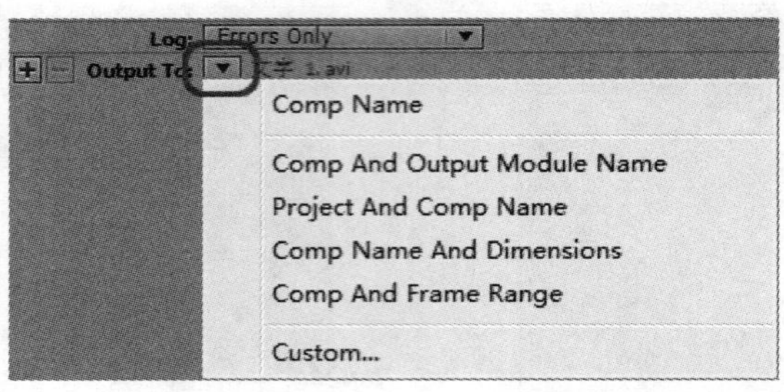

图 13-27

- Comp Name：使用当前合成的名字作为输出的文件名，如图 13-28 所示。

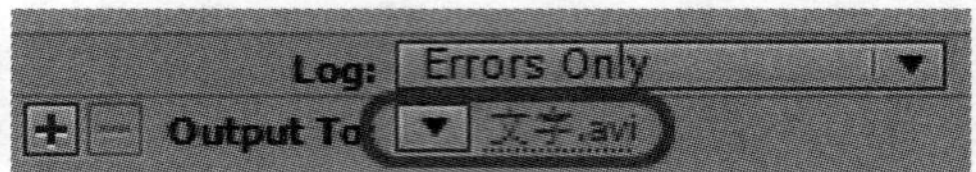

图 13-28

- Comp And Output Module Name：使用当前合成的名字和输出的格式一起作为输出文件的名字，如图 13-29 所示。

图 13-29

- Project And Comp Name：以工程的名字和合成的名字为输出文件命名，如图 13-30 所示。

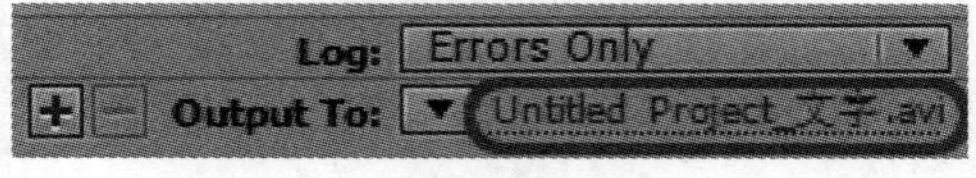

图 13-30

- Comp Name And Dimensions：以合成的名字和合成的分辨率为输出文件命名，如图 13-31 所示。

图 13-31

- Comp And Frame Range：以合成名字和输出的时间区域为输出文件命名，如图 13-32 所示。

图 13-32

- Custom：自定义输出文件名格式。

全部设置完成后，单击【Render】按钮即可进行渲染，如图 13-33 所示。

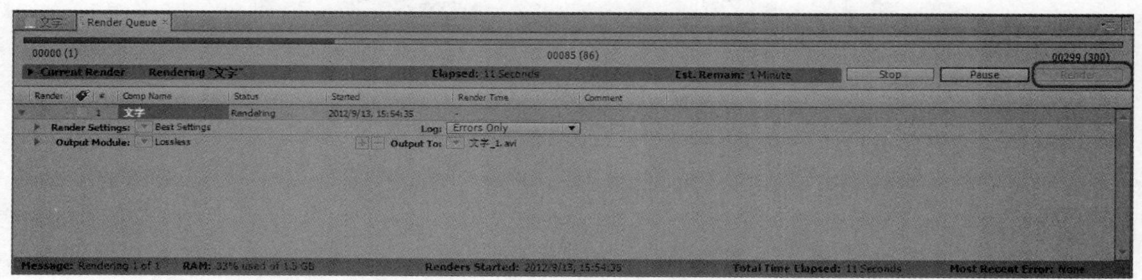

图 13-33

13.2.4　渲染面板各部分功能

我们看到渲染面板中有很多的按钮和一些指示，这些东西都起什么作用呢？接下来我们就一一了解，如图 13-34 所示。

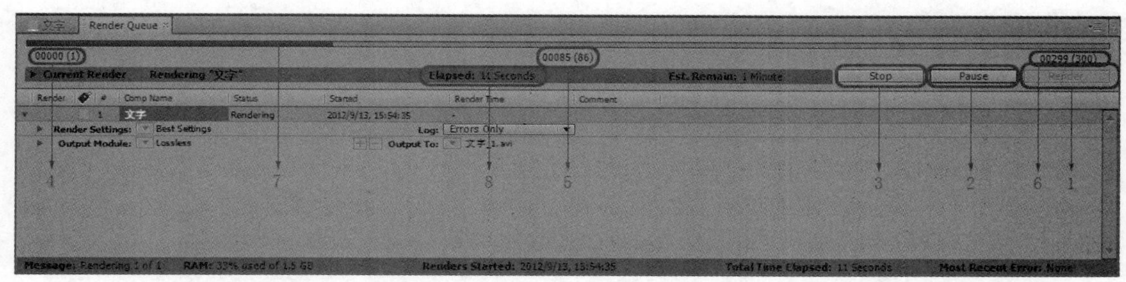

图 13-34

1. 渲染按钮。
2. 暂停渲染按钮，当该按钮被单击后，渲染任务会被暂停，该按钮就变为 Continue（继续），用来继续刚才暂停的任务。
3. 终止渲染任务。
4. 渲染区域的开始时间。
5. 当前渲染帧数。
6. 渲染区域的结束时间和渲染区域的长度指示。
7. 渲染进度。
8. 渲染已用时间。

13.2.5　多任务渲染

在新的 Adobe Effects CS6 版本中，一个合成可以同时输出多种格式的文件，比如我们做片子，可以同时输出 AVI 格式用于在计算机中进行播放、FLV 格式在网络上播放和 DVD 格式用于刻录光盘，要是在以前的版本中需要先设置一个格式，等待它输出完成了再设置下个任务，现在一次就可以设置完成，接下来让计算机渲染即可，这样就大大地节省了时间。

在 Output To 选项前面有一个小加号的按钮和一个小减号的按钮，单击加号按钮可以新建一个输出项，单击减号按钮可以删除一个输出项，如图 13-35 所示。

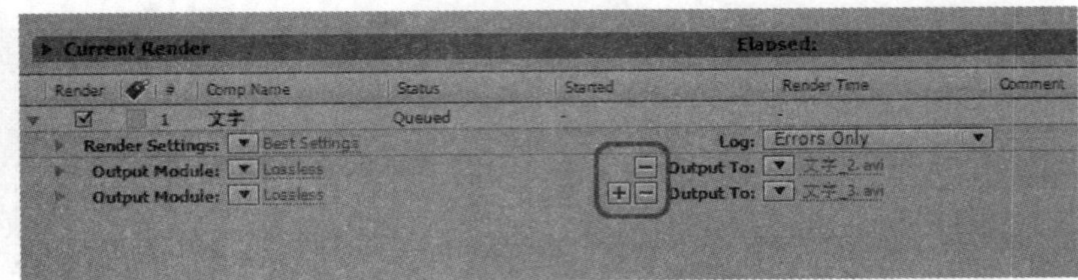

图 13-35

可以为每个输出项设置不同的格式，这样即可一次输出多种格式的文件。

13.2.6 输出单帧图像

有时我们需要将输出当前的一帧图像保存下来，可以通过渲染面板将输出格式设置为图片序列，然后只输出一帧，但是这样相对比较麻烦，After Effects 提供了更为快捷的方法：按【Ctrl + Alt + S】组合键，然后在渲染面板中会自动添加一项，只需设置格式和保存位置，然后单击【Render】按钮即可，如图 13-36 所示。

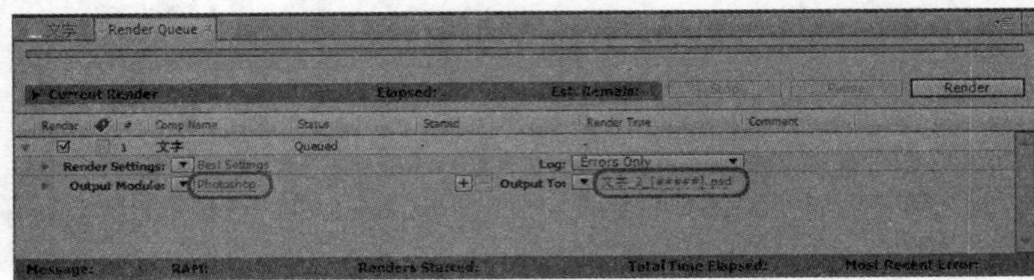

图 13-36

13.3 输出其他常用格式

当一个视频或音频文件制作完成后，就要将最终的结果输出，以发布最终作品，Adobe Effects CS6 可以支持很多种格式的输出，用于在不同的媒体上进行播放和浏览，或者与其他软件进行数据的交换，选择【File】|【Export】命令，可以选择输出到不同的格式，如图 13-37 所示；另外，单击 Output Module 选项后面的下拉按钮可以快速选择一些预置的格式，使用起来比较方便。

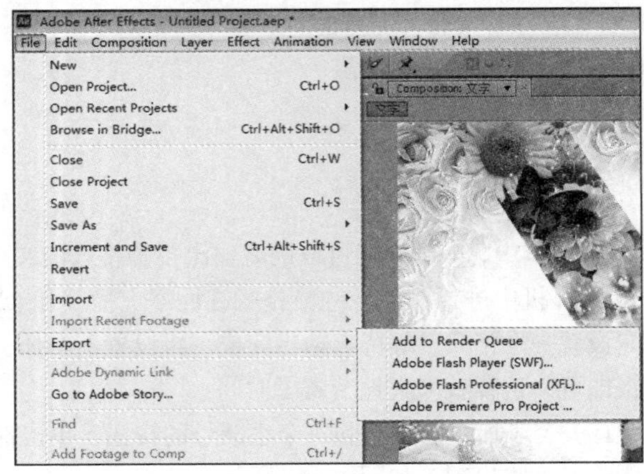

图 13-37

输出与在渲染面板中进行渲染输出一样，只是这里提供了一些常用的格式，使用起来比较方便。

1. Add to Render Queue

添加到渲染序列，在项目组中选择需要输出的合成，如合成“背景”，选择 File/Export| Add to Render Queue 命令，这样即可在渲染队列中合成“背景”对其进行设置和输出，如图 13-38 所示。

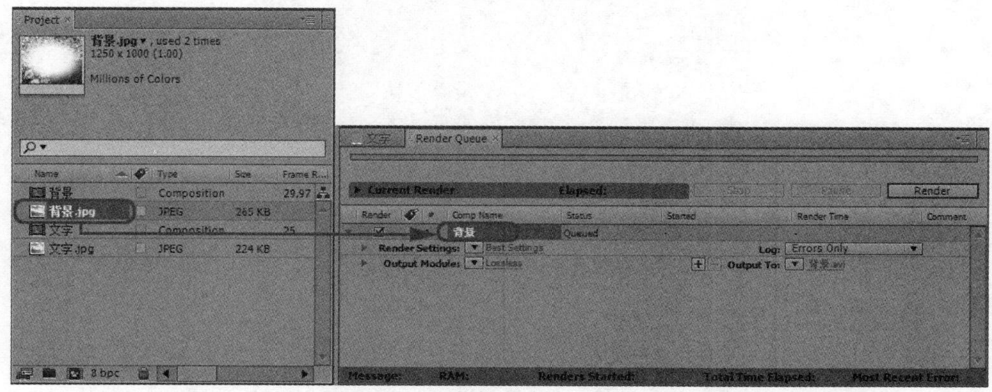

图 13-38

2. Adobe Flash Player（SWF）格式

SWF 格式，源自 Flash 软件生成的一种格式，在网上被大量应用，打开网页之后你所看到的动画基本都是 SWF 格式，自从 Flash 软件被 Adobe 公司收购之后，After Effects 和 Flash 的关系就越来越近了，现在用 After Effects 即可导入和导出 Flash 格式，但是 Flash 格式的导出并不能支持所有的特效，只能支持一小部分特效和 After Effects 的文字层及 Solid 层。

选择要输出的合成项目，选择【File】|【Export】|【Adobe Flash Player（SWF）】命令，打开【另存为】对话框，设置合适的文件名称及保存为位置，如图 13-39 所示。

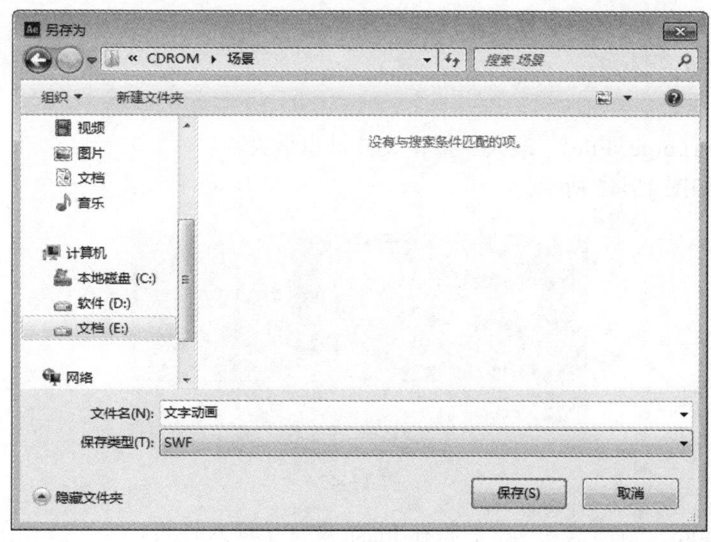

图 13-39

单击【保存】按钮后，打开 SWF Settings 对话框，如图 13-40 所示。

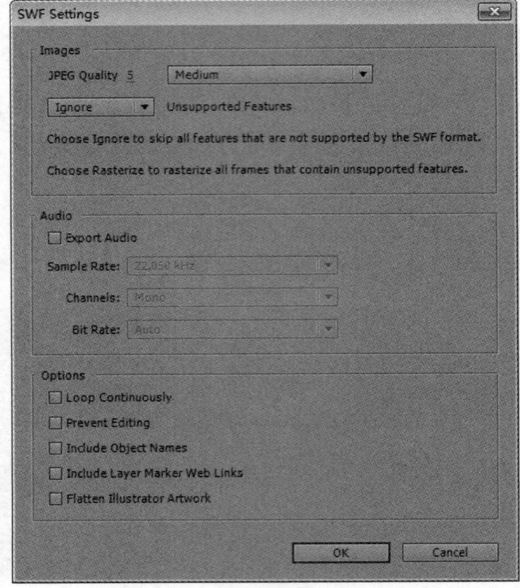

图 13-40

- 图像设置

JPEG Quality：图像质量，默认为 5，最高为 10，下拉列表如图 13-41 所示。

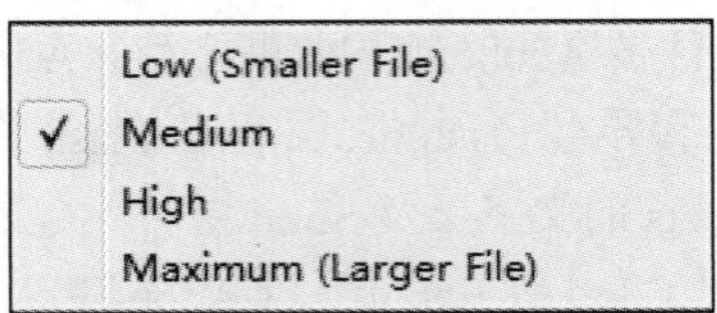

图 13-41

> Low(Smaller File)：质量较低，文件量最小。
> Medium：中等质量。
> High：高质量。
> Maximum (Larger File)：最大质量，文件量也最大。

- 音频设置，如图 13-42 所示。

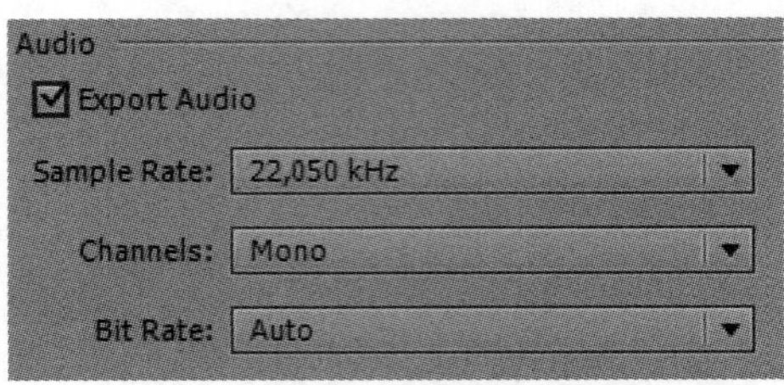

图 13-42

> Export Audio：勾选该复选框后将在 Flash 文件中埋入音频。
> Sample Rate：设置音频的采样率。

- Channels：单双声道设置。
- Bit Rate：音频的比特率设置。

设置完成后单击 Render 按钮进行渲染即可。

3. Flash Professional (XFL)格式

XFL 文件格式代表了 Flash Professional 文档，是一种基于 XML 开放式文件夹的方式。选择要输出的合成项目，选择【File】/【Export】|【Adobe Flash Professional (XFL)】命令，打开【Adobe Flash Professional (XFL) Settings】对话框，如图 13-43 所示。

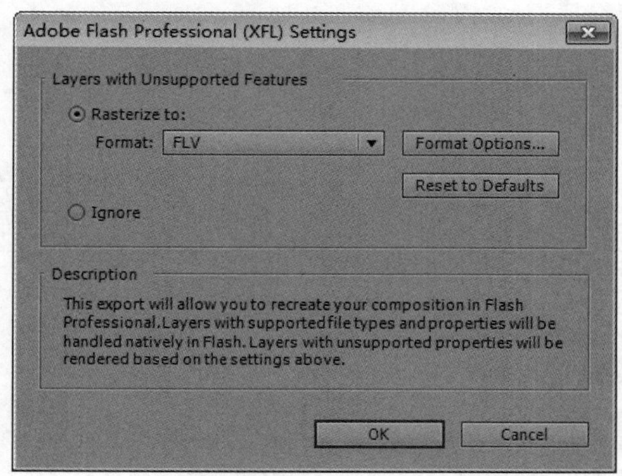

图 13-43

4. 输出到 Adobe Premiere Project

输出用于 Adobe Premiere 软件，用 Premiere 软件打开后即可直接进行剪辑，而不需要从 After Effects 渲染输出，选择后直接保存即可，没有任何设置项，使用非常简单，生成如图 13-40 所示的文件，该功能只支持 Premiere Pro 及以上版本。

图 13-44

第 14 章 综合案例

本章主要以练习为目的，综合训练读者的自由创作能力，其中涉及很多字幕，视频特效的使用，是对前面所有章节的一个综合练习。通过本章的学习，读者可以掌握一些宣传片动画的制作方法，同时也在制作思路上为用户提供了一个可鉴性的参考。

14.1 制作粒子光条动画

本案例主要使用前面我们所讲到的 Noise & Grain、Generate、Stylize、Distort、Color Correction 等特效制作光条效果，为背景添加粒子气泡效果，并添加光晕等效果，构成粒子与光条的包装效果，其效果如图 14-1 所示。

图 14-1

14.1.1 创建光晕背景

STEP 1 按【Ctrl+N】组合键，打开【Composition Settings】对话框，设置【Preset】为【PAL D1/DV】，【Duration】为【0:00:07:00】，如图 14-2 所示。

STEP 2 单击【OK】按钮，选择【Layer】|【New】|【Solid】命令，新建一个名为【背景】的固态层，其他参数与前面所设数值相同，如图 14-3 所示。

STEP 3 单击【OK】按钮，选择【Effect】|【Generate】|【Lens Flare】命令，将【Lens Center】设置为【288.0,288.0】，将【Flare Brightness】设置为【125%】，如图 14-4 所示。

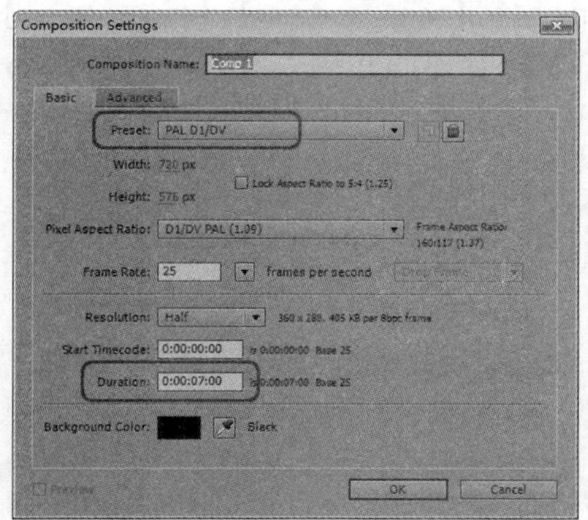

图 14-2

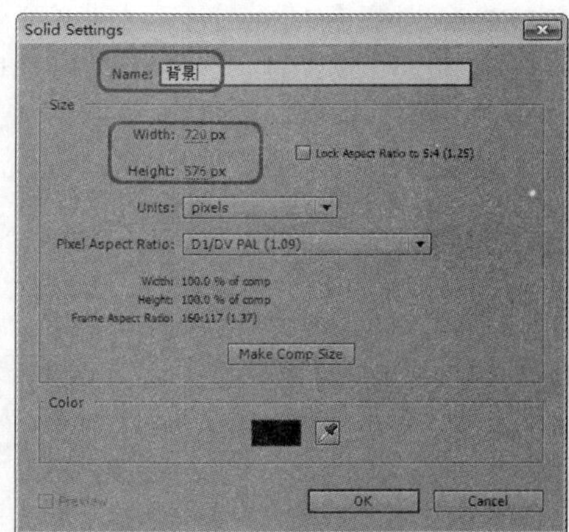

图 14-3

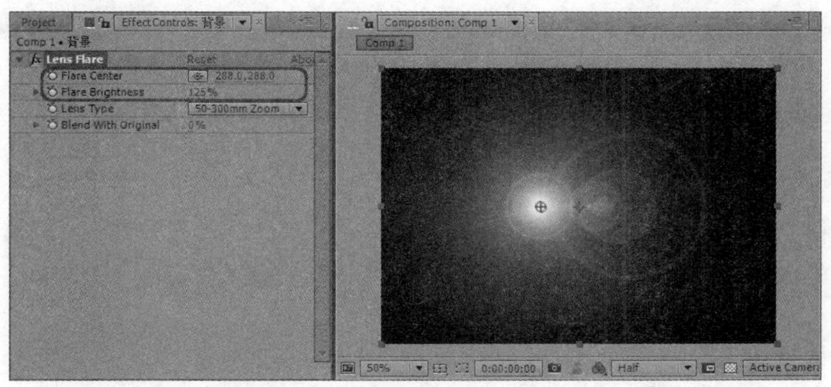

图 14-4

STEP 4　选择背景层，在菜单栏中选择【Effect】|【Color Correction】|【Hue/Saturation】命令，将【Colorize】设置为【On】，将【Colorize Hue】设置为【0x+45.0°　】，将【Colorize Saturation】设置为【58】，将【Colorize Lightness】设置为【-30】，如图 14-5 所示。

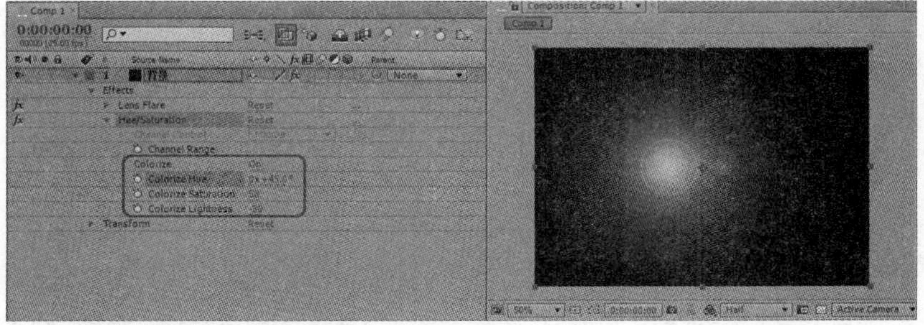

图 14-5

14.1.2　创建光条

STEP 1　选择【Layer】|【New】|【Solid】命令，新建一个固态层，将【Name】设置为【Yellow】，将【Width】设置为【400px】，将【Height】设置为【800 px】，如图 14-6 所示。

STEP 2 选择【Yellow】层，在菜单栏中选择【Effect】|【Noise & Grain】|【Fractal Noise】命令，将【Contrast】设置为【531.0】，将【Brightness】设置为【-97.0】，【Overflow】选择【Clip】，将【Transform】中的【Uniform Scaling】设置为【Off】，将【Scale Width】设置为【75.0】，将【Scale Height】设置为【3000.0】，将【Offset Turbulence】设置为【166.2，400.0】，如图 14-7 所示。

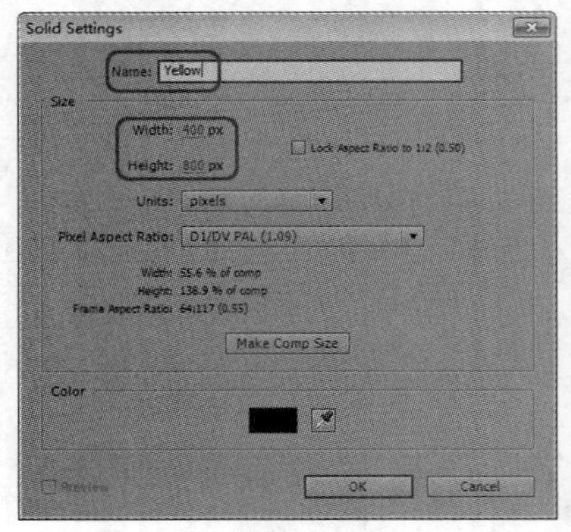

图 14-6

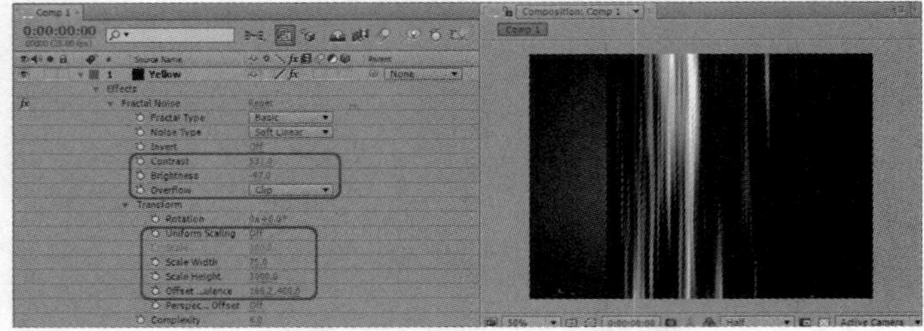

图 14-7

STEP 3 将【时间指示器】移动至 0:00:00:00 位置处，打开记录动画按钮，将【Evolution】设置为 0°，将【时间指示器】移动至 0:00:06:24 位置处，将【Evolution】设置为【1x+0.0°】，将该层的 Mode 栏设置为 Screen，如图 14-8 所示。

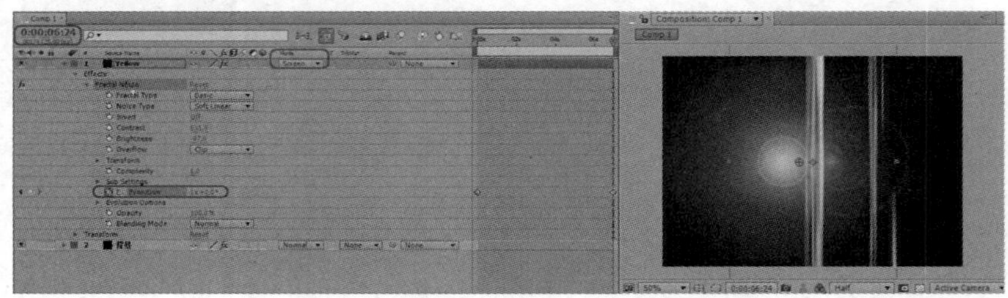

图 14-8

STEP 4 确定该层处于被选择的状态下，选择【Effect】|【Distort】|【Bezier Warp】命令，调整各边角点，将其调整成为扭曲的光条效果，如图 14-9 所示。

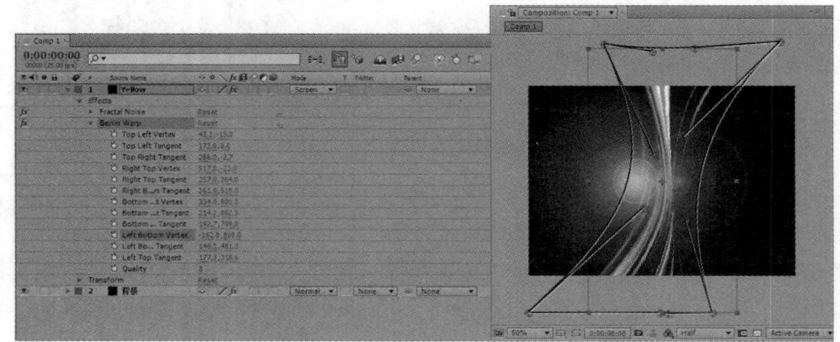

图 14-9

STEP 5 确认该层处于被选择的状态下，选择【Effect】|【Color Correction】|【Hue/Saturation】命令，将【Colorize】设置为 On，将【Colorize Hue】设置为【0x+55.0°】，将【Colorize Saturation】设置为【45】，如图 14-10 所示。

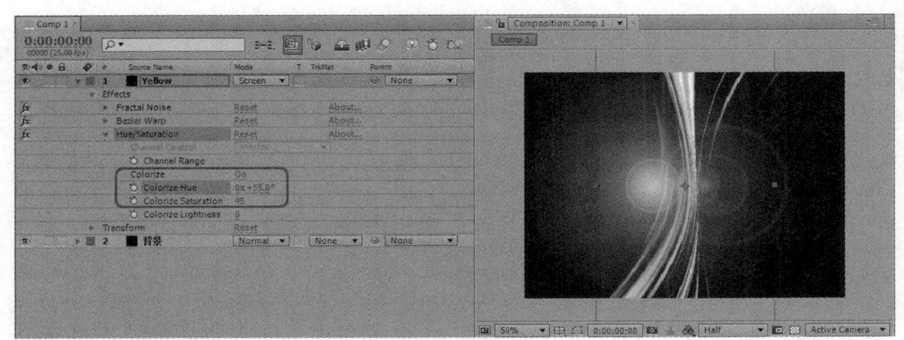

图 14-10

STEP 6　选择【Effect】|【Stylize】|【Glow】命令，将【Glow Radius】设置为【80.0】，如图 14-11 所示。

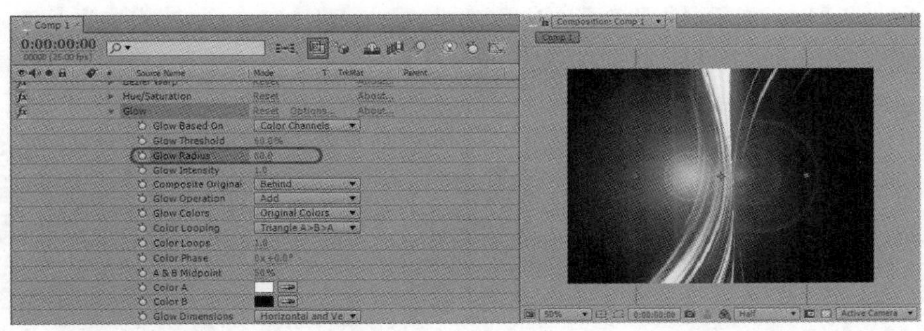

图 14-11

STEP 7　将该层右侧的三维开关打开，将【Position】设置为【360.0，288.0，50.0】，如图 14-12 所示。

STEP 8　选择【Layer】|【New】|【Solid】命令，新建一个名为【Blue】的固态层，将【Width】设置为【400px】，将【Height】设置为【800 px】，如图 14-13 所示。

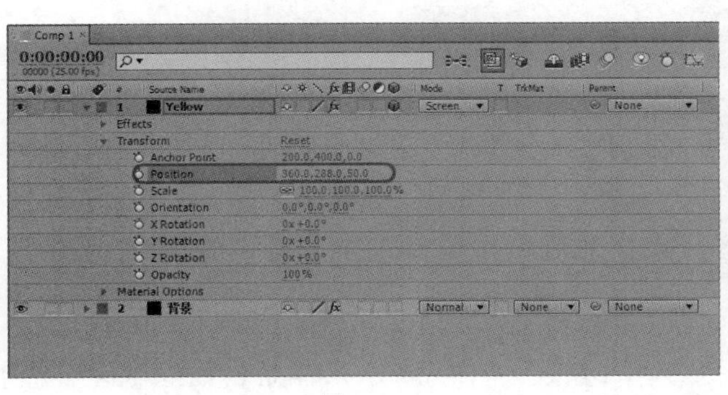

图 14-12

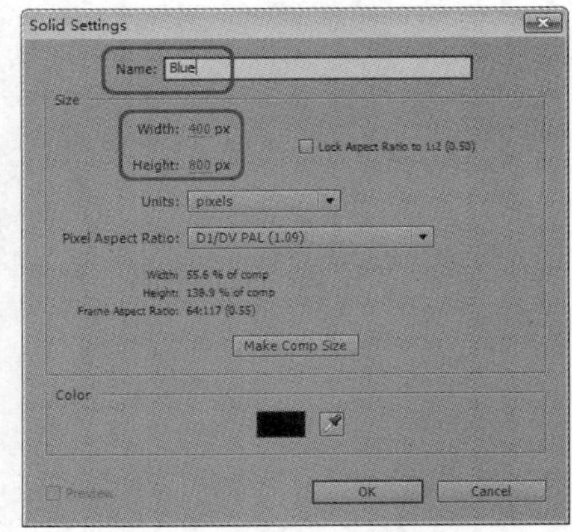

图 14-13

STEP 9　选择新建的固态层，在菜单栏中选择【Effect】|【Noise & Grain】|【Fractal Noise】命令，将【Contrast】设置为【562.0】，将【Brightness】设置为【-111.0】，将【Overflow】设置为【Clip】，

将【Transform】下的【Uniform Scaling】设置为 Off，将【Scale Width】设置为 111.0，将【Scale Height】设置为【3000.0】，将【Offset Turbulence】设置为【166.0,400.0】，如图 14-14 所示。

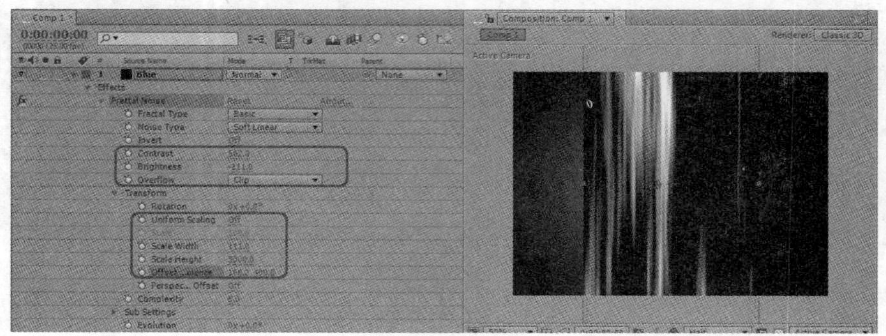

图 14-14

STEP 10 将【时间指示器】调整至 0:00:00:00 位置处，将【Evolution】设置为【0° 】。将【时间指示器】调整至 0:00:06:24 位置处，将【Evolution】设置为【1x+0.0° 】，将该层的【Mode】栏设置为 Screen，如图 14-15 所示。

图 14-15

STEP 11 确定该层处于被选择的状态下，选择【Effect】|【Distort】|【Bezier Warp】命令，调整各边角点，将其调整成为扭曲的光条效果，如图 14-16 所示。

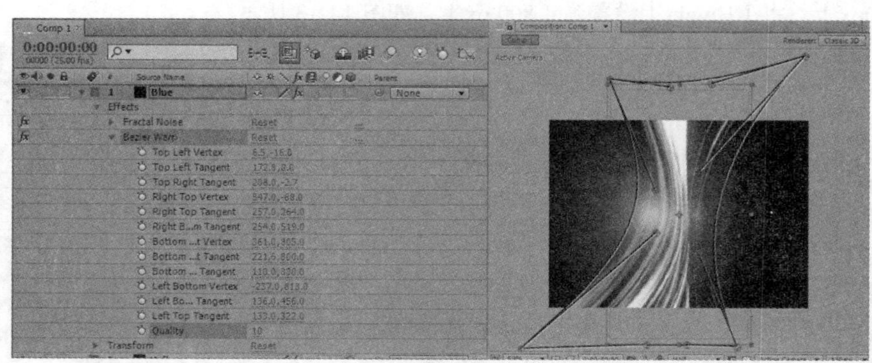

图 14-16

STEP 12 确认该层处于被选择的状态下，选择【Effect】|【Color Correction】|【Hue/Saturation】命令，将【Colorize】设置为【On】，将【Colorize Hue】设置为【0x+199.0° 】，将【Colorize Saturation】设置为【42】，如图 14-17 所示。

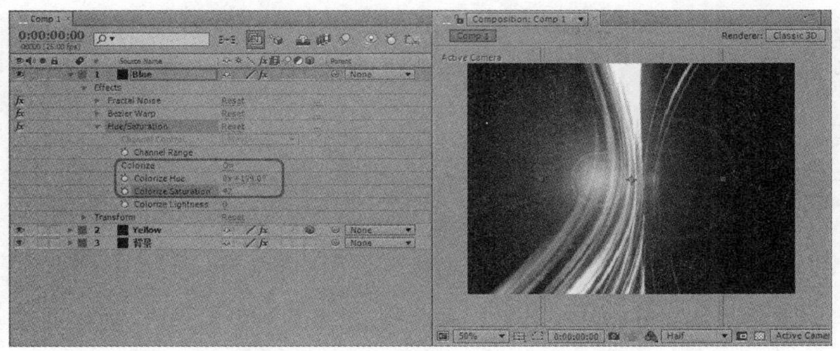

图 14-17

STEP 13 确认该层处于被选择的状态下，选择【Effect】|【Stylize】|【Glow】命令，将【Glow Radius】设置为【80.0】，打开该层的三维开关按钮，将【Position】设置为【360.0,288.0,100.0】，如图 14-18 所示。

图 14-18

14.1.3　创建文字

STEP 1 选择【Layer】|【New】|【Text】命令，新建文字层，在合成窗口中输入文字 SCIENTIFIC，在【Character】面板中，将字体大小设置为 50px，将字体样式设置为 Terminal，调整字体的位置，并将该层的三维开关打开，将【Position】设置为【230.0,288.0,-60.0】，如图 14-19 所示。

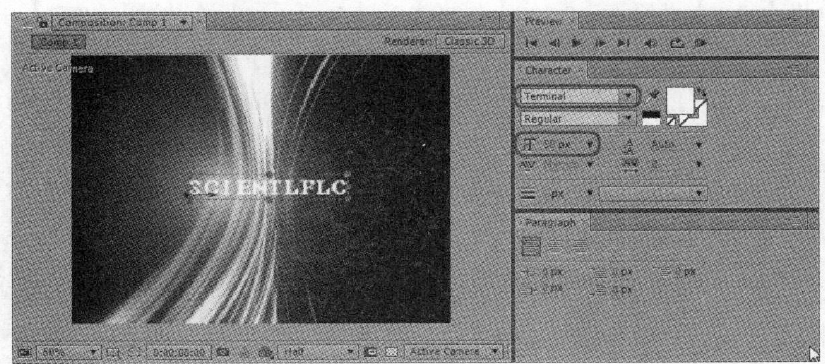

图 14-19

STEP 2 选择文字层，在菜单栏中选择【Effect】|【Generate】|【Ramp】命令，将【Start of Ramp】设置为【360.0,265.0】，将【Start Color】的 RGB 值设置为【5、73、130】，将【End of Ramp】设置为【360.0，300.0】，如图 14-20 所示。

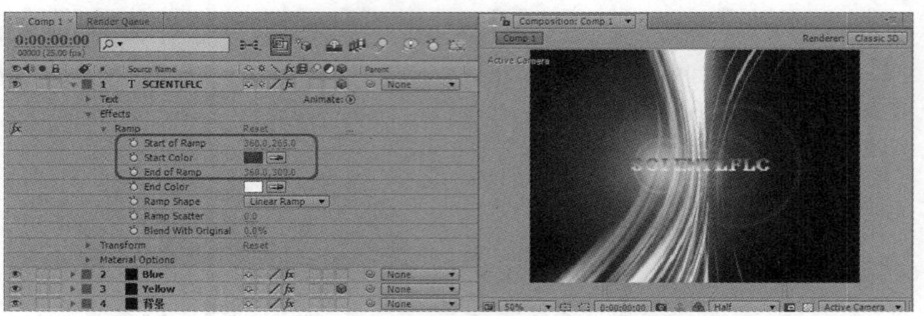

图 14-20

STEP 3 选择文字层，在菜单栏中选择【Effect】|【Perspective】|【Drop Shadow】命令，将【Opacity】设置为 100%，将【Distance】设置为 2.0，选择【Drop Shadow】特效，按【Ctrl+D】组合键创建一个副本 Drop Shadow 2，将【Opacity】设置为【100%】，将【Distance】设置为【0.0】，将【Softness】设置为【30.0】，如图 14-21 所示。

图 14-21

14.1.4 建立粒子效果

STEP 1 选择【Layer】|【New】|【Solid】命令，新建一个固态层，命名为 01，数值为默认数值，如图 14-22 所示。

STEP 2 选择 01 层，在菜单栏中选择【Effect】|【Simulation】|【Foam】命令，将【View】设置为 Rendered，将【Size】设置为【0.200】，将【Size Variance】设置为【1.000】，将【Lifespan】设置为【100.000】，将【Bubble Growth Speed】设置为【0.300】，将【Strength】设置为【50.000】，将【Zoom】设置为【2.000】，将【Universe Size】设置为【2.000】，如图 14-23 所示。

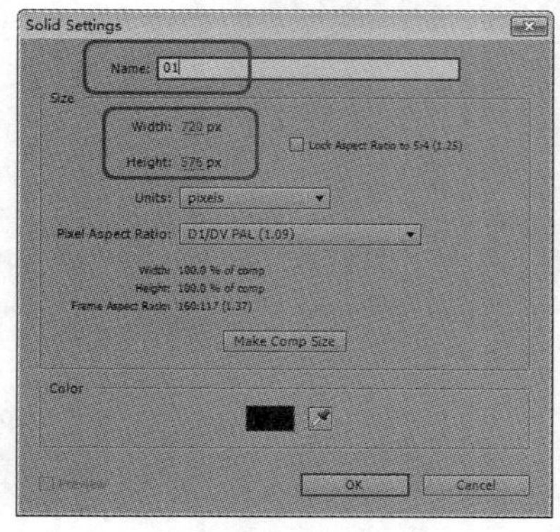

图 14-22

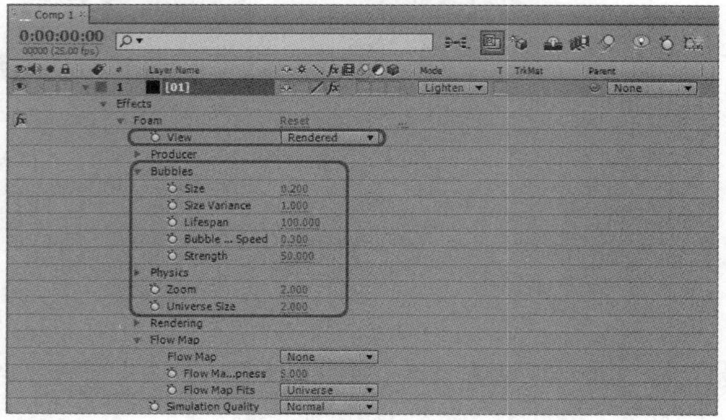

图 14-23

STEP 3　确认 01 层处于被选择的状态下，选择【Effect】|【Color Correction】|【Levels】命令，将【Channel】设置为【Alpha】，将【Alpha Input White】设置为【100.0】，如图 14-24 所示。

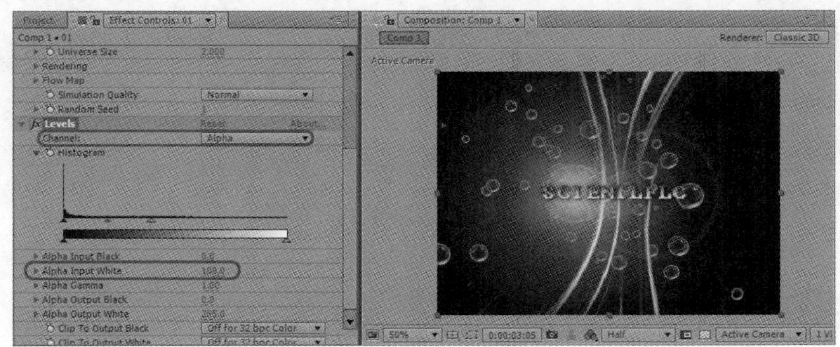

图 14-24

14.1.5　设置摄影机动画

STEP 1　选择【Layer】|【New】|【Camera】命令，新建一个 Preset 为 28mm 的摄像机，如图 14-25 所示。

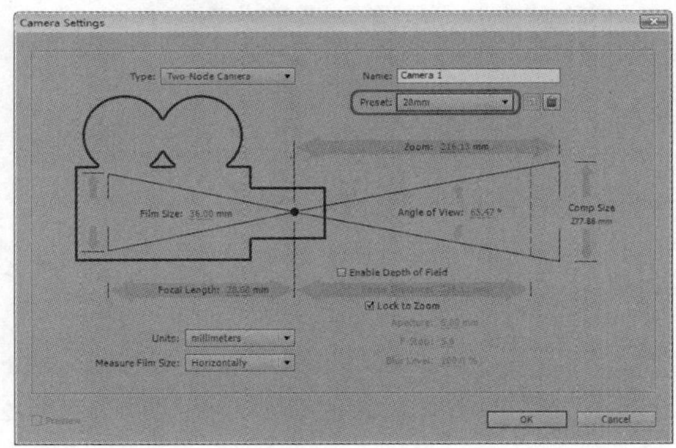

图 14-25

STEP 2　单击【OK】按钮，确认新建的【Camera 1】处于被选择的状态下，在 0:00:01:05 位置处，将【Position】设置为【360.0,288.0，-612.6】，如图 14-26 所示。

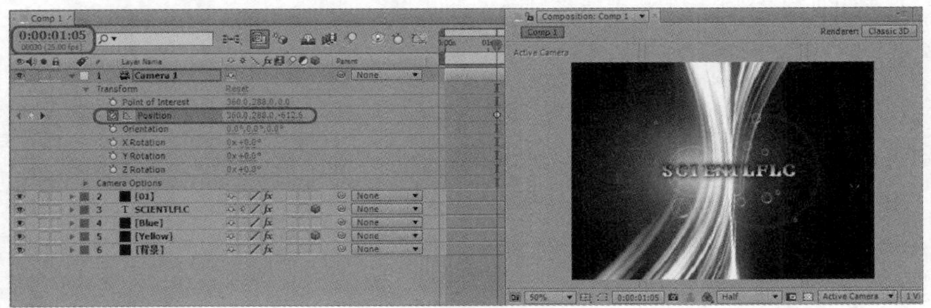

图 14-26

STEP 3　将【时间指示器】移动至 0:00:01:05 位置处，将【Position】设置为【360.0,288.0，-514.0】，如图 14-27 所示。

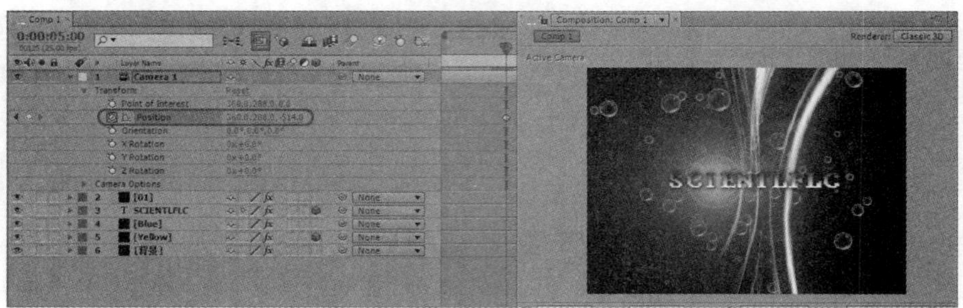

图 14-27

14.1.6 导出影片

影片制作完成，最终要将其输出为符合应用需要的影片，还需在【Current Render】窗口中进行影片的渲染输出设置。

STEP 1 选择【Composition】|【Add to Render Queue】命令，如图 14-28 所示。

STEP 2 即可打开【Current Render】面板，如图 14-29 所示。

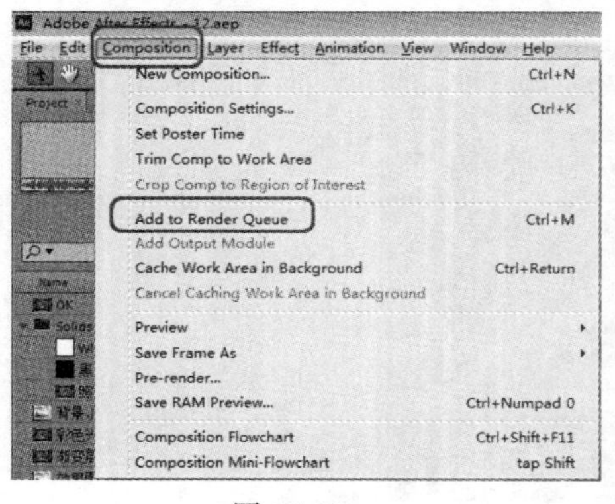

图 14-28

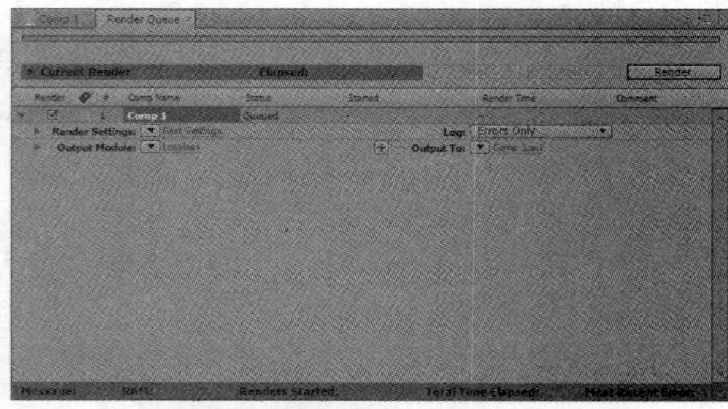

图 14-29

STEP 3 单击【Output To】右侧的制作粒子光条动画.avi，在弹出的【Output Movie To】对话框中为其指定一个正确的存储路径，并将格式设置为 AVI（*avi），如图 14-30 所示。

STEP 4 设置完成后单击【保存】按钮，返回【Current Render】面板中，单击【Render】按钮开始进行渲染，如图 14-31 所示为渲染以进度条的形式进行。

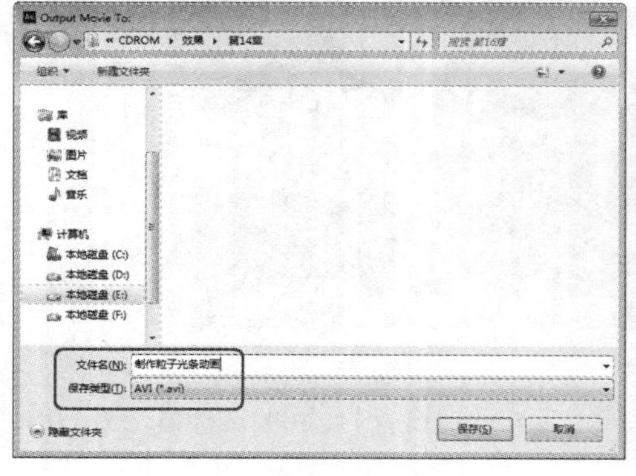

图 14-30

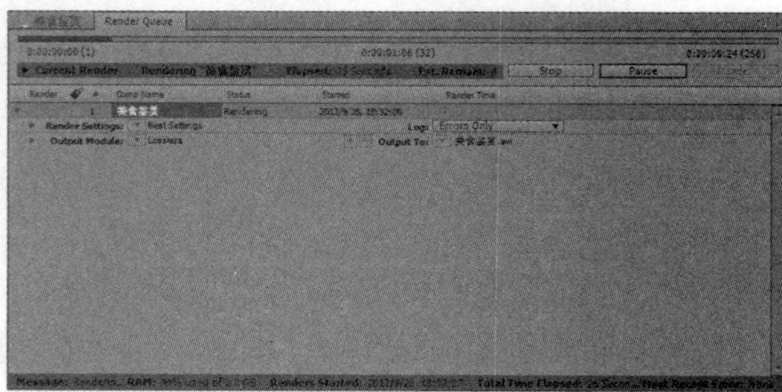

图 14-31

14.2　制作打开的盒子

本案例主要使用三维层功能，对图片进行旋转属性制作动画，主要表现一些节目的片头，该案例使用灯光层和摄像机的基本运动属性制作完成，其效果图如图 14-32 所示。

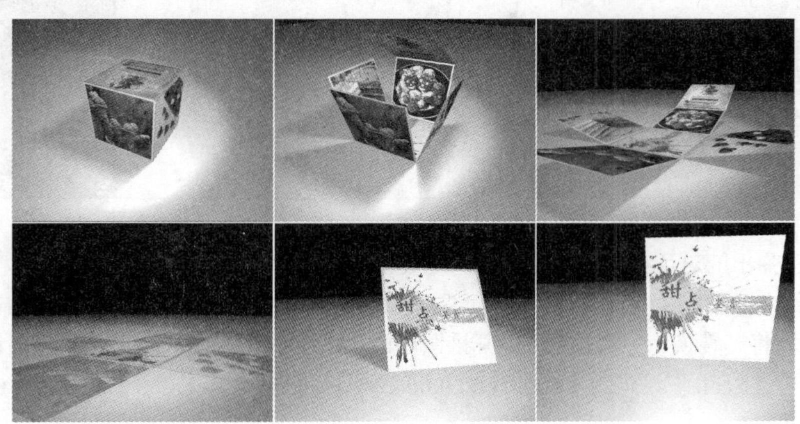

图 14-32

14.2.1　制作三维场景

STEP 1　按【Ctrl+N】组合键，打开【Composition Settings】对话框，将其命名为【美食鉴赏】，使用 Custom 制式，将【Pixel Aspect Ratio】设置为【Square Pixels】，【Duration】设置为【0:00:08:00】，如图 14-33 所示。

STEP 2　单击【OK】按钮，在【时间线】面板中单击，在弹出的快捷菜单中选择【New】|【Solid】命令，如图 14-34 所示。

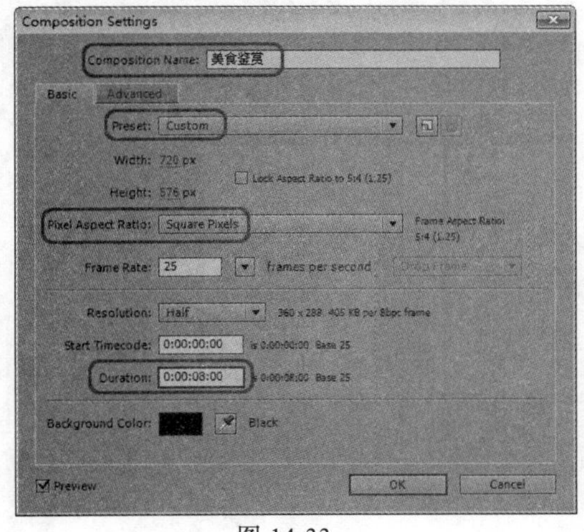

图 14-33

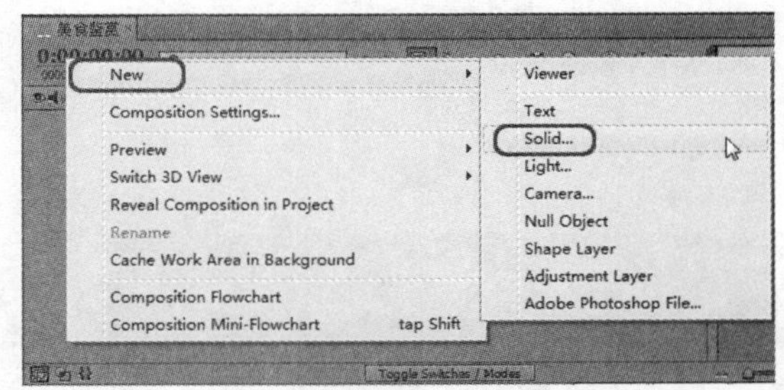

图 14-34

STEP 3　在弹出的对话框中将其命名将背景，将【Pixel Aspect Ratio】设置为【D1/DV PAL(1.09)】，设置颜色为白色，如图 14-35 所示。

STEP 4　选择【Layer】|【New】|【Camera】命令，如图 14-36 所示。

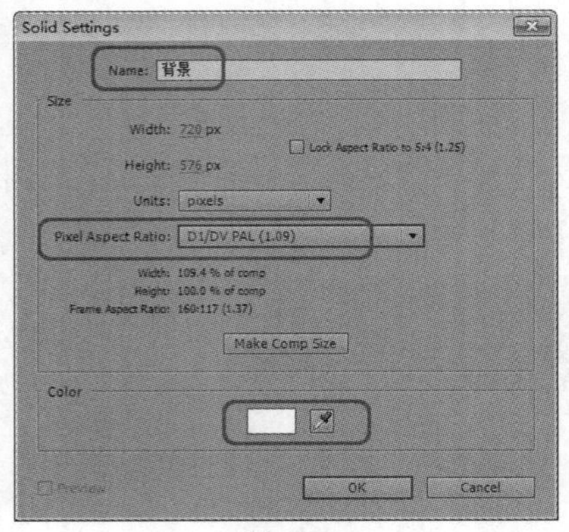

图 14-35

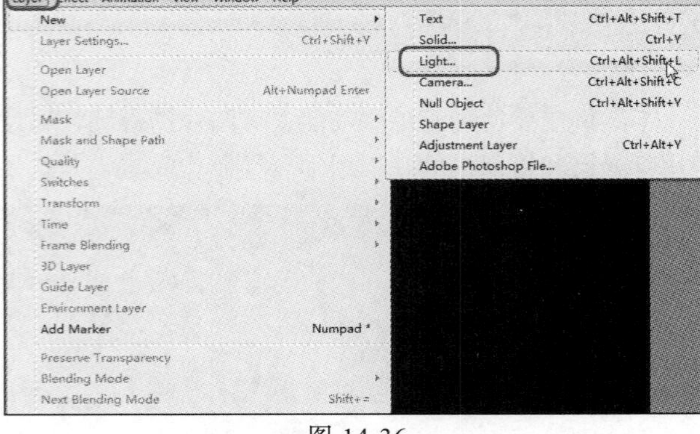

图 14-36

STEP 5 在弹出的对话框中设置 Preset 为【28mm】，如图 14-37 所示。

STEP 6 单击【OK】按钮，即可在时间线面板中新建一个 Camera 1 层，选择【背景】层，打开该层的三维开关，将其转换为三维图层，展开该图层的【Transform】属性，将【Position】设置为【900.0,288.0,900.0】，将【Scale】设置为【600.0,600.0,600.0%】，将【X Rotation】设置为【0x+90° 】，如图 14-38 所示。

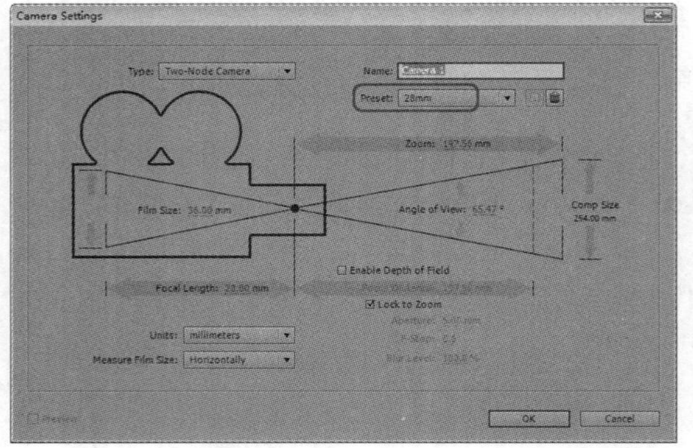

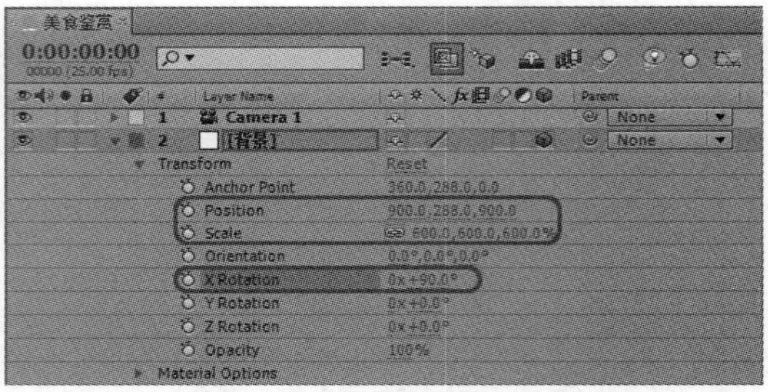

图 14-37

图 14-38

STEP 7 展开【Camera 1】层的【Transform】属性，将【Point of Interest】设置为【350.0,230.0,-120.0】，将【Position】设置为【-80.0，-140.0，-350.0】，如图 14-39 所示。

STEP 8 选择【Layer】|【New】|【Light】命令，如图 14-40 所示。

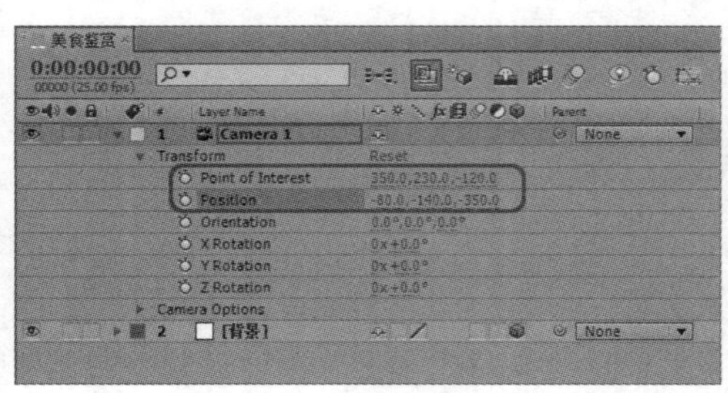

图 14-39

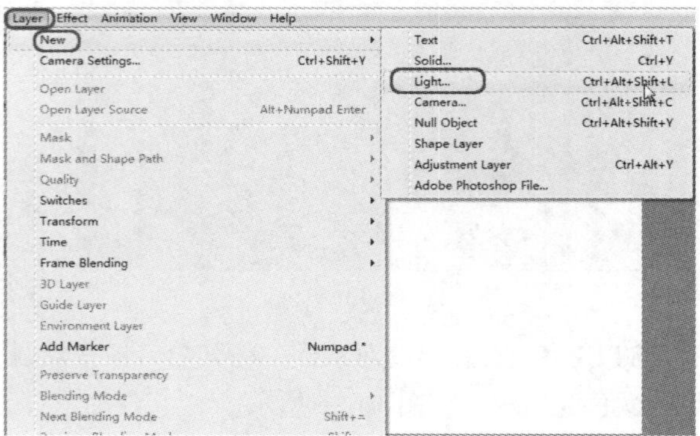

图 14-40

STEP 9　在弹出的【Light Settings】窗口中，将【Light Type】设置为【Point】，将【Intensity】设置为【80】，如图 14-41 所示。

STEP 10　单击【OK】按钮，即可在时间线面板中创建一个 Light 层，按【P】键展开【Position】属性，将【Position】设置为【1060.0,-1000.0,334.0】，如图 14-42 所示。

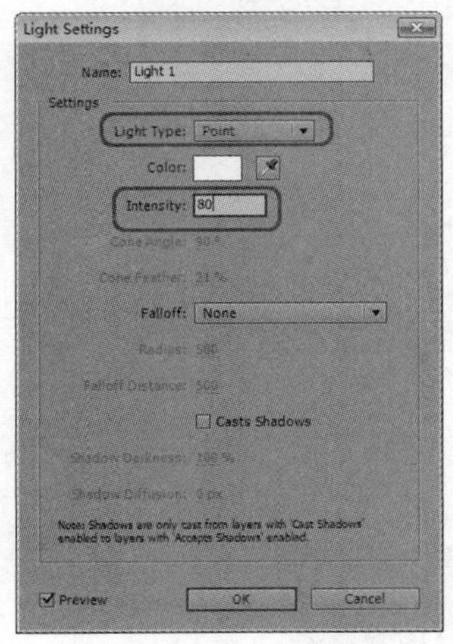

图 14-41

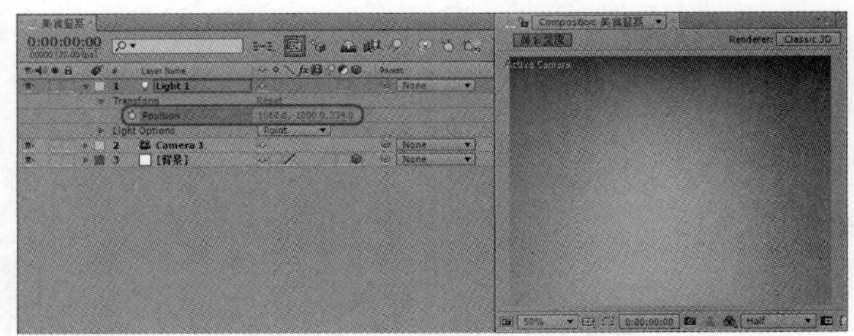

图 14-42

STEP 11 选择【Layer】|【New】|【Light】命令，在弹出的【Light Settings】窗口中，将【Light Type】设置为【Spot】，将【Intensity】设置为 30%。将【Cone Angle】设置为 90°，将【Cone Feather】设置为 21%，勾选【Casts Shadows】复选框，将【Shadow Diffusion】设置为 40px，如图 14-43 所示。

STEP 12　单击【OK】按钮，即可在【时间线】窗口中添加一个 Light 层，展开该层的【Transform】属性，将【Point】设置为【408.0,174.0,-49.0】，将【Position】设置为【390.0,212.0,-250.0】，如图 14-44 所示。

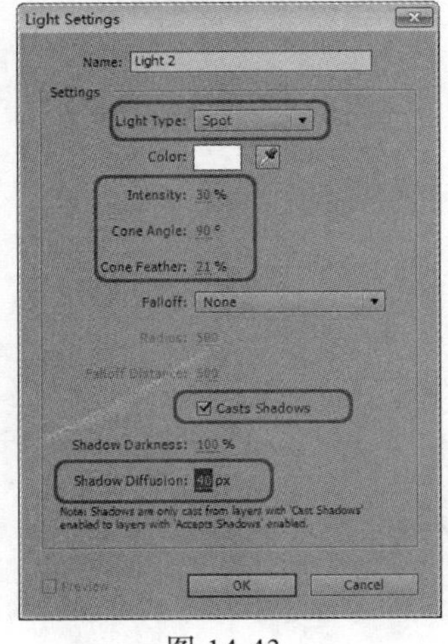

图 14-43

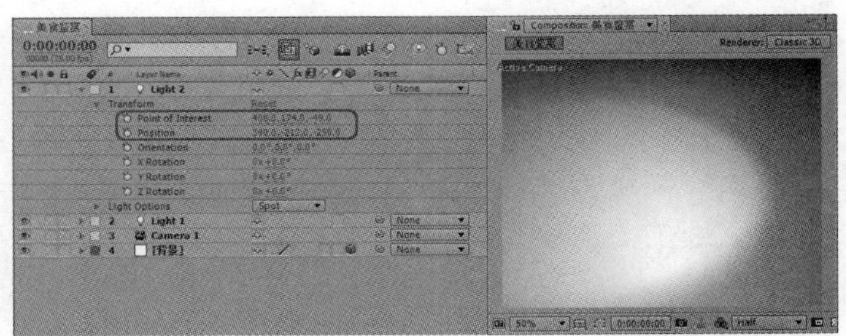

图 14-44

14.2.2　制作盒子外形

STEP 1　按【Ctrl+I】组合键，在弹出的对话框中打开随书附带光盘中的【2.jig】，如图 14-45 所示。

STEP 2 单击【打开】按钮，即可将选择的素材文件导入【Project】项目面板中，如图 14-46 所示。

图 14-45

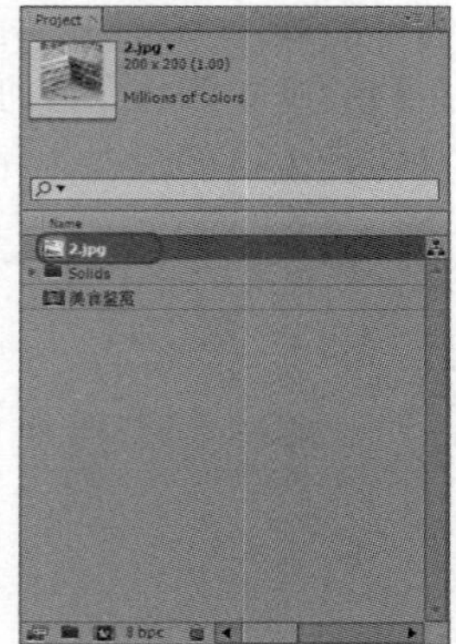

图 14-46

STEP 3 在【Project】项目面板中选择打开的素材文件，将其拖动至【时间线】面板中，打开该层的三维开关，将其转换为三维属性，如图 14-47 所示。

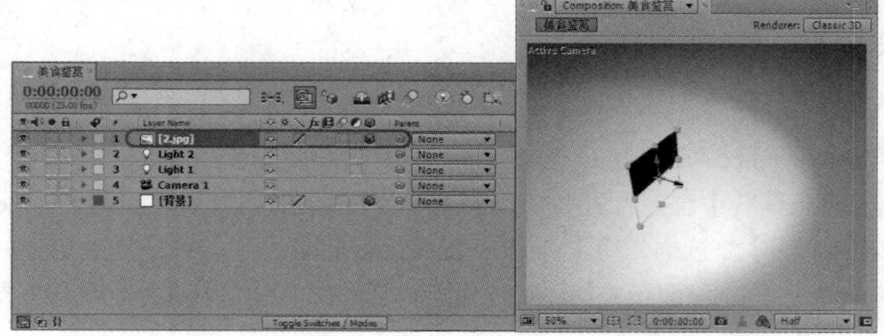

图 14-47

STEP 4 选择【Layer】|【New】|【Light】命令，在弹出的对话框中将【Light Type】设置为【Point】，将【Intensity】设置为【110%】，如图 14-48 所示。

STEP 5 单击【OK】按钮，即可在【时间线】面板中添加一个 Light 3 层，展开该层的【Transform】属性，将【Position】设置为【390.0,268.0,-1260.0】，如图 14-49 所示。

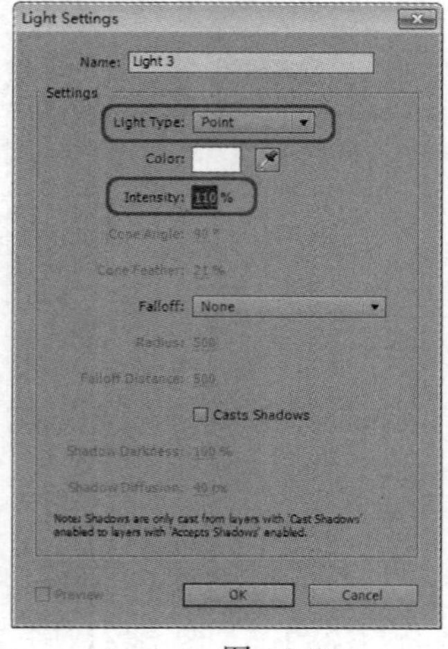

图 14-48

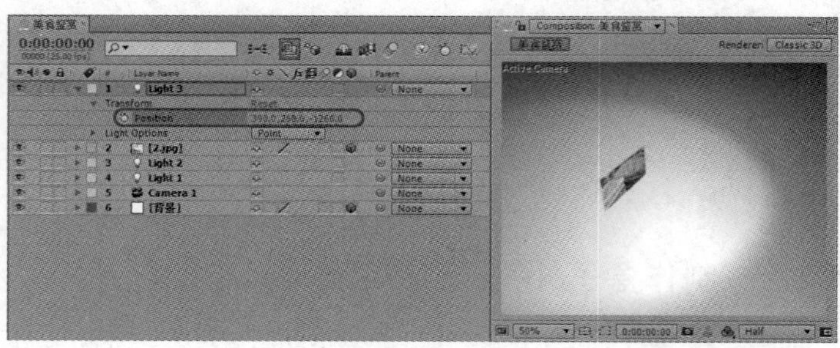

图 14-49

STEP 6　再次选择【Layer】|【New】|【Light】命令，在打开的对话框中将【Intensity】设置为107%，如图 14-50 所示。

STEP 7　单击【OK】按钮，即可在【时间线】面板中添加一个 Light 4 层，展开该层的【Transform】属性，将【Position】设置为【-920.0,268.0,−26.0】，如图 14-51 所示。

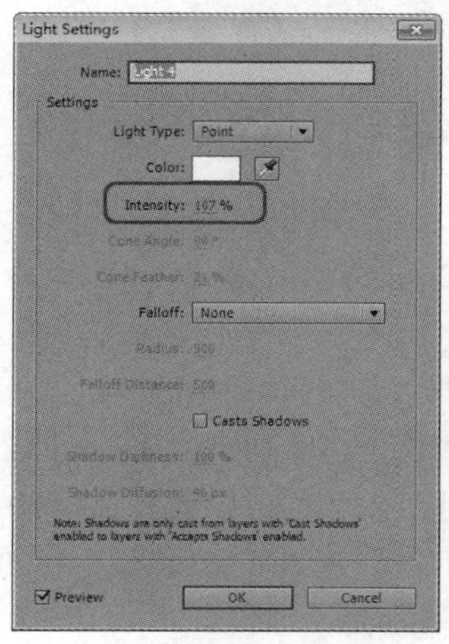

图 14-50

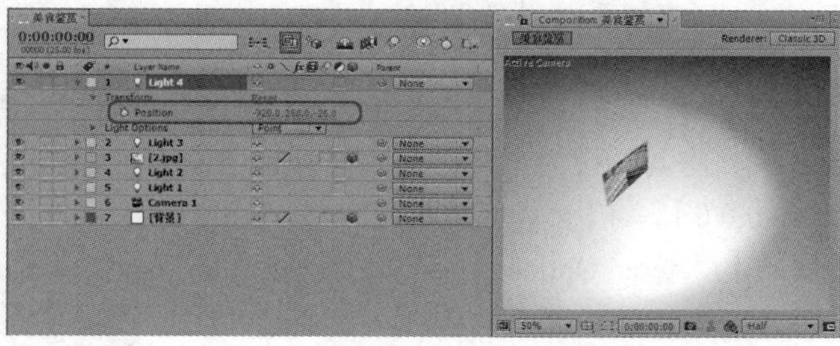

图 14-51

STEP 8　选择【2.jpg】层，按【A】键打开该层的【Anchor Point】属性，将其设置为【100.0,200.0,0.0】，如图 14-52 所示。

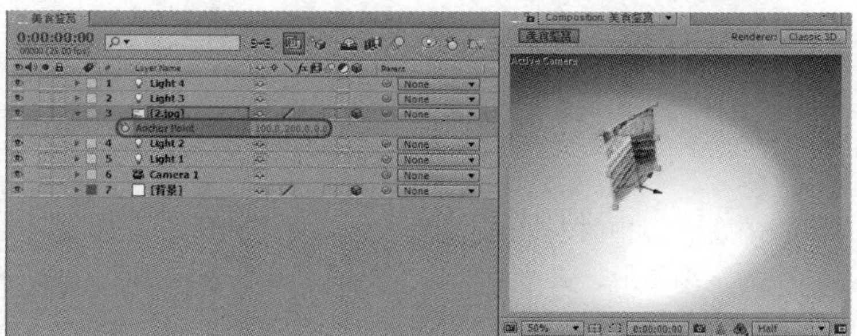

图 14-52

STEP 9　展开该层的【Material Options】属性，设置【Casts Shadows】选项为【On】，如图 14-53 所示。

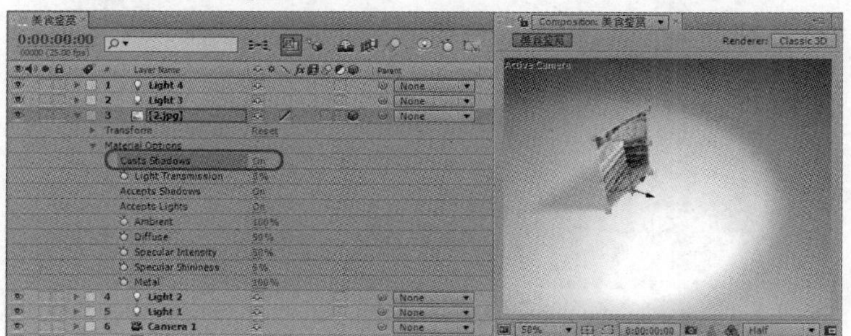

图 14-53

STEP 10　打开随书附带光盘中的【3.jpg】素材文件，并将其导入【时间线】面板中，打开该层的三维开关，将其转换为三维图形，展开该层的【Transform】属性，将【Anchor Point】设置为

【100.0,200.0,0.0】，将【Position】设置为【260.0,288.0,-100.0】，将【Y Rotation】设置为【0x-90° 】，并将该层的【Material Options】属性打开，设置【Casts Shadows】选项为【On】，如图 14-54 所示。

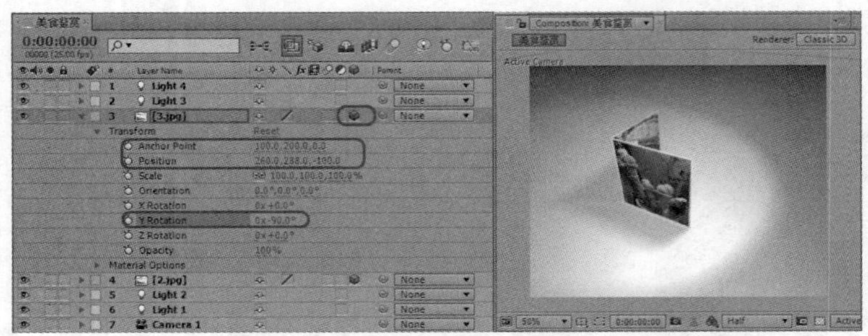

图 14-54

STEP 11 打开随书附带光盘中的【4.jpg】素材文件，并将其导入【时间线】面板中，打开该层的三维开关，将其转换为三维图形，展开该层的【Transform】属性，将【Anchor Point】设置为【100.0,200.0,0.0】，将【Position】设置为【460.0,288.0,-100.0】，将【Y Rotation】设置为【0x+90° 】，并将该层的【Material Options】属性打开，设置【Casts Shadows】选项为【On】，如图 14-55 所示。

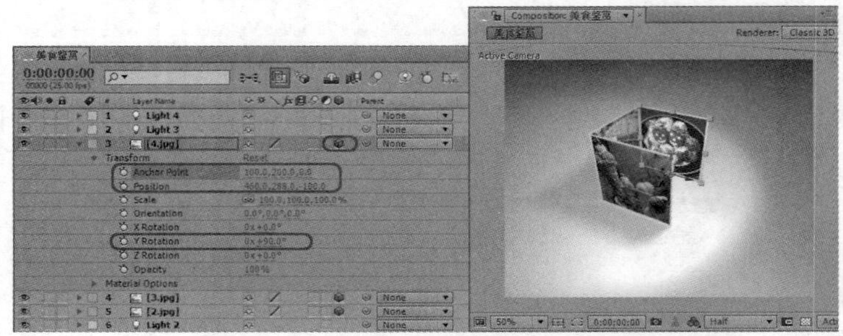

图 14-55

STEP 12 打开随书附带光盘中的【5.jpg】素材文件，并将其导入【时间线】面板中，打开该层的三维开关，将其转换为三维图形，展开该层的【Transform】属性，将【Anchor Point】设置为【100.0,200.0,0.0】，将【Position】设置为【360.0,288.0,-200.0】，将【Y Rotation】设置为【0x+0.0° 】，并将该层的【Material Options】属性打开，设置【Casts Shadows】选项为【On】，如图 14-56 所示。

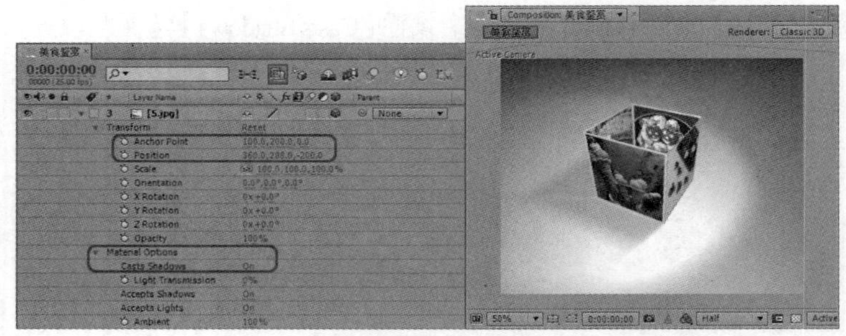

图 14-56

STEP 13 打开随书附带光盘中的【6.jpg】素材文件，并将其导入【时间线】面板中，打开该层的三维开关，将其转换为三维图形，展开该层的【Transform】属性，将【Anchor Point】设置为【100.0,200.0,0.0】，将【Position】设置为【360.0,288.0,-200.0】，将【X Rotation】设置为【0x-90° 】，并将该层的【Material Options】属性打开，设置【Casts Shadows】选项为 On，如图 14-57 所示。

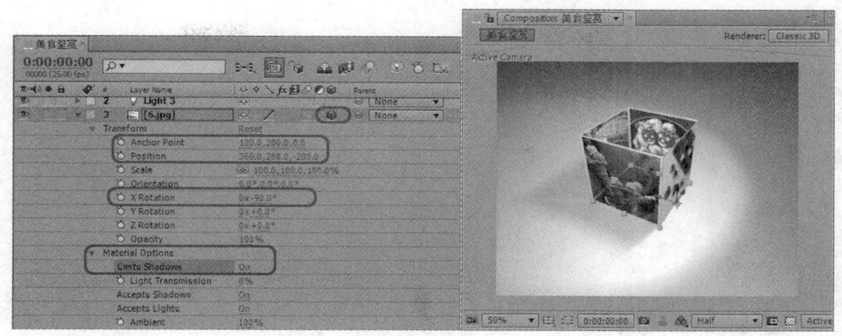

图 14-57

STEP 14　打开随书附带光盘中的【1.jpg】素材文件，并将其导入【时间线】面板中，打开该层的三维开关，将其转换为三维图形，展开该层的【Transform】属性，将【Anchor Point】设置为【100.0,200.0,0.0】，将【Position】设置为【460.0,88.0，-100.0】，将【Orientation】设置为【0.0°,90.0°,0.0°】将【X Rotation】设置为【0x+90°　】，并将该层的【Material Options】属性打开，设置【Casts Shadows】选项为 On，如图 14-58 所示。

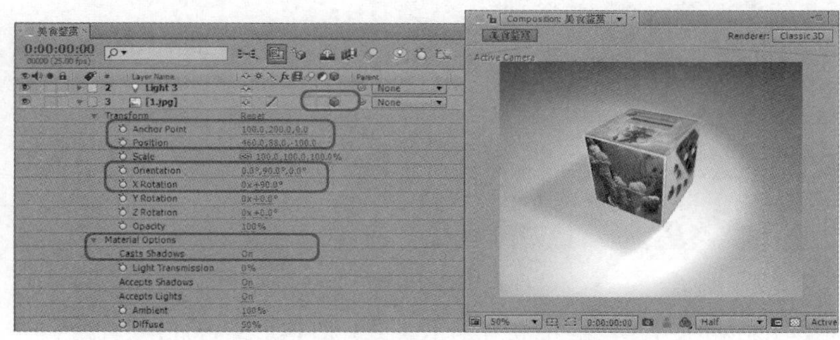

图 14-58

14.2.3　制作盒子动画

STEP 1　选择【2.jpg】层，打开该层的【Transform】属性，将【X Rotation】设置为【0x+0.0°】，并将该层的记录动画按钮打开，如图 14-59 所示。

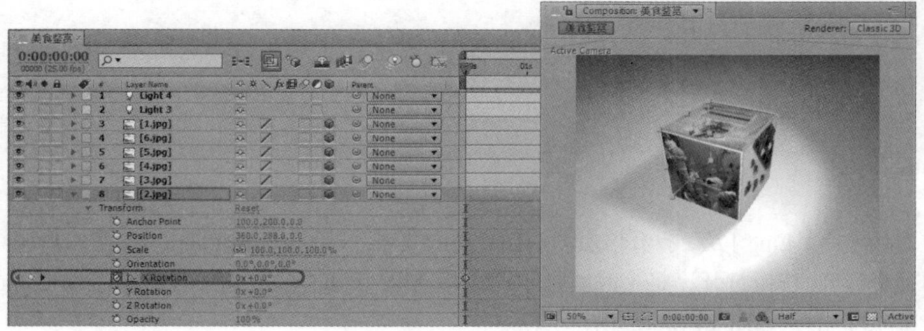

图 14-59

STEP 2 将【时间指示器】移动至 0:00:04:24 位置处，将【X Rotation】设置为【0.x-90.0°】，如图 14-60 所示。

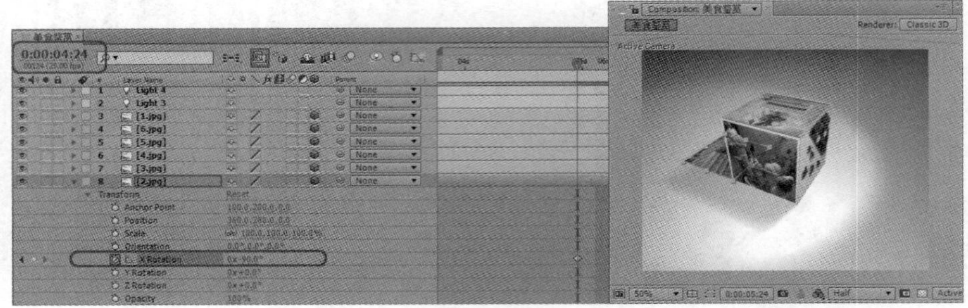

图 14-60

STEP 3 选择【3.jpg】层，打开该层的【Transform】属性，将【Orientation】设置为【0.0°,0.0°,0.0°】，并将该层的记录动画按钮打开，如图 14-61 所示。

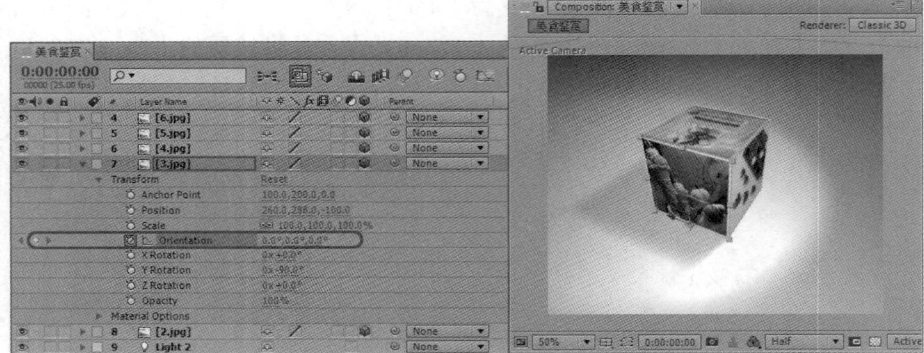

图 14-61

STEP 4 将【时间指示器】移动至 0:00:04:24 位置处，将【Orientation】设置为【0.0°,0.0°,270.0°】，如图 14-62 所示。

图 14-62

STEP 5 选择【4.jpg】层，打开该层的【Transform】属性，将【Orientation】设置为【0.0,0.0，0.0】，并将该层的记录动画按钮打开，将【时间指示器】移动至 0:00:04:24 位置处，将【Orientation】设置为【0.0°,0.0°,90.0°】，如图 14-63 所示。

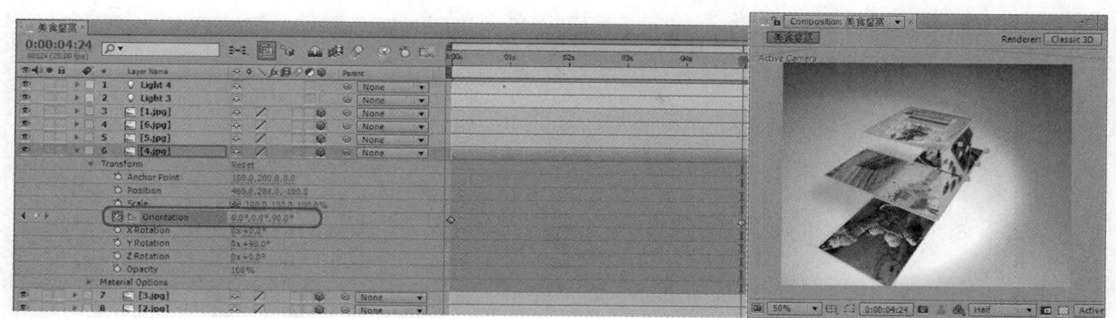

图 14-63

STEP 6 选择【5.jpg】层，打开该层的【Transform】属性，将【Orientation】设置为【0.0,0.0,0.0】，并将该层的记录动画按钮打开，将【时间指示器】移动至 0:00:04:24 位置处，将【Orientation】设置为【90.0°,0.0°,90.0°】，如图 14-64 所示。

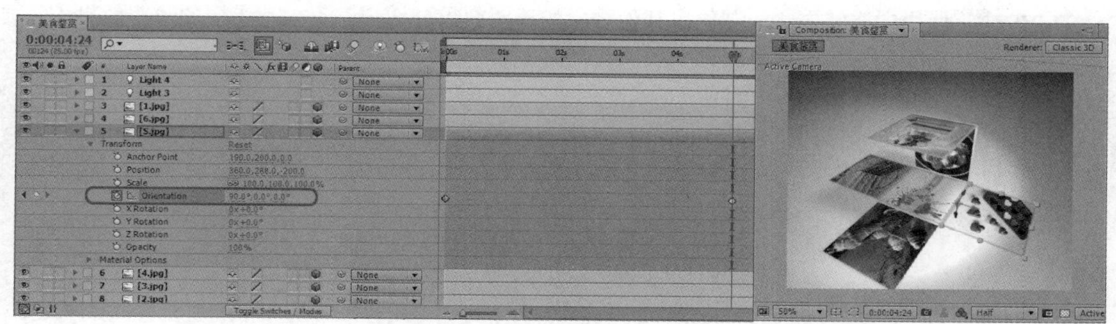

图 14-64

STEP 7 选择【1.jpg】层，打开该层的【Transform】属性，将【X Rotation】设置为【0x+90.0°】，并将该层的记录动画按钮打开，将【时间指示器】移动至 0:00:04:24 位置处，将【X Rotation】设置为【0x+0.0°】，如图 14-65 所示。

图 14-65

STEP 8 在【时间线】面板中选择【1.jpg】层，单击右侧的【Parent】下的【None】下拉按钮，在弹出的下拉列表中选择【6.4.jpg】，如图 14-66 所示。

STEP 9 选择【2.jpg】层，将【时间指示器】移动至 0:00:04:24 位置处，打开【Transform】属性，将【Opacity】设置为 100%，并将该层的记录动画按钮打开，如图 14-67 所示。

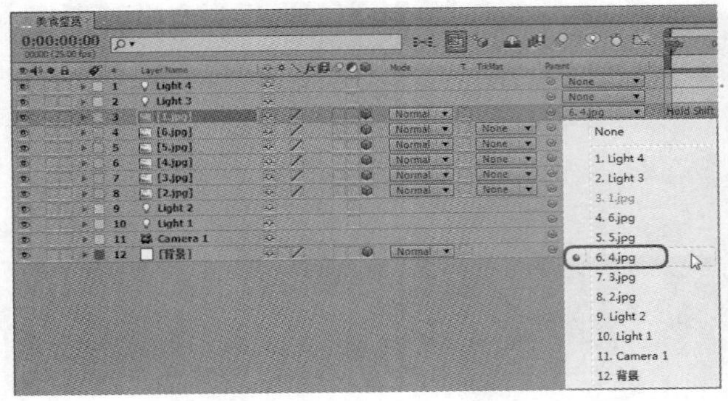

图 14-66

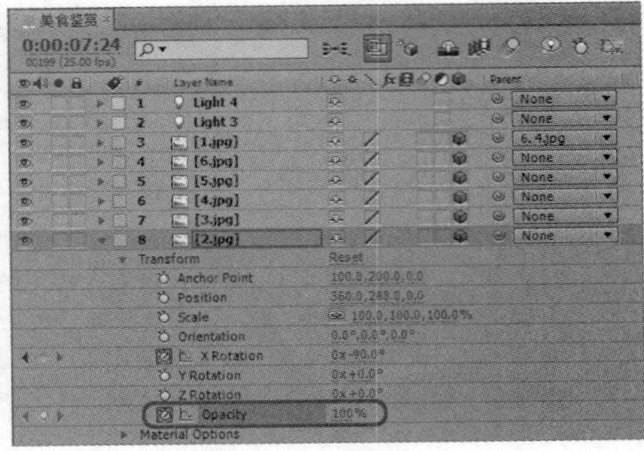

图 14-67

STEP 10 将【时间指示器】移动至 0:00:06:15 位置处，将【Opacity】设置为 0%，如图 14-68 所示。

STEP 11 使用同样的方法，制作出其他图层的透明效果，切记，【6.jpg】层的透明效果不需要制作，完成后的效果如图 14-69 所示。

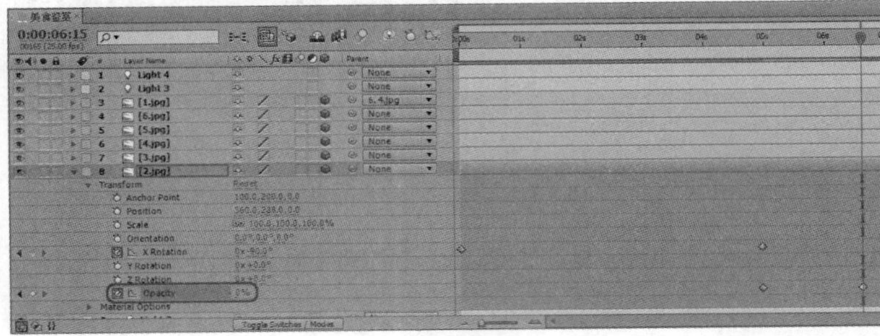

图 14-68

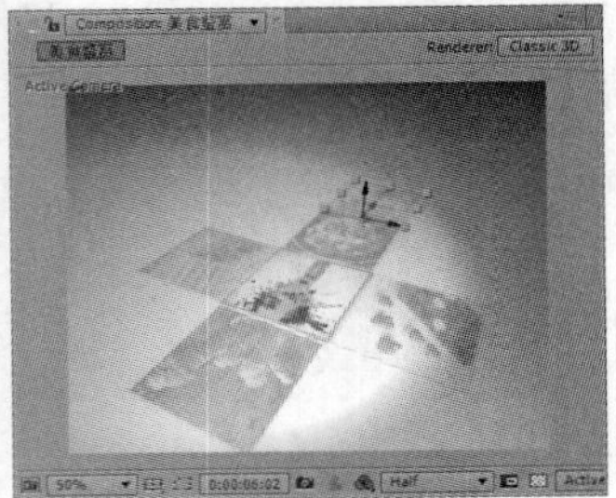

图 14-69

STEP 12 将【时间指示器】移动至 0:00:06:15 位置处，选择【6.jpg】层，将【Orientation】、【X Rotation】两层的记录动画按钮打开，如图 14-70 所示。

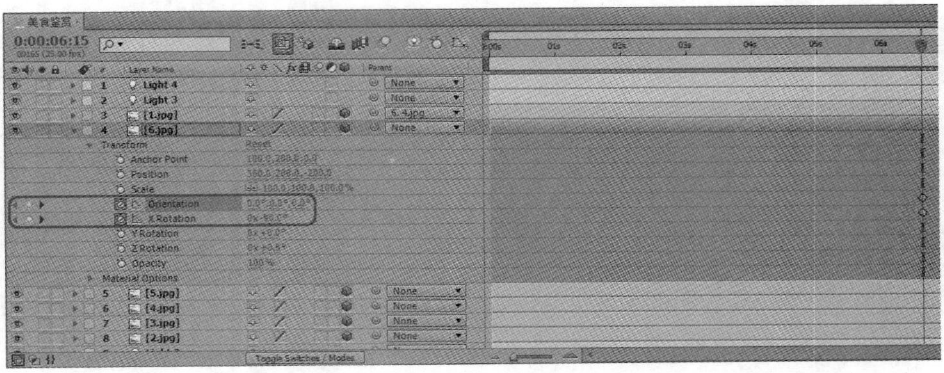

图 14-70

STEP 13 将【时间指示器】移动至 0:00:07:24 位置处，将【Orientation】设置为【0.0°,55.0°,0.0°】，将【X Rotation】设置为【0x+0.0°】，如图 14-71 所示。

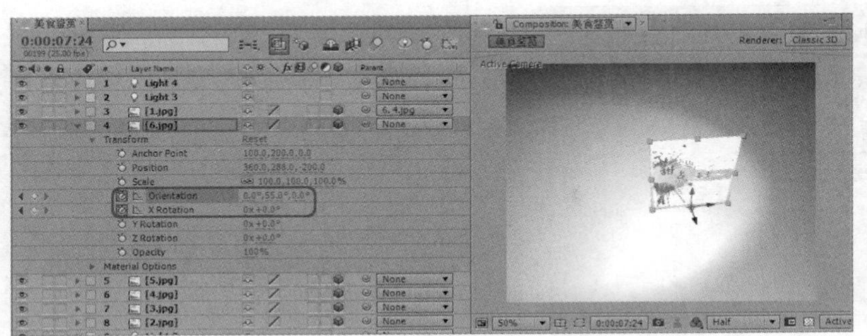

图 14-71

STEP 14 选择【Camera1】层，将【Position】层的记录动画按钮打开，将【时间指示器】移动至 0:00:04:24 位置处，将【Position】设置为【-80.0,180.0,-350.0】，如图 14-72 所示。

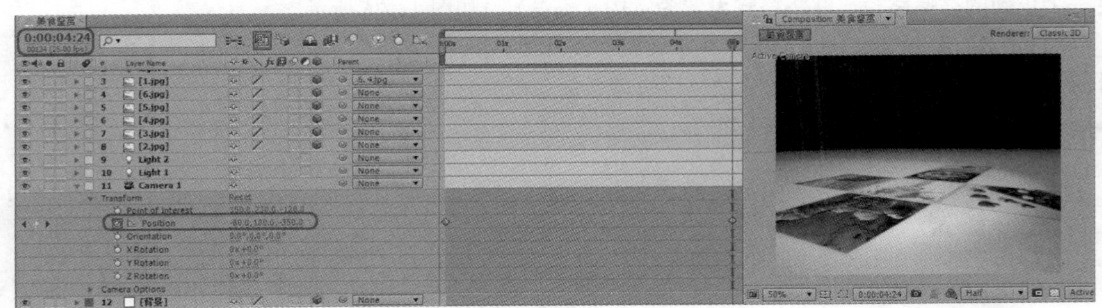

图 14-72

STEP 15 将【时间指示器】调整至 0:00:07:24 位置处，将【Position】设置为【-80.0,140.0,-360.0】，如图 14-73 所示。

图 14-73

14.2.4　导出影片

影片制作完成，最终要将其输出为符合应用需要的影片，还需在【Current Render】窗口中进行影片的渲染输出设置。

STEP 1 在【Project】窗口中选择【OK】合成，在菜单栏中选择【Composition】|【Add to Render Queue】命令，如图 14-74 所示。即可打开【Current Render】面板，如图 14-75 所示。

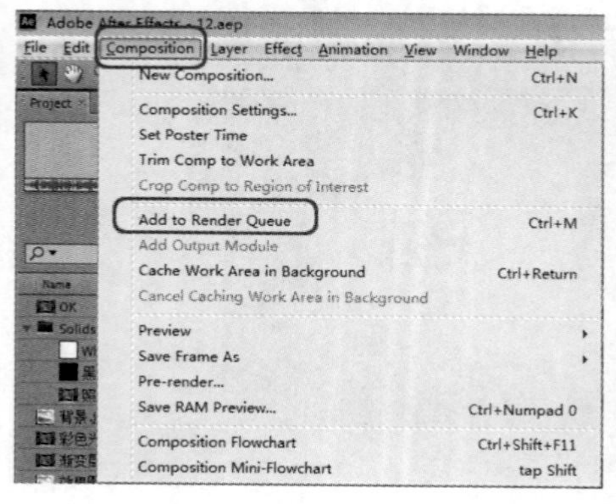

图 14-74

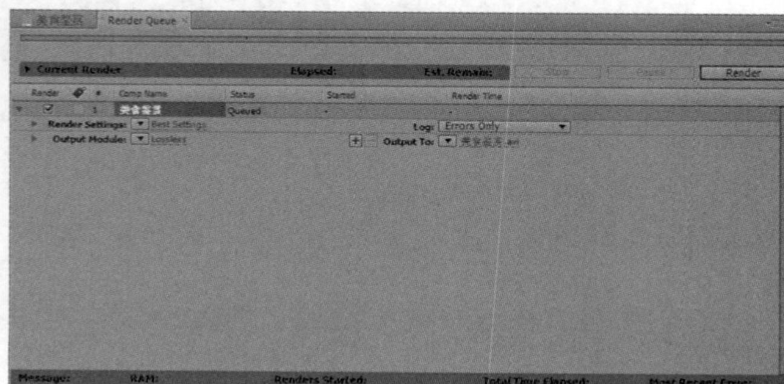

图 14-75

STEP 2 单击【Output To】右侧的美食鉴赏.avi，在弹出的【Output Movie To】对话框中为其指定一个正确的存储路径，并将格式设置为AVI（*avi），如图14-76所示。

STEP 3 设置完成后单击【保存】按钮，返回【Current Render】面板中，单击【Render】按钮开始进行渲染，如图14-77所示为渲染以进度条的形式进行。

图 14-76

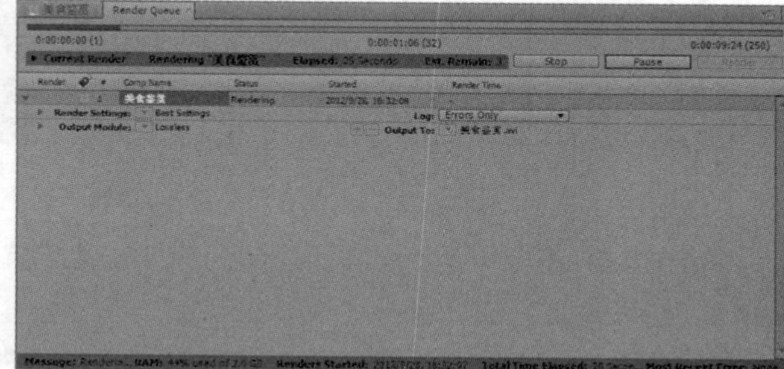

图 14-77

14.3 装饰公司广告

本案例以照片打印效果与广告字幕相结合的方式，体现广告的主旨。案例中照片打印效果的制作是我们需要重点掌握的，其中有很多技术要点，如使用（分形噪波）特效制作彩色光，使用Shatter（粉碎）特效制作照片粒子分散的效果。摄像机的熟练应用也是需要掌握的。案例效果如图14-78所示。

图 14-78

14.3.1　导入素材

首先启用 After Effects CS6 软件，将本案例所需的素材文件导入【Project】窗口中。

STEP 1　按【Ctrl+I】组合键，在打开的对话框中选择随书附带光盘中的【背景.jpg】、【效果图 1.jpg】、【效果图 2.jpg】、【音效.wav】素材文件，如图 14-79 所示。

STEP 2　单击【打开】按钮，即可将选择的素材文件导入到【Project】窗口中，如图 14-80 所示。

图 14-79

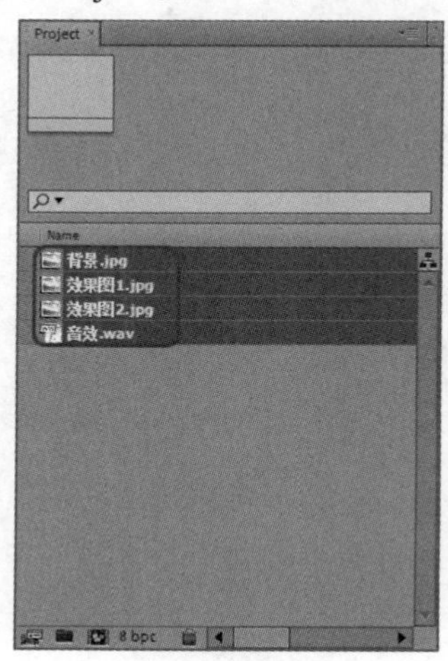

图 14-80

14.3.2　创建渐变层

下面使用【渐变】特效创建一个渐变层，作为制作照片分散效果的参考层。

STEP 1　按【Ctrl+N】组合键，打开【Composition Settings】对话框，将其命名为【渐变层】，使用 PAL D1/DV 制式，持续时间设置为 10 秒，如图 14-81 所示。

STEP 2　单击【OK】按钮，选择【File】|【Import】|【Solid】命令，如图 14-82 所示。

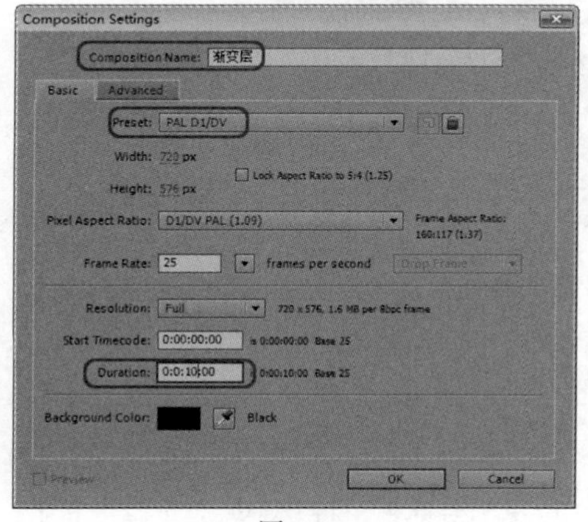

图 14-81

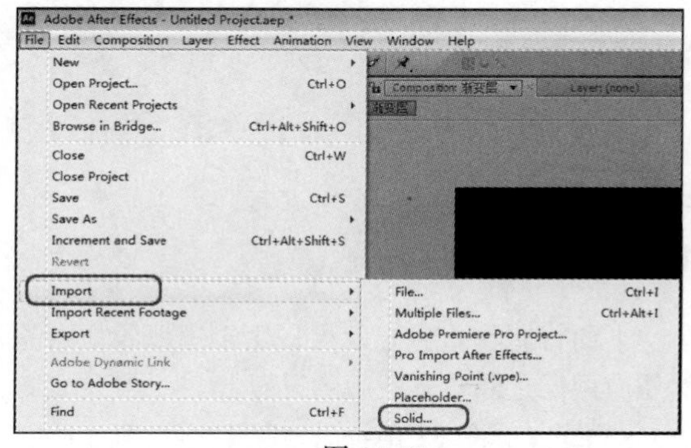

图 14-82

STEP 3　打开【Solid Settings】对话框，该对话框中的各参数保持默认数值，如图 14-83 所示。

STEP 4　单击【OK】按钮，在【时间线】窗口中选择【Black Solid 1】层，在菜单栏中选择【Effect】|【Generate】|【Ramp】命令，如图 14-84 所示。

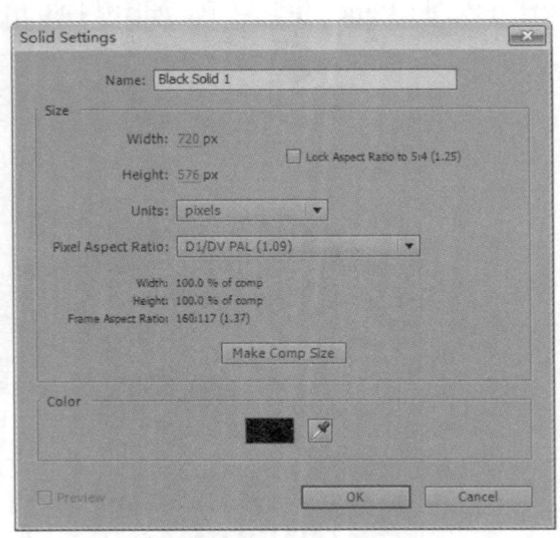

图 14-83

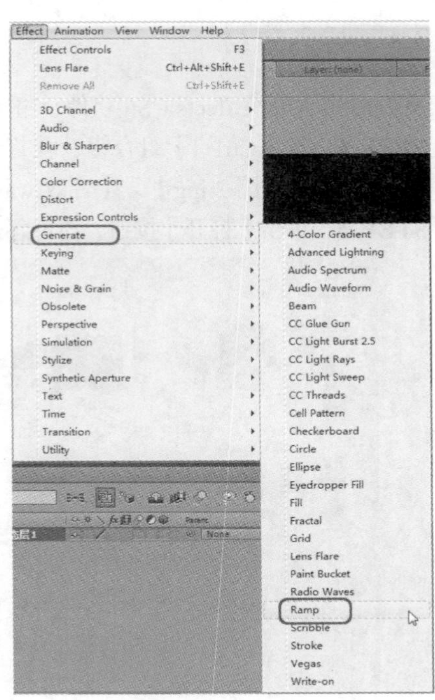

图 14-84

STEP 5 执行该命令后，在效果控制台中将【Start of Ramp】设置为【720.0,288.0】，将【End of Ramp】设置为【0.0,288.0】，如图 14-85 所示。

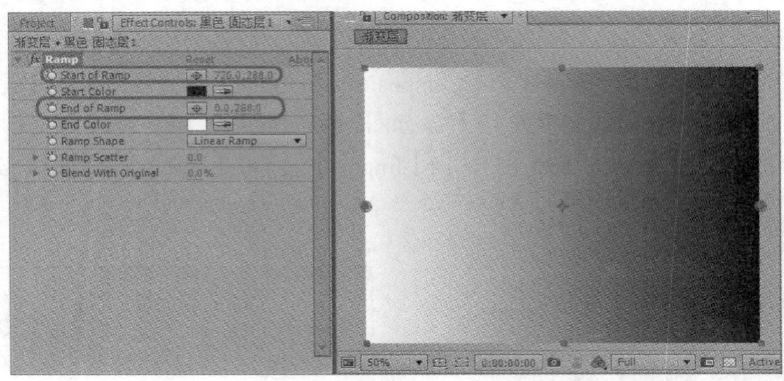

图 14-85

14.3.3 创建彩色光

下面将制作彩色光效果，用于模拟照片中的光芒，主要是使用 【彩色光】特效得到彩色的光，然后应用层之间轨迹蒙版的设置。

STEP 1 按【Ctrl+N】组合键，打开【Composition Settings】对话框，将其命名为【彩色光】，使用 PAL D1/DV 制式，持续时间设置为 10 秒，如图 14-86 所示。

STEP 2 在【Project】窗口中的 Solids 文件夹下选择【White Solid 1】固态层，将其导入【彩色光】合成的【时间线】，并将其重命名为【Fractal Noise】，如图 14-87 所示。

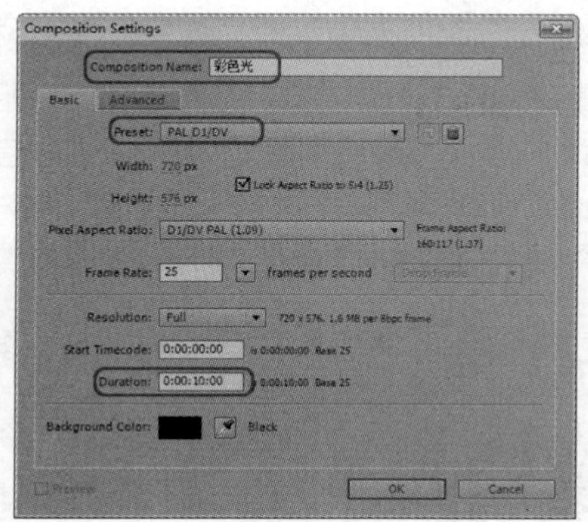

图 14-86

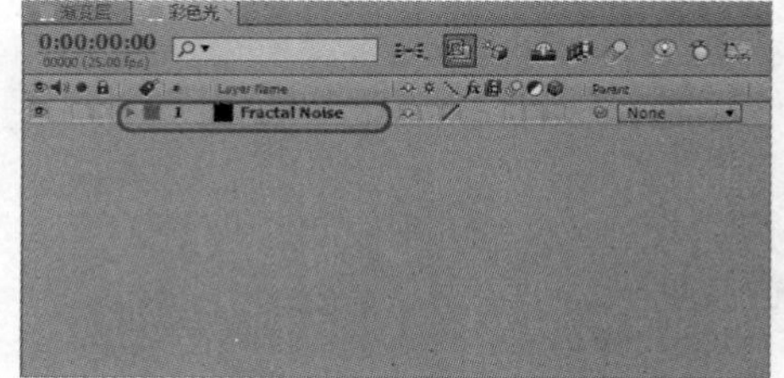

图 14-87

STEP 3　选择【Fractal Noise】层，在菜单栏中选择【Effect】|【Noise &Grain】|【Fractal Noise】命令，如图 14-88 所示。

STEP 4　执行该命令后，在效果控制台中将【Contrast】设置为 120.0，将【Overflow】设置为【Clip】，取消勾选【Uniform Scaling】复选框，将【Scale Width】设置为 5000.0，将【Complexity】设置为【4.0】，如图 14-89 所示。

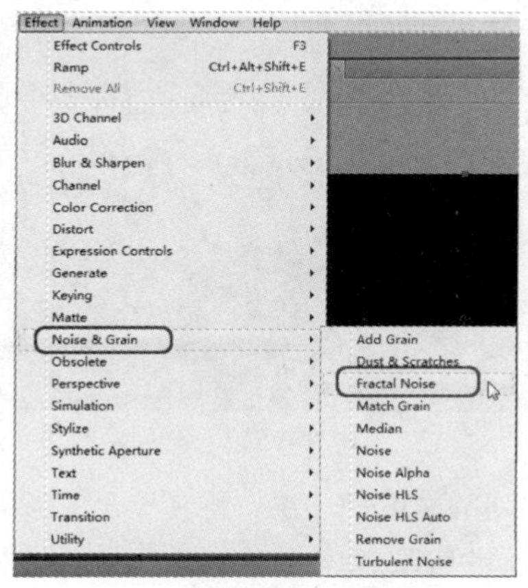

图 14-88

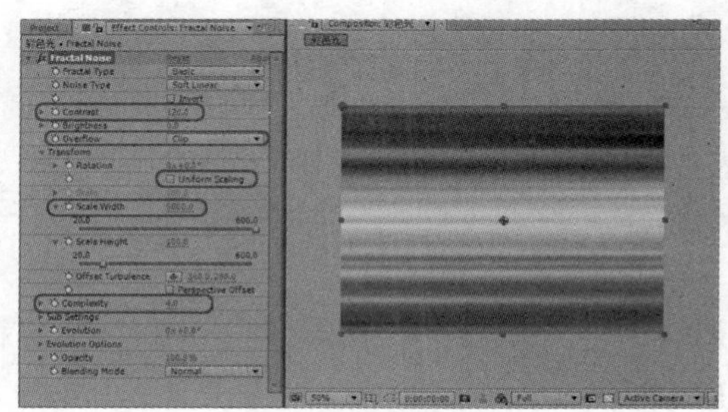
图 14-89

STEP 5　确认【时间指示器】在 0:00:00:00 位置处，将【Offset…nce】设置为【300.0,288.0】，分别打开【Offset…nce】、【Evolution】左侧的记录动画按钮，如图 14-90 所示。

STEP 6　将【时间指示器】移动至 0:00:09:24 位置处，将【Offset…nce】设置为【-30000.0,288.0】，将【Evolution】设置为【2x+0.0°　】，如图 14-91 所示。

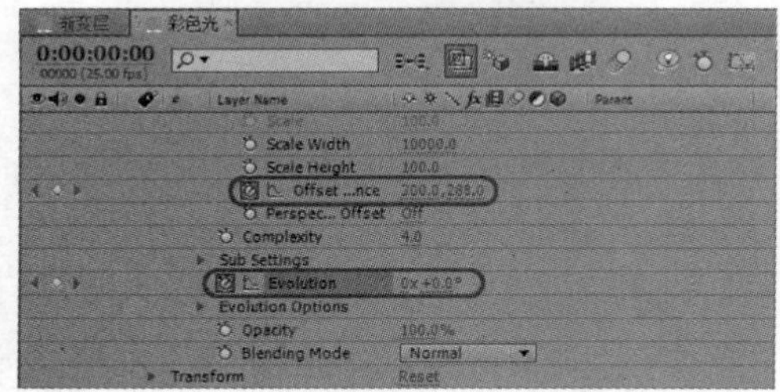

图 14-90

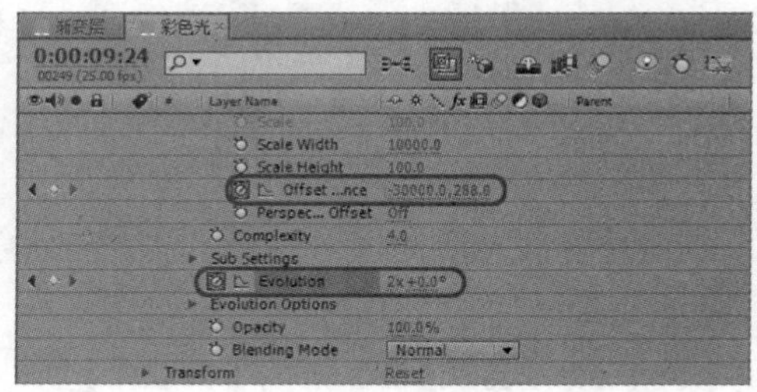

图 14-91

STEP 7 在【Project】窗口中选择【渐变层】合成，将其导入【彩色光】合成的【时间线】窗口中，然后选择【Fractal Noise】层，将【Luma】定义为【Luma Matte“[渐变层]”】，如图 14-92 所示。

STEP 8 在【Project】窗口中的【Solids】文件夹下选择【White Solid 1】层，将其导入【彩色光】合成的【时间线】窗口中，并将其重命名为【彩色光】，如图 14-93 所示。

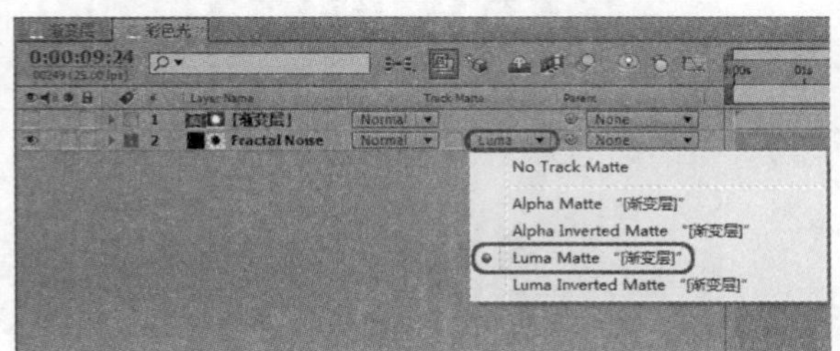

图 14-92

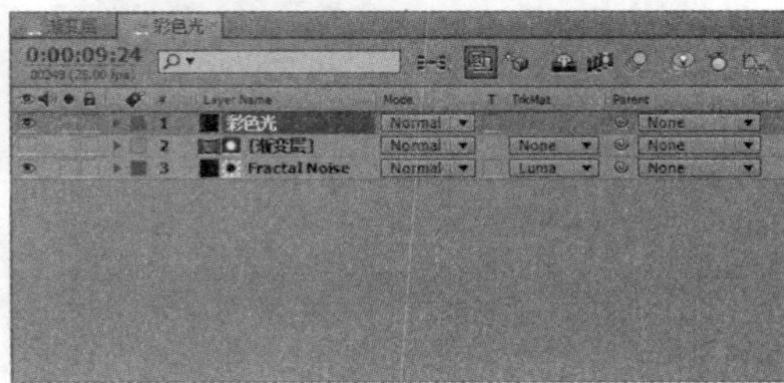

图 14-93

STEP 9 选择【彩色光】层，在菜单栏中选择【Effect】|【Generate】|【Ramp】命令，为【彩色光】添加【Ramp】特效，使用默认的设置，如图 14-94 所示。

STEP 10 选择【Effect】|【Color Correction】|【Colorama】命令，为【彩色光】添加【Colorama】特效，使用默认的设置，如图 14-95 所示。

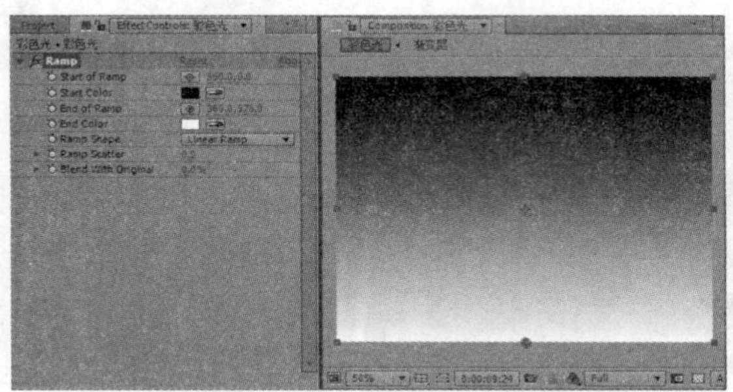

图 14-94

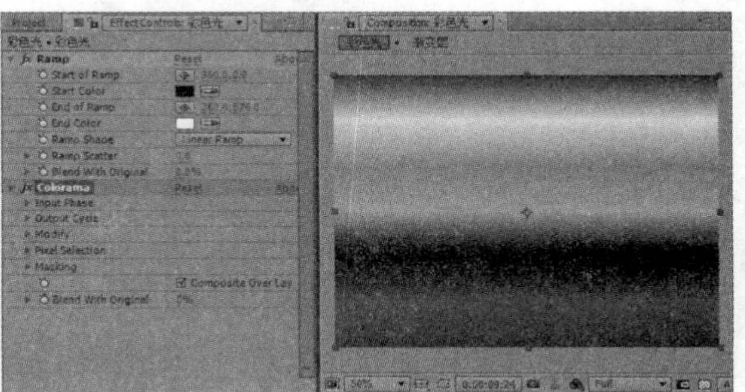

图 14-95

STEP 11 在【Project】窗口的【Solids】文件夹下选择【White Solid 1】层，将其导入【彩色光】合成的【时间线】窗口中，并将它重命名为【Mask】，如图 14-96 所示。

STEP 12 在工具箱中单击【Rectangle Tool】按钮，选择 Mask 层，在【Composition】窗口中绘制一个矩形遮罩，如图 14-97 所示。

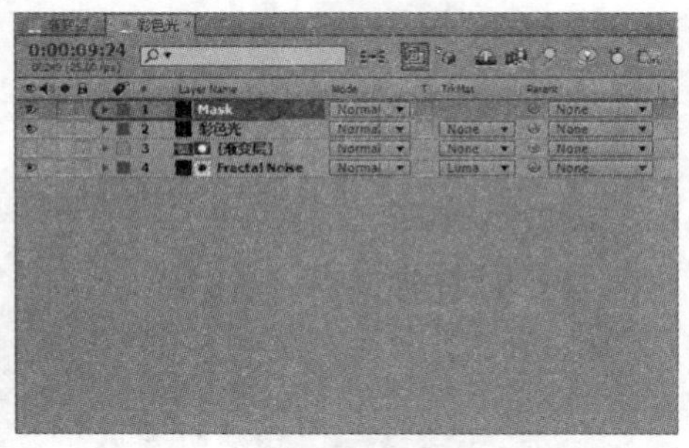

图 14-96

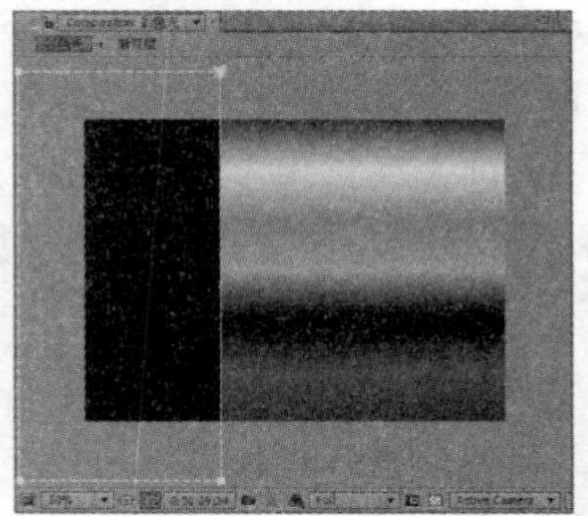

图 14-97

STEP 13 展开 Mask 层的【Mask1】属性，单击【Mask Feather】右侧的按钮，取消参数的等比关系，将参数设置为【230.0,0.0pixels】，如图 14-98 所示。

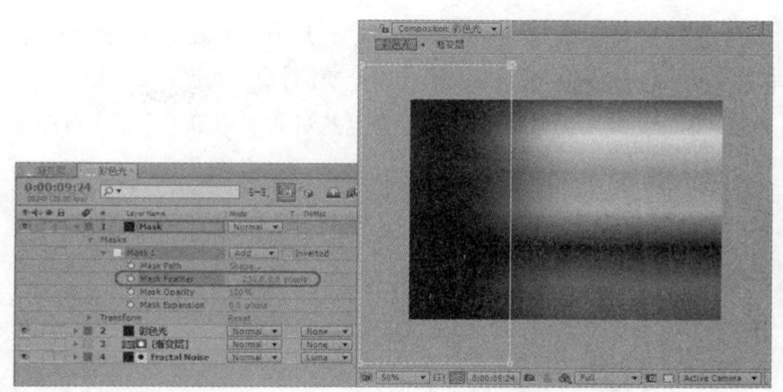

图 14-98

STEP 14　选择【彩色光】层，将轨道蒙版设置为【Alpha Matte　“Mask”】，如图 14-99 所示。

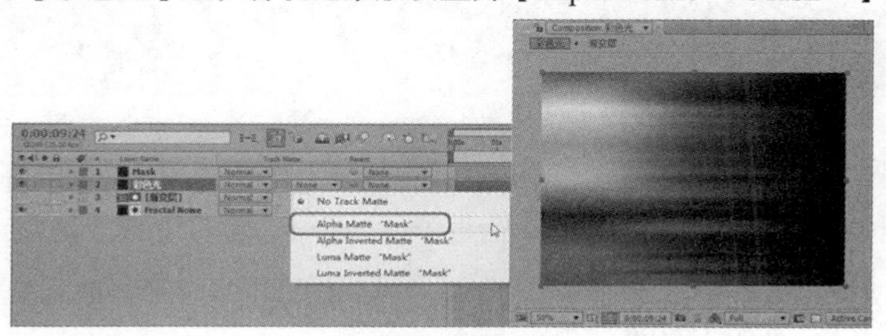

图 14-99

14.3.4　制作照片分散

下面来制作照片分散的效果，主要通过【碎片】特效来实现这一效果，为使效果更漂亮，在其中又加入了【彩色光】、【蓝光】，并设置了摄像机动画。

STEP 1　按【Ctrl+N】组合键，打开【Composition Settings】对话框，将其命名为【照片分散】，使用 PAL D1/DV 制式，持续时间设置为 10 秒，如图 14-100 所示。

STEP 2　在【Project】窗口中选择【渐变层】合成，将其导入【照片分散】合成的【时间线】窗口中，单击左侧的按钮，将【渐变层】隐藏，然后将【效果图 1.jpg】导入【时间线】窗口中，如图 14-101 所示。

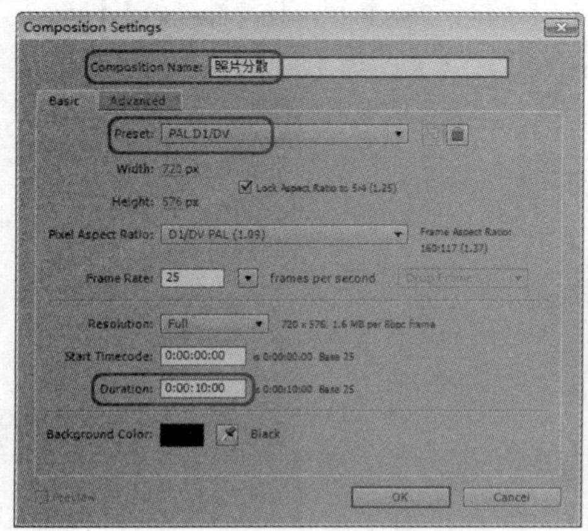

图 14-100

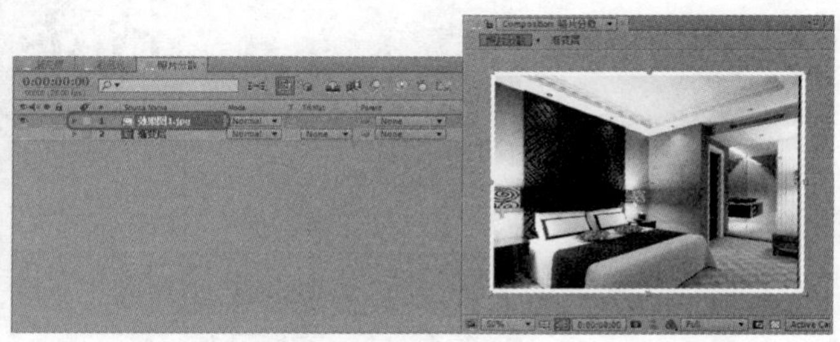

图 14-101

STEP 3　选择【Layer】|【New】|【Camera】命令，打开【Camera Settings】对话框，将【Preset】设置为【24mm】，取消勾选【Enable Depth of Field】复选框，如图 14-102 所示。

STEP 4　单击【OK】按钮，弹出警告对话框，在弹出的对话框中单击【是】按钮即可，如图 14-103 所示。

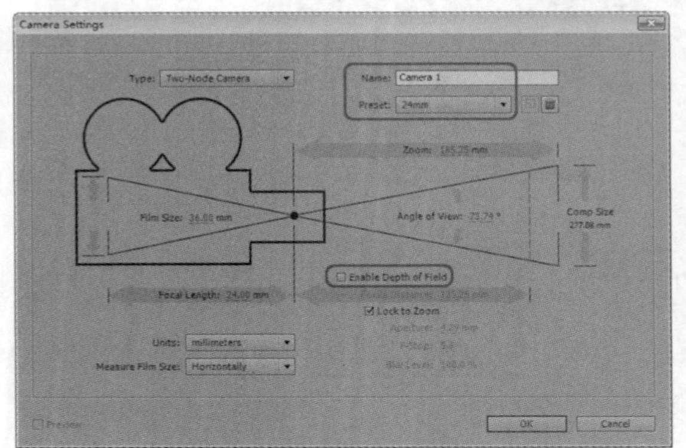

图 14-102

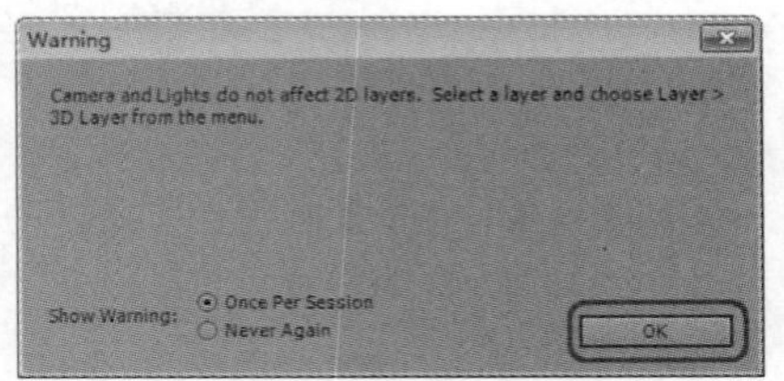

图 14-103

STEP 5　选择【效果图 1.jpg】层，在菜单栏在中选择【Effect】|【Simulation】|【Shatter】命令，为其添加【Shatter】特效，在【特效控制台】面板中进行设置，将【View】设置为【Rendered】，在【Shape】参数项下，将【Patterm】设置为【Squares】，将【Repetitions】设置为【40.00】，将【Extrusion Depth】设置为【0.50】，如图 14-104 所示。

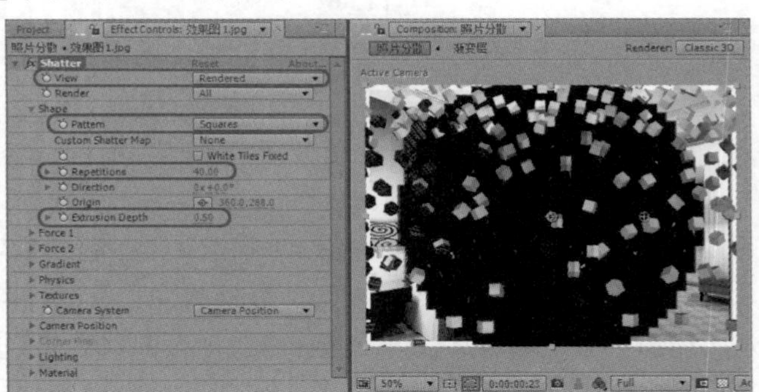

图 14-104

STEP 6　在【Force 1】选项组中，将【Position】设置为【394.0,288.0】，将【Depth】设置为【0.20】，将【Radius】设置为【2.00】，将【Strength】设置为【6.00】，将【Force2】选项组下的所有参数均设置为【0.00】，如图 14-105 所示。

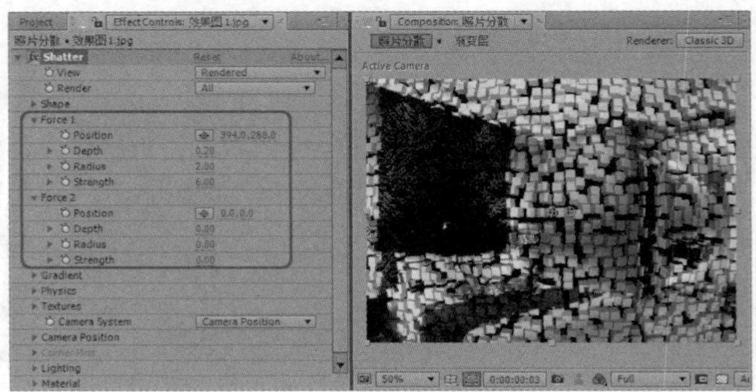

图 14-105

STEP 7　在【Gradient】选项组中，将【Shatter Threshold】设置为 0%，将【Gradient Layer】定义为【3.渐变层】，勾选【Invert Gradient】复选框，在【Physics】选项中，将【Rotation Speed】设置为【0.00】，将【Tumble Axis】设置为【Free】，将【Randomness】设置为【1.00】，将【Viscosity】设置为 0.00，将【Mass Variance】设置为【20%】，将【Gravity】设置为【6.00】，将【Gravity Direction】设置为【0x+90.0°】，将【Gravity Inclination】设置为【80.00】，在【Textures】选项中，将【Camera System】设置为【Comp Camera】，如图 14-106 所示。

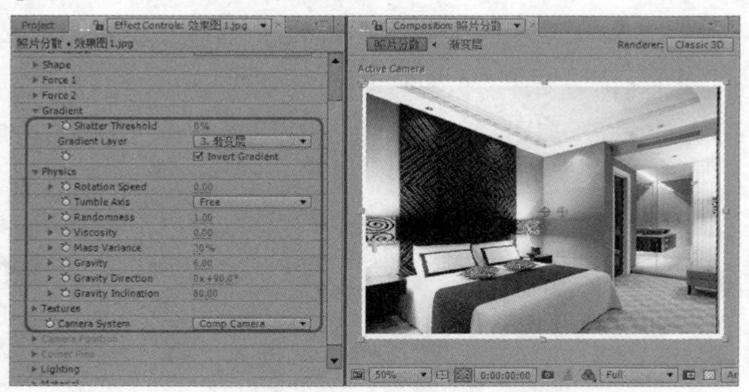

图 14-106

STEP 8　选择【Camera 1】层，展开该层属性，将【Point of Interest】设置为【320.0,288.0,-48.0】，将【Position】设置为【320.0,240.0,-800.0】，如图 14-107 所示。

图 14-107

STEP 9　选择【效果图 1.jpg】层，将【时间指示器】移动至 0:00:01:12 位置处，在【Gradient】特效下，将【Shatter…old】设置为 0%，并将该选项右侧的记录动画按钮打开，如图 14-108 所示。

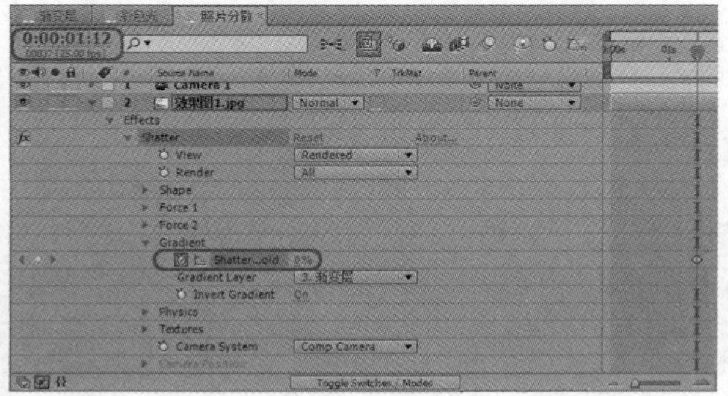

图 14-108

STEP 10　将【时间指示器】移动至 0:00:03:12 位置处，将【Shatter…old】设置为【100%】，如图 14-109 所示。

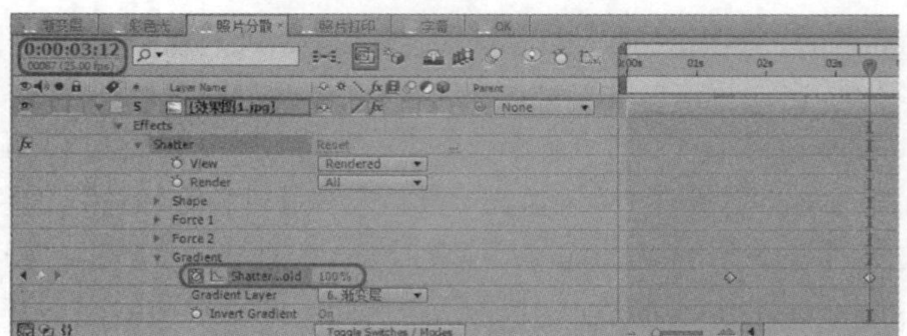

图 14-109

STEP 11 在【Project】窗口中选择【彩色光】合成，将其导入【照片分散】合成的【时间线】窗口中，放置在【Camera 1】层的下方，并打开该图层的三维开关，将该层转换为三维图层，如图 14-110 所示。

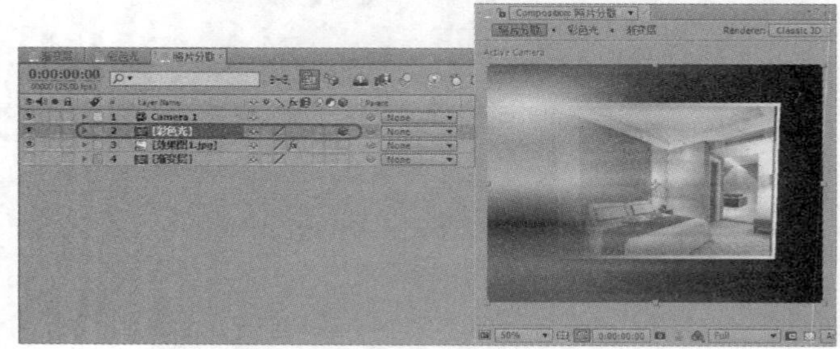

图 14-110

STEP 12 展开【彩色光】层的属性，将【时间指示器】移动至 0:00:01:12 位置处，在【Transform】选项中，将【Anchor Point】设置为【0.0,288.0,0.0】，将【Position】设置为【720.0,288.0,0.0】，将【Orientation】设置为【0.0°,90.0°,0.0°】，如图 14-111 所示。

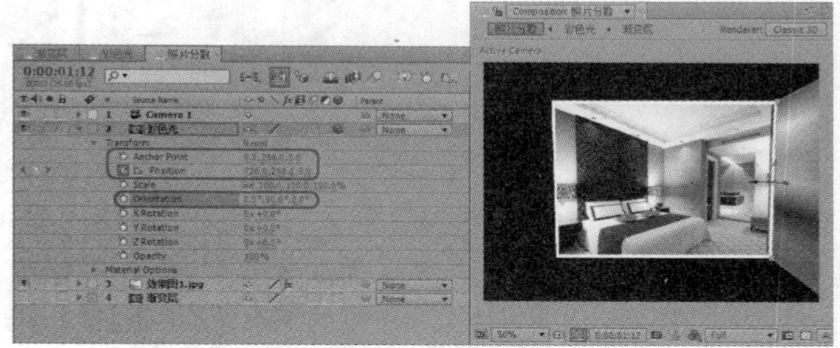

图 14-111

STEP 13 将【时间指示器】移动至 0:00:03:12 位置处，将【Position】设置为【0.0,288.0,0.0】，并将【Mode】设置为【Add】，如图 14-112 所示。

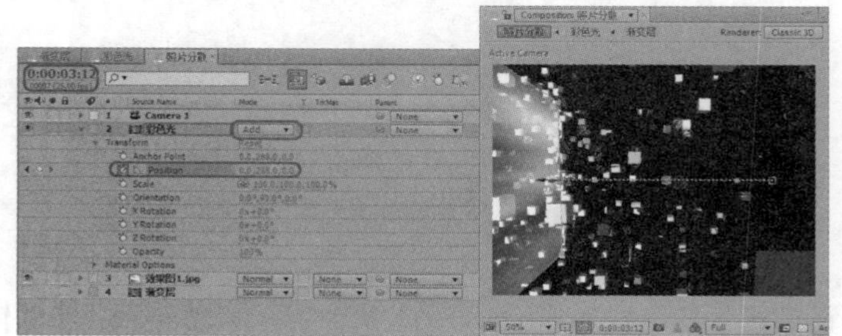

图 14-112

STEP 14　将【时间指示器】移动至 0:00:01:08 位置处，将【彩色光】层的【Opacity】设置为 0%，并将该选项右侧的记录动画按钮打开，如图 14-113 所示。

STEP 15　将【时间指示器】移动至 0:00:01:12 的位置处，将【Opacity】设置为【100%】，将【时间指示器】移动至 0:00:03:12 位置处，单击【Opacity】右侧的◇按钮，添加一处关键帧，如图 14-114 所示。

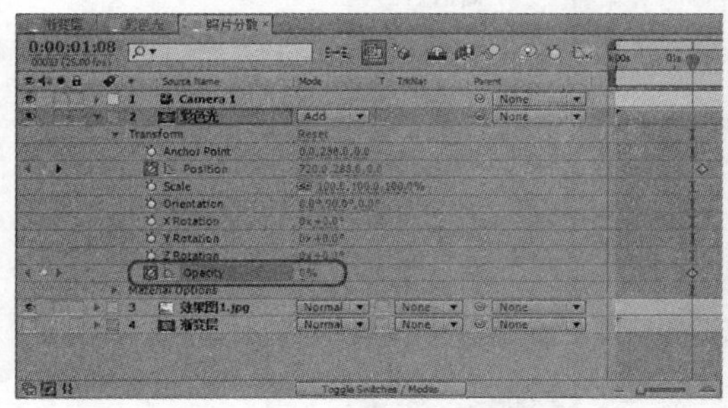

图 14-113

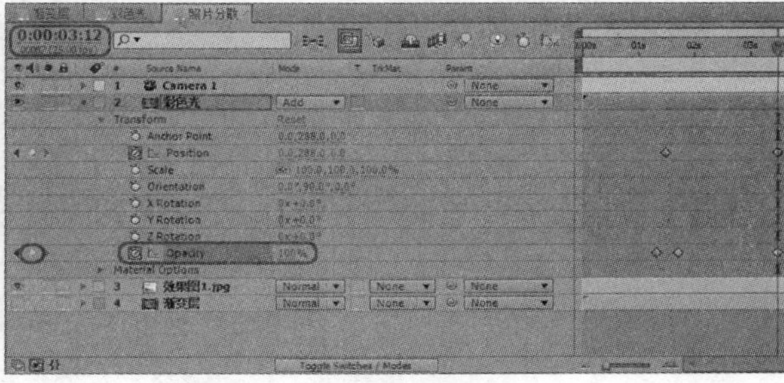

图 14-114

STEP 16　将【时间指示器】移动至 0:00:03:16 位置处，将【Opacity】设置为 0%，如图 14-115 所示。

STEP 17　在【Project】窗口中选择【White Solid 1】层，将其导入【照片分散】合成的【时间线】窗口中，放置在【Camera 1】层的下方，并重命名为【蓝光】，如图 14-116 所示。

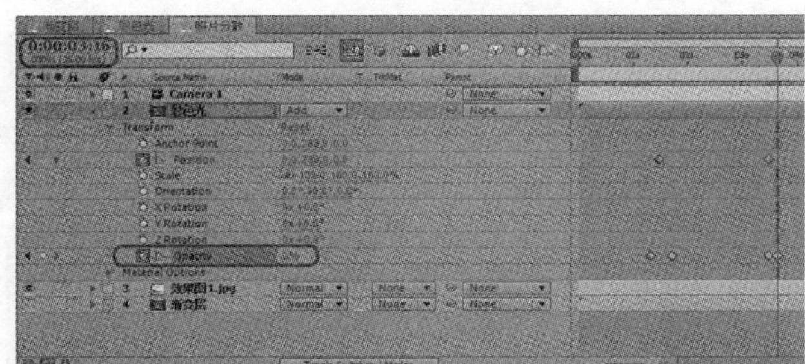

图 14-116

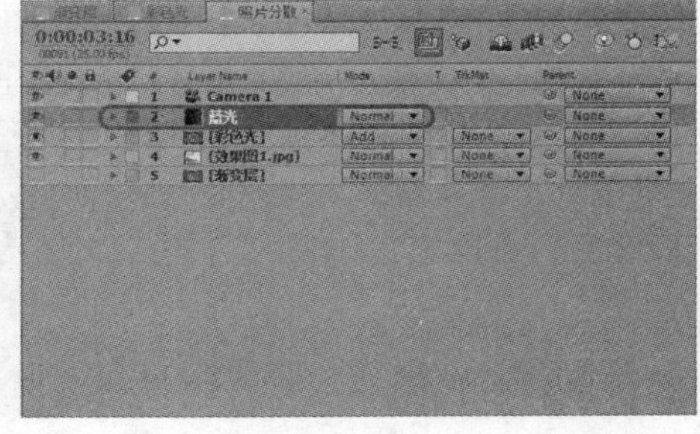

图 14-116

STEP 18　在工具箱中选择钢笔工具，在【蓝光】层上绘制一条开放的遮罩路径，展开 Masks 属性，单击【Mask Path】右侧的【Shape…】，在弹出的【Mask Shape】对话框中设置【Top】为 0px。将【Left】、【Right】均设置为【360px】，将【Bottom】设置为【576px】，如图 14-117 所示。

STEP 19　选择【蓝光】层，在菜单栏中选择【Effect】|【Generate】|【Ramp】命令，为其添加【Ramp】特效，在【特效控制台】面板中进行设置，勾选【All Masks】复选框，将【Brush Size】设置为【5.0】，将【Brush Hardness】设置为【100%】，将【Brush Style】定义为【On Transparent】，如图 14-118 所示。

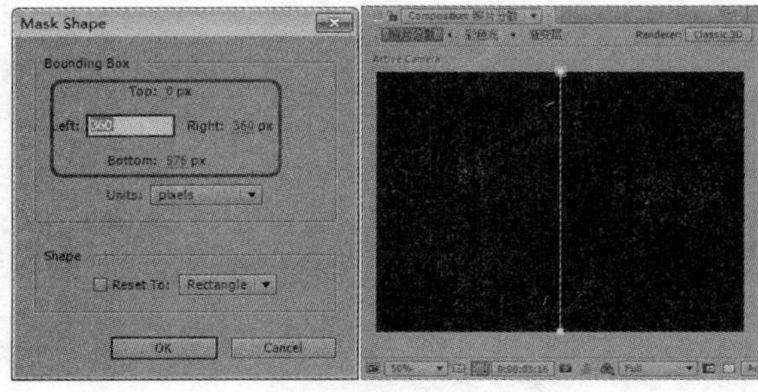

图 14-117

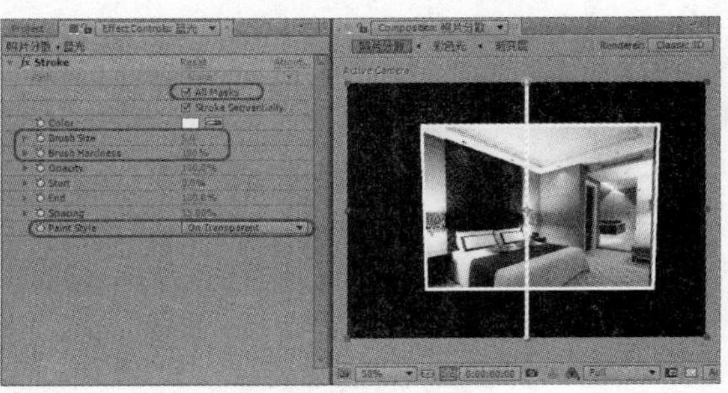

图 14-118

STEP 20 选择【Effect】|【Stylize】|【Glow】命令，添加【Glow】特效，将【Glow Radius】设置为【20.0】，将【Glow Intensity】设置为【4.0】，将【Color A】的 RGB 值设置为【0,255,255】，将【Color B】的 RGB 值设置为【0,0,255】，如图 14-119 所示。

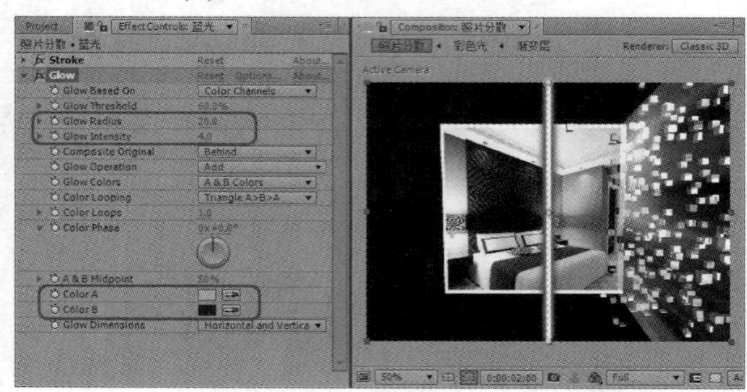

图 14-119

STEP 21 打开【蓝光】层的三维开关，将其转换为三维图层，为【蓝光】层的【Position】、【Opacity】设置与【彩色光】层相同的关键帧，如图 14-120 所示。

STEP 22 在【Project】窗口中选择【White Solid 1】层，将其导入【照片分散】合成的【时间线】窗口中，放置在【Camera 1】层的上方，并重命名为【摄像机 位置】，单击左侧的按钮，将【摄像机 位置】层隐藏，将【Camera 1】层的【Parent】定义为【摄像机 位置】，如图 14-121 所示。

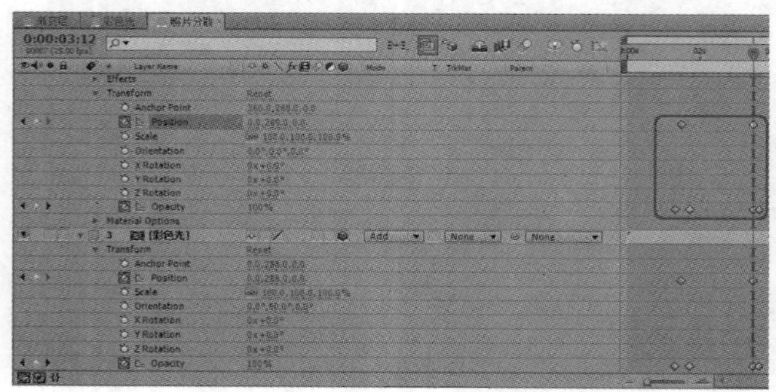

图 14-120

图 14-121

STEP 23 打开【摄像机 位置】层的三维开关，将其转换为三维图层，打开其属性，将【Orientation】设置为【90.0° ,0.0° ,0.0° 】，将【时间指示器】移动至 0:00:01:10 位置处，打开【Y Rotation】左侧的记录动画按钮，如图 14-122 所示。

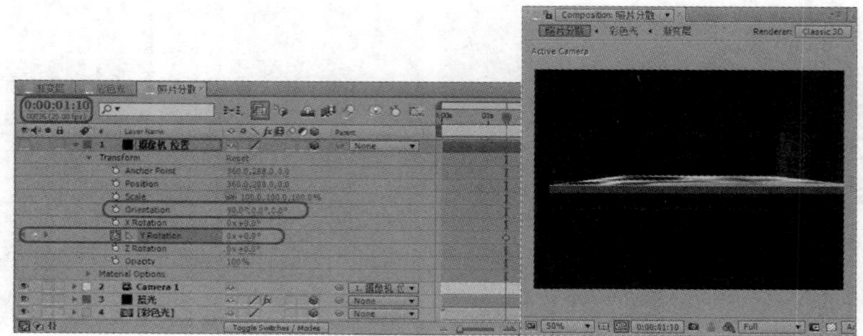

图 14-122

STEP 24　将【时间指示器】移动至 0:00:05:00 位置处，将【Y Rotation】设置为 0x+120.0°，如图 14-123 所示。

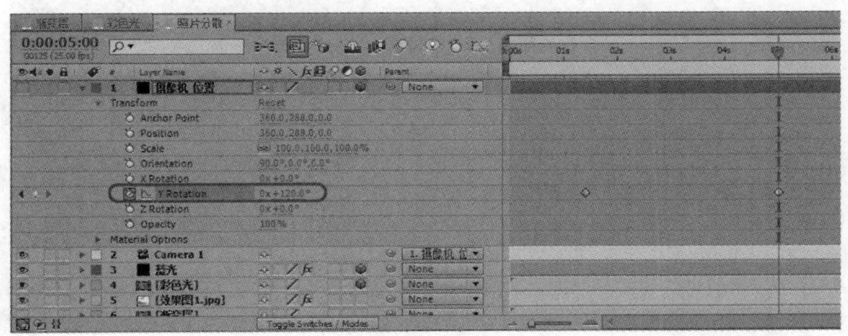

图 14-123

STEP 25　同时选择【Y Rotation】上的两个关键帧，按【F9】键将关键帧转换为柔缓曲线关键帧，如图 14-124 所示。

图 14-124

STEP 26　选择【Camera 1】层，展开其属性，将【Point of Interest】设置为【320.0,240.0,0.0】，将【时间指示器】移动至 0:00:00:00 位置处，将【Position】设置为【320.0,-800.0,0.0】，并将该选项左侧的记录动画按钮打开，如图 14-125 所示。

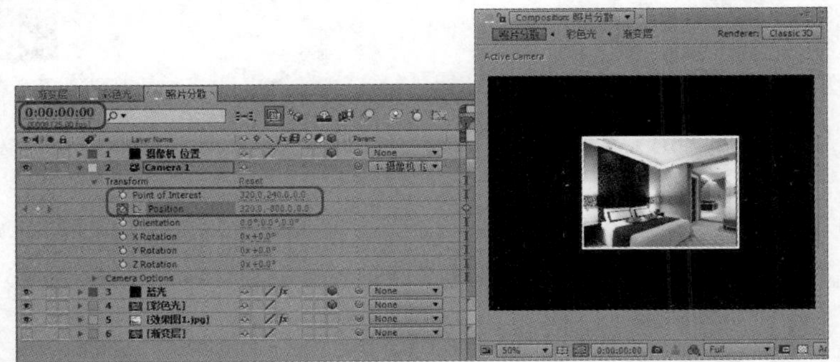

图 14-125

STEP 27　将【时间指示器】移动至 0:00:01:20 位置处，将【Position】设置为【320.0,-560.0,-250.0】，如图 14-126 所示。

STEP 28　将【时间指示器】移动至 0：00:05:00 位置处，将【Position】设置为【320.0,-560.0,-800.0】。

STEP 29　同时选择【Position】层上的 3 个关键帧，按【F9】键将关键帧转换为柔缓曲线关键帧。

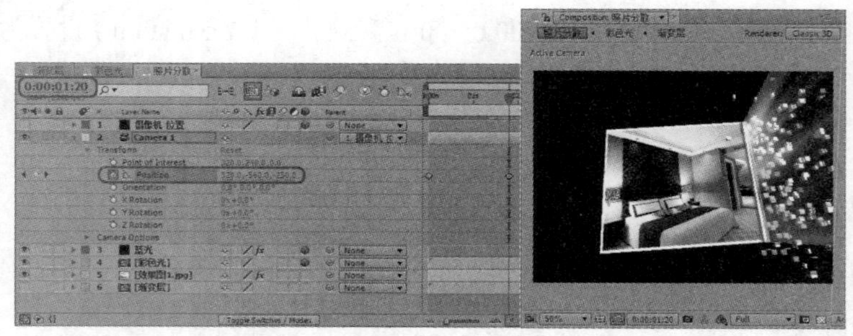

图 14-126

14.3.5 制作照片打印

通过使用【时间重置】功能，就是将照片分散效果倒着放，便得到了照片打印的效果，使用 Starglow（星光）插件为照片粒子制作发光效果。

STEP 1 按【Ctrl+N】组合键，打开【Composition Settings】对话框，将其命名为【照片打印】，使用 PAL D1/DV 制式，持续时间设置为 10 秒，如图 14-127 所示。

STEP 2 在【Project】窗口中选择【照片分散】合成，将其导入【照片打印】合成的【时间线】窗口中，将【Scale】设置为【107.0,107.0%】，选择【Layer】|【Time】|【Enable Time Remapping】命令，如图 14-128 所示。

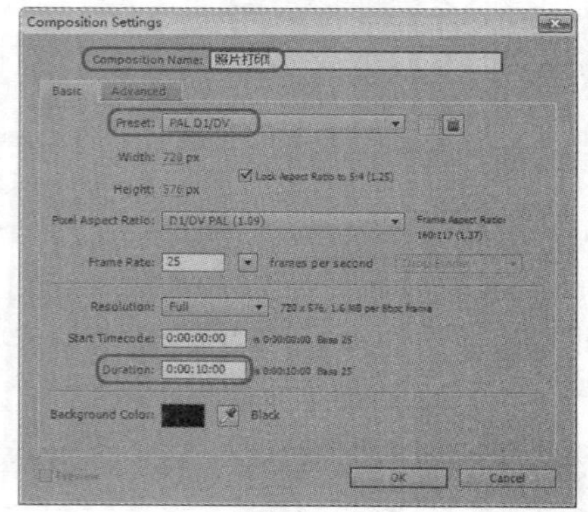

图 14-127

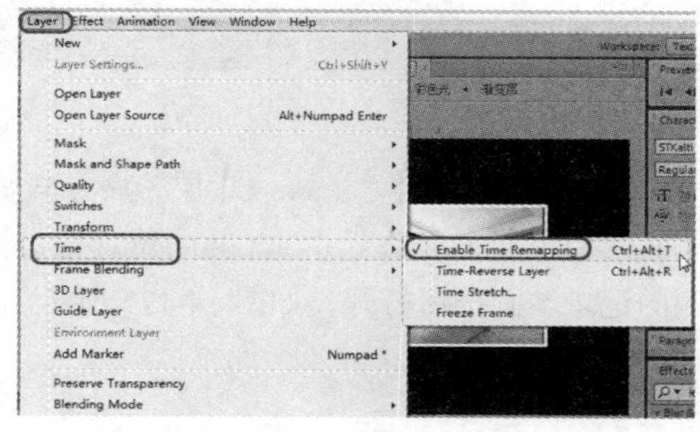

图 14-128

STEP 3 将【时间指示器】移动至 0:00:00:00 位置处，将【Time Remap】设置为【0:00:05:00】，如图 14-129 所示。

STEP 4 将结束处的关键帧移动至 0:00:05:00 位置处，将【Time Remap】设置为【0:00:00:00】，如图 14-130 所示。

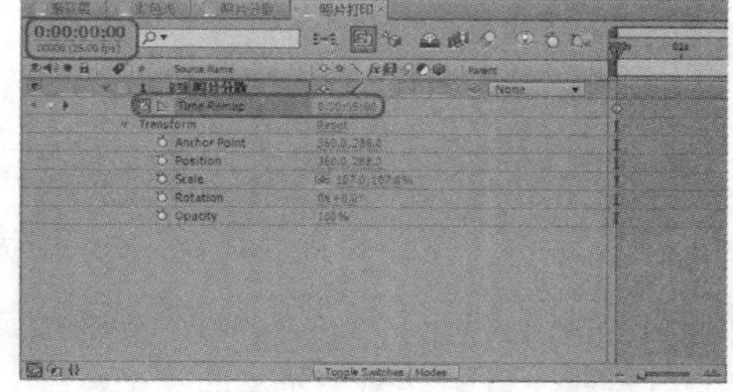

图 14-129

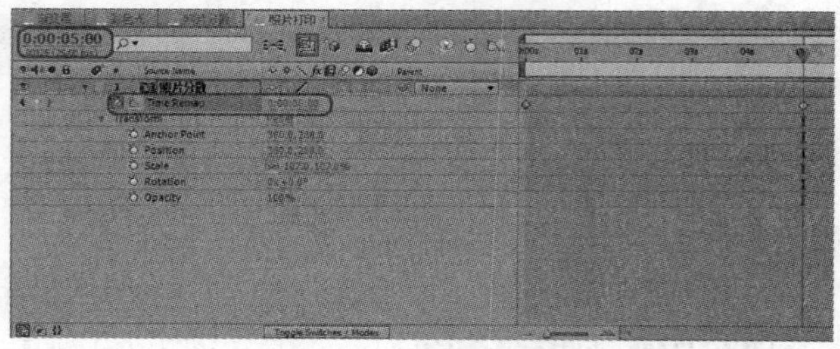

图 14-130

STEP 5 选择【照片分散】层，为其应用 Starglow（星光）插件，在【特效控制台】面板中进行设置，将【Preset】定义为【Warm Heaven 2】，在【Pre-Process】选项中，将【Threshold】左侧的记录动画关键帧打开，将【Threshold Soft】设置为【20.0】，将【Streak length】设置为【30.0】，将【Transfer Mode】定义为 Add，如图 14-131 所示。

STEP 6 将【时间指示器】移动至 0:00:05:00 位置处，将【Threshold】设置为【500.0】，如图 14-132 所示。

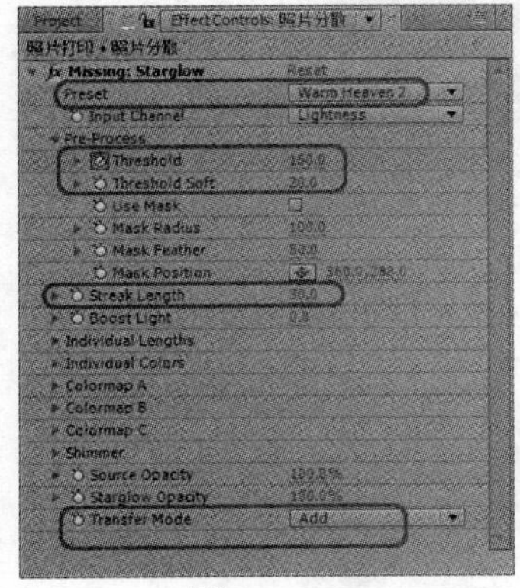

图 14-131

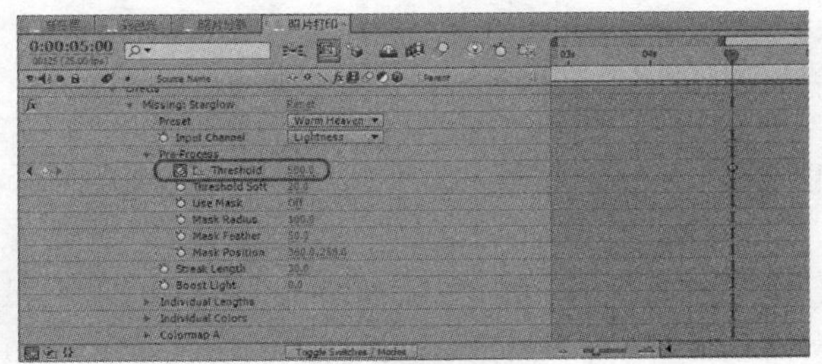

图 14-132

STEP 7 将【时间指示器】移动至 0:00:04:12 时间处，展开【照片分散】层的属性，分别将【Position】、【Scale】的记录动画按钮打开，如图 14-133 所示。

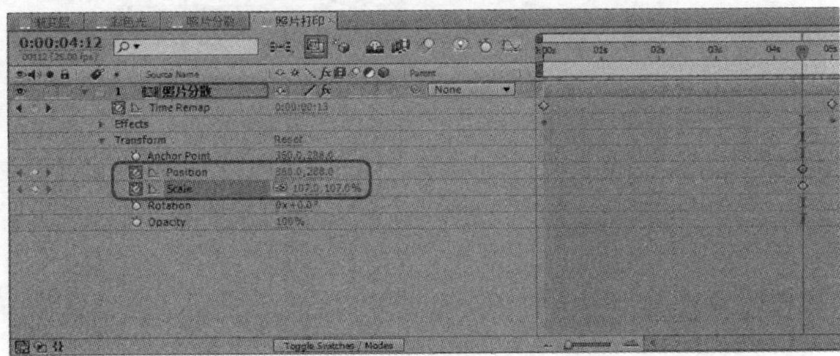

图 14-133

STEP 8 将【时间指示器】移动至 0:00:05:00 时间处，将【Position】设置为【332.0,288.0】，将【Scale】设置【160.0,160.0%】，如图 14-134 所示。

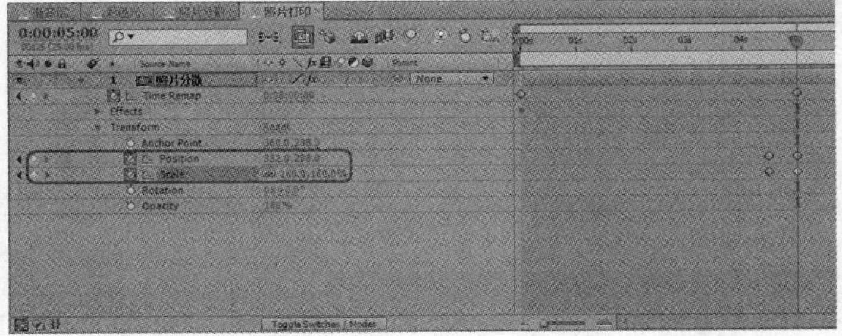

图 14-134

STEP 9 在【Project】窗口中选择【背景.jpg】素材文件，将其导入【时间线】窗口中，放置在【照片分散】层的下方。

STEP 10 确认【时间指示器】在 0:00:00:00 位置处，将【背景.jpg】层的【Position】的属性设置为【310.0,216.0】，并将该选项左侧的记录动画按钮打开，如图 14-135 所示。

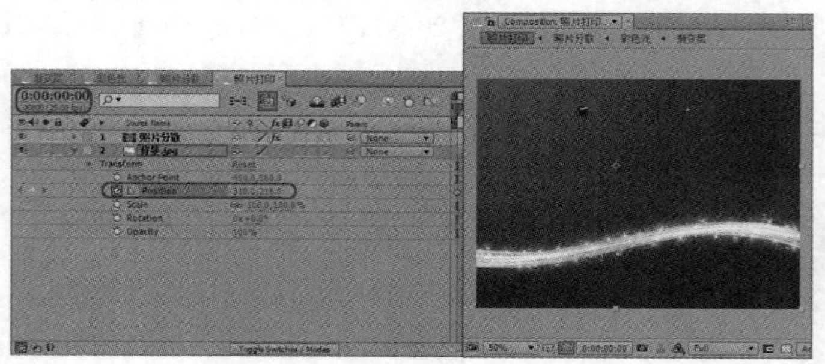

图 14-135

STEP 11 将【时间指示器】移动至 0:00:05:00 位置处，将【Position】设置为【410.0,360.0】，如图 14-136 所示。

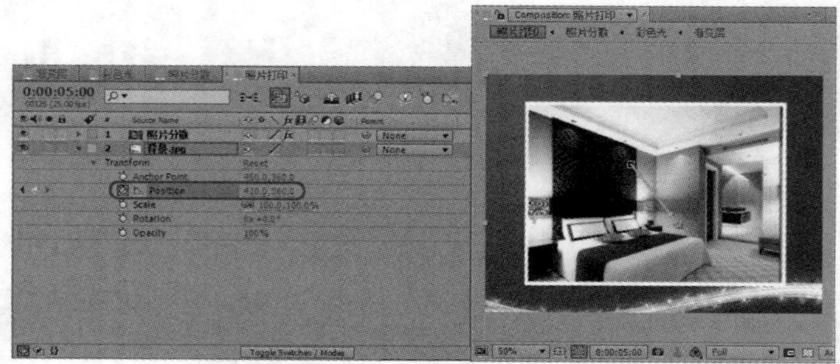

图 14-136

14.3.6 制作字幕

下面将制作字谜，作为广告语。

STEP 1 按【Ctrl+N】组合键，打开【Composition Settings】对话框，将其命名为【字幕】，使用 PAL D1/DV 制式，持续时间设置为 10 秒，如图 14-137 所示。

STEP 2 选择【File】|【Import】|【Solid】命令，在弹出的对话框中将【Color】设置为白色，如图 14-138 所示。

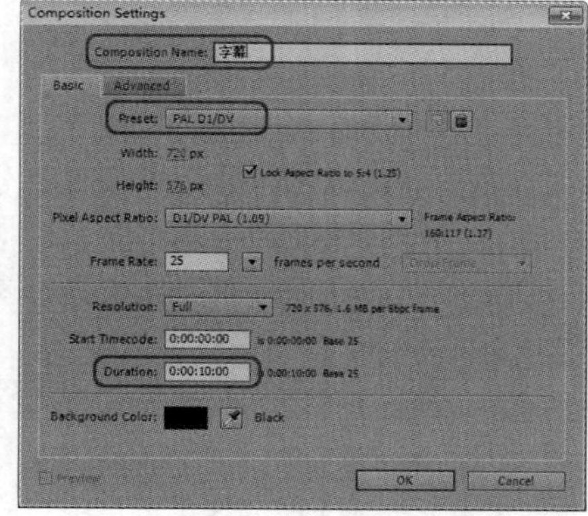

图 14-137

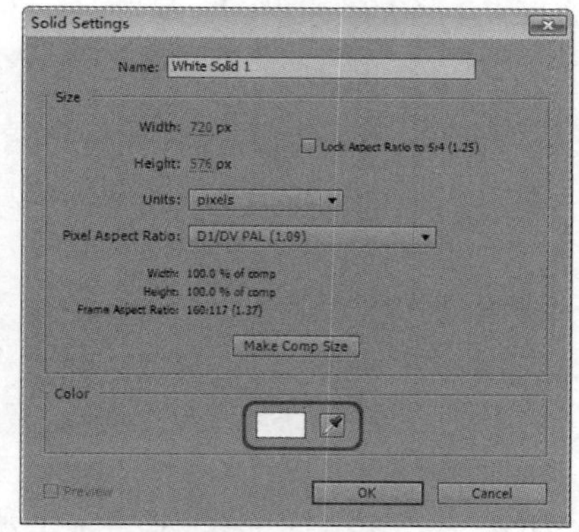

图 14-138

STEP 3　在菜单栏中选择T工具，在【Composition：字幕】窗口中输入文本【时尚家居】，在【Character】面板中设置字体样式为 Adobe Heiti Std，将文本颜色设置为红色，将字体大小设置为 100px，如图 14-139 所示。

STEP 4　再次创建文本，在【Composition：字幕】窗口中输入文本【您的满意是我们最大的愿望】，在【Character】面板中设置字体样式为 LiSu，将文本颜色设置为红色，将字体大小设置为 45px，如图 14-140 所示。

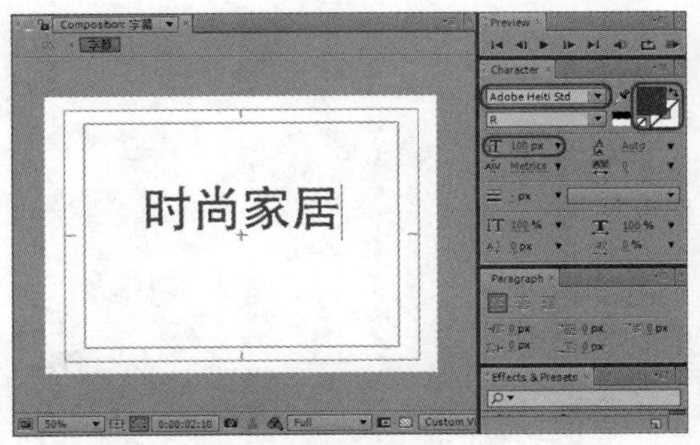

图 14-139

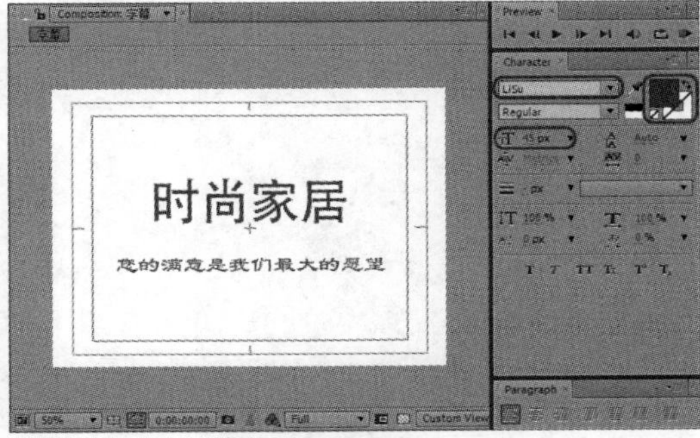

图 14-140

STEP 5　在工具箱中选择□工具，在【Composition：字幕】窗口中绘制一个红色的长条，如图 14-141 所示。

STEP 6　选择【您的满意是我们最大的愿望】层，为其添加 CC line Sweep 特效，将【时间指示器】移动至 0:00:08:00 位置处，将【Completion】设置为【100.0】，将【Flip Direction】设置为【On】，如图 14-142 所示。

图 14-141

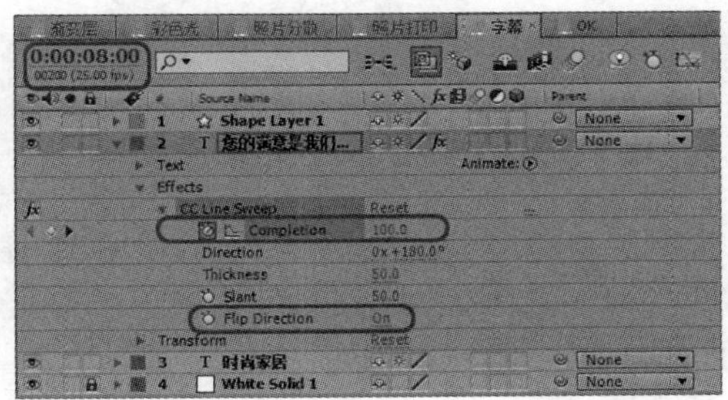

图 14-142

STEP 7　将【时间指示器】移动至 0:00:09:00，将【Completion】设置为【0.0】，如图 14-143 所示。

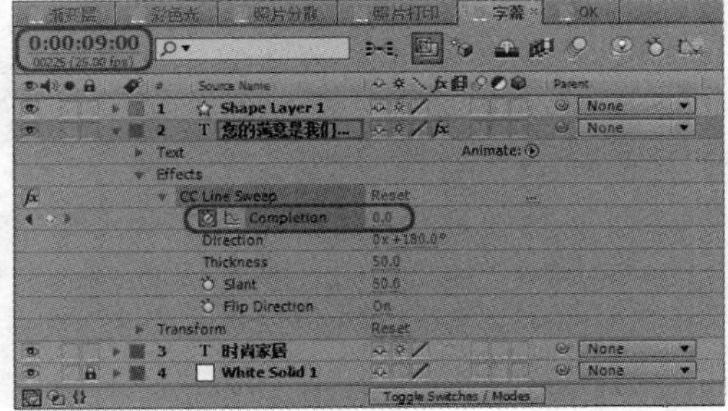

图 14-143

14.3.7 最终合成

下面将对制作的几个合成进行组合，并为影片添加音频效果，得到最终效果。

STEP 1 按【Ctrl+N】组合键，打开【Composition Settings】对话框，将其命名为【OK】，使用 PAL D1/DV 制式，持续时间设置为 10 秒，如图 14-144 所示。

STEP 2 在【Project】窗口中同时选择【效果图 2.jpg】、【照片打印】、【字幕】，将它们导入【OK】合成的【时间线】窗口中，如图 14-145 所示。

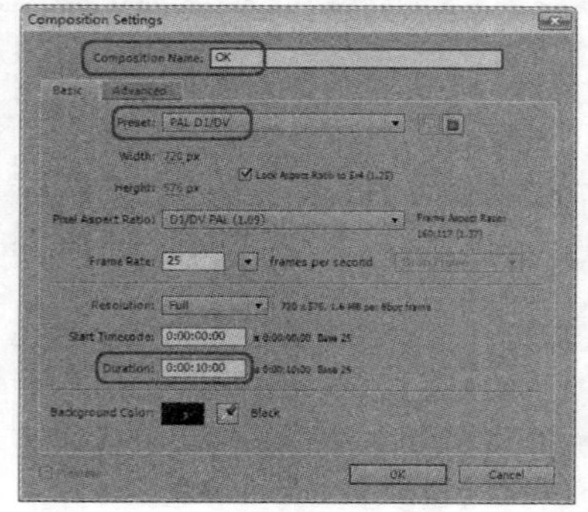

图 14-144

图 14-145

STEP 3 选择【效果图 2.jpg】层，将【Scaie】设置为【37.0,37.0%】，将【时间指示器】移动至 0:00:05:00 位置处，将【Position】设置为【-136.0,28.0】，分别将【Position】、【Rotation】左侧的记录动画按钮打开，如图 14-146 所示。

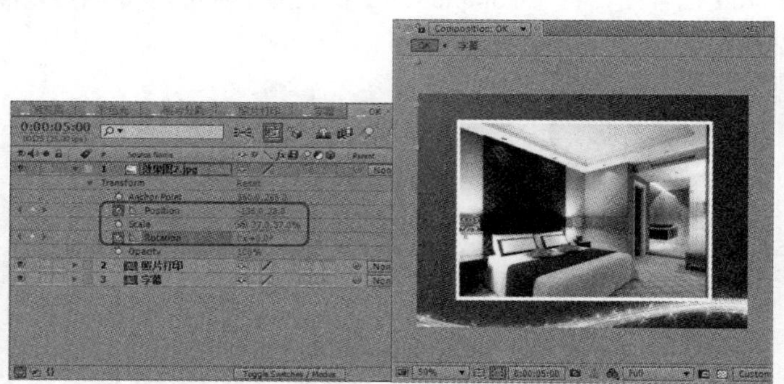

图 14-146

STEP 4 将【时间指示器】移动至 0:00:05:20 位置处，将【Position】设置为【316.0,89.0】，将【时间指示器】移动至 0:00:06:20 位置处，将【Position】设置为【184.0,380.0】，将【Rotation】设置为【1x+330.0° 】，并将【Opacity】左侧的记录动画按钮打开，如图 14-147 所示。

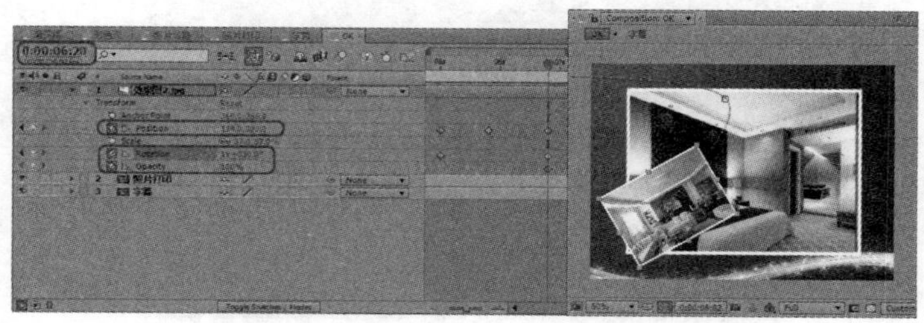

图 14-147

STEP 5　将【时间指示器】移动至 0:00:07:15 位置处，将【Opacity】设置为 0%，如图 14-148 所示。

STEP 6　选择【效果图 2.jpg】层的【Position】属性，在【Composition】窗口中显示出该层的运动路径，使用鼠标调整控制点，使路径变得圆滑，如图 14-149 所示。

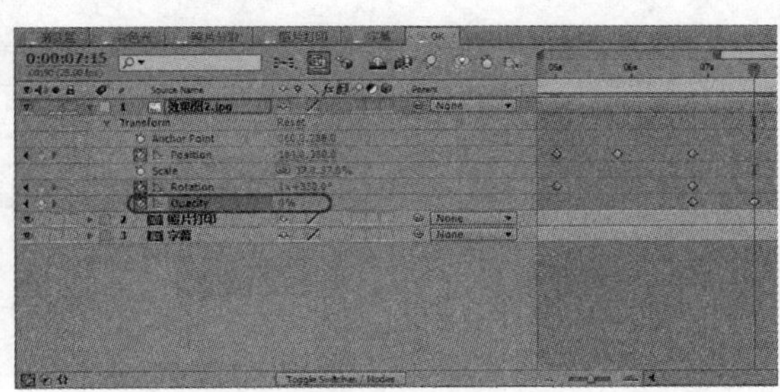

图 14-148

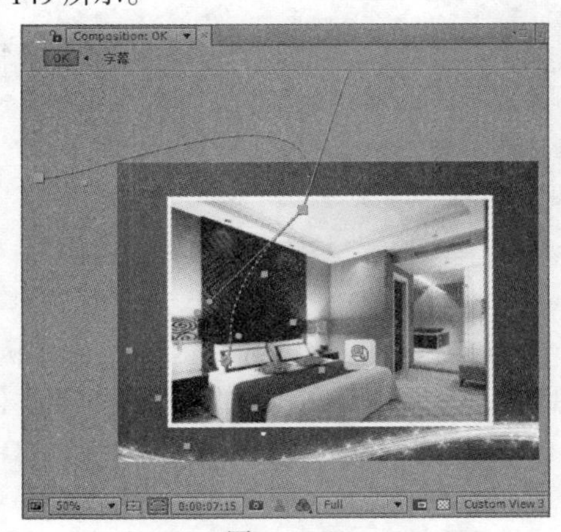

图 14-149

STEP 7　选择【效果图 2.jpg】层的【Opacity】属性上的两个关键帧，按【Ctrl+C】组合键进行复制，然后选择【照片打印】层的【Opacity】属性，将【时间指示器】移动至 0:00:06:20 位置处，按【Ctrl+V】组合键粘贴关键帧，如图 14-150 所示。

STEP 8　选择【字幕】层的【Opacity】属性，将其设置为 0%，并将该层左侧的记录动画按钮打开，将【时间指示器】移动至 0:00:07:15 位置处，将【Opacity】设置为 100%，如图 14-151 所示。

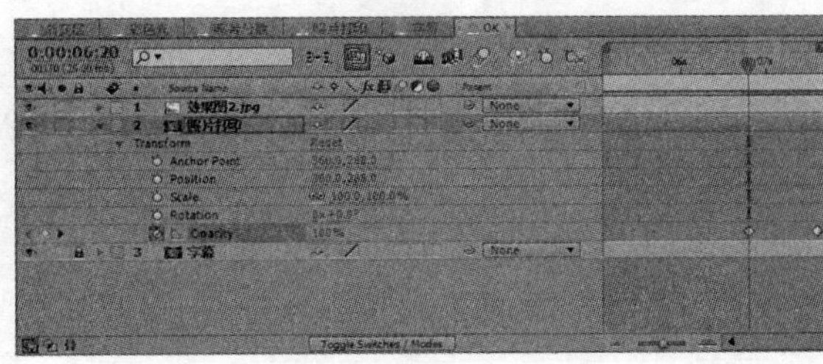

图 14-150

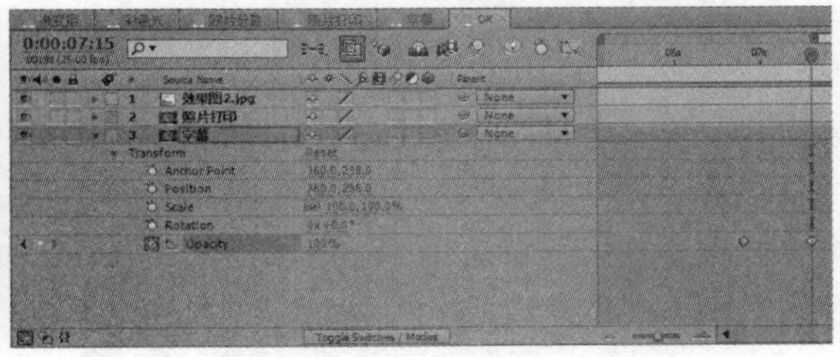

图 14-151

STEP 9　在【Project】窗口中选择【音效.wav】层，将其导入【时间线】窗口中，放置在最底层，完成音频的添加。

14.3.8　输出影片

影片制作完成，最终要将其输出为符合应用需要的影片，还需在【Current Render】窗口中进行影片的渲染输出设置。

STEP 1　在【Project】窗口中选择【OK】合成，在菜单栏中选择【Composition】|【Add to Render Queue】命令，如图 14-152 所示。即可打开【Current Render】面板，如图 14-153 所示。

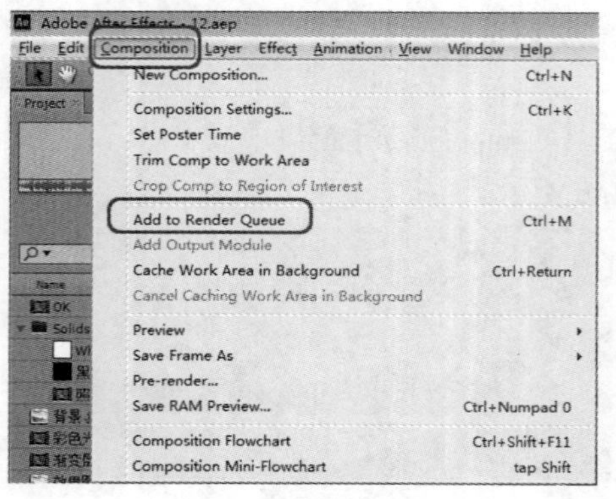

图 14-152

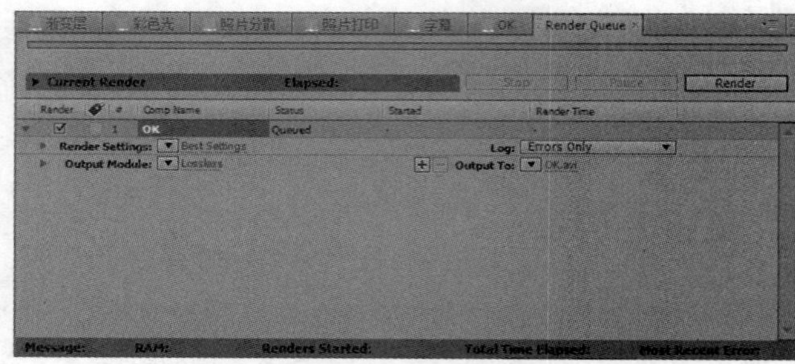

图 14-153

STEP 2 单击【Render Settings】右侧的下拉按钮，在弹出的下拉菜单中选择【Custom】，单击【Lossless】选项，在弹出的对话框中勾选【Audio Output】复选框，如图 14-154 所示。

STEP 3 单击【Output To】右侧的 OK.avi，在弹出的【Output Movie To】对话框中为其指定一个正确的存储路径，并将格式设置为 AVI（*avi），如图 14-155 所示。

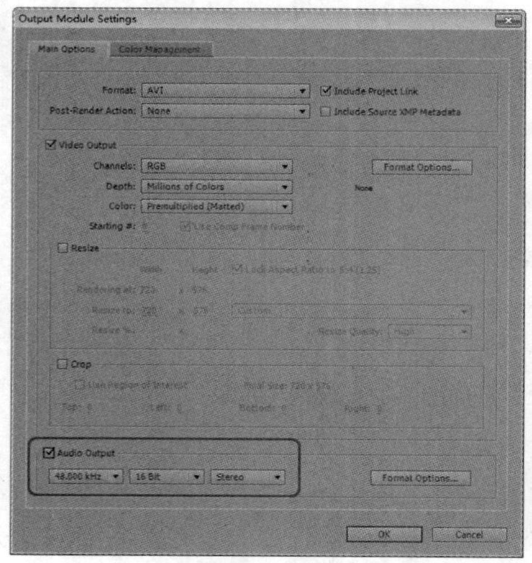

图 14-154

图 14-155

STEP 4 设置完成后单击【保存】按钮，返回【Current Render】面板中，单击【Render】按钮开始进行渲染，如图 14-156 所示为渲染以进度条的形式进行。

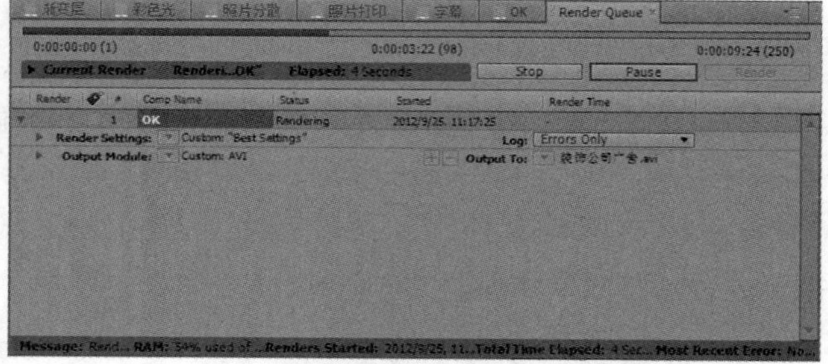

图 14-156